物理学的历程

——从亚里士多德到薛定谔

[希] 安东尼斯·莫迪诺斯(Antonis Modinos) 著
孙 琦 译

上海科学技术出版社

图书在版编目（CIP）数据

物理学的历程 ：从亚里士多德到薛定谔 / （希）安东尼斯·莫迪诺斯（Antonis Modinos）著 ；孙琦译. -- 上海 ：上海科学技术出版社，2021.5(2024.1重印)
书名原文：From Aristotle to Schrodinger:The Curiosity of Physics
ISBN 978-7-5478-5330-6

Ⅰ. ①物… Ⅱ. ①安… ②孙… Ⅲ. ①物理学史一世界 Ⅳ. ①04-091

中国版本图书馆CIP数据核字(2021)第074001号

物理学的历程——从亚里士多德到薛定谔
[希] 安东尼斯·莫迪诺斯(Antonis Modinos)　著
孙　琦　译

上海世纪出版(集团)有限公司
上　海　科　学　技　术　出　版　社　出版、发行
(上海市闵行区号景路 159 弄 A 座 9F－10F)
邮政编码 201101　www.sstp.cn
上海盛通时代印刷有限公司印刷
开本 787×1092　1/16　印张 30.5
字数 490 千字
2021 年 5 月第 1 版　2024 年 1 月第 2 次印刷
ISBN 978－7－5478－5330－6/O·100
定价：128.00 元

现在升起了第三座奥林匹斯山，
科学将在山顶加冕；
作为唯一的真实，她面容严肃，
可什么样的笑容会比她的脸庞更加甜美？
消散吧，山间的迷雾！
假若心灵是奇迹，理智就是它的眼睛！

——节选自《吉卜赛人十二章》
科斯蒂斯·帕拉马斯(Kostis Palamas)

前　言

出生于 1772 年的浪漫诗人塞缪尔·泰勒·柯尔律治(Samuel Taylor Coleridge)是一位业余化学家,他对所有科学都很感兴趣。他认为:科学富有诗意,在进行研究时必须怀有热切的希望。人类希望运用理性来理解和描述自然的运作方式,一代又一代人为此付出了卓绝的努力;认识到这一点,我们有理由宣称科学是绝无仅有的史诗巨作,它的确是诗篇!但我们还必须承认,讲述这部史诗绝非易事。

有许多书在讲述物理学(或物理学的某个分支)的故事时根本就不用数学公式,尽管这些书很棒,但这么做让物理学的故事至少损失了一半。这些书不适于了解物理学的学生和教师,因为他们知道少了数学的物理学就不是严格的科学。本书的主要对象是具有高中以上数学程度的学生和教师,书中不仅介绍了“谁做了什么”,还帮助读者更好地理解物理学以及它是怎样发展起来的。由于我知道过多的数学会成为许多读者的阅读障碍,因此进行了折中:在正文中尽可能少地涉及数学,即只利用数学符号的描述性功能而不进行过多的计算;复杂些的计算只在练习中出现。此外在进行讲述时,会一道介绍所需的数学概念,它们也是故事的一部分。我不打算介绍完整的物理学史,罗列从过去到现在的每一项成就,这超出了我的能力范围。我试图沿着历史的脉络,从亚里士多德到薛定谔(Schrödinger),将一些主要的事件(观念和事实)串成一个有意思的故事。尽管本书的重点是物理学,包括观测、实验、理论和某些应用,但是也用一定的篇幅简单地介绍了一些主要人物的生平和他们的时代。我们的故事在第 13 章结束,其中介绍了量子力学的发展;第 14 章介绍了量子力学在原子、分子和固体中的重要应用;最后在第 15 章“非常小和非常大”中,我们简短地介绍了近 50 年左右核粒子物理学和宇宙学的发展(相关的详尽描述超出了本书的范畴)。每章的末尾都设有一些练习,其中有些可以直接应用文中的公式,而有些则涉及文中提到的物理规律的应用。

尽管本书的主要对象是钻研物理学的学生和教师,但我希望某些科学家或科学史学家也会感兴趣;此外对那些不同年龄、不同职业,富有好奇心的人来说,他们能在书中发现科学是怎样从一个比较简单的开始,发展到当今宏大高深的模样。

我要感谢安德烈亚斯·基里察基斯(Andreas Kyritsakis),他为本书的绘图提供了有价值的帮助。

安东尼斯·莫迪诺斯

目　录

第 14 章 原子、分子和固体 / 324

第 1 章 物理学的语言

1.1 无穷级数和数列：从芝诺到魏尔斯特拉斯

首先考虑下面的等式：

$$1+\frac{1}{2}+\frac{1}{4}+\frac{1}{8}+\frac{1}{16}+\cdots=2. \tag{1.1}$$

左侧的省略号表明这个级数没有终点，因此我们要对无穷多项求和。方程中每一项都是它前一项的一半，如 1/4 是 1/2 的一半，1/8 是 1/4 的一半，1/16 是 1/8 的一半，等等；知道了这一点，我们想要多少项就能写出多少项。每增加一项，和就会更接近 2，但是不管我们取多少项，级数的和也不会精确等于 2。

你们自己可以证实这一点。在直线上标出两点，分别表示 1 和 2，它们定义的线段就表示单位长度。在直线上标出级数前两项的和对应的点，它与 2 的距离为单位长度的一半；再标出级数前三项的和对应的点，它和 2 的距离是单位长度的 1/4。依此类推，每增加一项，得到的点和 2 的距离就会减小一半。随着数列：

$$\frac{1}{2},\ \frac{1}{4},\ \frac{1}{8},\ \frac{1}{16},\ \cdots \tag{1.2}$$

中的项逐个加到单位 1 上，如式(1.1)所示，方程左边的求和与 2 的差值便减半。因此只要求和的项足够多，那么级数和与 2 的差值就能要多小有多小，但二者的差值永远不会消失。那么，方程中的等号意味着什么呢？

要知道，在实际计算中我们不可能做到精确无误，而总是要近似地表示结果，例如，尽管知道不准确，我们还是常用小数来近似分数。已知 2/3= 0.666 666 666…，计算器上显示的数值为 0.666 667，如果需要更高的精度我们可以把它表示为 0.666 666 666 7，其中用最后一位数字 7 代替后面无穷多的 6。显然，我们可以根据精度要求来保留无穷小数的位数；这就像在式(1.1)中那样，只要保留足够多的项就能满足计算的精度。从公元前 3 世纪的阿基米德到 17 世纪的牛顿，过去的科学家们就是这样做的，他们理解式(1.1)表示极限过程，但是发觉求极限的过程很棘手，因此没有像我们那样在式(1.1)中直接用等号。

下面解释怎样正确理解等式(1.1)。我们需要一个明确的准则，用它来判断式(1.1)是否成立，并阐明怎样理解方程的两侧相等。德国数学家卡尔·威廉·魏尔斯特拉斯(Karl Wilhelm Weierstrass)提出了这样的准则。魏尔斯特拉斯于 1815 年出生，他三十几岁时在乡村教书，而就在那时他建立了数学表达式收敛于极限的准则。该准则适用于许多情况，而我们就式(1.1)描述的情况予以介绍。

我们任选一个小于但接近 2 的数，那么只要式(1.1)左侧的级数包含足够多的项，级数和就会介于选定的数和 2 之间，即比选定的数更接近 2。只要选取的数不是 2，我们总能做到这一点。根据魏尔斯特拉斯的观点，式(1.1)左侧的级数收敛于 2，而正是在这种极限意义下，式(1.1)左侧的级数和等于 2；严谨的数学家更喜欢说“2 是这个级数的极限”。

我们通常这样表述魏尔斯特拉斯准则：一个数学表达式[可以是式(1.1)表示的级数或式(1.2)表示的数列，或者其他形式]收敛于一个极限，当且仅当表达式的值与极限的差值小于 ε，其中 ε 为任意小的数值。例如，数列(1.2)收敛于零，因为不管 ε 取多小，只要数列足够长，我们总能找到小于 ε 的分数。

表达式收敛的极限有时不容易确定，但我们不考虑这种情况。重要的是：魏尔斯特拉斯提供了一条准则，让我们能用代数方法判断一个表达式是否收敛于某个极限，而这正是我们需要的。

我们把式(1.1)的级数表示为

$$1+\frac{1}{2}+\left(\frac{1}{2}\times\frac{1}{2}\right)+\left(\frac{1}{2}\times\frac{1}{2}\times\frac{1}{2}\right)+\left(\frac{1}{2}\times\frac{1}{2}\times\frac{1}{2}\times\frac{1}{2}\right)+\cdots=\frac{1}{1-\frac{1}{2}}. \tag{1.3}$$

得到这种形式的级数后，我们想知道是否存在其他的 ζ 值满足下式：

$$1+\zeta+(\zeta\times\zeta)+(\zeta\times\zeta\times\zeta)+(\zeta\times\zeta\times\zeta\times\zeta)+\cdots=\frac{1}{1-\zeta}. \tag{1.4a}$$

应用魏尔斯特拉斯准则我们发现（参见练习 1.1），当 $-1<\zeta<+1$ 时，式(1.4a)左侧的几何级数收敛于式(1.4a)右侧的极限，而式(1.1)表示的级数是这个几何级数的特例。我们通常将无穷级数表示成更紧凑的形式，例如将式(1.4a)表示为

$$\sum_{n=0}^{\infty}\zeta^n=\frac{1}{1-\zeta}. \tag{1.4b}$$

要知道，对无穷级数或无穷数列应用魏尔斯特拉斯准则只不过是故事的最后一章，人们在很久以前就开始探讨极限问题了。在爱利亚（Elea）的芝诺（Zeno）提出的运动悖论中最早出现了式(1.2)表示的数列，当然他是用语言而不是用数来描述这个数列。芝诺是古希腊哲学家，他在公元前 5 世纪初在意大利南部的爱利亚哲学学园学习，是著名哲学家巴门尼德（Parmenides）的学生。爱利亚学派相信世界是永恒不变的，认为变化是不可能的。也许芝诺想证明运动和变化的观念十分荒谬，因此才安排阿基里斯［Achilles，《伊利亚特》（*Iliad*）中跑得最快的英雄］和乌龟赛跑。在比赛开始时乌龟位于阿基里斯前方，与后者相距单位长度；芝诺假定每经过单位时间，阿基里斯就会穿越他和乌龟之间一半的距离。比赛开始时阿基里斯和乌龟的距离为单位长度，经过单位时间，二者的距离缩短为原来的一半，再经过单位时间，二者的距离缩短为原来的四分之一，如此这般；随着时间推进，阿基里斯和乌龟的距离越来越小。但是由于减半的过程可以无限延续，因此二者的距离永远不会消失，而阿基里斯永远也追不上乌龟。

我们现在对“芝诺悖论”不以为然，而它在当时引起了人们的重视，因为那时还没有明确的“运动”的定义。亚里士多德（Aristotle）在《物理学》（*Physics*）中指出了芝诺悖论中的漏洞：在芝诺描述的情况下，阿基里斯奔跑的速度不能保持不变，而必须逐渐减小。

在我们看来，其中最有趣的是亚里士多德在讨论无限时采用了无限等分的方法，这产生了式(1.2)表示的无穷数列。亚里士多德用了一整章讨论无限，他承认无限的问题很难，而“无论假定无限存在与否都会产生困难”①。在

① 见亚里士多德的《物理学》或《论天》（*On the Heavens*）。

详细论证了“不存在无限大的物体”之后，亚里士多德又指出：“如果假定无限不存在，则会产生许多荒谬的结论，例如时间将有起点和终点，一个量就不能被分成许多量，数有限，等等。基于上述考量，有限和无限都不能存在。必须加以仲裁，说明一种涵义的无限存在，而另一种涵义的无限则不存在。”亚里士多德提出“无限在暗中存在”，随后他用一些例子说明“无限以这样的方式普遍存在：从中取出一部分、再取出一部分，每一部分都有限，且这两部分总是不同。”换句话讲，亚里士多德认为“所谓无限指的是我们可以取了再取、取之不尽的东西”。

我们注意到无限级数式(1.1)和无限数列式(1.2)的确有这样的特点，因为不管我们列出多少项，还是有许多项没有被列出来。在讨论无限时，亚里士多德对物理上的无限和数学上的无限进行了区分，而不管存在与否，他考虑了这两种情况下的无限小和无限大。

在亚里士多德看来，时间是无限的，他相信明天总会来临。但是由于任何东西都不能超越包围整个宇宙的天球，因此包括空间在内任何物理实体不能无限大。另一方面，亚里士多德认为物体无论稀薄还是稠密都是连续的，而连续的物体可以被无限等分[这个论证隐含了式(1.2)表示的数列]，因此“小”是没有极限的。值得注意的是，在这方面亚里士多德不能也不愿意把零看作无限等分的极限。当时人们还没有建立零的概念，而古代数学家或物理学家用到的最接近零的概念是“虚无”。亚里士多德的定义包含了最重要的观念：无限小意味着不管它有多小还是能被继续等分。

在亚里士多德的分析中，没有提到收敛数列或收敛级数的极限，即类似魏尔斯特拉斯提出的极限的概念。但值得注意的是，比亚里士多德早一百多年、苏格拉底(Socrates)同时代的哲学家安蒂丰(Antiphon)提出用无限等分的方法估测圆的周长，当然在实际计算中他只进行了有限次的等分。参见图 1.1(a)，先做圆的内接正方形，再以正方形的边为底作等腰三角形得到内接八边形，然后以八边形的边为底做内接十六边形，重复这个过程，直到内接多边形的边几乎和圆周重合。

亚里士多德在《物理学》中提到安蒂丰的观念，以此为例指出安蒂丰的多边形永远也不能和圆周重合，因为这种等分过程可以永远继续下去。亚里士多德当然是对的，但是他忽视了重要的一点：只要重复次数足够多，我们的近似结果

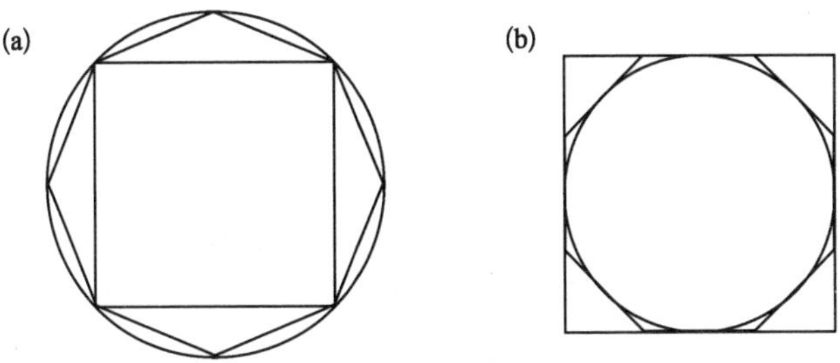

图 1.1　安蒂丰无限等分估测圆的周长

(a) 圆内接正方形的对角线等于圆的直径；(b) 圆外切正方形的边长等于圆的直径。从正方形开始生成正多边形，重复多次后，阿基米德就以足够的精度确定了圆的周长，它大于内接多边形的周长小于外切多边形的周长。

就能达到所需的精度。阿基米德在一百多年之后重拾安蒂丰的观念，用这种方法以极高的精度确定了圆周率 π——圆的周长与直径之比。

1.2　几何和数

亚里士多德在讨论数的无限性时也采用了无限等分的方法，他想表明数和物质及物理空间不同。由于我们总可以考虑一个更大的数，因此数没有上限，而且数能被无限次等分。数学家不用考虑物理空间的有限性，亚里士多德写道：因为在现实中不需要无限也用不到无限，人们想把线段延伸多长都可以，因此证明无限存在与否对实际生活没有意义。在这一点上亚里士多德是对的：物理世界和数学世界不同，尽管可以用后者很好地近似前者。

亚里士多德认为数存在下限，它就是 1。

现代读者自然会对这种说法感到惊讶，在刚刚介绍了无限等分方法后，亚里士多德这么说似乎自相矛盾。实际情况不是这样，因为在古人看来数只有自然数：

$$1,\ 2,\ 3,\ 4,\ 5,\ 6,\ \cdots, \tag{1.5}$$

而且他们用文字而不是今天通用的数字来表示它们。

我们注意到零（“0”）不属于自然数。如果理解了数是用来计数的，例如几把椅子，几天，或一件事发生了几次，我们就知道不需要 0。此外，古人理解分数，知道 1/2，1/3 和 1/4（同样是用词语来表示）和对应的正整数的关系；他们根据

正整数 a 和 b，理解普通分数 a/b 的含义，但是并没有把这些分数单独考虑[②]。需要说明的是，他们没有像我们今天那样把数看作直线上的点，而是认为线段上的点把线段分成两部分，如果这两部分的长度之比为 2 比 3，那么较短的线段与原来线段的长度之比就是 2 比 5，而较长的线段和整条线段的长度之比是 3 比 5。古人当然知道怎么计算分数的加法和乘法。而且由于几何研究线段，考虑线段的长度之比、线段相交时的夹角，古人把几何发展到了极致并建立了欧几里得几何，并没有因为将分数看作自然数的比值而受到任何阻碍。如果需要实际测量，他们当然会选取单位长度，考虑测量长度和单位长度的比。

分数属于更大的有理数集合，所谓有理数指的是所有分数 a/b，其中 a 是任意正整数、负整数，或是零，而 b 是任意正整数或负整数。我们还发现，古人认为负整数和分数一样，它们不能独立存在，因为古人只需要从一个较大的数中减去一个较小的数。

在希腊数学发展的早期，人们认为任何两条线段的长度比总可以用 a/b 表示，其中 a 和 b 是正整数；当他们发现情况并不总是这样时感到很惊诧。根据毕达哥拉斯定理（参见附录 A），直角三角形斜边的平方等于两条直角边平方的和。

毕达哥拉斯（Pythagoras）于公元前 570 年左右出生在爱琴海的萨摩斯岛，父亲是商人。他受到良好的教育，四处游历后在意大利南部的克罗托内建立了自己的学派。毕达哥拉斯学派对数学非常着迷，并常常赋予数字形而上的属性，特别是从 1 到 10 这 10 个数，例如 1 表示思想完整，10 表示圆满完美，等等。然而，毕达哥拉斯留给世人最大的遗产就是这条著名的定理，它表明存在长度之比不能用整数比 a/b 表示的线段。

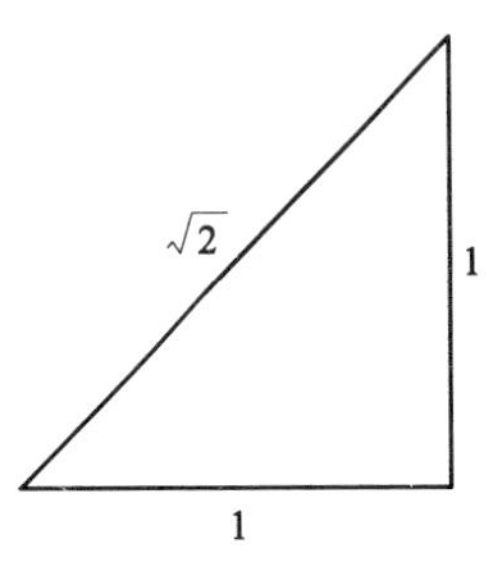

图 1.2　斜边与直角边的长度之比为 $\sqrt{2}$

请考虑图 1.2 所示的直角三角形，它的两条直角边均为单位长度，根据毕达哥拉斯定理，斜边的平方为：$1^2+1^2=2$，斜边与直角边的长度之比等于$\sqrt{2}$。我们可以证明（参见附录 A）$\sqrt{2}$ 不能表示成两个整数的比（ratio），用现代术语表述就是：$\sqrt{2}$ 为“非比例数”（irrational number；或“无理数”）。

换句话讲，图 1.2 中三角形的斜边和直角边的长度不

② 例如，参见 Fowler D H. The mathematics of Plato's Academy. Oxford：Oxford University Press，1999.

可公度(commensurate)：我们找不到这样一个单位长度，用它度量三条边全都得到有理数。我们当然可以选择一个单位长度，用它度量三角形的斜边得到一个有理数，例如以斜边长度为单位得到的测量结果为 1，但这样一来直角边的长度就不是有理数了。

据说当毕达哥拉斯学派发现$\sqrt{2}$ 不能用分数表示后非常震惊，他们对这个结果长期秘而不宣。但是他们不能否认无理数的存在：$\sqrt{2}$ 就是图 1.2 中三角形的斜边与直角边的比值，它不能用任何有理数来表示。当然，$\sqrt{2}$ 不是唯一的无理数，用$\sqrt{2}$ 乘以任意有理数会得到一个新的无理数。

现在，我们可以把$\sqrt{2}$ 写成小数，并根据精度要求保留小数点后的位数。我们先令$\sqrt{2} \approx 1.41$，而 $(1.41)^2 = 1.988\,1$；我们增加小数位数提高近似精度，令$\sqrt{2} \approx 1.414\,2$，而 $(1.414\,2)^2 = 1.999\,978\,8$；继续提高精度，令$\sqrt{2} \approx 1.414\,213$，得到 $(1.414\,213)^2 = 1.999\,998\,4$；依此类推，直到达到所需的精度。但不管我们在计算中保留多少位的小数，它也不会精确地等于$\sqrt{2}$。古人还没有发明十进制，他们用自己的方式来近似无理数。一种方法是用(无限)连分数，这也许是欧多克索斯(Eudoxos)的发明，这位杰出的数学家是柏拉图的学生。根据这种方法，我们把$\sqrt{2}$ 表示成一个连分数：

$$\sqrt{2} = 1 + \cfrac{1}{2 + \cfrac{1}{2 + \cfrac{1}{2 + \cfrac{1}{2 + \cfrac{1}{2}}}}}. \tag{1.6}$$

我们可以将最后一个分数线下面的 2 用 $2 + 1/2$ 代替，让连分数无限地继续下去。感兴趣的读者可以计算连分数的值，和$\sqrt{2}$ 的数值比较来验证这个式子。

我们不能像精确掌握分数或有限位小数那样精确掌握有理数，而只能以任意所需的精度确定这个无理数。换句话讲，我们知道无理数是数列或级数的极限。例如圆周率 π 就是无理数，我们只能把它看作极限，而阿基米德通过几何构图逼近 π 的精确值。我们知道某些级数收敛于 π，有的收敛较快，有的收敛较慢，而尽管下面的级数收敛不快，但是它的形式最简单：

$$1 - \frac{1}{3} + \frac{1}{5} - \frac{1}{7} + \frac{1}{9} - \frac{1}{11} + \cdots = \frac{\pi}{4}. \tag{1.7}$$

古希腊人发展了几何学而没有发展代数(即考虑数本身的数学分支),一个可能的原因是他们表示数的方式太复杂。希腊人发明了记账时表示数的符号,但是他们的“数”不像我们现在的数字那样简单高效。埃提克系统是公认的最早的数字系统,其中用一条竖线|表示1,用||表示2,用|||表示3,用||||表示4;用大写希腊字母Π表示5(Πεντας 即希腊语中的5),用Δ表示10(Δεκας 即希腊语中的10),用H表示100,用X表示1 000(Χιλιας 即希腊语中的1 000),用M表示10 000(Μυριαζ 即希腊语中的10 000)。可以把这些符号组合起来表示数,例如用HHΔΔΔ|||表示233,其中符号的位置不重要,因此233还可以用|||ΔΔΔHH或其他的排列形式表示。有时候他们用上标来简化数的表示,例如用H^{Π}表示HHHHH。后来古希腊人又引入更多的符号来表示更大的数,但这种方法毕竟太繁琐。阿基米德等人还发明了简单的“机械”计算器,来计算大数的加法和乘法。

我们对罗马数字比较熟悉,因为纪念碑、教堂和公共建筑的墙上都常常刻有罗马数字,但是用它们来表示大数同样很麻烦。除去一些例外(如Ⅸ表示9,而Ⅺ表示11),和埃提克系统一样,在罗马数字系统中表示数的符号的位置不重要。这两种数字系统和当今使用的十进制系统相比都严重落后。

在我们现在使用的数字系统中,数字的形状不重要,重要的是它的位置:在表示数的一行数字中,从右向左第一个数字表示个位,第二个数字表示十位,第三个数字表示百位,依此类推;而这种表示方法让加法和乘法运算更加直接、容易。比萨的莱奥纳尔多(Leonardo)在1202年撰写了一本书,从而将这种印度-阿拉伯数字系统引入西方。人们公认这种数字书写方式源于印度,经由阿拉伯的哲学家和科学家传播后传入西方。最开始没有零这个数字,如果某个位上没有数值这一列就空着,例如403加649的计算式如下,其中我们用点来表示列的位置。

$$
\begin{array}{rcccc}
 & \cdot & \cdot & \cdot & \cdot \\
 & & 6 & 4 & 9 \\
+ & & 4 & & 3 \\
\hline
 & 1 & & 5 & 2
\end{array},
$$

但是空列很容易被忽略,因此为了避免错误,人们引入了“0”来表示空的列,由此形成了今天的数字表示方式。到了13世纪末,十进制数字系统得以完善,再结合用指数表示的大数,例如,10^3(=1 000)或10^6(=1 000 000),人们就能轻松地处理大数的计算。

尽管古人表达数的方式有些笨拙，但绝不能认为古代数学家不使用大数。阿基米德计算了填满“宇宙”所需的沙粒的数目，似乎只想证明如果需要的话他可以处理这么大的数，而当时某些人认为数有上限根本站不住脚。阿基米德的计算过程是这样的：阿基米德认可亚里士多德的宇宙模型（见第 2 章），认为静止的地球处在巨大的宇宙天球的中心，星星固定在天球上随着天球围绕地球运转。根据数学家阿利斯塔克（Aristarchus）对地球周长和地日距离的估算结果，阿基米德假定固定在天球上的星星没有太阳那么遥远，他用几何方法得出宇宙的尺寸不超过地球尺寸的一万倍。随后阿基米德估算要用多少粒罂粟花籽才能填满这个宇宙，这种花籽小球的直径为手指宽度的 1/40；然后他假定每粒罂粟花籽最多包含一万颗沙粒，最终算出宇宙最多能容纳多少颗沙粒。为了对这些大数进行计算，阿基米德引入数的级别来增大数值：令一万的一万倍（一亿或 10^8）为第一级，再以第一级为单位得到第二级，此时数值达到了 10^{16}，然后以第二级为单位得到第三级，此时数值已经达到了 10^{24}，依此类推。通过采用这些大的“单位”（和我们现在处理大数的方法相仿），阿基米德得出填满宇宙所需的沙粒数不超过 1 000 个第七级单位，即 10^{56} 的 1 000 倍，它有 59 个零。阿基米德撰写了《沙粒计算者》（*Sand-reckoner*）一书，向锡拉库萨的国王革隆（Gelon）介绍这个结果，国王显然很开明，他喜欢这类计算。

当然，阿基米德的宇宙比太阳系都小，和我们今天了解的宇宙相比更是小得不能再小了；而且阿基米德采用的天球尺寸比阿利斯塔克的天球尺寸也小得多。阿利斯塔克居住在亚历山大城，他与阿基米德处于同一时代，二者可能还见过面。阿利斯塔克在历史上最早提出了日心说，他认为地球围绕太阳运转，而运转的轨道半径与星星所处的天球半径相比微不足道。在现代人看来，阿利斯塔克的模型更接近实际情况，但是阿基米德当时不会认识到这一点。他掌握的天文学数据与亚里士多德的模型吻合，而且亚里士多德的模型比阿利斯塔克的模型简单，包含“可测量”的参数，而阿利斯塔克的模型包含了许多不可知的参数。我们要知道，在解决抽象问题时，阿基米德对其中的细节不感兴趣，他只想证明如果有需要，可以用系统的方法来处理非常大的数③。

③　要想全面了解从古代到现代物理学发展背后的数学，请参考 Penrose R. The Road to Reality：A Complete Guide to the Laws of the Universe. London：Jonathan Cape，2004.

练习

1.1 证明式(1.4b).

证明：令

$$\sum_n \equiv 1+z+z^2+\cdots+z^n,$$

因此有 $$\sum_{n+1} \equiv 1+z+z^2+\cdots+z^n+z^{n+1}=1+z\sum_n. \tag{1.8}$$

我们还有：

$$\sum_{n+1} \equiv \sum_n + z^{n+1}. \tag{1.9}$$

由式(1.8)和式(1.9)得到：$1+z\sum_n=\sum_n+z^{n+1}$；因此有：

$$(1-z)\sum_n = 1-z^{n+1}. \tag{1.10}$$

当 $-1<z<+1$ 时，令 $n\to\infty$，$z^{n+1}\to 0$，式(1.10)变为式(1.4b)。

1.2 确定当 $k\to\infty$ 时，$f(k)=\dfrac{4k^2+k-2}{8k^2-2k}$ 的极限。

提示：将 $f(k)$ 的分子和分母同除以 k^2。

答案：$\dfrac{1}{2}$。

1.3 通过计算验证连分数式(1.6)收敛于$\sqrt{2}$。

1.4 通过计算验证级数式(1.7)收敛于 $\pi/4$。

第 2 章
科学的黎明

2.1　亚里士多德

亚里士多德是人类历史上第一位伟大的科学家；他同时还是伟大的哲学家、逻辑学创始人和文学评论家。当然，在他之前和他同时代还有其他的哲学家兼科学家，但只有亚里士多德和阿基米德才称得上是古代最伟大的科学家；阿基米德的工作定义并引领了之后数世纪的科学研究。

在介绍亚里士多德对世界的看法之前，我们先介绍他的生平。亚里士多德于公元前 384 年出生在希腊北部的斯塔基拉（Stagira），他的父亲是马其顿国王阿敏塔斯三世（Amynthas Ⅲ）的御医，后者的儿子是腓力大帝（Philip the Great）。在亚里士多德 18 岁时，他前往雅典的柏拉图学园学习。这个学园由柏拉图在公元前 387 年建立，是当时享有盛名的学术中心；学园延续了 900 年，直到公元 529 年因战乱关闭。亚里士多德在学园里待了 20 年，直到公元前 348 年柏拉图去世后才离开。此后，亚里士多德一度移居小亚细亚的密细亚，后由于政治原因而离开；之后他又前往莱斯沃斯岛的米提林尼，在那里进行了包括生物学在内的多项研究。公元前 343 年，应国王腓力的邀请，亚里士多德回到马其顿担任亚历山大（Alexander）的导师。公元前 335 年，即国王腓力去世一年后，亚里士多德回到雅典。他创立了自己的学园——吕克昂（Lyceum），并在那里执教 12 年；但后来不得不再次离开。

亚里士多德和马其顿王室关系紧密，这使得他成为雅典联邦某些人的敌人，尽管没有证据表明他赞同亚历山大扩张帝国的野心，而且在他的政治学著作中也鲜有提及亚历山大的功绩！不管怎样，当亚历山大于公元前 323 年去世后，亚里士多德为了避免被判处不敬神罪而逃离雅典;要知道,70 年前苏格拉底就是因为不敬神罪而被处死的。在亚历山大的总督安提帕特(Antipater)的庇护下,亚里士多德前往埃维亚的哈尔基斯,于公元前 322 年在那里辞世。

2.2 空间、时间和物质

亚里士多德对空间的认识和当代科学家的看法没什么不同。他指出,我们想到空间是因为存在相对空间的运动。空间是不能移动的容器:"如果一个物体在运动物体的内部移动,那么容纳它的物体不是空间,例如在河上行船,河水流动因此不是空间;空间是不动的,而由于整条河不动,因此可以把整条河视为空间。"

亚里士多德对时间的看法极富现代性:我们通过运动或变化感知时间;如果没有变化,或是我们没有感觉到变化,那么时间就不存在。他曾经这样写道:时间流逝就像物体沿轨迹运动,因此,所谓的"现在"就是被带到我们眼前的物体。由于时间和运动对应,二者都连续变化,因此"现在"将过去(之前的变化)和将来(之后的变化)分隔开。亚里士多德宣称:"如果没有人的理性(soul reason),那么就不能感知和记录时间。在观察者之外可以存在、也的确存在的是运动,而时间是它的属性。"他的原话是:"……因此时间要么是运动,要么从属于运动;而由于它不是运动,它一定是后者……如果只有人或是出于人的理性才能记录时间,那么除非有人存在,否则就没有时间;只有当时间是运动的属性时才能被计量,因为运动不依赖人存在,'之前'和'之后'都是运动的属性。"

他还引入钟表的概念:正如每样东西都能用与之同类的东西来测量一样,一个一个地来计数,一匹一匹地来数马,时间也能用时间的单位来度量。他对各种轨迹进行观测,发现匀速圆周运动的周期最适合作为度量时间的单位。他还说:"正因为如此,时间被看作是天球的运动,而其他运动都据此度量。"天体运转(参见后面的第 2.3 节)定义了宇宙时间,时间处处相同,它不断地流逝、永不停歇。后来的科学家习惯于用这种方式思考时间,认为它独立于钟表存在,而丢弃了亚里士多德最初更深邃的观念,即如果脱离了钟表的运转,时间就不复存在。现在,人们更愿意接受爱因斯坦在 1905 年提出的时空概念。

我们必须承认，亚里士多德和其他古代科学家对物质提出了“正确”的问题，即他们的问题定义了此后的科学，但由于当时的局限性，他们只能对物质的本质进行猜测。

古代科学家提出了原子概念，恩培多克勒（Empedocles）和德谟克利特（Democritus）是其中最著名的两位。他们认为：所有物质均由不可分割的微小粒子构成，这些粒子质地相同但形状不同，有的是球形，有的是正四面体，等等；而无论气体、液体，还是固体，任何物质的原子之间总是存在虚空。他们宣称，只有以这种方式构成的物质才能被分割，而物质显然能被分割。此外，原子论者认为不同物质（土、水、气、火）之所以有不同的性质，是因为它们的构成原子不同，即单位质量物质包含多少个这种形状以及多少个那种形状的原子。他们认为当物质发生变化时，例如气冷却变成水，或水加热变成气，构成它们的原子的比例发生了改变，比如单位质量物质中球形原子和四面体原子的数量比有所改变。

有些学者不接受原子论，亚里士多德是其中最有力的反对者。亚里士多德相信物质是连续的，即使是稀薄如气或以太的物质，而在物体的周围或内部根本就没有虚空。他认为在地球大气之外也没有虚空：连续的、类似以太的物质充满了整个宇宙。他宣称，唯有这样，一个物体才能推动或阻碍另一个物体的运动。例如，气阻碍了落体向下的运动，或者气对物体产生向上的推力。同理，如果物体内部存在虚空、物体各部分不连续的话，我们在物体一侧施加的推力就不会传递到另一侧。翻译成现代术语，亚里士多德表达的是“不存在超距作用”，即两个物体无论大小，如果二者不接触就不会产生作用力。这种观点在牛顿提出引力定律之前一直被大众广泛接受，而据说牛顿也对物体这种远距离的相互吸引感到困惑，他也没有排除引力通过看不见的介质来传递的可能性。后来人们发现了电磁波，而电磁波的传播让人们相信存在弥漫整个空间的连续的“以太”。直到 20 世纪初，人们在实验中发现了像原子一样的粒子，原子理论才被接受。

亚里士多德和原子论者一样，认为物质能从一种变为另一种，但是不能无中生有。尽管他反对物质的原子论，但并不反对物质由少数基本元素构成的观点，例如土、水、气、火；他认为这是可行的。另一方面，考虑到物质的性质千差万别，他认为物质可以有无穷多种形态，就像光的色彩连续变化、有无穷多种色调一样。

2.3 宇宙

亚里士多德根据天文观测结果建立了宇宙模型，其中月球和太阳围绕地球运转，而恒星固定在由有限个球面层层嵌套的宇宙的外层球面上，这些球面也围绕地球运转。亚里士多德在他的《论天》中解释说："数学家的研究支持宇宙围绕静止地球旋转的模型，因为观测到的恒星运转与地心假说完全吻合。"（参见图 2.1）

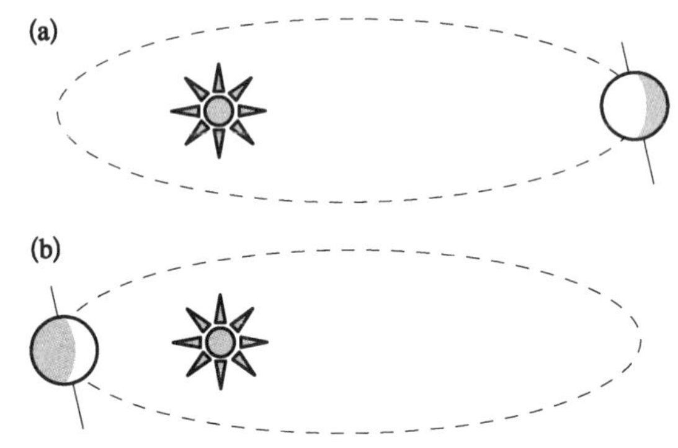

图 2.1 地球围绕太阳运转的轨道

我们现在知道地球沿椭圆轨道围绕太阳运转，而太阳位于椭圆的一个焦点上。(a) 在 7 月 4 日，地球处于轨道上的远日点，此时地日距离为 1.013 7 天文单位(astronomical unit, AU)；(b) 在 1 月 3 日，地球处于轨道上的近日点，此时地日距离为 0.983 3 天文单位。1 天文单位为 149 597 870 千米，是地球和太阳的平均距离。地球在围绕太阳运转的同时还围绕地轴自转。地球的赤道平面垂直于地轴，它与地球的轨道平面成 23.5°角；这个夹角在地球围绕太阳运转时保持不变，因此地轴总是指向北极星。地球自转的周期为 24 小时，即一个昼夜，而地球围绕太阳运转产生四季更迭。在北半球，当北极星向太阳倾斜时是夏季，见图(a)，而当它远离太阳倾斜时则为冬季，见图(b)。由于地轴总是指向北极星，因此我们在北半球观测到恒星自西向东围绕固定的北极星旋转。地球每 24 小时完成一次自转，但是由于地球的轨道运动，恒星围绕北极星旋转的周期为 23 小时 56 分钟 4 秒。注意到这个差异后，天文学家就能在夜间相当精准地确定时间。你们可能认为当地球处于轨道的不同位置时，会观测到两颗恒星的角距离发生改变，但实际上这种差异十分微小，肉眼几乎分辨不出来。因为地球和最近的恒星距离也非常遥远，而和这些距离相比，地球围绕太阳运转的轨道几乎收缩成一点。古人认为地球处于宇宙的中心静止不动，而恒星固定在宇宙的外层球面上，这个球面围绕着总是指向北极星的地轴旋转。这些恒星的旋转看起来很真实，它的周期是 23 小时 56 分钟 4 秒。与之类似，太阳也固定在一个球面上围绕地轴旋转，它的周期为 24 小时，对应地球上的一昼夜。人们还假定太阳天球的轴线相对固定恒星的旋转轴倾斜了 23.5°，前者围绕后者旋转，总是保持 23.5°的倾角；正是这个旋转周期定义了太阳年，它产生四季更迭。古代的宇宙地心模型与当时的天文观测结果相符。

亚里士多德提出：天体，诸如月亮、太阳和固定的恒星，它们的本性是围绕地球运转；而地球上的物质除了元素火以外都具有“重性”(heaviness)，除非受到其他物体的作用力，否则它们会一直待在地面上。

亚里士多德的宇宙模型中最有趣的是对落体的描述(现在归因于引力)，他还把这个过程和地球的形成联系了起来。他的基本观点简单而优美：物体的重性(今天我们称为引力场)和宇宙空间的属性有关；球形宇宙定义了两个方向，一个指向宇宙中心、一个背离宇宙中心，而所有物质都有落向宇宙中心的属性，除非它受到其他物体的限制。地球就是这样形成的：构成物质从各个方向落向宇宙的中心，物质越重就会越靠近中心，而较轻的物质则叠在前者的上方；由于物质从四面八方向中心聚集，因此地球呈球形。

阿那克萨哥拉(Anaxagoras)最早提出地球为球形，而亚里士多德根据观察证实了这一点。他的原话是：“要不然月食阴影的边缘怎么会是那样的曲线？地球阻挡太阳引发了月食，而正是地球的表面形成了阴影边缘的曲线，因此地球一定呈球形。此外，我们对恒星的观察也表明地球为球形，而且这个球并不很大，因为向南或向北移动一点就能发现地平线改变……有些星星在埃及和塞浦路斯能看到，而在更北的地方就看不到；而有些星星在北方的夜空中一直闪耀，但是在埃及和塞浦路斯却会看到它们升起和落下”(参见图 2.2)。

当时的数学家计算得到地球的周长为 9 987 英里(1 英里＝1 609.3 米)，这几乎是地球实际周长 5 400 英里的两倍。亚里士多德根据这个结果得出了地球的形状和尺寸，并指出地球的质量和不太大的恒星的质量相当。古人显然意识到恒星很大，可能远大于太阳，只是它们距离地球过于遥远而看起来很小。

亚里士多德认为引力来自空间的几何形状，通过假定宇宙呈球形，他导出了地球也呈球形。我们必须承认这个想法非常巧妙。但不幸的是，亚里士多德并没有像我们现代人预期得那样，仔细观察落体运动从而获得更深入的理解。

要想正确地描述引力必须先认识到一个事实，在没有空气阻力的情况下，在相同的高度同时释放的两个物体将同时落地。亚里士多德和他同时代的学者能发现这个事实吗？当时的人们当然不能消除空气阻力，但是如果一个人心生怀疑，认为空气阻力有可能阻碍落体的运动，那么在当代的科学家看来，他至少应该尝试在设计实验时考虑这个效应，并设法消除阻力的影响。例如，他可以让不同质量的物体形状相近，使它们受到的阻力几乎相同，而只要物体足够重，空气

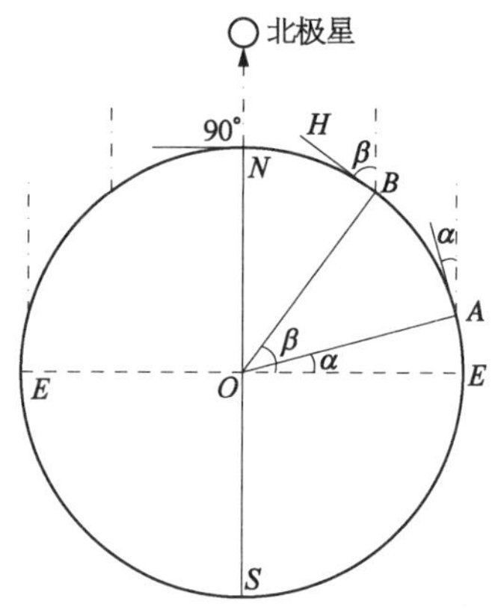

图 2.2 地球纬度示意图

经线是地表连接北极和南极的半个大圆,它与赤道相交于点 E,考虑经线上的点 A 和点 B。图中竖的虚线表示在北半球不同纬度处看到的北极星的方向;点 A 的纬度由半径 OA 与赤道(EOE)的夹角 α 确定,该夹角在赤道处为 0°而在北极为 90°。我们发现,定义纬度的夹角就等于在某点指向北极星的方向与该点地平线的夹角,测量这个角度就能确定纬度。由于地球围绕地轴 ON 旋转,或者说天球围绕北极星旋转,在点 A 只能看到那些在一段时间内高于地平线的星星,因此是纬度决定了在夜空中能看到哪些星星。这也解释了为什么在点 A 能看到某些星星升起和落下,但是在点 B 却根本看不到它们。

阻力就远小于重力。如果让这样两个物体从同样的高度下落,就会发现它们几乎同时落地,而这个发现有可能会引发进一步的实验。

根据亚里士多德的著作,他的确知道空气会影响落体的运动,但是他没有想到这会导致某些物体下落得快而某些物体下落得慢。在亚里士多德的时代,学者们不做实验、不进行测量,尽管这样做能让他们进一步考察研究对象。他们没有对落体运动的影响因素进行单独的研究,而只是观察不同条件下实际发生的现象;而实际现象的影响因素众多,往往掩盖了现象背后的简单规律。

亚里士多德发现,尽管所有物体(除火以外)在气中都会落向地心,但它们在水中或是其他介质中则不然。为了解释这种现象,亚里士多德引入相对重量的概念:只有土是绝对重的,因为它总是待在其他物体的底部;只有火是绝对轻的,因为它总是向上运动。其他的物质在某些介质中是重的,它们下沉,而在某些介质中是轻的,它们上浮。例如,木块在气中是重的,而它在水中是轻的。因为除了火以外,所有元素都有重量,而除了土以外,所有元素又都有轻量。亚里士多德指出:即使气也有重量,因为鼓的气囊比瘪的气囊要重。他还认为物体在介质中上浮还是下沉取决于两个力的较量:物体的重量把它向下拉,而介质的表面抵抗破坏会产生向上的推力；由于气比水更容易被分开，因此水会产生更大的推力。所有这些解释都说得通，但它们对进一步理解引力没有帮助。此外，尽管他对落体的许多观察都正确，但是他也犯了一些简单的错误，得出了与实际情况相反的结论。

缺乏适当的实验方法制约了古代科学的发展，而阿基米德最终打破了这种情况。阿基米德不仅是伟大的数学家和理论家，他同时还是灵巧的实验学家，许多人认为他的才具足以和伽利略(Galileo)、牛顿比肩。关于阿基米德的生平我们知之甚少，只知道他生于公元前 287 年，一生中大部分时间生活在西西里岛的希腊城邦锡拉库萨。在公元前 212 年罗马人攻占这座城市后，他被一个士兵杀害了。根据历史学家波利比乌斯(Polybius)的记述，阿基米德帮助设计的投弹器射程精准，粉碎了罗马人妄想从海上入侵的企图。波利比乌斯可能有所夸大，因为阿基米德不可能掌握这么先进的投弹学，但是他显然对工程技术十分感兴趣。据说阿基米德设计了许多精巧的机械，其中最著名的就是阿基米德螺旋泵。阿基米德还是伟大的数学家，我们在第 1.2 节介绍了他怎样处理大数，以及他怎样利用无穷小的积分思想来计算圆周率。此外，阿基米德还研究了某些曲线的性质，例如抛物线，以及某些曲面的性质，例如由抛物线旋转形成的抛物面。

阿基米德对物理学的研究主要集中在静力学，即研究处于平衡态的静止物体的力学分支，他撰写了《论重心》(*On Centres of Gravity*)和《论杠杆》(*On the Lever*)等著作。在阿基米德的时代，人们模糊地知道重心是重力在物体上作用的点，利用天平或是观察物体在悬挂时静止的位置可以确定重心。但是阿基米德根据物体的质量分布给出了重心的精确定义，从而能用几何方法确定重心。阿基米德还计算了不同形状(包括他导出的抛物面)均质物体的重心，而且毫无疑问，他用实验检验了这些计算结果。同样，人们早在阿基米德之前就广泛地使用杠杆，但是是阿基米德明确了杠杆平衡的数学原理。阿基米德首次提出了纯物质具有特定的可测量的性质，他宣称根据单位体积的重量可以区分金和其他金属，但是直到多年后其他的科学家才采纳了这一观点。阿基米德最杰出的物理成就无疑是以他的名字命名的浮力原理，他在自己的著作《论浮力》(*On Floating Bodies*)中详细介绍了该原理，而自此，所有的物理学初级教材都收录了这一原理。

我们用现代术语表述阿基米德原理：浸没在流体中的固体受到的浮力等于物体排开流体的重量。显然当物体浮在流体表面时，它排开流体的体积小于其自身体积;而当物体完全浸没在流体中时,它排开的流体体积就等于其自身体积。

阿基米德原理基于下面三条假设:

1) 流体的各个部分均匀、连续,处于较小压强的部分将受到处于较大压强的部分的驱动。

2) 流体的每个部分都受到来自正上方的压力。

3) 物体在流体中保持直立是因为受到了通过其重心的竖直向上的力。

我们注意到,1)实际上描述了流体的平衡;2)说的是当流体在重力场中达到平衡时,它产生的向上的压力等于上方流体向下的重力;3)将物体向上的运动等同于其重心的运动。需要说明的是,阿基米德的证明意味着流体不可压缩,这个假设适用于压力不很大的情况。

毫无疑问,阿基米德非常像一个现代的科学家:他基于明确的假设建立理论,利用数学或几何推导得出结论,然后用实验来检验结论。他的确是这样做的。

阿基米德死后,科学探索的希腊时代宣告终结。后来的罗马人对实际工程更感兴趣,而当罗马帝国衰亡后,信仰基督教的欧洲彻底背离了科学,直到文艺复兴和伽利略时代情况才改观。

2.4 自然的行为有目的吗

恩培多克勒和阿那克萨哥拉宣称物理过程有其必然性:如果 A 发生,B 就会随之发生。在哲学家看来,物理学家的任务是描述这个过程,预测之后发生的 B;大多数当代科学家也持有这样的观点。“为什么会这样?”“发生这一切的原动力是什么?”这类哲学问题不需要科学家费心。但亚里士多德作为哲学家兼科学家,他想知道发生这些过程的原动力:它是不是恩培多克勒和阿那克萨哥拉认为的某种偶然因素呢?亚里士多德不这样认为,在他看来,“自然运作出于某种目的”。在他撰写的《物理学》中,他否定了恩培多克勒和阿那克萨哥拉的观点,明确表达了自己的看法。在引述亚里士多德的论述之前,我们要知道,亚里士多德和他的对手都相信生物系统和非生命物质遵循相同的原理运作。值得注意的是,恩培多克勒和阿那克萨哥拉持有类似达尔文进化论的观点,认为自然选择造成了有机体的进化,而偶然出现的最适应的物种得以存活。他们的理论和德谟克利特提出的原子论一样，基本上是正确的；但这些理论只是猜测，是智力游戏，而没有任何可以作为佐证的观察结果。亚里士多德毫不费力地予以反驳，他这样表述：

“恩培多克勒和阿那克萨哥拉认为：自然运作不是为了什么或是要带来什么好处，它们都是偶然的结果。例如物质上升后必然冷却，而冷却后必然变成水然后落下，结果使庄稼生长，但下雨并不是为了让庄稼生长；类似地，收来的谷物晾在打谷场上被雨浇发霉了，也不能说下雨是为了让谷物发霉，这不过是偶然的结果。这就产生了一个问题：大自然其他行为是不是也应该如此？我们长牙齿不是为了什么而完全是出于偶然吗？门牙尖利适于撕咬，而磨牙平坦适于咀嚼，这不是为了某种目的吗？如果自然有目的，它就会适时地出现一些东西，而这些东西会以恰当的方式自发组织起来，并一直存在下去；而那些不合时宜的东西则会逐渐消亡并最终灭绝，就像恩培多克勒所说的‘人面牛身’一样。

恩培多克勒和阿那克萨哥拉的论述会产生难以解决的困难，他们的观点不可能正确。因为牙齿和其他自然事物总是以特定的方式出现，它们绝对不是偶然的结果。我们不会说冬季频繁下雨是偶然或巧合，而会说夏季频繁下雨纯属偶然；夏季炎热也不是巧合，而冬季炎热才是。那么，如果认为事物发生或是出于偶然或是出于某种目的，而它们又不可能是偶然的结果时，那么它们一定是为着某个目的；即使我们有争端，也不得不承认大自然就是如此。因此，自然运作本身有它的目的。

这一点在动物身上体现得更加明显，因为动物行事既不是为了艺术，也不是出于好奇或是缜密思考；尽管人们惊叹蜘蛛、蚂蚁等生物的巧妙工作，不知道它们是否拥有智力。继续向这个方向推进，我们能清晰地看出植物的行为也有目的：树叶生长是为了给水果提供阴凉。如果出于本性和某种目的，燕子筑巢，蜘蛛结网，植物生长叶子、向下扎根吸取营养，那么事物显然会为了某种目的，同时出于本性而运作。由于‘本性’有两个含义，质料和形态，而后者是目的，那么由于所有的物体行事有目的，形态就必然是原动力，是‘为了达到的’目的。”

亚里士多德承认“质料”的存在，因为没有它就什么也没有。但是他强调，任何情况发生都是出于某种目的。我们可以这样说：“如果 A 发生后 B 发生，B 也不是 A 的必然结果，而要反过来说，A 因为 B 而存在。并不是因为有了土才有砖，而是反过来的情况，土存在是为了制造砖，砖存在是为了造房子，房子存在是为了让人居住，依此类推。”亚里士多德认为：“‘为了什么’是驱动自然运转的动力，是决定发生什么变化的决策人。”

他说到：“如果因为我们没有看到幕后的操纵者就认为没有这种目的，这个看法非常荒唐。技术本身不能进行盘算谋划。如果木头本身就包含造船术的话，那么木头的本性就是为了造船；因此如果技术有目的，那么物质的本性也就有目的。最好的说法是，大自然就像医生一样，自己给自己诊病。”

由此产生了亚里士多德的教条：“自然运作经过缜密的策划”，教皇和天主教会非常喜欢这个观点。几百年来，如果不能明令禁止，教会就用亚里士多德的权威来遏制科学探索。想想真是讽刺：亚里士多德天才的探索被渴望权力的主教和思想迟滞的宗教狂热者降格到了这步田地。尽管亚里士多德没有指明自然运作背后的主使，但教会宣称他就是基督教的上帝。

练习

2.1 均质圆柱棒的密度为 ρ，当它的 2/3 浸没在水中时达到平衡，请问 ρ 为多少？

提示：水的密度 $\rho_{\text{water}}=1\ \text{g/cm}^3$。

答案：$\rho=\frac{2}{3}\text{g/cm}^3$。

2.2 海水密度为 $1.03\ \text{g/cm}^3$，冰的密度为 $0.92\ \text{g/cm}^3$，估计冰山露在水面上的体积。

答案：11%。

2.3 在真空中测量才能得到物体的真实重量。如果在空气中用天平称量体积为 V 的物体，砝码的密度为 ρ，证明物体的真实重量 W 为：

$$W=W^{*}+\left(V-\frac{W^{*}}{\rho g}\right)\rho_{\text{air}}g,$$

其中 W^{*} 是天平显示的重量，ρ_{air} 是空气密度，g 是重力加速度，对于所有物体 $g=9.8\ \text{m/s}^2$。

第 3 章
天文学铺就道路

3.1 亚历山大的天文学家

亚历山大城坐落在埃及的地中海之滨，因其建造者亚历山大大帝而得名；在亚历山大大帝辞世后直到罗马时代的几百年中，它一直是活跃的学术中心。杰出的几何学家，比如伟大的欧几里得(Euclid)和杰出的天文学家都曾经在这里工作生活过，而且他们之间有着紧密的交流。天文学家要利用几何原理来分析天文数据；和几何学家一样，他们相信欧氏几何能描述真实的物理空间，并且适用于整个宇宙。

我们看到，古代天文学家认识到地球为球形，并认为它处在宇宙的中心。公元前三世纪，埃拉托色尼(Eratosthenes)通过测量两个地点的纬度差(即图 3.1 中的角度 α) 估测了地球的周长；这两个地点是亚历山大城和赛伊尼城(即现在的阿斯旺)，它们几乎处在同一个大圆上，且二者的距离足够远。埃拉托色尼分别在两地竖起垂直于地面的长杆，在夏至的正午时分测量长杆阴影的长度。他发现在赛伊尼城长杆没有阴影，这意味着阳光垂直入射，因为赛伊尼城的纬度角(23.5°)就等于地球的赤道平面相对其轨道平面倾斜的角度(参见图 2.1 的图注)。在亚历山大城，埃拉托色尼根据长杆阴影的长度算出入射光与长杆的夹角 α，从而算出这两个地点的纬度差(参见图 3.1)。由于两地间的距离已知，即角度 α 对应的弧线长度已知，埃拉托色尼由此推算出大圆的周长及地球的直径。后来其他的天

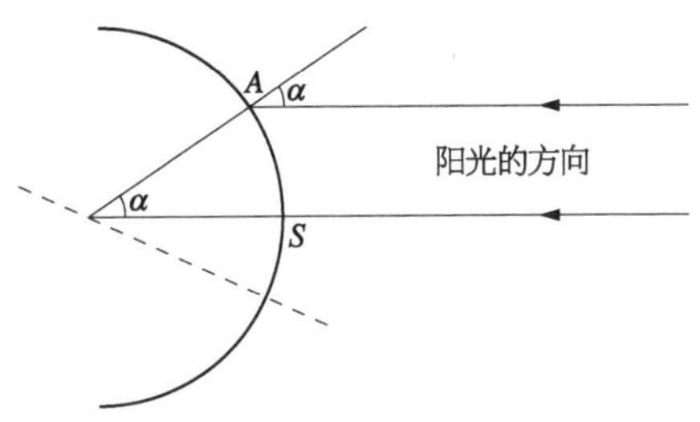

图 3.1 埃拉托色尼测量地球周长的方法

为了图示清晰而夸大了角度 α；图中的虚线表示赤道。

文学家也采用这种方法，对地球的直径进行了更好的测算。

天文学家也观测月亮和太阳。阿利斯塔克(Aristarchus)通过观察月食中月亮穿过地球阴影的过程，估测了月亮的尺寸(参见图 3.2)。月亮显然比地球小，而地球和月亮的距离比它和太阳的距离要近得多。阿利斯塔克注意到，月食从初亏到复圆的整个时长大约是整个月亮都消失(即从食既到生光)的时长的 2 倍。令二者的比例等于 2，并且用地球直径决定的圆柱阴影代替实际的锥形阴影(当地球离太阳很远而离月亮很近时，这个近似还不坏)，就能得出月亮的直径必然小于地球直径的一半。从表 3.1 可知，阿利斯塔克认为月亮的直径为地球直径的 9/25(0.36)，而我们现在的数值是 0.27。①

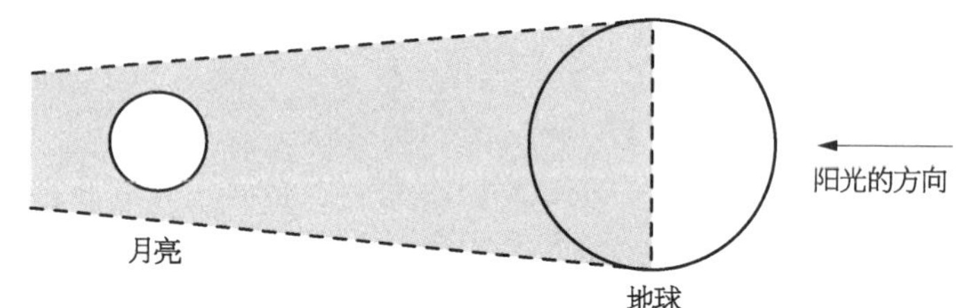

图 3.2　在月食过程中月亮穿过地球的阴影

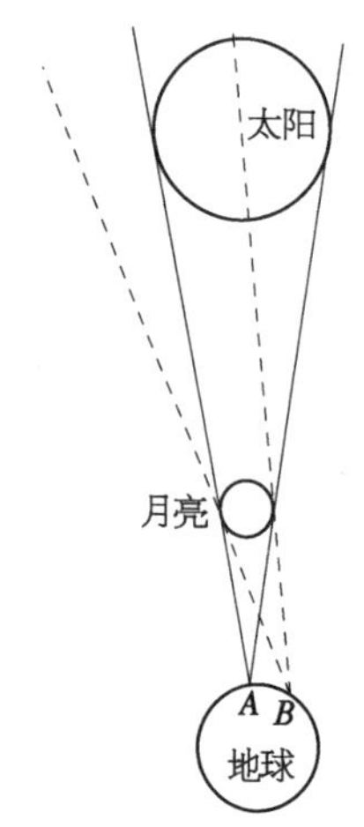

图 3.3　在点 A 观测到的日全食在点 B 是日偏食

为了确定地月距离，公元前 2 世纪的喜帕恰斯(Hipparchus)进行了下述研究。他注意到在点 A [赫勒斯滂(Hellespont)，即达达尼尔海峡，即恰纳卡莱海峡的古称]观测到的日全食对于点 B(亚历山大城)只是日偏食，这是因为这两点定义的圆锥以及看到的月亮尺寸有所不同，而月亮的尺寸决定了阻挡的范围。在图 3.3 中，我们分别用实线和虚线绘制了点 A 和点 B 处的阴影圆锥。从图中可以看出，太阳完全处于点 A 的圆锥内，而只有一部分处于点 B 的圆锥内，因此在点 B 观测到日偏食。喜帕恰斯进行了下述假定：(a) 当发生日全食时，太阳圆盘和月亮

① Ritchie A D. History and Methods of the Sciences. The Edinburgh University Press，1965：62. 要想了解更多的从古至今的物理方法，以及相关的原始文献，请参考：Holton G，Brush S G. Introduction to Concepts and Theories in Physical Science. 2nd ed. Princeton University Press，1985.

圆盘对应相同的张角;(b) 在点 B 只能看到太阳圆盘的 1/5;(c) 点 A 和点 B 的距离已知。那么,根据前人估算的月亮直径,喜帕恰斯就能推知地月的距离。我们不打算详细介绍相关的几何推导,而用表 3.1 列出了喜帕恰斯和其他古代天文学家用这种方法得出的数据,同时也给出了对应的现代测量值。

表 3.1　古代天文学家估测的天文距离

	地月平均距离	月球直径	地日平均距离	太阳直径
阿利斯塔克	9.5	0.36	180	6.75
喜帕恰斯	33.667	0.33	1 245	12.334
波希多尼	26.2	0.157	6 545	39.25
托勒密	29.5	0.29	605	5.5
现代测量值	30.2	0.27	11 726	108.9

* 表中还给出了对应的现代测量值,测量单位为地球直径。

原则上,确定了地月距离就能确定地日距离。阿利斯塔克和他同时代的学者都知道,月亮发光是因为它反射太阳光。当月亮的一半发光时(即上弦月),地球、太阳和月亮三者的位置如图 3.4 所示,地球和月亮的连线垂直于月亮和太阳的连线。因此,已知角度 α 和地月距离就能确定这个直角三角形,并由此计算地日距离。这个问题中真正的困难在于测量 α 角,古人的观测结果有很大的误差,很难以足够的精度确定 α 角。我们现在知道 α 角为 $89°50'$,而地月距离是地球直径的 30.2 倍。古代天文学家测得的 α 角通常偏小,例如阿利斯塔克得到的数值为 $87°$,因此他们不能准确地估算地日距离。参见表 3.1,我们发现只有波希多尼(Posidonius)的结果比较接近实际数值,但这也可能是碰巧得到的。出于同样的原因,古人也不能很好地估算太阳的直径(参见表 3.1)。

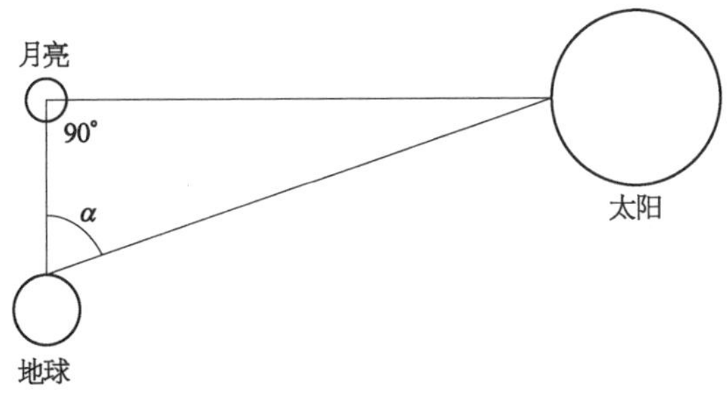

图 3.4　当月亮的一半发光时,地球、月亮和太阳三者的位置关系

上述测量天体距离的方法依赖所谓的视差，即当观察者的位置改变时，天体相对固定的恒星背景的角位置也随之改变。然而，只有在两个发光天体都几乎是光点、并且亮度并不很高的情况下，人们才能准确地测量视差，因此这种方法对又大又明亮的太阳不适用。直到牛顿在18世纪建立了行星运动理论后，人们才能准确地估测地日距离。

公元2世纪，托勒密(Ptolemy)对行星的研究将古希腊天文学推向了顶峰。行星一词来自希腊语，意思是流浪者；之所以得名，是因为行星在固定的恒星背景上划出复杂的路径。即便如此，古天文学家还是在简单仪器的辅助下，对行星进行了细致的裸眼观察，并根据观测数据建立了能很好地描述行星轨迹的几何模型。

我们现在知道太阳系有八大行星(原来还包括冥王星，但当代天文学家通过表决将它排除在外)，它们围着太阳沿接近圆形的椭圆轨道运转。按轨道尺寸(即和太阳的距离)增大的顺序，它们依次是：水星、金星、地球、火星、木星、土星、天王星和海王星。在托勒密的时代，人们没有发现土星、天王星和海王星，因为不用望远镜看不到它们。已知其他行星的轨道(即任意时刻行星的位置)和地球的轨道，并考虑到地球的自转，我们就能确定任意时刻在地球上某点观测到的行星相对固定恒星的角位置。在地球上观测到的行星轨道非常奇怪，而参考图3.5就能理解产生这种情况的原因。

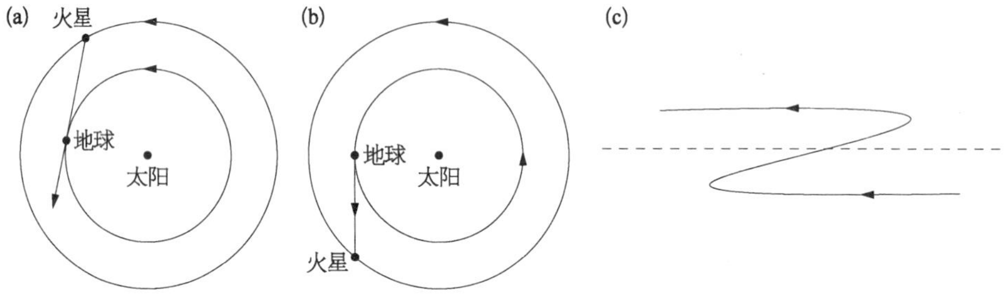

图3.5　火星相对地球的运动示意图

在图(a)和图(b)中，在地球上看来火星似乎静止不动，而在图(c)中，当地球超过火星时它似乎暂时反向运动。

当火星和地球的相对位置如图3.5(a)所示时，地球远离火星运动，而此时观测到火星静止；同理当二者的位置如图3.5(b)所示时，地球向着火星运动，依然看到火星静止；而当地球超越火星时，火星看起来暂时后退，如图3.5(c)所示。

当然,两个行星实际上都以恒定的速度沿着轨道运动。图 3.5(c)中的虚线表示黄道,即在地球上观测到的太阳轨道。黄道和火星轨道如此接近,表明火星的轨道平面和地球的轨道平面彼此接近;所有其他行星的情况也类似。托勒密认同亚里士多德的宇宙模型:地球处于宇宙中心,而遥远的恒星固定在外层天球上围绕地球运转。随后托勒密又将月球、太阳和其他行星安置在围绕地球的轨道上;月球最近,接着是水星、金星,然后是太阳,再往后是火星、木星和土星。

托勒密将水星和金星置于地球和太阳之间,是因为这两颗行星和月亮类似,有时会在太阳的前方经过,而火星、木星和土星却从未出现过这种情况。固定的恒星似乎是这些天体的背景,这很好理解,因为恒星和地球的距离非常遥远。就这样,托勒密相当精准地描绘了月亮和太阳围绕地球运转的圆形轨道。为了描述行星的非圆形轨道,让模型和天文观测数据吻合,托勒密假定行星不但沿着圆形轨道围绕地球运动,它还进行本轮运动,即围绕着在圆形轨道上匀速移动的中心进行小的圆周运动。这样的行星轨迹叫作"外摆线",一种情况如图 3.6 所示。当数据无法吻合时,托勒密还允许圆形轨道的中心稍微偏离地球,这实际上已经背离了所有圆形轨道均以地球为中心的说法。

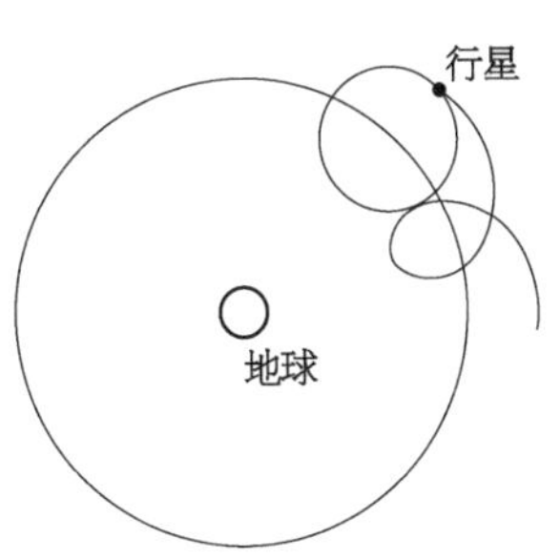

图 3.6　托勒密描述的行星运动

尽管托勒密的模型在根本上是错的(行星并不是围绕地球运转),并且还非常繁琐,但它还是有效地综合了所有的观测数据,对后来的天文学家还是有所帮助的。在托勒密之后,人们接受了行星沿着外摆线轨迹围绕地球运转的观念,直到开普勒的时代。即使是提出日心说的哥白尼(Copernicus),也相信行星围着太阳沿着外摆线轨迹运转。

亚历山大城的天文学家仿效地心宇宙模型研制了星盘,以便能精准地确定观测方向。在星盘中,子午线大圆和赤道大圆(赤道平面和黄道平面成特定角度)定义了参考系,利用它可以确定固定恒星以及行星的角位置随时间的变化。

古天文学家通过观测天空的运转来测量时间。在夜晚,子午线和那些已知的恒星相交就给出了此地最可靠的时间;而在白天,他们利用日晷来测量时间,即利用指针在水平基座上的投影来计时,在某些古老的花园里我们依然能看到这种仪器。天文学家在夜晚让日晷的指针指向北极星,从而使指针平行于地轴方向，而当太阳与子午线相交且处于天空的最高点时，指针在水平面上的投影就对应正午时分。指针与水平面的夹角当然会随着纬度而改变(参见图 2.2)。

3.2 哥白尼和他的日心说

尼古拉斯·哥白尼于 1473 年出生在波兰维斯瓦河畔的托伦(Torum)市，他的父母从西里西亚移民至此。他祖上一定从事过铜(copper)贸易，因此他们姓 Koppenigk，而翻译成拉丁文就成了 Copernicus。在哥白尼出生时，科学经过漫长的休眠后向前迈出了迟疑的第一步。其时约翰·谷登堡(Johan Gutenberg)发明了印刷术，这意味着能读写的普通民众日益增多，而现代科学的标志——实验研究，也开始被越来越多的人实践。

此时人们还没有发明望远镜。罗马人熟知的玻璃制造业衰败了，因此在罗马帝国崩溃后的黑暗时代直到文艺复兴的中世纪，玻璃窗成了只有富人才能拥有的奢侈品。然而，在 13 世纪末人们就能够制造眼镜。眼镜可能是英国教士罗杰·培根(Roger Bacon)在 1262 年发明的，但由于受到教会的阻挠，直到 20 年后佛罗伦萨人阿尔马托(Amatus)才开始为大众配置眼镜。培根曾经向教皇申请，希望获准撰写关于先进的实验方法的书籍，但被要求先将书稿秘密寄给教皇审查。他害怕自己用眼镜赋予人视力的行为干扰了上帝的旨意，因此一定要获得教皇的准许才敢写书。但是他最终也没能逃脱惩罚。1277 年，他因为传授“新奇的内容”而被自己所属的方济会投入监狱。培根显然也想制备望远镜，让远处的物体近在眼前，或是制备显微镜，让肉眼不可见的微小物体得以呈现。荷兰人汉斯·利伯希(Hans Lippershey)最终在 1608 年发明了望远镜，而伽利略在 1609 年对望远镜进行了完善。在培根发明眼镜后历经 350 年望远镜才得以出现，原因只有一个，那就是恐惧。那些发明了望远镜和显微镜的人，很容易被指控是撒旦的门徒，受到严厉的迫害和惩罚。

按当时的标准，哥白尼受到了很好的教育。他的父亲资助他读书，而在父亲去世后，他又获得了作为神职人员的叔父的资助。哥白尼在 18 岁时进入克拉科夫大学学习；这所大学建于 1364 年，是当时享有盛名的学术中心。哥白尼在大学研习了数学等课程，并阅读了当时流行的亚里士多德等哲学科学家的古典著作。也许就是在克拉科夫大学,哥白尼第一次读到了托勒密的天文学著作。大学毕业后,年轻的哥白尼打算在弗劳恩贝格天主教堂担任司铎,他的叔父就是这所教堂的主教。如果能如愿获得这个终生职位,哥白尼就一生衣食无忧了。但由于当时没有职位空缺,哥白尼的叔父将他送到博洛尼亚继续学习法律。在意大利,哥白尼师从诺瓦拉(Novara)学习天文学,而诺瓦拉强烈地质疑托勒密的宇宙模型。哥白尼在 1500 年回到弗劳恩贝格,和他的哥哥同时被任命为天主教堂司铎。1501 年,哥白尼回到意大利,在帕多瓦大学和费拉拉大学学习了两年。他在帕多瓦大学学习医学,但没有获得学位;在费拉拉大学学习法律,于 1503 年获得博士学位。在当时,医科生要研读古希腊医学家希波克拉底(Hippocrates)和公元 2 世纪的盖伦(Galen)的著作,要学习用天然药物治疗疾病,而且很可能还要学习做一些小的手术;但是当时的手术条件很简陋,医师没学过解剖学也没有麻药。哥白尼可能对医学不太感兴趣,但是作为神职人员,他需要掌握一些医学以便在没有医生时帮助自己的教众。然而,就像同时代伟大的莱昂纳多·达·芬奇一样,哥白尼的兴趣广泛并且多才多艺。他善于绘画,在波兰雅盖隆大学就保存了一幅他的自画像,是 17 世纪的摹本;他还将 7 世纪拜占庭历史神学家西莫卡塔(Simocatta)的希腊语诗集翻译成拉丁文。

回到波兰后,哥白尼在埃姆兰的城堡里陪伴他年迈的叔父——卢卡斯·瓦兹洛德(Lucas Waczenrode)主教,成为后者的私人医生、秘书、经济和管理事务顾问。在这段时期,哥白尼没有进行天文观测,而是开始建立自己的日心说,并撰写了一些"小评论",以手抄本的形式在他信赖的朋友中传阅。1512 年,他的叔父辞世,哥白尼回到弗劳恩贝格天主堂担负起司铎的责任,和其他 16 位教士生活在一起。

1513 年,哥白尼受命修正历法。人们一直认为一年有 365 又 1/4 天,而在凯撒大帝(Julius Caesar)制定的儒略历中每 4 年增加一天。但实际上一年的长度比这个时间略短,由此产生的误差逐年累积,到了哥白尼的时代历法已经超前了 10 天。农民依据历法播种,错误的历法严重影响了农业生产。同时,教会把 3 月 21 日看作一年的头一天,需要准确地知道当天的月相,从而确定复活节礼拜日和其他宗教活动的日期。哥白尼向教皇莱奥(Leo)许诺,将竭尽全力确定一年的真实长度。

这项任务十分艰巨,不只因为存在两种不同的年——太阳年和恒星年。太阳年又名回归年，它以太阳为参照物，计量太阳在某地返回高出地平线相同角度时所经历的时间，例如可以在仲夏的正午时分测量这个角度。太阳年的长度为365天5小时48分46秒。你们可能会认为(参见图2.1的图注)，一个太阳年结束后，夜空中的恒星会回到它们一年前的位置；其实不然，恒星落后了20分钟24秒。换句话讲，恒星年以恒星为参照物，计量恒星旋转一周所确定的时间，它比太阳年长了20分钟24秒。因此，经过多年累积后，用太阳年计时和用恒星年计时给出了截然不同的日期。现在我们知道，太阳年和恒星年之所以存在差异是因为地轴的方向并非固定不动，而是发生着微小的改变，参见图3.7。亚历山大城的喜帕恰斯在将其观测数据与200年前巴比伦天文学家的数据进行比对时，似乎也产生过类似的怀疑；由于他相信地心说，因此认为天球的旋转轴发生了改变。哥白尼应该了解喜帕恰斯的看法。不管是什么原因导致了太阳年和恒星年的不同，在制定可靠的历法时都必须选择其中的一个作为标准单位。在科学家看来，选取哪一个都可以，但是还有一些其他的因素需要考虑。对于农业，选取根据太阳年制定的历法更可取，但教会更愿意选取根据恒星年制定的历法来确定宗教事务的日期。不管怎样，哥白尼都要尽可能精确地确定太阳年和恒星年的长度。不仅如此，哥白尼还希望解决更多的问题，例如根据前人的数据和自己的观测结果，尽可能精确地掌握行星、月亮和太阳的运转轨道。

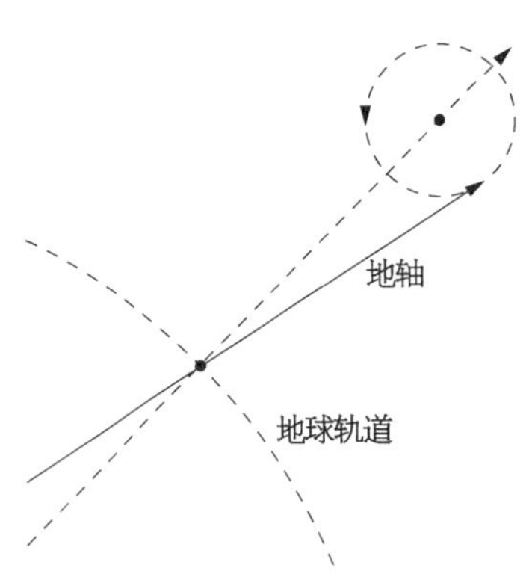

图3.7　地轴进动示意图

地球像陀螺一样围绕地轴旋转，而地轴与轨道平面的夹角极其缓慢地改变着方向。地轴现在指向北极星，12 000年后它将指向织女星，而26 000年后它又会指向北极星。地轴每26 000年转一圈，这就是所谓的地球进动，它是太阳和月亮对地球共同吸引的结果。由于我们根据北极星的方向定义子午线，因此地轴的转动导致了夜空的旋转。

经过多年的细致分析和艰苦工作，哥白尼建立了和天文观测数据吻合的宇宙日心模型②。通过引入地球的自转和公转，并假定其他行星也围绕太阳运动，

② 在哥白尼的模型中，太阳不仅是太阳系的中心也是宇宙的中心。在哥白尼看来，地球只是重力和月球的中心。他还宣称，地日距离与太阳和固定恒星的距离相比非常微小，这就解释了为什么天球上两颗恒星的表观位置没有因为地球的轨道运动而改变，即产生视差。1838年，人们利用高倍率望远镜才观测到了这种非常微小的视差。

哥白尼让观测数据与模型吻合。在哥白尼的模型中，他假定宇宙外层空间的恒星静止不动。他还认识到地球和其他行星沿着卵形轨道围绕太阳运转，而不是预想的圆形轨道。

哥白尼相信，是上帝把太阳安置在了太阳系的中心，赐予我们光和热。他还相信，行星沿着上帝规定的轨道运转，这些轨道应该是最完美的圆形；如果不是圆形，它们就应该是托勒密构造的那种圆形的组合。因此哥白尼一次次地尝试，希望通过增加复杂的本轮来让数据吻合。（我们用本轮表示任意的圆形轨道的组合，而不只是图 3.6 表示的情况。）哥白尼显然没有试过用椭圆轨迹来拟合数据，而当多年的努力白费后，他开始怀疑在计算中使用的数据是否精确。还有另一件事让他很头疼：即使在地球轨道上相距最远的两点进行观测，也看不到两颗恒星的角距离有任何的改变。如果假定恒星和太阳系的距离非常遥远，这种现象就能解释得通，但哥白尼对此不能确定。作为神职人员，哥白尼一定不愿意违背教义。他开始怀疑自己的理论，并且对自己的观点秘而不宣。

1539 年，哥白尼幸运地有了一位志同道合的同伴——乔治·雷蒂库斯(George Rheticus)。雷蒂库斯在 25 岁时就已经成为维腾贝格大学的天文学教授，并且他还是一位新教徒。哥白尼让雷蒂库斯检查自己的数据，而后者改进了计算，并最终构建了非常复杂的本轮与数据吻合。在物理发展史上，人们往往不愿意摒弃一直被接受的观念，尽管这会产生许多不必要的麻烦；这不是第一次，也不是最后一次。哥白尼现在可以向世界宣告他的宇宙日心模型。为了避免引起争端，哥白尼想直接发表天文表而不介绍其背后的日心模型。但是，在雷蒂库斯和他的朋友的鼓励下，他让雷蒂库斯发表了原始的大众普及版本《关于哥白尼〈天球运行论〉(*Narratio Prima*)的第一份报告》（以下简称《报告》），其中大致介绍了日心说的观念。雷蒂库斯准备手稿，在 1540 年 2 月将手稿送往但泽出版，随后在欧洲新教和天主教教区发行，供感兴趣的人阅读。该书还有第二版，由瑞士巴塞尔的一位崇拜者印制。许多人阅读了《报告》后，希望哥白尼发表完整的工作。哥白尼确立了信念，在 1542 年最终发表了《天体运行论的六部书》(*De Revolutionibus Orbium Coelestium Libri Ⅵ*)。在哥白尼临终时该书终于得以发表，而哥白尼刚刚经历中风，已经不能翻开书阅读。这对他来说不失为一种幸运，因为出版商担心出版的后果，并可能也为了保护作者，没有征得哥白尼的同意就更改了书的前言，说书中介绍的日心说不过是数学工具，是为了更好地计算并预言天文事件，而并不是真的如此。当然，天文学家和数学家从书中获得了真实的信息。

说来奇怪，哥白尼在书中没有感谢雷蒂库斯的重要贡献，这让雷蒂库斯很受伤，并失去了对天文学的兴趣。后来雷蒂库斯在一次酒后失态丢了大学的差事，他至死也不过是普通的医师，而不是自己希冀的杰出的天文学家。

在哥白尼死后的 60 年中，天主教会禁止发行他的著作。到了解禁之日，哥白尼的观点逐渐被天文学家和科学家们了解。③

3.3 开普勒及其对天文学的贡献

约翰内斯・开普勒(Johannes Kepler)于 1571 年生于德国斯图加特(Stuttgart)镇。在他 5 岁时，父亲就离开了家，可能死在了对荷兰的 80 年战争中。开普勒的外公是小酒店的老板，似乎是他悉心照料女儿一家。开普勒在符腾堡的公立学校读完小学和中学后，进入蒂宾根大学学习，研读神学、哲学、数学和天文学。他一定非常崇拜亚里士多德，因为他后来发表的著作名为《对亚里士多德的〈论天〉的补充》(*A Supplement of Aristotle's On the Heavens*)和《对亚里士多德的〈形而上学〉的初探》(*An Excursion into Aristotle's Metaphysics*)。开普勒对占星术也很感兴趣，并且乐于为他的同学占卜算命。当学业即将完成时，开普勒获得了教职，成为奥地利格拉茨的新教学校的数学和天文学老师。

开普勒对亚里士多德的崇拜并没有阻碍他信仰哥白尼的学说。和哥白尼一样，开普勒相信太阳是宇宙的原动力，而且理当处于宇宙的中心。开普勒在 1597 年出版了第一本天文学著作——《宇宙的奥秘》(*The Mysterium Cosmographicum*)，其中用毕达哥拉斯的观点考察了哥白尼描述的宇宙。开普勒认为行星围绕太阳运转形成特定的几何结构，由 5 种柏拉图多面体(即正四面体、立方体、正八面体、正十二面体和正二十面体)内切或外切球体构成，他希望能确定这种结构。开普勒还指出这种结构出自上帝之手，体现了神的旨意：太阳处在宇宙中心表示圣父，最外层的恒星天球表示圣子，而二者之间的空间就表示圣

---

③ 想了解更多的关于哥白尼的事迹，请参阅：Crow I. Copernicus. Tempus Publishing Ltd，2003.

灵。开普勒的初稿还包含额外的一章，引用《圣经》的章节来支持日心说，他后来应蒂宾根大学委员会的要求将这部分内容删除。

1600 年，由于开普勒拒绝皈依天主教而不得不离开格拉茨。有趣的是，在格拉茨的最后几个月中，开普勒撰写了题为《地球产生的力导致月亮运动》(In Terra inset virtus quae Lunam Ciet)的论文，指出月球之所以运动是因为地球对它产生某种"准神力"。要知道，开普勒说月球在这种力的作用下运动，指的是如果没有这种力月亮就会静止不动，而如果这种力突然消失，月亮就会停在力消失时的位置。开普勒将这篇文章献给斐迪南(Ferdinand)大公，可能希望能在他的宫廷中担任数学家，但是没能如愿。开普勒和他的妻子芭芭拉·米勒(Barbara Müller)移居布拉格，在头两个孩子夭折后，他们养育有一个女儿和两个儿子。

在布拉格，开普勒在天文学家第谷·布拉赫(Tycho Brahe)的手下工作，帮助第谷完成鲁道夫星表。当第谷在 1601 年 10 月意外辞世后，开普勒接替他成为皇家数学家，继续完善星表的工作。开普勒在这个职位上工作了 11 年，为天文学的发展做出了重要的贡献。开普勒不仅要完善鲁道夫星表，还要为皇帝占卜，为帝国结盟提出建议。开普勒的薪水不高，因此常常和身在布拉格、郁郁寡欢、身体孱弱的妻子发生争执。

开普勒的研究在其著作《新天文学》(*Astronomia Nova*)一书中达到顶峰，在这本书中他根据第谷的数据分析了地球和火星的轨道。开普勒进行了多次计算，依然不能让得出的轨道与第谷的数据吻合；要知道第谷的观测十分精准，误差仅为 2 弧秒，即 1 弧度的 1/30。后来开普勒在对光学的研究中获得灵感，幡然醒悟。开普勒提出，如果月球在地球的作用下围绕后者运动，那么行星也是因为受到太阳的作用力而运动。就像点光源发出光的强度随距离的增大而减小那样，这种作用力也随着和太阳距离的增大而减弱，这就使行星在距离太阳较近时运动得较快，而距离较远时运动得较慢。经过仔细检查地球和火星的近日点和远日点，开普勒提出行星运动的速率与它和太阳的距离成反比。后来为了适于描述所有行星的轨道，开普勒将这条规则修正为：行星在相等的时间内扫过相等的面积，即我们现在熟知的开普勒第二定律(参见图 3.8)。开普勒随后应用这条定律，尝试用卵形轨道拟合火星的轨道数据。经历了四十几次失败后，他终于在 1605 年采用了椭圆轨道；根据开普勒的说法，之所以一直没采用椭圆轨道是因为这太简单了，而以往的天文学家一定已经尝试过了。当发现椭圆轨迹和火星的数

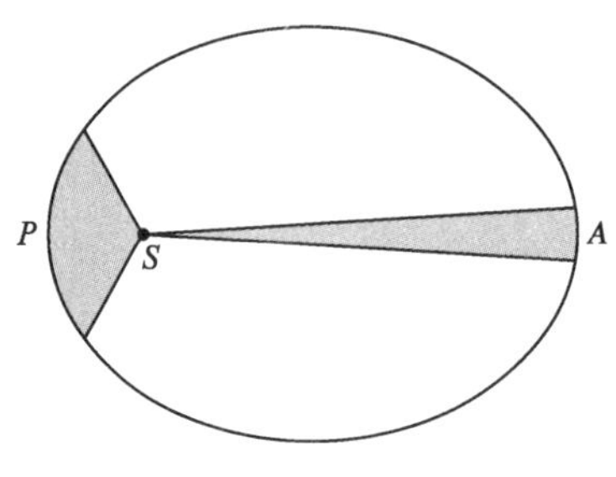

图 3.8 开普勒第二定律

行星沿椭圆形轨道运转，太阳(S)位于椭圆的一个焦点上。在近日点 P，行星运动得较快，而在远日点 A，行星运动得较慢。在近日点和远日点附近，行星在相等的时间间隔内扫过相同的面积(用阴影表示)。后文将对椭圆进行更仔细的描述(参见图 5.4)。

据吻合后，他就提出了开普勒第一定律：所有行星沿椭圆轨道运动。由于没有助手帮他计算，开普勒没有对其他行星的轨迹进行分析检验。但是，开普勒已经掌握了足够的材料，在 1605 年撰写、完成了《新天文学》。由于第谷的后人宣称拥有数据的所有权，与开普勒打起了官司，导致这本书推迟到 1609 年才发表。

在《新天文学》发表一年后，伽利略用自己研制的望远镜观测到木星有 4 颗卫星围着它运转。伽利略在自己的著作《星际使者》(*Sidereus Nuncius*)中介绍了这项发现，并将书籍寄给了开普勒。开普勒积极响应，发表了《和星际使者的对话》(*Dissertadio cum Nuncio Sidereo*)作为回复，支持伽利略的发现。但十分遗憾，伽利略从未发表自己对《新天文学》的看法，这让开普勒感到失望。伽利略显然不愿放弃哥白尼的本轮轨道而支持开普勒的椭圆轨道。

在开普勒分析火星的观测数据时，他还在光学研究中进行了开创性的工作，并在 1604 年发表了《天文学中的光学》(*Astronomiae Pars Optica*)。在书中，开普勒描述了平面镜和曲面镜的反射，提出点光源发出的光，其强度与距离的平方成反比，他还考虑了和天文观测有关的大气折射现象，并讨论了人眼的光学原理。开普勒首次认识到晶状体在视网膜上投射出倒像，它随后“在大脑中被灵魂的活动”矫正过来，这是他的原话。开普勒一直对光学很感兴趣，在伽利略发明折射望远镜后，他很快就提出了改进的模型，即开普勒望远镜，现在某些小型天文站依然采用这种望远镜(参见图 3.9)。

继他的妻子死于匈牙利斑疹热后，开普勒于 1612 年离开布拉格前往林茨任教，同时继续完善鲁道夫星表。这段时期对开普勒来说非常艰难，当时政治飘摇、宗教剧变，而他的妻子辞世，儿子也在 6 岁时夭折。开普勒挺了过来，他迎娶了比自己年轻得多的苏珊娜·罗伊特林格(Susanna Reuttinger)，并享受到更幸福的婚姻生活。

在发表了《新天文学》之后，开普勒投入更多精力来完善星表，但同时也撰写了许多其他书籍。开普勒相信“几何为造物主提供了装点整个世界的模型”，并

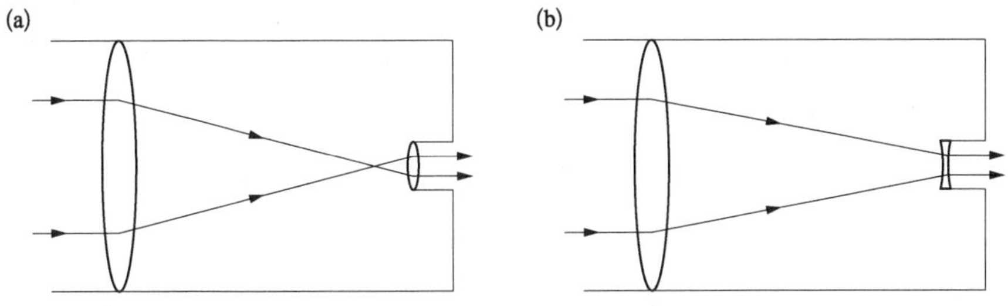

图 3.9　望远镜成像示意图

在镜筒中安置两个间距可调的透镜就制成了最简单的望远镜，其中第一个为会聚透镜，它收集物体发出的光，而第二个为目镜，它放大成像。开普勒采用会聚透镜为目镜，如图(a)所示；伽利略采用发散透镜为目镜，如图(b)所示。

在 1619 年出版了《世界的和谐》(*Harmonices Mundi*)，其中探讨了正多边形和正多面体。开普勒随后又考虑了音乐、气象和星相的和谐，而关于星相他写道"天体的灵魂发出音调，振荡了人类的灵魂"。尽管开普勒认为星相学中的大多数规则和实践都"臭不可闻"，但还是承认其中"可能有那么一点点真理"。《世界的和谐》最后一部分最为重要，其中讨论了行星运动，特别是行星的轨道速度与它和太阳距离之间的关系。通过对第谷的数据进行分析，开普勒提出了第三条定律：行星周期的平方之比等于它们与太阳的平均距离的立方之比。

公平地讲，开普勒探究物理世界的和谐，不管是在《宇宙的奥秘》中探讨行星轨道在空间的排布，还是在《世界的和谐》中讨论其他的问题，他的做法和毕达哥拉斯以及 20 世纪的物理学家类似——20 世纪的物理学家探究物质最深层以及整个世界的对称性。

继《新天文学》之后，开普勒发表的三卷本《哥白尼天文学的墓志铭》(*Epitome Astronomia Copernicanae*)最为重要也最有影响力，它们分别于 1615 年、1617 年和 1620 年出版。在此书中，开普勒重申了行星运动的三大定律，并证实前两条定律适用于所有行星、月亮乃至木星的美地奇卫星。

开普勒出版的另一本书也值得我们注意，尽管它和物理无关。开普勒在 1612 年左右写成了这本书，但是直到死后才出版。这本书是寓言、自传和想象的结合，书名为《梦境》(*Somnium*)，想要表明天文学研究对其他行星上的居民意味着什么。几年后，这本书的手稿在 1617 年被用于指控开普勒的母亲实施巫术，而他母亲实际上是治疗师和草药专家。1620 年，他母亲被投入监狱，而开普勒花费了巨额的诉讼费才让她在 14 个月后得以释放。

1623 年,开普勒最终完成了鲁道夫星表,并在 1626 年自费出版了星表;当时的人们认为这是他最重要的工作。

1628 年,当华伦斯坦(Wallenstein)将军指挥斐迪南皇帝的军队打了胜仗后,开普勒成为华伦斯坦的顾问,并为他占星。1630 年 11 月,开普勒在访问雷根斯堡的途中辞世,并被埋葬在那里。开普勒生前就写下了自己的墓志铭:

我曾经丈量天空,现在却度量阴影;
我的思想遨游太空,我的躯体深埋地下。

尽管人们没有立刻接受开普勒的定律,就连伽利略和笛卡儿也没有重视它们,但一些天文学家还是验证了开普勒的预言,其中有的成功了、有的失败了。例如,1631 年法国的皮埃尔 · 伽森狄(Pierre Gassendi)在开普勒预测的时间首次观测到水星凌日,但由于鲁道夫星表存在误差,他没有观测到后来的金星凌日。人们逐渐接受了开普勒提出的椭圆轨道,并认可了太阳和行星之间存在吸引的"准神力"。但是直到牛顿利用开普勒的经验定律,根据万有引力建立了自己的行星运动理论后,人们才深刻地认识到开普勒工作的重要性。

练习

3.1 参考图 3.3,用 α 表示点 A 的圆锥张角,单位为弧度;根据喜帕恰斯的假定,用月球直径 M 和点 A、B 之间的距离 L 导出地月距离 D 的近似公式。

提示:α 和 L 可以测量得到,而 M 已知。

答案:$D \approx \dfrac{5(M+L)}{6\alpha}$。

3.2 参考图 3.4,证实由地月距离和角度 α 就能唯一地确定地日距离。

第4章
伽利略的生平

伽利略·伽利雷(Galileo Galilei)于1564年出生在意大利比萨;同年,米开朗琪罗辞世,莎士比亚诞生。他的父亲温琴佐·伽利雷(Vincenzo Galilei)是一位音乐家,他富有才华、思想独立,对音乐的见解独到、偏离正统。温琴佐曾经撰写《古代音乐和现代音乐的对话》(*Dialogo della Musica Antica e della Moderna*)一书,其中就写道[①]:"那些仰仗和迷信权威的人真是荒唐可笑。"温琴佐显然对宗教和哲学也持有相同的看法,而伽利略无疑继承了这个特点。伽利略的母亲只对家庭、经济保障和社会进步感兴趣。十分不幸,尽管温琴佐辛勤工作,但总是挣不到足够的钱来养家。伽利略是长子,而且在一段时间内是家中的独子。他有6个兄弟姐妹,但只有两个妹妹和一个弟弟活了下来。伽利略在比萨的地方小学开蒙,1575年他们举家移居佛罗伦萨,在那里伽利略曾有几个月接受家庭教师的指导,学习拉丁文、希腊文和修辞学,他后来进入佛罗伦萨附近的圣玛丽修道院住校学习。伽利略在那里学习了3年,曾一度想成为牧师,但是他的父亲打消了他这个念头,把他带回家,还宣称那些教士疏于照料让他罹患眼疾。回到比萨后,伽利略进入当地一所著名的寄宿学校学习,两年后,17岁的伽利略进入比萨大学攻读医学学位。此时,伽利略已展露出丰富的才华,在父亲的教导下他弹得一手好琵琶,而且还画得一手好画。更重要的是他聪明睿智,而他自己深知这一点。但是在同学和老师的眼中,伽利略坚持用自己的方法来考察事物的行为相当狂妄。

伽利略很快发现自己对数学比对医学更感兴趣。他开始逃课,不听医学讲座而去听数学讲座,抛弃盖伦的著作转而研读欧几里得和阿基米德的著作。在

---

① 英文见 White M. Galileo Antichrist. Phoenix, 2009.感兴趣的读者也将会在 White 的书中找到原文文献出处。

伽利略看来，阿基米德是科学家的典范，他将数学和实验观测结合起来，从而发现了自然定律。供伽利略读书的父母允许他学习数学，条件是他必须同时完成医科的学业。伽利略同意了，但实际上他已经根本不听任何医学课了。

根据伽利略的学生维维亚尼(Viviani)的记述，1583年，当伽利略还是学生时他就做出了第一项科学发现。伽利略观察悬挂在教堂屋顶的油灯在气流作用下的摆动，发现当摆动幅度较大时油灯摆动的速度也较快，而当摆动幅度较小时油灯摆动的速度也较慢；伽利略用自己的脉搏计时，发现尽管摆动的幅度不同但是摆动周期相同。伽利略随后在家中用铁球和一根弦制成了一个摆，并用自己的脉搏来测量摆动的周期，这在当时也不算是好的计时方法。但伽利略还是证实，摆振动的周期不会随着摆动幅度的减小而改变。他随后改变铁球的质量和弦的长度，发现摆动周期和球的质量无关而和弦的长度有关[②]。伽利略认识到可以用摆来计时，而作为医学院的学生，他的确撰写文章，提议用摆制造仪器来测量患者的脉搏。伽利略将这篇文章以及仪器原型提交给大学的权威机构，后者承认这项发明的价值，但是将功劳记在了医学院的头上。

伽利略显然在学校没有赢得老师的喜爱，他在1584年申请奖学金时遭到拒绝。此时他的家庭已经十分拮据，他的父亲也无力再资助其学业。伽利略最终辍学，没有获得学位。为了挣钱养家，伽利略曾有一段时间辅导富人家的孩子学习数学，帮助他们备考大学，但是他总能找机会进行科学研究。1586年，伽利略在家中制造了一台小天平，这基本上就是一根铁丝吊着的小木棍，但这台天平比当时任何其他仪器都能更准确地测量微小的重量。伽利略就此撰写文章，希望能帮他谋得大学的职位。在1586到1587年间，伽利略向博洛尼亚大学、锡耶纳大学、帕多瓦大学、比萨大学和佛罗伦萨大学都发出了求职申请，但是均告失败。1588年年底，伽利略受邀前往佛罗伦萨学园做报告，这成了他命运的转折点。

佛罗伦萨学园在当时是人文主义者和思想家的中心，他们聚集在那里讨论各种问题并聆听受邀者的讲演。这些学者很想知道但丁(Dante's)描述的地狱的尺寸和所在，因此学园的主席巴乔·瓦洛里(Baccio Valori)决定邀请一位自然哲学家就这一问题做报告。他为什么选了名不见经传的伽利略，我们不得而

---

② 我们现在知道，单摆的周期与摆线长度的平方根成正比。

知。也许著名的教授都不愿意讨论这一主题，因此这个任务就误打误撞地落到了伽利略的头上。在现代人看来这个讲演题目很荒唐，但当时的学者们不这么想，他们认为但丁凭着上帝的旨意描述了地狱里的真实景象。伽利略用下述方法估计了地狱的尺寸[③]。伽利略说："让我们首先考虑路西法(Lucifer)有多高；在地狱的深坑里但丁和宁录(Nimrod)比了高矮，而宁录和路西法的手臂也作了比较，因此只要知道了但丁的身高就能知道宁录的身高，从而导出路西法的身高。"根据但丁在诗中提供的线索，伽利略估计路西法大约有两千码(1 码＝0.914 4 米)高。他随后用数学方法证明地狱呈圆锥形，而圆锥的顶点就位于地球的中心，而它的体积大约是地球体积的 1/12。现场的听众包括许多托斯卡纳(Tuscany)最尊贵的公民，他们深受震撼。在佛罗伦萨学园做完报告 3 个月后，托斯卡纳大公就给了伽利略一份 3 年期的合同，聘请他担任比萨大学的数学教授。伽利略在 1589 年秋季入职。

当时比萨大学的规模远小于著名的博洛尼亚大学和帕多瓦大学，其中大部分学生学习法律，而只有少数的学生能够毕业。伽利略的讲座大多基于亚里士多德、欧几里得和阿基米德的工作，只有极少的几个学生来听课。他在比萨大学指导学生，开设讲座，偶尔还要公开授课。除周日以外，伽利略每天授课，但挣的薪水很少。他拒绝穿学士服，认为这只是为了掩盖学识的不足，并且坚持对科学问题进行独立思考。这些背离正统的行为让伽利略在教师中显得格格不入。当时，伽利略还很年轻，更愿意和学生待在一起。和当时大多数年轻人一样，他喜欢光顾小酒馆，在那里赌博、寻欢作乐。

在伽利略的同事中有一位名叫吉罗拉莫·博罗(Girolamo Boro)的哲学家，比伽利略早来了几年，他打算做实验检验亚里士多德的理论，即在重力作用下较重的物体下落得更快。博罗得出结论说亚里士多德是对的，当相同材质的球从相同高度下落时，它们落地的时间由其质量决定。伽利略也做过一些落体实验，他宣称博罗和亚里士多德都错了。这位年轻的教授居然敢挑战亚里士多德的智慧和博罗的经验，大家都嗤之以鼻。如果故事是真的话，伽利略曾经在比萨斜塔上进行落体实验，但是他还应用更实际的方式获取实验数据。不管怎样，在 1590 年伽利略已经有足够的证据表明：不管物体是何种材质、有多大的质量，它

---

③　参见脚注①。

们都以相同的速率下落。伽利略撰写了名为《关于运动》(*De Motu*)的小论文,总结实验结果和结论,并确立了今后论文的风格。他建立了一种类似柏拉图对话的表述方式,让一位智者向两位科学家提问,并对答案进行评价,而这两位科学家分别代表伽利略和他的对手;在《关于运动》中他的对手是亚里士多德学派。伽利略注意到,在空气中不同物体下落的速率并不完全相同,他怀疑这是因为某些次要因素在起作用,而这些次要因素可以暂时先搁在一边,留待以后讨论。这就是天才的标志:把主要因素和次要因素区分开,并且敢于在公认的“真理”和“智慧”面前提出自己的见解。《关于运动》一文并没有发表。当观念形成以后,伽利略对落体进行了更细致的实验研究,后来在自己的著作《两种新科学的对话》(*Discourses on Two New Sciences*)中介绍了相关的结果。伽利略在书中写道:“亚里士多德说 100 磅(1 磅=0.453 6 千克)重的球和 1 磅重的球同时从 100 尺的高度下落,当前者落地时后者下落还不足 1 尺;但是我要说它们同时落地。如果你们这些批评家去做实验,会发现当前者落地时它只比后者领先了 2 寸,而你们这些人却想在这 2 寸中藏进去亚里士多德的 99 尺。”

我们现在知道,在真空中一片羽毛和一个铅球同步下落,但是这要等到真空泵发明之后才能知道这一点;在伽利略死后不久,人们就发明了真空泵。

尽管伽利略在学术界不太受欢迎,但是他还是有一些颇具影响力的上层社会朋友。在 1592 年,伽利略终于在自己中意的城市谋得了教职,担任帕多瓦大学的数学教授,薪水是原来的 3 倍。帕多瓦是当时威尼斯共和国的新兴城市,而威尼斯在天主教教区中享有最大程度的自由,几乎不受教皇和宗教审判所的管辖。不幸的是,伽利略的父亲在 1591 年辞世,家中的生计全部落在伽利略的头上。伽利略的妹妹需要嫁妆,而他的弟弟在 17 岁时离家定居帕多瓦,总是向伽利略伸手要钱。尽管收入还不错,伽利略依然入不敷出。他辅导学生增加收入,但收效甚微。因此,伽利略决定利用科技发明来赚钱。

伽利略造了一台量热仪,但由于不够精准,没有商用价值。1593 年,伽利略发明了他自己形容的“最便宜的提升水”的装置,但是只卖出了一台。他可能没试过用自己发现的摆来制备可靠的计时工具,或是试过也没有成功④。在 1597 年,伽利略发明的“军事指南针”终于大获成功。这项发明和航海使用的指南针

④ 丹麦物理学家克里斯蒂安·惠更斯(Christian Huygens)利用摆建造了第一部时钟,他在 1673 年发表了关于该主题的书:《振荡》(*Horologium Oscillatorium*)。

没有任何关系，它基本上是一个滑尺，能够进行简单的算术运算，而它赢得了包括数学家、会计、军工厂士兵在内的所有人的喜爱。伽利略雇了一位工匠，他们共同开发出批量生产的方法，从而既保证了产品精度又提高了产品的外观，这给他带来不小的收益。到了世纪之交，伽利略已经从“军事指南针”上赚足了钱，他不仅还清了债，还购入一幢漂亮的三层小楼，和他的好朋友吉安温琴佐・皮内利(Gianvincenzo Pinelli)为邻。

皮内利家境富裕，有着自由探索的人文精神。就在皮内利的家中，伽利略结识了玛丽娜・甘巴(Marina Gamba)，他后来 3 个孩子的母亲[⑤]；他的长女维吉尼亚(Virginia)生于 1600 年，次女莉维亚(Livia)两年后诞生，儿子温琴佐生于 1606 年。伽利略从未有公开承认过这些子女，但是供养他们，给予他们很好的照顾，并在社会允许的条件下为他们提供尽可能多的机会。玛丽娜和孩子们的住所就在伽利略的寓所旁边，他们经常见面。伽利略的母亲当然不喜欢玛丽娜，但她钟爱自己的孙子孙女，常和他们待在一起。这并不意味着伽利略的孩子生活幸福，作为私生子他们受到社会的歧视，在中产阶层中情况尤甚。不管怎样，有证据表明伽利略爱他的子女，也受到子女的热爱。

伽利略现在获得了财务自由，他可以潜心进行研究。在 1600 年，伽利略开始进行力学和天文学的研究。

根据在比萨进行的实验，伽利略发现物体在相同的时间内下落相同的距离，但是不能确定在下落的过程中物体的速率怎样改变。速率是连续地变化呢，还是不断地跳跃变化呢？如果速率连续变化，那么这个变化均匀吗？即单位时间内速率的增量总是相同的吗？这些问题很难回答，因为落体的速度太快，而伽利略依靠他的脉搏或是手头掌握的计时工具很难进行准确的测量。伽利略改进实验，他假定球从光滑的斜面上滚落与落体运动在本质上相同[⑥]，并对前者开展了细致的研究。

伽利略在木板上刻出一道长约 6 米的凹槽，并且在凹槽内铺了一层材料让表面尽可能光滑；将木板的一端抬高令木板倾斜，然后让不同质地的球沿着凹槽滚落；每次释放一个球，测量球从特定的高度滚落所花的时间。伽利略采用水漏

⑤　参见脚注①。

⑥　严格说来，我们说的球的滚动实际上指的是滚动的球的质心的运动。由于存在滚动，因此将球从斜面上滚落类比落体运动并不准确。只有应用牛顿力学，才能完整地描述球在斜面上的运动。

计时，他在大容器的底部开孔连通细导管，当球被释放时打开开关让水流出，而用收集到的水的重量来测量球滚落所花的时间。伽利略固定斜面的倾角，从不同的高度释放小球，并多次重复实验。伽利略发现，对于特定的倾角有：

球运动的距离之比等于运动时间的平方之比。 (4.1)

我们用现代符号来表示这个结果：

$$S = kT^2, \tag{4.2}$$

其中 S 表示运动的距离，T 表示运动的时间，k 是有着适当单位的常量；如果 T 的单位是秒，而 S 的单位是米，那么 k 的单位就是米/秒^2。式(4.2)表明，如果球在单位时间内运动了距离 L，那么它在两倍单位时间内运动的距离就是 $4L$，而 3 倍单位时间内运动的距离为 $9L$，依此类推。我们要清楚，只要没有确定常数 k 的值，式(4.2)就和伽利略的陈述(4.1)等价；尽管(4.1)用文字表述物理规律，但其中包含的数学思想一点也不比式(4.2)少。由于伽利略用水的重量测时，他不可能得出准确的 k 值。但是他的发现中有一点确定无疑：常量 k 和球的质量或者它的初始位置(即高度)无关。伽利略当然知道增大斜面的倾角会使球的运动加快，这意味着 k 值随着角度的增大而增大⑦。发现了规律(4.1)之后，伽利略想知道球的加速度是怎样的。

让我们用现代数学语言总结伽利略的分析过程。对于固定的斜面倾角，假定球的加速度恒定，用常数 γ 表示。换句话讲，球的速率随时间匀速增长：

$$V = \gamma t. \tag{4.3}$$

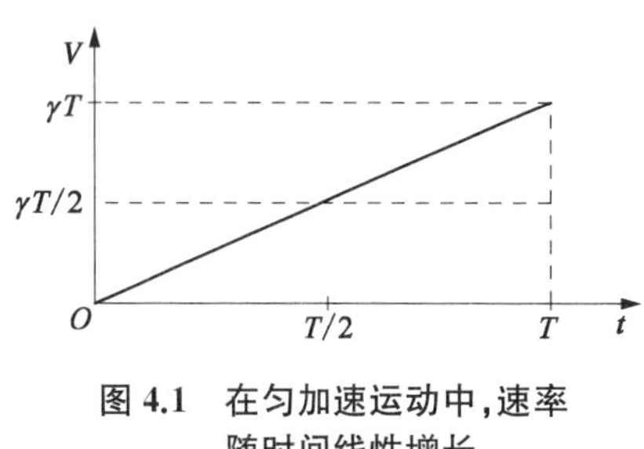

图 4.1 在匀加速运动中，速率随时间线性增长

这表明在 $t=0$ 时刻球静止，$V=0$；经过单位时间球获得一定的速率，经过 2 倍单位时间球的速率加倍，而经过 3 倍单位时间球的速率变成原来的 3 倍，依此类推。图 4.1 是式(4.3)对应的图像，其中水平轴表示时间，竖直轴表示速率。在运动的起点 $t=0$ 时刻，物体静止；在运动的终点 $t=T$ 时刻，物

⑦ 在伽利略的实验中，为了确保球滚下斜面而不是直接滑落，倾角不能太大。

体的速率 $V=\gamma T$；而在一半的时间处 $t=T/2$，物体的速率 $V=\gamma T/2$。在球滚落的过程中，它的平均速率 $\bar{V}=\gamma T/2$（图 4.1 中标出了这个位置），由此可以得到球运动的距离：

$$S=\frac{\gamma T}{2}T=\frac{1}{2}\gamma T^2. \tag{4.4}$$

上式和式（4.2）的形式完全相同，而 $k=\gamma/2$。由此表明，伽利略用规律（4.1）描述的实验观测结果意味着球滚落斜面进行的是匀加速运动。伽利略当然知道球滚落斜面并不等同于落体的运动，但是他“看出”了二者的关联，并由此推断自由落体也是匀加速运动。伽利略并没有将球滚落时的加速度用常用的单位表示，例如米/秒^2，也没有猜测自由落体的加速度。

伽利略在研究中得出了一个同等重要，或者更为重要的结论，这和球在水平面上的滚动有关。伽利略反复实验后发现：如果没有外部因素令物体加速或减速，物体将保持它的运动状态不变。伽利略注意到，只有当物体在水平面上运动时情况才是这样：在无摩擦的水平面上，球将保持原来的速度继续滚动。这就是伽利略发现的“定律”，也就是我们熟知的惯性定律。惯性定律更普遍的表述是：当物体没有受到外力作用时，它将进行匀速直线运动，其速率是包括零在内的任意数值。

我们发现伽利略的惯性定律与亚里士多德的教条相左，后者认为有重量的物体的自由状态就是静止在地球表面。在伽利略看来，物体的自然状态是某一速度的匀速直线运动。亚里士多德学派的人当然会反击说，在水平面上滚动的球总是会停下来，但这是因为不管平面多么光滑也总是存在摩擦力。后来科学的发展证明伽利略把摩擦力视为次要因素的做法是对的，因为如果不忽略这些次要影响就不能发现基本的物理原理。伽利略坚持效仿阿基米德，用数学公式表示自己的研究结果，这对后来科学的发展也产生了同样重要的影响。

伽利略花了 3 年时间研究力学，其中包括对抛射体轨迹的研究。伽利略在 17 世纪初就完成了这些研究，但是过了多年才在 1638 年出版了他的著作《关于两种新科学的论述和数学证明》（*Discourses and Mathematical Demonstrations Concerning Two New Sciences*），其中介绍了这些研究，而 4 年后伽利略就辞世了。在研究力学的同时，伽利略对天文学也很感兴趣。其时，开普勒发表了《宇宙的神秘》一书，而伽利略支持哥白尼学说。1609 年，伽利略听说丹麦人利伯希发明了望远镜,他马上着手制造自己的望远镜(参见图 3.9),以便抢占这项发明的商业先机。望远镜显然对军事大有用处,并且对于休闲娱乐,例如打猎,也很重要。据说伽利略设法让自己的朋友阻碍身在帕多瓦的利伯希访问威尼斯,好让他有时间造出自己的望远镜。伽利略终于成功地造出了望远镜,并将它呈给威尼斯总督,让后者大感兴趣。总督将伽利略的薪水加倍,授予他终身教职,还给了他一笔相当于一年工资的款子。伽利略没学过光学,也没有任何理论基础,但是他自己磨制镜片,根据实践知识制备望远镜,并利用自己的智慧改进了利伯希的仪器。在某种意义上伽利略窃取了利伯希的发明,但他从来也没有因此而心怀愧疚。

伽利略满心希望能专心研究而不再授课,但是总督坚持要他继续在帕多瓦大学教课。伽利略早就意识到自己不适合教书,他曾经说过:“你不能教任何人任何东西,而只能帮助那些想要自学的人。”到了 1609 年年底,伽利略实在不能忍受继续授课,因此当托斯卡纳大公邀请他担任自己的首席数学家和哲学家时,伽利略欣然接受,并于 1610 年移居佛罗伦萨。新职位带给伽利略相同的薪水,但不再需要授课。伽利略当时没有意识到,从相对民主的威尼斯共和国移居君主制的佛罗伦萨使他失去了原来的保护,暴露在宗教裁判所和当时反对派的威胁之下。伽利略的情妇没有随他一同前往,他将自己的孩子安置在佛罗伦萨,交给自己的母亲照管。

还在帕多瓦的时候,伽利略就用望远镜观测月亮,发现它并不像哲学家描述的那样完美,月亮表面有环形山和山脉,与地球上的山脉别无二致。伽利略还观测发现木星有四颗卫星,他在《与星际使者的对话》(*Conversations with the Starry Messenger*)中详细介绍了这些观测结果。这本书在欧洲广泛传播,增大了伽利略的知名度。

定居佛罗伦萨后,伽利略在 1611 年开始观测金星。伽利略认为,如果地球和金星都围着太阳运转,而金星像月亮一样反射太阳光,那么它的表观亮度就取决于它相对太阳和地球的位置,由此解释了金星在一年中的亮度为什么会发生改变。这种解释当然和第谷的理论不同,后者根据宇宙的地心模型解释了金星的亮度改变。伽利略还进行了许多其他的天文观测,例如他发现肉眼看起来连绵不断的银河实际上包含了许多恒星。他还与自己的助手菲利波·萨尔维亚蒂(Filippo Salviatti)合作,观测太阳黑子,这让他陷入了麻烦。这和观测太阳损伤视力无关，因为伽利略从前的学生本笃会修士贝内德恩·卡斯特利（Benedeth Castelli）设计了一项技术，让太阳的像落在目镜附近的一块白板上，这样就能安全地进行观测。麻烦在于伽利略认为不能预期太阳黑点的出现和消失，他也不能令人信服地解释黑点的成因，而只是说："太阳黑点来自太阳内部，随着太阳的自转出现或是消失，并可能还受到其他的偶然因素的影响。"当时，耶稣会教士克里斯托弗·沙伊纳（Christopher Scheiner）也观测到这些黑点，身为数学教授，他解释说这些黑点是其他天体围绕地球运转时挡住太阳所形成的。乍看之下，这像是简单的学术分歧。不管怎样，伽利略在发表《关于太阳黑子及其性质的历史和证明》（*History and Demonstrations about Sunspots and Their Properties*）一书之前，给时任罗马宗教裁判所教长的卡迪纳尔·孔蒂主教（Cardinal Conti）写信，承认自己的理论违背了亚里士多德学说，但是想知道它是否违背了基督教教义。主教回复说圣经中没有提到太阳黑子，因此并没有违背基督教教义，但是他确信黑子是由挡在太阳前面的天体形成的。伽利略的出版商最终得到了教皇的许可，在 1613 年出版了这本书。书一经问世就引起了广泛的兴趣，也激起了反对者的仇视，特别是该书采用口语化的语言，让普通民众也能了解伽利略的新观念。伽利略后来这样描述当时的反响："多少人攻击我对太阳黑子的描述，而且他们披着怎样的伪装！这本书旨在开启质疑的眼睛，但是却遭遇到嘲讽和责难。"

尽管教会还没有判定哥白尼的学说是异端邪说，但是越来越警惕这种思想会破坏正统的教义。最让教会权威担心的是，哥白尼的观念催生出独立思想，而像伽利略这样的人对教会很危险。1614 年 12 月，多明我会修士托马索·卡钦（Tomaso Caccin）在布道时公开抨击伽利略，称他是反基督教者。卡钦甚至还求见教皇，告发伽利略支持哥白尼的思想。伽利略不得不前往罗马，自证清白。他试图让主教们确信自己和哥白尼的思想并没有违背教义，但没有奏效。最终，教皇保罗五世（Paul Ⅴ）在辩论过程形成的文件上署名，该文件的结论如下[⑧]：在公证人和现场证人的见证下，神父委员会向伽利略颁布禁令，禁止他向任何人传授自己的理论，或者维护自己的理论和观念，或者进行公开讨论；如果他不接受就会被监禁。

1616 年 2 月 26 日，伽利略同意了教皇的要求，并承诺不再著书立说或是授

⑧　参见脚注①。

课来维护哥白尼的学说。8 天后，禁令正式实施，而哥白尼的《天体运行论》从大学课程中消失。当然，这并没有阻止伽利略继续对哥白尼的学说进行研究。他说，“我不认为赋予我们感性、理性和智力的上帝不让我们应用这些能力。”

伽利略在 1632 年出版了自己的著作《两大世界体系的对话》(*Dialogo Sopra i Due Massimi Sistemi del Mondo*)。在这本书中，伽利略用各种方法证明哥白尼体系的优越性。伽利略一开始就指出，亚里士多德宣称任何天体都围着地球运转的观念是错的；他观测到木星有卫星，这表明不是所有的天体都围着地球运转。伽利略还澄清了和地球转动有关的错误观念：从高塔顶端落下的石块会砸在塔基上，而不是像反对者说得那样，由于地球转动使落地点偏离塔基。伽利略论证说，在被释放的时刻，惯性使石块具有平行于地表的速度，而这个速度产生水平位移，即图 4.2 中的 **A**，它和下落的竖直位移 **B** 相加就产生了我们看到的位移 **C**。

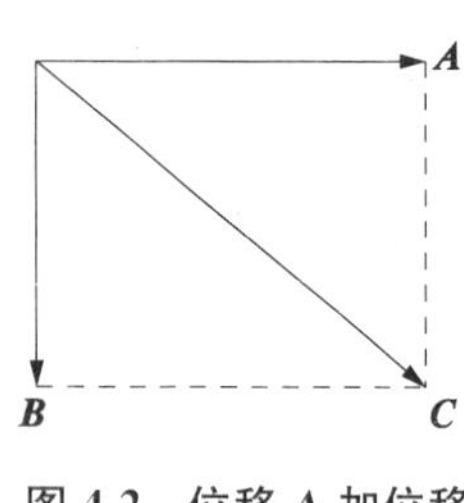

图 4.2 位移 *A* 加位移 *B* 相加产生位移 *C*

最后伽利略指出，亚里士多德学派为了维护地心说提出了其他的主张，尽力让地心模型和天文数据吻合，但这种做法过于牵强让科学家难以接受。伽利略认为，假定小小的地球围着地轴每 24 小时转一圈，比假定整个天球在 24 小时内围着地球转一圈更加合理。伽利略还指出，地心说在描述天体的运动周期上非常蹩脚：距地球最近的月亮周期为 $27\frac{1}{3}$ 天，最远的行星周期长达 30 年，而对于更遥远的宇宙外层的恒星，周期又落回到了 24 小时。如果采用日心体系，则随着距离增大，周期从月球的 $27\frac{1}{3}$ 天增大到最外层行星的 30 年，而对于宇宙外层区域的恒星，周期为无限长，这意味着它们基本上静止不动。这样的图像显然更合理。

我们不需要列举伽利略支持日心说的所有论述。当然，伽利略完全清楚这些论述不是确凿的证据，而只能说明日心说优于地心说。当牛顿建立了万有引力理论之后，哥白尼的日心说才有了坚实的基础并最终大获全胜。

《两大世界体系的对话》一书的出版，让伽利略遭到老对手的新攻击。由于伽利略违反了 1616 年颁布的禁令，宗教裁判所在 1633 年以其违背教义并宣扬异端邪说为名对他进行了审判。幸好伽利略有一些位高权重的保护人，他的死刑判决被改成了终身监禁，后又被改成了宅中软禁。

在执行宅中软禁的头 6 个月，伽利略待在自己的朋友和支持者锡耶纳大主教的家中，他总结毕生的工作，撰写了最重要的著作——《关于两种新科学的论述和数学证明》。在书的第一部分，伽利略描述了自己研究物体运动的实验和结论，包括斜面上滚落的小球、惯性定律以及相关的数学分析。书的第二部分探讨了物体的微观性质；伽利略利用实验研究了金属等材料的强度、物质的弹性和凝聚力、流体的黏性等，并将得出的开创性结论总结成数学公式，为后续的研究奠定了基础。1638 年，这本书终于由荷兰出版商路易斯·埃尔泽维尔(Louis Elzevir)出版发行。

尽管伽利略在晚年疾病缠身，双眼几乎完全失明，但他还是继续工作。直到生命即将终结时，他还在向他衷心的助手埃万杰利斯塔·托里拆利(Evangelista Torricelli)⑨和维维亚尼口授自己的想法。但是疾病、监禁和遭受到的不公让伽利略痛苦不堪。1642 年 1 月 8 日，在被监禁了 8 年后，伽利略辞世，时年 77 岁。在他辞世时，儿子温琴佐和学生维维亚尼陪伴在其左右。

练习

4.1　一个粒子沿着直线运动，它先以平均速度 4 m/s 运动了 3 min，然后以平均速度 5 m/s 运动了 2 min。

(a) 粒子的总位移是多少？

答案：1 320 m。

(b) 粒子的平均速度为多少？

答案：4.4 m/s。

4.2　请绘图展示竖直上抛的粒子，其速度和位置怎样随时间改变。

4.3　请总结哥白尼的日心说在哪些方面优于地心说。

⑨　当时只有三十几岁，他后来成为托斯卡纳大公的数学家。他因为发明了压力计而闻名于世。

4.4 请将下面的陈述综合在一起：阿基米德研究了杠杆和在液体中的固体，从而建立了静态物体之间相互作用的数学理论；伽利略向着固体运动论迈出了重要的一步；前两者都采用了被亚里士多德引入或明确的概念；这三个人都受益于古代数学家和天文学家的工作。

第 5 章
17 世纪：科学萌芽

5.1 数的连续性；函数；笛卡儿解析几何

人们一旦接受了“0”也是数字，就开始习惯用小数来表示数，并且把数看作直线上的点：正数从 0 向右延伸至 $+\infty$，负数从 0 向左延伸至 $-\infty$，如图 5.1 所示。

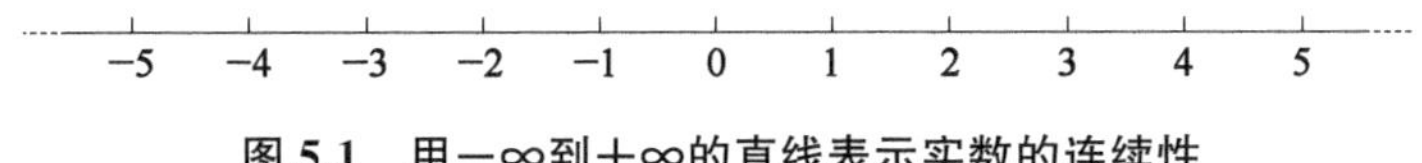

图 5.1 用 $-\infty$ 到 $+\infty$ 的直线表示实数的连续性

有理数(rational number)即比例数，可以用分数 a/b 表示，其中 a 是包括 0 在内的任意整数，而 b 是除了 0 以外的任意整数。有理数不能构成连续的直线，因为不管两个有理数 a/b 和 c/d 多么靠近，二者之间至少存在有理数 $(a/b + c/d)/2$，而它与 a/b 和 c/d 都构成一段微小但有限的线段。用小数来表示有理数也不会改变这种情况，而包含有限个非零数字的小数实际上就是比例数。解决这个困难只有一种方法：假定图 5.1 中直线上的某点不对应比例数，而是对应非比例数，即无理数(参见第 1.2 节)。19 世纪德国数学家理查德·戴德金(Richard Dedekind)进行了这样的描述：连续的实数形成一条直线，我们切割上一刀，让左侧的数比右侧的数小；如果刀锋没有切割中一个有理数，那么它就定义了一个无理数。

读者们会发现，在图 5.1 的图注以及戴德金的陈述中，都说明有理数和无理数构成的实数从 $-\infty$ 延伸到 $+\infty$。我们可以把这当作实数的定义，但是这些数也和现实世界直接相关。你们可能有些困惑：负数在现实世界中独立存在吗？为什么不能把它们看作“被减去的量”，因而同样用延伸到 $+\infty$ 的正数轴上的点来表示呢？事实上，现实世界需要负数，因为负的物理量(亦即负数)独立存在。我们在后文将会看到，物质的基本构成单元为电子、质子、光子等粒子，它们有一定的质量并携带一定的电荷量(即电量)，而电量可正可负，也可以为零。我们稍后还会在量子力学中看到，和现实世界紧密相连的不仅有实数。

考虑到实数就自然会想到这个问题：到底有理数多还是无理数多？这个问题有一定道理，但是不容易作答。我们必须先引入一些概念，才能回答这个问题。请考虑下面两个数列：

$$1,\ 2,\ 3,\ 4,\ 5,\ \cdots, \tag{5.1a}$$

$$1,\ 4,\ 9,\ 16,\ 25,\ \cdots. \tag{5.1b}$$

对数列(5.1a)的每一项取平方后得到数列(5.1b)，显然两个数列中的数一一对应[①]。我们立即得出：数列(5.1b)中的平方数都在数列(5.1a)中出现，反之则不然。因此，平方数集合是自然数集的子集，并且两个集合中的元素一一对应。伽利略明智地推断：如果两个集合都包含无穷多的元素，那么就不能像对有限集合那样，用“相等”“大于”或“小于”来描述二者的关系。事实上，一个无穷大集合的子集也可以无穷大。

对于一个无穷集合，如果其中的元素能和自然数建立一一对应的关系，那我们就说这个集合是可数的。平方数数列(5.1b)就是可数集，其中元素和自然数一一对应。有理数也是可数集，你们可能对此感到惊讶[②]。但是，无理数显然不是可数集，因为无理数不能和自然数建立起一一对应的关系。因此，如果有人问

---

① 伽利略第一个指出了这种对应关系，他在自己的著作《关于两种新科学的论述和数学证明》中，论述了不同长度的线段上的点存在一一对应的关系。

② 为了形象地说明有理数集可数，请考虑铺在平面上的渔网，让网的结点规整地排成行和列。正有理数可以用 a/b 表示，其中 a 和 b 为任意正整数，因此我们可以用第 a 行、第 b 列的结点表示这个数。我们允许同一个数占据多个结点，例如 $1/1=1$ 占据第1行第1列的结点，它也占据第 n 行第 n 列的结点，因为 $n/n=1$；同理，2/3 占据第2行第3列的结点，它也占据第 $2n$ 行第 $3n$ 列的结点，依此类推。如果网格上的所有结点构成可数集，那么正有理数是前者的子集，也构成可数集。我们可以这样数网格的结点：从第1行第1列的结点开始，向右、向下取最小的正方形，数出边界上的4个结点；将正方形向右、向下以单位长度扩大一圈，数出右侧和下方边界上的结点；再向右、向下扩大一圈，数出边界上的结点；依此类推。经过这样的操作我们发现，网格的结点的确是可数的，因此正有理数是可数集。同理可证负有理数也是可数的。如果两个集合均可数，那么它们的合集也是可数的。例如奇数集和偶数集都是可数集，二者的合集是自然数集，也是可数集。由此我们得出，有理数集可数。

起“是有理数多还是无理数多?”,我们这样来回答：二者都无穷多,但是有理数是可数的,而无理数则不可数。此外,不管一段实数线段有多么短,其中包含的无理数也是不可数的,因为我们不能把这些无理数和自然数一一对应起来。

然而,正如伽利略发现的那样,两条不同长度线段上的点可以建立起一一对应的关系,参见图 5.2 的证明。图中内圆的周长较小,而外圆的周长较长,但是内圆和外圆上的点显然一一对应。这当然只是一个特例,但它体现出不同线段上的点(即实数)的一一对应关系,而这是现代科学的核心。我们实际上在上一章的式(4.2)～式(4.4)中已经用到了这个概念。以式(4.3)为例,它说明在 0 和 T 之间的每一时刻 t (带有时间单位,例如秒),都对应 0 和 γT 之间的一点 $V=\gamma t$ (带有速度单位)。我们说 V 是 t 的函数,二者的关系由式(4.3)表示;所谓的函数就是把一个数变成了另一个数。一般说来,如果依据一定的规则把 x 变成了 y,我们就说 y 是 x 的函数,并把 y 表示为：

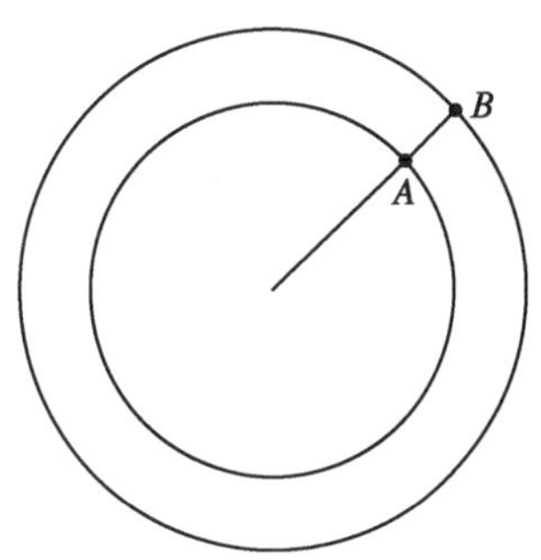

图 5.2　内圆上的每个点都对应外圆上的一个点

例如点 A 对应点 B。

$$y=f(x). \tag{5.2}$$

通常我们用方程表示函数,但也可以用表格或者图表示函数,例如图 4.1。用图表示函数属于解析几何的范畴,这一数学分支由笛卡儿发明。因此在介绍函数之前,我们先介绍笛卡儿和他的解析几何。

勒内・笛卡儿和开普勒、伽利略生活在同一时代,他于 1596 年出生在法国图赖讷(Touraine)地区,诞生在一个贵族家庭,自幼体弱多病。1616 年,笛卡儿遵照父亲的意愿,进入普瓦捷大学学习法律,希望以后能在军队中任职。毕业后,笛卡儿曾为统治尼德兰*(Netherlands)的莫里斯(Maurice)王子效劳,但军旅生活显然不适合他孱弱的身体。在军中,他开始对数学和自然哲学发生兴趣。笛卡儿后来回到法国短暂停留,然后辗转于波希米亚、匈牙利和德国,最后终于在 32 岁时定居尼德兰。1649 年,笛卡儿受邀远赴瑞典,担任克里斯蒂娜(Christina)女王的老师,但仅仅几个月后他就身染重感冒离世。

---

* 即常说的“荷兰”。Netherlands,中国以及其他一些国家常将其叫作“荷兰(Holland)”。2019 年 12 月 26 日,Netherlands 政府宣布,自 2020 年 1 月起,对外名称不再使用 Holland,一律改用 Netherlands。——译者注

尽管笛卡儿是虔诚的天主教徒，在著作中经常提到上帝，但他也是一位有创见的思想家；而居住在信仰新教的尼德兰，让他免于遭受宗教裁判所的迫害。笛卡儿认为宗教统领人的道德情操，但是它不能左右科学。笛卡儿富有才华，特别关注科学的基本问题。在他的著作《哲学原理》（*Principia Philosophiae*）一书中，笛卡儿假定像流体一样的以太充满整个宇宙，从而解释了观测到的天体运动。他认为以太流体永恒存在，它在被创生的时刻获得了某种运动，因此产生局域湍动；当天体进入这样的区域后，就会在旋转流体的作用下产生自转，由此解释了地球为什么会围绕地轴转动。此外，天体的运动也可以通过以太传播，影响其他天体的运动，从而不需要超距作用。笛卡儿的理论过于复杂，它不能解释开普勒观测到的行星运动定律，最终被牛顿判定为错误。然而，笛卡儿的研究至少在前进的方向上是对的。笛卡儿认为天体的运动完全出自力学的原因，而不是任何形而上学的原因。这有别于开普勒，后者从没有排除地球对月亮的“力”可能有着形而上学的本质（参见第 3.3 节）。然而，笛卡儿最重大的贡献是他建立的解析几何理论，这项工作至今还被大家铭记。他在 1637 年发表了《科学方法论》（*Discourse on the Scientific Method*）一书，其中介绍了解析几何的内容。这本书篇幅很长，但其中最重要的部分是三个附录：关于光学（参见第 5.2 节）；关于气象学和关于数学；就在最后一个附录中，笛卡儿介绍了解析几何。

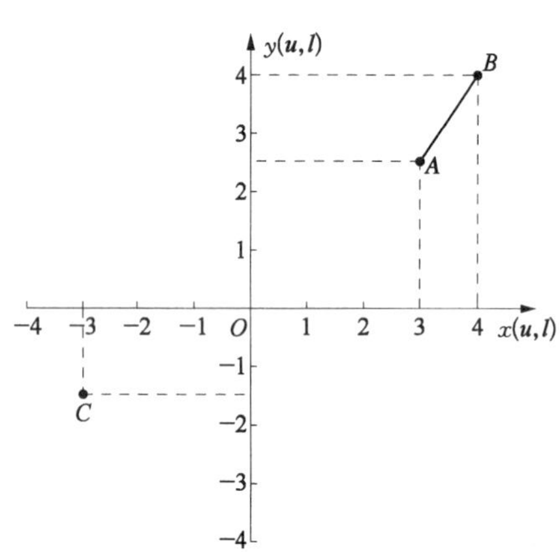

图 5.3 笛卡儿坐标表示的二维欧几里得空间

坐标的长度单位可以任意选取，小到毫米、大到千米甚至更大，这一点类似地图比例尺的选取。图中点 C 的坐标为$(x_C, y_C)=(-3, -1.5)$，点 A 的坐标为$(x_A, y_A)=(3, 2.5)$，点 B 的坐标为$(x_B, y_B)=(4, 4)$。直线 AB 表示从点 A 到点 B 的路径。

在笛卡儿的时代，人们当然知道用两个坐标值就能表示二维空间（我们假定这是一个平面）的一点；至少从托勒密开始，人们在绘制地图时就用到了这个观念。地图上点 A 的位置可以这样来描述：它在伦敦以东多少千米，在伦敦以北多少千米。根据同样的道理，我们可以建立坐标系来描述平面上某点的位置。坐标系包括任意选取的坐标原点 O（即地图中的伦敦），以及两条相互垂直的坐标轴，我们称之为 x 轴和 y 轴（它们分别对应地图中的正东和正北方向）。笛卡儿采用坐标系来表示二维空间中的点，并用代数解析式来描述几何形状，例如圆、椭圆等。我们举例说明笛卡儿的方法。

请考虑半径为 a 的圆，其圆心位于笛卡儿坐标系的原点，如图 5.4(a)所示。如果要绘制这个圆，我们取长度为 a 的一段线，将它的一端固定在原点，拉紧线旋转 360°，则线的另一端在平面上形成的轨迹就是这个圆，轨迹上每一点和原点的距离都是 a。反过来情况也成立：如果平面上的点和原点的距离为 a，那么该点就处在圆上；如果距离不等于 a，那么该点就不在圆上。平面上点的坐标为 (x, y)，令圆心位于原点，则笛卡儿根据毕达哥拉斯定理确定该点和圆心的距离的平方为 x^2+y^2。因此如果点 (x, y) 处在圆上，则有 $x^2+y^2=a^2$，而 $x^2+y^2<a^2$ 表示点 (x, y) 位于圆内，$x^2+y^2>a^2$ 表示点 (x, y) 位于圆外。由此我们得到了表示圆的方程：

$$\frac{x^2+y^2}{a^2}=1. \tag{5.3}$$

它说明圆上任意点的坐标 (x, y) 满足这个方程，而如果点不在圆上则不能满足该方程。

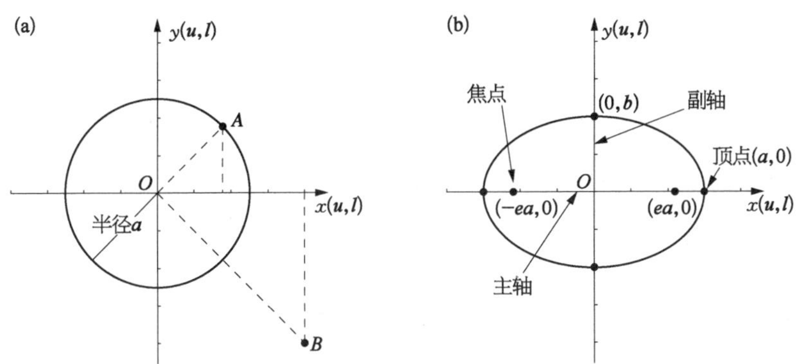

图 5.4　笛卡儿坐标系中的圆和椭圆

(a) 笛卡儿坐标系中的圆。半径为 a，圆心位于原点，坐标 x 和 y 以单位长度进行度量。(b) 笛卡儿坐标系中的椭圆。其中心位于原点，主轴（长轴）长度为 $2a$，两个顶点分别位于主轴的两端，副轴（短轴）长度为 $2b$ $(b<a)$，在中心处和主轴垂直。椭圆的两个焦点位于主轴上，坐标分别为 $(-ea, 0)$ 和 $(+ea, 0)$，其中 e 表示偏心率。当 $e=0$ 时椭圆退化为圆，$a=b$。椭圆上任意点和两个焦点的距离之和等于 $2a$，我们可以根据这一性质绘制椭圆：取一段长度为 $2a$ 的线，将其两端固定在两个焦点上，然后拉紧线形成一个三角形，则三角形的第三个顶点就位于椭圆上；拉紧线转 360°，顶点在平面上的轨迹就是椭圆，它有着我们需要的主轴长度和偏心率。

我们直接写出图 5.4(b)对应的椭圆方程(相关推导参见练习 5.1)：

$$\frac{x^2}{a^2}+\frac{y^2}{b^2}=1. \tag{5.4}$$

它说明坐标满足上述方程的点位于椭圆上,而不满足的点则不在椭圆上。椭圆偏心率的定义为 $e=\sqrt{1-b^2/a^2}$，当 $e=0$ 时 $a=b$，而椭圆方程(5.4)退化为圆方程(5.3)。如果已知圆上某点的坐标 x，我们可以利用方程(5.3)确定该点的坐标 y。对于圆的上半部有 $y=+\sqrt{a^2-x^2}$，而对于圆的下半部有 $y=-\sqrt{a^2-x^2}$。关于椭圆的计算也一样。

我们用两个例子来说明解析几何的用处。

例 1 假定粒子在平面上运动,它在任意时刻的坐标为 $x(t)$ 和 $y(t)$。如果 $x(t)$ 和 $y(t)$ 满足方程 (5.4),那么这个粒子在图 5.4(b)所示的椭圆上运动。我们不用画图就能得出这个结论!

例 2 假定粒子在平面上运动,它在任意时刻的坐标为 $x(t)=3+t$，$y(t)=2.5+1.5t$。取 $t=0$，则粒子的初始位置为 (3, 2.5)，即图 5.3 中的点 A；令 $t=1$，则粒子的位置为 (4, 4)，即图 5.3 中的点 B。我们可以确定 $3\leqslant x\leqslant 4$ 范围内任意 x 对应的 y 值,因为二者满足：

$$y=1.5x-2,\quad 3\leqslant x\leqslant 4. \tag{5.5}$$

这个方程把 y 表示成 x 的函数,用图像表示就是图 5.3 中连接点 A 和点 B 的线段。

我们就这样绘制函数的图像：对于式(5.2)定义的函数 $f(x)$，其中 x 是笛卡儿坐标系中沿水平方向以适当的单位度量的变量,而对应的 y 值由 $f(x)$ 确定,沿着竖直方向度量。

在结束本节之前,我们介绍在后续章节中时常出现的 3 个函数：三角函数 $y=\sin x$，$y=\cos x$，以及指数函数 $y=\exp x$。参照图 5.5(a)所示的圆,最容易定义三角函数。假定 OA 逆时针旋转,则 OA 和水平轴的夹角 x 从 0(此时 OA 位于正的 cos 轴)增大到 $\pi/2$(OA 位于正的 sin 轴),继续增大到 π(OA 位于负的 cos 轴),再增大到 $3\pi/2$(OA 位于负的 sin 轴),最后增大到 2π 回到正的 cos 轴。OA 继续旋转 x 就会继续增大,直至 $+\infty$。对于正的 x，我们定义 $\cos x$ 是 OA

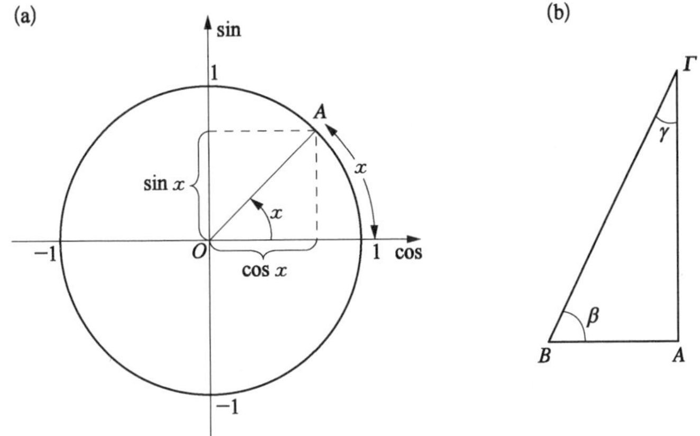

图 5.5　余弦和正弦函数的定义

(a) OA 在 cos 轴上的投影定义了 $\cos x$，OA 在 sin 轴上的投影定义了 $\sin x$。我们取圆的半径为单位长度，即 $OA=1$，则圆心角弧度数就等于对应的弧长，因此有 $2\pi\ \mathrm{rad}=360°$，而 $1\ \mathrm{rad}=57.296°$。(b) 对于直角三角形 $AB\Gamma$ 有：$BA=B\Gamma\cos\beta=B\Gamma\sin\gamma$，$A\Gamma=B\Gamma\cos\gamma=B\Gamma\sin\beta$。

在 cos 轴上的投影与 OA 的比值，因此 $\cos x$ 没有单位。如果令 OA 等于 1，则 $\cos x$ 就等于 OA 在 cos 轴的投影长度。如果投影落在正 cos 轴上，投影长度为正，如果落在负 cos 轴上，则投影长度为负。同理，$\sin x$ 给出了 OA 在 sin 轴上的投影。对于负的 x，我们可以根据下面的关系式得到对应的 $\cos x$ 和 $\sin x$：

$$\cos(-x)=\cos x,\ \sin(-x)=-\sin x. \tag{5.6}$$

图5.6 是函数 $y=\sin x$ 和 $y=\cos x$ 对应的图，它大致展示了函数的性质，但是要从图中读出特定的函数值却不那么容易。幸运的是，我们掌握无穷级数（参见第 1.1 节），它可以帮助我们确定函数值。研究表明，对于任意的 x 均有收敛于 $\sin x$ 和 $\cos x$ 的无穷级数，当然在对级数求和时，达到一定精度所需的求和的项数由 x 决定。我们要保证求和的级数包含足够多的项，那么继续增加级数的项也不会在精度要求内改变求和结果，例如当级数和已达到小数点后 5 位的精度，那么再增加额外的项也不会改变前 5 位小数的值。当然，你们可以用计算器计算 $\sin x$ 和 $\cos x$，而这不过是让计算器对级数求和。我们有：

$$\sin x=x-\frac{x^3}{3!}+\frac{x^5}{5!}-\frac{x^7}{7!}+\cdots, \tag{5.7}$$

$$\cos x=1-\frac{x^2}{2!}+\frac{x^4}{4!}-\frac{x^6}{6!}+\cdots. \tag{5.8}$$

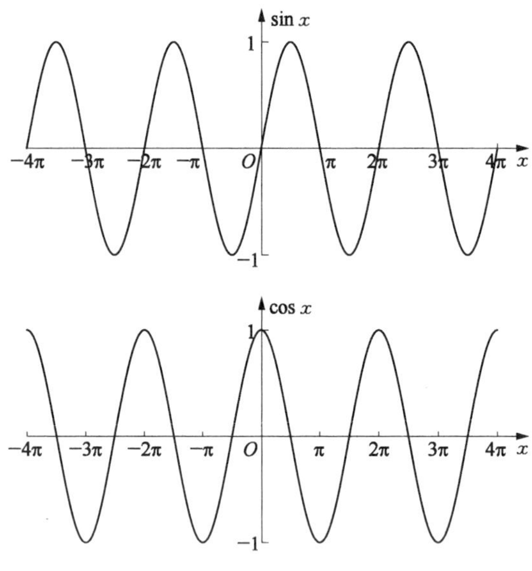

图 5.6　$y=\sin x$ 和 $y=\cos x$ 的图

阶乘的定义为：

$$0!=1,\ 1!=1,\ \cdots,\ n!=1\times 2\times\cdots\times(n-1)\times n, \tag{5.9}$$

因此有 $2!=1\times 2=2$，$3!=1\times 2\times 3=6$，$4!=1\times 2\times 3\times 4=24$，等等。

根据图 5.5(a)，$\sin x$ 和 $\cos x$ 有下面的性质：

$$\cos\left(\frac{\pi}{2}-x\right)=\sin x, \tag{5.10}$$

$$\sin^2 x+\cos^2 x=1. \tag{5.11}$$

对图 5.5(a)中圆内的直角三角形应用毕达哥拉斯定理就能得到式(5.11)。根据图 5.5(b)，直角三角形显然满足下述关系式：

$$BA=B\Gamma\cos\beta=B\Gamma\sin\gamma;\ A\Gamma=B\Gamma\cos\gamma=B\Gamma\sin\beta. \tag{5.12}$$

最后介绍指数函数 $y=\exp x$，它通常还被表示为 $y=e^x$，其中 e 是自然对数的底，它是一个无理数，可以用下面的级数表示：

$$e=1+\frac{1}{1!}+\frac{1}{2!}+\frac{1}{3!}+\frac{1}{4!}+\cdots=2.718\,281\,82\cdots. \tag{5.13}$$

图 5.7 是 $y = \exp x$ 对应的图，从图中可以看出，当 $x > 0$ 时，x 发生微小改变会导致 y 发生很大的改变；而对于 $x < 0$，随着 x 变小 y 快速趋于零。这当然符合我们的预期，因为

$$e^{-x} = \frac{1}{e^x}. \tag{5.14}$$

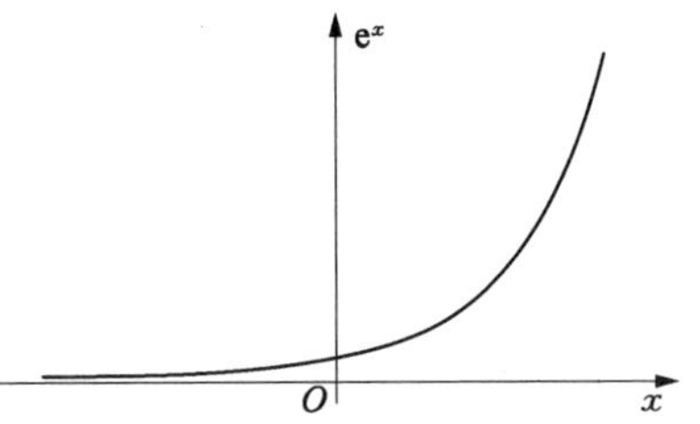

图 5.7　函数 $y = e^x$ 对应的图

我们计算得到：$e^0 = 1$，$e^1 = 2.718$，$e^2 = 7.389$，$e^3 = 20.085$，$e^4 = 54.598$；利用式(5.14)，我们可以得到 $x = -1, -2, -3, -4$ 对应的 e^x。

我们利用下面的无穷级数可以计算任意 x 对应的 $\exp x$：

$$e^x = 1 + \frac{x}{1!} + \frac{x^2}{2!} + \frac{x^3}{3!} + \frac{x^4}{4!} + \cdots. \tag{5.15}$$

我们关于式(5.7)和式(5.8)的讨论同样适用于式(5.15)。e^x 中的指数 x 就是 e^x 的自然对数，我们可以定义函数 $y = \ln x$，其中 y 满足 $e^y = x$。

5.2　重要的实验和发明

5.2.1　托里拆利气压计和玻意耳气体定律

埃万杰利斯塔·托里拆利是伽利略的学生，在伽利略的生命即将终结时，他陪伴在左右。托里拆利最著名的工作是测量了大气压强。他在一端封口的玻璃管中装满汞，然后将玻璃管倒置在汞槽中，在操作中避免让空气进入玻璃管，实验结果如图 5.8(a)所示。汞从倒置的玻璃管中流入汞槽，直到汞柱的高度降低为 0.76 米时停止。根据实验的操作过程，我们可以认为玻璃管内汞液面的上方没有空气。托里拆利采用不同形状的玻璃管重复实验，发现管中的汞总是保持相同的高度，而且与玻璃管的形状和直径无关，参见图 5.8(b)。

根据实验结果，托里拆利得出了正确的结论：空气对汞槽的敞开液面施加一定压强，从而将玻璃管内的汞柱保持在特定的高度上。我们也可以这样表述：玻璃管中汞柱对汞槽液面产生的压强就等于大气产生的压强。这种实验装置就是所

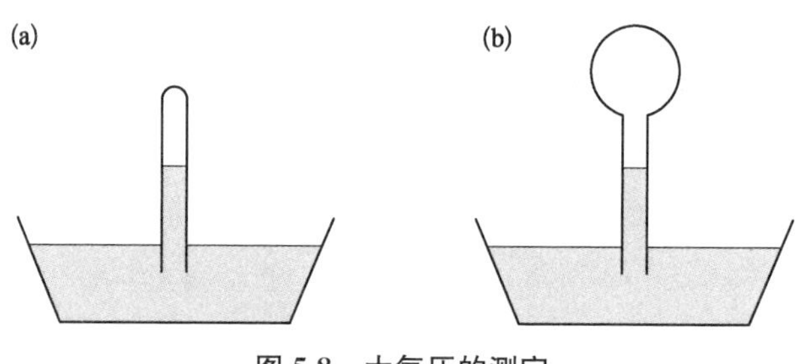

图 5.8 大气压的测定

(a) 玻璃管中的汞柱比汞槽液面高 0.76 米。(b) 改变玻璃管的形状和直径也不会改变这个高度。

谓的"托里拆利气压计",而研究发现,在不同位置和不同时间测量大气压会得到不同的结果。托里拆利在 1643 年发表了这一结果,让许多人大跌眼镜,因为他宣称:大气中的物体受到高达 0.76 米汞柱的大气压,这相当于每平方厘米上压了一个 1.04 千克的重物! 1656 年,德国科学家奥托·冯·居里克(Otto von Guericke)用更惊人的方式证明大气压的确存在。他让两个巨大的铜制半球严丝合缝地贴合在一起,然后用真空泵抽走球内部的空气,这样一来两个半球就被大气压紧紧地压在一起,后来动用了 16 匹马分别向两边拉,才最终把球分开!

其他科学家很快就证实了托里拆利和居里克的实验结果,罗伯特·玻意耳(Robert Boyle)就是其中一员。玻意耳是英国人,家境富裕,对化学等诸多学科都很感兴趣。在科学家罗伯特·胡克(Robert Hooke)的帮助下,玻意耳制造了高性能的真空泵,并证实在空气稀薄的容器中气压计的读数(即汞柱高度)会降低,而如果能将容器中的空气全部抽走,汞柱的高度将变为零;他的实验结果支持托里拆利的看法。玻意耳利用真空进行了许多有趣的实验,例如他证明蜡烛不能在真空中燃烧,而老鼠不能在稀薄的空气中存活。然而玻意耳被大家铭记是因为他在 1660 年发现的气体定律③,它说明在恒定温度下,气压和气体的体积成反比:

$$PV = \text{常数}。 \tag{5.16}$$

这个公式反映出气体有着什么样的本性呢? 玻意耳提出了两种气体模型,二者在原则上都能"解释"式(5.16),而这两个模型都假定存在原子,即遵循某种规则运动的物质的微小粒子。古希腊哲学家恩培多克勒和德谟克利特很早就提

③ 显然两位英国科学家,亨利·鲍尔(Henry Power)和理查德·汤利(Richard Townely)在 1653 年就发现了气体定律。玻意耳了解他们的实验,并在 1662 年的专著中承认了他们的贡献。

出了原子的概念，而在17世纪一些科学家和学者开始接受这一观念，玻意耳也不例外。玻意耳的第一个模型可被称为静态模型，其中空气由具有弹性、像弹簧一样的原子构成，这些原子相互接触，它们当然可以像弹簧那样被压缩。托里拆利也提出过类似的模型，他假定空气由柔软的物质构成，因此空气就像棉花团那样可以被压缩。玻意耳的模型有一个致命的弱点："弹簧"只能延展有限的距离，而气体可以充满任意大的空间。为了挽救这个模型，一些科学家提出：就算原子不相互接触，它们之间也存在某种斥力将彼此推开，由此就能解释气体对容器壁产生的压强。但是当时还不能用实验证实超距作用的存在，因此人们难以接受这种说法。玻意耳的第二个模型可以被称为动态模型，其中构成气体的原子彼此不接触，它们是硬的粒子，有不同的形状和尺寸，总是快速、无规则地运动；原子在运动时相互碰撞，并且和容器的表面碰撞，因此对容器壁产生压强。在这个层面上，空气模型和古代原子论者提出的模型无异。但是玻意耳和当时的科学家并没有止步于此，他们想知道原子快速、无规则运动的原因，而在笛卡儿的以太流体（参见第5.1节）中他们找到了解决之道。笛卡儿认为，宇宙中充满了以太流体，而以太湍流推动行星旋转；同理，容器中的以太流体也可能推动空气原子快速而无规则运动。玻意耳尝试用实验证明以太存在，但是没能成功。要等到1738年，瑞士数学家丹尼尔·伯努利（Daniel Bernoulli）发表了著名的《流体学》（*Hydrodynamica*）后，玻意耳气体定律才被解释清楚。伯努利应用气体分子运动论，假定气体包含向各个方向随机运动的粒子，而这些粒子和容器壁碰撞产生了气压。250年后，当科学家理解了热在气体和环境交换能量的过程中所起的作用时，玻意耳定律才最终得到了彻底、详细的解释。

毋庸置疑，玻意耳在实验化学和物质的原子论方面做出了开创性的工作。但是近来历史学家劳伦斯·普林西比（Laurence Principe）撰写的传记[④]，让我们能更全面地了解玻意耳。普林西比认为玻意耳和同时代的伟人牛顿一样，都对炼金术非常感兴趣，并用一个故事佐证。1689年，玻意耳试图游说英国议会废止禁令，准许将贱金属变成贵金属的行为。听说了这件事，牛顿怀疑玻意耳找到了能将普通金属变成金子的"魔法石"。不管这个故事是否真实，普林西比有足够的证据表明玻意耳实践过炼金术，他相信天使和其他无形的生命存在，并且认

---

④ Principe L. The Aspiring Adept: Robert Boyle and His Alchemical Quest. Princeton University Press, 1998.

为“魔法石”不但能点石成金还能唤醒物质的灵魂。这些记述并不是想证明玻意耳不是优秀的科学家，而只是说明他身处炼金术和化学共存的变革时代，因此不可避免地带有时代的烙印。

5.2.2 斯涅耳折射定律和光的本性

如果把一根木棒斜插入水中，那么水面下的部分看起来发生了弯折，如图 5.9 所示。这是因为水中某点(如木棒的末端)发出的光线从水进入到空气时方向发生了改变，这就是光的折射现象[⑤]。

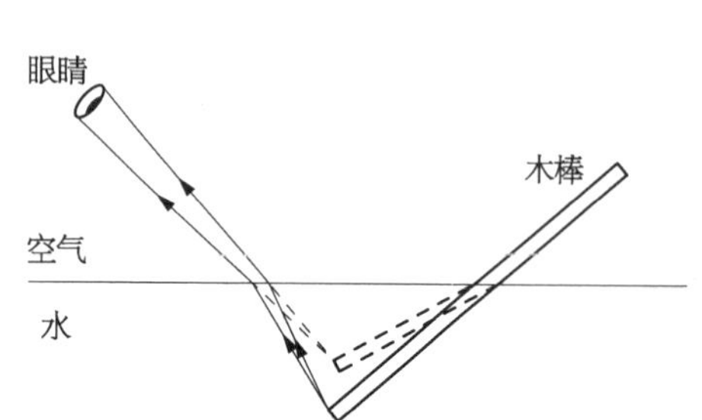

图 5.9　光的折射使浸没在水中的木棒看起来发生了弯折

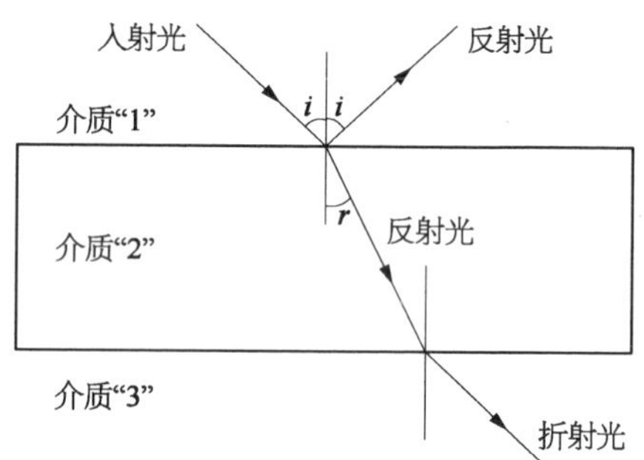

图 5.10　平板介质对光的折射

一束光照射介质“1”和“2”的界面，它的一部分被反射、一部分被折射。根据光的反射和折射定律，入射光、反射光、折射光以及入射点的法线处于同一平面，反射角等于入射角 i，而折射角 r 由斯涅耳定律确定，我们假定 $n_2 > n_1$。光照射介质“2”和“3”的界面也发生同样的物理过程，而 $n_3 = n_1$。

17 世纪，人们基于实验规律建立了光的反射定律和折射定律。参见图 5.10，斯涅耳折射定律说明：

$$n_1 \sin i = n_2 \sin r, \tag{5.17}$$

其中 n_1 和 n_2 分别是介质“1”和“2”的折射系数，它们可以由下述实验方法确定。将介质 X 制成的平板放置在真空中，参考图 5.10，令介质“1”为真空，则介质“2”为 X[⑥]。由于在式(5.17)中最重要的是两个系数的比值 n_1/n_2，因此令真空的折

⑤　图 5.9 给出的是平行于纸面的截面图，而在垂直于纸面的方向上物理量保持不变。

⑥　在 17 世纪，人们只能用空气作为参考介质。空气相对真空的折射系数并不精确等于 1，而且空气对不同颜色的光的折射系数稍有不同。

射系数为 1，式(5.17)变为：

$$\sin i = n_{\mathrm{X}} \sin r. \tag{5.18}$$

通过测量角 i 和角 r 的大小就能确定 n_{X}。用这种方法确定空气、水、玻璃等介质的折射系数后，就能根据式(5.17)确定各种情况下的折射现象，并设计透镜。我们发现，对于图 5.10 中的介质平板，出射光与入射光平行。如果用棱镜代替平板，那么出射光就不会和入射光平行，但它同样服从斯涅耳定律(图 5.11)。

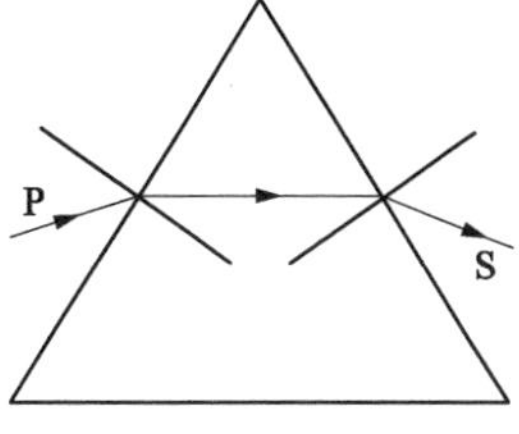

图 5.11　玻璃棱镜对光的折射

牛顿在进行棱镜实验时，发现入射的白光经棱镜折射后，分散成从红色到紫色的连续光谱，其中红光相对入射光的偏转最小，而紫光最大。由此牛顿得出：白光包含不同颜色的光，而棱镜能将白光分解意味着同一种介质对不同颜色的光有不同的折射率。

荷兰人维勒布罗德·斯涅耳(Willebrord Snell)在 1620 年发现了以他的名字命名的折射定律，但是却没有公开发表结果。笛卡儿在自己的《科学方法论》一书中首次提到了斯涅耳定律，但没有提及定律的发明人。笛卡儿认为光穿过介质的传播类似力学扰动沿着一根棒子的传播，并且认为光不可能包含有形的粒子，理由是"这样的粒子不可能进入人眼"。同时笛卡儿还相信光的传播速度"无穷大"，即瞬时抵达。笛卡儿提出，当一束光照射不同介质的界面时，一部分光发生反射、一部分光发生折射，折射光在进入另一种介质时受到某种"冲力"，使光束在入射点向着法线或偏离法线方向偏转，因而产生折射现象。笛卡儿很清楚，自己的解释不过是对折射现象的描述，而没有说明产生这种现象的原因。

我们知道，牛顿提出光包含许多"光粒子"；作为牛顿环的发现者，提出这种观点真让人摸不着头脑，因为牛顿环只能用光的波动理论才能解释得通[⑦]。牛顿显然相信，利用物质对光粒子的作用力能够解释当时了解的光学现象；但牛顿并不墨守成规，他允许光也可能是某种扰动。

许多科学家不同意牛顿的"光粒子说"，其中最著名的就是荷兰天文学家、物

---

⑦　将曲率较小的凸透镜放置在平板玻璃上，则白光会在二者之间的表面发生反射；从适当的角度观察，会看到透镜和玻璃板的接触点形成黑斑，而黑斑周围形成不同颜色的环。如果采用单色光照射，将看到黑斑周围形成明暗相间的环。牛顿环是光波的干涉效应产生的结果，当抵达某点的光波相位相同时产生亮环，而相位相反时产生暗环。

理学家克里斯蒂安·惠更斯(Christian Huygens)。惠更斯生于荷兰海牙(Hague),他在1655年到1681年期间经常造访巴黎,并在1666年成为法国科学院的创始人之一。他建造了第一个摆钟(参见第4章脚注④),改进了天文望远镜,从而在1655年观测到了土星的卫星泰坦,在1659年观测到土星环的真实形态。惠更斯对碰撞物理学也做出了重要贡献,建立了粒子碰撞过程中的动量守恒定律。但是他最著名的成就是创建了光的波动理论,并在1690年发表了著作《光论》(*Treatise on Light*)。

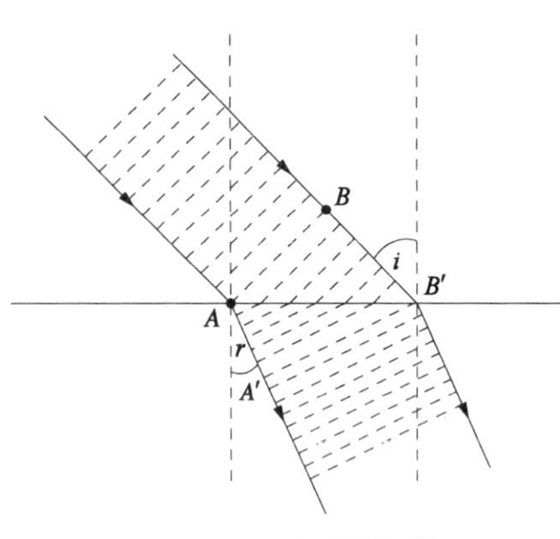

图 5.12 光波的折射

根据惠更斯的理论(为了简化,我们考虑的是单色光),光在真空和介质X的界面上折射;即使波前的一部分处于真空而一部分处于介质X,同一波前上所有点的相位必须相同。当扰动在点 A 抵达界面时,点 A 和点 B 处的相位相同;经过时间 t,点 B 的扰动以速度 c 抵达界面的点 B',此时点 A 的扰动以速度 u 抵达点 A'。我们有 $ct = BB' = AB'\sin i$ 和 $ut = AA' = AB'\sin r$,由此得到:$c/u = \sin i/\sin r$;令 $n_X = c/u$,则该公式和斯涅耳定律 $\sin i = n_X \sin r$ 完全相同。

在惠更斯看来,光是传播的扰动,就像一系列脉冲。这种扰动不一定要有空间或时间的周期性,但必须有明确的波前,即垂直于传播方向的假想表面,在这个表面上扰动的相位相同。当这种扰动穿过两种介质的界面时,如图5.12所示,一部分扰动和波前处于一种介质,而一部分处于另一种介质,而扰动在这两种介质中传播的速度不同。然而,波前上所有点的相位必须保持相同,这意味着折射波会相对入射波改变方向。惠更斯的计算(参见图5.12的图注)表明,折射波的传播方向由斯涅耳定律决定,而材料X的折射系数为:

$$n_X = \frac{c}{u}, \tag{5.19}$$

其中 c 表示光在真空中的传播速度,u 是光在介质X中的传播速度;根据上文的讨论,我们知道不同颜色的光在介质X中的传播速度不同。

惠更斯的理论有别于当时其他的光学理论,因为它不仅是主观推测,它预测的结论还可以用实验检验。原则上,通过测量光在真空和其他介质中的速度就能检验理论是否正确。惠更斯预言光在真空中的速度非常大,但是有限的数值;可是很遗憾,当时不具备准确测定光速的条件。

丹麦天文学家奥勒·罗默(Ole Roemer)首次证明光速是有限的。1676 年 9 月，罗默在巴黎科学院宣布，预期在 11 月 9 日下午 5 时 25 分出现的木星的卫星蚀将会拖后 10 分钟。罗默认为出现这种延迟是因为此时木星和地球的距离较远，而光需要更多的时间才能从木星传播到地球。通过和前次卫星蚀(此时木星和地球的距离较近)的时间进行比较，罗默估计光穿过地球的轨道直径大约需要 22 分钟，因此推断 1676 年 11 月 9 日发生的卫星蚀会拖后 10 分钟，而实际观测结果证实了他的预期。

惠更斯利用罗默的数据和自己对地球轨道的估测，计算出真空中的光速约为 2×10^8 m/s，这大约是真实光速 ($c=2.998\times10^8$ m/s) 的 2/3。由于光速很大，因此不管是在真空中还是在其他介质中，都很难在短距离上测量光速。直到 19 世纪建立了完整的波动光学，人们才能准确地测量光速，而惠更斯的折射率公式自然得到了证实。

5.3　微积分的发明

阿基米德曾经采用安蒂丰的方法，通过作圆的内接多边形来估测圆周率。当多边形的边数非常多时，它的周长就几乎等于圆的周长，而它的面积也几乎等于圆的面积；这里蕴含了微积分的概念。戈特弗里德·威廉·莱布尼茨发明了微积分，他将阿基米德的几何方法变成了有效的分析工具，用它可以计算任意曲线 $y=f(x)$ 和 x 轴包围的从点 a 到点 x 之间的“面积”，即图 5.13 中的阴影面积。根据莱布尼茨的定义，这个面积是“$f(x)$ 从 a 到 x 的积分”，并可以被表示为：

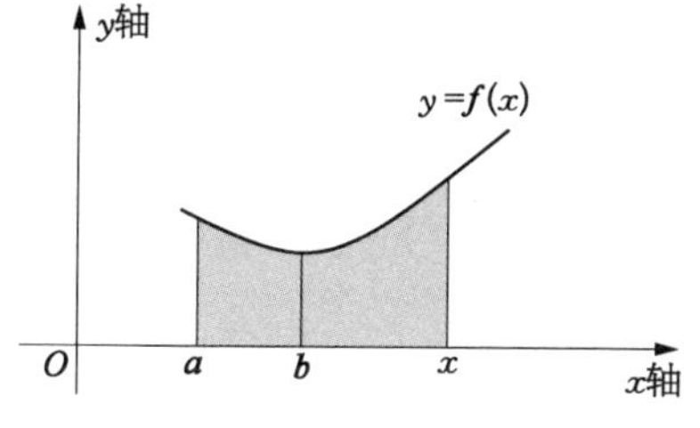

图 5.13　阴影面积对应式(5.20)表示的积分

$$\int_a^x f(x)\mathrm{d}x. \tag{5.20}$$

莱布尼茨于 1646 年出生在德国莱比锡(Leipzig)，他的父亲是著名的伦理学教授。依照当时的惯例，莱布尼茨学习古代先贤，熟读亚里士多德、欧几里得和阿基米德的著作。也许因为他就读的莱比锡大学数学教得不好，莱布尼茨最初对数学没有太大的兴趣。在获得了学士学位后，莱布尼茨频繁访问法兰克福、耶拿等地，而可能是耶拿大学的教授埃哈德·魏格尔(Ehard Weigel)激发了他对数学的兴趣。1672 年，莱布尼茨前往巴黎，为他的庇护人博因堡勋爵执行外交任务。在旅居巴黎的 4 年中，莱布尼茨和当时法国、英国的著名学者交往密切，并且对数学和物理有了更深刻的认识。1673 年，莱布尼茨成为伦敦皇家学会会员。

当莱布尼茨身在巴黎时，他就撰写了关于微积分的第一篇论文，但不知何故当时并未发表。1676 年在莱布尼茨离开巴黎前，他把论文的副本送给了一位朋友，但后者还没来得及把它发表就过世了，而论文手稿也在寄往德国的途中遗失了。由于当时莱布尼茨对微积分的研究更加深入，因此并不在乎原来的论文发表与否。很多年以后，柏林的哲学研究院的埃伯哈德·克诺布洛赫(Eberhard Knobloch)教授在 1693 年发现这篇论文，并最终将它编辑发表。莱布尼茨希望在法国科学院谋得一个职位，但没有成功，可能是因为科学院中的外国人已经够多了。莱布尼茨随后返回德国，担任汉诺威大公的顾问，并一直居住在汉诺威直到 1716 年辞世。

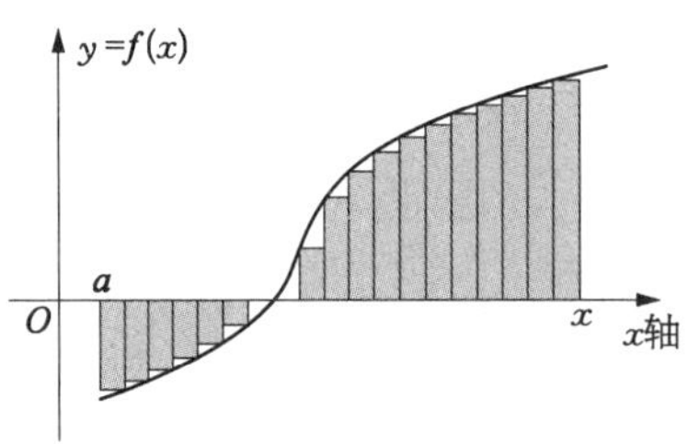

图 5.14 曲线 $y=f(x)$ 和 x 轴之间的“面积”可以通过对大量的矩形面积求和得到

矩形的宽度为 Δx，x 轴上方的矩形面积为正，下方的矩形面积为负，且有 $N\Delta x = x - a$。

莱布尼茨的积分概念来自阿基米德。参见图 5.14，函数 $y=f(x)$ 定义了一条曲线，从点 a 到点 x，该曲线和 x 轴之间的面积可由等宽度的小矩形的面积相加得到；如果将矩形从左向右编号，$i=1, 2, \cdots, N$，则可以把它们的面积和表示为：

$$f(x_1)\Delta x + f(x_2)\Delta x + \cdots + f(x_N)\Delta x = \sum_{i=1}^{N} f(x_i)\Delta x, \qquad (5.21)$$

其中 Δx 是矩形的宽，它是很小的正值；$f(x_i)$ 表示矩形 i 的高，它是矩形 i 和曲线 $f(x)$ 接触点的函数值，$f(x_i)$ 的值可正可负。莱布尼茨称矩形的宽度 Δx 是“不确定的小”，用以表示“没有预先指明的小的数值”，而只要 Δx 足够小(对应很大的 N)，就能让式(5.21)给出的结果几乎等于积分；积分表示曲线与 x 轴之间的面积的精确值，而“几乎等于”表示“在所需的精度内相等”。

莱布尼茨处理 Δx 的方式与牛顿以及阿基米德曾采用的方式相同，但是这种方法让许多数学家深感困扰。莱布尼茨承认这个过程有些笨拙，但是坚持认为这种处理方法是可靠的，因为总可以用大量但有限的矩形以所需要的精度拼接成任意的形状。在他看来，不应该让“过分强调的精确”阻碍学生接受更有益的东西。莱布尼茨还这样说[8]：“我最不能接受的是某些作者吹毛求疵，这只能表明他们的头脑非常固执。这就像费尽心思举行的某种仪式，其中除了繁文缛节以外没有任何创新，并且它还把发明的萌芽笼罩在黑暗中，而在我看来，发明的萌芽比发明本身更加重要。”

根据前文的描述，读者可能认为莱布尼茨的工作并没有比前人的工作高明多少，其实不然；莱布尼茨的贡献在于他把阿基米德的几何方法表示成了解析的形式。在介绍解析积分之前，我们必须先了解牛顿建立的导数（他称之为流数）的概念，而这是微分的基础。积分和微分紧密相连，它们都来自无穷小的概念，由莱布尼茨和牛顿各自独立发明。在历史学家看来，牛顿对微积分做出了最重要的贡献，但他宣称自己是唯一的发明人有失妥当。我们不需要介绍牛顿在创建微积分理论时采用的符号，因为现代微积分普遍使用莱布尼茨引入的符号，用它们会更加方便。

我们考虑函数 $y=f(x)$，当 x 变为 $x+\Delta x$ 时，函数的改变量为 $\Delta y=\Delta f$；其中 Δx 是微小的量，就像图 5.14 中矩形的宽度。根据我们对函数的了解（如图 5.6 和图 5.7），一般来说对于同样的 Δx，函数的改变量 $\Delta f=f(x+\Delta x)-f(x)$ 会随着 x 而改变。Δf 可正、可负，也可以等于零，它们分别对应当 x 变为 $x+\Delta x$ 时，y 增大、减小或保持不变的情况。让我们暂时用下面的比值定义点 x 处 $f(x)$ 的变化率：

$$\frac{\Delta f}{\Delta x}=\frac{f(x+\Delta x)-f(x)}{\Delta x}. \tag{5.22}$$

现在产生了一个问题：为了令比值有意义，Δx 不能等于零，那么它应该取多小的值呢？牛顿提供了这样的解决方法：先用一个较小的 Δx 计算比值 $\Delta f/\Delta x$，然后逐渐减小 Δx 重复计算，直到这个比值在所需的精度内不再改变为止，例如小数点后的某一位不再改变。如果用这种方法得到了稳定的比值，我们就以所

---

⑧ Leibniz G W. De Quadratura, edited by Knobloch E. Abh Akad Wiss, 1993.

需的精度得到了函数 $f(x)$ 在点 x 处的导数。

为了说明导数的概念，我们考虑一个具体的例子。假定粒子在 t 时刻运动的距离 s 满足：

$$s = 2t^2, \tag{5.23}$$

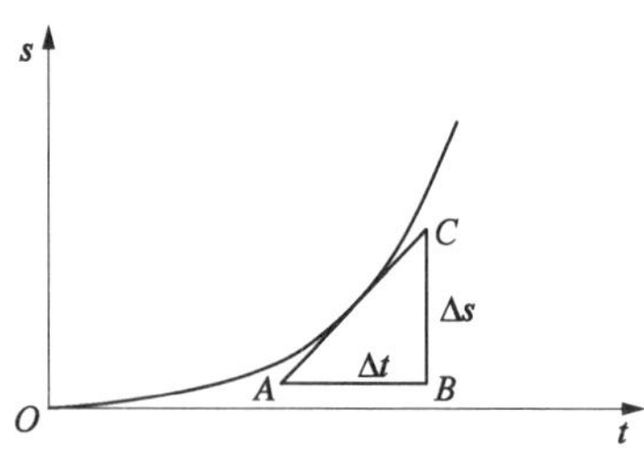

图 5.15 t 时刻的变化率 $\Delta s/\Delta t$ 就是曲线在该时刻的斜率

其中用米度量距离 s，用秒度量时间。如图 5.15 所示，比值 $\Delta s/\Delta t$ 是粒子在 t 时刻的速度，即 t 时刻 s-t 曲线的斜率。原则上，我们可以用几何法求解这一问题，即绘制 s-t 曲线，根据曲线的斜率确定粒子在任意时刻的速度，但这样做很麻烦并且误差较大。然而，应用解析方法可以便捷地确定粒子的速率，根据式(5.23)我们有：

$$s(t+\Delta t) - s(t) = 2(t+\Delta t)^2 - 2t^2 = 4t\Delta t + 2(\Delta t)^2.$$

因此有：

$$\frac{s(t+\Delta t) - s(t)}{\Delta t} = \frac{4t\Delta t + 2(\Delta t)^2}{\Delta t} = 4t + 2\Delta t. \tag{5.24}$$

当 Δt 很小时(例如 $\Delta t = 0.001$) 我们可以将其忽略，从而得到 $s(t)$ 在任意时刻的导数为：

$$\frac{\Delta s}{\Delta t} \approx 4t. \tag{5.25}$$

我们得到了任意时刻粒子速度的公式，求解过程简单并且结果可靠，这表明代数方法显著优于几何方法。但这种方法有一点不足：一开始要假定 Δt 不等于零，而在最后必须舍弃 $2\Delta t$ 项。为了解决这个困难，牛顿和莱布尼茨提出了骑墙的做法：在原则上保留 Δt，但在实际中忽略 Δt。牛顿的原话是这样的⑨："对于变量以及变量的比值，如果两个量在任意有限的时间内都趋于相等，而在这段时间结束时二者的差小于任何给定的量，那么这两个量最终相等。"

将函数的导数定义为魏尔斯特拉斯极限(参见第 1.1 节)，就能最终消除这种"缺陷"。对于我们的特例，$s(t)$ 的导数用 $\mathrm{d}s/\mathrm{d}t$ 表示，它的定义为：

---

⑨ Newton I. The Principia, A New Translation by Cohen I B and Whitman A. Preceded by a Guide to Newton's Principia by Cohen I B. University of California Press, 1999.

$$\frac{\mathrm{d}s}{\mathrm{d}t}=\lim_{\Delta t\to 0}\frac{\Delta s}{\Delta t}. \tag{5.26}$$

通过要求 $\mathrm{d}s/\mathrm{d}t$ 和 $\Delta s/\Delta t$ 的差在 Δt 足够小时小于任意小的 ε，就能定义极限 $\mathrm{d}s/\mathrm{d}t$（参见第 1.1 节）。在本例中 $\Delta s/\Delta t$ 等于 $4t+2\Delta t$，而根据式(5.25)有 $\mathrm{d}s/\mathrm{d}t=4t$，二者的差为 $2\Delta t$，因此只要令 $\Delta t<\varepsilon/2$，就能让二者的差小于任意的 ε。因此 $\mathrm{d}s/\mathrm{d}t=4t$ 就是 $s(t)=2t^2$ 的导数。对于任意函数 $f(x)$，我们定义它的导数为：

$$\frac{\mathrm{d}f}{\mathrm{d}x}=\lim_{\Delta x\to 0}\frac{f(x+\Delta x)-f(x)}{\Delta x}. \tag{5.27}$$

这就是我们在数学教科书中看到的导数的定义式。

我们回到积分，考察它和微分（即函数的导数）的关系，以及怎样计算积分。我们首先注意到，积分表达式(5.20)是积分上限 x 的函数，而每个 x 对应确定的积分值。我们将这个函数表示为：

$$F_a(x)=\int_a^x f(x)\mathrm{d}x, \tag{5.28}$$

其中 $F_a(x+\Delta x)$ 为：

$$F_a(x+\Delta x)=\int_a^{x+\Delta x} f(x)\mathrm{d}x. \tag{5.29}$$

通过观察图 5.14，我们发现

$$F_a(x+\Delta x)-F_a(x)=f(x)\Delta x. \tag{5.30}$$

它就是上限从 x 变为 $x+\Delta x$ 时积分增加的矩形面积。因此当 Δx 足够小时我们有：

$$\frac{\mathrm{d}F_a}{\mathrm{d}x}=f(x). \tag{5.31}$$

这样一来，我们就把积分和微分联系了起来。

在应用上述公式之前，让我们先说明积分定义式(5.28)的一条重要性质。参见式(5.20)和图 5.13，我们看到 $F_a(x)$ 可以被表示为：

$$F_a(x)=\int_a^b f(x)\mathrm{d}x+\int_b^x f(x)\mathrm{d}x=C+\int_b^x f(x)\mathrm{d}x=C+F_b(x), \tag{5.32}$$

其中 b 是 x 轴上除 a 以外的任意点，C 是常数，它对应曲线 $y=f(x)$ 和 x 轴在点 a 到点 b 之间的面积。由式(5.32)显然会得到 $\mathrm{d}F_a/\mathrm{d}x=\mathrm{d}F_b/\mathrm{d}x$，因此不管 a 取什么值，式(5.31)都成立。

我们现在利用式(5.31)来计算积分，即已知 $f(x)$ 确定 $F(x)$，令后者满足 $\mathrm{d}F/\mathrm{d}x=f(x)$；我们称 $F(x)$ 是 $f(x)$ 的不定积分。在某些情况下很容易确定 $F(x)$，而在另一些情况下则极其困难；不管怎样，我们寻找的函数 $F(x)$ 满足下面的方程：

$$F(x)=\int_a^x f(x)\mathrm{d}x, \tag{5.33}$$

其中 a 是 x 轴上不需要指明的点。如果要计算从 c 到 d 的定积分，则会得到确定的数值

$$\int_c^d f(x)\mathrm{d}x=F(d)-F(c), \tag{5.34}$$

其中积分上限不一定要大于积分下限，而对于 $c>d$ 可以假定从右向左对 $f(x)$ 积分，此时 $\Delta x<0$。有一点值得再次强调：用 $F(x)$ 计算定积分和应用式(5.21)令 Δx 趋于零求和取极限的过程完全等价。我们用 $\int f(x)\mathrm{d}x$ 表示 $f(x)$ 的不定积分：

$$\int f(x)\mathrm{d}x\equiv F(x)+C, \tag{5.35}$$

它包含待定的积分常数 C。

下面我们对两个简单的函数计算积分。

第一个函数是 $f(x)=3$，如图 5.16(a)所示。我们要计算下述积分：

$$I_1=\int_1^3 3\mathrm{d}x,\ I_2=\int_3^1 3\mathrm{d}x,\ I_3=\int_{-1}^1 3\mathrm{d}x.$$

我们要确定函数 $F(x)$，它的导数 $\mathrm{d}F/\mathrm{d}x=3$。很容易看出 $F(x)=3x$，因为 $[3(x+\Delta x)-3x]/\Delta x=3$。因此我们有：

$$I_1=F(3)-F(1)=9-3=6.$$

如预期得那样，它是直线 $f(x)=3$ 和 x 轴在 $x=1$ 和 $x=3$ 之间的矩形的面积；

$$I_2=F(1)-F(3)=3-9=-6.$$

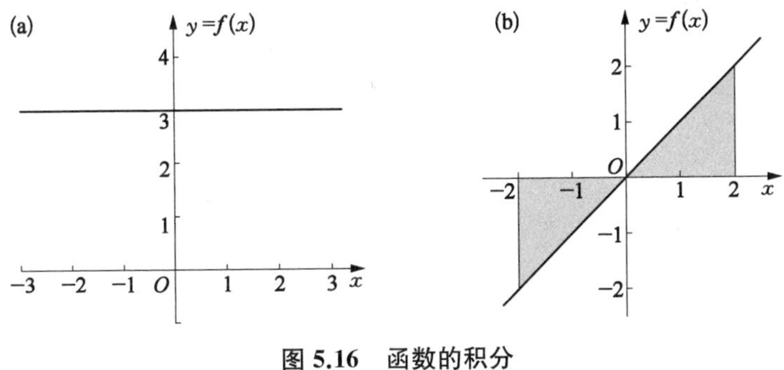

图 5.16　函数的积分

(a) $f(x)=3$；(b) $f(x)=x$。

它和 I_1 表示相同的矩形，但是在从 $x=3$ 到 $x=1$ 的方向上 Δx 是负的，因此 I_2 表示的面积带负号；

$$I_3=F(1)-F(-1)=3+3=6.$$

它还表示矩形的面积，如图 5.16(a)所示，是 $x=-1$ 和 $x=1$ 之间的矩形的面积。

第二个例子中的函数是 $f(x)=x$，如图 5.16(b)所示。我们要计算下述积分：

$$I_1=\int_0^2 x\,\mathrm{d}x,\ I_2=\int_{-2}^2 x\,\mathrm{d}x.$$

我们要找到函数 $F(x)$，它的导数 $\mathrm{d}F/\mathrm{d}x=x$。我们采用试验函数 $F(x)=ax^2$，其中 a 为待定系数。我们有 $[F(x+\Delta x)-F(x)]/\Delta x=2ax+a\Delta x$，当 Δx 足够小时，上式就等于 $2ax$。令 $a=1/2$ 可得：

$$\frac{\mathrm{d}(x^2/2)}{\mathrm{d}x}=x.$$

因此有：

$$\int x\,\mathrm{d}x=F(x)=\frac{1}{2}x^2+C.$$

利用上式计算，得到 $I_1=F(2)-F(0)=2$，它就是图 5.16(b)中 x 轴上方三角形阴影的面积，该面积的确等于 2；$I_2=F(2)-F(-2)=0$，因为 x 轴下方的三角形阴影的面积为负，它抵消了 x 轴上方正的三角形面积。

我们用表 5.1 总结了在本书中常会碰到的简单函数的导数和不定积分，就此来结束本节。你们当然可以证明，表中给出的三角函数的导数和图 5.6 吻合：当函数增大时，其导数为正；减小时，导数为负；而当函数的切线平行于 x 轴时，其导数等于零。

表 5.1 常用函数的导数和不定积分

$f(x)$	$\mathrm{d}f/\mathrm{d}x$	$\int f(x)\mathrm{d}x$
ax^n，n 为任意数值	nax^{n-1}	$\frac{a}{n+1}x^{n+1}+C\ (n\neq -1)$,
$\sin x$	$\cos x$	$-\cos x+C$
$\cos x$	$-\sin x$	$\sin x+C$
e^x	e^x	e^x+C
$\ln x$	$1/x$	
$1/x$	$-1/x^2$	$\ln x+C$

* 关于表中第一行，x^{-n} 表示 $1/x^n$，而 $x^{1/2}$ 为 $\sqrt{x}$；而 $(1/\sqrt{x})^3=x^{-3/2}$，因此 $\frac{\mathrm{d}}{\mathrm{d}x}(1/\sqrt{x})^3=-\frac{3}{2}x^{-5/2}=-\frac{3}{2}(1/\sqrt{x})^5$。

读者不必掌握计算积分的技巧，而只需要理解积分的含义，它表示曲线 $f(x)$ 在积分限 a 和 b 之间的面积；而 $f(x)$ 的导数表示曲线的斜率。本书的代数推导只涉及上面总结的微积分表和下面要介绍的两条微分法则。首先需要说明，当 $f(x)$ 的表达式比较长时，我们通常将 $f(x)$ 的导数表示为

$$\frac{\mathrm{d}}{\mathrm{d}x}f(x), \tag{5.36}$$

而不是 $\mathrm{d}f/\mathrm{d}x$。

求导的第一条规则考虑两个函数乘积的导数：

$$\frac{\mathrm{d}}{\mathrm{d}x}[f(x)g(x)]=f(x)\frac{\mathrm{d}g}{\mathrm{d}x}+g(x)\frac{\mathrm{d}f}{\mathrm{d}x}. \tag{5.37}$$

例如：$\frac{\mathrm{d}}{\mathrm{d}x}[ax\sin x]=ax\frac{\mathrm{d}(\sin x)}{\mathrm{d}x}+\sin x\frac{\mathrm{d}(ax)}{\mathrm{d}x}=ax\cos x+a\sin x$。求导的第二条规则考虑了形如 $f[q(t)]$ 的函数的导数，它表示函数 f 的宗量为 q，而 q 是 t 的函数。求导规则很简单：

$$\frac{\mathrm{d}f}{\mathrm{d}t}=\frac{\mathrm{d}f}{\mathrm{d}q}\cdot\frac{\mathrm{d}q}{\mathrm{d}t}. \tag{5.38}$$

举一个例子：

$$\frac{\mathrm{d}(\sin\omega t)}{\mathrm{d}t}=\frac{\mathrm{d}(\sin\omega t)}{\mathrm{d}(\omega t)}\cdot\frac{\mathrm{d}(\omega t)}{\mathrm{d}t}=\omega\cos\omega t. \tag{5.39}$$

再举一个例子：

$$\frac{\mathrm{d}(\mathrm{e}^{-x})}{\mathrm{d}x}=\frac{\mathrm{d}(\mathrm{e}^{-x})}{\mathrm{d}(-x)}\cdot\frac{\mathrm{d}(-x)}{\mathrm{d}x}=-\mathrm{e}^{-x}. \tag{5.40}$$

作为最后一个例子请考虑 $\frac{\mathrm{d}}{\mathrm{d}x}\left(\frac{A}{r}\right)$，其中 $r=\sqrt{x^2+c}$，A 和 c 都是常数。我们有：

$$\frac{\mathrm{d}}{\mathrm{d}x}\left(\frac{A}{r}\right)=\frac{\mathrm{d}r}{\mathrm{d}x}\frac{\mathrm{d}}{\mathrm{d}r}\left(\frac{A}{r}\right);\ \frac{\mathrm{d}r}{\mathrm{d}x}=\frac{1}{2}\frac{2x}{\sqrt{x^2+c}}=\frac{x}{r};\ \frac{\mathrm{d}}{\mathrm{d}r}\left(\frac{A}{r}\right)=-\frac{A}{r^2}.$$

因此有：

$$\frac{\mathrm{d}}{\mathrm{d}x}\left(\frac{A}{r}\right)=-\frac{Ax}{r^3}. \tag{5.41}$$

最后，用同样的方式可以定义函数 $f(x)$ 的二阶、三阶乃至高阶导数：

$$\frac{\mathrm{d}^2f}{\mathrm{d}x^2}=\frac{\mathrm{d}}{\mathrm{d}x}\left(\frac{\mathrm{d}f}{\mathrm{d}x}\right),\ \frac{\mathrm{d}^3f}{\mathrm{d}x^3}=\frac{\mathrm{d}}{\mathrm{d}x}\left(\frac{\mathrm{d}^2f}{\mathrm{d}x^2}\right),\ \cdots. \tag{5.42}$$

练习

5.1　考虑图 5.4 图注描述的椭圆，其偏心率的定义为：$e=\sqrt{1-b^2/a^2}$。应用该公式和椭圆的性质，即椭圆上任意点和两个焦点的距离和等于 $2a$，推导式(5.4)。

5.2　利用规则 $\mathrm{d}(ax^n)/\mathrm{d}x=nax^{n-1}$，对展开为级数形式的 $\sin x$ 和 $\cos x$ 中的各项求导，并证明 $\mathrm{d}(\sin x)/\mathrm{d}x=\cos x$ 及 $\mathrm{d}(\cos x)/\mathrm{d}x=-\sin x$。

5.3 利用规则 $d(ax^n)/dx = nax^{n-1}$ 对 e^x 的级数展开式求导，证明 $d(e^x)/dx = e^x$。

5.4 证明式(5.37)。

提示：当 Δx 非常小时，我们有 $f(x+\Delta x)=f(x)+(df/dx)\Delta x$ 和 $g(x+\Delta x)=g(x)+(dg/dx)\Delta x$。

5.5 确定下述函数的导数 df/dt。

(a) $f(t)=(A+Bt)e^{-\gamma t}$。

答案：$\dfrac{df}{dt}=Be^{-\gamma t}-\gamma(A+Bt)e^{-\gamma t}$。

(b) $f(t)=Ae^{-\gamma t}\cos\omega t$。

答案：$\dfrac{df}{dt}=-\gamma Ae^{-\gamma t}\cos\omega t-\omega Ae^{-\gamma t}\sin\omega t$。

5.6 令 $F(t)=e^{-\gamma t}(A\cos\omega t+B\sin\omega t)$，确定 A 和 B 使 $F(t)$ 满足 $\dfrac{dF}{dt}=Ce^{-\gamma t}\cos\omega t$。

答案：$A=-\dfrac{\gamma C}{\omega^2+\gamma^2}$；$B=-\dfrac{A\omega}{\gamma}$。

5.7 (a) 以 $\cos x$ 和 $\sin x$ 为例，证明当函数 $f(x)$ 在某点取得(局域)最大值或最小值时，该点的导数为零。

(b) 考虑函数 $f(x)=A+B(x-x_0)^2$，证明它在 $x=x_0$ 取得极值，而 B 的符号决定了这是极大值还是极小值。

5.8 确定下述不定积分 $F(x)=\displaystyle\int\frac{dx}{(a+bx)^{3/2}}$。

提示：令 $a+bx=w$，则有 $b\,dx=dw$，积分变为 $F=\dfrac{1}{b}\displaystyle\int w^{-3/2}dw=-\dfrac{2}{b}w^{-1/2}+C$。

答案：$F(x)=-\frac{2}{b}(a+bx)^{-1/2}+C$。

5.9　确定不定积分 $F(x)=\int \sin x \cos x \mathrm{d}x$。

提示：令 $\sin x=w$，则有 $\mathrm{d}w=\cos x \mathrm{d}x$，积分变为 $F=\int w \mathrm{d}w=\frac{1}{2}w^2+C$。

答案：$F=\frac{1}{2}\sin^2 x+C$。

5.10　定义 $\cos^2 x$ 的平均值为：$\overline{\cos^2 x}=\frac{1}{2\pi}\int_0^{2\pi}\cos^2 x \mathrm{d}x$。请证明 $\overline{\cos^2 x}=1/2$。

提示：$\cos^2 x=\frac{1}{2}(1+\cos 2x)$。

第6章 艾萨克·牛顿

6.1 不快乐的童年和他在剑桥的生活

艾萨克·牛顿于1642年出生在英国林肯郡的伍尔斯索普(Woolsthorpe)村,其时国王的军队正和奥利弗·克伦威尔(Oliver Cromwell)领导的国会开战。牛顿的父亲目不识丁,但颇有些财产,他在牛顿出生前就辞世了。在牛顿3岁时,他的母亲汉娜(Hannah)改嫁。汉娜来自有名望的当地下层绅士家庭,她的家人或担任教区牧师或担任讲师,而她再婚的对象是63岁的鳏夫巴纳巴斯·史密斯(Barnabas Smith);虽然没有证据表明30岁的汉娜和她的儿子生活窘迫,但这桩婚姻显然是出于经济上的考虑。巴纳巴斯·史密斯曾就读于牛津大学,他在距离伍尔斯索普大约1英里的北威特姆担任教区长。他似乎不断地收集神学著作,但是却从不阅读;这些书籍后来被牛顿继承,也许就是它们引发了牛顿对神学的兴趣。史密斯的头一次婚姻没带来子嗣,而他除了牧师的薪水外还有独立的收入,这也许是汉娜看重的地方。

婚后,汉娜搬到北威特姆,而牛顿则留在了伍尔斯索普的老宅,受到祖父母的照料。尽管汉娜定期回来探望,但是牛顿依然很思念母亲,并因为她不在身边而怨恨。他后来在日记中承认自己恨继父,希望他们在北威特姆的房子着火被烧掉。

在汉娜再婚8年后,史密斯去世。汉娜带着这次婚姻带来的3个孩子回到伍尔斯索普,但是对牛顿来说母亲回来得太迟了。汉娜回来一年后,牛顿就前往7英里以外格兰瑟姆的国王学校求学。据一些历史学家考证,幼年和母亲分离的经历对牛顿产生了深远的影响。年轻的牛顿沉默寡言,几乎没有朋友,他不信任别人，特别是女人，而这样的性格伴随他终身。在国王学校，牛顿学习了扎实的拉丁文、希腊文和圣经，但是没有受到任何正规的数学训练。国王学校教授基本算术，可能还有一点代数，而这些就是几年后牛顿进入剑桥大学时所知道的所有知识。牛顿在学校并不突出，但是当他在 13 岁时读到约翰·贝尔(John Bale)撰写的《自然和艺术的神秘》(*The Mysteries of Nature and Art*)一书时，开始热衷于建造机械模型，并因此小有名气。牛顿的绘画和写作也很好。

在格兰瑟姆求学期间，牛顿寄宿在药剂师克拉克(Clark)的家中。克拉克鼓励这个好奇的学生制备染料，并教他如何用化学物质切割玻璃。牛顿在这个阶段很快乐，他和克拉克的继女凯瑟琳·斯托纳(Catherine Stoner)成了好朋友。除母亲以外，凯瑟琳·斯托纳和后来让牛顿倾心的凯瑟琳·巴顿(Catherine Barton)是牛顿仅有的曾密切交往过的女性。1660 年秋，在获得母亲的勉强同意后，牛顿准备前往剑桥求学；母亲汉娜显然更希望牛顿能和她一同照料家庭和农场。

17 世纪的剑桥大约有 8 000 人口，约有 3 000 名学生。小城被专制的大学管理机构把持，处处显示出无能和腐败。小小的城镇十分拥挤，街道黑暗，小酒馆里藏污纳垢，这里实在不是个安全的地方。学生不许和城中的商人打交道，当然也不允许在酒馆里流连，但这些规定不管用，许多学生还是因为破了规矩而受到惩罚。然而随着 1660 年国王重掌朝政，小城的气象焕然一新。1658 年，新教联邦随着克伦威尔的辞世宣告终结，而效忠于皇室的剑桥大学即将迎来光明的未来。

牛顿于 1661 年 6 月在三一学院注册，作为减费生他要为有钱的阔学生当仆人赚取生活费，还免不了受到歧视。许多阔学生把大学当作游乐场，而上大学是他们进入社会从事轻松职业的准备阶段。牛顿的母亲为他支付学费，大约每年 15 英镑，但是只给他很少的生活费，大约每年 10 英镑。她的年收入多达 700 英镑，可以给牛顿更多的生活费，但是她没有。入学时牛顿 19 岁，比他的同学大两岁。年轻的牛顿很快找到了赚钱之道，他以较低的利息借钱再以较高的利息贷给同学，这样干了至少两年，让自己有了些积蓄。牛顿是虔诚的英国国教徒，秉承清教伦理，相信获取知识、研究自然是为了上帝的荣光。牛顿在剑桥大学依然独来独往，形单影只。

其时大学的课程和 1570 年代还并无大的不同。要获得学士学位，必须学满

4 年，并且必须参加所有的公开讲座。到第一年结束时，学生要掌握流利的拉丁语、希腊语和希伯来语。在此之后，学生将学习神学、历史、地理和科学，方法是研读古希腊特别是亚里士多德的论著。但是，包括牛顿在内的少数学生紧跟科学的最新进展，他们研读伽利略、开普勒、笛卡儿、第古·布拉赫和罗伯特·玻意耳等人的著作。我们有理由认为，这些著作激发了牛顿的好奇心，并引导他走上了伟大的发现之路。牛顿从 1663 年开始记笔记，其中有这样一些标题："关于水和盐"，"磁性吸引"，"重力和浮力"；不同的学者对这些问题给出了不同的答案，而牛顿对此进行了更加深入的思考。

牛顿首先做实验研究光的本性。1664 年夏天，他在斯陶尔布里奇集市上买了一个三棱镜，想检验笛卡儿在《科学方法论》中介绍的现象。他根据实验结果探讨了光的本性，并在 1704 年发表的《光学》一书中介绍了相关的结论。1672 年，牛顿给时任皇家学会秘书的亨利·奥尔登伯格(Henry Oldenburgh)写信，其中描述了自己用棱镜做的第一个实验："我买了一个玻璃三棱镜，用它来检验'颜色现象'。我把窗户全部遮住，只留一个小孔让阳光射入。我将棱镜放置在光路上，把折射光打在对面的墙上，看到明亮、强烈的彩色光带真让人心情舒畅……"

与此同时，牛顿在 1664 年将注意力转向了数学。他初入大学时，只知道简单的算术、一点几何和一点三角学。现在牛顿开始研读欧氏几何，并在他后来的工作中高效地发挥了这项技能；牛顿也学习笛卡儿的解析几何。由于牛顿只关注自己的学习，而不大关心考试的内容，因此他在 1665 年获得的学士学位只是二等第。但这样的成绩已经能确保他未来在大学工作，而牛顿也的确是这么打算的。牛顿已经下了决心，去发现上帝创造的自然法则。

当 1665 年瘟疫来袭时，牛顿在当年的夏天离开剑桥，在伍尔斯索普待了大约两年。正是在这两年中，牛顿发明了微积分，发现了运动定律和万有引力。在随后的 20 年中，牛顿不断地完善、细化自己的运动理论，并最终在 1687 年发表了著作《自然哲学的数学原理》，简称为《原理》(*Principia*)。

瘟疫过后，牛顿于 1667 年返回剑桥，在完成了硕士学位后他获得了教职，保证将来能一直待在三一学院。牛顿现在有了终身职位，闲暇之余他可以根据自己的兴趣开展研究。大学付给牛顿生活津贴，还给了他一间免费居住的房间，而他的室友约翰·威金斯(John Wickins)后来成了他的助手。威金斯为牛顿抄写笔记，帮助他建造仪器，并且监督研究的进行。二人分享这间公寓直到 1683 年。牛顿在研究之余偶尔也会放松放松，他会和威金斯去酒馆或是打牌，但很快他又会回到自己封闭的书宅。

1669 年 10 月，未满 27 岁的牛顿成为剑桥大学历史上第二位卢卡斯数学教授。该教职是依据圣约翰学院院士、剑桥大学选区国会议员亨利·卢卡斯(Henry Lucas)的遗嘱而设立的。在这个职位上每年可以享受 100 英镑丰厚的薪水，只需要讲授很少的课程，但要求不得同时担任其他职位。第一位卢卡斯教授是艾萨克·巴罗(Isaac Barrow)，他在 1664 年任职。巴罗是一位清教徒和保皇派，他还是多才多艺的数学家和哲学家。巴罗曾经在欧洲游历 4 年，回来后就成为三一学院教授希腊语的荣誉教授。1662 年巴罗移居伦敦，担任格雷舍姆(Gresham)几何学教授，他还是英国皇家学会的创始人之一。在 1664 年至 1669 年的 5 年中，巴罗担任卢卡斯教授，他尽心尽力地授课，但是在大多数情况下他的数学和光学讲座没有听众，这让他感到气馁。巴罗离职后举荐牛顿接任这一职位；这两个人的见解相仿、关系还算不错，但算不上是朋友。巴罗继续担任三一学院的院长，直到 1677 年辞世。

担任卢卡斯教授后，牛顿的第二次讲座就没有听众了，后来的情况也多少类似。牛顿偶尔对着空旷的教室讲授 15 分钟左右，然后就回去做自己的研究。牛顿的讲座涉及数学、光学，以及后来在《原理》中出现的题目；他每年还向大学图书馆提交至少包含 10 次讲座内容的讲义。牛顿逐渐将授课次数减少到一年只上一个学期，而随着他离开大学的时间增多授课就更少了。在牛顿的教授生涯中曾经指导过 3 名学生，但他们都没有做出什么值得关注的工作。

1672 年，牛顿当选为英国皇家学会会士。英国皇家学会于 1648 年创建，旨在“通过观察和实验扩展知识”，但是在当时，在学会中宣布的观察结果大多微不足道。当牛顿被选为会士时，罗伯特·胡克在学会中担任实验部的主任。胡克精明强干、兴趣广泛，他在学会中十分活跃。1665 年发表的《显微图谱》(*Micrographia*)是胡克最为出名的著作，其中不仅探讨了显微镜，还探讨了光的本性。牛顿认为《显微图谱》很有价值，但是二人相遇后就立刻彼此嫌恶。胡克热衷于社交，而牛顿离群索居；胡克认为牛顿风度不佳，而牛顿认为胡克贪慕虚荣。也许他们都是对的！不管怎样，当牛顿向学会提交第一份探讨光的本性的报告时，胡克接受了棱镜实验的部分，但是强烈质疑牛顿的“光粒子”观点，认为光是在均匀介质中传播的脉冲。胡克的态度，而不是争论本身，冒犯了牛顿，这让一场科学争论演变成了个人恩怨，自此二者势同水火。牛顿甚至一度提出要辞去皇家学会会士的席位；实际上他一直住在剑桥，很少参加在伦敦召开的学会会议。

1679 年，牛顿回到伍尔斯索普，陪伴临终的母亲。随着母亲辞世，牛顿继承产业成为富人。

6.2 原理

6.2.1 运动定律简介

在牛顿 41 岁时他的头发几乎全白了，这时天文学家埃德蒙·哈雷（Edmond Halley）前来拜访。哈雷对引力很感兴趣，他曾经和胡克讨论行星围绕太阳的运动是否源自太阳对行星的引力，而这个力与二者距离的平方成反比。当哈雷就这个问题询问牛顿时，后者回答说的确如此，而正是这个力让行星沿椭圆轨道围绕太阳运转。他已经计算得出了这样的结果！哈雷劝说牛顿发表自己的结果，而经过不断的努力和耐心的等待，他终于在 1684 年拿到了《物体运动论》（*De Motu Corporeum*）的手稿，其中牛顿用通俗的方式描述了"运动定律"和引力理论。相较而言，3 年后即 1687 年发表的《原理》一书写得更具数学性，更适合已经掌握了力学原理的高级读者。在《原理》的前言中，牛顿感谢哈雷对该书出版给予的强大支持，认为是他开启了自己的出版之路。

《原理》中介绍了牛顿最终总结的运动定律和引力定律，而没有介绍他以前失败的尝试。如果读者感兴趣，可以查阅伯纳德·科恩（Bernard Cohen）撰写的《牛顿〈原理〉导读》（*Guide to Newton's Principia*），其中介绍了有关的信息。还有一点值得注意，现代的学生很难理解牛顿对各个定理的证明，因为他在证明中采用几何构造方法（牛顿称之为"综合方法"），而不是我们在第 5.3 节介绍的函数微积分方法（牛顿称之为"解析方法"）。贯穿全书，牛顿认为不管是计算曲线的斜率还是计算积分，都可以将曲线用无限短的直线段来近似，而《原理》第一卷的开头就说明了这一点。尽管牛顿发明了微积分，但他更愿意用传统的几何方法来建立自己的运动理论。在后续讨论中，我们将用函数微积分的方法描述牛顿的结果,而只对一两个容易理解的例子应用他的几何方法。

《原理》一书包含三卷和导言,它用拉丁文写成,直到牛顿即将辞世,该书的英文翻译版才发表。在导言中,牛顿定义了他在阐述运动定律时用到的基本概念。基于亚里士多德的时空概念,牛顿定义了物体的速度和加速度,然而值得注意的是,牛顿区分了真实(即数学的)时间和表观(普通的)时间。牛顿的原话是:"绝对的、真实的、数学的时间有着自身的属性,它不参考任何外部事物而均匀地流逝;相对的、表观的、普通的时间是我们感觉到的、利用运动对时间进行的外部测量,即由恒星和钟表的运动体现的时间。"读者可以看出,牛顿的时间观念和亚里士多德的不同,后者认为没有运动就没有时间,而时间只能由钟表定义。

对实际计算更重要的是,牛顿类比绝对运动和相对运动,区分了绝对位置和相对位置。他在导言中用下面的例子来说明:"……因此,船上的物体随着船运动,如果它相对船静止,那么它就一直处在船上同一个位置,而它的相对位置就是船的位置。所谓真正的静止指的是物体在静止空间内保持在相同的位置,而船和船上的所有物体都在这个静止空间内运动。因此如果地球静止,那么在船上相对静止的物体实际上在运动,而它的速度就是船相对地球的运动速度。如果地球运动,那么物体的绝对运动一部分来自地球在静止空间的运动,一部分来自船相对地球的运动。此外,如果物体在船上运动,那么它的真实运动来自地球在静止空间的运动、船相对地球的运动以及物体相对船的运动。由此我们也可以得到物体相对地球的运动。"牛顿举了一个例子进行说明:假定地球上的某点以速度 10 010 向东运动,该处的船以速度 10 向西航行,而船上的水手以速度 1 向东走,那么他在静止空间中就以绝对速度 10 001 向东运动,而他相对地球以速度 9 向西运动。

牛顿的贡献还在于他定义了①物体的质量 m,它由物质的密度 ρ 和体积 V 确定,$m=\rho V$。牛顿说明物体的质量和它的重量成正比,并能利用重量测量得到,但二者完全不同。情况的确如此,因为几年前里克特(Richter)就曾在远征探测报告中指出,物体的重量会随着纬度改变,物体在北极和在赤道附近的重量不同,因此不能将重量视为物体的性质②。

---

① 在说明牛顿的理论时我们引入了适当的符号,尽管在《原理》中并没有采用这些符号。

② 我们现在以千克为单位度量质量,并用铂-铱合金制备了圆柱形的国际千克原器,现保存在巴黎国际计量局。1 千克等于 1 000 克,而 1 克等于 1 立方厘米纯水在 4℃的质量。

采用上述定义，牛顿表述了 3 条物体运动定律：

定律 1： 物体在没有受到外力作用时，保持匀速直线运动或静止状态。

这实际上就是伽利略的惯性定律(参见第 4 章)。

定律 2： 物体运动的改变和它受到的力成正比，而改变的方向沿着作用力的方向。

现在这条定律通常被表示为公式：

$$\frac{\mathrm{d}}{\mathrm{d}t}\boldsymbol{P}=\frac{\mathrm{d}}{\mathrm{d}t}(m\boldsymbol{V})=\boldsymbol{F}, \tag{6.1}$$

其中 m 表示物体质量，我们假定物体是粒子点[③]，$\boldsymbol{V}$ 是粒子速度，$\boldsymbol{P}=m\boldsymbol{V}$ 是粒子动量，而 $\boldsymbol{F}$ 表示粒子受到的力(合力)。式(6.1)说明：粒子动量关于时间的导数，即动量随时间的变化率，等于粒子受到的力。

粗体字母表示矢量，而定义一个矢量必须明确它的大小和方向。例如，要描述湖面上船行的速度 $\boldsymbol{V}$，我们必须说明它的速率(每秒多少米)以及船行的方向，例如沿着和 x 轴成 ϕ 角的方向，如图 6.1 所示。我们可以用箭头表示矢量 $\boldsymbol{V}$，箭头的“长度”表示速度大小(即速率)，而方向指向速度的方向。同理，我们要知道力 $\boldsymbol{F}$ 的大小和它作用于物体的方向。根据式(6.1) 力的单位是 $\mathrm{kg\cdot m/s^2}$，它被定义为牛顿(N)。下面我们介绍如何进行矢量相加。

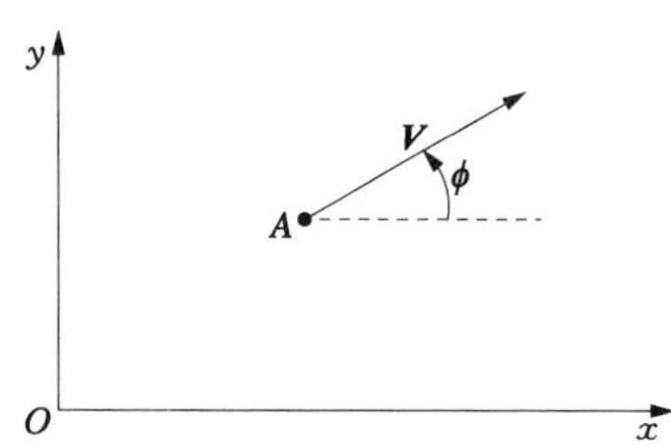

图 6.1 点 A 的船以速度 V 运动，V 和 x 轴的夹角为 ϕ

假定在 Δt 时间内，在没有风的情况下船从点 A 开到点 B，参见图 6.2(a)；而在相同的时间内，风会把没有开动的船从点 A 吹到点 C。根据经验，当这两

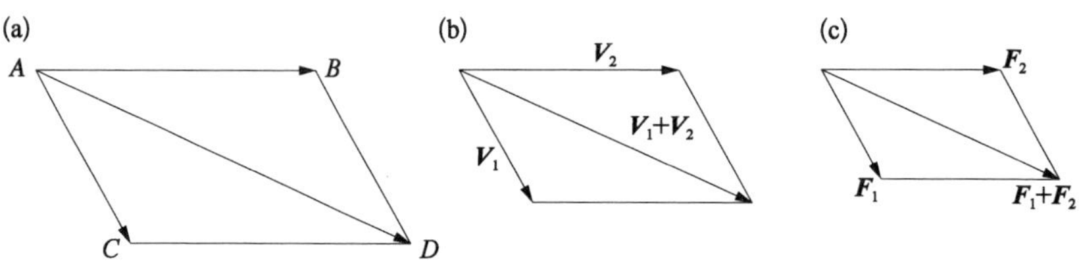

图 6.2 矢量相加遵循平行四边形法则

③ 对于质量为 m 的固体，我们在其质心处用质量为 m 的粒子代替它。

种运动同时发生时，船会从点 A 运动到点 D，即沿着线段 AB 和 AC 形成的平行四边形的对角线运动。当然，对应速度的相加也遵循同样的原则，如图 6.2(b)所示。同理，当两个力沿着不同方向对一个物体作用时，它们的合力也遵循平行四边形法则，如图 6.2(c)所示。实际上，这一原则适用于所有的矢量。

根据这一原则，我们可以将一个矢量分解为沿特定方向的分量的和。特别是，我们可以选取笛卡儿坐标系（参见第 5.1 节），将矢量表示为[④]：

$$\boldsymbol{A} = A_x\boldsymbol{i} + A_y\boldsymbol{j} + A_z\boldsymbol{k},$$

其中 $\boldsymbol{i}$, $\boldsymbol{j}$, $\boldsymbol{k}$ 是沿着 x, y, z 坐标轴的单位矢量。根据毕达哥拉斯定理，$\boldsymbol{A}$ 的长度为 $A = \sqrt{A_x^2 + A_y^2 + A_z^2}$。最后我们发现 $\boldsymbol{A} - \boldsymbol{B} = \boldsymbol{A} + (-\boldsymbol{B})$，其中 $-\boldsymbol{B}$ 和 $\boldsymbol{B}$ 的大小相同，方向相反。

在图 6.3 中，粒子在固定的笛卡儿坐标系中运动，它的位置矢量为：

$$\boldsymbol{R}(t) = x(t)\boldsymbol{i} + y(t)\boldsymbol{j} + z(t)\boldsymbol{k}.$$

在 Δt 时间内，粒子位置改变了 $\Delta\boldsymbol{R}(t)$，因此它的速度 $\boldsymbol{V}(t)$ 就是沿着 $\Delta\boldsymbol{R}(t)$ 方向的矢量，只要 Δt 足够小，速度的大小就等于 $\Delta\boldsymbol{R}(t)$ 的大小除以 Δt。在后续讨论中我们假定这一点总是成立，因此有：

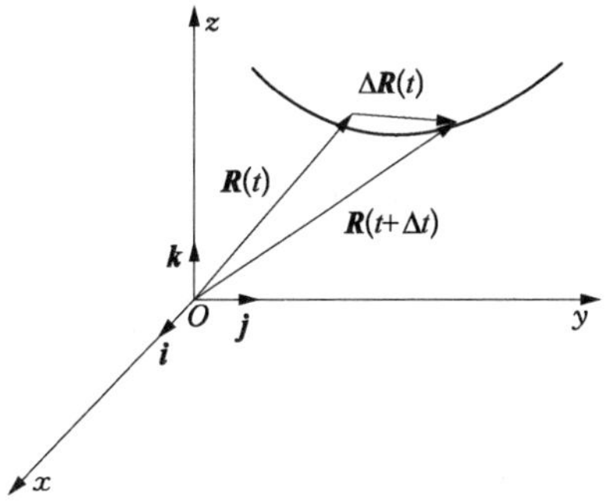

图 6.3　$\boldsymbol{R}(t)$随时间的变化

$$\boldsymbol{V}(t) = \lim_{\Delta t\to 0}\frac{\Delta\boldsymbol{R}}{\Delta t}。$$

$$\boldsymbol{V}(t) = \frac{\Delta\boldsymbol{R}}{\Delta t} = \frac{\mathrm{d}\boldsymbol{R}}{\mathrm{d}t} = \frac{\mathrm{d}x}{\mathrm{d}t}\boldsymbol{i} + \frac{\mathrm{d}y}{\mathrm{d}t}\boldsymbol{j} + \frac{\mathrm{d}z}{\mathrm{d}t}\boldsymbol{k}.$$

原则上，我们总可以用几何法得到矢量 $\boldsymbol{A}(t)$ 关于时间的导数，如图 6.3 所示，但是将它写成分量形式再求导更加方便，即：

$$\frac{\mathrm{d}\boldsymbol{A}}{\mathrm{d}t} = \frac{\mathrm{d}A_x}{\mathrm{d}t}\boldsymbol{i} + \frac{\mathrm{d}A_y}{\mathrm{d}t}\boldsymbol{j} + \frac{\mathrm{d}A_z}{\mathrm{d}t}\boldsymbol{k}.$$

上述方程表明，矢量的微分不需要任何新的法则，而只需要对矢量的分量分别求导即可。

---

④　在第 5.1 节中，我们介绍了二维笛卡儿坐标系。加入垂直于 xy 平面的 z 轴就可以建立三维笛卡儿坐标系，如图 6.3 所示。我们发现 z 轴的指向遵循右手螺旋定则，本书将始终采用这一规范。

定律 3: 作用力总是产生反作用力，二者大小相等、方向相反；换句话讲，两个物体对彼此的力总是大小相等、方向相反。

牛顿在举例时写道："不管是压还是拉一个物体，你也会受到它给你的反作用力。用手指压石头，手指也会受到石头的挤压……如果物体撞击另一个物体后受力改变运动(即改变动量)，那么另一个物体受到大小相等、方向相反的力，它会沿着相反的方向改变同样多的运动(即动量)。"

第三定律最重要的结果和有限尺寸物体的质心运动有关，这个物体可以是一块石头，也可以是 N 个粒子相互吸引结合形成的体系，例如太阳系。根据牛顿运动定律，要确定物体质心的运动，我们只需要考虑物体受到的外力，因为牛顿第三定律说明，物体内部不同部分之间的作用力彼此抵消[⑤]。

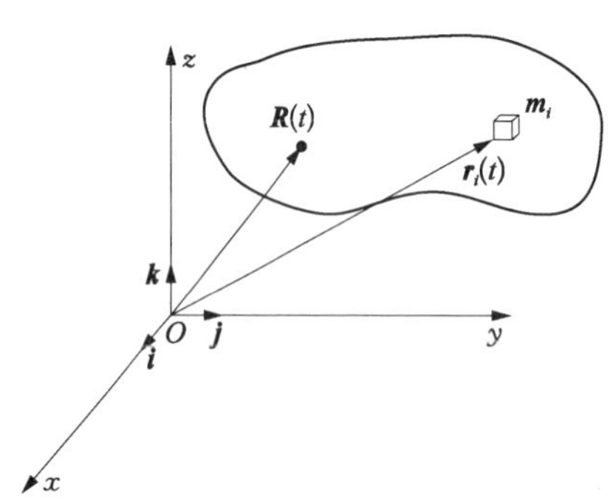

图 6.4　物质质心的确定

物体第 i 部分的质量为 m_i，它占据无限小的体积，可被视为一点，而各个部分聚集在一起构成整个物体。对于固体(例如石头或是木块)，这些部分的相对位置保持不变，因此固体的质心固定不动。例如对于固体球，如果它的密度恒定，或密度只随着和球心的距离改变，那么球的质心和球心重合。

假定物体的质量为 m，其质心的位置矢量 $\boldsymbol{R}(t)$ 满足：

$$m\boldsymbol{R}(t)=\sum m_i \boldsymbol{r}_i(t), \qquad (6.2a)$$

其中 $\boldsymbol{r}_i(t)$ 是物体中质量为 m_i 的第 i 部分的位置矢量，参见图 6.4。式(6.2a)对物体的所有部分求和，因此 $\sum m_i=m$。根据式(6.2a)，物体质心的笛卡儿坐标满足下述方程：

$$mX(t)=\sum m_i x_i(t),\ mY(t)=\sum m_i y_i(t),\ mZ(t)=\sum m_i z_i(t), \qquad (6.2b)$$

而对式(6.2a)的两侧求导得到：

$$m\boldsymbol{V}(t)=\sum m_i v_i(t), \qquad (6.3)$$

或者表示为：

$$\boldsymbol{P}=\sum \boldsymbol{p}_i.$$

⑤ 只有在考虑物体内部的运动，即组成物体的粒子相对彼此的运动时，内力才起作用。

式(6.3)意味着物体的动量等于其各部分的动量之和,它等于物体的质量 m 乘以质心的速度 $\boldsymbol{V}$。对方程的两侧求导后得到:

$$\frac{\mathrm{d}}{\mathrm{d}t}\boldsymbol{P}=\frac{\mathrm{d}}{\mathrm{d}t}\sum \boldsymbol{p}_i=\sum \boldsymbol{F}_i,$$

其中 $\boldsymbol{F}_i$ 表示 m_i 受到的所有作用力,包括内力和外力。m_i 之间的作用力是内力,根据牛顿第三定律,它们总是成对出现,大小相等且方向相反,因此在对所有的 m_i 求和后,内力全部抵消。因此有:

$$\frac{\mathrm{d}}{\mathrm{d}t}\boldsymbol{P}=\frac{\mathrm{d}}{\mathrm{d}t}(m\boldsymbol{V})=\boldsymbol{F}, \tag{6.4}$$

其中 $\boldsymbol{F}$ 表示物体受到的所有外力的和。我们注意到上面的方程和式(6.1)完全相同,只不过现在方程不仅适用于质点,也适用于有限尺寸的物体,或是由 N 个相互作用粒子构成的系统。$\boldsymbol{P}$ 是物体各部分动量的和,m 是物体的总质量,而 $\boldsymbol{V}$ 是物体质心的速度。

6.2.2　运动举例

《原理》的第一卷和第二卷列举了许多运动的例子,而我们只考虑质量恒定的物体的运动,在此情况下式(6.4)变为:

$$m\frac{\mathrm{d}\boldsymbol{V}}{\mathrm{d}t}=\boldsymbol{F}. \tag{6.5}$$

我们首先介绍抛物运动。将质量为 m 的物体沿着水平方向以初始速度 V_0 抛出,令水平方向为 x 轴,竖直向下的方向为 y 轴,并选取物体的初始位置为坐标原点,如图 6.5 所示。我们希望确定物体在任意时刻的位置(即其质心的位置)(X, Y),并确定它的运动轨迹。我们发现物体只受到一个作用力,自身的重力 $\boldsymbol{W}=mg\boldsymbol{j}$,其中 g 表示重力加速度(约为 $9.8\ \mathrm{m/s^2}$)。我们将运动沿着 x 轴和 y 轴分解,由式(6.5)得到:

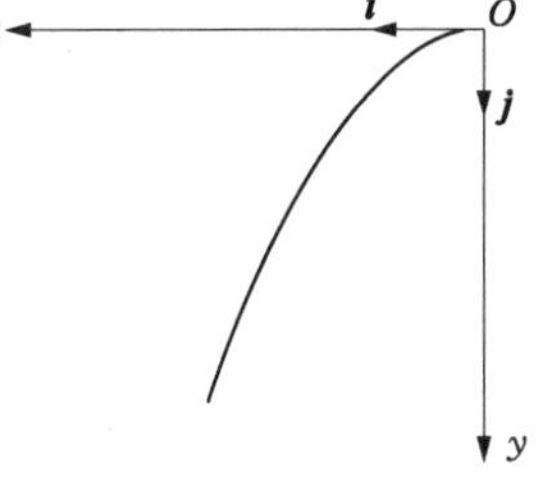

图 6.5　抛物体轨迹

$$\frac{\mathrm{d}V_x}{\mathrm{d}t}=0,\ \frac{\mathrm{d}V_y}{\mathrm{d}t}=g,$$

其中方程两侧的 m 被约掉了。第一个方程说明 V_x 不随时间改变，即在运动中 V_x 一直保持初始数值 V_0。我们由此得到 $X(t)=V_0t+C$，其中 C 为常数，代入条件 $X(0)=0$ 后可确定 $C=0$，而最终结果为 $X(t)=V_0t$。第二个方程说明 $V_y(t)=gt+C$，但由于 $V_y(0)=0$ 可确定 $C=0$，因此有 $\mathrm{d}Y/\mathrm{d}t=gt$，积分后得到 $Y(t)=gt^2/2+C$，代入条件 $Y(0)=0$ 得到 $C=0$。因此最终得到 $Y(t)=gt^2/2$。

我们得到了最终的结果：$X(t)=V_0t$ 和 $Y(t)=gt^2/2$。给定了 X 可以确定它对应的时间 $t=X/V_0$，将 t 代入第二个方程就能确定此时物体下落的距离 $Y=gX^2/(2V_0^2)$。这个方程描述了抛物体的轨迹，正如伽利略发现的那样，这是一条抛物线。

需要注意的是，我们选取的坐标原点高出地面一定距离，设该距离为 L，则方程只在物体落地前成立，即 $t<\sqrt{2L/g}$。还有一点需要说明。由于地球在运动，它不仅围绕地轴旋转还围绕太阳运转，那么选取固定在地球表面点 A 的坐标系是否合理呢？事实上，在抛物实验中，我们可以认为点 A 在牛顿的绝对空间中以速度 $\boldsymbol{V}'$ 进行匀速直线运动，这是非常好的近似。因此抛物体在绝对空间的速度为 $\boldsymbol{V}'+\boldsymbol{V}$，而 $\boldsymbol{V}=V_x\boldsymbol{i}+V_y\boldsymbol{j}$ 是物体相对固定在 A 点的坐标系的速度。由于在实验过程中 $\boldsymbol{V}'$ 保持不变，因此物体在坐标系中和在绝对空间中的加速度相同，这才是最重要的。加速度决定了抛物体速度的改变，以及上文描述的抛物轨迹(参见第 6.2.4 节)。

我们介绍的下一个例子是简谐运动。请考虑质量为 m 的物体在力 $F=-kX$ 的作用下，沿着直线围着一个中心运动，我们可以令这条直线为 x 轴，而中心点为坐标原点。如果将物体悬挂在竖直弹簧的底部，令它稍微偏离平衡位置 $X=0$，则物体就会进行这样的运动。假定物体在 $t=0$ 时刻静止在 X_0，我们希望确定放手后物体的运动，即确定 $t>0$ 时的 $X(t)$。在这种情况下，$\boldsymbol{V}$ 只包含一个分量，$V_x=\mathrm{d}X/\mathrm{d}t$，而式(6.5)变为：

$$\frac{\mathrm{d}}{\mathrm{d}t}\left(\frac{\mathrm{d}X}{\mathrm{d}t}\right)=-\omega_0^2X(t), \tag{6.6}$$

其中 $\omega_0=k/m$。根据表 5.1 和式(5.38)，我们很容易证明 $X(t)=A\cos\omega_0t+B\sin\omega_0t$ 满足上面的方程，其中 A 和 B 为任意常数，求导后得到物体的速度 $V_x=\mathrm{d}X/\mathrm{d}t=-A\sin\omega_0t+B\cos\omega_0t$。代入 $V_x(0)=0$ 后得到 $B=0$，因此

$X(t)=A\cos\omega_0 t$；而代入 $X(0)=X_0$ 后得到 $A=X_0$。因此下面的函数

$$X(t)=X_0\cos\omega_0 t \tag{6.7}$$

就描述了物体的运动，而进行这种运动的物体通常被称作线性谐振子。$X(t)$ 随时间的变化如图 5.6 的下图所示，我们需要用 $\omega_0 t$ 代替 x，并用 X_0 代替余弦轴上的"1"。物体在 $+X_0$ 和 $-X_0$ 之间振荡，振荡周期为 $T=2\pi/\omega_0$，振幅为 X_0。

上述两个例子表明：如果已知物体在某时刻(令其为初始时刻 $t=0$) 的位置和速度，以及物体受到的外力，我们就能确定物体在 $t>0$ 的任意时刻的位置和速度。在某些情况下，如上述两个例子，我们可以解析求解对应的问题，但是在大多数情况下，我们只能进行数值求解。在数值求解过程中，已知物体在 t 时刻的位置 $X(t)$ 和速度 $V(t)$，则可以根据方程 $X(t+\Delta t)=X(t)+V_x(t)\Delta t$ 和 $V_x(t+\Delta t)=V_x(t)+[F(t)/m]\Delta t$，求解 $t+\Delta t$ 时刻物体的位置和速度，其中 Δt 是很小的时间间隔；重复这个过程，根据 $t+\Delta t$ 时刻的结果计算 $t+2\Delta t$ 时刻的位置和速度；依此类推，直到无穷。

对于三维运动，我们需要对运动的 3 个分量 $X(t)$，$Y(t)$，$Z(t)$ 平行地应用上述过程，因为一般情况下力是所有 3 个坐标的函数。如果物体在运动时和其他运动的物体相互作用，而物体受到的力由这两个物体的位置决定，那么我们就要同时求解两个物体的运动，得到二者的速度和位置随时间的变化。原则上，只要我们知道每个物体受到的力，就能对包含 N 个粒子的系统应用这种方法，即对 $3N$ 个坐标进行平行计算。有些人将这种方法外推到整个宇宙，声称宇宙中发生的一切都是由宇宙创生瞬间的初始条件决定的！

我们下面介绍本节最后一个例子，圆周运动，并由此介绍《原理》第一卷中证明的 4 条定理，它们对理解牛顿的引力理论非常重要。所有 4 条定理都适用于向心运动，即物体受到的力总是指向一个固定的中心。这种力被称作中心力，或牛顿所说的向心力。

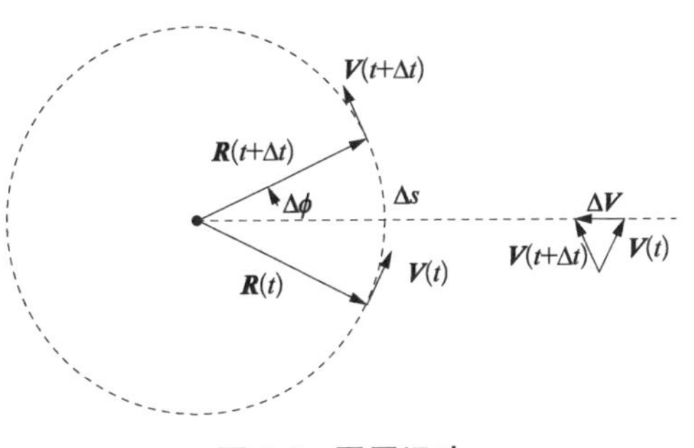

图 6.6　圆周运动

请考虑物体以恒定速率 V 沿着半径为 R 的圆周运动，如图 6.6 所示。由于速度的方向总是改变，因此圆周运动是加速运动。在 t 时刻，物

体的速度 $\boldsymbol{V}(t)$ 垂直于位置矢量 $\boldsymbol{R}(t)$，同理 $\boldsymbol{V}(t+\Delta t)$ 也垂直于 $\boldsymbol{R}(t+\Delta t)$，因此 $\boldsymbol{V}(t+\Delta t)$ 和 $\boldsymbol{V}(t)$ 的夹角就等于 $\boldsymbol{R}(t+\Delta t)$ 和 $\boldsymbol{R}(t)$ 的夹角 $\Delta\phi$。$\Delta\phi$ 对应的弧长 Δs 就是物体在 Δt 内移动的距离，$\Delta s=V\Delta t$，而 $\Delta\phi=\Delta s/R$，因此有 $\Delta\phi=(V\Delta t)/R$。参考图 6.6 中的小图，我们发现 $\Delta\phi=|\Delta\boldsymbol{V}|/V$，其中 $|\Delta\boldsymbol{V}|$ 是差矢量 $\boldsymbol{V}(t+\Delta t)-\boldsymbol{V}(t)$ 的大小，因此有 $|\Delta\boldsymbol{V}|/V=(V\Delta t)/R$，由此得到加速度的大小为 $|\Delta\boldsymbol{V}/\Delta t|=V^2/R$。我们还注意到 $\Delta\boldsymbol{V}$ 的方向，亦即加速度 $\Delta\boldsymbol{V}/\Delta t$ 的方向，它在 Δt 趋于零时垂直于 $\boldsymbol{V}(t)$。加速度指向圆心，和 $\boldsymbol{R}(t)$ 的方向相反。我们将上述讨论结果总结为公式⑥：

$$\frac{\mathrm{d}}{\mathrm{d}t}\boldsymbol{V}(t)=-\frac{V^2}{R}\boldsymbol{e}_R(t), \tag{6.8}$$

其中 $\boldsymbol{e}_R(t)$ 是 $\boldsymbol{R}(t)$ 方向上的单位矢量，方程中的负号表明加速度方向总是和 $\boldsymbol{R}(t)$ 的方向相反，即指向圆心。在《原理》发表的前几年，惠更斯就发表了上述结果。牛顿显然知道这个公式，因此并没有发表这个结果。

定理 A(牛顿的原话)：物体围绕固定的力的中心进行平面运动，物体与力的中心连接的矢径扫过的面积和时间成正比。

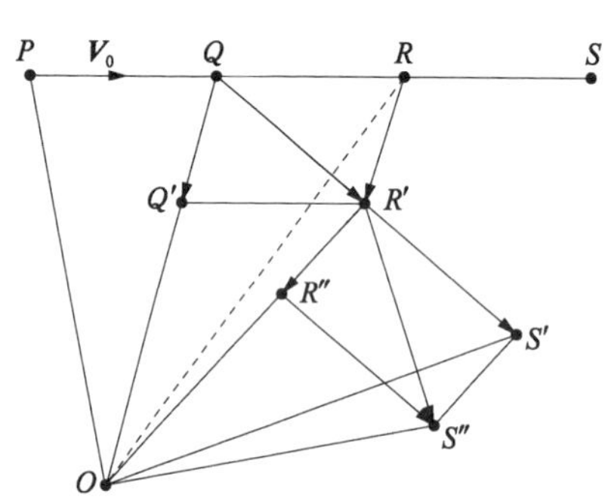

图 6.7 牛顿对定理 A 的证明

我们参考图 6.7 说明这条定理。令力的中心为坐标原点 O，在 $t=0$ 时刻物体位于点 P，其运动速度为 $\boldsymbol{V}_0$，它受到指向中心的力 $\boldsymbol{F}$ 作用；那么根据该定理，物体将在位置矢量 $\overrightarrow{OP}$ 和速度 $\boldsymbol{V}_0$ 确定的平面上运动，而单位时间内位置矢量扫过的面积为常数。不管向心力 $\boldsymbol{F}$ 的大小随着距离 R 怎样改变，情况总是如此⑦。

牛顿采用几何方法证明这条定理。参

---

⑥ 感兴趣的读者可以用下面的解析方法推导这个公式。我们发现 $\boldsymbol{R}(t)=R\boldsymbol{e}_R(t)$，而 $\boldsymbol{e}_R(t)=\cos\omega t\boldsymbol{i}+\sin\omega t\boldsymbol{j}$，其中 $\boldsymbol{i}$, $\boldsymbol{j}$ 分别为笛卡儿坐标系 x，y 方向的单位矢量，而且还引入了变量 ω，$\omega=\Delta\phi/\Delta t=V/R$。现在我们有 $\boldsymbol{V}(t)=R(\mathrm{d}\boldsymbol{e}_R/\mathrm{d}t)=R(-\omega\sin\omega t\boldsymbol{i}+\omega\cos\omega t\boldsymbol{j})$，进一步对速度求导得到 $\mathrm{d}\boldsymbol{V}/\mathrm{d}t=-\omega^2R(\cos\omega t\boldsymbol{i}+\sin\omega t\boldsymbol{j})=-(V^2/R)\boldsymbol{e}_R(t)$，即式(6.8)。显然解析方法比我们介绍的几何构造方法更快速简单。

⑦ 根据下一章的介绍，物体的位置矢量在单位时间内扫过的面积和物体“角动量”成正比，因此该原理实际上说的是：中心力不会改变物体的角动量。

见图 6.7,如果物体没有受力,它会沿着直线每单位时间移动同样的距离,从点 P 运动到点 Q,再从点 Q 运动到点 R,依此类推。在这种情况下,单位时间内位置矢量扫过相同的面积,因为三角形 OPQ、OQR、ORS 等底等高。如果物体在点 Q 受到向心冲力使它瞬时运动到点 Q',那么加上物体原来沿 QR 方向的运动,单位时间后物体抵达点 R'。我们可以证明三角形 OQR' 和三角形 OQR 的面积相等,因为二者的底均为 OQ,而 R 和 R' 到 OQ 的垂直距离相等。对 R' 的物体同样施加向心冲力,使它运动到点 R'',那么加上物体原来沿 QR' 方向的运动,单位时间后物体抵达点 S''。我们依然能证明三角形 $OR'S''$ 和三角形 $OR'S'$ 的面积相等,并且等于 OQR' 的面积。重复这个过程,就能证明位置矢量在连续的单位时间内扫过相等的面积。此外,缩小单位时间会使向心冲力间隔的时间减小,而在极限情况下,向心冲力变成连续恒定的向心力。由此牛顿证明了这条定理普遍成立。

定理 B: 如果物体沿椭圆轨迹[8]运动,那么它受到的向心力指向椭圆的一个焦点(即力的中心),而力的大小与物体和力的中心的距离 R 的平方成反比:$F(R)=C/R^2$,其中 C 为常数。

定理 C: 如果物体受到的向心力和距离的平方成反比,当它以任意速度沿着任意直线 PR(除了指向中心的直线)离开点 P 时,它的轨迹将是圆锥曲线[9],而力的中心是曲线的焦点。

定理 D: 当物体沿着椭圆轨迹运动时,其周期的平方和椭圆主轴的立方成正比。

圆作为椭圆的特例,对圆形轨道证明定理 D 非常简单。在圆周运动中,向心力的大小为 $F(R)=mV^2/R$,而 $V=2\pi R/T$,其中 T 为周期,因此有 $F(R)=4\pi^2 mR/T^2$。另一方面,根据定理 B 有 $F(R)=C/R^2$,因此有:

$$T^2=\frac{4\pi^2 m}{C}R^3. \tag{6.9}$$

定理 D 得证。牛顿证明:椭圆的周期和直径等于椭圆主轴的圆周运动的周期相等。因此对于椭圆轨道,式(6.9)变为:

$$T^2=\frac{4\pi^2 m}{C}\left(\frac{R'}{2}\right)^3, \tag{6.10}$$

---

⑧ 参见第 5.1 节和图 5.4。

⑨ 圆锥曲线是平面截圆锥得到的曲线。如果平面和圆锥的轴线垂直则得到圆,而如果截面和轴线的夹角大于圆锥顶角的一半则得到椭圆,如果截面平行于圆锥的斜边则得到抛物线。

其中 R' 是椭圆的主轴长度。我们在此不介绍定理的证明。

6.2.3 引力

天文观测已经证实开普勒发现的行星运动定律(参见第 3.3 节),而正确的引力定律应当囊括这 3 条定律。

如果我们假定行星受到太阳的吸引,而力的中心在绝对空间静止,吸引力的大小和行星与太阳距离的平方成反比即 $F(R)=C/R^2$,那么定理 A 和 B 就说明了前两条开普勒定律。我们注意到定理 D 还不足以说明开普勒第三定律,因为这要求式(6.10)中的 $4\pi^2 m/C$ 必须对所有行星取相同的数值。由于 m 表示不同行星的质量,因此情况似乎不是这样。我们要对引力公式增加一项要求:

$$F(R)=\frac{C}{R^2},\text{ 而且 } m/C \text{ 对所有行星取相同数值。} \tag{6.11}$$

牛顿的伟大之处在于,他意识到太阳对行星的吸引力是一种普遍存在的力。他推测这种力不仅让行星围绕太阳运转,也让月亮围着地球运转,并且还让自由落体向着地心运动。自由落体受到的力是重力,$W=F(R_E+z)=C/(R_E+z)^2$,其中 C 是引力公式中待定的常数,R_E 是地球半径,z 是物体在地面上方的高度,而 R_E+z 就是物体和地心的距离;由于在地表附近 z 远小于 R_E,因此将 z 忽略后得到 $W=C/R_E^2$。我们知道物体的重量使它以恒定的加速度 g 向着地心运动,这意味着 $W=mg$,表明地心对物体的吸引力和物体的质量 m 成正比。根据牛顿第三定律,如果物体 A 吸引物体 B,那么物体 B 也以同样大小的力吸引物体 A。因此牛顿推断,如果任何两个物体之间都存在这样的引力,那么它应该满足:

$$F(R)=\frac{Gm_1m_2}{R^2}, \tag{6.12}$$

其中 m_1,m_2 分别是两个物体的质量,R 是二者质心的距离,而 G 是待定的普适常数。我们遵循牛顿的观点,假定物体是球体,而物质密度随着半径的改变而改变,但是在任意半径的球壳上密度保持不变[10]。当物体相距很远时(即天体运动),

---

[10] 如果物体 A 和 B 具有任意的形状,其密度任意分布,那么在原则上可以这样确定二者的引力:我们将每个物体分割成足够多的小块,利用式(6.12)计算 A 和 B 中每一对小块(A 的一小块和 B 的一小块)物质之间的引力,然后将所有这些引力加起来。牛顿证明,当对密度只随着半径改变的球体应用这一过程时,用式(6.12)就能确定物体之间的引力。

这种假定还不算坏[11]。

根据式(6.11),质量为 M_S 的太阳对质量为 M_P 的行星产生引力

$$F(R)=\frac{GM_SM_P}{R^2}, \tag{6.12a}$$

因此式(6.10)变为

$$T^2=\frac{4\pi^2}{M_SG}\left(\frac{R'}{2}\right)^3. \tag{6.13}$$

方括号中的数值对所有的行星都相同,因此该公式就描述了开普勒第三定律。

我们已经介绍了引力理论的要点,那么只要已知行星在任意时刻的速度与位置,就可以利用运动定律和式(6.12a)计算它围绕太阳运转的轨道。同理我们也可以计算卫星的运动,它受到行星对它的引力为 $F(R)=GM_PM_{st}/R^2$,其中 M_{st} 是卫星的质量,而 R 是卫星和行星中心的距离。我们当然还必须确定方程中的常数,包括太阳、行星的质量,以及引力常数 G。值得注意的是,在《原理》一书发表了一百多年后,亨利·卡文迪什(Henry Cavendish)才首次精确测量了 G[12]。现在我们知道 $G=6.672\,59\times10^{-11}\ \mathrm{N\cdot m^2/kg^2}$。一旦确定了 G,我们就能根据式(6.13),并利用通过观测行星而得到的 R' 和 T,来确定太阳的质量 M_S。类似地,根据月球围绕地球的运动,我们也可以确定地球的质量 M_E。

我们要说牛顿的引力理论非常成功,它预测的结果与牛顿时代以及后来的天文观测数据完美地吻合。当然牛顿在建立理论时采用了近似,因此在某些情况下,理论预测和实际结果存在微小的偏差。例如,我们假定任何行星的运动都是因为受到太阳的引力,但是实际上不同的行星之间也存在引力,尽管后者比前者小得多。靠太阳较近的行星,例如水星、金星、地球和火星,它们的质量都很小,因此相互间的引力也很小,并且由于它们和较大的行星距离较远因而也只受到后者微小的影响。然而对于土星就不一样了,尽管木星对它的引力仅为太阳对土星引力的

[11] 但是在某些情况下,需要对该定律进行修正。由于地球不是精确的球形,它在赤道处隆起,因此它受到的太阳和月球的引力和式(6.12)给出的结果稍有不同,但牛顿指出,正是这种微小的偏差导致了地轴的进动,如图 3.7 所示。

[12] 在卡文迪什的实验中,用一根非常细的金属丝吊起一根轻质水平杆,而将两个质量为 m 的小球固定在杆的两端;让两个质量为 M 的大球分别从两侧接近小球,大球和小球之间的引力使水平杆扭转微小的角度;用一束光照射固定在金属丝上的镜子,利用光反射放大并测量扭转角度,由此计算得到大球和小球之间的引力。卡文迪什改变球的质量和间距进行了多次实验,证实了引力定律并得到了引力常数 G。

1/200,但在牛顿看来它的作用也不容忽视,他建立了微扰理论对土星的轨道进行修正。事实上,当有必要进行这种修正时,行星受到的合力就不再是精确的向心力,而行星轨道也不再精确服从开普勒定律。引力理论还假定太阳静止,而事实上是太阳系的中心处于静止,或者说太阳系的中心相对固定的恒星缓慢地匀速运动。然而这个假定非常合理,因为太阳的质量远大于行星的质量,而且不同的行星在不同的距离上对太阳施加拉力,因此太阳系的中心从来也没有超出过太阳的表面。牛顿对行星的运动进行了各种讨论,并进行了必要的修正。我们不介绍相关的细节,但至少要说明牛顿建立的潮汐理论正确地用月球引力解释了潮汐现象。

读者可能会注意到,我们没有讨论地球围绕地轴的自转,或是月球以及其他行星的自转。因为牛顿在《原理》中只是偶尔提到这种运动,他只说明行星不同部位之间的引力决定了它的形状以及它围绕轴线的旋转,但并没有进行深入地讨论。

《原理》一书的出版轰动了当时的科学界,并且被认为是科学发展的伟大突破。然而,包括惠更斯在内的一些科学家却不愿意接受他的引力理论,因为该理论意味着物体之间的引力瞬时发生,并且不需要介质(如以太)就能传播。牛顿对此的看法是:他的公式不需要像以太这样的介质就能传播,但是不排除被以太传播的可能。牛顿认为,他的公式正确地描述了观测到的现象,这才是最重要的。引力可以不需要以太传播,这种瞬时响应特性让科学家十分担忧,而这一问题最终被爱因斯坦解决了(参见第 12 章)。

6.2.4 伽利略相对性原理

尽管牛顿相信相对于静止空间的绝对运动,但是他也在《原理》的导言中承认:“不管空间处于静止还是在匀速直线运动,其中的物体相对彼此的运动不会受到影响。……经验表明:不管船是静止还是匀速向前航行,船上所有物体相对彼此的运动都不会改变。”但是几年后,牛顿逐渐认识到,相对静止空间的绝对运动在物理上不成立,因为我们不能用物理方法区分静止坐标系和相对它匀速直线运动的坐标系,例如图 6.8 所示的情况。

根据牛顿的例子,我们可以说船上的观察者无法用测量来分辨船是在移动还是停靠在码头。我们发现伽利略相对性原理普遍成立,它说明“在相对彼此匀速直线运动的坐标系中观测到的运动定律总是相同的”。而由于运动定律(或物理定律)通常可以用数学方程来表示,因此相对性原理意味着这些方程在这些坐

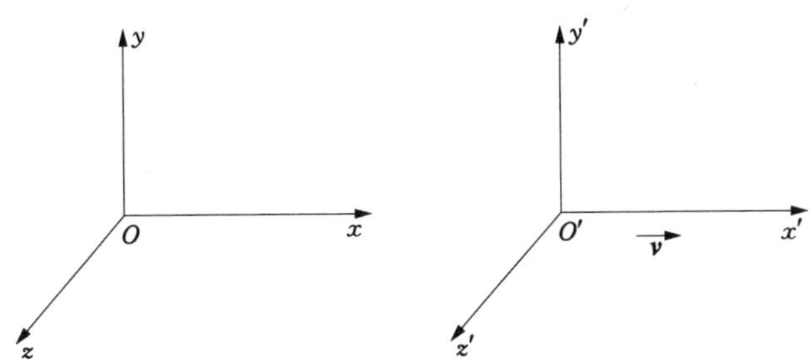

图 6.8　$x'y'z'$坐标系以速度 V 相对 xyz 坐标系运动

假定在 $t=0$ 时刻二者重合。

标系中的形式都相同。

让我们用牛顿运动定律来证明这个定理。参见图 6.8，粒子在 $x'y'z'$ 和 xyz 坐标系中的坐标显然满足下面的关系：

$$x'=x-Vt,\ y'=y,\ z'=z. \tag{6.14}$$

这就是所谓的伽利略变换。现在假定我们的系统包含 N 个粒子，而粒子 $i(1, 2, \cdots, N)$ 在 xyz 坐标系中的方程为：

$$\begin{aligned} & m_i\frac{\mathrm{d}^2x_i}{\mathrm{d}t^2}=\sum_{j\neq i}F_{i,x}(\boldsymbol{r}_i-\boldsymbol{r}_j),\ m_i\frac{\mathrm{d}^2y_i}{\mathrm{d}t^2}=\sum_{j\neq i}F_{i,y}(\boldsymbol{r}_i-\boldsymbol{r}_j), \\ & m_i\frac{\mathrm{d}^2z_i}{\mathrm{d}t^2}=\sum_{j\neq i}F_{i,z}(\boldsymbol{r}_i-\boldsymbol{r}_j), \end{aligned} \tag{6.15}$$

其中假定任意两个粒子之间的力是二者距离的函数。根据式(6.14)有 $\boldsymbol{r}_i-\boldsymbol{r}_j=\boldsymbol{r}'_i-\boldsymbol{r}'_j$，即在两个坐标系中粒子的相对位置不变。而且因为 $\mathrm{d}x'/\mathrm{d}t=\mathrm{d}x/\mathrm{d}t-V$，而 V 是常数，因此有 $\mathrm{d}^2x'/\mathrm{d}t^2=\mathrm{d}^2x/\mathrm{d}t^2$，即粒子在 $x'y'z'$ 坐标系中运动方程的形式保持不变。

我们预期任何物理基本定律都有这样的特性，即对应的数学表达式在伽利略变换下形式保持不变。

6.3　牛顿发表《原理》之后的生活

在发表了《原理》一书后，牛顿的声望迅速上升。1688 年，他代表剑桥大学在国会中获得席位，担任国会议员。在任职的一年中，牛顿向校长定期汇报，但在议会中他从不发言。牛顿结交了几个政治友人，还曾经和国王共进晚餐。1696 年，牛顿被任命主管皇家铸币厂，他就此离开了学术圈和生活了 35 年的剑桥大学，定居伦敦。主管铸币厂为牛顿带来了每年 500 到 600 英镑的收入，而且他不需要做什么工作，不会占用他太多时间。1703 年，牛顿被选举为皇家学会主席，他在这个职位上工作了二十多年。这一时期牛顿生活富裕，但依然形单影只，也没有亲近的朋友。1704 年他的著作《光学》(*Opticks*)出版，在这本书中牛顿完整地介绍了多年前业已完成的对光学的研究。牛顿后来还进行了多方面的研究，包括眼睛的功能、新陈代谢、引力等科学问题，以及诸如大洪水和创世记等宗教问题。牛顿于 1727 年辞世，享年 83 岁。

练习

6.1 已知两个矢量，$\boldsymbol{A}=3\boldsymbol{i}-2\boldsymbol{j}$ 和 $\boldsymbol{B}=-\boldsymbol{i}-4\boldsymbol{j}$，请计算：

(a) $\boldsymbol{A}+\boldsymbol{B}$。

答案：$\boldsymbol{A}+\boldsymbol{B}=2\boldsymbol{i}-6\boldsymbol{j}$。

(b) $\boldsymbol{A}-\boldsymbol{B}$。

答案：$\boldsymbol{A}-\boldsymbol{B}=4\boldsymbol{i}+2\boldsymbol{j}$。

(c) $\boldsymbol{A}+\boldsymbol{B}$ 和 $\boldsymbol{A}-\boldsymbol{B}$ 的大小。

答案：$|\boldsymbol{A}+\boldsymbol{B}|=6.32$，$|\boldsymbol{A}-\boldsymbol{B}|=4.47$。

(d) 用矢量和 x 轴的夹角 θ 描述 $\boldsymbol{A}+\boldsymbol{B}$ 和 $\boldsymbol{A}-\boldsymbol{B}$ 的方向。

答案：对于 $\boldsymbol{A}+\boldsymbol{B}$，$\theta=-71.6^\circ$，对于 $\boldsymbol{A}-\boldsymbol{B}$，$\theta=26.51^\circ$。

6.2 1 个粒子连续进行 3 次位移 $\boldsymbol{A}$，$\boldsymbol{B}$，$\boldsymbol{C}$，使它的总位移为零。如果 $\boldsymbol{A}=2\boldsymbol{i}+3\boldsymbol{j}-\boldsymbol{k}$，$\boldsymbol{B}=-3\boldsymbol{i}-\boldsymbol{j}+2\boldsymbol{k}$，请确定位移 $\boldsymbol{C}$。

答案：$\boldsymbol{C}=\boldsymbol{i}-\boldsymbol{j}-\boldsymbol{k}$。

6.3 将地面上质量为 m 的物体以速率 v_0 抛出，出射方向与地面成 θ 角，请确定使得落点和出发点距离为 L 的 v_0。

答案：$v_0 = \sqrt{gL\cos\theta\ \sin\theta/2}$。

6.4　一个球形粒子的质量为 m，体积为 V，它在密度为 ρ 的黏性液体中下落。假定粒子受到的黏性阻力为 $F_{\text{visc}} = -\kappa v$，其中 κ 为常数而 v 为粒子速率，请确定粒子下落的极限速率 v_{f}。

提示：在写出粒子的运动方程时不能忽视阿基米德的浮力原理。

答案：$v_{\text{f}} = \dfrac{(m - V\rho)g}{\kappa}$。

6.5　质量为 m 的粒子沿着半径为 0.4 m 的圆形轨道以速率 v 匀速运动，如果粒子每秒转 5 圈，请确定速率和加速度的大小。

答案：粒子的速率为 12.56 m/s，加速度的大小为 394.38 m/s^2。

6.6　粒子的位置随时间变化的函数为 $\boldsymbol{r}(t) = 3\cos(2t)\boldsymbol{i} + 3\sin(2t)\boldsymbol{j}$，其中时间的度量单位是 s，位置的度量单位是 m。

(a) 证明粒子轨迹是半径为 3 m、圆心位于坐标原点的圆。

答案：$|\boldsymbol{r}(t)| = 3$ m。

(b) 计算粒子的速度 $\boldsymbol{v}(t)$。

答案：$\boldsymbol{v}(t) = -6\sin 2t\boldsymbol{i} + 6\cos 2t\boldsymbol{j}$。

(c) 计算粒子的加速度 $\boldsymbol{a}(t)$，并证明它总是指向圆心。

答案：$\boldsymbol{a}(t) = -12\cos 2t\boldsymbol{i} - 12\sin 2t\boldsymbol{j} = -4\boldsymbol{r}(t)$。

6.7　式(6.6)描述了理想的谐振子运动。在实际中，弹簧上的物体不能永远振动，而是振幅逐渐减小，在 $t \to \infty$ 时振幅为零。因为存在摩擦，振子的能量逐渐变为热量。我们可以假定摩擦力为 $-\gamma m v$，其中 γ 是适当的常数，而将振子的运动方程写为：

$$\frac{\mathrm{d}^2 x}{\mathrm{d}t^2} + \gamma\frac{\mathrm{d}x}{\mathrm{d}t} + \omega_0^2 x = 0. \tag{6.16}$$

(a) 请确定适当的 λ 和 ω'，让形如 $x(t) = a\mathrm{e}^{-\lambda t}\cos(\omega' t + \phi)$ 的函数满足上述方程，其中 a 和 ϕ 是任意常数。

答案：$\lambda=\gamma/2$，$\omega'=\sqrt{\omega_0^2-\gamma^2/4}$。

(b) 请根据 $t=0$ 时刻的初始位置 x_0 和初始速度 v_0 确定常数 a 和 ϕ。

答案：$a=\sqrt{x_0^2+(v_0+\gamma x_0/2)^2/\omega'^2}$，而 ϕ 满足 $\cos\phi=x_0/a$。

6.8 (a) 假定谐振子受到周期性力 $F=F_0\cos\omega t$ 的作用，请写出它的运动方程。

答案：$$\frac{d^2x}{dt^2}+\gamma\frac{dx}{dt}+\omega_0^2x=\frac{F_0}{m}\cos\omega t。\tag{6.17}$$

(b) 请确定适当的 X_0 和 Φ，让 $x(t)=X_0\cos(\omega t+\Phi)$ 满足上述方程。

答案：$X_0=\dfrac{F_0/m}{(\omega_0^2-\omega^2)\cos\Phi+\gamma\omega\sin\Phi}$，而 Φ 满足 $\tan\Phi=\dfrac{\gamma\omega}{\omega^2-\omega_0^2}$。

当 $\omega=\omega_0$ 时 X_0 取得极大值，我们称这种情况为共振；此外摩擦系数 γ 减小会使 X_0 增大。

(c) 证明将上文得到的 $x(t)=X_0\cos(\omega t+\Phi)$ 加上式(6.16)的通解就能得到式(6.17)的通解，即

$$x(t)=X_0\cos(\omega t+\Phi)+ae^{-\lambda t}\cos(\omega't+\phi).$$

我们发现只要时间足够长，上式中的第二项就会变得足够小而可以忽略不计。

6.9 请证明：

(a) 质量均匀分布的圆柱体的质心位于其轴心；

(b) 质量均匀分布的球体的质心位于球心。

6.10 假定圆柱体的密度沿着其长度的方向改变，$\rho(x)=ax$ $(0\leqslant x\leqslant L)$，请确定圆柱体的质心 X_{CM}。

答案：$X_{CM}=\dfrac{2L}{3}$。

6.11 阅读第 6 章脚注⑩，假定质量为 m 的粒子位于点 $\boldsymbol{r}$，而质量为 M 的均质球位于原点，请证明当球的半径 $R<r$ 时，前者受到后者的引力为：

$$\boldsymbol{F}=-\frac{GMm}{r^2}\boldsymbol{e}_r,$$

其中 $\boldsymbol{e}_r$ 是 $\boldsymbol{r}$ 方向的单位矢量。换句话讲,球对粒子的引力就等于球心处质量为 M 的粒子对后者产生的引力。

提示:你们必须让自己相信,球质量的对称分布排除了其他的可能性。

6.12 将式(6.13)中的 $R'/2$ 用地月的平均距离(参见表3.1)代替,估算地球的质量。地球半径约为 6.37×10^6 m。

答案:6.2×10^{24} kg。

第 7 章
经典力学

7.1 牛顿之后的力学

《原理》一书发表后，科学家基于牛顿运动定律，应用解析方法研究粒子和固体的运动，而莱昂哈德·欧拉做出了最卓越的贡献。欧拉于 1707 年出生在瑞士巴塞尔，他的父亲是乡村牧师。尽管欧拉在大学学习神学，但是他花费更多的时间学习数学。他的老师是大名鼎鼎的约翰·伯努利(Johan Bernoulli)，而年轻的欧拉很快就在数学界崭露头角。1727 年，欧拉应邀来到俄国，加入彼得大帝(Peter the Great)建立的圣彼得堡科学院，在那里工作了 14 年；而在 1741 年，欧拉受邀前往柏林科学院，在那里工作了 25 年。1736 年，欧拉发表了以拉丁文撰写的两卷本《力学，或解析地叙述运动的理论》(*Mechanics, or the Science of Motion Described Analytically*)，其中用解析(代数)的形式表述了牛顿力学。这样一来，不仅牛顿用几何法求解的问题能更容易地求解，而且许多不能应用几何法的问题也能得以求解。我们现在研究力学采用的当然就是这种解析方式，参见第 6.2.2 节的例子。1765 年，欧拉离开柏林回到圣彼得堡，一年后他撰写完成了《固体运动学》(*Theory of the Motion of Solid Bodies*)，其中包含了现代力学课程的许多内容，例如将在下一节介绍的固体围绕固定轴的转动，这是固体最简单的运动。

欧拉一生撰写了 800 多篇论文，其中 3/5 讨论数学，余下的涉及物理学、工程学和天文学。尽管欧拉在 1771 年双目失明，但他还是在一群学生的帮助下进行各种研究，直到他在 1783 年辞世。欧拉做出了大量出色的工作，而在现代科学中有 80 多个数学公式、科学概念和原理被冠以欧拉的名字。

在本章我们简要介绍欧拉和其他科学家引入的概念，并展示它们在物理问题中的应用。

7.1.1　角动量

一个质量为 m 的粒子相对坐标原点 O 的角动量为：

$$\boldsymbol{L}(t)=\boldsymbol{r}(t)\times\boldsymbol{p}(t), \tag{7.1}$$

其中 $\boldsymbol{r}(t)$ 是粒子的位置矢量，$\boldsymbol{v}(t)=\mathrm{d}\boldsymbol{r}/\mathrm{d}t$ 是粒子的速度，而 $\boldsymbol{p}(t)=m\boldsymbol{v}(t)$ 是粒子的动量。要想理解式(7.1)，我们必须先了解两个矢量的矢量积。

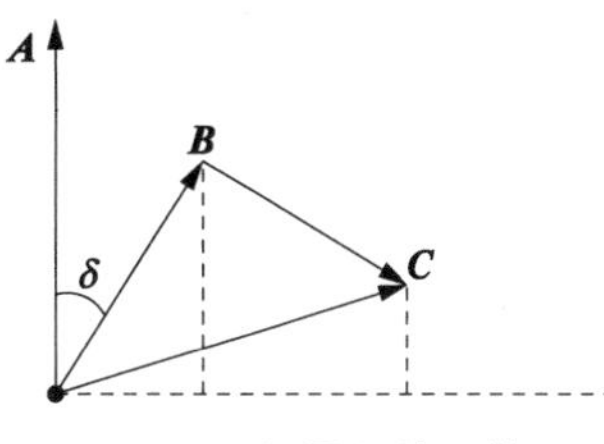

图 7.1　矢量积的运算

我们发现 $B\sin\delta$ 等于 $\boldsymbol{B}$ 在垂直于 $\boldsymbol{A}$ 的方向上的投影，而 $\boldsymbol{B}+\boldsymbol{C}$ 在垂直于 $\boldsymbol{A}$ 的方向上的投影等于 $\boldsymbol{B}$ 和 $\boldsymbol{C}$ 在该方向上的投影之和，因此有 $\boldsymbol{A}\times(\boldsymbol{B}+\boldsymbol{C})=\boldsymbol{A}\times\boldsymbol{B}+\boldsymbol{A}\times\boldsymbol{C}$。

已知矢量 $\boldsymbol{A}$ 和矢量 $\boldsymbol{B}$，二者的矢量积 $\boldsymbol{A}\times\boldsymbol{B}$ 垂直于 $\boldsymbol{A}$ 和 $\boldsymbol{B}$ 定义的平面，指向从 $\boldsymbol{A}$ 转向 $\boldsymbol{B}$ 的右手螺旋前进的方向，这意味着 $\boldsymbol{B}\times\boldsymbol{A}=-\boldsymbol{A}\times\boldsymbol{B}$；矢量 $\boldsymbol{A}\times\boldsymbol{B}$ 的大小为 $AB\sin\delta$，其中 δ 是矢量 $\boldsymbol{A}$ 和 $\boldsymbol{B}$ 的夹角。从图 7.1 可以看出，$\boldsymbol{A}\times(\boldsymbol{B}+\boldsymbol{C})=\boldsymbol{A}\times\boldsymbol{B}+\boldsymbol{A}\times\boldsymbol{C}$。在笛卡儿坐标系中，$x$，$y$，$z$ 轴的单位矢量 $\boldsymbol{i}$，$\boldsymbol{j}$，$\boldsymbol{k}$ 满足：$\boldsymbol{i}\times\boldsymbol{i}=\boldsymbol{j}\times\boldsymbol{j}=\boldsymbol{k}\times\boldsymbol{k}=0$，而且 $\boldsymbol{i}\times\boldsymbol{j}=\boldsymbol{k}$，$\boldsymbol{j}\times\boldsymbol{k}=\boldsymbol{i}$，$\boldsymbol{k}\times\boldsymbol{i}=\boldsymbol{j}$。由此我们得到：

$$\begin{aligned}\boldsymbol{A}\times\boldsymbol{B}&=(A_x\boldsymbol{i}+A_y\boldsymbol{j}+A_z\boldsymbol{k})\times(B_x\boldsymbol{i}+B_y\boldsymbol{j}+B_z\boldsymbol{k})\\&=(A_yB_z-A_zB_y)\boldsymbol{i}+(A_zB_x-A_xB_z)\boldsymbol{j}+(A_xB_y-A_yB_x)\boldsymbol{k}.\end{aligned} \tag{7.2}$$

根据矢量积的定义，我们发现当粒子在 xy 平面运动时，其角动量指向 z 方向：$\boldsymbol{L}=L_z\boldsymbol{k}=mrv\sin\delta\boldsymbol{k}$，其中 δ 是 $\boldsymbol{r}$ 和 $\boldsymbol{v}$ 的夹角。根据右手定则，当粒子在 xy 平面围绕坐标原点逆时针运动时，L_z 为正。参见图 7.2，我们还能得出 $L_z/2m=\mathrm{d}A/\mathrm{d}t$，它表示位置矢量 $\boldsymbol{r}$ 在单位时间内扫过的面积。

在第 6.2.2 节中，牛顿用几何法证明了定理 A，说明如果粒子受到向心力，则 $\mathrm{d}A/\mathrm{d}t$ 保持不变。而现在情况更加明朗，由于 $\mathrm{d}A/\mathrm{d}t=L_z/2m$，因此只要能证明粒子在中心场中角动量保持不变，即 $\mathrm{d}\boldsymbol{L}/\mathrm{d}t=0$，就能证明定理 A。证明过程很简单。根据式(7.1)我们有 $\mathrm{d}\boldsymbol{L}/\mathrm{d}t=\boldsymbol{v}\times\boldsymbol{p}+\boldsymbol{r}\times(\mathrm{d}\boldsymbol{p}/\mathrm{d}t)$，由于 $\boldsymbol{v}$ 和 $\boldsymbol{p}$ 同向，因此第一个矢量积为零，而根据牛顿定律 $\mathrm{d}\boldsymbol{p}/\mathrm{d}t=\boldsymbol{F}$ [式(6.1)]我们得到：

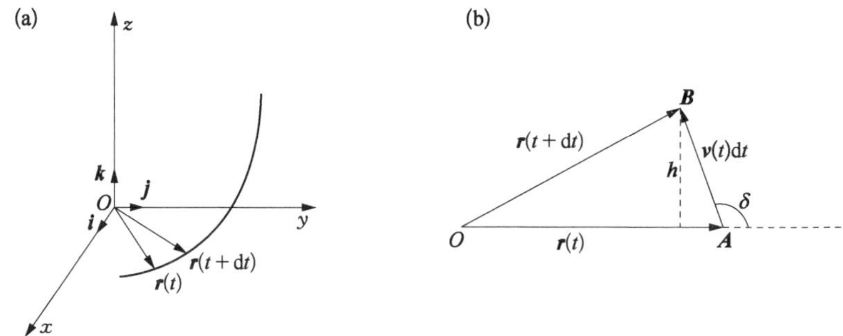

图 7.2 角动量的运算

(a) 位置矢量 $\boldsymbol{r}(t)$ 在 $\mathrm{d}t$ 内扫过的面积 $\mathrm{d}A$；(b) $\mathrm{d}A$ 为三角形 OAB 的面积，它等于 $\frac{1}{2}OA \times OB\sin\delta = \frac{1}{2}rv\sin\delta\,\mathrm{d}t$，而 $L_z = mrv\sin\delta$，因此有 $\mathrm{d}A/\mathrm{d}t = L_z/2m$。

$$\frac{\mathrm{d}\boldsymbol{L}}{\mathrm{d}t} = \boldsymbol{r} \times \boldsymbol{F}. \tag{7.3}$$

这个方程普遍成立，它首先说明当 $\boldsymbol{F}=0$ 时 $\mathrm{d}\boldsymbol{L}/\mathrm{d}t=0$，因此当粒子进行匀速直线运动时，它相对坐标原点的角动量保持不变，即角动量守恒。式(7.3)还说明，如果 $\boldsymbol{r}$ 和 $\boldsymbol{F}$ 沿着同一条直线，那么 $\boldsymbol{r}\times\boldsymbol{F}$ 也等于零。因此在中心场中，虽然粒子受到中心力的作用，但是 $\mathrm{d}\boldsymbol{L}/\mathrm{d}t=0$，即角动量 $\boldsymbol{L}$ 为常数，因此 $\mathrm{d}A/\mathrm{d}t$ 也是常数。希望你们能看出来，解析法不但比几何法简练，还更加优雅。

7.1.2 固体围绕固定轴的旋转

我们知道，在开门时推远离门轴的地方会更加省力，而垂直地推会比斜着推更省力。应用牛顿运动定律，我们可以解释固体的运动，当然也可以解释这种现象。

如图 7.3 所示，一个固体围绕穿过它的固定轴(令其为 z 轴)转动，我们在物体中任选一点 i，则点 i 和 z 轴确定的平面垂直于 xy 平面。如果能确定该平面与 xz 平面的夹角 θ，我们就能确定点 i 的位置，并掌握物体的运动。因此我们用函数 $\theta(t)$ 描述固体围绕固定轴的转动，而它的变化率 $\omega=\mathrm{d}\theta/\mathrm{d}t$ 是转动的角速度，它和点 i 的选取无关。我们下面根据牛顿运动定律，来确定 $\omega(t)$ 满足的微分方程。我们首先考虑物体上一小块质量 m_i 的运动，由于它的体积很小而可以被视为质点 i。由于 m_i 围绕 z 轴转动，因此它只有沿 z 方向的角动量分量，根据式(7.1)和式(7.2)有：

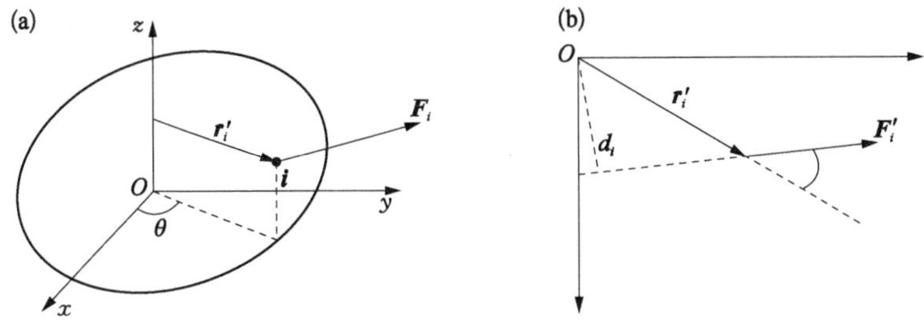

图 7.3　对旋转的数学描述

(a) 固体围绕固定轴的旋转；(b) $N_i = d_iF_i$。

$$L_{i,z}\boldsymbol{k} = \boldsymbol{r}_i \times \boldsymbol{p}_i = r_i m_i v_i \sin\delta\boldsymbol{k} = (x_i p_{i,y} - y_i p_{i,x})\boldsymbol{k}, \tag{7.4}$$

其中 $\boldsymbol{r}_i = x_i\boldsymbol{i} + y_i\boldsymbol{j}$ 表示 m_i 的位置。我们发现 $\boldsymbol{r}_i$ 的长度就是 m_i 和 z 轴的径向距离，而如果物体在转动中不发生膨胀或收缩的话，这个距离就保持不变。类似地有，$\boldsymbol{p}_i = m_i\boldsymbol{v}_i = m_i(v_{i,x}\boldsymbol{i} + v_{i,y}\boldsymbol{j})$，而 v_i 垂直于 $\boldsymbol{r}_i$，即 $\sin\delta = 1$。此外，m_i 的速率为 $v_i = \omega(t)r_i$。因此式(7.4)变为：

$$\boldsymbol{r}_i \times \boldsymbol{p}_i = \omega m_i r_i^2\boldsymbol{k}. \tag{7.4a}$$

对上述方程的两侧求导，并应用牛顿定律，我们得到：

$$m_i r_i^2 \frac{\mathrm{d}\omega}{\mathrm{d}t}\boldsymbol{k} = \boldsymbol{r}_i \times \boldsymbol{F}_i = N_i\boldsymbol{k}, \tag{7.5}$$

其中 N_i 为矢量 $\boldsymbol{r}_i \times \boldsymbol{F}_i$ 的大小。我们注意到，xy 平面上的力 $\boldsymbol{F}_i = F_{i,x}\boldsymbol{i} + F_{i,y}\boldsymbol{j}$ 会让 m_i 的动量在 x 和 y 方向上发生改变，从而让 z 方向上的角动量发生改变；而如果 m_i 受到沿 z 方向上的力，它围绕 z 轴的转动不会受到影响。我们称 $N_i\boldsymbol{k}$ 是 $\boldsymbol{F}_i$ 产生的扭矩，根据图 7.3b，$N_i = d_iF_i$，其中 d_i 是力的作用线和旋转轴的垂直距离，因此有：

$$m_i r_i^2 \frac{\mathrm{d}\omega}{\mathrm{d}t} = N_i. \tag{7.6}$$

我们必须指出，扭矩 $N_i\boldsymbol{k}$ 来自 m_i 受到的合力 $\boldsymbol{F}_i$，因此其中包含物体各部分之间的内力。然而由于内力总是成对出现，大小相等且方向相反，因此将所有质量 m_i 的扭矩相加后，内力产生的扭矩会被抵消，因此得到：

$$N = \sum N_i = I\frac{\mathrm{d}\omega}{\mathrm{d}t}, \tag{7.7}$$

其中 N 对所有的外部扭矩求和，如果 $\boldsymbol{F}_i$ 产生逆时针旋转则 N_i 为正，而如果产生顺时针旋转则 N_i 为负。我们将方程中出现的 I 称作物体围绕旋转轴（z 轴）的转动惯量，它显然等于：

$$I=\sum m_i r_i^2, \tag{7.8}$$

其中 r_i 是 m_i 和旋转轴的距离，上式要对物体中所有的质量求和。

最后，我们考虑物体旋转产生的动能：

$$K=\frac{1}{2}\sum m_i v_i^2=\frac{1}{2}\sum m_i r_i^2\omega^2=\frac{1}{2}I\omega^2. \tag{7.9}$$

根据式(7.7)，如果物体没有受到任何外部扭矩的作用，那么它将围绕转轴以恒定的角速度 ω 旋转。同样由式(7.7)可知，当力和转轴的垂直距离 d 较大时扭矩也较大。我们现在理解了为什么在远离门轴的地方推门更省力①。

在上述讨论中，我们假定固体的转动惯量 I 保持不变。如果转动惯量在运动过程中发生改变，我们就必须修正物体的运动方程。此时式(7.4a)依然成立，只不过 r_i 不再保持恒定。如果我们对这个方程求导，然后对物体包含的所有质量求和，就会得到：

$$\frac{\mathrm{d}}{\mathrm{d}t}(I\omega)=N, \tag{7.10}$$

其中 $I\omega$ 表示物体围绕固定轴旋转的角动量，当外扭矩 N 为零时角动量保持不变。例如一个人坐在转椅上自由旋转，他张开双臂增大其转动惯量，使他的转速减小；反之，他收拢双臂则会减小转动惯量，使他的转速增大。

最后我们注意到，式(7.8)和式(7.10)同样也适用于旋转轴穿过物体质心的情况，而不管质心是静止还是在运动。因此，地球相对地轴的转动惯量保持不变，而地球以恒定的角速度围绕地轴自转。

7.1.3 单摆

如图 7.4(a)所示，将质量为 M 的小球悬挂在可以围绕轴 O 旋转的细杆的末

① 你们看到，由于 m_i 进行圆周运动，那么它必然受到向心力的作用，而它受到的向心力来自物体内其他质量 $m_j\,(j\neq i)$ 对它的作用。对于普通固体，例如旋转的门，向心力来自物体旋转产生的微观弹性形变；而对于像地球这么大的天体，它自转所需的力主要来自万有引力。

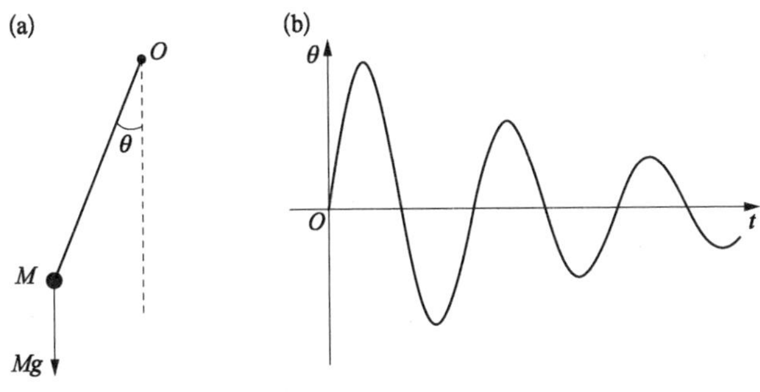

图 7.4　摆及其运动

(a) 单摆;(b) 阻尼振动。

端,细杆的长度为 L 而质量很轻可以忽略不计,这样就制成了最简单的摆。如果令 M 稍微偏离其平衡位置,以零速度释放,那么这个摆就会围绕平衡位置(在图中由虚线标出)振动,而如果没有摩擦阻力它将永远保持这种振动。让我们研究摆的运动,确定它的运动方程。M 相对转轴的转动惯量为 $I=ML^2$,而忽略摩擦力后物体只受到自身的重力。如图 7.4(a)所示,重力竖直向下,它的大小为 Mg,它与转轴的垂直距离为 $L\sin\theta$。当 θ 很小时 $\sin\theta\approx\theta$,因此扭矩为 $-MgL\theta$,其中负号表明该扭矩要使摆回到 $\theta=0$ 的平衡位置。因此根据式(7.7)可以得到摆的运动方程:

$$ML^2\frac{\mathrm{d}\omega}{\mathrm{d}t}=-MgL\theta.$$

整理后得到:

$$\frac{\mathrm{d}^2\theta}{\mathrm{d}t}=-\frac{g}{L}\theta. \tag{7.11}$$

除了方程中的符号不同以外,式(7.11)和式(6.6)的形式完全相同,而根据类比可以直接得到式(7.11)的解。令摆的初始位移为 θ_0,初始速度为 0,我们得到:

$$\theta(t)=\theta_0\cos\omega_0 t, \tag{7.12}$$

其中 $\omega_0=\sqrt{g/L}$,而摆的周期为 $T=2\pi/\omega_0=2\pi/\sqrt{g/L}$,它和实验观测到的摆的周期很好地吻合。

在实际情况下,单摆总会受到摩擦产生的扭矩 $-R(\mathrm{d}\theta/\mathrm{d}t)$,尽管这个扭矩很小。因此如果考虑摩擦效应,则单摆受到的总扭矩为:$-MgL\theta-R(\mathrm{d}\theta/\mathrm{d}t)$,

而式(7.11)变为：

$$\frac{d^2\theta}{dt} = -\frac{g}{L}\theta - \frac{R}{ML^2}\frac{d\theta}{dt}. \tag{7.13}$$

如果令 $t=0$ 时刻 $\theta=\theta_0$，$d\theta/dt=-\gamma\theta_0$，则上述方程的解为 $\theta(t)=\theta_0 e^{-\gamma t}\cos\omega'_0 t$，其中 $\gamma=R/(2ML^2)$，而 $\omega'_0=\sqrt{\omega_0^2-\gamma^2}$。我们不深入讨论推导的细节，只说明存在摩擦时，振幅随时间呈指数衰减，如图 7.4(b)所示；但是只要 γT 远小于 1，单摆的振幅在几个周期内就不会明显地改变，而且单摆的周期也几乎和无摩擦情况下的周期相等，即 $\omega'_0 \approx \omega_0$。

单摆当然是结构简单的物体。如果物体的形状不规则，质量分布也不均匀，那么就不容易推导得出物体的转动惯量。但是借助计算机，总可以应用数值计算来确定任意物体的转动惯量，而如果物体受到复杂的扭矩作用，也可以利用数值方法求解运动方程式(7.7)。

如果物体的转动轴并不是固定不动的，那我们就需要额外的角度来确定物体的位置。如果转动轴通过固定点，例如陀螺仪的情况，我们就需要三个角来确定物体的位置：令坐标系的原点和转轴通过的固定点重合，用两个角确定转轴的方向，再用第三个角确定物体围绕轴转过的角度。如果转轴通过物体的质心，而质心也在运动，那么我们可以把质心的运动和围绕质心的转动分开；用三个坐标描述质心的位置，再用三个角度描述物体相对质心的位置。

7.2 振动的弦；偏微分方程和傅里叶级数

假定长度为 L 的弦位于 x 轴上，它的端点坐标分别为 $x=0$ 和 $x=L$。在 $t=0$ 时刻，在垂直于 x 轴的 y 方向给弦提供初始位移 $y(x, 0)$，如图 7.5 所示。

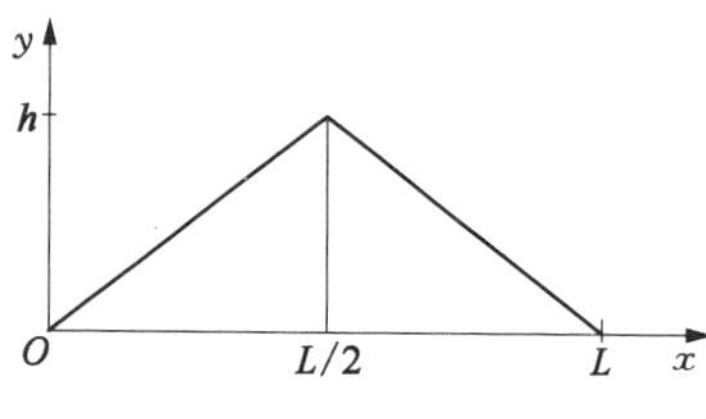

图 7.5 $t=0$ 时刻弦的形态

我们写出 $y(x, 0)$ 的函数形式：

$$y(x,0)=\begin{cases}\dfrac{2h}{L}x, & 0\leqslant x<\dfrac{L}{2}\\[2mm] 2h-\dfrac{2h}{L}x, & \dfrac{L}{2}\leqslant x\leqslant L\end{cases}. \tag{7.14}$$

我们希望确定 $t>0$ 时的函数 $y(x,t)$。

弦的位移显然是变量 x 和 t 的函数。我们用偏微分 $\partial y/\partial x$ 表示 t 时刻 y 随 x 的变化率，而偏微分的定义为：

$$\frac{\partial y}{\partial x}=\lim_{\Delta x\to 0}\frac{y(x+\Delta x,t)-y(x,t)}{\Delta x}. \tag{7.15}$$

我们发现在考虑 $\partial y/\partial x$ 时，另一个变量 t 被视为常数，而这样一来，求解偏微分和求解一元函数导数就没有什么不同。同理，偏微分 $\partial y/\partial t$ 考察在 x 处 y 随 t 的变化率，它的定义为：

$$\frac{\partial y}{\partial t}=\lim_{\Delta t\to 0}\frac{y(x,t+\Delta t)-y(x,t)}{\Delta t}. \tag{7.16}$$

例如对于函数

$$y(x,t)=A\sin kx\cos\omega t, \tag{7.17}$$

我们有：

$$\frac{\partial y}{\partial x}=kA\cos kx\cos\omega t;\qquad \frac{\partial y}{\partial t}=-\omega A\sin kx\sin\omega t;$$

$$\frac{\partial^2 y}{\partial x^2}=\frac{\partial}{\partial x}\left(\frac{\partial y}{\partial x}\right)=-k^2A\sin kx\cos\omega t;\ \frac{\partial^2 y}{\partial t^2}=\frac{\partial}{\partial t}\left(\frac{\partial y}{\partial t}\right)=-\omega^2A\sin kx\cos\omega t.$$

大多数物理变量都是多元函数，因此它们要满足偏微分方程，即包含上述偏导数的方程。

我们现在考察 t 时刻弦上的一个微元，如图 7.6 所示。假定弦是均质的，单位长度的质量为 δ，并且假定弦是绝对柔软的，因此它只能传递张力，而不能传递弯曲力或剪切力。我们还假定弦的位移平行于 y 轴，并且位移很微小，因此实际上 $\Delta s\approx\Delta x$，这意味着弦的每一部分在振动过程中长度都不改变，因此沿着弦传递的张力是常数。根据上述假设，在 x 处张力 P 在 y 方向上的分量变为 $-P(\partial y/\partial x)$；同理，在 $x+\Delta x$ 处 P 的

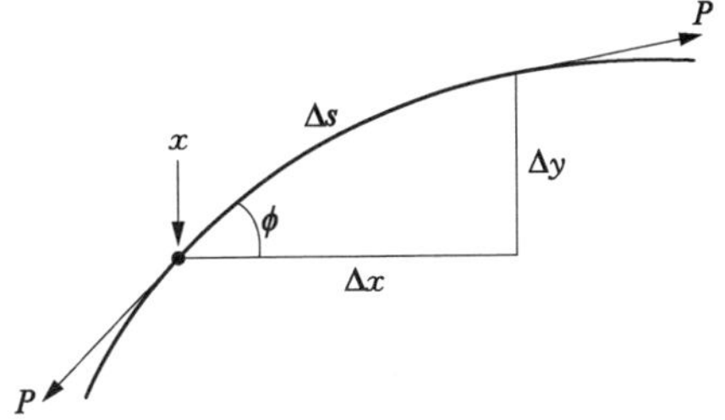

图 7.6　x 和 $x+\mathrm{d}x$ 之间的弦微元

点 x 处的张力 P 在 y 方向上的分量为 $-P\sin\phi=-P(\Delta y/\Delta s)$。

y 分量为②

$$P\frac{\partial y}{\partial x}+\frac{\partial}{\partial x}\left(P\frac{\partial y}{\partial x}\right)\mathrm{d}x=P\frac{\partial y}{\partial x}+P\frac{\partial^2 y}{\partial x^2}\mathrm{d}x. \tag{7.18}$$

因此弦上微元受到的 y 方向的合力为 $P(\partial^2 y/\partial x^2)\mathrm{d}x$。根据牛顿运动定律，这个力就等于微元的质量 $\delta\mathrm{d}x$ 乘以 y 方向上的加速度 $\partial^2 y/\partial t^2$，由此得到：

$$\frac{\partial^2 y}{\partial t^2}=a^2\frac{\partial^2 y}{\partial x^2}, \text{其中 } a^2=P/\delta. \tag{7.19}$$

因此，$t>0$ 时弦上各点位移的函数 $y(x, t)$ 必然满足上述偏微分方程，而且它要在 $t=0$ 时退化为式(7.14)的形式。我们很幸运，知道怎样确定满足式(7.19)的 $y(x, t)$。考察形如式(7.17)的 $y(x, t)$ 以及它的导数，我们可以看出函数 $y(x, t)=A\sin kx\cos\omega t$ 满足式(7.19)，前提条件是 ω 和 k 必须满足下述关系：

$$\omega=ak. \tag{7.20}$$

这意味着一旦 ω 的值确定了，k 的值也就确定了。现在我们要求在任意时刻 t，$y(0, t)=y(L, t)=0$。我们发现由于 $\sin 0=0$，因此 $y(0, t)=0$；而要求 $y(L, t)=0$，则必然有 $\sin kL=0$，这意味着(参见图 5.6) $kL=n\pi$，其中 $n=1, 2, 3, \cdots$。因此有无限多的函数 $y_n(x, t)$ 满足式(7.19)和边界条件 $y(0, t)=y(L, t)=0$，其中 A_n 为任意常数：

$$y_n(x, t)=A_n\sin\frac{n\pi x}{L}\cos\frac{n\pi at}{L}, \quad n=1, 2, 3, \cdots. \tag{7.21}$$

这些函数通常被称作弦振动的正则模式，而我们注意到这些函数的任意组合也满足式(7.19)。这个重要的性质来自式(7.19)的线性性：即方程中出现的 y 及其任意阶导数的指数均为 1，并且没有形如 $y(\mathrm{d}y/\mathrm{d}x)$ 的乘积项。对于线性方程，解的和依然是方程的解，而多个解的任意线性组合还是方程的解。显然如果方程包含非线性项，那么这个结论就不成立。我们令 $y_1=Df_1(x)$，而 $y_2=Df_2(x)$，其中 D 表示微分算符 $\mathrm{d}/\mathrm{d}x$，则我们有 $y_1+y_2=D(f_1+f_2)$；而如果 $y_1=[Df_1(x)]^l$，而 $y_2=[Df_2(x)]^l$，其中 $l\neq 1$，那么等式 $y_1+y_2=$

---

② 我们还记得 $\mathrm{d}f/\mathrm{d}x=[f(x+\mathrm{d}x)-f(x)]/\mathrm{d}x$，因此 $f(x+\mathrm{d}x)=f(x)+(\mathrm{d}f/\mathrm{d}x)\mathrm{d}x$，这一公式当然也适用于偏导数，即 $f(x+\mathrm{d}x, t)=f(x, t)+(\partial f/\partial x)\mathrm{d}x$。

$[D(f_1+f_2)]^l$ 就不成立。由于式(7.19)为线性方程，因此下面的和

$$y(x,t)=\sum_{n=1}^{\infty}A_n\sin\frac{n\pi x}{L}\cos\frac{n\pi at}{L} \tag{7.22}$$

满足式(7.19)以及边界条件 $y(0,t)=y(L,t)=0$，因为其中每一项在 $x=0$ 和 $x=L$ 处都等于零。

下面我们考虑如何选取 A_n，使 $y(x,0)$ 满足

$$y(x,0)=\sum_{n=1}^{\infty}A_n\sin\frac{n\pi x}{L}=f(x), \tag{7.23}$$

其中 $f(x)$ 是某个函数，例如式(7.14)表示的函数。傅里叶的开创性工作让我们能够解决这个问题。

伟大的数学家和物理学家拉格朗日(Lagrange)最早考虑过这个问题。约瑟夫·拉格朗日于1736年出生在意大利的都灵(Turin)，他后来在普鲁士和法国工作生活。1766年，拉格朗日在欧拉的举荐下，接任后者成为普鲁士科学院的数学部主任。1787年，51岁的拉格朗日从柏林移居法国，成为法国科学院院士。在法国大革命期间，拉格朗日没有受到冲击，而当巴黎综合工科学校在1794年成立时，拉格朗日成为该校首位数学分析教授。1799年雾月政变后，拉格朗日被拿破仑授予法国荣誉军团勋章，并在1808年被封为帝国伯爵。1813年拉格朗日辞世，被埋葬在先贤祠。拉格朗日和欧拉并列为变分法的创始人，他设计了一种求解泛函极值的方法，与求解普通函数极值的方法类似；所谓泛函可被称为"函数的函数"。基于变分法，拉格朗日将牛顿力学发展为拉格朗日力学，后者有诸多优点，特别适于处理约束运动问题，例如被限制在弯曲管道中的球的运动，而且拉格朗日力学在量子力学中极其有用。在拉格朗日早期发表的文章中，有一篇讨论了弦的振动，他在文章中指出达朗贝尔和欧拉给出的弦振动解缺乏普遍性，并提出弦的振动是形如 $\sin mx\ \sin nt$ 的函数的叠加。

拉格朗日有一位助教，名叫让·巴蒂斯特·约瑟夫·傅里叶(Jean Baptiste Joseph Fourier)。傅里叶于1768年出生在法国欧塞尔(Auxerre)，他的父亲是一位裁缝。由于傅里叶在他的家乡为推动法国大革命做出了突出贡献，作为奖励，他在1795年在巴黎高等师范学校获得一个职位，后来又在巴黎综合工科学校获得教职。1798年，傅里叶随拿破仑远征埃及，负责组织生产法军的

军火。在此期间，傅里叶还向拿破仑在开罗建立的埃及学会提交了几篇数学论文。1801 年回到法国后，傅里叶开始研究热的流动，并发表了著作《热的解析理论》(*Theorie Analytique de la Chaler*)，其中他应用牛顿冷却定律对热进行研究，即假定流过两个相邻的介质微元的热流与二者的温差成正比。在《热的解析理论》中傅里叶证明：任何在 $0<x<L$ 上定义的函数 $f(x)$ 都能被表示为形如式(7.23)的正弦函数的无穷级数，即使函数 $f(x)$ 或者它的导数有间断点，如图 7.5 所示的情况。这些级数，以及类似的余弦级数，现在都被称为傅里叶级数。

下面总结傅里叶级数的要点。为了清晰起见，我们只讨论正弦级数。

1) 函数集 $\sqrt{2/L}\sin(n\pi x/L)$，$n=1, 2, 3, \cdots$ 是标准正交的，即

$$\int_0^L \sqrt{\frac{2}{L}}\sin\frac{n\pi x}{L}\sqrt{\frac{2}{L}}\sin\frac{m\pi x}{L}\mathrm{d}x=\delta_{nm}, \tag{7.24}$$

当 $n=m$ 时 $\delta_{nm}=1$，而当 $n\neq m$ 时 $\delta_{nm}=0$。

2) 这个函数集是完备的，即定义在区间 $0\leqslant x\leqslant L$ 上的任何函数 $f(x)$ 都能被展开成下面的级数：

$$f(x)=\sum_{n=1}^{\infty}A_n\sqrt{\frac{2}{L}}\sin\frac{n\pi x}{L}, \tag{7.25}$$

其中 $A_n=\int_0^L\sqrt{\frac{2}{L}}\sin\frac{n\pi x}{L}f(x)\mathrm{d}x$，即使 $f(x)$ 有间断点，例如当 $0\leqslant x<L/2$ 时 $f(x)=1$，而当 $L/2\leqslant x<L$ 时 $f(x)=2$ 的情况；或是 $f(x)$ 的导数不连续，例如图 7.5 所示情况，式(7.25)均成立。$f(x)$ 和它的傅里叶展开式相等，其含义必须遵照着几何级数式(1.4)的含义来理解。通常有限项的级数就能足够准确地表示特定的函数。

将式(7.14)表示的 $f(x)$ 代入式(7.25)，并假定 $L=2$，则计算下面的积分

$$A_n=h\int_0^1 x\sin\frac{n\pi x}{2}\mathrm{d}x+h\int_1^2(2-x)\sin\frac{n\pi x}{2}\mathrm{d}x=\frac{8h}{n^2\pi^2}\sin\frac{n\pi}{2} \tag{7.26}$$

得到：

$$y(x, 0)=\frac{8h}{\pi^2}\sum_{n=1}^{\infty}\frac{1}{n^2}\sin\frac{n\pi}{2}\sin\frac{n\pi x}{2}.$$

当 $n=2, 4, 6, \cdots$ 时 $\sin(n\pi/2)=0$，因此对应的 $A_n=0$。图 7.7 展示了随着 n 增加，该级数对函数 $f(x)$ 的逼近效果。因此，最终得到的 $y(x, t)$ 为：

$$y(x, t)=\frac{8h}{\pi^2}\sum_{n=1}^{\infty}\frac{1}{n^2}\sin\frac{n\pi}{2}\sin\frac{n\pi x}{2}\cos\frac{n\pi at}{2}.$$

它满足式(7.19)和边界条件 $y(0, t)=y(L, t)=0$，并且在 $t=0$ 时退化为给定的 $y(x, 0)$。

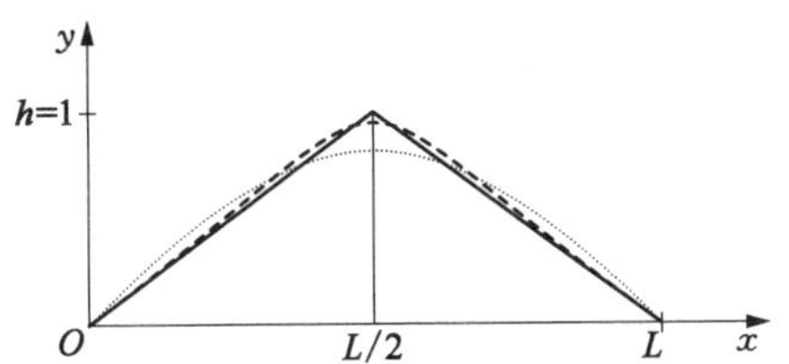

图 7.7 令 $L=2$ 计算得到的曲线

点线对应只取级数(7.26)第一项 ($n=1$) 得到的曲线；虚线对应级数的前三个非零项 ($n=1, 3, 5$) 的和，显然后者更接近 $y(x, 0)$ 对应的曲线。

7.3 分析力学中的重要概念

分析力学不仅使用微积分，还用到一些和可观测物理量(例如物体的质量、位置等，以及与其相关的"作用力"，尽管我们并不了解力的本质，但是知道它可以产生加速度)没有直接关联的重要概念。相较而言，使用的一些"新"概念更加"抽象"，因为它们和观测到的事实更加遥远。在本书中，我们不可能讨论分析力学中的所有概念，而只能介绍其中一些常用的概念；而且由于很难确定到底谁是某个概念的发明人，因此我们只介绍概念而不考虑它的出处。

如果质量为 m 的粒子在力 $\boldsymbol{F}$ 的作用下从 $\boldsymbol{r}$ 移动到 $\boldsymbol{r}+\mathrm{d}\boldsymbol{r}$，我们可以定义 $\boldsymbol{F}$ 做的功 $\mathrm{d}w$ 为[③]：

③ 这里讨论的是粒子，但是得出的公式同样适用于一定尺寸的物体。对于后面的情况，m 表示物体质量，$\mathrm{d}\boldsymbol{r}$ 表示物体质心的位移，$\mathrm{d}\boldsymbol{r}/\mathrm{d}t=\boldsymbol{v}$ 表示物体质心的速度，而 $\boldsymbol{F}$ 表示物体受到的外力之和。此外，$K=mv^2/2$ 表示物体平动的动能。

$$dw = \boldsymbol{F} \cdot d\boldsymbol{r}, \tag{7.27}$$

或等价地表示为 $dw = \boldsymbol{F} \cdot \boldsymbol{v}dt$。我们称 dw 是 $\boldsymbol{F}$ 和 $d\boldsymbol{r}$ 的标量积或点乘。

矢量 $\boldsymbol{A}$ 和 $\boldsymbol{B}$ 的标量积 $\boldsymbol{A} \cdot \boldsymbol{B}$ 是一个标量，即一个数值（有时带有单位），其定义为：

$$\boldsymbol{A} \cdot \boldsymbol{B} = \boldsymbol{B} \cdot \boldsymbol{A} = AB\cos\theta, \tag{7.28}$$

其中 θ 是 $\boldsymbol{A}$ 和 $\boldsymbol{B}$ 的夹角。我们注意到，$\boldsymbol{A} \cdot \boldsymbol{B}$ 就等于 $\boldsymbol{A}$ 的大小乘以 $\boldsymbol{B}$ 在 $\boldsymbol{A}$ 方向上的投影 $B\cos\theta$。参见图 7.8，我们有 $(\boldsymbol{B}+\boldsymbol{C}) \cdot \boldsymbol{A} = \boldsymbol{B} \cdot \boldsymbol{A} + \boldsymbol{C} \cdot \boldsymbol{A}$，因此有：

$$\boldsymbol{A} \cdot \boldsymbol{B} = (A_x\boldsymbol{i} + A_y\boldsymbol{j} + A_z\boldsymbol{k}) \cdot (B_x\boldsymbol{i} + B_y\boldsymbol{j} + B_z\boldsymbol{k}) = A_xB_x + A_yB_y + A_zB_z. \tag{7.29}$$

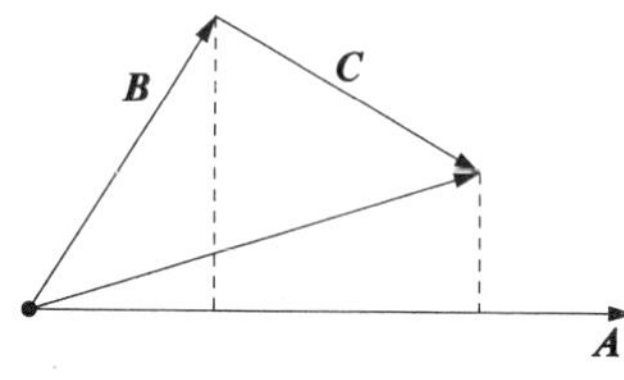

图 7.8 $(\boldsymbol{B}+\boldsymbol{C}) \cdot \boldsymbol{A}$ 就等于 $\boldsymbol{B}+\boldsymbol{C}$ 在 $\boldsymbol{A}$ 方向上的投影

因此有 $(\boldsymbol{B}+\boldsymbol{C}) \cdot \boldsymbol{A} = \boldsymbol{B} \cdot \boldsymbol{A} + \boldsymbol{C} \cdot \boldsymbol{A}$。

因为我们有 $\boldsymbol{i} \cdot \boldsymbol{i} = \boldsymbol{j} \cdot \boldsymbol{j} = \boldsymbol{k} \cdot \boldsymbol{k} = 1$，而 $\boldsymbol{i} \cdot \boldsymbol{j} = \boldsymbol{j} \cdot \boldsymbol{k} = \boldsymbol{k} \cdot \boldsymbol{i} = 0$。值得注意的是，当 $0 < \theta < \pi/2$ 时 $\boldsymbol{A} \cdot \boldsymbol{B} > 0$，而当 $\pi/2 < \theta < \pi$ 时 $\boldsymbol{A} \cdot \boldsymbol{B} < 0$。

为什么力做功的概念如此重要？请稍候片刻。我们先介绍另一个概念，即当粒子以速度 $\boldsymbol{v}$ 运动时具有的动能 K：

$$K = \frac{m}{2}\boldsymbol{v} \cdot \boldsymbol{v} = \frac{1}{2}mv^2. \tag{7.30}$$

动能 K 关于时间的导数为：

$$\frac{dK}{dt} = \frac{m}{2}\left(\frac{d\boldsymbol{v}}{dt} \cdot \boldsymbol{v} + \boldsymbol{v} \cdot \frac{d\boldsymbol{v}}{dt}\right) = \boldsymbol{v} \cdot m\frac{d\boldsymbol{v}}{dt} = \boldsymbol{v} \cdot \boldsymbol{F}.$$

因此有 $dK = \boldsymbol{v} \cdot \boldsymbol{F}dt$，而根据式(7.27)有：

$$dK = dw = \boldsymbol{F} \cdot d\boldsymbol{r}. \tag{7.31}$$

它说明粒子动能的改变量等于力对它做的功。值得注意的是，$dK < 0$ 表示粒子的动能减小，而这对应 $\boldsymbol{F}$ 和 $d\boldsymbol{r}$ 的夹角 $\theta > \pi/2$，即力阻碍运动。你们可能会认为，尽管式(7.31)有理论意义但它好像没什么实用价值。如果这个公式有用，它有什么用呢？

让我们更仔细地考察已知的一些力。首先是弹性力 $F = -kx$，它使振子产生简谐运动(参见第 6.2.2 节)。在此情况下,力只有一个分量 $F(x)$,而式(7.31)变为 $\mathrm{d}K=F(x)\mathrm{d}x$。另一方面我们看到:

$$F(x)=-\frac{\mathrm{d}U}{\mathrm{d}x}. \tag{7.32}$$

如果令 $U(x)=kx^2/2$,则代入上式后得到 $\mathrm{d}K=F\mathrm{d}x=-\mathrm{d}U$,而根据式(7.32)可以得到:

$$\mathrm{d}K+\mathrm{d}U=\mathrm{d}(K+U)=0. \tag{7.33}$$

如果式(7.32)成立,那么我们说粒子受到的力是保守力,也就是说,力由标量 U 的空间导数确定,而 U 是粒子位置的函数,它可被称为粒子的势能。根据式(7.33),粒子的总能量为:

$$E=K+U, \tag{7.34}$$

它在运动过程中保持不变。这是一个守恒量,我们需要掌握它。如果运动带有一张身份证的话,那上面应该写着运动守恒量的数值,就像人的身份证上写着不随时间改变的信息一样④。

我们可以看出物体的重量是守恒力。如果取竖直方向为 z 轴,则物体的重量可以被表示为:

$$-mg\boldsymbol{k}=-\frac{\mathrm{d}U}{\mathrm{d}z}\boldsymbol{k}, \tag{7.35}$$

其中 $U(z)=mgz$。请考虑一个小问题:假定质量为 m 的物体从高度 h 落向地面,其初始速度为 0,那么它将以什么速率 v_f 触地呢?对于这种 z 方向的一维运动,我们有 $E=mgz+mv^2/2$,其中 $v=\mathrm{d}z/\mathrm{d}t$。当 $t=0$ 时,$v=0$ 而 $z=h$,因此物体的总能量 $E=mgh$,它在运动中保持不变。当物体触地时,$z=0$ 而 $v=v_\mathrm{f}$,因此有 $E=mv_\mathrm{f}^2/2$。根据 $mv_\mathrm{f}^2/2=mgh$ 有 $v_\mathrm{f}=\sqrt{2gh}$。

我们现在将式(7.32)和式(7.33)推广到三维运动。假定质量为 m 的粒子受到来自坐标原点的引力⑤

$$\boldsymbol{F}=-\frac{A}{r^3}\boldsymbol{r}, \tag{7.36}$$

---

④ 能量的单位通常是焦耳。

⑤ 如果将太阳放在坐标原点,则它对行星的引力就是式(7.36)的形式,其中 $A=GM_\mathrm{S}M_\mathrm{p}$。

其中 $\boldsymbol{r}=x\boldsymbol{i}+y\boldsymbol{j}+z\boldsymbol{k}$ 是粒子的位置矢量，而它的大小为 $r=\sqrt{x^2+y^2+z^2}$。我们现在引入标量

$$U=-\frac{A}{r}, \tag{7.37}$$

并衡量 U 关于 x, y, z 的偏导数。由于 U 是 r 的函数，因此 $\partial U/\partial x=(\mathrm{d}U/\mathrm{d}r)(\partial r/\partial x)$，而在求解关于 x 的偏导时要将 y, z 视为常数；而 $\partial U/\partial y$, $\partial U/\partial z$ 也依法炮制。根据式(5.41)我们得到：

$$\begin{aligned}\boldsymbol{F}&=-\frac{\partial U}{\partial \boldsymbol{r}}=-\left(\frac{\partial U}{\partial x}, \frac{\partial U}{\partial y}, \frac{\partial U}{\partial z}\right)\\&=\left(-\frac{A}{r^3}x, -\frac{A}{r^3}y, -\frac{A}{r^3}z\right)=-\frac{A}{r^3}\boldsymbol{r}.\end{aligned}$$

得到的就是式(7.36)表示的力。我们可以利用 $U(r)$ 的梯度，将上面的公式写得更工整。已知标量函数 $f(\boldsymbol{r})$，它是位置 $\boldsymbol{r}$ 的函数，当然它也可以随时间 t 改变；$f(\boldsymbol{r})$ 的梯度 ∇f 是矢量函数，它的定义为：

$$\nabla f=\frac{\partial f}{\partial x}\boldsymbol{i}+\frac{\partial f}{\partial y}\boldsymbol{j}+\frac{\partial f}{\partial z}\boldsymbol{k}. \tag{7.38}$$

利用梯度的概念，力 $\boldsymbol{F}$ 是 U 的负梯度，即：

$$\boldsymbol{F}=-\nabla U. \tag{7.39}$$

就这样我们将式(7.32)推广到了三维的情况。如果式(7.39)成立，我们就说粒子受到的是保守力，意思是力由标量函数 U 的梯度确定，而 U 是粒子位置的函数，我们称之为粒子的势能。

当粒子在保守力的作用下移动了 $\mathrm{d}\boldsymbol{r}$，则根据式(7.27)其动能的改变量 $\mathrm{d}K$ 为[⑥]：

$$\mathrm{d}K=\boldsymbol{F}\cdot\mathrm{d}\boldsymbol{r}=-\nabla U\cdot\mathrm{d}\boldsymbol{r}=-\frac{\partial U}{\partial x}\mathrm{d}x-\frac{\partial U}{\partial y}\mathrm{d}y-\frac{\partial U}{\partial z}\mathrm{d}z=-\mathrm{d}U,$$

---

⑥ 根据偏微分定义：$f(x+\mathrm{d}x, y, z)=f(x, y, z)+(\partial f/\partial x)\mathrm{d}x$，类似地有：$f(x+\mathrm{d}x, y+\mathrm{d}y, z)=f(x+\mathrm{d}x, y, z)+\frac{\partial}{\partial y}[f(x+\mathrm{d}x, y, z)]\mathrm{d}y$，而将第一个式子代入后得到：$f(x+\mathrm{d}x, y+\mathrm{d}y, z)=f(x, y, z)+(\partial f/\partial x)\mathrm{d}x+(\partial f/\partial y)\mathrm{d}y+(\partial^2 f/\partial x\partial y)\mathrm{d}x\mathrm{d}y$，其中高阶项 $(\partial^2 f/\partial x\partial y)\mathrm{d}x\mathrm{d}y$ 可以舍弃；依此类推最后可得：$f(x+\mathrm{d}x, y+\mathrm{d}y, z+\mathrm{d}z)=f(x, y, z)+(\partial f/\partial x)\mathrm{d}x+(\partial f/\partial y)\mathrm{d}y+(\partial f/\partial z)\mathrm{d}z$。

其中，

$$dU = U(x + dx, y + dy, z + dz) - U(x, y, z).$$

因此我们得到：

$$d(K + U) = 0. \tag{7.40}$$

上述方程就是将式(7.33)推广到三维时的表达式，它说明当粒子受到保守力时，粒子的总能量 $E = K + U$ 守恒。

在结束本节讨论之前，让我们考虑相互吸引的 N 个粒子构成的系统，例如我们的太阳系。我们稍后将会看到，原子中的电子围绕原子核运动，它们也构成这样一个系统。在研究中我们需要了解，当系统没有受到外力作用时，在运动过程中粒子有哪些物理量保持不变。

我们知道[参见式(6.4)]系统的总动量 $\boldsymbol{P}$ 是各粒子的动量 $\boldsymbol{p}_i$ 的和，其中 $i = 1, 2, \cdots, N$，而在没有外力作用时系统的总动量守恒，即当 $\boldsymbol{F} = 0$ 时 $d\boldsymbol{P}/dt = 0$。因此，系统质心的速度 $\boldsymbol{V}$ 保持不变。多粒子系统的总动量守恒有一个最有趣的应用，那就是火箭推进过程：向后发射高速气体让火箭主体获得向前的动量，而整个系统的总动量保持不变。

当系统没有受到外力作用时，系统相对坐标原点的总角动量 $\boldsymbol{L}$ 也守恒。总角动量 $\boldsymbol{L} = \sum \boldsymbol{L}_i$，其中 $i = 1, 2, \cdots, N$，而根据式(7.3)得到 $d\boldsymbol{L}/dt = \sum d\boldsymbol{L}_i/dt = \sum \boldsymbol{r}_i \times \boldsymbol{F}_i$。$\boldsymbol{F}_i$ 是粒子 i 受到的所有其他粒子对它的作用力，而由于粒子间作用力总是成对出现，大小相等方向相反，因此它们产生的扭矩抵消，即 $\sum \boldsymbol{r}_i \times \boldsymbol{F}_i = 0$，因此 $d\boldsymbol{L}/dt = 0$，即角动量守恒。

一般情况下，粒子 i 受到的内力 $\boldsymbol{F}_i$ 来自下述形式的势能：

$$U = \sum_{i \neq j} u(|\boldsymbol{r}_i - \boldsymbol{r}_j|), \tag{7.41}$$

其中 $|\boldsymbol{r}_i - \boldsymbol{r}_j|$ 表示粒子 i 和粒子 j 的距离，我们要对所有可能的粒子对求和来确定势能 U。根据 U 可以确定 $\boldsymbol{F}_i$：

$$\boldsymbol{F}_i = -\frac{\partial U}{\partial x_i}\boldsymbol{i} - \frac{\partial U}{\partial y_i}\boldsymbol{j} - \frac{\partial U}{\partial z_i}\boldsymbol{k}.$$

和前文讨论的单粒子情况相同，当系统没有受到外力作用时它的总能量 E 守恒。我们有：

$$E = K + U = \text{常数}, \tag{7.42}$$

其中 U 由式(7.41)定义，而 $K = \frac{1}{2}\sum m_i v_i^2$ 是系统中所有 N 个粒子的动能之和。

7.4 流体力学

根据历史学家的观点，流体力学理论开始于 1741 年，其时普鲁士的弗雷德里卡(Frederick)大帝委托欧拉设计一个喷泉。欧拉根据牛顿定律，写出了不可压缩流体(即流体密度 ρ 保持不变)的运动方程：

$$\rho \frac{\partial \boldsymbol{u}}{\partial t} + \rho \boldsymbol{u} \cdot \nabla \boldsymbol{u} = -\nabla P + \boldsymbol{f}, \tag{7.43}$$

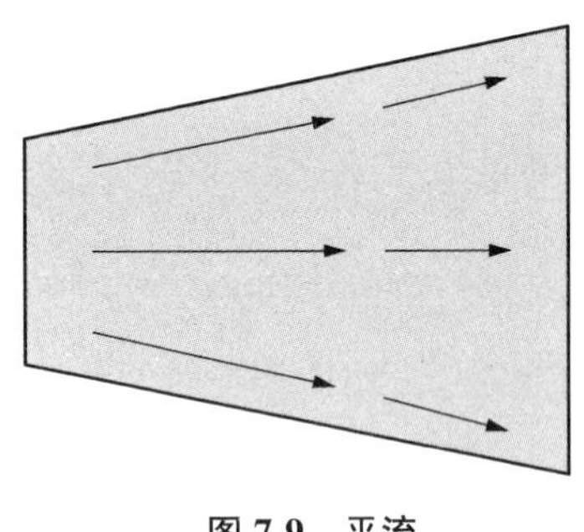

图 7.9 平流

即使对于 $\partial \boldsymbol{u}/\partial t = 0$ 的稳定流动，不可压缩流体也会在喇叭形管道中降低流速。因此在运动过程中存在加速度。

其中 $\boldsymbol{u}(\boldsymbol{r}, t)$ 表示 t 时刻 $\boldsymbol{r}$ 处的流体速度。需要注意的是，在该时刻 $\boldsymbol{r}$ 处的流体微元以速度 $\boldsymbol{v}$ 运动，它和速度 $\boldsymbol{u}$ 有所不同。根据流速 $\boldsymbol{u}$ 的定义，我们考虑在 $\boldsymbol{r}$ 处的单位体积的流体，它的动量随时间的变化率就等于这部分流体受到的力，即式(7.43)的右手项，其中 $-\nabla P$ 表示压强的负梯度，而 $\boldsymbol{f}$ 表示其他外力，例如重力。$\boldsymbol{u} \cdot \nabla \boldsymbol{u}$ 被称为平流加速度，它的物理含义如图 7.9 所示。

式(7.43)是矢量方程，它表示 $\boldsymbol{u}(\boldsymbol{r}, t)$ 的分量满足 3 个偏微分方程。根据定义

$$\boldsymbol{u} \cdot \nabla \boldsymbol{u} = (\boldsymbol{u} \cdot \nabla u_x)\boldsymbol{i} + (\boldsymbol{u} \cdot \nabla u_y)\boldsymbol{j} + (\boldsymbol{u} \cdot \nabla u_z)\boldsymbol{k}$$

以及

$$\boldsymbol{u} \cdot \nabla u_x = u_x \frac{\partial u_x}{\partial x} + u_y \frac{\partial u_x}{\partial y} + u_z \frac{\partial u_x}{\partial z},$$

同理可以确定 $\boldsymbol{u} \cdot \nabla u_y$ 和 $\boldsymbol{u} \cdot \nabla u_z$。因此得到式(7.43)对应的分量方程为：

$$\rho \frac{\partial u_x}{\partial t} + \rho \boldsymbol{u} \cdot \nabla u_x = -\frac{\partial P}{\partial x} + f_x$$
$$\rho \frac{\partial u_y}{\partial t} + \rho \boldsymbol{u} \cdot \nabla u_y = -\frac{\partial P}{\partial y} + f_y. \tag{7.43a}$$
$$\rho \frac{\partial u_z}{\partial t} + \rho \boldsymbol{u} \cdot \nabla u_z = -\frac{\partial P}{\partial z} + f_z$$

上述方程本身不足以描述流体的运动，我们还需要描述质量守恒的方程；对于不可压缩流体，该方程为$\nabla \cdot \boldsymbol{u}=0$。此外，我们还需要和流体的容器（例如管道或是河岸）有关的边界条件。值得注意的是，上述方程包含非线性项 $\boldsymbol{u} \cdot \nabla \boldsymbol{u}$，这让它们很难求解。但我们还是可以从方程中得到一些有用的信息。

丹尼尔·伯努利[⑦]认为当 $\partial \boldsymbol{u}/\partial t=0$ 时，式(7.43)描述稳定的流动，其中 $\boldsymbol{f}$ 表示重力，它可以被表示为 $\boldsymbol{f}=-\nabla U$，而$U=\rho g z$。伯努利证明这种流动服从下面的守恒原则，即所谓的伯努利原理：

$$K + P + U = C, \tag{7.44}$$

其中 $K=\rho u^2$，表示 $\boldsymbol{r}$ 处单位体积流体的动能，$U(\boldsymbol{r})$ 表示重力产生的单位体积流体的势能，而 $P(\boldsymbol{r})$ 表示 $\boldsymbol{r}$ 处的压强；对于稳定流动，在流体场的任意处上述三个变量的和为常数。我们可以认为，上述方程表示流体运动的能量守恒。

伯努利原理可以应用在许多领域，例如航空。我们考虑飞机飞行，并采用固定在飞机上的坐标系。相对该系统而言，飞机处于静止而空气产生流动。通过恰当地设计机翼的形状，可以让其下方气流的速度比上方的低，而根据式(7.44)，这会让机翼下方的压强高于上方压强，从而利用压强差产生竖直向上的升力来抵消重力。这个向上的升力取决于机翼和竖直方向的夹角，而这个角度决定了飞机是起飞、降落，还是平稳飞行。

你们可能会认为式(7.44)不适用于气体流动，因为它来自式(7.43)，该方程假定流体不可压缩，而空气显然可以被压缩。然而结果表明，如果流体的压缩性并不明显，例如在声波传播的过程中，那么假定流体密度 ρ 保持不变还是

---

⑦　丹尼尔·伯努利是荷兰-瑞士数学家，他于 1700 年出生在荷兰格罗宁根(Groningen)，作为欧拉的密友，他在圣彼得堡和欧拉共事多年(1724—1733)。他后来回到瑞士，在那里工作生活直到 1782 年辞世。伯努利对数学(统计学)和物理学(气体分子运动论和流体力学)做出了突出的贡献。

可行的。

如果用式(7.43)描述真实条件下的流体运动，例如河水往低处流产生的不稳定流动，则方程给出的速度远大于实际观测到的速度。1827 年，克劳德·纳维(Claude Navier)提出流体有黏性，即当流体内部存在速度梯度时，相邻流体层或流体的小区域之间会存在剪切力。流体黏性对流体运动非常重要，它类似固体运动时受到的摩擦力，而流体运动方程必须要包含这种效应[⑧]。乔治·加布里埃尔·斯托克斯(George Gabriel Stokes)在 1845 年推进了纳维的工作，得出 Navier - Stokes(纳维-斯托克斯)方程，其中包含 3 个耦合方程，分别表示质量守恒、能量守恒和动量守恒[⑨]。对于不可压缩流体，动量守恒方程由理想流体方程式(7.43)导出，在右边增加黏性项 $\mu\nabla^2\boldsymbol{u}$ 后方程变为：

$$\rho\frac{\partial\boldsymbol{u}}{\partial t}+\rho\boldsymbol{u}\cdot\nabla\boldsymbol{u}=-\nabla P+\mu\nabla^2\boldsymbol{u}+\boldsymbol{f},\tag{7.45}$$

其中符号∇^2 被称作拉普拉斯算符，它对标量函数 $f(\boldsymbol{r})$ 作用的结果是一个标量：

$$\nabla^2 f=\frac{\partial^2 f}{\partial x^2}+\frac{\partial^2 f}{\partial y^2}+\frac{\partial^2 f}{\partial z^2}.\tag{7.46}$$

∇^2 对 $\boldsymbol{u}(\boldsymbol{r},\ t)$ 这样的矢量函数作用则得到一个矢量：

$$\nabla^2\boldsymbol{u}=\nabla^2 u_x\boldsymbol{i}+\nabla^2 u_u\boldsymbol{j}+\nabla^2 u_z\boldsymbol{k}.\tag{7.47}$$

因此我们可以将式(7.45)展开为 x，y，z 方向上的标量方程，其中 x 方向的方程为：

$$\rho\frac{\partial u_x}{\partial t}+\rho\boldsymbol{u}\cdot\nabla u_x=-\frac{\partial P}{\partial x}+\mu\nabla^2 u_x+f_x.\tag{7.48}$$

用同样的方法也可以得到 y 和 z 方向上的方程。方程中的黏性项考虑了在流动过程中动能转变为热的现象。

我们可以用下面的方法确定流体的黏性系数 μ。假定两个面积为 A 的流

---

⑧ 克劳德·纳维于 1785 年出生在法国第戎(Dijon)，他在 1824 年被推选为法国科学院院士，而在 1830 年成为巴黎高等师范学校的教授，次年继任柯西(Cauchy)成为巴黎综合工科学校的微积分和力学教授。纳维于 1836 年辞世。

⑨ 乔治·加布里埃尔·斯托克斯于 1819 年出生在爱尔兰，他先后在都柏林和剑桥大学学习。1849 年，他被任命为剑桥大学的卢卡斯数学教授，任该教职直到他于 1903 年去世。斯托克斯对流体力学、光偏振理论和相关现象都做出了突出的贡献，而他对数学的贡献主要和数值积分有关。

体平面分别位于 z 和 $z+\mathrm{d}z$，令 F 表示维持 z 方向上速度梯度 $\mathrm{d}u/\mathrm{d}z$ 所需的力，其中 u 为垂直于 z 方向的速度。我们有 $F=\mu A(\mathrm{d}u/\mathrm{d}z)$，其中 μ 就是流体的黏性系数。我们还可以定义黏性的运动系数 η，它等于 μ 除以流体的密度 ρ，对于水 $\eta=10^{-6}\ \mathrm{m}^2/\mathrm{s}$。

在真实的边界条件下，精确求解 Navier - Stokes 方程是不可能的，而粗略的估计只会产生错误的结果。例如，我们可以这样估计一条大河的流速 u。假定河底的水处于静止，那么如果河面处的流速为 u，则梯度 $\mathrm{d}u/\mathrm{d}z$ 就约为 u/L，其中 L 是河的深度。为了保持这个速度梯度，单位体积河水所需的力为 $\mu u/L^2$。令这个力等于 $\rho g'$，其中 g' 表示河流的坡度产生的有效加速度，则可以得到：$u\approx\rho g'L^2/\mu=g'L^2/\eta$。如果假定这条大河以加速度 $g'\approx10^{-3}\ \mathrm{m/s^2}$ 流过 1 000 km，而 $L\approx10\ \mathrm{m}$，那么可以得出 $u\approx10^5\ \mathrm{m/s}$；然而实际观测到的流速仅约为 1 m/s。这么大差异的存在启发了奥斯本・雷诺（Osborne Reynolds）[⑩]，他在 1894 年提出：流动的类型取决于式(7.45)中非线性项相对黏性项的强度，由此定义了所谓的雷诺数：

$$Re=\frac{u\rho l}{\mu},\tag{7.49}$$

其中 u 是流速的大小，ρ 是流体的质量密度，μ 是黏性系数，而 l 是所考虑的系统的特征长度，例如管道的直径。平稳的流动由压强的梯度驱动，它的雷诺数 $Re<2\,000$，而对于这种流动，式(7.45)中的非线性项可以舍弃，我们能对方程进行解析求解。然而，在自然界中存在 $Re>3\,000$ 的流动，即所谓的湍流。在湍流中，大尺度上的力通过流体运动的非线性项向越来越小的尺度传递能量，直到在最小的尺度上，黏性把流动变成随机运动，从而将能量转化为热。为了能在合理的近似条件下求解 Navier - Stokes 方程，我们必须对小尺度上的随机运动进行平均，因为没有办法精确描述这种运动。求解这个方程并不容易，它依然是当今许多物理学家和数学家研究的问题。

---

⑩　奥斯本・雷诺于 1842 年生于贝尔法斯特(Belfast)，后随家人移居英国埃塞克斯。雷诺于 1867 年从剑桥大学毕业，1868 年即被任命为曼彻斯特的欧文学院的工程学教授，这是曼彻斯特地区的工业家建立并资助的职位。1877 年，雷诺成为英国皇家学会会员。雷诺一直在欧文学院任职，直到他 1912 年辞世，而欧文学院在 1880 年成为曼彻斯特大学。

练习

7.1 (a) 令 $\boldsymbol{a}=2\boldsymbol{i}+3\boldsymbol{j}-\boldsymbol{k}$, $\boldsymbol{b}=3\boldsymbol{i}-\boldsymbol{j}+2\boldsymbol{k}$，请计算 $\boldsymbol{a}\cdot\boldsymbol{b}$ 和 $\boldsymbol{a}\times\boldsymbol{b}$。

答案：$\boldsymbol{a}\cdot\boldsymbol{b}=1$; $\boldsymbol{a}\times\boldsymbol{b}=5\boldsymbol{i}-7\boldsymbol{j}-11\boldsymbol{k}$。

(b) 令 $\boldsymbol{a}$ 和 $\boldsymbol{b}$ 是时间的函数 $\boldsymbol{a}(t)$ 和 $\boldsymbol{b}(t)$，证明：$\mathrm{d}(\boldsymbol{a}\cdot\boldsymbol{b})/\mathrm{d}t=(\mathrm{d}\boldsymbol{a}/\mathrm{d}t)\cdot\boldsymbol{b}+\boldsymbol{a}\cdot(\mathrm{d}\boldsymbol{b}/\mathrm{d}t)$, $\mathrm{d}(\boldsymbol{a}\times\boldsymbol{b})/\mathrm{d}t=(\mathrm{d}\boldsymbol{a}/\mathrm{d}t)\times\boldsymbol{b}+\boldsymbol{a}\times(\mathrm{d}\boldsymbol{b}/\mathrm{d}t)$。

7.2 证明矢量 $\boldsymbol{a}$ 和 $\boldsymbol{b}$ 之间的夹角 θ 为 $\cos\theta=(a_xb_x+a_yb_y+a_zb_z)/ab$。

7.3 利用练习 7.2 的公式，计算练习 7.1(a)中 $\boldsymbol{a}$ 和 $\boldsymbol{b}$ 的夹角 θ。

答案：$\cos\theta=0.071$。

7.4 令 O 为三维空间中的一点，而 A 和 B 是该空间中另外两个点，以 OA 和 OB 为邻边构造平行四边形。OA 定义位移矢量 $\boldsymbol{a}$，而 OB 定义位移矢量 $\boldsymbol{b}$，证明平行四边形的面积为 $\boldsymbol{a}\times\boldsymbol{b}$ 的大小，即 $|\boldsymbol{a}\times\boldsymbol{b}|$。

7.5 请考虑练习 7.4 中的平行四边形，令 C 为空间中一点，它没有处在平行四边形的平面上，即 OC 定义的矢量 $\boldsymbol{c}$ 与矢量 $\boldsymbol{a}$ 和 $\boldsymbol{b}$ 不共面。我们以 OA、OB 和 OC 为邻边构造平行六面体，证明它的体积等于 $(\boldsymbol{a}\times\boldsymbol{b})\cdot\boldsymbol{c}$ 的绝对值，即 $|(\boldsymbol{a}\times\boldsymbol{b})\cdot\boldsymbol{c}|$。请注意，点积 $(\boldsymbol{a}\times\boldsymbol{b})\cdot\boldsymbol{c}$ 可以是正值也可以是负值。

7.6 请考虑半径为 R、长度为 L 的空心圆柱，其侧壁很薄，厚度为 ΔR，圆柱体材质的密度为 ρ，请计算它关于其轴线的转动惯量 I。

答案：$I=MR^2$，其中 $M=(2\pi R\Delta R)L\rho$ 是空心圆柱的质量。

7.7 请考虑半径为 R、长度为 L 的均质圆柱，其质量为 M，请计算它关于轴线的转动惯量 I。

答案：$I = 2\pi L\rho\int_0^R r^3 \mathrm{d}r = \frac{MR^2}{2}$。

7.8　请考虑半径为 R、质量为 M 的圆柱体，将它的轴的两端固定在支架上，令圆柱体围绕轴线旋转。由于轴的末端和支架之间存在摩擦力，因此转动的角速度会逐渐减小，$\omega(t) = \omega_0 \mathrm{e}^{-\gamma t}$，其中 ω_0 为初始角速度。如果圆柱体没有受到其他扭矩的作用，那么请计算维持其角速度为 ω_0 需要多大的扭矩。

答案：$N = \frac{MR^2\gamma\omega_0}{2}$。

7.9　证明式(7.13)后面的文中给出的 $\theta(t)$ 的确是满足给定边界条件的方程的解。

7.10　请考虑质量为 m 的粒子，计算它摆脱地球引力场所需的最小速度 $v_{\min}$。

解：根据式(6.12)、式(7.36)和式(7.37)，物体在地球引力场中的势能为 $U(r) = -GMm/r$，其中 M 为地球质量，r 为物体和地心的距离。请注意 $U(r)$ 是负的，当 $r \to \infty$ 时，$U(r) \to 0$，而粒子要想逃脱必然在 $r \to \infty$ 时有正的动能 $mv^2/2$，因此推断物体的总能量必然为 $E \geqslant 0$。根据能量守恒，在地球表面 $(r = R_{\mathrm{E}})$ 物体的总能量 $E \geqslant 0$，即 $-GMm/R_{\mathrm{E}} + mv^2/2 \geqslant 0$。

答案：$v_{\min} = \sqrt{\frac{2GM}{R_{\mathrm{E}}}}$。

7.11　根据在练习 7.10 得到的逃逸速度 $v_{\min}$，计算质量为 6 000 kg 的太空船逃逸所需的能量 W。

答案：$v_{\min} = 1.14 \times 10^4$ m/s $\approx$ 41 000 km/h，$W = 3.90 \times 10^{11}$ J。

7.12　质量为 M、半径为 R 的圆柱沿着斜面滚下，斜面和水平面的夹角为 α。

(a) 请写出圆柱体质心的运动方程，以及圆柱体围绕轴线转动的方程。

提示：在滚动过程中，圆柱体质心平行于斜面的速度 $v(t)$ 和转动角速度 $\omega(t)$ 满足：$v = \omega R$。

答案：

$$M\frac{\mathrm{d}v}{\mathrm{d}t}=Mg\sin\alpha-T, \tag{7.50}$$

$$I\frac{\mathrm{d}\omega}{\mathrm{d}t}=RT, \tag{7.51}$$

其中 T 是圆柱体和斜面之间待定的摩擦力，它平行于斜面，因此和圆柱体相切。假定在特定条件下圆柱体滚动，因此将 $\omega(t)=v(t)/R$ 代入后，式(7.51)变为：

$$\frac{I}{R^2}\frac{\mathrm{d}v}{\mathrm{d}t}=T. \tag{7.52}$$

如果在斜面和圆柱体之间不能保持上述方程确定的 T，则圆柱体就不会滚下，而是滑下斜面。

(b) 证明对于中空圆柱体，式(7.50)和式(7.52)退化为下述方程：

$$\frac{\mathrm{d}v}{\mathrm{d}t}=\frac{g}{2}\sin\alpha.$$

(c) 假定中空圆柱以速度零从高于地面的 h 处释放，它抵达地面需要的时间 t_{gr} 是多少，抵达地面时速度 v_{gr} 是多少？

答案：$t_{gr}=\dfrac{2}{\sin\alpha}\sqrt{\dfrac{h}{g}}$；$v_{gr}=\sqrt{gh}$。

(d) 根据圆柱体的总能量守恒，推导关于 v_{gr} 的公式，要注意在当前情况下，动能包括平动和转动两部分。

关于摩擦力请注意：两个物体之间的摩擦力 T 平行于二者的界面，它与物体相对运动的方向相反。如果两个物体没有相对运动，则有 $T\leqslant\mu_s N$，其中 N 是物体之间的垂直作用力，而 μ_s 是静摩擦系数；当相对运动即将发生时，上述不等式取等号。μ_s 的数值可以从对应光滑表面的 0.05 增大到对应粗糙表面的 1.5。当物体相对运动时，我们有 $T\leqslant\mu_k N$，其中 μ_k 为动力学摩擦系数，它比静摩擦系数略小，并且会随着运动速度的改变而改变。对于当前情况，$N=Mg\cos\alpha$，它来自圆柱体的重力。显然当圆柱体滚下斜面时，如果 α 足够大，T 就不足以维持滚动，而圆柱体滑下斜面。

7.13　摩擦力在日常许多现象中非常重要，请结合我们在水平路面上行走以及汽车运动的现象，尽可能详细地解释摩擦力的作用。

7.14　用绳子把质点 m_1 和 m_2 连起来，将它们沿 x 方向放置，m_2 在 m_1 的前面。力 F 沿 x 方向拉 m_2。

(a) 确定两个质点的加速度，并估计二者之间绳子上的张力。

答案：$a=\dfrac{F}{m_1+m_2}$，$T=m_1a$。

(b) 请解释张力产生的物理原因。

答案：张力是绳子受到拉伸而产生的弹性力，由于绳子只要发生很小的形变就能产生所需的力，因此观测不出来。

7.15　(a) 证明式(7.24)；推导时可以利用积分表。

(b) 证明式(7.26)。

(c) 请编写程序证明图 7.7 的结果。

7.16　证明函数集合：$\dfrac{1}{\sqrt{L}}$，$\sqrt{\dfrac{2}{L}}\cos\dfrac{n\pi x}{L}$ $(n=1, 2, 3, \cdots)$ 在定义域 $0\leqslant x\leqslant L$ 上是标准正交的。标准正交的概念参见式(7.24)。

7.17　证明函数集合：$\sin\dfrac{\pi x}{L}$，$\sin\dfrac{2\pi x}{L}$，$\sin\dfrac{3\pi x}{L}$，$\cdots$，1，$\cos\dfrac{\pi x}{L}$，$\cos\dfrac{2\pi x}{L}$，$\cos\dfrac{3\pi x}{L}$，$\cdots$ 在定义域 $-L\leqslant x\leqslant L$ 上彼此正交，请将这些函数标准化。

7.18　练习(7.16)和练习(7.17)介绍的函数集合都是完备集，即定义在 $0\leqslant x\leqslant L$ 上的函数 $f(x)$ 可以被表示为练习(7.16)的三角函数的和，即傅里叶级数；而定义在 $-L\leqslant x\leqslant L$ 上的函数 $f(x)$ 可以被表示为练习(7.17)的三角函数的和。级数中的系数根据式(7.25)确定，而对于定义在 $-L\leqslant x\leqslant L$ 的函数，当然要对 $[-L, L]$ 计算积分。

请写出下述函数对应的傅里叶级数，计算中可以利用积分表。

(a) $f(x)=\begin{cases}-x, & -L\leqslant x\leqslant 0\\ x, & 0<x\leqslant L\end{cases}$.

答案：$f(x)=\dfrac{L}{2}-\dfrac{4L}{\pi^2}\sum_{n=1}^{\infty}\dfrac{1}{(2n-1)^2}\cos\dfrac{(2n-1)\pi x}{L}$。

(b) $f(x)=x+x^2$，$-1\leqslant x\leqslant 1$。

答案：$f(x)=\dfrac{1}{3}+\dfrac{2}{\pi}\sum_{n=1}^{\infty}(-1)^n\left(\dfrac{2}{\pi n^2}\cos n\pi x-\dfrac{1}{n}\sin n\pi x\right)$。

7.19 在截面积为 A 的圆柱形容器中注入水，令它敞口暴露在大气下。水从容器底部截面积为 a 的小孔流出，$a\ll A$。利用伯努利原理式(7.44)证明，小孔处水的流速为 $v_{\mathrm{h}}=\sqrt{2g(z_{\mathrm{s}}-z_{\mathrm{h}})}$，其中 z_{s} 是水面高度，而 z_{h} 是小孔的高度。

解：对水面处单位体积的水应用伯努利原理，而在小孔处有：$\dfrac{1}{2}\rho v_{\mathrm{s}}^2+P_{\mathrm{s}}+\rho g z_{\mathrm{s}}=\dfrac{1}{2}\rho v_{\mathrm{h}}^2+P_{\mathrm{h}}+\rho g z_{\mathrm{h}}$，其中 ρ 是水的密度。由于 $P_{\mathrm{s}}=P_{\mathrm{h}}=$大气压，因此上述方程退化为：$\dfrac{1}{2}v_{\mathrm{s}}^2+g z_{\mathrm{s}}=\dfrac{1}{2}v_{\mathrm{h}}^2+g z_{\mathrm{h}}$。我们还注意到质量守恒要求：$\rho v_{\mathrm{s}}A=\rho v_{\mathrm{h}}a$，因此有 $v_{\mathrm{s}}=v_{\mathrm{h}}a/A$。由于 $a\ll A$，因此可以令 $v_{\mathrm{s}}\approx 0$，最终得到：$v_{\mathrm{h}}=\sqrt{2g(z_{\mathrm{s}}-z_{\mathrm{h}})}$。

第 8 章 化学发轫

8.1 化学与炼金术的关系

我们知道化学是由布莱克(Black)、卡文迪什、拉瓦锡等人开创的，但是它的前身炼金术却不能被称为科学，因为其中既包含了制备和研究化学物质的创新技术，也包含了各种错误结果和假象。认为物质由少量基本“元素”构成的观念古而有之，古希腊哲学家就曾提出土、水、气和火是构成物质的基本元素(参见第2.2节)。玻意耳支持原子论，但是他根据几百年炼金术实践积累的证据，提出金和银比土、水、气等物质更适合充当基本物质。玻意耳指出，从一块金子中只能提取金子，而不能提取土、气、火或任何其他东西；而将金子和其他金属熔合后也总能把它分离出来，而且分离得到的金子总量和性质都没有改变。此外，金子有明确的属性，不仅它的质量密度(或单位体积的重量)像阿基米德认识到的那样独一无二，而且它的熔点、硬度以及其他物理性质也都是独一无二的，和其他材料的性质不同。因此，有足够的理由认为金是基本元素，它不是多种物质复合的产物；同理，银也是基本元素。玻意耳认为，只有具有金和银这样性质的物质才能被称作基本元素。

最古老的化学技术显然是蒸馏。古人知道在锅中熬煮海水，锅盖上会凝结水滴，而海水熬干后剩下盐。在公元 2 世纪，炼金术士开发出精炼技术，他们加热矿石令其中的水银和砷挥发，从而改变金属表面的颜色。在加热过程中，混合物中容易挥发的组分蒸发，而收集蒸汽将其液化后即实现了混合物的分离。古代炼金术士也知道固体直接转化为气体的升华现象。他们当然不理解分离过程的“物理机制”，而只是对火的效用，以及看不见、摸不着的蒸汽感到惊讶。但是困惑和不理解没有阻挡这项技术的应用，而到了中世纪，人们已经提纯得到了盐酸、氨气、酒精和一些含硫化合物。炼金术士还发现了另一项化学技术——结晶，即物质从液体到固体的转变。利用蒸馏得到的酸，他们制备得到了一些盐的晶体。他们也掌握提炼贵金属的灰吹法，这种方法现在依然在使用。冶炼师将合金放置在敞口坩埚中加热，坩埚内壁附有吸收衬料，而合金中的贱金属在加热过程中氧化后被衬料吸收①。

8.2 气动化学家

我们把18、19世纪研究气体的化学家称为气动(pneumatic)化学家。“Pneumatic”一词和空气或风有关，它来自希腊语 πνευμα，意为“精神”或“灵气”。可能是因为人们早就知道空气对生命至关重要，因此用这个词来描述气体。布莱克是我们介绍的第一个气动化学家，他对空气的本质非常感兴趣。

继玻意耳做出了开创性的工作之后，对气体的进一步深入研究进展缓慢，而约瑟夫·布莱克打破了这个僵局。布莱克于1728年生于法国，但是他后来主要的工作和生活场所是苏格兰。布莱克一开始学习医学，他的博士论文讨论的是用镁白(碳酸镁盐)治疗肾结石。在研究中，布莱克发现加热镁白粉末会产生一种气体，他推测这会让粉末减重。随后布莱克对其他的苛性盐进行实验，例如石灰石(碳酸钙)，发现它们受热后也会放出同样的气体。布莱克将这种气体称作“被固定的气体”，因为它被固定在盐的内部，而在盐受热或加入酸以后才被释放出来。这种气体当然就是二氧化碳。布莱克研究该气体的性质，发现它会使蜡烛的火焰熄灭。他还发现加热碳酸钙排除“被固定的气体”后得到生石灰(氧化钙)，而生石灰暴露在空气中会缓慢转变为碳酸钙。这项发现表明大气中包含少量的“被固定的气体”，因此大气并不是一种元素，而是气体混合物。布莱克研究发现同种物质的气体、固体和液体在化学上没有区别，而通过仔细称量反应物和生成物的重量，布莱克为定量化学研究开辟了道路。

在发表了题为《论食物产生酸以及关于镁白的研究》(On Acid Humor

① 尽管银铅矿石看起来很像铅矿，但是古人利用灰吹法从中分离出纯银。由于不理解反应的机理，而且也没有称量反应前后物质的总质量，他们认为铅在火的作用下变成了银。

Arising from Foods and on White Magnesia)的论文两年以后，布莱克成为格拉斯哥大学的医学教授，此时他还开设了自己的诊所。布莱克是一位非常优秀的老师，他的学生常常最先得知他的新发现，例如人呼出的气体中包含"被固定气体"，而发酵也能产生这种气体等等。

在布莱克三十几岁时，他的兴趣从化学转到了物理学。1764年，他明确地表述了热的量和热的强度的差异。布莱克意识到尽管物体辐射热的强度与它的温度成正比，但是物体包含热量的多少却是另一回事，由其他的因素决定。布莱克注意到，要保持水沸腾需要不断地供给热量，但水的温度却没有改变；冰融化时的情况也一样。布莱克将物质融化或沸腾所需的热量称为潜热，而这部分热量在蒸汽凝结成水或水冻成冰时又会被释放出来。这些观测对热力学的发展起到了非常重要的作用。1799年，布莱克在爱丁堡辞世。

我们介绍的第二位气动化学家是卡文迪什。卡文迪什在1766年左右开始进行气体实验，并撰写文章，介绍人们当时掌握的制备气体的化学方法。其中最有趣的实验就是让金属溶于酸产生氢气，卡文迪什称这种气体为"易燃气体"。玻意耳曾经分离出氢气，但卡文迪什的研究揭示了它具有易燃性等性质。

当时人们相信可燃物质之所以能燃烧，是因为它们包含没有颜色、没有气味和重量的燃素，而当物质燃烧时，燃素被释放出来。德国医师贝克尔在1669年提出了燃素的思想，他认为木材包括灰和肥土(fat earth)，在燃烧过程中后者离开而灰剩了下来。在18世纪早期，德国化学家乔治·斯塔尔(Georg Stahl)将这种物质命名为燃素(phlogiston，来自希腊语"火焰")，并用燃素理论解释金属的氧化过程。根据斯塔尔的理论，金属包含氧化物粉末和燃素，加热金属会使燃素离开留下氧化物粉末；反之，如果将氧化物粉末放在焦炭上加热，由于后者包含大量燃素，氧化物就会吸收后者释放的燃素而恢复成金属。

氢气的可燃性和它极轻的重量让卡文迪什认为它就是燃素。大约在同一时期，卡文迪什的朋友约瑟夫·普里斯特利(Joseph Priestley)发现了另一种气体，他称之为"脱燃素气体"，这种气体本身不可燃，但是如果没有它，任何物质都不能燃烧；这当然就是氧气[②]。卡文迪什特制了气体容量分析管，可以让一定量的

② 与此同时，瑞典化学家卡尔·舍勒(Carl Scheele)也独立地发现了氧气。证据表明舍勒似乎发现在先，但是他没能发表自己的结果。拉瓦锡在普里斯特利之后也制备出了氧气，他为氧气命名，并详细地描述了氧气的性质。

气体在其中燃烧，然后测量燃烧的产物。利用自己研制的仪器，卡文迪什发现将自己的可燃气体和普里斯特利的“脱燃素气体”混合，点燃后引起爆炸并产生水。通过精确称重，卡文迪什发现水的重量等于两种反应气体的重量之和。这个实验表明，水和金或银不同，它不是元素。卡文迪什还发现，在相同的气压和温度下，制备水所需的氢气体积为氧气体积的 2 倍。随后，卡文迪什让氢气在不同体积的空气中燃烧，发现将空气中的氧气都耗尽后，剩下的“减氧空气”（即氮气）不再支持氢气燃烧。经过一系列缜密的实验，卡文迪什得出空气大约包含 79%的氮气和 21%的氧气，而剩余的小于 1%的气体他无法识别③。

除了气动学以外，卡文迪什在其他领域也做出了突出贡献，例如他首先测量了引力常数。卡文迪什出身贵族，1731 年他出生在 18 世纪英国最富有的家庭之一，但是卡文迪什生活低调，深居简出，性格孤僻。卡文迪什没有完成在剑桥攻读的学位，一部分原因是他不愿意学习宗教类课程，但主要原因是他太腼腆了，不愿意接受老师的口试。卡文迪什极其羞怯内向，他不能同时和两个人交谈，也几乎不能在女性面前开口说话。卡文迪什将自己的住宅大部分改造成实验室，进行物理和化学研究，而且毕生致力于科学研究，终身未婚。卡文迪什还有一个特点更难被人理解，那就是他把自己的发现隐藏起来，秘而不宣，致使许多科学家因为发表了早已被他发现的成果而受到褒奖。1810 年，在卡文迪什去世多年后，麦克斯韦在卡文迪什的文稿中找到了后者的电学发现，而这个发现比其他人早了 50 年，人们这才认识到卡文迪什是一位多么伟大的科学家。电学中的欧姆定律和库仑定律，以及气体的查理定律都是卡文迪什最先发现的，但是他没有公开发表这些结果④。

我们现在来看看普里斯特利发现氧气的过程。在此之前，普里斯特利已经分离并研究了 10 种气体，其中包括氨气、二氧化硫、一氧化碳、氯化氢和一氧化二氮。某一天，普里斯特利用透镜聚焦太阳光照射砖红色的氧化汞粉末，他发现强烈的阳光把这些粉末变成了闪光的汞珠，同时产生了一种有趣的气体。普里斯特利发现这种气体就像普通的空气，但是有着更好的性质，例如火焰在这种气

③ 在卡文迪什之后 100 年，人们发现这种约占空气 0.93%的气体为稀有气体氩气；空气中还有少量的二氧化碳，约占空气的 0.04%。

④ 人们公认科学家丹尼尔·卢瑟福（Daniel Rutherford）最先发现了氮气；由于卡文迪什没有公开自己的发现，卢瑟福在 1772 年进行研究时并不知情。依然是拉瓦锡详细地研究并总结了氮气的性质。

体中燃烧得更明亮、持续时间更长，而老鼠吸入这种气体后更活跃，它在充满这种气体的封闭容器中活得更长。普里斯特利认为他发现了一种新的气体，而在呼吸、燃烧和其他需要空气的过程中，这种气体比普通空气优越 5 到 6 倍。在普里斯特利的著作《气体实验和观测》(*Experiments and Observations on Air*)中，他总结了自己对气体研究的发现，其中就包含对氧气的发现。

普里斯特利在许多方面都卓尔不凡。他于 1733 年出生在西约克郡(West Yorkshire)的纺织工人家庭，他从学校毕业时就已经掌握了 8 种语言。普里斯特利最初想在教会中任职，但后来却逐渐成为英国圣公教的一个教派分支——“理性的反对者”中的一员，认为理性高于教义和宗教神秘主义。普里斯特利是一位热情的老师，在他职业生涯的早期，他在柴郡建了一所小学校，教授年轻的学生。普里斯特利几乎能讲授任何科目，包括文学；他还发表了一系列关于教育的书籍，其中有几本在英国和美国流行了多年。就在从事教育期间，普里斯特利开始对电学感兴趣，并完成了许多有价值的实验。普里斯特利还撰写了 250 000 字的电学史，以及更适于普罗大众的缩减版。

普里斯特利发现氧气 3 年以后，他们举家搬到了伯明翰。在伯明翰，普里斯特利创建了仅次于英国皇家学会的学术组织——月亮学会(即月光社)，在学会中人们可以组织非正式的科学和其他问题的讨论，但是不能涉及政治。普里斯特利是坚定的新教徒，他对废奴主义者和法国革命充满同情。1791 年 7 月 14 日，正当普里斯特利参加庆祝巴士底狱被攻陷 2 周年的典礼时，一伙反对他的暴徒攻击了他，并点燃了他的房子。普里斯特利和家人逃往伦敦。由于法国共和国政府宣布普里斯特利为法国公民，而法国即将和英国开战，他在伦敦也和在伯明翰一样不安全。由于宣称法国革命预示着基督再次降临，普里斯特利的塑像被烧毁。1794 年，在拉瓦锡被法国共和国政府送上断头台的前一周，普里斯特利远走美国，他于 1804 年在美国宾西法尼亚州辞世。

我们要介绍的最后一位气动化学家就是被后世尊为“化学之父”的拉瓦锡。安托万·拉瓦锡于 1743 年出生在巴黎富足的家庭，5 岁时母亲辞世，留给他大笔遗产。拉瓦锡受到很好的教育，他的头脑中充满了当时法国启蒙主义的理想。1761 年，拉瓦锡进入巴黎大学学习法学，他获得了律师资格但是从未从业。受到 18 世纪法国著名学者埃蒂安·孔狄亚克(Etienne Condillac)的影响，拉瓦锡开始研究化学；而在他职业生涯的早期，拉瓦锡还曾经和拉普拉斯(Laplace)一起进行过热力学的研究。在25岁时,拉瓦锡被推选为法国科学院院士。在26岁时,拉瓦锡被任命为包税官,而他在任上曾经尝试改革法国的货币和税务体系来帮助农民。1771年,拉瓦锡迎娶了同事的女儿玛丽-安·波尔兹(Marie-Ann Paulze),后者逐渐成为他得力的助手,帮助他翻译英文资料,包括布莱克、卡文迪什和普里斯特利等人的著作。

拉瓦锡并没有发现新的物质或是建造出新型仪器,他对科学的巨大贡献在于他将普里斯特利、布莱克和卡文迪什等人的工作系统化,从而奠定了现代化学的基础。人们熟知拉瓦锡表述的质量守恒定律:尽管化学反应中物质的状态会发生改变,但是反应前后物质的总质量保持不变。拉瓦锡研究了多种物质的不同化学反应,在每个实验中都用足够高的精度测量反应前和反应后所有物质的重量,从而用实验证实了质量守恒定律,并最终宣判了燃素论死刑。在研究氧气的实验中,拉瓦锡证明燃烧是氧化反应,而在燃烧过程中质量守恒,因此不需要用燃素来理解观测到的现象。此外,拉瓦锡还证明金属氧化后变成金属灰,而在这个过程中金属吸收氧气,而不是像燃素理论说的那样释放空气。

法国大革命后,包税官的身份激起了群众的愤怒,尽管拉瓦锡是这个职位上少有的自由主义者,但他还是在革命者的恐怖统治期间被冠以叛国者的罪名。各个学会纷纷上书,请求赦免拉瓦锡的死罪,让他能继续从事科学研究,但是均告失败。法官宣称:"共和国不需要科学家和化学家,执行正义不能拖延。"伟大的数学家拉格朗日痛心地说:"砍下他的头颅只需要一瞬间,但是像他那样的头颅一百年也找不出第二颗。"

拉瓦锡被杀一年半后,法国政府赦免了他的罪行,并将他的私人物品交还他的家人,上面附有一张便条:给被误判的拉瓦锡的遗孀。

8.3 道尔顿和物质的原子论

在玻意耳发表其著作《怀疑的化学家》(*Sceptical Chymist*)和拉瓦锡辞世的这段时间里,人们明确了化学元素的概念:元素不能被任何物理和化学方法分解为其他物质。这个定义意味着,如果某种物质是化学元素,那么它就不能在化学过程中分解为其组成部分。约翰·道尔顿在19世纪初的研究中,把化学元素概念和德谟克利特的“原子”联系了起来。

道尔顿于1766年出生在英国坎伯兰(Cumberland)一个信奉贵格教的织工家庭,家境贫困。在他15岁时,道尔顿和哥哥乔纳森(Jonathan)一道在肯德尔开办了一所贵格学校,并在那里授课直到1793年移居曼彻斯特为止。1794年,道尔顿被推选为曼彻斯特文学和哲学学会会员,他从盲人哲学家约翰·高夫(John Gough)那里学到许多知识,但是他主要依靠自学。1793年,道尔顿被任命为曼彻斯特国教学院新学院的数学和自然哲学教授,直到1800年由于经济原因他辞去该教职,而依靠辅导富裕家庭的子弟来谋生。道尔顿的第一部著作发表于1793年,名为《气象观测和随笔》(*Meteorological observations and Essays*),其中包括他后期发现的萌芽,但是当时并没有引起其他学者的注意。道尔顿的第二本书名为《英语语法要素》(*Elements of English Grammar*),发表于1801年。道尔顿于1844年在曼彻斯特辞世[⑤]。

道尔顿做实验时笨手笨脚,但他非常善于设计力学模型来解释观测到的现象。道尔顿相信气体包含相互作用的原子,而在他建立的静态模型中,他将原子运动和1660年发现的气体定律(参见第5.2.1节)联系起来。除了这条气体定律,人们后来还发现恒定压强下,气体体积的改变量ΔV与温度改变量Δt成正比:

$$\Delta V = C_0 \Delta t. \tag{8.1}$$

这就是第二气体定律,也被称为查理定律,是法国科学家雅克·查理(Jacques Charles)在1787年左右在实验中发现的[⑥]。1800年,法国化学家盖-吕萨克(Gay-Lussac)用不同气体进行了一系列实验,独立地证实了这条定律。

约瑟夫·路易·盖-吕萨克于1778年生于圣莱奥纳尔-德诺布拉(Saint - Leonard de Noblat),他在1802年成为巴黎综合工科学校的化学教授,而在1808年到1832年,他担任索邦大学物理学教授。盖-吕萨克卒于1850年。盖-吕萨克证明恒压下:

$$V = V_0\left(1 + \frac{t}{273}\right). \tag{8.2}$$

---

⑤ 曼彻斯特为了纪念道尔顿,用他的名字命名了一所学院——约翰·道尔顿技术学院。要了解更多的关于道尔顿、卡文迪什和其他气动化学家,请参考 Uhlig R. Genius of Britain, Collins. London, 2010.

⑥ 查理后来成为巴黎艺术学院的物理学教授,并且是让氢气球升空的第一人。

这个方程被称作盖-吕萨克定律，其中 t 表示摄氏温度，V 是温度 t 对应的气体体积，而 V_0 是 0℃ 的气体体积⑦。

后来人们发现，在恒容条件下气压也满足类似的方程：

$$P = P_0\left(1 + \frac{t}{273}\right), \tag{8.3}$$

其中 P 表示温度 t 对应的气压，而 P_0 为 0℃ 时的气压；这个方程被称作查理气压定律。最后，道尔顿发现分压定律，即所谓的道尔顿定律。如果气体是 A，B，C 等气体的混合物，则气体的总压强：

$$P = P_A + P_B + P_C + \cdots, \tag{8.4}$$

其中 P_A，P_B，P_C，… 分别表示 A，B，C 等气体单独存在时产生的压强。

玻意耳的气体静态模型不能解释上述定律，但包括道尔顿在内的许多科学家还没有准备好接受改进的模型，即假定气体中的原子进行独立的随机运动。当时人们已经知道空气包括氮气和氧气，道尔顿也清楚这一点，但是在大气中，至少在不太高的地方，较轻的氮气并没有浮在氧气上方而是和氧气均匀混合，这让道尔顿深感困惑⑧。如果道尔顿能接受改进的气体动态模型，他就能解释观测到的扩散现象，但是他没有。道尔顿依然相信气体中的原子尽管松散地分布，但它们还是连在一起，而气体可以填满容器的所有空间。

道尔顿相信每个原子包含内部的硬核和外面柔软的壳层，在气体中原子的软壳层彼此接触，从而使原子能相互作用而不需要超距作用。道尔顿认为，不同元素的差别在于它们的原子直径不同。当物质 A 和物质 B 反应产生物质 C 时，一个或几个 A 原子与一个或几个 B 原子结合形成复合原子 C，即我们现在所说的分子 C。道尔顿基于自己不那么精准的实验，得出氮和氧结合产生一氧化氮，而参与反应的氧气体积约为氮气体积的 80%。在同一实验中，道尔顿发现在等温等压的条件下，氮和氧形成的氧化物的体积是原来气体体积的二倍。根据上述实验观测结果，以及他假定的（这是正确的）一氧化氮分子包含一个氧原子和一个氮原子，道尔顿由自己的气体模型得出：氧原子的体积是氮原子体积的

---

⑦ 摄氏温标（原来被称为百分温标）从标准大气压下冰水平衡的 0℃均匀升高到标准大气压下水和水蒸气平衡的 100℃，它由瑞典天文学家安德斯·摄尔修斯（Anders Celsius）在 1742 年提出。

⑧ 在相同的温度和压强下，相同体积的氮气比相同体积的氧气轻。

80%,而一氧化氮分子的体积在很好的近似下等于其构成原子的体积之和。类似地,道尔顿利用电火花让氢气在氧气中燃烧产生水蒸气,他发现反应需要的氢气体积为氧气体积的2倍,他假定水分子包含一个氢原子和一个氧原子,从而得出氢原子的体积为氧原子的2倍。这当然是错误的,水分子包括一个氧原子和两个氢原子,而氢原子比氧原子小,显然是道尔顿采纳的气体静态模型让他得出了这些错误的结论。但是道尔顿认为所有物质由分子构成,而分子又是由更基本的原子构成的观点是正确的。

道尔顿在他发表的《化学哲学的新系统》(*A New System of Chemical Philosophy*)中介绍了这些观念,我们总结如下:

1) 基本物质(化学元素)包含完全相同的原子。这些原子在反应中不可分、不改变;它们太小了,用显微镜也观测不到。不同元素的原子有所不同。

2) 原子既不能创生也不能消亡。在化学反应中,原子重新排列,但是它们永远不会改变。因此,化学反应前后物质的总质量保持不变,正如几年前拉瓦锡在实验中证实得那样。

3) 化合物由分子构成。同种分子构成纯净物。不同分子构成不同的物质。某种分子由特定的原子结合在一起构成。例如:一氧化碳气体包含一氧化碳分子,每个分子由一个碳原子和一个氧原子构成。而对于二氧化碳,其分子包含一个碳原子和两个氧原子;其他物质的情况也类似。道尔顿假定原子总是以最简单的比例结合成分子,例如一氧化碳的1∶1,二氧化碳的2∶1,或其他简单的比例,如1∶3或2∶3,等等。

值得注意的是,道尔顿认为分子和原子一样都是球形,原子的硬核紧密地结合在一起,而它们外部的软壳层融合在一起形成分子的球形软壳层。他还引入特定的符号来表示原子和它们构成的分子,例如他用空心圆表示氧原子,而用中心带点的圆表示氢原子,氮原子是中心带有横杠的圆圈;类似地,他还用3个连在一起的圆表示二氧化碳分子,两侧的空心圆表示氧原子,而中间被涂成阴影的圆表示碳原子。我们现在采用瑞典化学家约恩斯·雅各布·贝尔塞柳斯(Jöns Jacob Berzelius)在1819年提出的元素符号系统,用H表示氢原子,O表示氧原子,N表示氮原子,C表示碳原子,等等;而用NO表示一氧化氮分子,H_2O表示水分子,CO_2表示二氧化碳分子,等等。

道尔顿的原子论和德谟克利特的理论不同,它基于实验证据,而不是主观臆断。根据当时的实验数据，在特定的反应中反应气体的重量比保持恒定。例如氢气和氧气反应生成水，二者的重量比约为 1∶8。道尔顿最初确定这一比例为 1∶6，后来又更正为 1∶7。在这个问题中，比值是什么并不那么重要，重要的是这个比值总是保持恒定：即每个分子包含多少个 A 原子和多少个 B 原子，它们的数量比是确定的。道尔顿指出，这意味着不同原子在形成分子时总是以简单的比例结合，例如 1∶1、1∶2、2∶3，等等，而如果能确定这些比例，即物质正确的化学式，人们就能确定这些原子的原子重量。

1808 年，盖-吕萨克再次研究氢气在氧气中爆炸产生水的过程，他发现在等温等压条件下，氢气和氧气的体积比为 2∶1，而这个结果的误差小于 0.1%。在对其他气体反应过程的研究中，盖-吕萨克发现总能得到 1∶1、1∶2、3∶2 这种简单的体积比。盖-吕萨克由此进一步提出：如果化学反应生成另一种气体，那么生成物的体积和反应气体的体积也满足简单的比例关系。例如，2 个体积的氢气和 1 个体积的氧气反应，生成 2 个体积的水蒸气。

上面这些说法意味着：取一定数量 (N) 的 A 物质的分子或原子，再取同样数量的 B 物质的分子或原子，那么二者占据完全相同的体积。这个说法显然和道尔顿的气体模型矛盾。道尔顿假定不同分子或原子占据不同的体积，而他同时又相信气体中的分子或原子彼此接触，并占据气体能达到的所有体积 V，即 $V=NV_{\mathrm{M}}$，其中 V_{M} 是分子的体积。如果 V_{M} 改变，则 V 必然随之改变。道尔顿不愿意接受盖-吕萨克的观测结果和结论，因为他不愿意放弃自己珍爱的气体模型。

8.4 阿伏伽德罗理论和理想气体定律

阿莫迪欧·阿伏伽德罗(Amedeo Avogadro)于 1776 年出生在意大利皮埃蒙特(Piedmont)大区的首府都灵，他的家庭是当地的名门贵族。阿伏伽德罗在 20 岁时获得宗教法律学位，但是他很快就投身科学，在 1809 年成为维尔切利高中的数学和物理教师，他的家族在此地也有产业。1811 年，阿伏伽德罗发表文章，名为《论如何确定基本粒子的相对质量以及它们的化合比》(Essay on Determining the Relative Masses of the Elementary Molecules of Bodies and Proportions by Which They Enter These Combinations)，其中就介绍了阿伏伽德罗定律。1820 年，阿伏伽德罗成为都灵大学物理教授，而在 1823—1833 年的 10 年间，他由于政治原因被驱逐出校；他随后返回大学执教，直到 1856 年离世。阿伏伽德罗显然笃守宗教，他专心工作，忠于家庭，与妻子费利希塔(Felicita)养育了 6 个孩子。

阿伏伽德罗认可盖-吕萨克的看法，并在 1811 年的论文中提出理论予以解释。阿伏伽德罗认为：

1) 气体中的原子或分子只占气体很小一部分体积，或者因为它们彼此排斥，或者因为它们非常快地独立运动(这是个开放问题)。

2) 构成气体的不一定是原子，也可以是原子构成的分子，而这些分子有许多种，例如 HO，H_2O，H_3O，H_4O_2 等等。

3) 在恒温恒压下，不管是单一种类气体还是气体的混合物，相同体积的任何气体总是包含相同数目的分子，自由原子在此情况下也被视为分子。这就是现在为人熟知的阿伏伽德罗定律。

我们根据氢气和氧气反应生成水蒸气的实验来证明阿伏伽德罗定律。假定 2 个体积的氢气包含 $2N$ 个 H_2 分子，其中 N 为确定的数值；根据阿伏伽德罗定律，1 个体积的氧气包含 N 个 O_2 分子；当这两种气体反应后，我们得到 $2N$ 个 H_2O 分子，占据 2 个体积；该结果与盖-吕萨克的实验结果一致。请注意，在推导过程中，我们用到了氢气、氧气和水的化学分子式。应用同样的方法，人们利用阿伏伽德罗定律并结合实验数据可以确定气体的化学分子式。

阿伏伽德罗的工作在当时没有引起重视，而且也由于有些实验测量结果还不明确，科学界并没有立即接受他的理论。直到 1860 年，阿伏伽德罗去世 4 年后，斯塔尼斯劳·坎尼扎罗(Stanislao Cannizzaro)证明阿伏伽德罗定律普遍成立，人们才最终接受了这个理论。

我们应用阿伏伽德罗定律来再次表述气体定律，以此结束本章的介绍。为了表述清楚，我们有必要用绝对温标 T 代替摄氏温标 t，二者的关系为：

$$T = t + T_0, \tag{8.5}$$

其中 $T_0 = 273.15$。绝对温标由开尔文爵士提出，它在下一章介绍的热力学中有着更广泛的应用。1 摄氏度精确等于绝对温标的 1 度，我们用 K 表示，称它为开尔文度，或简称为开尔文，而式(8.5)表示这两个温标的变换关系。这两个温标只不过相对彼此平移了 273.15 度，因此 0℃ 就是绝对温标的 273.15 K，而−273.15℃对应 0 K。值得注意的是，真实的热力学温度不可能低于 0 K。

我们用绝对温标将式(8.2)和式(8.3)表示成：

$$\text{恒压下：} V=\frac{V_0}{T_0}T=aT;$$

$$\text{恒容下：} P=\frac{P_0}{T_0}T=bT。$$

而根据式(5.16)有：

$$\text{恒温下：} PV=c,$$

其中 a，b 和 c 为常数。这 3 个方程分别说明，当 P 保持不变时 V 和 T 成正比，当 V 保持不变时 P 和 T 成正比，而当 T 保持不变时 P 和 V 的乘积也保持不变。这 3 个规律可以归结为一个：对于某种气体，PV 和 T 成正比，即 $PV=AT$，其中 A 是该气体对应的常数，由此囊括了上述 3 个方程。根据阿伏伽德罗定律，在温度和压强都相同的条件下，体积为 V 的任何气体都包含同样多的 N 个分子，这意味着 $A=PV/T$ 是 N 的函数，而且这个函数对所有的气体都适用。如果气体分压定律式(8.4)成立，那么我们必然有 $A=Nk$⑨，其中 k 是普适常数。因此我们有：

$$PV=NkT. \tag{8.6}$$

这就是所谓的理想气体定律。人们在实验中发现该定律对普通气体近似成立(参见第 9.1.3 节)，对惰性气体则近似得更好，而对低密度、温度不很低的氦气则精确成立。因为只有在最后一种情况下，阿伏伽德罗的假设才成立，即气体中的分子只占据气体很少一部分体积。对于理想气体式(8.6)精确成立，因此我们可以用这个公式来定义绝对温度。根据标准大气压下水的沸点 T_B 和凝结点 T_F 对应的 PV 值，我们在图 8.1 上连接这两点绘制直线：

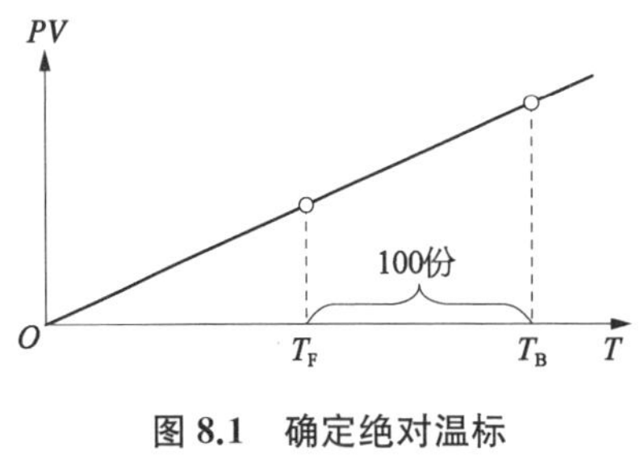

图 8.1 确定绝对温标

⑨ 否则的话分压定律就不会成立。例如，我们令 $P=N^2kT/V$，则两种气体混合后 $(N_1+N_2)^2kT/V\neq N_1^2kT/V+N_2^2kT/V$。

将 T_F 和 T_B 之间的温度间隔等分为 100 份就得到了绝对温标，而该直线和 T 轴的交点就是绝对零度 $T=0$。用这种方法确定的绝对温标和开尔文爵士确定的温标等价。

我们将在下一章看到，kT 度量了气体中原子或分子的动能。我们现在称 k 为玻尔兹曼常数，有时写作 k_B，它的数值为 $k=1.380\,658\times10^{-23}$ J/K；k 的值显然依赖温标的选择。最后还要提及一点，在 300 K 和 1 atm（标准大气压，1 atm = 101.325 kPa）的条件下，1 cm^3 的气体大约包含 10^{20} 个分子，这是个非常大的数字。

练习

8.1　1 mol 物质有一定的质量，当以克为单位计量该质量时，其数值就等于物质的相对分子质量。相对分子质量是一个分子的质量与碳 12 原子质量的 1/12 的比值，而碳 12 原子的质量大约是氢原子质量的 12 倍。1 mol 所有物质所包含的分子数一样多，而该数目就是阿伏伽德罗常数，用 N_A 表示，其数值为：

$$N_A=6.022\,136\,7(36)\times10^{23}.$$

证明理想气体定律可以写作：

$$PV=nRT,$$

其中 n 是气体的摩尔数，而 $R=N_Ak$，k 为玻尔兹曼常数。

8.2　1 mol 甲烷（CH_4）和氧气反应生成二氧化碳和水。假定甲烷反应完全，燃烧过程需要多少 mol 氧气？

答案：2 mol 氧气。

第 9 章
热力学和统计力学

9.1 热力学

9.1.1 热

我们在本章考察能量，看它怎样从实验观测量变成热力学的两个基本概念之一；另一个基本概念是熵。故事要从热讲起。

热到底是什么呢？人们很早就发现热会从较热的物体流向较冷的物体，而将热水和冷水混合后会得到温水；人们当然还知道不管太阳是什么，它产生热。后来人们认为热是一种流体，拉瓦锡称之为热质，它能穿透所有物质并在其内部扩散，在此过程中让物体变热。当较热的物体和较冷的物体接触时，这种奇怪的流体会从前者流向后者，直到达到某种平衡。一开始人们认为热和温度是一回事，但是约瑟夫·布莱克(参见第 8.2 节的介绍)明确了二者的区别。热质理论对热的定性描述还是说得通的。

许多科学家不接受热的流体模型，拉姆福德(Rumford)伯爵就是其中一位。拉姆福德伯爵原名本杰明·汤普森(Benjamin Thompson)，他于 1753 年出生在马萨诸塞州北沃本(North Woburn of Massachusetts)。作为巴伐利亚选帝侯的军政大臣，他在 1798 年被授予爵位。尽管公务繁忙，他还是抽出时间研究科学。拉姆福德用当时最精准的称量仪器进行实验，表明加热不会使物体变重，因此得出(1797 年)："如果热是流体，那它一定没有重量。"由于认为不可能存在这样的流体，他推断热和某种运动有关。但是，当时还没有人提出适当的运动模型来解释热现象，特别是热从较热物体流向较冷物体的现象，因此大多数科学家依然认同热的流体模型。

拉姆福德指出，物体间的摩擦似乎能产生无限的热，而由于物体能容纳的流体有限，因此热不可能是流体。汉弗莱・戴维（Humphrey Davy）在年仅 21 岁时也得出类似的结论，他指出冰融化需要大量的热，而两块冰摩擦产生的热足以让冰融化。在戴维看来热不是流体，而是和物体内部的振动有关。

然而有一个现象似乎不能用物质内部的振动来解释，那就是太阳产生的热穿过真空抵达地球。如果热流体真的没有重量，那么这种现象就很容易解释，流体模型的支持者如是说。

在 19 世纪的前二三十年，英国的威廉・赫谢尔（William Hershel）、意大利的马切多尼奥・梅洛尼（Macedonio Melloni）和苏格兰的詹姆斯・福布斯（James Forbes）在实验中发现：热辐射的反射和折射大致和光的行为相同。这让许多科学家相信热和光类似，而物体接触时的传导热和不接触时的辐射热没有区别。与此同时，英国的托马斯・杨（Thomas Young）和法国的奥古斯丁・菲涅耳（Augustine Fresnel）的研究否定了牛顿的光粒子说，自此光被视为无重量的以太的振动。如果以太振动把太阳产生的热传输到地球，那么拉姆福德理论的最后一道障碍就被清除了。人们最终接受了热是振动（物质或以太的机械运动）或与振动有关的能量。

在 19 世纪初，实验结果表明热和其他形式的能量似乎等价，人们在 1810 年前后引入“能量”的概念来描述这种等价性。电磁实验和化学反应都会产生或吸收热，而蒸汽机能把热转变为机械能；虽然直到 1850 年人们才深入理解了这种热功转化的机制。人体能够感知热，同样也能感知光或声波，而对这些感知的研究超出了物理学的范畴。

9.1.2　能量守恒和热力学第一定律

1842 年，年轻的朱利叶斯・罗伯特・迈尔（Julius Robert Mayer）在德国小镇海尔布隆行医，他发表论文指出不同的“原因”（cause）等价。在物理学家看来，“原因”一词用得不恰当，迈尔实际上说的就是能量，我们就用“能量”而不用“原因”来表述迈尔的观点。迈尔宣称能量有不同的形式，它能从一种形式转化为另一种形式，但是永远不会消失。这一观点是基于哲学信念提出的，但迈尔根据当时掌握的实验结果证明情况的确如此。

如果两个物理量(如热和功)是不同形式的能量,那么它们的测量单位一定有明确的对应关系。发现这种关系并证明在所有能量转化过程中这种对应关系都成立,才算是建立了这两种能量形式的当量。迈尔建立了“卡路里”和“焦耳”之间的关系,即热功当量;对于前者,1 cal 热量让 1 g 水的温度升高 1℃(严格说来是从 15℃升高到 16℃,但在不同的温度下这个数值变化不大),而对于后者,$1\ \mathrm{J}=(1\ \mathrm{N})\times(1\ \mathrm{m})=1\ \mathrm{N\cdot m}$。

为了更好地描述迈尔的工作,我们需要了解材料的比热容 c,它是 1 g 物质的温度升高 1℃所需的热量。依定义我们有水的比热容 $c_{\mathrm{water}}=1\ \mathrm{cal/(g\cdot ℃)}$,而铅的比热容为 $c_{\mathrm{lead}}=0.03\ \mathrm{cal/(g\cdot ℃)}$,大多数物质的比热容介于这两个数值之间。$c_{\mathrm{water}}$ 大意味着水不容易冷却,因此常被用作散热器和热水袋的介质。气体的比热容稍有不同,c_{P} 表示压强固定时气体升温吸收的热量,而 c_{V} 表示体积固定时气体升温吸收的热量,前者比后者大,因为在恒压条件下,温度升高会使气体的体积膨胀。

在迈尔的时代,人们知道恒容条件下 1 g 空气需要 0.17 cal 热量才能升高 1 ℃,而在 1 atm 的恒压条件下却需要 0.24 cal 的热量。迈尔推断,在这两种情况下气体升高温度所需的热量相同,只不过在恒压条件下气体膨胀做功,因此还需要额外吸收 0.07 cal 的热量。盖-吕萨克在 1807 年的发现支持迈尔的观点,他发现气体自由扩散进入真空不需要能量,焦耳(Joule)在 1845 年也证实了这一结果。我们稍后会看到,理想气体(即稀薄气体)的能量只和气体温度有关,这与实验结果完全吻合。根据这一观点,额外吸收的 0.07 cal 热量补偿气体膨胀做功;其中体积增量 $\Delta V=2.83\times10^{-6}\ \mathrm{m}^3$,外部气压为 $1.013\times10^5\ \mathrm{N/m}^2$,因此气体做功 $\Delta W=P\Delta V=0.286\ \mathrm{N\cdot m}$。令 $0.07\ \mathrm{cal}=0.286\ \mathrm{N\cdot m}$,得到 1 cal 大致等于 4.1 J(现在的数值是 4.186 J)。考虑到当时的实验误差,这个结果还是相当准确的。

迈尔的工作没有引起关注;尽管此后许多科学家依然提出他曾探讨过的类似问题,而且迈尔还在继续发表他在化学和生物学中对能量守恒的研究结果。由于长期得不到认可,而且生活屡遭不幸,迈尔的精神崩溃了。幸运的是,他后来痊愈,并且在生命即将终结时看到他提出的创新观念得到了广泛的认可。

詹姆斯·普雷斯科特·焦耳的研究让人们更容易接受迈尔的观念。焦耳于 1818 年生于英国曼彻斯特,是啤酒商的儿子,他后来继承了家族产业,但同时也从事科学研究。焦耳在 17 岁时成为约翰·道尔顿的学生。他在 22 岁时开展了一系列实验，想证明不管是功变为热还是热变成功，这两种能量总是以相同的比例转化，即 1 cal 热量总是等价于一定焦耳的机械功。这表明热和功是不同形式的能量，而在转化过程中能量守恒。这当然就是迈尔的观点，而焦耳在 1843 年发表第一篇论文时就了解迈尔的工作，尽管可能并不完全。在这篇文章中，焦耳利用机械功驱动电机工作，他发现机械功和电流产生的热量之比为 4.51 J/cal。尽管这一数值不同于迈尔的 4.1 J/cal，但二者在误差允许的范围内吻合。同年稍晚些时候，焦耳测量了水流过细管时摩擦产生的热，而推动水流做功与产生热的比例为 4.1 J/cal。焦耳继续进行各种实验，并尽量提高精度，最终得到 1 cal = 4.2 J，这和现在接受的结果 1 cal = 4.186 J 非常接近。

1847 年，当焦耳在会议上报告自己的研究结果时，会议主席要求他缩短发言，声称没有多少人会感兴趣。但出乎意料的是，听众席中一位年轻人兴致很高，他还提出了一些睿智的问题和看法。这位年轻人就是威廉·汤姆孙(William Thomson)，后来的开尔文(Kevlin)勋爵，他后来成为当时最杰出的科学家之一。

到了 1850 年，焦耳的工作已经被更多的人了解，他的观念和拉姆福德以及迈尔提出的观念逐渐站稳了脚跟。在大约 10 年的时间里，人们接受了这样一些观点：热是一种能量，它和物质或以太的运动有关；能量有不同的表现形式，例如机械功；尽管能量可以改变形式，但是总能量保持不变。能量守恒的数学公式为：

$$\Delta Q = \Delta E + \Delta W. \tag{9.1}$$

这个方程适于描述任何物理系统的任意过程，其中 ΔQ 表示系统吸收 ($\Delta Q > 0$) 或释放 ($\Delta Q < 0$) 的热量；ΔE 表示系统内能 E 的改变，即系统的终态能量和初态能量的差值，ΔE 可正可负；ΔW 表示系统做功，当 $\Delta W > 0$ 时系统对外部做功(如图 9.1 中气体膨胀做功)，当 $\Delta W < 0$ 时外部对系统做功(例如压缩图 9.1 中的气体)。式(9.1)表示能量守恒，它后来成为热力学第一定律。

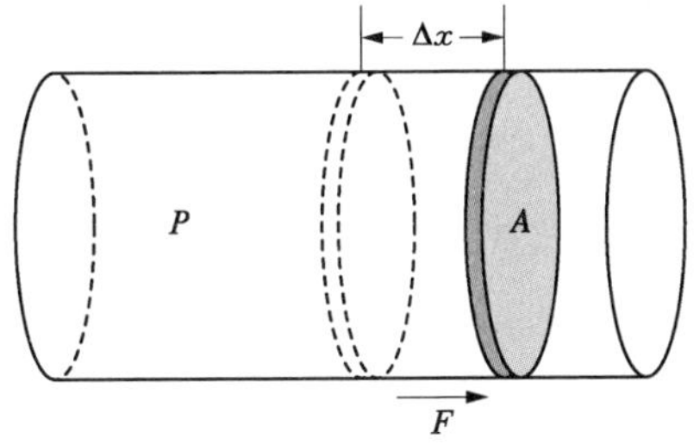

图 9.1　气体做功示意图

请考虑截面面积为 A 的圆柱气缸，其中封闭了一定量的气体；在平衡状态下，活塞两侧的压强均为 1 atm。活塞向右移动 Δx，则气缸中的空气做功 $\Delta W = F\Delta x$，其中 $F = PA$ 是气体对活塞产生的压力，因此有 $\Delta W = PA\Delta x = P\Delta V$。

9.1.3 热力学函数,状态方程和相图

你们可能会质疑:系统的能量 E 包括什么呢?如果系统由一些相互作用的粒子构成,那么 E 就是这些粒子的动能和势能之和(正如第 7.3 节描述得那样)。然而在热力学中,我们不关心系统内部的微观结构,而只想知道 E 和宏观物理量的关系,例如和温度 T、压强 P 或是体积 V 的关系。当系统的状态不随时间改变时,我们说系统处于平衡态,而这些物理量表征平衡态系统的宏观状态。我们有时把这些宏观物理量称为热力学变量,而将系统的宏观状态称为热力学状态。当然,除了 E 以外,还有其他类似的状态函数,让我们举例说明。比热容 c_V 表示恒容条件下 1 g 物质的温度升高 1 K 所吸收的热量 ΔQ,由于 $\Delta W = P\Delta V = 0$,根据式(9.1)有 $\Delta Q = \Delta E$,由此得到:

$$c_V = \left(\frac{\partial E}{\partial T}\right)_V, \tag{9.2}$$

其中我们假定一定质量物质的能量是 V 和 T 的函数,即 $E(T, V)$。值得注意的是,上式中的 c_V 由表征系统物理性质的变量确定,而定义 c_V 用到的 ΔQ 却显然不是系统的性质。如果同样想用系统的性质表示 c_P,那么就要引入新变量 H,其定义为 $H = E + PV$,它被称作系统的焓。当气压 P 恒定时,$\Delta H = \Delta E + P\Delta V$,而根据式(9.1),$\Delta H$ 等于伴随体积膨胀时物质升温所吸收的热量,由此得到:

$$c_P = \left(\frac{\partial H}{\partial T}\right)_P, \tag{9.3}$$

其中假定 H 为 T, P 的函数,即 $H(T, P)$。

我们用热力学变量描述系统的平衡态,这些变量可以分为两类——广度量和强度量;广度量和系统的质量成正比,例如 V, E 和 H;而强度量和系统的质量无关,例如 P 和 T。

系统的状态方程十分重要。当我们用 P, V, T 描述平衡态系统时(假定系统的质量保持不变,除非有特殊的说明),会用这些变量建立状态方程,这样一来就会将独立变量从三个减少为两个。在大多数情况下,我们没有状态方程的解析式,而只有实验观测图,因此可以用三维 $P-V-T$ 空间中的一点表示系统的平衡态,而系统连续变化就对应空间中的一条连续曲线;后续要介绍的相图就是这样一个

例子。首先让我们考虑理想气体的状态方程，即式(8.6)。一定质量气体包含的分子数 N 固定不变，那么已知 P, V, T 中任意两个就能根据方程确定第三个变量。令 V, T 为独立变量，那么 P 就是前两者的函数，即 $P = NkT/V$。但重要的是，气体的其他性质也都可以表示为 V, T 的函数，例如气体的能量为①：

$$E = \frac{3NkT}{2}. \tag{9.4}$$

根据式(9.2)有 $c_V = 3Nk/2$，其中 N 表示 1 g 气体包含的分子数。我们还能得到气体的焓：

$$H = E + PV = \frac{3NkT}{2} + NkT = \frac{5NkT}{2}. \tag{9.5}$$

而根据式(9.3)有 $c_P = 5Nk/2$，因此得到 $c_P/c_V = 1.66$。迈尔在 1842 年研究空气时，采用的比值 c_P/c_V 为实验观测值 1.41，因为空气中大部分分子是双原子分子，参见脚注①。

根据上述讨论，我们发现可以根据研究的方便选取独立变量，但是必须记住选的是哪些独立变量。正是出于这个原因，我们把 c_P 表示成 $(\partial H/\partial T)_P$ 而不是简单的 $(\partial H/\partial T)$，因为独立变量是可以改变的，而下标提醒我们 P 是另一个独立变量。最后说明一点，有时我们选取 E 和 H 而不是 P, V, T 作为独立变量，因为这样更加方便；此外，在研究某些系统时，我们还需要 3 个以上的独立变量。

我们曾经提到过，密度较高的真实气体的状态方程和式(8.6)不同。在 18 世纪 70 年代，约翰内斯・范德瓦耳斯(Johannes van Der Waals)对式(8.6)进行了改进。他认为分子之间存在如图 9.2 所示的相互作用，当它们距离很近时会排斥，因此分子在碰撞时不能靠得过近；而且由于存在其他分子，因此气体分子运动的有效体积 V_{eff} 小于气体总体积 V②。令 $V_{eff} = (V - b)$，其中 b 是表征气体特性的常量，它由分子直径和气体的密度决定。根据图 9.2 所示的势能曲线，当分子距离较远时它们相互吸引。由于受到周围分子的吸引，器壁附近的分子对器壁碰撞的频次和强度都会减小，二者减小的程度都和分子密度 N/V 成正比，因此压强的减小和 $1/V^2$ 成正比。气体的真实压强比假定分子间没有引力时的压

① 式(9.4)只对单原子分子气体成立，例如 Ar 或 He，它表示分子的平动动能。常温下，双原子分子的转动会贡献额外的能量 NkT，因此气体的总能量为 $E = 5NkT/2$，而在此情况下 $c_P/c_V \approx 7/5 = 1.4$。

② 到了那时，每个人都接受了这样的观点：气体由分子构成，而分子在它们能抵达的空间内任意运动。

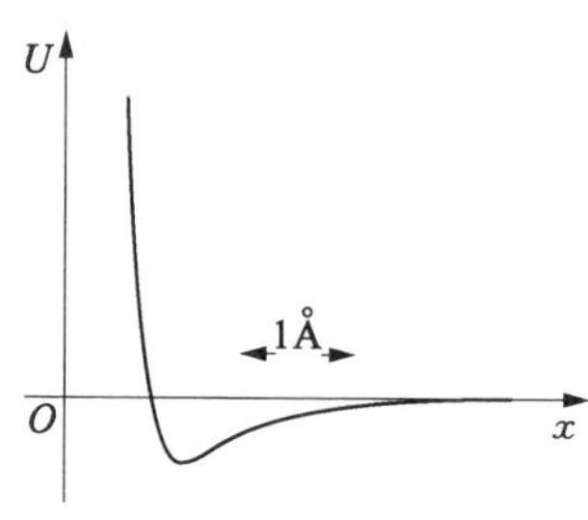

图 9.2 范德瓦耳斯提出的分子间势能的示意图

当分子间距 x 较小时，$F=-\mathrm{d}U/\mathrm{d}x>0$，分子相互排斥；当 x 较大时，$F=-\mathrm{d}U/\mathrm{d}x<0$，分子相互吸引。经量子力学计算证实，范德瓦耳斯提出的这种原子间作用力基本正确。

强 P_{kin} 低：$P=P_{\mathrm{kin}}-a/V^2$，其中 a 是表征气体特性的常量。由于 $V_{\mathrm{eff}}P_{\mathrm{kin}}=NkT$ 依然成立，因此得到：

$$(V-b)\left(P+\frac{a}{V^2}\right)=NkT. \tag{9.6}$$

这就是范德瓦耳斯状态方程，只要恰当地选取常量 a 和 b，这个方程就能很好地描述真实气体的行为。

液体和固体的状态方程很难得到，因此我们满足于绘图表示 P，V，T 的函数关系。其中最重要的就是相图，它说明在 $P-V-T$ 空间中，气体、液体和固体分别存在于哪些区域，图 9.3(a)给出了典型物质的相图。请注意，为了让图示更清楚，图中没有采用均匀的标尺，例如图 9.3(a)中临界点附近的区域被放大了。$P-T$ 相图说明，当温度低于三相点时，S 线右侧的 P，T 对应气相，左侧对应固相，而 S 线上的 P，T 对应固相和气相的混合物。这意味着在从 0 到三相点的 S 线上，物质不经由液相直接从气相变为固相，或是由固相变为气相。当压强 P 介于临界点和三相点之间时，S 线和 L 线之间的 P，T 对应液相，而 L 线的右侧对应气相。分隔两相的线当然对应两相的混合物，而在三相点处则存在三相的混合物。当 P 高于临界点时，液相和气相融合为一相。

图 9.3(b)是为了补充图 9.3(a)绘制的 $P-V$ 相图，它表明在相变时体积怎样随压强改变。由于沿着特定的 $P-V$ 曲线温度保持不变，因此这些曲线又被

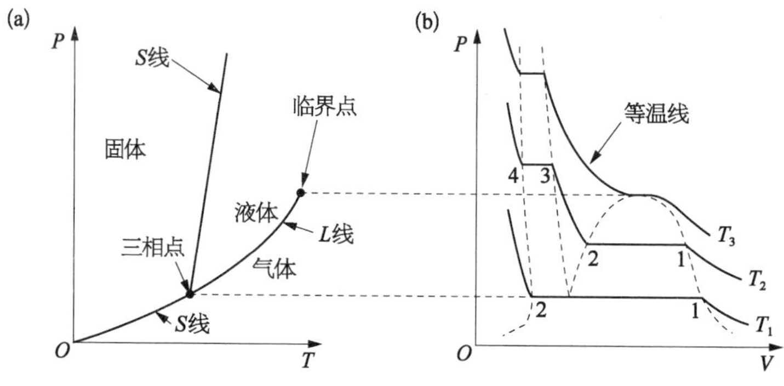

图 9.3 某种典型物质的相图

(a) $P-T$ 相图；(b) $P-V$ 相图(绘图没有依照比例)。

称作等温线，并且 $T_1 < T_2 < T_3$。让我们从右向左考察 T_2 等温线，在此过程中物质的体积减小。当体积较大时物质为气态，它占据体积 V，如图 9.4(c)所示，随着 V 减小 P 增大，而等温线的斜率就决定了该温度下气体的等温压缩率，$\kappa_T = -\frac{1}{V}\left(\frac{\partial V}{\partial P}\right)_T$。当压缩气体达到等温线的点 1[该点位于图 9.3(a)中的 L 线上]时，继续减小体积不会改变压强，而是使气体变为液体，如图 9.4(b)所示。由于物质的质量保持不变，因此由气相变为液相时，物质的密度发生改变；这种相变被称为一级相变。随着 V 继续减小，更多气体变为液体，直到达到等温线的点 2，在这一点所有气体都变成了液体，如图 9.4(a)所示。从点 2 到点 3 的等温线说明恒温下液体的体积怎样随压强的增大而减小，而曲线的斜率就确定了液体的等温压缩率 κ_T。达到点 3[该点位于图 9.3(a)中的 S 线上]后，继续减小体积不会使压强增大，而是使液体变为固体，直到在点 4 所有的液体都变成了固体。过了这一点以后，增大压强当然会压缩固体的体积，而这段等温线的斜率就决定了固体的等温压缩率，它显然小于液体的压缩率，而后者又远小于气体的压缩率。

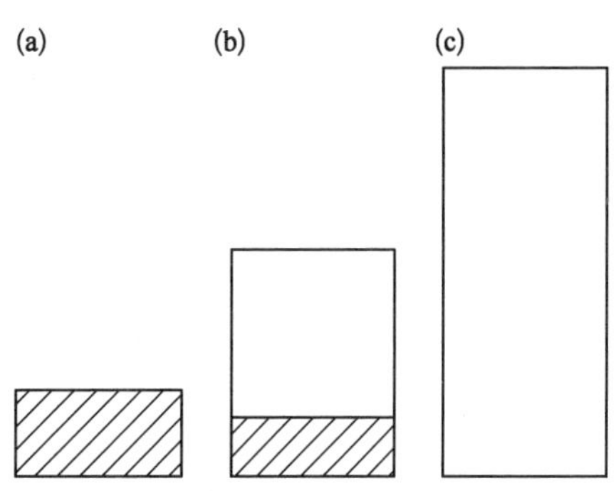

图 9.4　物体的体积在相变过程中改变

在一级相变中，由于不同相的密度不同，因此随着更多物质发生相变，物质的总体积发生改变。

9.1.4　热力学第二定律；熵

热力学关系式描述的是平衡态，但是如果热力学系统变化得足够慢，我们就可以假定在变化的每一步，系统都达到了平衡态。这意味着即使我们改变参数(例如体积)想让系统偏离平衡态，但由于系统内部的微观过程比外部参数的变化快得多，系统也会瞬间达到平衡。例如在图 9.1 中，如果活塞在 Δt 内移动了 Δx，使气体体积增加 ΔV，但是压强 P 可以迅速响应 V 的变化，并在气体膨胀的每一步达到平衡态的压强。但是如果 $\Delta x/\Delta t$ 很大，例如大于气体声速，那么这种情况就不成立。在后续讨论中，我们假定热力学变化过程足够缓慢，使系统在每时每刻都处于平衡态。

我们下面要区分可逆过程和不可逆过程。令一个系统从状态 A 变化到状态 B，如果能沿着反向路径从状态 B 回到状态 A，并且让系统和环境都恢复到原来的状态，我们就说这个过程是可逆的。如果一个过程不是可逆的，那么它就是不可逆过程。请注意，即使一个过程变化得足够慢，它也不一定是可逆的。

让我们举例说明可逆过程。如图 9.5 所示，在气缸中装入理想气体，将活塞与弹簧连接，并假定活塞只受到弹簧的压力。将该系统置于温度为 T 的热浴，二者达到平衡；由于理想气体的能量只和温度有关，因此在气体膨胀时其温度和能量 E 都不改变。气体从 V_1 膨胀到 V_2，它做的功 W 就是图 9.5(b)中 V_1 和 V_2 之间的曲线下面积③，这就等于气体从热浴吸收的热量。膨胀气体压缩弹簧，W 变为弹簧的势能。我们描述的这个过程是可逆的，因为当弹簧松弛后会推动活塞，对气体做功 $-W$。由于气体等温压缩，因此这部分功变为热量传递给热浴，这样就使系统和热浴都恢复到原来的状态。

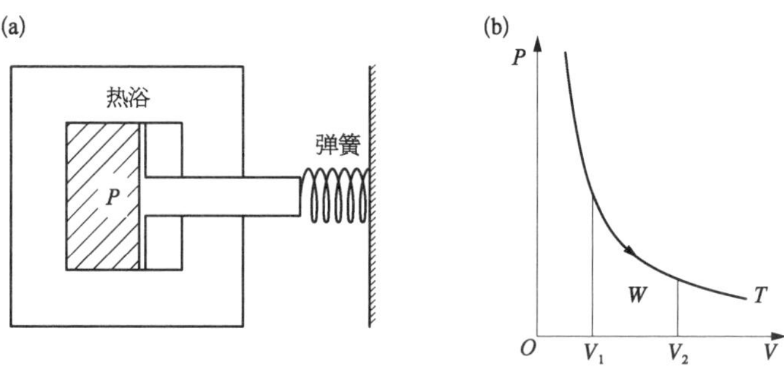

图 9.5　可逆过程

如果将弹簧和活塞断开，让气体从 V_1 自然膨胀到 V_2，那么气体就不做功，也不会从热浴吸收热量。在气体膨胀过程中，热浴没有任何变化。但是除非外界对气体做功，否则气体就不能返回初始状态 V_1，但这样一来环境就发生了改变。因此自由膨胀是不可逆过程。我们知道的确是这样：如果在容器的一角释放一点气体，那么气体会很快充满整个容器；但是反过来，气体重新聚集到容器一角的情况从来也没有发生过。

---

③ 对于当前情况，$P = NkT/V$，而 T 保持恒定，因此积分很容易计算：$W = \int_{V_1}^{V_2} P\mathrm{d}V = \int_{V_1}^{V_2} \frac{NkT}{V}\mathrm{d}V = NkT\ln(V_2/V_1)$。

此外，每个人都知道热会自动地从热的物体流向冷的物体，而不会从冷的物体流向热的物体；而正是这种经验让人们建立了热力学第二定律。开尔文爵士和鲁道夫·克劳修斯(Rudolf Clausius)最早表述了这一定律，但他们的表述都和法国工程师萨迪·卡诺(Sadi Carnot)的研究工作密切相关。

1824 年，年轻的卡诺出版了名为《关于火的动力》(*Réflexions sur la Puissance du Feu*)的小书，其中探讨了这样一个问题：热机将热转化为机械功的最大效率是多少？他所说的热机指的是一个经历循环变化的热力学系统，即系统的初态和末态完全相同，而在此过程中只发生下面的变化：

1) 系统从温度为 T_2 的热浴吸收热量 Q_2；

2) 系统向温度较低的热浴（$T_1 < T_2$）释放热量 $Q_1 > 0$；

3) 系统做功 $W > 0$。

该发动机的效率为 $\eta = W/Q_2$。由于系统经历循环变化，因此 $\Delta E = 0$，亦即 $W = Q_2 - Q_1$，因此有：

$$\eta = 1 - \frac{Q_1}{Q_2}. \tag{9.7}$$

卡诺证明了下述定理：在任意给定的两个温度之间工作的热机，其效率都不可能超过经历可逆循环变化的系统，如图 9.6 所示，而我们现在把这种热机称为卡诺机。

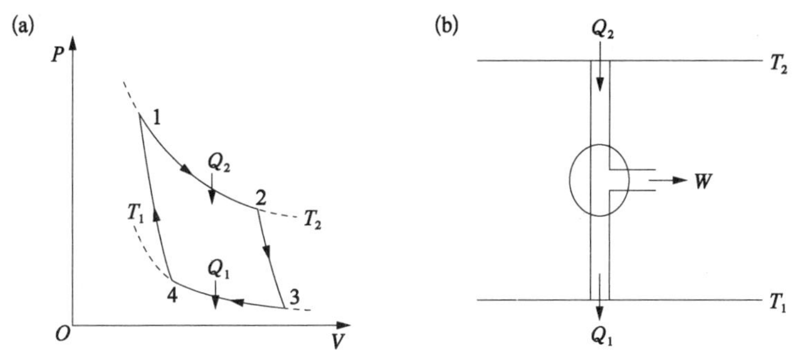

图 9.6　卡诺机

(a) 卡诺循环：从 1 到 2 系统进行等温膨胀，系统做功等于其中物质(如蒸汽)从温度为 T_2 的热浴吸收的热量，它就等于 1 和 2 之间等温曲线与 V 轴包围的面积。从 2 到 3 系统进行绝热膨胀，其中的物质消耗内能做功，做的功等于 2 和 3 之间绝热曲线和 V 轴包围的面积。从 3 到 4 系统经历等温压缩，它向低温热浴（$T_1 < T_2$）释放的热量等于外界对系统做的功，即负的 3 和 4 之间等温曲线和 V 轴包围的面积。最后从 4 到 1 系统经历绝热压缩，它的内能升高到循环开始时的数值，而外界对系统做功为负的 4 和 1 之间绝热曲线和 V 轴包围的面积。(b) 卡诺机示意图。

开尔文爵士意识到,如果假定存在温度的绝对零点(尽管实际上达不到这个温度,但它的确是低温的极限),那么基于卡诺定理可以建立绝对温标[④]。如果用绝对温标来测量温度,那么卡诺机的效率为:

$$\eta = 1 - \frac{T_1}{T_2}. \tag{9.8}$$

换句话讲,卡诺机满足 $Q_1/Q_2 = T_1/T_2$。因此,如果固定高温热浴的温度 T_2,令卡诺机在高温热浴和未知温度的低温热浴之间工作,那么通过测量 Q_1 和 Q_2 就可以确定后者的温度。然而,实际建造卡诺机以及准确测量 Q_1 和 Q_2 非常困难;因此我们依靠气体定律来确定绝对温标(参见第 8 章)。不需多说,用这两种方法确定的绝对温标等价。基于卡诺定理,并且注意到式(9.8)中的 T_1 不能等于零,开尔文宣称:任何热力学变化都不可能从一个热浴吸收热量并把它全部转化为功,而不引起任何其他变化。这就是热力学第二定律的开尔文陈述。

开尔文爵士原名威廉·汤姆孙,于 1824 年出生在爱尔兰贝尔法斯特,他在 1846 年就成为格拉斯哥大学自然哲学教授。除了对热力学第二定律和绝对温标的研究工作以外,开尔文在电磁学领域的实验研究推动了电报的发展。此外,开尔文对地球冷却的地质问题也非常感兴趣。继傅里叶(发明傅里叶级数的那位科学家)之后,开尔文研究了地球的热传导,通过假定地球的初始温度为 4 000 ~ 6 000℃,他估算地球经过了 1 亿到 2 亿年才冷却到现在的温度。开尔文的结果远比地质学家和生物进化学家估计的数值小,例如达尔文认为物种进化需要更长的冷却时间。与此同时,开尔文还低估了地球继续冷却到不能维持生命所需的时间,以及太阳终结的时间。值得注意的是,在开尔文的计算中,补偿地球向宇宙辐射热量的主要能源来自引力,即太阳和行星在质量收缩过程中释放的能量。直到 20 世纪,人们发现核反应是太阳和行星内部的主要能源之后,物理学与地质学的分歧才得以消除。开尔文爵士于 1907 年去世,彼时人们还没有发现核能。

克劳修斯和玻尔兹曼(Boltzman)的研究加深了人们对热力学第二定律的理解。鲁道夫·克劳修斯于 1822 年出生在普鲁士波美拉尼亚省的科沙林

---

④ 需要注意的是,尽管在定义卡诺机的时候我们用 T 表示温度,但实际上不一定要如此,而且卡诺在阐述他的定理时也没有这样做。

(Koszalin)。他在柏林大学学习数学、物理学和历史,于 1844 年毕业。同年进入哈雷大学攻读博士学位,研究大气的光学效应。毕业后,克劳修斯成为柏林皇家炮兵工程学院的物理学教授,并在 1855 年成为苏黎世联邦工业大学教授,直到 1867 年他移居维尔茨堡,两年后他移居波恩。在 1870 年的普法战争中,克劳修斯组织了一个救护队参战,他在战争中受伤并落下残疾。他的妻子在 1875 年死于难产,克劳修斯独立抚养 6 个子女,因此没有太多时间从事科学研究。1886 年他再婚,并育有一个孩子。克劳修斯于 1888 年去世。

克劳修斯这样表述热力学第二定律:任何热力学变化都不能将热量从低温热浴传递到高温热浴,而不引起任何其他变化。

克劳修斯对第二定律的表述与开尔文的表述等价。我们可以证明,如果二者中任何一个不成立,另一个也不成立。假定开尔文错了,那么我们就能从温度为 T_1 的热浴吸收热量 Q,将它全部转化为功,即 $W=Q$;然后我们将这些功全部以热的形式传递给温度为 T_2 的热浴,且 $T_2>T_1$;这就和克劳修斯表述的第二定律矛盾。我们用类似的方法可以证明,如果克劳修斯的表述是错的,那么开尔文的表述也不成立。

克劳修斯利用卡诺定理推出了克劳修斯定理,这是他对热力学研究的重大贡献。

克劳修斯定理:假定一个循环过程由 N 个无限小的步骤实现,而在每一步系统都从温度为 T_i 的热浴吸收热量 Q_i,那么下述不等式成立:

$$\sum_{i=1}^{N}\left(\frac{Q_i}{T_i}\right)\leqslant 0 \quad \text{或} \quad \oint\frac{\mathrm{d}Q}{\mathrm{d}T}\leqslant 0, \tag{9.9}$$

其中对于可逆循环等式成立。我们知道积分是加和的另一种形式,而当 N 趋于无穷时,上述两个式子相同。积分符号上的圆环表示我们考虑的是循环变化。

克劳修斯定理有一个重要的推论:对于可逆过程,积分 $\int_A^B\frac{\mathrm{d}Q}{T}$ 与路径无关,而只与系统的初态 A 和末态 B 有关。由此我们可以定义一个新的热力学函数:系统的熵 S。系统从任意选定的初态(通常用 0 表示)经过任意可逆的过程抵达状态 A,对应的积分就表示状态 A 的熵:

$$S(A)=\int_0^A\frac{\mathrm{d}Q}{T}. \tag{9.10}$$

根据上述定义，状态 A 的熵值不确定，其中包含任意的积分常数⑤。但如果系统从状态 A 经过可逆过程变化到状态 B，那么这两个状态之间的熵变 ΔS 是确定的：

$$\Delta S = S(B) - S(A) = \int_A^B \frac{dQ}{T}. \tag{9.11}$$

根据克劳修斯定理，我们发现熵有下述性质：

1）对于任意变化，

$$\int_A^B \frac{dQ}{T} \leqslant S(B) - S(A), \tag{9.12}$$

其中等号对于可逆过程成立。

2）绝热系统的熵永远不会减小。

绝热系统不会与环境交换热量，因此 $dQ = 0$，那么根据式(9.12)有 $S(B) - S(A) \geqslant 0$，由此得到性质 2)。我们可以将这两条性质看作是热力学第二定律的另一种表述。

我们举两个例子来说明上述公式背后的物理原理。请考虑两个热浴 $T_1 < T_2$，我们用金属棒连通两个热浴，则热量会从高温热浴流向低温热浴；我们将两个热浴和金属棒构成的系统与外界绝热。假定单位时间内 T_2 热浴流出的热量为 ΔQ，则该热浴的熵变为 $\Delta S_2 = -\Delta Q / T_2$；导热棒允许热量流过，但它不吸收或产生热量，因此金属棒的熵不变；T_1 热浴吸收热量 ΔQ，该热浴的熵变为 $\Delta S_1 = \Delta Q / T_1$；因此整个系统的熵变为 $\Delta S = \Delta Q / T_1 - \Delta Q / T_2 > 0$。这是我们预期的结果，因为热量通过金属棒从高温热浴流向低温热浴的过程不可逆，系统的熵变大于 0。

在第二个例子中，我们再次考虑图 9.5 所示的气体的可逆膨胀。气缸中的膨胀气体、热浴和无摩擦的弹簧构成一个系统，它与外界绝热；该系统的熵(这几部分熵的和)永远也不会减小。无摩擦的弹簧不会吸热或是放热，因此它的熵保持不变，而我们只需要考虑在气体膨胀过程中(此时弹簧压缩)气体和热浴的熵变。由于气体等温膨胀，因此它的能量 E 保持不变，而气体吸收的热量 ΔQ 就等于气体膨胀做功 W。对于等温可逆膨胀我们有 $W = NkT\ln(V_2/V_1)$，而气体的熵变为 $\Delta S_{\text{gas}} = \Delta Q / T = W / T = Nk\ln(V_2/V_1)$，即系统的熵变只和气体的初态和末态有

⑤ 根据热力学第三定律可以简化上述定义，该定律说明：在绝对零度下系统的熵是一个普适常量，我们可以令其为 0。

关。气体从温度为 T 的热浴吸收热量 ΔQ，因此热浴的熵变为 $\Delta S_{\text{res}} = -\Delta Q/T$，而整个系统的熵变为：$\Delta S_{\text{gas}} + \Delta S_{\text{res}} = 0$，即绝热的可逆过程的熵变为 0。值得注意的是，在这个过程中伴随着 ΔQ 全部转变为 W，气体体积也发生了改变，因此这个过程没有违背热力学第二定律的开尔文表述。同理，后续压缩弹簧的势能会转变为热浴的热能，而整个系统在这个可逆过程中的熵变也等于零。

下面我们考察气体在温度 T 下的自由膨胀。在这种情况下，气体从 V_1 膨胀到 V_2 没有做功，它也没有从热浴吸取热量，因此热浴的熵不变，$\Delta S_{\text{res}} = 0$；但是气体的熵改变了，$\Delta S_{\text{gas}} = Nk\ln(V_2/V_1)$。因此在自由膨胀过程中，整个系统的熵变为 $\Delta S_{\text{gas}} + \Delta S_{\text{res}} > 0$，因此这是一个不可逆过程。我们可以说：气体自由膨胀让我们损失了潜在的有用的能量。这种情况普遍成立，如果能量为 E 的系统熵增加，它就损失了一部分能转化为功的能量，这就引出了自由能的概念。

自由能 F 是平衡态系统的热力学变量，它的定义为：

$$F = E - TS. \tag{9.13}$$

我们通常将 F 称作亥姆霍兹自由能，以纪念引入这一概念的赫尔曼·冯·亥姆霍兹(Hermann von Helmholtz)，这位德国物理学家对热力学的发展做出了重要的贡献。F 的物理意义非常重要：根据式(9.1)有 $\Delta W = \Delta Q - \Delta E$，但是根据式(9.12)还有 $\Delta Q \leqslant T\Delta S$，因此对于任意变化有 $\Delta W \leqslant T\Delta S - \Delta E$；我们还记得对于可逆过程等号成立。另一方面，根据式(9.13)我们有 $\Delta F = \Delta E - S\Delta T - T\Delta S$，而对于等温变化 $\Delta T = 0$，因此有 $\Delta F = \Delta E - T\Delta S$。因此对于等温变化(实际上对于任意变化)有 $\Delta W \leqslant -\Delta F$。这告诉我们在等温条件下，一个系统能做的最大功就等于其自由能减少的量：$-\Delta F = F_{\text{int}} - F_{\text{fin}}$，其中 F_{int} 和 F_{fin} 分别为初态和末态的自由能。当然，我们只能从可逆过程中获得最大的功。

另一个常用的热力学变量是吉布斯自由能 G，它的定义为：

$$G = F + PV. \tag{9.14}$$

当温度 T 和压强 P 都保持不变时，系统的 ΔG 满足

$$\Delta G \leqslant 0. \tag{9.14a}$$

对于可逆过程上式变为等式。上述公式在图 9.3(a)那样的相图中有着有趣的应用。我们发现 V，E，S，F 和 G 都是广度量，它们都和系统中物质的质量 m 成正比；然而 P 和 T 是强度量，它们与 m 无关。这意味着当 P 和 T 为独立变量

时，G 的形式为：

$$G = m\mu(P, T). \tag{9.14b}$$

上式中 $\mu(P, T)$ 是 P 和 T 的函数，但是和 m 无关，它被称作物质的化学势。我们还注意到，当少量物质 Δm 从液相进入气相，或是从气相进入液相时，在恒定的 P，T 下[即沿着图 9.3(a)中分隔两相的 L 线]这个过程是可逆的；这意味着根据式(9.14a)，系统液体的自由能 G_{liquid} 和气体的自由能 G_{gas} 保持不变，即 $\Delta G = \Delta G_{\text{liquid}} + \Delta G_{\text{gas}} = 0$，因此沿着分隔两相的 $P-T$ 线有：

$$\mu_{\text{gas}}(P, T) = \mu_{\text{liquid}}(P, T). \tag{9.15}$$

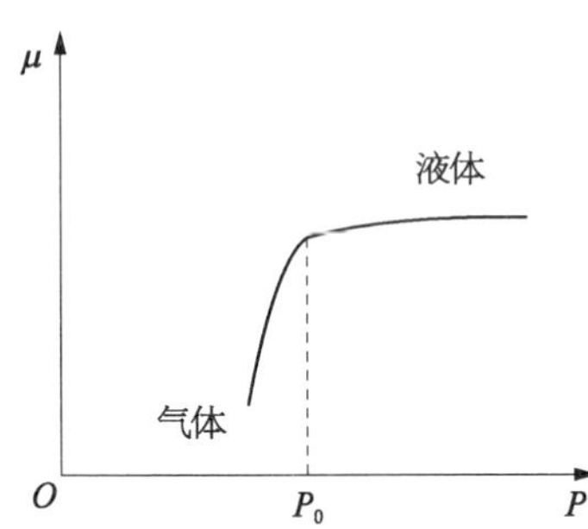

图 9.7 恒温下 $T = T_0$，$\mu_{\text{gas}}(P, T)$ 和 $\mu_{\text{liquid}}(P, T)$ 随 P 的变化

相变点为 (P_0, T_0)。

其中 μ_{liquid} 和 μ_{gas} 分别表示液体和气体的化学势，图 9.7 表明上述方程的确在 $P-T$ 线上成立。

我们发现图 9.7 中曲线的斜率在相变点发生突变：

$$\left(\frac{\partial \mu_{\text{gas}}}{\partial P}\right)_{\text{T}} > \left(\frac{\partial \mu_{\text{liquid}}}{\partial P}\right)_{\text{T}}. \tag{9.16}$$

我们可以证明 $(\partial\mu/\partial P)_{\text{T}} = v$，而 v 表示单位质量物质占据的体积。因此上述不等式说明：单位质量气体占据的体积大于单位质量液体占据的体积，这显然符合实际情况(参见图 9.4)。

继克劳修斯之后，科学家们基于热力学两条定律又导出了许多公式，这些公式将观测到的物理量联系了起来，并且可以解释自然界的许多现象。

关于热力学第二定律还要说明一点：人们通常想知道这条定律是否也适用于整个宇宙。这个问题不容易回答。热力学第二定律是经验定律，而我们稍后将看到它和构成宏观系统的粒子的微观运动有关；因此它不一定适用于整个宇宙。还有一点值得注意：热力学第二定律定义了时间的方向，那就是熵增加的方向。牛顿力学和量子力学显然没有定义时间的方向，在这两大力学框架内，不管系统包含什么作用力(引力、电磁力或是核力)，如果从 A 到 B 的运动可以发生，那么反过来的运动同样也可以发生⑥。

---

⑥ 请注意这种情况对摩擦力不适用；尽管我们用单一的力表示摩擦力，但是它来自两个物体表面原子之间大量的随机碰撞，尽管每次碰撞都是可逆的，但是整个过程却是不可逆的。

9.2　统计力学

9.2.1　气体分子运动论

到了 19 世纪中叶，大多数科学家已经接受了气体分子运动论。克劳修斯在 1857 年发表了名为《关于热的运动本质》(In relation to the Nature of the Motion Which We Call Heat)一文，表述了下面的观点。克劳修斯同意其他科学家[包括约翰・赫勒帕思(John Herapath)、焦耳和奥古斯特・克勒尼希(August Krönig)等人的观点，而克勒尼希在 1856 年发表了关于同一主题的文章]的看法，认为气体由分子构成，而这些分子在它们能达到的空间内随机运动，它们彼此碰撞并和容器的器壁碰撞。他和克勒尼希一样，认为气压来自气体分子对容器壁的碰撞。他还首次提出："气体分子会振动，就像由弹簧连接的两个粒子那样；气体分子也会转动，就像两个球碰撞后常发生转动一样；因此气体的总能量还包含振动能和转动能。"

根据气体分子运动论，很容易将分子平动和气压联系起来，并建立定量的理论，其方法如下。假定立方体容器的体积为 $V=L^3$，其中容纳了 N 个分子，分子的质量为 m。我们假定气体在温度 T 达到平衡，当分子沿着 x 方向以速率 v_x 运动时，会被垂直于该方向的器壁弹回，而分子动量的 x 分量改变了 $\Delta p_x = 2mv_x$。在时间 Δt 内，分子撞击器壁的次数为 $\Delta t/\tau$，其中 $\tau=2L/v_x$，是分子从一面器壁运动到对向器壁再返回所需的时间。因此在 Δt 内，分子动量的改变量为 $(\Delta p_x)_{\text{total}}=(2mv_x)\Delta t/\tau=(mv_x^2/L)\Delta t$。这意味着，器壁对分子的作用力为 $F=(\Delta p_x)_{\text{total}}/\Delta t=mv_x^2/L$。根据牛顿第三定律，分子对器壁也产生同样大小的力。如果容器内有 N 个分子，那么它们对器壁产生的合力为 $(N/L)m\overline{v_x^2}$，其中 v_x^2 上方的横线表示对所有分子取平均。因此容器壁受到的压强为(器壁的面积为 L^2)：$P=F/L^2=(N/V)m\overline{v_x^2}$，因为容器的体积 $V=L^3$。由于 $\overline{v_x^2}=\overline{v_y^2}=\overline{v_z^2}=(\overline{v_x^2}+\overline{v_y^2}+\overline{v_z^2})/3=\overline{v^2}/3$，我们有：

$$\frac{3}{2}PV=N\frac{m\overline{v^2}}{2}. \tag{9.17}$$

我们发现式(9.17)的右手项表示气体中分子平动的动能。由上式还能得到：$\overline{v^2}=3P/\rho$，其中 $\rho=Nm/V$ 是气体的质量密度。在 $P=1\ \mathrm{atm}$，$T=20℃$ 的条件下，气体的密度为 $\rho=1.29\ \mathrm{kg/m^3}$，由此得出均方根速度 $v_{\mathrm{rms}}=\sqrt{\overline{v^2}}=500\ \mathrm{m/s}$，这大约是声速（320 m/s）的 2 倍。最后，如果我们假定气体分子运动论成立，那么将式(8.6)和式(9.17)联立后就能确定所有气体分子平动的动能：

$$E=N\frac{m\overline{v^2}}{2}=\frac{3}{2}NkT. \tag{9.18}$$

这就是之前我们用式(9.4)表述的结果。由上式可知，分子的平均平动动能为 $3kT/2$，而沿着 3 个分量的方向（即 x，y，z）上，平均动能分别为 $kT/2$。现代物理学家已经将这一结果看成是不争的事实，但是在克劳修斯的时代情况却不是这样。尽管应用分子运动论可以完美地解释气体对器壁的压强，但反驳者宣称没有直接证据表明的确如此。后来的实验研究揭示了实际发生的情况，让我们不仅能确定分子的平均速度，还能确定分子速度是怎样分布的。

9.2.2 麦克斯韦-玻尔兹曼分布

对于在温度 T 达到平衡的气体而言，其中的分子显然不能有相同的速率；即使两个分子在碰撞前速率相同，碰撞后二者的速率也会不同。经过大量的碰撞，气体分子的速率显然会服从某种分布。

多亏了拉普拉斯、高斯、泊松（Poisson）以及其他数学家的工作，19 世纪的物理学家们得以熟悉统计的概念。统计概念不仅能用于分析科学数据，它在经济和社会生活中也有着广泛的应用。拉普拉斯在 1814 年就出版了《概率分析理论》（*Philosophical Essays on Probabilities*），阐明了概率和统计的观念。在克劳修斯的时代最常用的统计是：在相同条件下测量某个变量，由于存在不可避免的随机误差，测量结果在均值周围分布；例如某个国家公民的“身高”围绕平均身高分布。在这种情况下，数据通常围绕均值对称分布，形成图 9.8 所示的钟形曲线。这种分布被称作高斯分布，它的函数形式为：

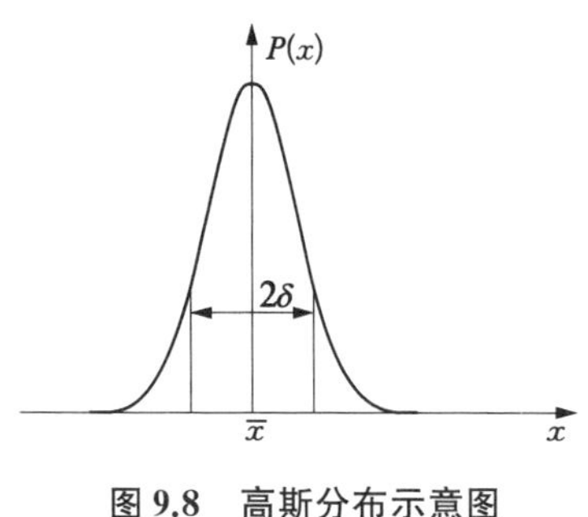

图 9.8 高斯分布示意图

$$P(x)=A\exp\left[-\left(\frac{x-\bar{x}}{\delta}\right)^2\right],\tag{9.19}$$

其中 $\bar{x}$ 表示测量变量的均值；参数 δ 决定了分布的宽度：较大的 δ 值意味着测量结果围绕均值分布得更宽；A 是归一化常数，它使 $P(x)$ 满足下述归一化条件⑦：

$$\int_{-\infty}^{+\infty}P(x)\mathrm{d}x=1.\tag{9.20}$$

我们可以说，$P(x)\mathrm{d}x$（即 x 和 $x+\mathrm{d}x$ 之间高斯曲线下方的面积）表示经过大量测量，测得数值介于 x 和 $x+\mathrm{d}x$ 之间的比例；或者说，$P(x)\mathrm{d}x$ 表示测量结果介于 x 和 $x+\mathrm{d}x$ 之间的概率。如果这个比例是 0.1，那么发现测量结果介于 x 和 $x+\mathrm{d}x$ 之间的概率就是 10%；因此经过 10 次测量预计出现该结果 1 次，而经过 100 次测量则预计出现该结果 10 次。

麦克斯韦在 1860 年提出，平衡态气体中分子的速率应当围绕某个均值分布，但这个分布并不是对称的高斯分布，因为分子速率显然没有上限但是却有下限，即速率为零。而且即使分子速率有上限的话，它也将远大于分子的平均速度，因此我们将得到不对称的速率分布。

麦克斯韦继续研究，希望能确定气体分子的速度分布。假定在 $\boldsymbol{r}$ 空间中气体的体积为 V，他将这个体积分成许多(但有限)的空间单元（$\boldsymbol{r}$ 单元），每个单元的体积很小，为 $\Delta V=\Delta x\Delta y\Delta z$。同样，他将动量空间（$\boldsymbol{p}$ 空间）分成许多个小的动量单元（$\boldsymbol{p}$ 单元），其体积为 $\Delta p=\Delta p_x\Delta p_y\Delta p_z$；为了保证 $\boldsymbol{p}$ 单元的数目有限，麦克斯韦假定分子的平动动能（$p^2/2m$）不能超过一个很大、但有限的数值。麦克斯韦将一个 $\boldsymbol{r}$ 单元和一个 $\boldsymbol{p}$ 单元结合构造所谓的 $\boldsymbol{r}-\boldsymbol{p}$ 单元，其体积为 $\Delta V\Delta p$，$\boldsymbol{r}-\boldsymbol{p}$ 单元包含所有可能的 $\boldsymbol{r}$ 单元和 $\boldsymbol{p}$ 单元对。麦克斯韦对 $\boldsymbol{r}-\boldsymbol{p}$ 单元进行计数，$i=1, 2, 3, \cdots, K$，其中 K 是一个很大但有限的数值。我们知道，不管是 $\boldsymbol{r}$ 单元还是 $\boldsymbol{p}$ 单元，其中任何一个改变都会令 $\boldsymbol{r}-\boldsymbol{p}$ 单元改变。麦克斯韦假定气体包含 N 个气体分子，并对每个分子编号，因此可以区分这些分子。麦克斯韦提出，如果 N 个气体分子在 K 个 $\boldsymbol{r}-\boldsymbol{p}$ 单元中的任意排布满足一定的宏观条件，那么

⑦ 我们这样理解积分的上下限：考虑积分 $I(\alpha)=\int_{-\alpha}^{+\alpha}P(x)\mathrm{d}x$，只要 α 足够大就会有 $|I(\alpha)-1|<\varepsilon$，其中 ε 是任意小的数值。换句话讲：1 是 $\alpha\to\infty$ 时 $I(\alpha)$ 的极限。

就构成一种可能的分子排布，而所有可能的分子排布出现的概率相同。分子排布需要满足的宏观条件为⑧：

$$\sum_{i=1}^{K} n_i = N, \tag{9.21a}$$

$$\sum_{i=1}^{K} n_i \varepsilon_i = E, \tag{9.21b}$$

其中 n_i 表示单元 i 中的分子数；$\varepsilon_i = p_i^2/2m = mv_i^2/2$，表示单元 i 中一个分子的平动动能；N 为气体分子总数，而 E 为气体能量，即所有分子的平动动能之和。

我们要注意，K 远大于 N，因此许多 $\boldsymbol{r}-\boldsymbol{p}$ 单元中没有分子，更不要说一个单元包含许多个分子。还有一点需要注意，由于分子被编号可以加以区分，因此某种分布 $\{n_i\}$ 对应许多不同的分子排布；分布只关心某个单元中有多少个分子，而并不关心它们是哪些分子。例如对于某分布 $\{n_i\}$，如果我们将 1 号分子从单元 i 移到单元 j，同时又将 34 号分子从单元 j 移动到单元 i，那么就会产生一种新的分子排布，但是它还是对应原来的分布 $\{n_i\}$。由于满足式(9.21a)和式(9.21b)的各种分子排布出现的概率相同，因此我们像麦克斯韦那样宣称："某种分布 $\{n_i\}$ 出现的概率与和它对应的不同的分子排布数成正比。"我们将这个排布数称为分布 $\{n_i\}$ 的统计权重，并用 $\Omega\{n_i\}$ 表示。我们可以这样来确定 $\Omega\{n_i\}$ 的公式：已知 N 个分子占据 N 个位置，某些单元包含一些被占据的位置，而大多数单元根本就没有被占据的位置；我们对这些位置计数，一个单元里不同的位置要分别计数。我们考虑分子在这些位置的不同排布：第 1 个分子可以处在 N 个位置中的任意一个，因此它有 N 种排布方式；第 2 个分子在剩下的 $N-1$ 个位置中任选一个，因此它有 $N-1$ 种排布方式；第 3 个分子有 $N-2$ 种排布方式，依此类推。因此，N 个分子在 N 个位置上排布共有 $N\times(N-1)\times(N-2)\times\cdots\times3\times2\times1=N!$ 种方式。在推导过程中，我们将同一单元中的不同位置看作是不同的，但它们实际上没有差别，让我们来消除这个效应。由于 n 个对象产生 $n!$ 种不同的排列，因此最终得到 $\Omega\{n_i\}$ 为：

$$\Omega\{n_i\} = \frac{N!}{n_1!n_2!\cdots n_K!}. \tag{9.22}$$

---

⑧ 如果气体包含 N_1 个某种分子和 N_2 个另一种分子，那么我们得到的分布适合其中任意一种分子，这对应第 8.3 节表述的气体分压定律。

对于空的单元 $n=0$，而 $0!=1$。

麦克斯韦通过令 $\Omega\{n_i\}$ 最大化来确定满足式(9.21a)和式(9.21b)的分布。我们不详细介绍他的数学推导，而是直接给出他的结果：

$$n_i = C\mathrm{e}^{-\beta\varepsilon_i}, \tag{9.23}$$

其中 C 和 β 是根据式(9.21a)和式(9.21b)确定的常量。我们还记得单元 i 的体积为：$\Delta V\Delta p=\Delta x\Delta y\Delta z\Delta p_x\Delta p_y\Delta p_z$，它围绕实空间中的点 $\boldsymbol{r}$ 和动量空间中的点 $\boldsymbol{p}$，因此式(9.21a)和式(9.21b)中要对整个 $\boldsymbol{r}$ 空间和 $\boldsymbol{p}$ 空间求和。由于 ΔV 远小于气体的体积，而 Δp 与 $f(\boldsymbol{r}, \boldsymbol{p})$ 随 $\boldsymbol{p}$ 的变化相比也非常小，因此可以将 ΔV 和 Δp 视为无穷小而把求和变成积分，最后得到下面的分布：

$$f(r, v)\mathrm{d}^3r\mathrm{d}^3v = n\left(\frac{\beta m}{2\pi}\right)^{3/2}\mathrm{e}^{-\beta mv^2/2}\mathrm{d}^3r\mathrm{d}^3v, \tag{9.24}$$

其中

$$\frac{3}{2\beta}=E/N. \tag{9.24a}$$

而根据式(9.18)有 $E/N=3kT/2$，因此有：

$$\beta=1/kT. \tag{9.24b}$$

由于 $p=mv$，因此 $\Delta V\Delta p=m\mathrm{d}^3r\mathrm{d}^3v$，而 $f(r, v)\mathrm{d}^3r\mathrm{d}^3v$ 就表示一个 $\boldsymbol{r}-\boldsymbol{p}$ 单元包含的分子数。$n=N/V$ 表示单位体积分子数，正如我们预期得那样，由于分子在体积 V 内均匀分布，因此 n 和 $\boldsymbol{r}$ 无关[⑨]。我们将分布式(9.24)简化为下面的速度分布：

$$f(v)\mathrm{d}^3v = n\left(\frac{\beta m}{2\pi}\right)^{3/2}\mathrm{e}^{-\beta mv^2/2}\mathrm{d}^3v. \tag{9.25}$$

值得注意的是，式(9.25)表示的分布是所有可能的分布中统计权重最大的一个。在我们承认它表示实际分布之前，必须确定所有其他分布的权重加在一起也比上述分布的权重小很多。研究发现，当气体中的分子数 N 足够大时情况的确是这样，如图 9.9 所示。此外我们还要知道，尽管其他分布的权重很小，但它们

⑨　如果 ε_i 随 $\boldsymbol{r}$ 改变，例如气体受到势场 $U(\boldsymbol{r})$ 的作用，而 $U(\boldsymbol{r})$ 在气体分布的区域显著改变，那么情况就不是这样。我们在推导式(9.25)的过程中忽略了分子在重力场中的势能 $U=mgz$，这意味着 $mgL\ll kT$，而对于 $0<z<L$ 我们有 $\mathrm{e}^{-mgz/kT}\approx 1$。

的确存在，而在某些条件下它们会引起围绕着平均分布的波动(参见第 9.2.5 节)。最后需要注意的是，$f(v)$ 只和速度的大小有关，因此我们可以将单位体积内速率介于 v 和 $v+\mathrm{d}v$ 之间的分子数表示为：

$$f(v)4\pi v^2\mathrm{d}v = n\left(\frac{\beta m}{2\pi}\right)^{3/2}\mathrm{e}^{-\beta mv^2/2}4\pi v^2\mathrm{d}v. \tag{9.26}$$

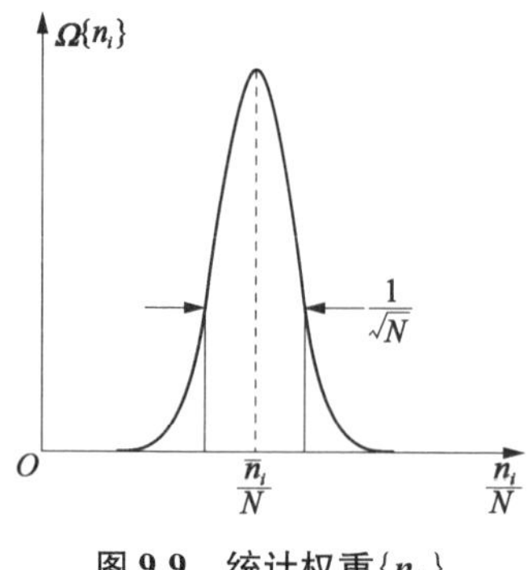

图 9.9 统计权重{n_i}

概率最大的分布 {$\overline{n_i}$} 对应麦克斯韦分布式(9.25)。

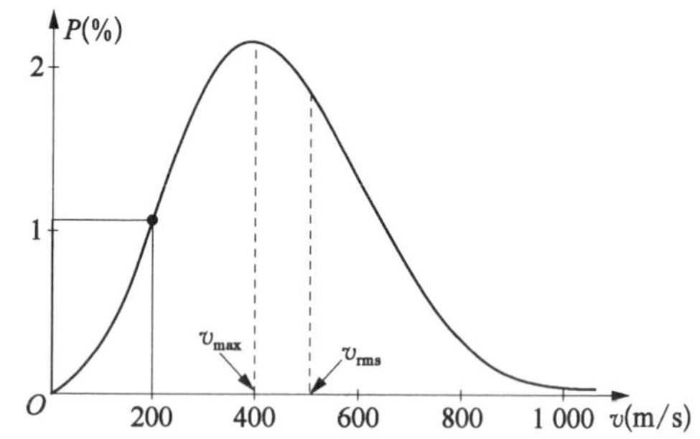

图 9.10 氮气分子 0℃的速率分布

其中 $\Delta v = 10$ m/s。(选自 Holton G, Brush S G. Introduction to Concepts and Theories in Physical Science. 2nd ed. Princeton University Press, 1985.)

图 9.10 给出了氮分子在 0℃下的速率分布，其中速率间隔为 $\Delta v = 10$ m/s。在该图中，我们标出了最概然速率 $v_{\max} = \sqrt{2kT/m}$，$f(v)4\pi v^2$ 在该速率取得最大值；以及均方根速率 $v_{\mathrm{rms}} = \sqrt{\overline{v^2}}$，其中 $\overline{v^2}$ 是 v^2 的平均值：

$$\overline{v^2} = \frac{1}{n}\int_0^{\infty} v^2 f(v)4\pi v^2\mathrm{d}v = \frac{3\,kT}{m}.$$

我们有 $\overline{v^2} = \overline{v_x^2} + \overline{v_y^2} + \overline{v_z^2}$，并且显然 $\overline{v_x^2} = \overline{v_y^2} = \overline{v_z^2}$，由此得到：

$$\frac{m\overline{v_x^2}}{2} = \frac{m\overline{v_y^2}}{2} = \frac{m\overline{v_z^2}}{2} = \frac{kT}{2}. \tag{9.27}$$

因此我们说分子沿着 x，y，z 方向独立运动，而每个方向为平均动能贡献 $kT/2$ 的平动能量。这一结果与即将在第 9.2.4 节讨论的均分定理一致。

1872 年，路德维希·玻尔兹曼提出了以他的名字命名的方程，解决了下面的问题。他假定在 $t=0$ 时刻，气体分子没有达到平衡态的分布而是具有任意的分布。玻尔兹曼的问题是：这个分布怎样随着时间改变？

参考图 9.2 可以知道，当两个分子碰撞(即二者非常靠近)时它们相互作用，而碰撞后它们的速度会改变。玻尔兹曼建立了一个方程，以确定这些碰撞导致分布函数 $f(\boldsymbol{r}, \boldsymbol{v}, t)$ 如何改变。这个方程考虑了分子间作用力以及碰撞的频率，而玻尔兹曼对分子间力的假定普遍成立[⑩]。玻尔兹曼方程是非线性微积分方程，它包含 $f(\boldsymbol{r}, \boldsymbol{v}, t)$ 关于时间 t, x, y, z 和 v_x, v_y, v_z 的偏导，以及在整个 v 空间上的积分。这个公式很可怕，我们不打算把它写出来。玻尔兹曼证明，不管分子间存在着什么样的作用力，当达到平衡态时，即 $\partial f(\boldsymbol{r}, \boldsymbol{v}, t)/\partial t=0$ 时，式(9.25)表示的分布 $f(v)$ 满足他的方程；此外，不管分子具有什么样的初始分布 $f_A(\boldsymbol{r}, \boldsymbol{v}, 0)$，当 $t\to\infty$ 时 $f_A(\boldsymbol{r}, \boldsymbol{v}, t)\to f(v)$[⑪]。

在导出上述结论的过程中，玻尔兹曼提出了一条重要的定理，即玻尔兹曼“H”定理。在陈述该定理之前，我们要说明式(9.22)中的 $\Omega\{n_i\}$ 不仅适用于平衡态的分布，也适用于任意分布 $f_A(\boldsymbol{r}, \boldsymbol{v}, t)$。 则根据已知的数学公式，我们有：

$$\ln(\Omega\{n_i\})=\ln(\Omega\{f\})=-\int f(\boldsymbol{r}, \boldsymbol{v}, t)\ln(f(\boldsymbol{r}, \boldsymbol{v}, t))\mathrm{d}^3r\mathrm{d}^3v+C, \tag{9.28}$$

其中 C 为常数。玻尔兹曼定义 H 为：

$$H\{f(\boldsymbol{r}, \boldsymbol{v}, t)\}=\int f(\boldsymbol{r}, \boldsymbol{v}, t)\ln(f(\boldsymbol{r}, \boldsymbol{v}, t))\mathrm{d}^3r\mathrm{d}^3v. \tag{9.29}$$

请注意 H 和 $\Omega\{f\}$ 一样，不仅适用于平衡态分布，也适用于任意的分布。玻尔兹曼定理说明，如果气体分子随机碰撞，那么就有：

$$\frac{\mathrm{d}H}{\mathrm{d}t}\leqslant 0. \tag{9.30}$$

上式只有对式(9.25)定义的分布 $f(v)$ 变为等式，而 $f(v)$ 就是我们现在所说的

---

⑩ 我们常用分子的平均自由程 λ 来描述碰撞频率，它是分子与其他分子碰撞前走过的平均距离。该自由程对应的时间为碰撞时间：$\tau=\lambda/\sqrt{2kT/m}$。例如氢气在图 9.3(a)中的临界点处 $\lambda\approx10^{-7}$ cm，而 $\tau\approx10^{-11}$ s。

⑪ 在实际条件下，例如普通条件下的氢气，任何密度、压强或温度在 10^{-7} cm 长度上的波动都会在 10^{-11} s 内被抹平。在更大距离上的波动会持续更长的时间，这让声波在空气中传播成为可能。建立局域平衡是产生宏观波动的前提，由此才能形成声波。

麦克斯韦-玻尔兹曼分布函数。玻尔兹曼还证明，克劳修斯用式(9.10)定义的气体的熵 S 可以用 $\Omega\{f\}$ 表示为：

$$S = k\ln(\Omega\{f\}). \tag{9.31}$$

这个式子说明，气体的熵与气体微观状态数的对数成正比，所谓的微观状态指的是与宏观状态相容的、气体分子在 $\boldsymbol{r}-\boldsymbol{p}$ 空间中的排布。根据式(9.28)—式(9.29)将这个定义推广到非平衡态，可以得到 $S=-kH\{f(\boldsymbol{r},\boldsymbol{v},t)\}$，而根据式(9.30)可知，在趋于平衡的过程中气体的熵增加。这是最接近"导出"热力学第二定律的结果。而且我们将在第 9.2.3 节看到，式(9.31)可以被推广到气体以外的任意物理系统，这样一来熵就有了定义，有了令人满意的物理意义。

路德维希·玻尔兹曼于 1844 年出生在维也纳，是家中长子，他的父亲路德维希·戈特弗里德(Ludwig Gottfried)是税务官，而他的母亲出身于富裕的商人家庭。玻尔兹曼在上中学之前在家中接受教育，后来由于父亲的工作他们举家迁往奥地利北部的林茨。玻尔兹曼是班上最好的学生，他不仅爱好数学和科学，对其他的学科也非常感兴趣。他还师从作曲家安东·布鲁克纳(Anton Bruckner)学习钢琴，而且毕生都热衷于弹奏钢琴。在玻尔兹曼年仅 15 岁时，父亲罹患肺结核辞世，这对他是很大的打击。当玻尔兹曼在 1866 年在维也纳大学获得物理学博士学位后，就成为该校的副教授。他在 1869 年获得格拉茨大学数学系的教职，而就在这个阶段，他开始研究宏观物理与微观物理之间的联系，最终形成了一篇长达 100 页的伟大文章，其中就包含以他的名字命名的积分-微分输运方程。这篇文章在 1872 年发表于维也纳皇家科学学会学报，但是当时没有得到广泛关注，一部分原因在于文章很长且艰涩难懂。即使伟大的麦克斯韦在给他的同事彼得·泰特(Peter Tait)的信中也这样评述："研读了玻尔兹曼的文章后，我还是不能理解。我的文章太短让他不能理解我，而他的文章太长让我也很难理解他。因此我非常愿意和那些偷梁换柱的人一道，将所有的内容浓缩为 6 行文字。"1873 年，玻尔兹曼接受了在维也纳的教职，并在那里待了 3 年。1876 年，他回到格拉茨大学，在那里度过了一生中最快乐的 14 年时光。他和亨利艾特(Henriette)结婚，并养育了两个儿子和两个女儿。1877 年，他撰写了另一篇长文，阐明宏观物理和微观物理之间的联系，其中就包括了著名的公式(9.31)，将熵和微观状态的密度联系了起来。

在 1880 年代后期，玻尔兹曼开始研究心理学问题，其中至少有一部分原因是因为他的儿子在 11 岁时死于阑尾炎。1890 年，他前往慕尼黑大学，4 年后返回维也纳。1900 年他前往莱比锡，而在 1902 年又返回维也纳。在他的晚年，玻尔兹曼对哲学的兴趣愈见浓厚，其中大部分和科学有关，但也涉及更广泛的问题。他的观点引起了维也纳学术界和学者的关注，其中就包括维特根施泰因(Wittgenstein)。维特根施泰因被看作是唯物主义的斗士，他的观点被包括列宁在内的许多人引用。玻尔兹曼的观点和当今大多数科学家持有的观点类似。在他走向生命尽头时，他的视力急剧恶化，而他的抑郁症也更加严重了。在 1906 年 9 月 5 日，玻尔兹曼上吊自杀，结束了生命。

玻尔兹曼曾在他的一篇文章中引用席勒(Schiller)的一句话，用以表示他追求知识的信念：努力求索永不倦怠，勇敢创新永不破坏，为恒久的大厦贡献些许沙粒，赊取时间度过分分秒秒、日日年年。

人们并没有很快地在实验上证实麦克斯韦-玻尔兹曼分布，直到 1920 年代，物质的原子理论已经站稳了脚跟，奥托・施特恩(Otto Stern)⑫和他的同事将银丝加热到低于其熔点几百摄氏度，测量了蒸发的银原子的速度分布。施特恩的仪器由两个同轴圆柱面构成，银丝沿着圆柱的轴心拉伸，内层圆柱面上有一个狭缝快门(类似照相机快门)，它能短暂开启让一束原子通过狭缝出射，打到外层圆柱内表面的屏幕上，而外层圆柱面以恒定的速度围绕轴心旋转。如果外层圆柱不动，则所有原子抵达屏幕上同一位置，在那里被吸收，形成线状的狭缝的像。但是由于屏幕随着圆柱旋转，因此速度较慢的原子将落在速度较快的原子的后面，而我们将得到连续的、像磁带一样的吸收原子层。根据仪器的尺寸和接收屏旋转的速度，屏幕上从 x 到 $x+\Delta x$ 的范围经换算就对应从 v 到 $v+\Delta v$ 的原子速度，而在 x 和 $x+\Delta x$ 之间的吸收原子密度就决定了原子的速度分布。

9.2.3　吉布斯统计物理

建立统计力学关键的最后一步是由约西亚・威拉德・吉布斯完成的。吉布

⑫　奥托・施特恩于 1888 年生于德国上西里西亚的索拉乌(Sorau)。他在 1912 年在布雷斯劳大学获得物理化学的学位，之后在法兰克福大学工作，并于 1923 年成为物理化学教授。他于 1933 年移居美国，被任命为匹兹堡的卡内基工业研究所的物理学教授。除了在这里提及的工作以外，他还与格拉赫(Gerlach)合作，进行了磁场引发原子偏转的研究。他还通过观测氢原子和氦原子射线的干涉效应，证明了原子的波动本质。此外，他还测量了包括质子在内的亚原子粒子的磁矩。奥托・施特恩 1943 年获得诺贝尔物理学奖，他于 1969 年辞世。

斯于1839年生于美国康涅狄格州的纽黑文(New Heaven),他的父亲是耶鲁神学院的教授。吉布斯于1858年在耶鲁大学获得数学和拉丁学学位。1863年,他在耶鲁大学谢菲尔德学院成为首位美国工程博士学位获得者,博士论文题目为《关于齿轮的齿的形态研究》(On the Form of the Teeth of Wheels in Spur Gearing)。1866年,吉布斯前往欧洲,分别在巴黎、柏林和海德堡学习了一年,而古斯塔夫·基尔霍夫(Gustav Kichhoff)和亥姆霍兹开设的课程让他受益匪浅。1871年,他成为耶鲁大学的数学物理教授,是全美第一位获得该教职的人,他担任该教职直到去世。他的论文《关于不均匀物质的平衡》(On the Equilibrium of Heterogeneous Substances)大部分是基于他在1870年从事的研究工作,而许多人认为这项工作奠定了化学热力学和物理化学的基础,并且是19世纪最伟大的科学成就之一。在1880年代,吉布斯研究矢量分析和光学。1889年之后,吉布斯研究统计力学,不仅为该学科奠定了基础,而且他提出的统计解释还被应用于量子力学。1901年,吉布斯获得了伦敦皇家学会的柯普利奖章,这是那个时代科学家能获得的最高荣誉。吉布斯于1903年辞世。

让我们遵循吉布斯的思路进行研究。所谓系综(ensemble)指的是 N (其中 N 是很大的数值)个物理系统的集合,它们与某个特定的系统在宏观上完全相同:即质量 m、体积 V 以及所有其他的宏观参数(例如系统所处的外电场或外磁场)都完全一样。我们还假定这 N 个系统都处于相同的热浴中,因此温度均为 T。随后我们考虑这个特定系统的微观状态,即根据力学定律、粒子间作用力以及系统受到的外力,对系统中所有粒子的运动进行完整的描述,并用标号 $i=1, 2, \cdots, K$ 来标记这些微观状态。对于当前的情况,i 表示一组参数,用以指明系统中所有粒子的状态,即它们的位置和速度[13]。令状态 i 的能量为 E_i,其中包含所有粒子的动能和它们相互作用的势能,如果还存在外部场,那么还应该包括粒子在外部场中的势能。现在产生了一个问题:如果令系综的总能量 $E_{\text{ensemble}}=N\bar{E}$ 保持不变,那么达到平衡后,N 个系统中处于状态 i 的系统占多大的比例?其中 $\bar{E}$ 表示每个系统的平均能量,它最终由温度决定。读者们可能已经意识到,这个问题和麦克斯韦求解的问题非常相似,后者讨论的是在系统总能量恒定的条件下分子的速率如何分布。因此我们沿用相同的方法,通过和式

---

[13] 从现在开始,我们所说的状态就表示系统的微观状态。

(9.23)进行类比，得到吉布斯系综的 N 个系统中处于状态 i 的比例 $f(i)$：

$$f(i)=Ce^{-E_i/kT}, \tag{9.32}$$

其中 $C=1/\sum f(i)$ 是归一化常数，它令 $\sum_i f(i)=1$。只有将式(9.23)中的 β 用式(9.32)中的 $1/kT$ 替代，我们才能将假想的 N 个系统的集合和现实联系起来。通过和热浴中的分子碰撞，系综建立起平衡分布。实际上我们没有这 N 个系统，但可以假定在合理的时段内，例如在比碰撞时间 $\tau\approx10^{-11}\,\mathrm{s}$ 高一两个数量级的时段内，系综包含的单个系统(实际上就是我们考虑的真实系统)处于状态 i 的时间占比就是式(9.32)给出的 $f(i)$。

原则上，只要知道系统处于状态 i 时物理量 A 的取值 A_i，就能计算得到系统的对应物理量的值。因此宏观测量得到的系综平均值 $\bar{A}$ 为

$$\bar{A}=\sum_i f(i)A_i, \tag{9.33}$$

其中 $f(i)$ 由式(9.32)确定[14]。

对于一个宏观系统而言，其能量介于 E 和 $E+\Delta E$ 之间的微观状态非常多，而把它们一个个数出来不现实。因此我们考虑系统的态密度 $\rho(E)$，而 $\rho(E)\Delta E$ 就表示能量介于 E 和 $E+\Delta E$ 之间的微观状态数。假定系统的质量和体积确定，让我们用态密度确定在温度 T 达到平衡时系统的平均能量 $\bar{E}$。根据式(9.32)和式(9.33)，将求和变成积分后得到：

$$\bar{E}=\frac{1}{C}\int E\rho(E)\mathrm{e}^{-E/kT}\,\mathrm{d}E, \tag{9.34}$$

其中 $C=\int\rho(E)\mathrm{e}^{-E/kT}\,\mathrm{d}E$。我们注意到，系统能量的波动与系统包含的分子数成反比，而由于宏观系统通常包含大量分子，能量波动可以忽略不计。因此我们就

---

[14] 吉布斯采用了稍微不同的方法得到了同样的结果。他考虑的是微正则系综，即构成系综的所有成员质量相同、体积相同，能量也相同，它们的能量都介于 E 和 $E+\Delta E$ 之间。如果 E_i 处于 E 和 $E+\Delta E$ 之间，则所有微观状态 i 出现的概率相同，$f(i)=1$，而如果 E_i 没有处于 E 和 $E+\Delta E$ 之间，则 $f(i)=0$。我们可以仿照式(9.33)计算任意热力学变量 A 的均值：$\bar{A}=\frac{1}{C}\sum_i f(i)A_i$，其中 $C=\sum_i f(i)$，这样计算得到的结果与文中给出的 $\bar{A}$ 相同。文中采用的是正则系综，其中保持恒定的是温度 T 而不是能量 E；而对于宏观系统，能量的波动非常小，因此采用这两种系综得到了相同的结果。利用微正则系综可以直接导出正则系综的性质，我们在此不赘述。值得注意的是，玻尔兹曼在他 1884 年发表的文章中也考虑了这样的系综，但是没有像吉布斯那样进行了深入细致的研究。

用 E 表示系统的平均能量 $\overline{E}$，它当然是温度的函数。

最后，我们把系统的熵 S 和微观状态数联系起来，和式(9.31)类比后我们得到：

$$S = k\ln[\rho(E)\Delta E] = k\ln[\rho(E)], \tag{9.35}$$

其中令 $\Delta E = 1$，而该能量单位和系统的能量 E 相比非常小。如果我们能根据系统的微观结构计算 E 和 S，那么就能根据已知的热力学关系式，确定系统的其他宏观性质。这在实际中通常很难实现，但是我们总可以建立近似的模型来解释观测到的现象。

9.2.4 均分定理

如果可以把一个系统的能量表示为一组形为 $A\xi^2$ 的项的和，其中 A 为常量而 ξ 为一个连续变量，那么该系统就适用均分定理。自由粒子就是一个很好的例子，粒子的平动动能为：

$$\frac{mv_x^2}{2} + \frac{mv_y^2}{2} + \frac{mv_z^2}{2}. \tag{9.36}$$

它每一项的形式都是 $A\xi^2$，其中 $A = m/2$，而 ξ 分别为 v_x，v_y，v_z，$-\infty < \xi < +\infty$。上式中每一项都为粒子的平衡态能量 $\overline{E}$ 做出贡献，而根据式(9.33)有：

$$\overline{A\xi^2} = \frac{\int_{-\infty}^{+\infty} A\xi^2 \mathrm{e}^{-A\xi^2/kT}\,\mathrm{d}\xi}{\int_{-\infty}^{+\infty} \mathrm{e}^{-A\xi^2/kT}\,\mathrm{d}\xi} = \frac{kT}{2}. \tag{9.37}$$

由上式可知自由粒子在温度为 T 时的平均平动动能为 $3kT/2$，与式(9.27)预言的结果吻合。

均分定理也适用于线性谐振子气体。我们还记得谐振子的能量为：

$$E_v = \frac{mv^2}{2} + \frac{kx^2}{2}, \tag{9.38}$$

其中速度 v 和位置 x 的取值范围都是 $(-\infty, +\infty)$。式(9.38)中两项的形式均为 $A\xi^2$，因此振子在温度 T 的平均振动能为 kT。

式(9.37)同样适用于分子围绕轴线的转动能，参见式(7.9)：

$$E_{\text{rot}}=\frac{I\omega^2}{2}, \tag{9.39}$$

其中 I 表示分子关于转轴的转动惯量，而 ω 是转动的角速度，它同样可以任意取值，因此分子转动也对平均能量贡献 $kT/2$。

让我们根据上述结果讨论双原子分子，例如氢气分子。对于双原子分子，围绕分子轴（即两个原子的连线）的转动惯量实际上等于 0，因此分子只有两个独立的转动，分别围绕垂直于分子轴的两条轴线。假定氢气包含 N 个分子，温度为 T，则分子转动对气体能量 $\bar{E}$ 的贡献为 $2(kT/2)N$，分子振动的贡献为 $2(kT/2)N$，而分子平动的贡献为 $3(kT/2)N$；因此气体的总能量为 $\bar{E}=7(kT/2)N$，继而得到气体的比热容为 $c_V=(7/2)kN$。研究表明，当温度足够高时情况的确如此，但如果温度很低就会出现很大的偏差，如图 9.11 所示。似乎在低温时分子的转动和振动被冻结了，而只有当温度升高以后这两种运动才会活跃起来。经典物理无法解释这种现象，而量子力学最终解开了这个谜团（参见第 14.6.3 节）。

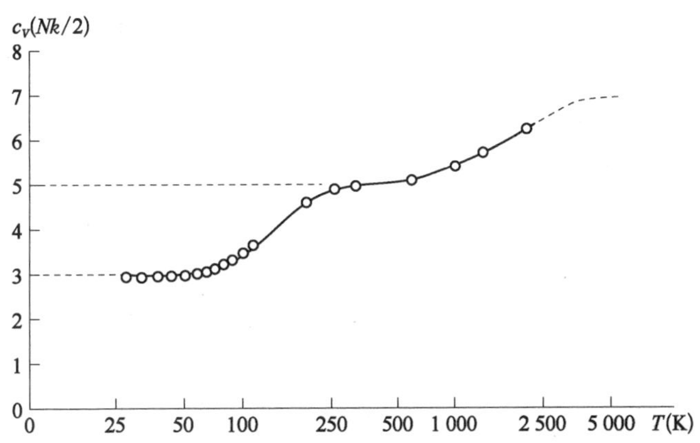

图 9.11　氢气的比热容（单位为 $Nk/2$）随着温度 T 的改变

请注意温度采用了对数坐标。（选自 Holton G, Brush S G. Introduction to Concepts and Theories in Physical Science. 2nd ed. Princeton University Press, 1985.）

9.2.5　波动

我们在第 9.2.2 节和第 9.2.3 节看到，宏观系统达到热平衡后，系统的热力学性质围绕均值的波动非常小，可以忽略不计。但是在某些情况下，这种波动会显现出来，让我们举两个例子来说明。

第一个例子和天空的颜色有关。当体积 V 很大的气体达到热平衡后，我们在其中任取微小体积 ΔV；只要 ΔV 足够大，它包含的分子数 ΔN 就基本上保持不变，即 ΔN 相对 $\overline{\Delta N}$ 的偏差很小而可以忽略不计。现在考虑光穿过物质，此时临界体积为 $\Delta V=\lambda^3$，其中 λ 是光的波长，对于可见光 λ 约为 10^{-6} 米。λ 比分子尺寸大 1 000 倍，因此 ΔV 足以被看作是宏观体积。如果 ΔV 中 ΔN 的波动可以忽略不计，就像在玻璃或其他物质中那样，那么光就会发生折射而不是散射。然而在大气中，ΔV 中的分子数比较少，而气体密度的波动就产生了一定的影响。事实上，正是由于气体密度的波动使阳光发生散射，因此让天空看起来是蓝色而不是黑色的。

第二个例子是布朗运动。如果把尺寸约为 10^{-6} 米的微小粒子放在液体中，它们会进行不规则的运动，如图 9.12 所示。1827 年，苏格兰植物学家罗伯特·布朗(Robert Brown)首次观测到这种不规则运动，而这种运动就被称为布朗运动。当时，布朗用光学显微镜观察水中的花粉粒子，花粉粒子的尺寸约为 1/5 000 英寸(1 英寸＝0.033 3 米)。布朗写道："经过反复观察，我发现这种运动既不是来自液体流动，也不是来自液体蒸发，而是缘自粒子本身的特性。"后来布朗和其他科学家又发现其他粒子在水中或其他液体中也有类似的运动。1865 年，一个研究小组证明，这种运动持续了一整年也没有丝毫减弱。

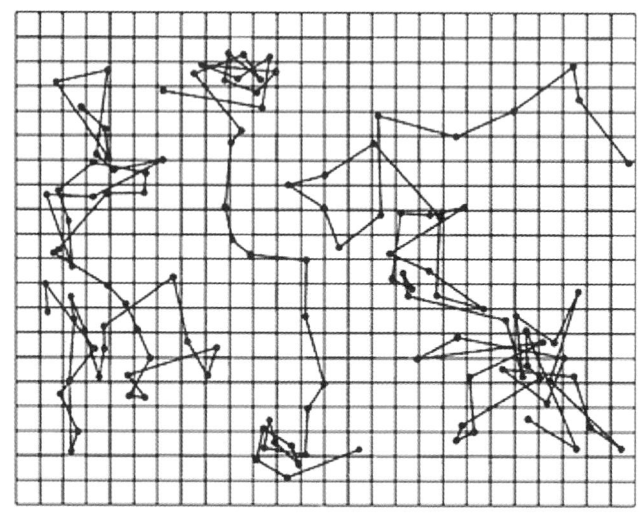

图 9.12　用显微镜观测到的粒子在液滴中的布朗运动(投影到水平面上)

图中用直线段连接了粒子在 30 秒内移动的连续位置。

继布朗发现这种运动 50 年后，科学家提出了定性的解释，后来的研究表明他们的解释是正确的。他们提出："如果假定液体由热运动的分子构成，那么在液体中悬浮的微粒就会在各个方向上不断地受到液体分子的碰撞，而微粒由此产生了布朗运动。"要知道，当时科学界还没有完全接受原子/分子理论。尽管许多科学家欣赏原子观念，但也只是把它当作一个很好的假说。当爱因斯坦在 1905 年撰写论文讨论布朗运动时，原子论和布朗运动依然没有建立明确的联系。爱因斯坦发表于《物理年鉴》(*Annalen der Physik*)的文章名为《根据热的分子运动论探讨悬浮在静态液体中的微小粒子的运动》(On the Movement of Small Particles Suspended in a Stationary Liquid Demanded by the Molecular Kinetic Theory of Heat)。文章中，爱因斯坦非常广泛地探讨了上述题目定义的问题，其中只偶尔提到了布朗运动。爱因斯坦在文章的开头写道："本文讨论的运动可能和所谓的布朗分子运动相同，但关于后者我掌握的信息不够精确，因此不能对这种运动进行评论。"

由于悬浮在液体中的粒子很小，因此在单位时间内它只受到少量分子的碰撞，而这些碰撞产生的合力显著地偏离粒子在较长时间内受到的平均力，因此使粒子运动；试考虑一个较大的物体，分子碰撞对它产生的合力基本上等于零。爱因斯坦假定悬浮粒子受到的合力是随机的，即粒子以相同的概率受到来自各个方向的冲撞。为了简化计算，爱因斯坦假定悬浮粒子是半径约为10^{-3}厘米的小球，而液体分子是半径约为10^{-8}厘米的小球，由此导出粒子在时间 t 内运动的平均位移 Δ：

$$\Delta=k\sqrt{\frac{Tt}{r\eta}}, \tag{9.40}$$

其中 k 是适用于所有液体的常量，T 是液体温度，r 是悬浮粒子的半径，而 η 表征液体的黏度。这些物理量的作用很明确：温度越高液体的热运动越剧烈，而液体分子与悬浮粒子的碰撞就越有力；另一方面，粒子的半径越大或是液体的黏度越大，碰撞就越不容易推动粒子运动。Δ 与 t 的平方根而不是 t 本身成正比，这正是随机碰撞的结果，是布朗运动同时也是扩散(参见第 9.2.6 节)的重要性质。1908 年，法国物理学家让・巴蒂斯特・皮兰(Jean Baptiste Perrin)用实验证实了爱因斯坦的公式，让那些怀疑论者最终接受了原子假说。

9.2.6 扩散

我们对扩散现象很熟悉：如果在大箱子的一角释放少量气体，就算没有外力推动气体分子，过一会儿气体也会扩散并在箱子里均匀分布。为了简化问题，我们假定箱子很长(从 $-\infty$ 到 $+\infty$)，它的截面积为 A，而粒子的密度 $n(x, t)$ 只随 x 改变。在这种情况下，$n(x, t)A\mathrm{d}x$ 给出了 t 时刻箱子中 x 和 $x+\mathrm{d}x$ 之间的粒子数。由于系统包含的总粒子数保持不变，我们有：

$$\frac{\partial n(x, t)}{\partial t}A\mathrm{d}x=[J_{\mathrm{dif}}(x, t)-J_{\mathrm{dif}}(x+\mathrm{d}x, t)]A=-\frac{\partial J_{\mathrm{dif}}(x, t)}{\partial x}A\mathrm{d}x, \tag{9.41}$$

其中 $J_{\mathrm{dif}}(x, t)$ 表示扩散流密度，即 t 时刻单位时间内通过 x 处单位面积的粒子数。我们假定 $J_{\mathrm{dif}}(x, t)$ 和粒子密度的梯度成正比：

$$J_{\mathrm{dif}}=-D\frac{\partial n}{\partial x}, \tag{9.42}$$

其中 D 为扩散常量，它的单位是 m^2/s，由扩散粒子和扩散介质的性质以及温度决定。将式(9.42)代入式(9.41)我们得到：

$$\frac{\partial n}{\partial t}=D\frac{\partial^2 n}{\partial x^2}. \tag{9.43}$$

这就是所谓的(一维)扩散方程[15]。要求解这个方程必须要有初始条件

$$n(x, 0)=f(x)\text{(已知的某种分布)。} \tag{9.44}$$

你们可以证明式

$$\begin{aligned} n(x, t)&=n_0P(x, t),\\ P(x, t)&=\frac{1}{2\sqrt{\pi Dt}}\exp\left(-\frac{x^2}{4Dt}\right), \end{aligned} \tag{9.45}$$

[15] 在这里我们凭直觉导出了扩散方程；至少对于稀薄气体，我们可以根据玻尔兹曼输运方程导出扩散方程，并得出扩散系数 D 和温度及碰撞粒子性质之间的关系式。扩散方程不仅适用于稀薄气体，也适用于其他不同的系统。在大多数情况下，人们利用实验测定 D 与扩散粒子的性质、扩散介质的性质以及温度的关系。

满足式(9.43)。我们还注意到，在任意时刻 $\int_{-\infty}^{+\infty} P(x,\ t)\mathrm{d}x = 1$，这说明正如我们预料得那样，粒子总数保持恒定，不随时间改变。图 9.13 给出了两个不同时刻对应的 $P(x,\ t)$，其中 $t_2 > t_1$。随着 $t \to 0$，分布变得越来越尖锐，这意味着在 $t=0$，所有的粒子聚集在 $x=0$ 周围的无限小区域内。另一方面，当 $t \to \infty$ 时，分布达到均匀。

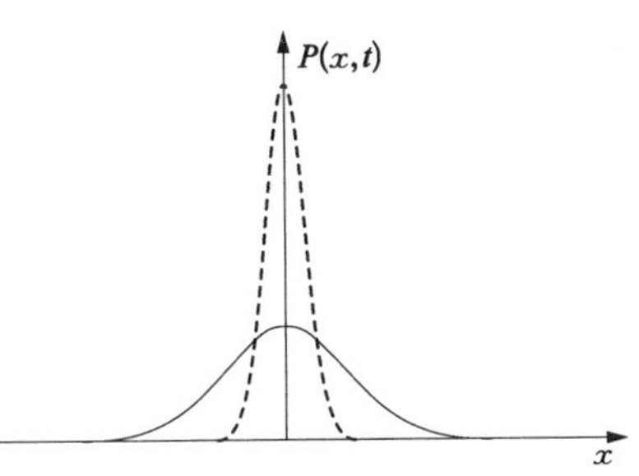

图 9.13　$t = t_1$ 时刻(虚线)和 $t = t_2 > t_1$ 时刻(实线)的 $P(x,\ t)$

我们可以把 $P(x,\ t)\mathrm{d}x$ 看作是最初位于 $x=0$ 的粒子在 t 时刻位于 x 和 $x+\mathrm{d}x$ 之间的概率，那么在 t 时刻粒子运动的均方距离为：

$$\overline{x^2} = \int_{-\infty}^{+\infty} x^2 P(x,\ t)\mathrm{d}x = 2Dt. \tag{9.46}$$

因此有：

$$\Delta \equiv \sqrt{\overline{x^2}} = \sqrt{2Dt}, \tag{9.47}$$

即扩散的平均距离与布朗运动的平均位移一样，都和 t 的平方根成正比。情况的确如此，因为扩散和布朗运动一样，也是由随机碰撞驱动的。但是我们不能像式(9.40)那样，说明 D 与扩散粒子的性质、扩散介质的性质以及温度的关系，因为这需要考虑粒子受到的微观碰撞。

练习

9.1　理想气体的体积从 V_0 膨胀到 V，计算气体从温度为 T 的热浴吸收的热量。

答案：$Q = NkT\ln\dfrac{V}{V_0}$，其中 N 是气体包含的原子/分子数，而 k 是玻尔兹曼常量。

9.2 理想气体的初始状态为 T_0，V_0，它绝热膨胀至体积 V，确定气体的温度，并计算气体做功。

提示：对于理想气体 $\mathrm{d}E=c_V\mathrm{d}T$，因此有 $-c_V\mathrm{d}T=\mathrm{d}W=P\mathrm{d}V=NkT\mathrm{d}V/V$，由此得到 $T=T_0(V/V_0)^{1-\gamma}$，其中 $\gamma=Nk/c_V+1=c_P/c_V$，其中 N 表示气体包含的原子/分子数，而 k 是玻尔兹曼常量。

答案：$W=\frac{P_0V_0^\gamma}{1-\gamma}\left(\frac{1}{V^{\gamma-1}}-\frac{1}{V_0^{\gamma-1}}\right)$，其中我们用到了 $NkT_0=P_0V_0$。

9.3 (a) 质量为 M 的液体在恒温恒压下蒸发(参见图 9.3b)，它从液态体积 V_l 增大到气态体积 V_g，确定该过程做功 W 以及系统的能量改变 ΔE。液体蒸发需要的热量为 $Q=ML_v$，其中 L_v 是液体蒸发的潜热。

答案：$W=P(V_g-V_l)$；$\Delta E=Q-W=ML_v-P(V_g-V_l)$。

(b) 标准大气压下，1 g 水的体积为 1 cm^3，它沸腾后产生的蒸汽体积为 1 671 cm^3。估计系统的能量改变 ΔE。对于水 $L_v=570$ cal/g。

答案：$\Delta E=2\,090$ J。

9.4 容器 A 和容器 B 都包含 N 个某种理想气体的分子，二者压强相同，但温度分别为 T_A 和 T_B。令容器 A 和容器 B 接触并达到平衡，估算系统的熵变 ΔS 并证明 $\Delta S\geqslant 0$。

解：两个容器达到平衡的温度为 $T_F=(T_A+T_B)/2$。假定变化过程可逆，则有：

$\Delta S=mNc_P\int_{T_A}^{T_F}\frac{\mathrm{d}T}{T}+mNc_P\int_{T_B}^{T_F}\frac{\mathrm{d}T}{T}=mNc_P\ln\frac{(T_A+T_B)^2}{4T_AT_B}\geqslant 0$，其中 m 是分子的质量。

9.5 利用公式 $F=E-TS$，$\mathrm{d}S=\mathrm{d}Q/T$，以及 $\mathrm{d}Q=\mathrm{d}E+P\mathrm{d}V$，证明：$P=-\left(\frac{\partial F}{\partial V}\right)_T$，$S=-\left(\frac{\partial F}{\partial T}\right)_V$。它们是描述热力学变量的麦克斯韦 8 个方程中的前 2 个方程。

9.6　用隔膜将体积为 V 的气缸分为 V_1 和 V_2 两部分，它们的气压分别为 P_1 和 P_2，而隔膜在温度 T 处于平衡位置。确定隔膜达到平衡位置需要满足的条件。

答案：当系统在温度 T 达到平衡，则系统的自由能 $F = F_1(V_1, T) + F_2(V_2, T)$ 达到最小值，其中 $V_1 + V_2 = V$。因此在平衡状态下 $\left(\frac{\partial F}{\partial V_1}\right)_T = \left(\frac{\partial F_1}{\partial V_1}\right)_T + \left(\frac{\partial F_2}{\partial V_1}\right)_T = 0$，它可以被写作 $\left(\frac{\partial F_1}{\partial V_1}\right)_T = \left(\frac{\partial F_2}{\partial V_2}\right)_T$，而根据麦克斯韦第一方程(参见练习 9.5)有：$P_1 = P_2$。这说明正如我们的预期，在平衡态下 V_1 和 V_2 的压强相等。

9.7　证明式(9.14a)。

证明：根据式(9.14)有 $-\Delta G = -\Delta G - P\Delta V - V\Delta P$。我们知道[参见式(9.13)后面的文字表述]，当 T 保持恒定时，有 $-\Delta F \geqslant P\Delta V$，因此如果 P 也保持恒定则 $\Delta P = 0$，我们有：$-\Delta G \geqslant 0$。

9.8　利用 $\Delta S = \Delta Q/T$ 写出热力学第一定律：$\Delta E = T\Delta S - P\Delta V$，并证明 $T = \left(\frac{\partial E}{\partial S}\right)_V$，这是另一个麦克斯韦方程。

9.9　根据焓的定义证明 $T = \left(\frac{\partial H}{\partial S}\right)_P$，这又是一个麦克斯韦方程，它让我们从新的角度考察绝对温度。

9.10　物质具有如下性质：

1. 在恒温 T_0 下体积从 V_0 变化到 V 做功：$W = RT_0\ln(V/V_0)$。
2. 物质的熵为 $S = R\,\frac{V_0}{V}\left(\frac{T}{T_0}\right)^{\alpha}$，其中 R，V_0，T_0，α 为常量。

计算：

(a) 物质的自由能 F。

答案：利用麦克斯韦第二方程有：

$$F(T, V)=-\frac{RV_0T^{\alpha+1}}{VT_0(\alpha+1)}+f(V), \tag{9.48}$$

其中 $f(V)$ 是 V 的函数,根据自由能的性质确定,即恒温下 $-\Delta F=\Delta W$;根据物质的性质(1)我们确定:

$$F(T_0, V)-F(T_0, V_0)=-RT_0\ln\left(\frac{V}{V_0}\right). \tag{9.49}$$

将(9.48)代入(9.49)就可以确定 $f(V)$:

$$F(T, V)=-\frac{RV_0T_0}{V(\alpha+1)}\left(\frac{T}{T_0}\right)^{\alpha+1}+\frac{RT_0}{(\alpha+1)}\left(1-\frac{V_0}{V}\right)-RT_0\ln\left(\frac{V}{V_0}\right)+C,$$

其中 C 为常量。

(b) 物质的状态方程。

答案:已知 $F(T, V)$ 我们可以利用麦克斯韦第一方程确定物质的状态方程:

$$P=\frac{RV_0T_0}{V^2}\left[\frac{V}{V_0}-\frac{1}{(\alpha+1)}\left(\frac{T}{T_0}\right)^{\alpha+1}-\frac{1}{(\alpha+1)}\right].$$

(c) 在任意恒定温度 T 体积从 V_0 膨胀到 V 做功是多少?

答案:$W=\int_{V_0}^{V}P(V, T)\mathrm{d}V=RT_0\ln\left(\frac{V}{V_0}\right)-\frac{(V-V_0)RT_0}{(\alpha+1)V}\left[\left(\frac{T}{T_0}\right)^{\alpha+1}-1\right]$。

9.11 当理想气体在温度 T 达到热平衡,其原子/分子的最概然速度 $v_{\max}$ 为多大?

提示:该速度使 $4\pi v^2f(v)$ 取得最大值,其中 $f(v)$ 为麦克斯韦-玻尔兹曼分布,因此有 $\mathrm{d}[4\pi v^2f(v)]/\mathrm{d}v=0$。

答案:$v_{\max}=\sqrt{\frac{2kT}{m}}$,其中 m 为原子/分子的质量。

9.12 根据式(9.27)之前的论述,证明 $v_{\mathrm{rms}}=\sqrt{\frac{3kT}{m}}$。

9.13 请先熟悉磁偶极子(参见练习 10.7)和电偶极子(参见第 10.4.3 节)的

概念,以及图 14.1 和图 14.3 所示的球坐标,然后再考虑本练习和练习 9.14。

假定磁偶极子的磁矩为 $\boldsymbol{\mu}$,它们不相互作用,这些磁偶极子构成的“气体”处于 z 方向的均匀磁场 $\boldsymbol{B}$ 中。当不存在磁场时,偶极子磁矩指向任意方向的概率相同,因此气体的磁性(单位体积内的磁矩)为零。当存在外磁场时,根据式(9.32),指向角度 θ, ϕ 方向(参见图 14.3)的立体角 $\mathrm{d}\Omega = \sin\theta\mathrm{d}\theta\mathrm{d}\phi$ 内的偶极子数量为:

$$\mathrm{d}N(\theta,\ \phi) = Ce^{-U(\theta)/kT}\sin\theta\mathrm{d}\theta\mathrm{d}\phi, \tag{9.50}$$

其中 $U(\theta) = -\mu B\cos\theta$ 表示偶极子在磁场中的势能(参见练习 10.7),而 C 为归一化常数。因此气体沿着磁场方向的磁性 $\boldsymbol{M}$ 为:

$$M = -N\mu\,\overline{\cos\theta},$$

其中 N 表示气体单位体积中的偶极子数,$\overline{\cos\theta}$ 表示根据式(9.33)确定的磁场和偶极子之间夹角余弦的平均值。

(a) 证明 $\overline{\cos\theta} = -\dfrac{1}{\alpha} + \dfrac{\mathrm{e}^{\alpha} + \mathrm{e}^{-\alpha}}{\mathrm{e}^{\alpha} - \mathrm{e}^{-\alpha}}$,其中 $\alpha = \mu B/kT$。

(b) 证明当 $T \to 0$ 时 $\overline{\cos\theta} \to 1$,即所有的偶极子都沿着磁场方向排列。

(c) 证明在高温下,随着 $T \to \infty$,$\overline{\cos\theta} \to 0$,即偶极子完全随机排列。

提示:$\int x\,\mathrm{e}^{ax}\,\mathrm{d}x = \dfrac{\mathrm{e}^{ax}}{a^2}(ax - 1)$。

9.14　假定电偶极子的偶极矩为 $\boldsymbol{p}$,它们不相互作用,这些电偶极子构成的“气体”处于 z 方向的均匀电场 $\boldsymbol{E}$ 中。当没有施加电场时,偶极子指向任意方向的概率相同,因此气体的偶极矩(单位体积内的偶极矩)为零。当存在外电场时,指向 θ, ϕ 方向立体角 $\mathrm{d}\Omega = \sin\theta\mathrm{d}\theta\mathrm{d}\phi$ 内的偶极子数量由练习 9.13 中的式(A)确定,但此时 $U(\theta) = -pE\cos\theta$ 表示偶极子在电场中的势能(参见练习 10.8),而 C 为归一化常数。因此,气体沿电场方向的偶极矩 P 为:

$$P = Np\,\overline{\cos\theta},$$

其中 N 表示气体单位体积中的偶极子数,$\overline{\cos\theta}$ 表示电场和偶极子之间夹角余弦的平均值。

证明练习 9.13 中的结果(a)、(b)和(c)对当前的情况也成立,只是此时 $\alpha = pE/kT$。

9.15 证明式(9.45)中的 $n(x, t)$ 满足扩散方程式(9.43)。

9.16 考虑厚度为 L 的平板，并假定温度在垂直于平板的方向（x 方向）上改变，则热流（单位时间内在垂直于 x 方向的单位面积上通过的热量）为：

$$F(x, t) = -K \frac{\partial u}{\partial x}. \tag{9.51}$$

该式为第7.2节提到的牛顿冷却定律的数学表达式，其中 $u(x, t)$ 表示 t 时刻平板 x 处的温度，$0 \leqslant x \leqslant L$，而 K 为材料的导热系数。如果更多的热量进入平板内 x 和 $x + \mathrm{d}x$ 之间的单元，那么单位时间内单元温度的改变量为：

$$(S\mathrm{d}x)\rho c \frac{\partial u}{\partial t} = [F(x, t) - F(x + \mathrm{d}x, t)]S,$$

其中 S 为平板的面积，$S\mathrm{d}x$ 是 x 和 $x + \mathrm{d}x$ 之间的平板体积，ρ 为平板的密度，而 c 为平板材料的比热容。由于 $F(x + \mathrm{d}x, t) = F(x, t) + (\partial F/\partial x)\mathrm{d}x$，则上述方程变为：

$$\rho c \frac{\partial u}{\partial t} = -\frac{\partial F}{\partial x} = K \frac{\partial^2 u}{\partial x^2},$$

其中我们用到了式(9.51)。最后，定义 $\kappa = K/\rho c$ 为材料的扩散系数，我们将上述方程表示成更紧凑的形式：

$$\frac{\partial u}{\partial t} = \kappa \frac{\partial^2 u}{\partial x^2}. \tag{9.52}$$

我们注意到，由此得到的热方程和第9.2节中的扩散方程式(9.43)的数学形式完全相同。

假定平板的横向表面绝热，而在 $t = 0$ 平板温度处处为零。令 $x = 0$ 的平板端温度为零，而令另一端的温度保持为 T_0，请确定平板达到稳态后的温度分布 $u(x)$ 以及对应的稳态热流 F。

答案：$u(x) = \frac{T_0}{L}x$，$F = \frac{-KT_0}{L}$。

9.17 假定一根很长的杆子，其圆柱表面绝热，在 $t = 0$ 时刻我们往杆子的中心注入热量，请根据式(9.45)给出的 $n(x, t)$ 说明热量怎样扩散。

9.18　根据狭义相对论(参见第 12 章)，任何粒子的速度 v 都不能超过光速 c，请进行下述计算证明这一点。假定某种气体在 3 000 K 达到热平衡，根据麦克斯韦-玻尔兹曼分布确定其中速度大于光速 c 的原子/分子所占的比例。由于这个比例非常小而可以忽略不计，因此该温度下的麦克斯韦-玻尔兹曼分布成立。

9.19　建议先阅读第 13 章和第 14 章再完成这个练习。

(a) 式(9.34)和式(9.35)分别描述了宏观系统的能量 E、熵 S 和系统的微观状态密度 $\rho(E)$ 之间的关系。这些方程在量子力学框架下是否成立？

答案：当然成立，因为这些公式的推导并没有依据微观状态的本质。但是我们必须把 $\rho(E)\mathrm{d}E$ 理解为量子力学定义的微观状态数，而这些微观状态是特定物理系统对应的哈密顿量在 E 和 $E+\mathrm{d}E$ 之间的能量本征态。

(b) 在量子力学中对微观状态的计数是否更加困难？

答案：在量子力学中对微观状态的计数在原则上更简单。不管用多少个量子数来定义一个能量本征态，这些量子数都是明确的；然而为了描述构成系统的粒子的经典运动，我们必须将 $\boldsymbol{r}$ 空间和 $\boldsymbol{p}$ 空间分成小的单元[例如式(9.21a)和式(9.21b)]，而这个过程有一定的随意性。

第 10 章
电磁学

10.1　早期历史

早在公元前 9 世纪，古希腊人就发现了磁现象。他们注意到一种矿石(就是现在所说的磁铁矿石)能吸引铁，而磁性(magnetic)一词就源自这种矿石的发现地马格尼西亚。古希腊人还知道摩擦过的琥珀(希腊名为 Ελεκτρον，即 electron)能吸引草屑或羽毛，而梳过头的梳子也能吸引碎纸片。但是古希腊人没有深入研究这些现象。

1269 年，皮埃尔·德·马里古(Pierre de Maricourt)研究了铁针在球状天然磁石附近的取向，他发现在磁铁的一端(即磁铁的北极)和另一端(即磁铁的南极)之间似乎存在圆弧状的闭合曲线，即所谓的磁场线，而针的取向与这些曲线相切。人们发现每块磁铁都有北极(N 极)和南极(S 极)，磁场线的分布大致如图 10.1 所示，而同性磁极相斥，异性磁极相吸。1750 年，约翰·米切尔(John Mitchell)利用扭称(即卡文迪什测量引力常数时采用的机构)进行实验，发现磁极之间的作用力与磁极间距离的平方成反比。

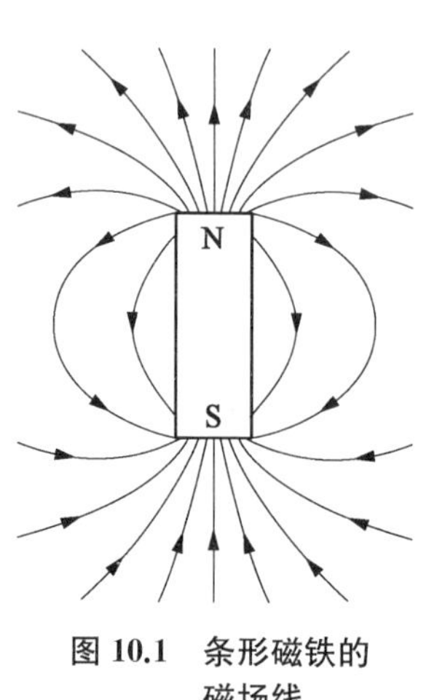

图 10.1　条形磁铁的磁场线

1600 年，威廉·吉尔伯特(William Gilbert)有了一项重大的发现，他发现磁针在地球表面的不同位置有特定的取向，这意味着地球是一个永久磁铁，它的尺寸很大但强度较弱，而它的 N 极和 S 极分别位于地理南极和地理北极。

10.2 静电学，稳态电流和磁性

10.2.1 静电学

本杰明·富兰克林(Benjamin Franklin)是对电现象进行科学描述的第一人。富兰克林生于 1706 年，是美国第一位杰出的物理学家，他同时还是成功的政治家和作家。富兰克林为推动美国的科技发展做出了卓越的贡献，例如他发起的费城讨论小组后来成为美国哲学学会，而他帮助创建的学院后来发展成为宾夕法尼亚大学。许多人知道是他发明了避雷针，这项发明和他的其他诸多发现有一定的关联[①]。富兰克林卒于 1790 年。

图 10.2 展示了富兰克林的一个实验。将毛皮摩擦过的橡胶棒悬挂在非金属丝上，如果用丝绸摩擦过的玻璃棒去靠近它，就会发现二者相互吸引。另一方面，两个毛皮摩擦过的橡胶棒彼此排斥，而两个丝绸摩擦过的玻璃棒也同样如此。富兰克林提出：如果假定存在两种电荷，同性电荷排斥而异性电荷吸引，那么上述观察结果就很容易解释。他把玻璃棒携带的电荷定义为正电荷，而把橡胶棒携带的电荷定义为负电荷。因此，如果某个物体被带负电的橡胶棒吸引，或者被带正电的玻璃棒排斥，那么它就携带正电荷。富兰克林提出，电荷或电荷的载体能从一个物体转移到另一个物体，从而使物体带电。用丝绸摩擦玻璃棒会使前者带正电后者带负电，而二者携带的电量相等；电荷永远不生不灭[②]。

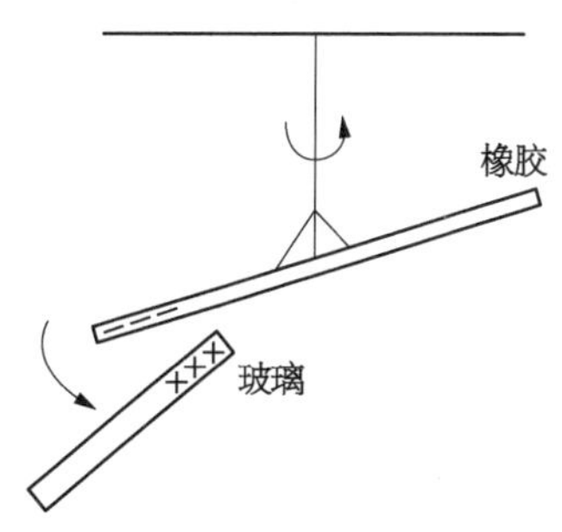

图 10.2 富兰克林实验的示意图

人们发现，对于橡胶、丝绸和玻璃等物体，摩擦产生的电荷固定在摩擦的位置，但是还有一些物体，例如金属棒、金属丝、潮湿的表面，还包括地球，电荷会在物体的表面散开。我们把前一类物体称作绝缘体，而把后一类物体称作电导体。

---

① 我们知道带电云团通过电火花对地球放电产生雷电，而避雷针作为电的导体，接收这些电荷并把它们安全地导向地面。

② 现在我们知道，在摩擦的过程中，负电荷即电子，从玻璃转移到丝绸。

因为电荷能在导体上运动,因此可以采用下面的方法让导体带电。将金属棒悬挂在绝缘丝线上,或者用绝缘的夹子固定。将摩擦后带电的绝缘棒靠近金属棒的一端使金属棒极化,即异号电荷受到吸引聚集在金属棒的近端,而同号电荷受到排斥被推到金属棒的远端。将金属棒的远端短暂接地能消除这部分电荷,而金属棒靠近绝缘棒的一端依然带电。最后把绝缘棒拿开,则金属棒上的电荷会在其表面分散。重复这个过程,可以让金属棒携带更多的电荷。用金属球代替金属棒也会得到同样的结果。

基于这个实验,人们设计出检验电荷量的仪器——验电器。在这个仪器中,两块矩形金叶片与导电棒连接构成一个导体,如果导电棒的另一端接收一定量电荷,那么电荷会在整个导体上散开,而电荷的排斥力会让金叶片张开。由于不同电量引发的张角不同,由此可以推断电量的大小。验电器同样可以检测其周围物体携带的电荷:外部电荷在导电棒的一端感应出异号电荷,而同号电荷被排斥到另一端的金叶片上,这同样会让金叶片张开。

法国科学家查尔斯·奥古斯丁·德·库仑(Charles Augustin de Coulomb)为电学发展做出了巨大的贡献。库仑生于1736年,作为工程师他参与了许多工程建设,并在1773年撰写的论文中讨论了与建筑有关的静力学摩擦和结合力。但是是库仑在1785年和1791年间对电和磁的研究让他享誉世界。

库仑最著名的工作是他测量了带电物体之间的作用力。他将两个金属球悬挂在真空中,球的直径远小于二者间距,因此可将金属球视为点;令金属球带电,然后利用扭称测量二者之间的力。库仑发现,点电荷 Q_1 和 Q_2 之间的力 F 与二者距离 r 的平方成反比,即我们熟知的库仑定律:

$$F = k_E \frac{Q_1 Q_2}{r^2}. \tag{10.1}$$

要知道同号电荷产生斥力,异号电荷产生引力。其中 k_E 为常数,它的数值取决于方程中各个变量的单位。如果选取所谓的静电单位,即单位电荷对单位距离处的另一个单位电荷产生一个单位的力,则有 $k_E=1$。库仑后来还研究了磁极之间的作用力,验证了米切尔的结果,发现磁极之间的引力和斥力也和距离的平方成反比。

将库仑定律写成矢量形式有助于我们后续的讨论。采用笛卡儿坐标系,并

将电荷 Q 固定在坐标原点，则 Q 在 $\boldsymbol{r}$ 产生电场 $\boldsymbol{E}(\boldsymbol{r})$：

$$\boldsymbol{E}(\boldsymbol{r})=\frac{k_{\mathrm{E}}Q}{r^{3}}\boldsymbol{r}, \tag{10.2}$$

而位于 $\boldsymbol{r}$ 的电荷 q 受到的力 $\boldsymbol{F}$ 为：

$$\boldsymbol{F}(\boldsymbol{r})=q\boldsymbol{E}(\boldsymbol{r}). \tag{10.3}$$

第一个方程说明电荷 Q 在其周围空间产生式(10.2)描绘的静电场 $\boldsymbol{E}(\boldsymbol{r})$，而电荷 q 在该电场中受到的力由式(10.3)确定。当 Q 为正时，$\boldsymbol{E}$ 与 $\boldsymbol{r}$ 同向，即从原点指向点 $\boldsymbol{r}$；当 Q 为负时，$\boldsymbol{E}$ 与 $-\boldsymbol{r}$ 同向，即从点 $\boldsymbol{r}$ 指向原点。当 q 为正时，$\boldsymbol{F}$ 与 $\boldsymbol{E}$ 同向，而当 q 为负时，$\boldsymbol{F}$ 与 $\boldsymbol{E}$ 反向。

我们注意到这个电场力的公式和式(7.36)类似，因此可以像式(7.39)那样把 $\boldsymbol{F}$ 表示成势能 $U(\boldsymbol{r})$ 的梯度。类比式(7.37)，由式(10.2)和式(10.3)得到：

$$\boldsymbol{F}=-\nabla U, \tag{10.4}$$

$$U(\boldsymbol{r})=qV(\boldsymbol{r});\ V(\boldsymbol{r})=\frac{k_{\mathrm{E}}Q}{r}. \tag{10.5}$$

我们把 $U(\boldsymbol{r})$ 称作 q 在 Q 产生的静电场中的势能，而把 $V(\boldsymbol{r})$ 称作 Q 产生的势场，它是单位正电荷在该电场中的势能。在推导过程中，我们考虑将电荷 q 从 $\boldsymbol{r}$ 移动到 $\boldsymbol{r}+\mathrm{d}\boldsymbol{r}$ 做的功：

$$\boldsymbol{F}\cdot\mathrm{d}\boldsymbol{r}=-\mathrm{d}U=U(\boldsymbol{r})-U(\boldsymbol{r}+\mathrm{d}\boldsymbol{r})=q[V(\boldsymbol{r})-V(\boldsymbol{r}+\mathrm{d}\boldsymbol{r})]. \tag{10.6}$$

我们用场描述电荷之间作用力，从而避免了超距作用。电荷通过场相互作用的情况的确存在，而在描述磁相互作用时我们也会用到场的概念，特别是当电场和磁场随时间变化时，这种观念的重要性会更加明显。电磁相互作用不是瞬时发生的，它以光速传播，但是静电荷之间的相互作用显然是瞬时的。类似的讨论也适用于引力，但是在牛顿的时代它们的重要性并不显著(参见广义相对论的部分)。

10.2.2 电池的发现

电学的下一个重大进步是电池的发现，故事是这样开始的。1786 年，意大利解剖学家路易吉・加尔瓦尼(Luigi Galvani)发现，如果把铜钩子插入挂在铁架子上的青蛙的脊髓，会使青蛙腿部肌肉收缩，而把钩子和架子换成其他金属也会出现同样的情况。加尔瓦尼认为青蛙的肌肉或神经中存在所谓的“生物电荷”,因此产生了这种现象。

亚历山德罗·伏打(Alessandro Volta)于1745年生于意大利科莫(Como),他在当地的公立学校教书,并在1774年成为科莫皇家学校的物理学教授。1791年前后,伏打对加尔瓦尼提出的生物电产生了兴趣。他很快就意识到,并不是青蛙腿产生了电流,而只要把一对适当的金属(即所谓的电极)放在适当的无机物(即所谓的电解质)中就会产生电流。就这样,伏打把锌棒和铜棒浸没在稀硫酸溶液中,在1800年制备了第一个电化学电池。电化学反应过程使锌电极带负电而铜电极带正电,因此在电池的两端产生静电场③。处于该电场中的带电粒子(携带电荷 q)受力为:

$$\boldsymbol{F} = -\nabla U(\boldsymbol{r}) = -q\nabla V(\boldsymbol{r}), \tag{10.7}$$

其中 $U(\boldsymbol{r}) = qV(\boldsymbol{r})$,它由两个电极终端聚集的所有电荷产生,是形如式(10.5)的许多项的和。我们要记住力的重要性质——它是势能场 $U(\boldsymbol{r})$ 的梯度,也就是说不管力沿哪条路径把 q 从点 $\boldsymbol{r}_A$ 运送到点 $\boldsymbol{r}_B$,它做的功总是等于 $U(\boldsymbol{r}_A) - U(\boldsymbol{r}_B)$。一般情况下,我们只想知道电场把 q 从电池正极运送到负极做了多少功。由于做功与 q 成正比,因此我们用电场运送单位电荷 $(q=1)$ 做的功来描述电池的性质,根据式(10.6)它就等于电池两极的电势差 V(正极) $-V$(负极),我们称其为电池电压,并用 V 表示。电压(Voltage)一词来自电压的单位伏特(Volt),后者为纪念伏打而得名,我们将在10.2.5节介绍这一单位。

伏打继续研制更高效的电池。他把多个银片和锌片交替排布,中间用浸透烯酸的布隔开;这种层状结构能在银终端积聚更多的正电荷,在锌终端积聚等量的负电荷,并且让电池两端产生恒定的电势差。尽管这样得到的电势差 V 较低,但它能提供稳定的电流。电池的发明是一个伟大的进步,因为在此之前人们只能断断续续地转移电荷,例如用摩擦和感应,或是让两个携带高电量的物体靠

③ 当一定比例的硫酸分解为 $2H^+$ 和 SO_4^{2-} 离子时,酸溶液(即电解质)的自由能最低。有些 SO_4^{2-} 离子和锌电极反应,将它们携带的额外电荷(两个电子)传递给后者。而氢离子从铜电极上获得电子产生氢气 $(2H^+ + 2e \rightarrow H_2)$。直到建立电化学平衡后该过程停止。在反应过程中,“化学能”转变为电池两端(就是电解质外部的两个电极的末端)产生的静电场的势能。如果把电池两端用导线连起来就会产生电流,而电场势能转变为其他形式的能量,如热能;与此同时,电解质内部的电化学反应继续进行以维持电池两端的电荷,直至电池耗尽。

近产生火花放电。为了表彰伏打的杰出贡献，拿破仑在 1810 年授予他伯爵称号。伏打于 1827 年辞世。

10.2.3　电流和磁性

在电磁学发展的最初阶段，电和磁被看作是两种独立的现象，二者似乎没有关联。尽管静电荷和磁极都有同性相斥、异性相吸的性质，但是二者截然不同，正负电荷可以单独存在而磁极总是成对出现，一块磁铁既有 N 极又有 S 极。更重要的是，静电荷不会和磁极相互作用，因此没有证据表明电和磁之间的紧密关系。电池的发明让人们得到了稳定的电流，从而最终发现了电和磁实际上紧密地联系在一起。1820 年，丹麦物理学家汉斯·奥斯特(Hans Oersted)[④]观察到下述实验现象：把磁针放在沿着南北方向拉伸的水平长导线的下方，而令导线通电后，磁针会从原来的南北指向变为东西指向[⑤]。电流显然在其周围产生磁场，而且该磁场比地磁场要强得多。因此，运动电荷(就是电流中的电荷)的行为与静止电荷的行为截然不同。

电磁学发展的下一个重大进步来自法国物理学家安德烈-玛丽·安培(Andre-Marie Ampere)。安培于 1775 年出生在里昂(Lyons)，是位少年天才，他没有接受正规的教育而是受教于自己的父亲[⑥]。1809 年安培成为巴黎综合工业学校的数学教授，1814 年他击败了自己从前的学生柯西当选为法国科学院院士。1824 年，安培还作为教授在法兰西公学院讲授电动力学。安培在数学上也颇有建树，他撰写了探讨变分法和泰勒级数的许多著作。在物理学上，他在 1814 年再次发现了阿伏伽德罗定律(参见第 8.4 节)，但是和阿伏伽德罗的遭遇一样，他的工作没有得到关注；此外，安培还对光的折射进行了研究。然而，是安培对电流和磁性的研究为他带来了巨大的声望。

1820 年得知奥斯特的发现后，安培进行了实验证实。他发现当两根平行的长

---

④　奥斯特于 1777 年出生在丹麦鲁德乔宾(Rudkøbing)，1794 年考入哥本哈根大学，1799 年获得博士学位，论文研究了哲学家康德(Kant)的工作，题目为《自然哲学的结构》(The Architectonicks of Natural Metaphysics)。1806 年奥斯特成为哥本哈根大学教授，他致力于研究电流和声波，对化学亦有贡献，并于 1825 年首次发现了金属铝。他还发表过诗作，诗集《飞艇》(*The Airship*)的灵感来自他物理学家兼魔术师的同事埃蒂安-加斯帕德·罗伯特(Etienne-Gaspard Robert)乘坐气球飞行的经历。奥斯特卒于 1851 年。

⑤　1802 年，意大利法理学家罗摩格诺瑟(Romognosi)也观察到同样的现象，但并未引起重视，这可能是因为相关的报道发表于《特伦蒂诺公报》(*The Gazetta de Trentino*)而不是学术期刊。

⑥　安培的父亲富有才华但遭遇不幸，他在 1793 年被雅各宾派处决。

导线分别通过电流 I_1 和 I_2 时，同向电流会使导线相互吸引，而反向电流则使导线彼此排斥。测量单位时间内通过导线截面的电荷数可以确定电流的大小，而电流的方向是正电荷流动的方向；因此如果携带电荷的粒子带负电，那么电流的方向就和粒子的运动方向相反。安培发现一根导线对另一根导线的微元 Δl 产生的力为：

$$F = 2k_{\mathrm{M}} \frac{I_1 I_2}{L} \Delta l, \tag{10.8}$$

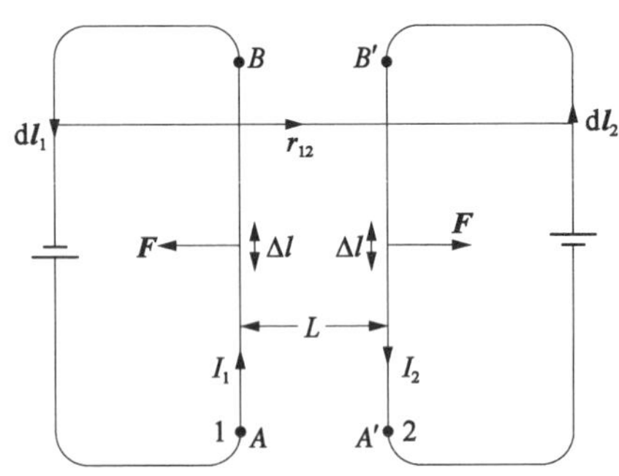

图 10.3 两段载流直导线之间的作用力

闭合回路的电流由电池提供。

其中 L 是导线之间的距离(参见图 10.3)，k_{M} 是测量单位决定的常数，而因子 2 的出现是为了方便后续对测量单位的讨论。当微元 Δl 位于导线的中部时(如图 10.3 所示)上式能给出很好的结果，而两段直导线越长结果就越好。

令导线 AB 的长度为 l，假定式(10.8)对导线 AB 上的大部分微元都适用，那么这些微元受到的总的力就是式(10.8)的 N 倍，其中 $N = l/\Delta l$ 是导线微元的个数。我们要记住电流 I_1 只能在连接电池的闭合电路中存在(参见图 10.3)，I_2 也是如此。因此我们最终只需要一个公式，由它给出电路 1 对电路 2 的作用力，亦即电路 2 对电路 1 的作用力⑦。

作为一名年轻的医生，费利克斯·萨伐尔(Felix Savart)⑧花在研究物理上的时间比诊治病人的时间还多。1819 年，萨伐尔离开梅斯前往巴黎，在那里与

---

⑦ 电路 1 对电路 2 产生的力 $\boldsymbol{F}_2$ 由下面的公式确定：$\boldsymbol{F}_2 = -k_{\mathrm{M}}\oint_1\oint_2[\mathrm{d}\boldsymbol{l}_1 \cdot \mathrm{d}\boldsymbol{l}_2 \boldsymbol{r}_{12}/(r_{12})^3] I_1 I_2$。这个奇怪的双重积分要这样来理解：我们将电路 1 分成许多小的线段微元 $\mathrm{d}\boldsymbol{l}_1$，它的方向是电流 I_1 流动的方向；电路 2 也被分成许多线段微元 $\mathrm{d}\boldsymbol{l}_2$，它的方向由 I_2 流动的方向确定；由于电路弯曲成回路，因此这些线段元的方向各不相同。对于每一对线段元 $\mathrm{d}\boldsymbol{l}_1$ 和 $\mathrm{d}\boldsymbol{l}_2$，我们计算方括号中的 $\mathrm{d}\boldsymbol{l}_1 \cdot \mathrm{d}\boldsymbol{l}_2 \boldsymbol{r}_{12}/(r_{12})^3$ 得到一个矢量，这个矢量沿着 $\boldsymbol{r}_{12}$ 的方向。其中 $\boldsymbol{r}_{12}$ 是从 $\mathrm{d}\boldsymbol{l}_1$ 指向 $\mathrm{d}\boldsymbol{l}_2$ 的位移矢量，r_{12} 是 $\boldsymbol{r}_{12}$ 的大小，$\mathrm{d}\boldsymbol{l}_1 \cdot \mathrm{d}\boldsymbol{l}_2$ 是 $\mathrm{d}\boldsymbol{l}_1$ 和 $\mathrm{d}\boldsymbol{l}_2$ 的标量积，根据式(7.28)的定义来计算。积分符号说明我们必须把所有这些矢量加起来。如果电路 1 有 N 段 $\mathrm{d}\boldsymbol{l}_1$ 而电路 2 有 M 段 $\mathrm{d}\boldsymbol{l}_2$，那么共有 $M \times N$ 对线段元，因此要将 MN 个矢量加起来。我们也可以用这个公式确定电路 2 对电路 1 产生的力 $\boldsymbol{F}_1$，只要用 $\boldsymbol{r}_{21} = -\boldsymbol{r}_{12}$ 代替 $\boldsymbol{r}_{12}$ 就能得到 $\boldsymbol{F}_1 = -\boldsymbol{F}_2$，遵循牛顿第三定律。

⑧ 萨伐尔于 1791 年生于法国梅济耶尔(Mezieres)。在梅斯医院接受培训后，他于 1812—1814 年间在拿破仑的军队中担任外科医生，并于 1816 年在斯特拉斯堡大学获得医学学位。1817 年萨伐尔在梅斯开业行医，但是就在同一年，由于对物理学感兴趣他放弃了医生的职业。1827 年萨伐尔当选为法国科学院物理学部的院士，以代替当年早些时候过世的菲涅耳。萨伐尔于 1841 年辞世。

让-巴普蒂斯特·毕奥(Jean-Baptiste Biot)⑨会面,希望与他探讨关于乐器声波的问题。当时毕奥正讲授声学,他很欢迎萨伐尔的到来。然而当了解到奥斯特的发现以后,毕奥和萨伐尔决定一起研究这个新的课题。他们根据磁针偏转的程度确定载流导线在周围空间产生的磁场强度,并提出一个公式来衡量稳态电流周围空间的磁场 $\boldsymbol{B}$。他们在 1820 年向科学院提交了研究结果,即毕奥-萨伐尔定律:

$$\boldsymbol{B}_2 = k_{\mathrm{M}} I_1 \oint_1 \frac{\mathrm{d}\boldsymbol{l}_1 \times \boldsymbol{r}_{12}}{(r_{12})^3}. \tag{10.9}$$

我们参考图 10.4 来解释这个公式。我们将电路 1 分成 N 个线段微元 $\mathrm{d}\boldsymbol{l}_1$,而每个线段微元在位置 2(就是图中 $\mathrm{d}\boldsymbol{l}_2$ 所在位置)产生与 $\mathrm{d}\boldsymbol{l}_1 \times \boldsymbol{r}_{12}/(r_{12})^3$ 成正比的磁场,其中矢量积的计算参见第 7.1.1 节。积分符号表明,电路 1 在位置 2 产生的总磁场是 N 个线段微元 $\mathrm{d}\boldsymbol{l}_1$ 在该点产生的磁场的矢量和。确定了载流电路 1 在其周围产生的磁场,如果再有公式说明磁场对电流怎样作用,我们就能计算电路 2 上的线段微元 $\mathrm{d}\boldsymbol{l}_2$ 受到的作用力。如果考虑长直导线之间的作用力,那么这个公式给出的结果必须和安培发现的结果完全相同。磁场对电流作用的公式很简单,$\mathrm{d}\boldsymbol{l}_2$ 处的磁场 $\boldsymbol{B}_2$ 在该处产生力 $\mathrm{d}\boldsymbol{F}_2$,它是 $\mathrm{d}\boldsymbol{l}_2$ 和 $\boldsymbol{B}_2$ 的矢量积再乘以通过前者的电流 I_2,我们有:

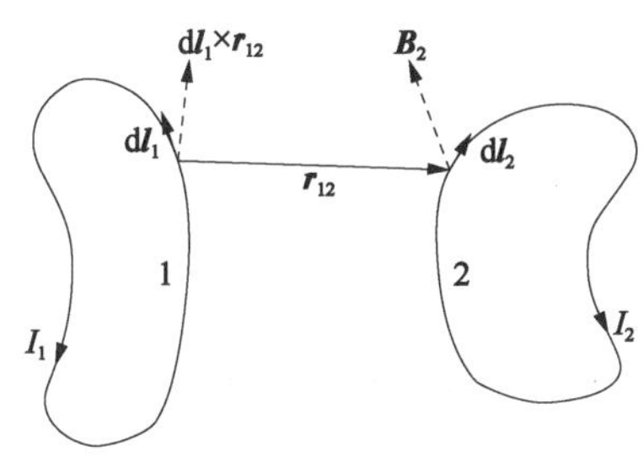

图 10.4　毕奥-萨伐尔定律

$$\mathrm{d}\boldsymbol{F}_2 = I_2 \mathrm{d}\boldsymbol{l}_2 \times \boldsymbol{B}_2, \tag{10.10a}$$

其中 $\mathrm{d}\boldsymbol{l}_2$ 的方向就是该点电流的方向。我们同样将电路 2 分成许多线段微元 $\mathrm{d}\boldsymbol{l}_2$,而电路 1 对整个电路 2 产生的力 $\boldsymbol{F}_2$ 就是所有线段微元 $\mathrm{d}\boldsymbol{l}_2$ 受力的矢量和,写作公式为:

$$\boldsymbol{F}_2 = I_2 \oint_2 \mathrm{d}\boldsymbol{l}_2 \times \boldsymbol{B}_2. \tag{10.10b}$$

---

⑨　毕奥于 1744 年生于巴黎,1797 年他在伯韦被任命为数学教授,并在 1800 年成为法兰西公学院的物理学教授,而 3 年后当选为科学院院士。毕奥的研究领域是电磁学、光学和天文学。他于 1862 年辞世。

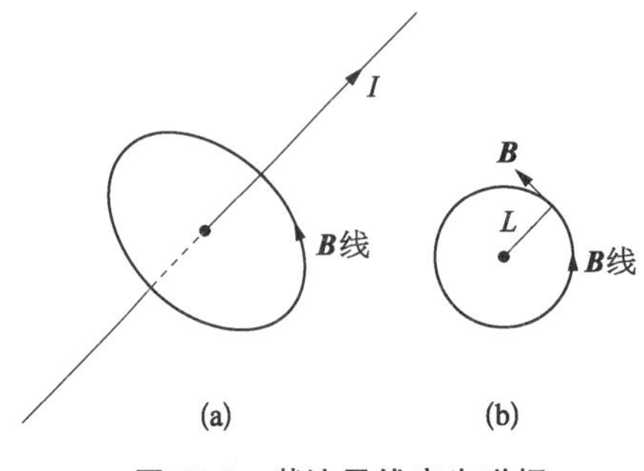

图 10.5 载流导线产生磁场

(a) 长直导线产生的磁场示意图。(b)导线垂直于纸面，电流从纸面向外流出。

将式(10.9)代入式(10.10b)，我们就得到了两个电路之间的作用力的公式(参见脚注⑦)。

令长直导线沿坐标系的 z 轴伸展，导线的两端在理论上可以延伸到无限远，我们根据式(10.9)计算它产生的磁场 $\boldsymbol{B}$，图 10.5 给出了磁场的示意图。我们在图中用磁场线(即 $\boldsymbol{B}$ 线)描绘磁场，磁场线围绕导线闭合，它所处的平面与导线垂直。磁场与磁场线相切，其大小与通过导线的电流 I 成正比，与磁场线的半径 L 成反比。我们有 $B=2k_{\mathrm{M}}I/L$，这意味着对于长直导线，方程

$$\oint \boldsymbol{B}\cdot \mathrm{d}\boldsymbol{l}=\frac{2k_{\mathrm{M}}I}{L}2\pi L=4\pi k_{\mathrm{M}}I \tag{10.11}$$

成立，其中方程左侧围绕半径为 L 的圆环进行积分。由于 $\boldsymbol{B}$ 与该圆环相切，因此 $\boldsymbol{B}\cdot \mathrm{d}\boldsymbol{l}=B\mathrm{d}l=(2k_{\mathrm{M}}I/L)\mathrm{d}l$，围绕圆环的积分就等于 $(2k_{\mathrm{M}}I/L)2\pi L$。

1825 年，安培经过反复的实验和理论研究提出公式：

$$\oint_C \boldsymbol{B}\cdot \mathrm{d}\boldsymbol{l}=4\pi k_{\mathrm{M}}I, \tag{10.12}$$

对于通过恒定电流 I 的任意导体，上述公式对围绕它的任意闭合路径 C 成立。闭合路径可以是圆形、椭圆形、正方形等任意形状，它甚至不一定是平面上的闭合曲线，例如它可以是在球面上绘制的任意闭合曲线，只要有电流 I 穿过这个路径就可以。电流的正方向可以任意选取，但是我们依惯例沿着逆时针方向计算式(10.12)的积分，而根据右手定则确定电流的正方向，如图 10.5b 所示。式(10.12)就是安培定律，它与实验结果吻合，在电磁学的发展过程中起到了关键性的作用。我们注意到，当多条载流导线同时穿过闭合路径 C 时安培定律依然成立，但此时 I 是各条导线通过的电流之和。

安培显然是制造电流计测量电流的第一人。他采用适当形状的永久磁铁提供磁场，将矩形线圈沿竖直方向放置在磁场的 N 极和 S 极之间，线圈两侧与弹簧连接。当线圈通过电流时它会偏转一定的角度，电流越大偏转角度就越大，而弹簧产生的回复力扭矩与磁场产生的扭矩平衡。线圈上连接的指针随着线圈转

动，根据刻度盘的读数可以读出电流的大小。1827 年，安培发表长篇回忆录，总结他在此前 7 年对电磁现象的理论和实验研究。此后安培就对物理学失去了兴趣，他于 1836 去世。

10.2.4　电磁单位

我们一直对电磁学物理量的单位避而不谈，现在是时候讨论它们了。人们最早采用电荷静电单位(electrostatic unit of charge, esu)来度量电荷量，即分别用厘米(cm)、克(g)和秒(s)度量长度、质量和时间，而令式(10.1)中的 $k_E=1$ 导出电荷的单位。依定义，1 esu 的电荷对相距 1 cm 的等量电荷产生的力为 1 dyne = 1 g • cm • s^{-2}，因此 1 esu 电荷就等于 $1\,[\text{dyne}\cdot\text{cm}^2]^{1/2}=1\,[\text{g}\cdot\text{cm}^3\cdot\text{s}^{-2}]^{1/2}$。根据电荷静电单位可以导出其他电学单位。

另一方面静磁学还需要电流的单位，它被称作电磁单位(electromagnetic unit, emu)，基于令式(10.8)的 $k_M=1$ 导出。依定义，如果两根无限长的平行直导线都通过 1 emu 的电流，当二者相距 1 cm 时，每厘米长的导线受到的力为 2 dyne，因此由式(10.8)得到：$(1\ \text{emu})^2=2\ \text{dyne}$。电流单位 emu 和厘米-克-秒(cgs) 单位构成所谓的电磁单位制。

电荷静电单位 esu 和电磁单位 emu 之间的比例关系可以用下面的方法来确定。令 I 表示通过导体截面 A 的电流，电流密度矢量 $\boldsymbol{j}$ 沿电流方向，其大小为 $j=I/A$。电流密度与导体的电荷密度 ρ (即单位体积的电荷数)满足 $\boldsymbol{j}=\rho\boldsymbol{u}$，其中 $\boldsymbol{u}$ 为载流子的运动速度。我们用静电单位表示电荷密度 (ρ_{esu}) 而用电磁单位表示电流密度 ($\boldsymbol{j}_{\text{emu}}$)，则二者满足：

$$\boldsymbol{j}_{\text{emu}}=\frac{\rho_{\text{esu}}\boldsymbol{u}}{c}, \tag{10.13}$$

其中载流子(即金属导体中的电子)的速度 $\boldsymbol{u}$ 在两个单位制中都用 cm • s^{-1} 度量，而 c 就是两个单位的比值。在 1860 年，韦伯(Weber)和科尔劳施(Kohlrausch)通过研究电容器的放电过程，首次确定了比值 c[⑩]。他们发现在测量的精度范围内，c 在数值上等于光速。这是一项重大的发现，因为它预示着光在本质上与电

⑩　将几个导体用绝缘体隔开就能制备电容器，它可以存储电荷。常见的电容器有平板电容器，如图 10.15 所示，以及球形电容器。

磁现象有关,至少麦克斯韦是这样认为的。根据上述方程还得出了一个更重要的结论:磁力比电力弱 c^2 倍!

韦伯与高斯合作,将静电单位和电磁单位统一起来,开发了所谓的高斯单位制,我们在此不打算详细介绍。我们现在使用的电磁学单位是乔治(E. Giorgi)在 1901 年提出的米-千克-秒(mks)单位制,它分别用米 (m),千克 (kg) 和秒 (s) 度量长度、质量和时间,用安培 (A) 为单位度量电流。最初人们定义 1 A 等于 0.1 emu,而安培现在的定义是:将两个截面面积可忽略的无限长平行直导体置于真空内,如果它们都通过 1 A 的电流,则当它们相距 1 m 时二者之间的力为 $2\times10^{-7}\ \mathrm{N\cdot m^{-1}}$。mks 单位制中电荷的单位是库仑(Coulomb, C),它是 1 A 电流 1 s 输送的电量,而所有其他物理量的单位都可以根据上述单位导出。在 mks 单位制中,式(10.1)中的常数 k_E 为:

$$k_E=\frac{1}{4\pi\varepsilon_0};\ \varepsilon_0=\frac{10^7}{4\pi c^2}=8.854\,34\times10^{-12}\mathrm{F\cdot m^{-1}},\tag{10.14}$$

其中 c 是光速,F 表示法拉第,$1\ \mathrm{F}=1\mathrm{C^2\cdot s^2\cdot kg^{-1}\cdot m^{-2}}$,常数 ε_0 被称作真空介电常数。式(10.8)及式(10.11)中的常数 k_M 为:

$$k_M=\frac{\mu_0}{4\pi};\ \mu_0=4\pi\times10^{-7}\ \mathrm{H\cdot m^{-1}},\tag{10.15}$$

其中 H 表示亨利,$1\ \mathrm{H}=1\ \mathrm{kg\cdot m^2\cdot C^{-2}\cdot s^{-1}}$,常数 μ_0 被称作真空磁感应率。我们注意到:

$$\varepsilon_0\mu_0=\frac{1}{c^2}.\tag{10.16}$$

10.2.5 欧姆定律

有了电池就能在导线中建立稳定的电流,而许多科学家开始测量不同材质导线中通过的电流,德国物理学家欧姆就是其中之一。乔治·西蒙·欧姆(Georg Simon Ohm)生于 1787 年,他曾在科隆、柏林、纽伦堡等地的大学教书,而从 1849 年直到 1854 年逝世,欧姆一直在慕尼黑大学任教。欧姆在 1827 年提出了以他名字命名的定律,即式(10.17)。

如果将导线两端分别连接电池的正极和负极,那么就会产生从正极流向负极的电流，用电流计可以测量该电流的大小。我们说正电荷从正极流向负极，或者等价地说负电荷从负极流向正极。欧姆发现不管采用什么材质的导线，它通过的电流 I 与电池电极之间的电势差 V 成正比，即 I 和 V 满足下面简单的关系：

$$I=\frac{V}{R}, \tag{10.17}$$

其中 R 是常数，它被称作导体的电阻。如果一段均匀的导线长度为 L，截面积为 A，则导线的电阻为：

$$R=\frac{1}{\sigma}(L/A), \tag{10.18}$$

其中 σ 被称作电导率，它由导线的材质决定；$1/\sigma$ 被称作材料的电阻率。

如果我们把电势差表示为 $V=EL$，其中 E 是导线中的电场强度，而把电流表示为 $I=jA$，其中 j 是电流密度，则欧姆定律的物理图像会更加清晰。我们将上面两个式子代入欧姆定律，并与式(10.18)联立后得到：

$$j=\sigma E. \tag{10.19}$$

此外我们还知道 $j=\rho u$，其中 ρ 是导线的电荷密度，即单位体积的电荷数，而 u 是载流子的平均速度。由此可以得出：当电场 $E=V/L$ 恒定时速度 $u=(\sigma/\rho)E$ 为常数。这意味着连接电池施加电场以后，在导线中产生类似摩擦力的阻力，它与电场驱动载流子的力对抗，使载流子达到恒定的速度，而电流也从零升高到式(10.17)确定的稳定数值。因此，电场(即电池)需要做功来维持稳定电流，而做功的能量转化为热量被消耗，这就是电暖器的工作原理。

由于电流密度和电场强度都是矢量，因此有：

$$\boldsymbol{j}=\sigma\boldsymbol{E}. \tag{10.20}$$

不管导体具有什么形状，以及电场怎样随着位置改变，上述公式普遍成立。对于线状导体，电流沿着导线流动，而导线的方向就决定了电流的方向。

在 mks 单位制中，电阻 R 的单位是欧姆，根据式(10.17)有：$1\ \Omega=(1\ \mathrm{V})/(1\ \mathrm{A})$。其中电势差的单位是 V。如果导体通过 1 A 的电流，而两点之间消耗的功率为 1 W(1 W 是 1 J/s)，那么这两点之间的电势差就是 1 V。

人们发现金属是电的良导体，它们的电阻率 $1/\sigma$ 处于 $10^{-6}\ \Omega\cdot\mathrm{m}$ 量级；不同金属的电阻率相差不大，但都随着温度的升高而线性增大，而不同金属的增长速率不同。半导体材料（例如硅和锗）的电阻率可以从10^{-4}变化到10^{7} $\Omega \cdot m$，材料的纯度和环境温度都对电阻率产生显著的影响。绝缘材料的电阻率就更高了。

关于欧姆定律还需要说明一点。在式(10.17)中，V 是电流流过闭合电路时电池两极之间的电势差，该闭合电路不仅包含外部电阻 R 也包含电池本身。电路断开时电池两极的电势差被称为电池电动势(e.m.f.)，它与 V 不同。更准确的欧姆定律为：

$$I=\frac{\text{e.m.f.}}{R+r}, \tag{10.21}$$

其中 r 为电池内部的电阻，它通常远小于 R 而可以忽略不计，因此有 $\text{e.m.f.}=IR+Ir\approx IR=V$。e.m.f. 等于电池将单位电荷沿任意回路从正极运送到负极、再在电池内部将它从负极运送到正极所做的功，用公式表示为：

$$\text{e.m.f.}=\oint \boldsymbol{E}\cdot \mathrm{d}\boldsymbol{l}, \tag{10.22}$$

其中 $\boldsymbol{E}$ 表示电场，而积分要对上文描述的整个闭合路径进行。这个公式表明 e.m.f. 产生的根本就不是静态电流，因为维持该电流的电场不是保守场；保守电场是势场的梯度，它围绕任意闭合路径不做功。电池的 e.m.f. 来自电池内部的电化学反应，当切断外部电流时，这种电化学反应会在电池的两极积聚正电荷与负电荷，使电池在外部产生第 10.2.2 节描述的静电场。

10.2.6 电与化学

汉弗莱·戴维于 1778 年出生在英国康沃尔郡彭赞斯(Penzance)。1794 年，当他的父亲逝世后，为了供养母亲和 4 个年幼的弟妹，戴维到药房当学徒，他也开始自学力学、物理学和解剖学等多方面的知识。戴维曾经师从一位法国传教士学习法语，这让他能阅读拉瓦锡的《化学纲要》(*Fraite Elementiare de Chemie*)原著，从而对化学产生了兴趣。当戴维 20 岁时，他在刚刚建立的布里斯托气动研究所谋得一个职位。这个研究所旨在研究治疗性气体，就在那里，戴维发现了一氧化二氮，就是俗称的笑气。戴维亲自吸入笑气研究它的作用效果，他发现这种气体会降低人的控制力，使人变得兴奋和热情，有传闻说他对这种气体上瘾了。戴维兴趣广泛，才华横溢，他撰写发表诗篇，诗名足以与他的诗人朋友塞缪尔·柯尔律治(Samuel Coleridge)以及伟大的威廉·华兹华斯(William Wordsworth)比肩。但是戴维首先是一位杰出的科学家。1800 年,戴维成为英国皇家学院的化学助理讲师,一年之内就擢升为教授,主持化学实验室。听闻伏打发现电池以后,戴维进行了实验验证,并进一步提出:"如果化学反应能产生电,那么反过来的情况也可能发生,即电可以推动化学反应。"戴维首次进行了电解实验,让电流通过溶液引发化学反应,这是电池操作的逆过程。他用电解反应分离出许多新的金属,例如从碳酸钾中分离出金属钾,从熔化的氢氧化钠中分离出金属钠,从石灰中分离出金属钙,以及镁、硼、钡、锶和铝等多种金属。1810 年,戴维发现了氯气,并着手研究了盐酸的性质;戴维不同意拉瓦锡认为所有酸都包含氧的看法,而是坚持所有的酸都必须包含氢,在这一点上他是对的。

1812 年,继法国化学家皮埃尔·路易·杜隆(Pierre Louis Dulong)发现了第一种烈性炸药三氯化氮后,戴维也进行了实验研究,而不幸发生的事故让他的视力受损[11]。此后戴维雇了一位助手,这是一位听了他的讲座后就追随他的年轻人,名字叫迈克尔·法拉第。同年戴维从皇家学院退休,与一位富有的寡妇结婚后赴欧洲旅行,法拉第作为私人助理随行。

当戴维在 1815 年返回英国后,矿井事故预防协会就矿井瓦斯爆炸的情况向他咨询。矿井爆炸事故每年造成众多伤亡,当时人们认为爆炸是由沼气引起的,而沼气就是氢气。矿工们通常带着金丝雀下井来检测沼气浓度,但是当金丝雀从栖木上跌落时爆炸已经不可避免了。戴维经过几个星期的研究,发现沼气是甲烷和空气的混合气体,它只有在高温条件下才会爆炸,而矿井中的点火照明会引爆沼气。针对这一点,戴维设计了矿用安全灯。他用双层金属网罩包围矿灯的火焰,这样一来氧气能透过网罩抵达火焰,而火焰产生的热量大部分被网罩吸收,不至于加热沼气达到爆炸的温度,从而避免了爆炸的发生。戴维灯的发明挽救了许多生命,使戴维直到今天依然被人怀念。值得注意的是,戴维拒绝为这项发明申请专利,而受到朋友的敦促时他这样回答说:"我的好朋友,我从来没想过这种事;我唯一的目标是为人类事业服务……想到自己做到了这一点我就心满意足了。"1820 年戴维成为英国皇家学会的主席,他于 1829 年辞世。

---

⑪ 戴维比杜隆要幸运,后者在一次实验中失去一只眼睛、两根手指。

10.3 法拉第电磁感应

迈克尔·法拉第于1791年出生在伦敦一个贫苦的铁匠家庭，是10个孩子中的一员。在法拉第14岁时，他给一位名叫乔治·里鲍(George Riebau)的书商兼订书匠当学徒。当时他没学过数学，但是能够阅读，他总是按捺不住偷看书的内容。里鲍并不介意，还鼓励法拉第尽可能地阅读。法拉第是从顾客送来修补的《大不列颠百科全书》(*Encyclopedia Britanica*)中第一次了解到了电，而为了学习更多知识，他看遍了手头掌握的所有科学书籍，包括拉瓦锡的化学著作。1810年法拉第开始在伦敦自然科学研究会听课。1812年当学徒期满后，法拉第立志要成为科学家，而就在这时他追随戴维并获得一份工作。法拉第在听了戴维的4次讲座后，总结装订了386页带彩色图示的精美讲义，戴维无疑被深深地打动了。法拉第搬进了位于皇家学院顶楼的房间，接受了每周一基尼的薪水，这比他当学徒时的工资还少。法拉第的工作是洗瓶子，同时在戴维的指导下学习。加入了皇家学院6个月后，法拉第为了陪同戴维携新婚妻子赴欧洲旅行而辞职，他名义上是戴维的男仆，实际上是他的实验助手。在欧洲法拉第见到了许多杰出的科学家，包括伏打和安培。法拉第悄无声息地成长为一个专家，他的光芒后来甚至盖过了自己的老师；这让戴维深感不满，后来还无端指责法拉第剽窃了自己的想法。当1815年法拉第从欧洲返回英国后，他的才能得到大家的公认，他被皇家学院以更高的薪水再次雇用，成为新的化学教授的实验助理。法拉第作为化学家取得了许多研究成果，例如他研究了电解过程，进行了增压气体液化，分离得到苯(这对有机化学十分重要)，并用铂进行催化反应等。但是给法拉第带来巨大声望的是他发现了电磁感应。

法拉第是一名虔诚的基督徒，他信仰桑德曼派。1821年，法拉第被任命为皇家学院下院的负责人，同年他和萨拉·巴纳德(Sarah Barnard)结婚。就在这一年，法拉第利用磁铁和电流之间的作用力建造了第一个电磁转子，参见图10.6。转子的工作原理基本上就是式(10.10)，其中假定永久磁铁的磁场来自某种内部电流。图10.6所示的两个实验证明，电流对磁铁产生的力与磁铁对电流产生的力大小相当，符合牛顿第三定律。

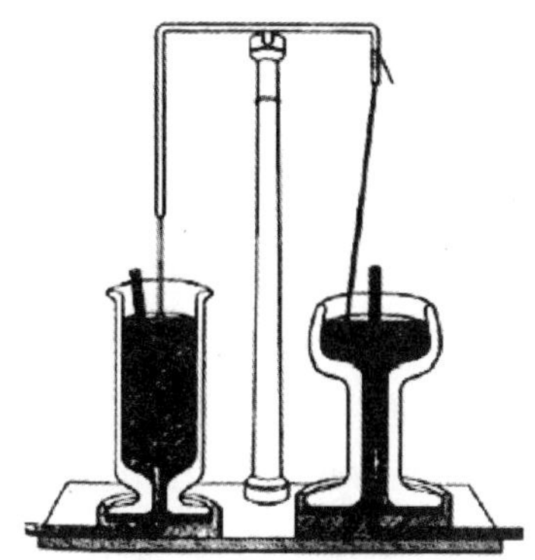

图 10.6 法拉第转子

(来自 Holton G, Brush S G. Introduction to Concepts and Theories in Physical Science. 2nd ed. Princeton University Press, 1985.)图中的两个容器装有可以导电的液态汞,通过外加导线可以让容器基座和左右两侧上方的细金属棒分别形成闭合电路。左侧上方的金属棒固定不动,下方的磁铁棒浸没在汞中,其底端 S 极固定在容器基座上,而上端 N 极可以自由旋转;当电路中通过电流时,金属棒产生的磁场对磁铁棒的 N 极产生作用力,使它围绕金属棒旋转。右侧下方的磁铁棒浸没在汞中固定不动,上方的金属棒上端固定、下端可以围绕磁铁棒旋转;当电路中通过电流时,载流金属棒会在磁场的作用下旋转。

随后法拉第继续研究转子,希望利用磁场产生电流。如果电流能产生磁场,那么反过来的情况也必然成立,即磁场能产生电流。但是怎样实现这个过程呢?法拉第在 1831 年得到了第一条线索,他发现通电电路会在其附近的无源闭合电路中感应出电流,但是这种现象是暂时的,只在通电和断电的瞬间出现。这启发了法拉第,也许是通电电路中随时间改变的电流在无源电路中感应出了电流。他进一步研究,建造了如图 10.7 所示的两个电路。初级电路 A 在一个软铁环[12]上缠绕了几匝,而次级电路 B 在铁环的另一侧也缠绕了几匝,铁环当然和导线绝缘。当电路 A 通电后,电流在很短的时间内从零上升到某个固定值,电路 A 中的电流随时间变化;类似地,当电源切断后,电流也会在短时间内降低为零。当电路 A 中的电流随时间变化时,法拉第在电路 B 中观察到感应电

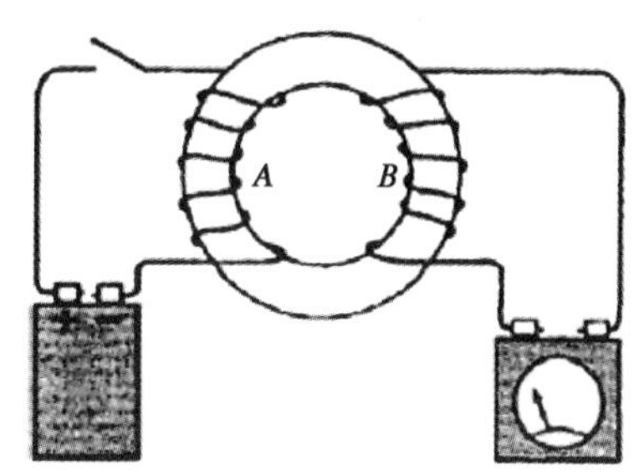

图 10.7 法拉第电磁感应实验

(来自 Holton G and Brush S G. Introduction to Concepts and Theories in Physical Science. 2nd ed. Princeton University Press, 1985.)

---

⑫ 缠绕绝缘导线的软铁芯构成一个电磁铁:当导线通过电流时,铁芯成为磁铁;当电流切断后,铁芯失去磁性。显然法拉第在实验中利用软铁芯来增强导线产生的弱磁场。

流。法拉第假定电路 B 中的电流是通过 B 的时变磁通量感应产生的，而他把磁通量看作是电路 A 产生的一束磁场线，就这样法拉第发现了电磁感应[13]。法拉第去掉铁环重复实验，依然观测到 B 中产生的感应电流，但正如他预期得那样电流显著减弱。法拉第继续证明，只要通过闭合电路的磁通量随时间改变就会在电路中产生电流，而不管这个磁通量是怎样产生的。例如，它可以是磁铁棒产生的磁通量。最后他总结得出法拉第感应定律：只要通过电路的磁通量改变就会感应出电动势(electromotive— e.m.f.)，而电动势的大小与磁通量随时间的变化率成正比[14]。

电磁感应的第二个定律是楞次定律，由俄国物理学家海因里希·楞次(Heinrich Lenz)在 1835 年提出[15]。楞次定律说明：感应电流产生的磁通量总是抵制磁通量的改变。

根据这两条电磁感应定律可以总结出下面的公式：

$$\text{感应电动势 e.m.f.} = \oint_C \boldsymbol{E} \cdot \mathrm{d}\boldsymbol{l} = -\frac{\mathrm{d}\Phi}{\mathrm{d}t}, \tag{10.23}$$

其中要对闭合电路构成的回路 C 积分，而 Φ 是通过该回路的磁通量。电路中的感应电流当然和感应电动势成正比。让我们参考图 10.8 来说明这个公式。磁场 $\boldsymbol{B}(\boldsymbol{r},\ t)$ 在 t 时刻通过 $\boldsymbol{r}$ 处面积元 $\mathrm{d}\boldsymbol{S}$ 的磁通量 $\mathrm{d}\Phi$ 为标量积 $\mathrm{d}\Phi = \boldsymbol{B}(\boldsymbol{r},\ t) \cdot \mathrm{d}\boldsymbol{S}$，其中 $\mathrm{d}\boldsymbol{S}$ 的方向为面积元的法向，而这两个矢量的夹角决定了 $\mathrm{d}\Phi$ 是正还是负，$\mathrm{d}\Phi$ 当然可以等于零[16]。将面积 S 上所有 $\mathrm{d}\boldsymbol{S}$ 的贡献加在一起就得到了穿过回路 C 的磁通量 Φ。我们将积分写作：

$$\Phi(t) = \iint_S \boldsymbol{B}(\boldsymbol{r},\ t) \cdot \mathrm{d}\boldsymbol{S}. \tag{10.24}$$

因此有：

---

⑬ 法拉第显然不是发现电磁感应的第一人。约瑟夫·亨利(Joseph Henry)于 1797 年出生在美国，他在纽约研究院任教时发现了感应现象，比法拉第早了几个月，但是直到一年后他才发表结果。此外亨利还发现了自感应现象，而自感应的单位亨利(H)就是为纪念他的工作而得名的。1832 年亨利成为普林斯顿大学教授，他于 1878 年辞世。

⑭ 依定义，电动势等于将单位电荷运送通过完整的回路 B 所做的功。参见式(10.22)。

⑮ 海因里希·楞次 1804 年出生在德尔帕特(Dorpat)，即现在爱沙尼亚共和国的塔尔图，当时属于沙皇俄国。楞次在德尔帕特大学学习物理和化学。在 1823—1826 年的 3 年间，他和德国航海家科策布(Kotzebue)一起到世界各地考察，研究气象和海水的物理性质。楞次在 1826 年回国后，加入了圣彼得堡大学，在 1843—1863 年期间担任物理数学系的主任，在 1863 年当选为校长。楞次于 1865 年在罗马逝世。

⑯ 我们利用下面的例子说明通量的物理意义。请考虑流体的通量 $\boldsymbol{J} = \rho\boldsymbol{u}(\boldsymbol{r})$，其中密度 ρ 为常量，而速度 $\boldsymbol{u}$ 随位置改变。显然当 $\boldsymbol{u}(\boldsymbol{r})$ 垂直于面积元时，$\boldsymbol{u}(\boldsymbol{r})$ 与 $\mathrm{d}\boldsymbol{S}$ 的方向相同，此时通过 $\mathrm{d}\boldsymbol{S}$ 的通量(单位时间内通过 $\mathrm{d}\boldsymbol{S}$ 单位面积的物质的量)最大；而当 $\boldsymbol{u}(\boldsymbol{r})$ 平行于面积元时，$\boldsymbol{u}(\boldsymbol{r})$ 与 $\mathrm{d}\boldsymbol{S}$ 垂直，此时 $\mathrm{d}\boldsymbol{S}$ 的通量最小。

$$\frac{\mathrm{d}\Phi}{\mathrm{d}t}=\iint_S \frac{\partial \boldsymbol{B}}{\partial t}\cdot \mathrm{d}\boldsymbol{S}. \tag{10.25}$$

依惯例确定了 $\mathrm{d}\boldsymbol{S}$ 的方向，就能明确 $\mathrm{d}\Phi/\mathrm{d}t$ 的符号。如果 $\mathrm{d}\Phi/\mathrm{d}t$ 小于零，则穿过 C 的磁通量随时间减小，例如 $\boldsymbol{B}$ 的方向不变但强度减小；根据式(10.23)得到 $(-\mathrm{d}\Phi/\mathrm{d}t)>0$，它说明了感应电场 $\boldsymbol{E}$ 的方向，即对应的感应电流方向为图 10.8 中 $\mathrm{d}\boldsymbol{l}$ 的方向。根据式(10.9)，这个感应电流对回路 C 贡献正的磁通量，以补偿磁通量的减小，符合楞次定律。

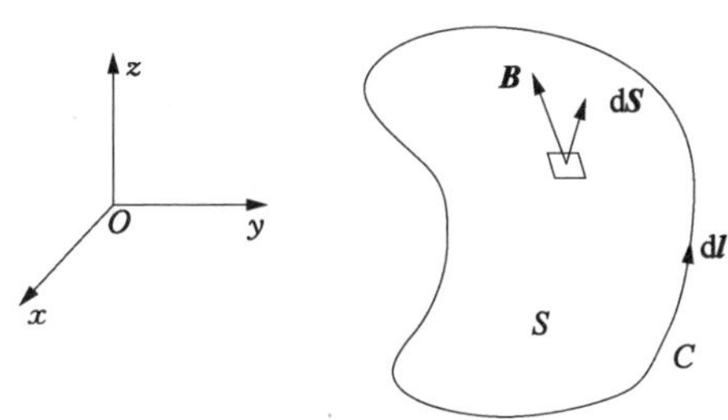

图 10.8　磁通量的确定

闭合电路定义了闭合曲线 C，它包围形成表面 S，这个表面不一定是平面。矢量 $\mathrm{d}\boldsymbol{S}$ 表示面积微元，它垂直于表面，大小为微元的面积 $\mathrm{d}S$。对于闭合表面(如球面)，$\mathrm{d}\boldsymbol{S}$ 指向外部；对于如图所示的开放表面，$\mathrm{d}\boldsymbol{S}$ 的方向可以任意选取；表面元 $\mathrm{d}\boldsymbol{S}$ 的正方向决定了闭合曲线 C (亦即 $\mathrm{d}\boldsymbol{l}$) 的正方向，依右手定则，C 围绕 $\mathrm{d}\boldsymbol{S}$ 逆时针旋转。

电磁感应的发现推动了科技进步，引发了翻天覆地的变化，其作用不亚于蒸汽机的发明。尽管热力学的发展在很大程度上依赖于蒸汽机的发展，但是电工技术的发展却超出了科学的范畴。发电机的工作原理就是电磁感应，图 10.9 给出了简单的交流发电机的示意图。

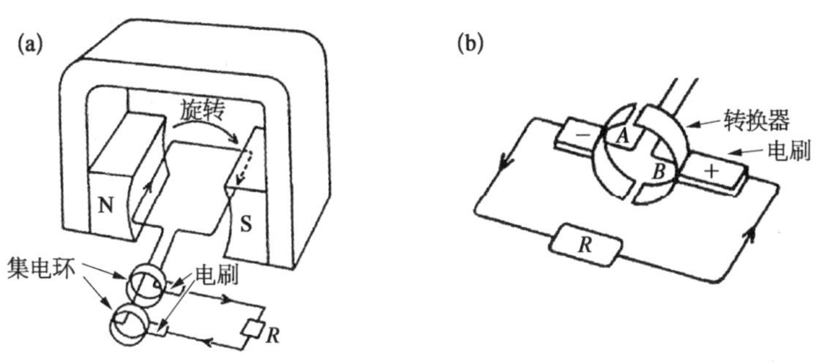

图 10.9　发电机

(a) 简单的交流发电机；(b) 直流发电机的转换器。

在发电机中，矩形线圈在磁场中以恒定的频率旋转，例如在英国这个频率是 50 Hz。如图 10.9(a)所示，线圈的终端分别与安装在线圈轴上的集电环连接，而后者又与电刷相连，因此每个终端总是连接相同的电刷；电刷与外部电路连接后就能提供电动势。交流发电机的线圈旋转一周得到的电动势如图 10.10(a)所示。由于通过线圈的磁通量为$\Phi(t)=BA\cos(2\pi t/T)$，其中B是永久磁铁的磁场强度，A是矩形线圈的面积，$2\pi t/T$是线圈法向与磁场间的夹角，T为线圈的旋转周期，而根据式(10.23)有 e.m.f. $=-\mathrm{d}\Phi/\mathrm{d}t=(2\pi/T)BA\sin(2\pi t/T)$，即得到图 10.10(a)所示的曲线。在直流发电机中，线圈的终端和两个半集电环连接，如图 10.9(b)所示。电刷通过转换器在每半个周期和线圈的不同终端连接，这样就使外部电路中的电流总是保持相同的方向。直流发电机产生的电动势如图 10.10(b)所示。还需要说明的是，图 10.9 中的发电机反向运转就成为电机：在线圈中通过电流，它就会在磁场中受力旋转。我们不介绍电磁感应在产生和传输电能方面的其他各项应用。

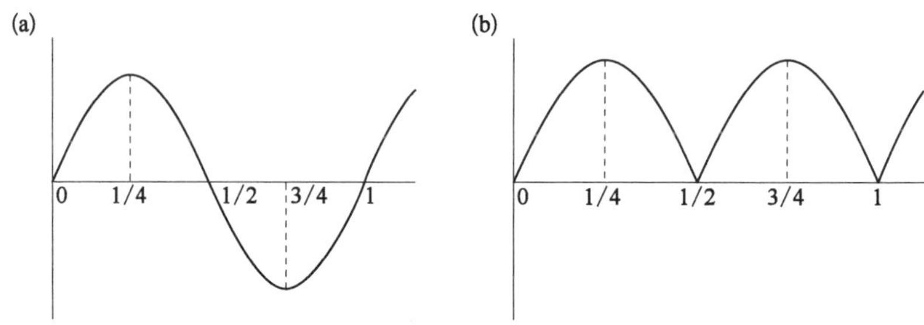

图 10.10 发电机产生的电动势

(a) 图 10.9(a)中的交流发电机产生的 e.m.f.；(b) 直流发电机产生的 e.m.f.。

除了电磁感应现象以外，法拉第还研究了特定形状带电导体产生的静电场，在此过程中发明了法拉第笼，现在常用这种接地的金属网罩为电子设备屏蔽外部电场。在研究电磁和光之间的联系时他发现了法拉第效应，即偏振光在磁场的作用下偏振面发生旋转。最后，是法拉第提出了场线的概念，从而能形象地描述电磁现象。我们现在就用场线来描绘场，例如用磁场线描绘两条平行直导线产生的静磁场，如图 10.11 所示，或是用电场线描绘两个静电荷产生的静电场，如图 10.12 所示。要知道，实际的电场或磁场与场线处处相切，其方向沿着场线的方向。单位面积内的场

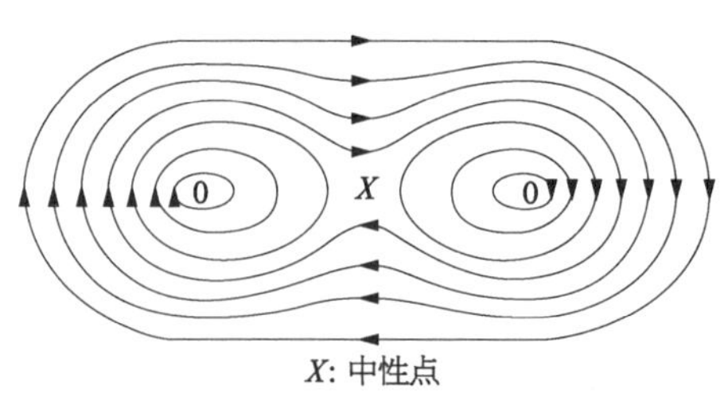

图 10.11 两条垂直于纸面的平行直导线(分别位于左右两个点 0 处)产生的磁场

两根导线的电流方向均垂直于纸面向内。

线越多表示场强越高，该处也会有更大的通量。法拉第认为这些场线的确存在，它们是以太中不可见的机械传输线，场线和电力与磁力一起，通过相邻区域的相互作用扩展，就像弹性介质中的应变和应力的传播一样。对于随时间变化的电磁场，法拉第假定 $\boldsymbol{E}$ 和 $\boldsymbol{B}$ 的环扣在一起，而一个环扩展会使另一个环收缩，反之亦然。

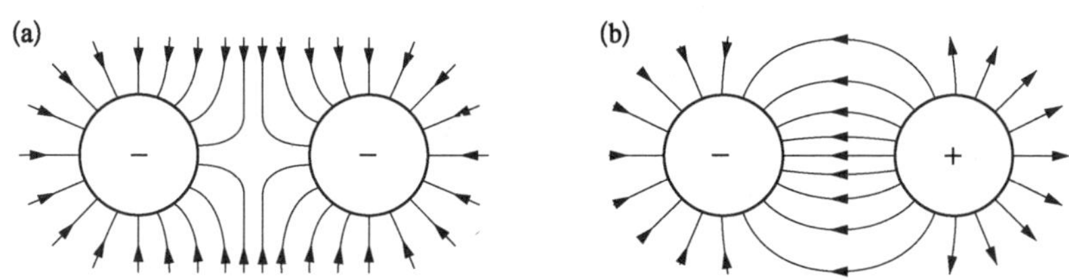

图 10.12　平面上两个点电荷产生的静电场

法拉第显然不能接受两个物体在真空中的超距作用，特别是这种作用是以有限速度传播的某种波，因为他认为在没有介质的条件下波动不可能传播。其他科学家，特别法国的库仑、安培、柯西等，他们都追随牛顿，用务实的态度建立理论来描述观测现象。他们认为数学公式背后不一定必须有明确的物理模型，而只要公式能正确描述现象就可以了。

法拉第自 1824 年起就是英国皇家学会的会员，他在 1833 年被任命为化学所的第一任富勒讲席化学教授(Fullerian Professor of Chemistry)，在 1858 年被委任为皇家学会主席，但法拉第婉拒。法拉第一直在皇家学会举办讲座，直到 1862 年；他于 5 年后辞世。

10.4　电磁波

10.4.1　光的波动性得以证实

尽管惠更斯的光学理论完美地解释了光折射的斯涅耳定律(参见第 5.2.2 节)，但是他没能证明光的确是一种波动。托马斯・杨和菲涅耳(Fresnel)完成了这部分工作。托马斯・杨于 1773 年出生在英国萨默塞特郡(Somerest)，是一位天才少年,他在19岁之前就掌握了多门语言,而最后选择学习医学。托马斯·杨先后在伦敦大学、哥廷根(又译"格丁根")大学、爱丁堡大学和剑桥大学学习,并于1800年在伦敦开业行医。托马斯·杨十分博学,他在物理学、工程学、生理学和语言学领域都做出了重要的贡献。例如许多工程师和物理学家都知道杨氏模量,它是应力与应变的比值,是表征材料弹性的参数。作为生理学家,杨解释了眼睛对不同远近的物体怎样聚焦;作为古代语言学家,他为破解罗塞塔石头上的象形文字做出了重要贡献,为商博梁最终在1882年破解埃及象形文字奠定了基础。杨在21岁就成为英国皇家学会的会员,而他在学会所作报告的主题反映出他广博的知识,报告题目为《论自然哲学和机械艺术》(A Course of Lectures on Natural Philosophy and the Mechanical Arts)[17]。然而,杨最为世人了解的成就是他在1804年左右完成的光的干涉实验,从而无可辩驳地证明光是某种波动。托马斯·杨于1829年辞世。

图10.13给出了杨氏双缝干涉实验的示意图。在最初的实验中,杨采用的是两个针孔而不是两条狭缝。在干涉实验中,灯发出的光通过狭缝 S 照亮间距为 a 的两个狭缝 S_1 和 S_2,而通过 S_1 和 S_2 的光照在屏幕上形成一系列平行的干涉条纹。如果光源发出单一波长的单色光,我们就能得到明暗相间的条纹,如图所示。杨提出这样的解释:如果光是在时间上和空间上的正弦振荡(就像海波或声波那样),那么它就有相对零点均值的正的极大值和负的极小值。如果两列波的最大值在屏幕某处重合则产生明亮的条纹,即二者相长干涉;而如果一列波的最大值和另一列波的最小值重合则产生暗的条纹,二者相消干涉。图中所示的距离满足公式 $x'=\lambda D/a$,其中 x' 是条纹间距,D 是狭缝所处平面与屏幕的距离。如果实验光源发出白光,即其中包含各种颜色(波长)的光,那么不同波

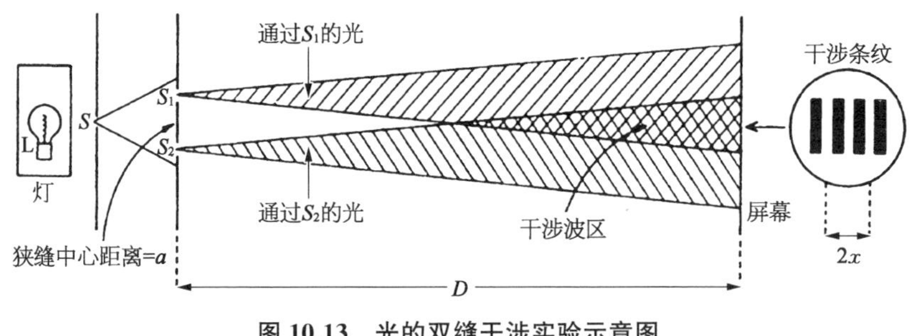

图10.13 光的双缝干涉实验示意图

---

⑰ 杨的报告在2002年重印。

长的光发生相长干涉和相消干涉的位置稍有不同，尽管中心条纹呈白色，但是在它两侧两三条条纹之外就会显现出不同颜色。

杨观测到的干涉现象表明光是波动，但是实验结果不能说明它是纵波（波的振动方向与传播方向相同）还是横波（波的振动方向与传播方向垂直）。如果我们像杨和当时大多数科学家那样，假定光是以太的振动，那么就能得出光是类似声波那样的纵波。

偏振现象是判别光是横波还是纵波的关键。丹麦数学家伊拉斯谟·波瑟雷讷斯（Erasmus Bertholinus）在 1669 年首次系统地观察了光的偏振现象，他注意到冰洲石（透明方解石，$CaCO_3$）有一个奇怪的性质，它能在特定的方向上产生两个相互错开的像。波瑟雷讷斯撰写了一篇 60 页的论文描述了他的发现，但是不能提供任何解释。1808 年法国物理学家艾蒂安·马吕斯（Etienne Malus）注意到，当让玻璃反射的光通过冰洲石时，转动冰洲石会使光强改变。这个观察结果激发了他的好奇心，马吕斯进行了更多的实验并提出下述解释。光不是纵波而是横波；当入射光被玻璃或某些物质表面（不包括抛光金属表面）反射后，其中一部分变成了偏振光，即特定平面上的横振动；最后，马吕斯假定某些晶体（如冰洲石）只允许偏振面与晶体满足特定取向的偏振光通过。马吕斯与托马斯·杨通信交流他的实验结果，指出该结果表明波不是杨假设的纵波。杨在给马吕斯的回信中写道："您的实验表明我采用的理论不充分，但是不能证明它是错的。"几年后杨得出结论，认为光波至少包含一部分横波。

奥古斯丁-让·菲涅耳于 1788 年出生在法国布罗利耶（Broglie），是一位建筑师的儿子。他在年幼时学习缓慢，直到 8 岁才能阅读。但是当菲涅耳 17 岁进入巴黎综合理工大学学习时，他的表现已经十分突出。作为工程师他曾在法国许多地方工作，而从 1816 年开始他在巴黎工作，直到 1827 年过早地离世。基于托马斯·杨的实验工作，菲涅耳延伸了光的波动理论，并在 1821 年证明只有假定光完全是横波才能解释偏振现象。除此之外，他还研制出特殊类型的透镜，即菲涅耳透镜，以替代灯塔中的镜子。1823 年菲涅耳成为法国科学院的成员，而在 1825 年他当选为伦敦皇家学会会员。然而他的工作在当时并没有得到应有的认可，而且他的一些文章在他逝世后多年才得以发表。菲涅耳似乎不以为意，他在写给杨的信中说："我曾得到阿拉果（Arago）、拉普拉斯和毕奥的夸奖，但它们都比不上发现真理，或是算出实验结果给我带来的快乐。"

10.4.2 关于矢量场的两条重要定理

这两条定理分别是高斯定理和斯托克斯定理，它们适用于任意矢量场。

在高斯分布(第 9.2.2 节)和电磁学的高斯单位(第 10.2.4 节)中都出现过高斯这个名字，让我们先了解这位数学家。约翰·卡尔·弗里德里希·高斯被誉为“数学王子”，是大家公认的最伟大的数学家之一。他不仅在代数和数论方面做出了根本性的发现，还对统计学、微分几何、电磁学、天文学和光学做出了重要的贡献。高斯在 1777 年出生在德国下萨克森州(Lower Saxony)的一个贫穷工人家庭。他是个神童，在幼年时就表现出了很高的数学天赋。1792 年至 1795 年在哥廷根大学求学期间，高斯取得了第一项具有开拓性的数学成果——《算术研究》(*Disquisitiones Arithmeticae*)，从而奠定了数论的基础。年轻的高斯在不伦瑞克公爵的资助下求学，在 1807 年他被任命为哥廷根天文台台长和天文学教授，他担任这一职务直到逝世。高斯的第一位妻子在 1809 年过早地辞世，他的儿子也在此后不久夭折，生活打击使高斯意志消沉。他后来再婚，当他的第二位妻子在 1831 年逝世以后，他的女儿照顾他的起居，直到他于 1855 年辞世。

1831 年，高斯与物理学教授威廉·韦伯研究电磁问题的合作结出了硕果，催生了 1833 年第一部电子机械电报的问世，并将天文台和哥廷根物理学会紧密地联系起来。然而，高斯对电磁学最重要的贡献是他总结的电磁场定律，即所谓的高斯定律，它说明封闭表面的电通量与表面所包围电荷的代数和成正比。

假定封闭表面 S 包围体积 V，如图 10.14 所示。我们将 S 分成许多表面微元 $\mathrm{d}\boldsymbol{S}$，$\mathrm{d}\boldsymbol{S}$ 的大小等于表面微元的面积，而 $\mathrm{d}\boldsymbol{S}$ 的方向指向 S 外部。电场 $\boldsymbol{E}(\boldsymbol{r})$ 穿过 $\mathrm{d}\boldsymbol{S}$ 的电通量 $\mathrm{d}\Phi$ 就等于二者的点乘，即 $\mathrm{d}\Phi = \boldsymbol{E}(\boldsymbol{r}) \cdot \mathrm{d}\boldsymbol{S}$。当 $\boldsymbol{E}(\boldsymbol{r})$ 指向 S 外部时，它与 $\mathrm{d}\boldsymbol{S}$ 的夹角小于 $90°$，通量为正；当 $\boldsymbol{E}(\boldsymbol{r})$ 指向 S 内部时，它与 $\mathrm{d}\boldsymbol{S}$ 的夹角大于 $90°$，通量为负；当 $\boldsymbol{E}(\boldsymbol{r})$ 与 $\mathrm{d}\boldsymbol{S}$ 垂直时电场与表面平行，通量为零。将所有表面元 $\mathrm{d}\boldsymbol{S}$ 的通量加起来就能得到表面 S 的电通量 Φ，用积分表示为 $\Phi =$

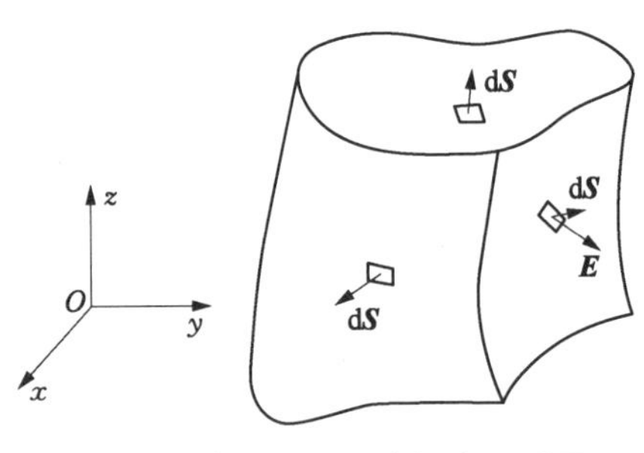

图 10.14 高斯定律和高斯定理适用于任意封闭表面 S 包围的体积 V

$\iint_S \boldsymbol{E}(\boldsymbol{r}) \cdot \mathrm{d}\boldsymbol{S}$。高斯定律说明：电通量 Φ 与体积 V 内部的总电荷量(即正电荷与负电荷的代数和)成正比。我们以点电荷为例验证该定律。令点电荷 Q 位于坐标原点，则它的电场在半径为 r 的球面上的电通量显然符合这条定律。根据式(10.2)这个电场处处垂直于球面，而电场强度为 $E=Q/4\pi\varepsilon_0 r^2$，因此球面的电通量为 $\Phi=E(r)4\pi r^2=Q/\varepsilon_0$。我们注意到，$Q>0$ 时产生向外的通量，$\Phi>0$；而当 $Q<0$ 时产生向内的通量，$\Phi<0$。依据通量定义 $\mathrm{d}\Phi=\boldsymbol{E}(\boldsymbol{r}) \cdot \mathrm{d}\boldsymbol{S}$，只有 $\mathrm{d}\boldsymbol{S}$ 方向上的电场分量产生通量，这意味着用任意封闭表面(不仅是球面)包围电荷 Q 得到的表面通量都是相同的，$\Phi=Q/\varepsilon_0$。由于多个电荷产生的电场是它们各自电场的矢量和，我们可以将高斯定律推广到更普遍的情况：

$$\iint_S \boldsymbol{E}(\boldsymbol{r}) \cdot \mathrm{d}\boldsymbol{S}=\frac{Q}{\varepsilon_0}, \tag{10.26}$$

其中 Q 是 S 包围的总电荷数，它可以用电荷分布的体积积分来表示。我们将体积 V 分成许多体积元 $\mathrm{d}V=\mathrm{d}x\,\mathrm{d}y\,\mathrm{d}z$，而 $\boldsymbol{r}$ 处的体积元 $\mathrm{d}V$ 包含的电荷数为 $\mathrm{d}Q=\rho(\boldsymbol{r})\mathrm{d}V$，其中 $\rho(\boldsymbol{r})$ 是电荷密度，即单位体积的电荷数。V 包含的总电荷就是所有体积元包含的电荷之和，用积分表示为 $Q=\iiint_V \rho(\boldsymbol{r})\mathrm{d}V$。因此高斯定律即式(10.26)可以表示为：

$$\iint_S \boldsymbol{E}(\boldsymbol{r}) \cdot \mathrm{d}\boldsymbol{S}=\frac{1}{\varepsilon_0}\iiint_V \rho(\boldsymbol{r})\mathrm{d}V. \tag{10.27}$$

得到上述形式的高斯定律后就可以应用散度定理除去积分符号。散度定理就是高斯定理，它也被称为奥斯特罗格拉茨基定理，以纪念俄国数学家奥斯特罗格拉茨基(Michel Ostrogradsky)在 1831 年独立于高斯发现了这条定理。

下面我们介绍高斯定理。请考虑笛卡儿坐标系下的矢量场：$\boldsymbol{A}(\boldsymbol{r})=A_x(\boldsymbol{r})\boldsymbol{i}+A_y(\boldsymbol{r})\boldsymbol{j}+A_z(\boldsymbol{r})\boldsymbol{k}$，其中 $\boldsymbol{i}$，$\boldsymbol{j}$，$\boldsymbol{k}$ 分别表示 x，y，z 方向上的单位矢量。$\boldsymbol{A}(\boldsymbol{r})$ 的散度用 $\nabla \cdot \boldsymbol{A}$ 或 $\mathrm{div}\boldsymbol{A}$ 表示，它是随位置 $\boldsymbol{r}$ 改变的标量：

$$\nabla \cdot \boldsymbol{A}=\frac{\partial A_x}{\partial x}+\frac{\partial A_y}{\partial y}+\frac{\partial A_z}{\partial z}. \tag{10.28}$$

请注意，如果 $\boldsymbol{A}$ 随时间改变的话，$\nabla \cdot \boldsymbol{A}$ 也会随着时间改变。高斯定理说明：

$$\iint_S \boldsymbol{A}(\boldsymbol{r}) \cdot \mathrm{d}\boldsymbol{S} = \iiint_V \nabla \cdot \boldsymbol{A} \mathrm{d}V, \tag{10.29}$$

其中 $\boldsymbol{A}(\boldsymbol{r})$ 是任意矢量场，S 为任意封闭表面，而 V 是 S 包围的体积。我们对式(10.27)应用高斯定理得到：

$$\iiint_V \nabla \cdot \boldsymbol{E}(\boldsymbol{r}) \mathrm{d}V = \frac{1}{\varepsilon_0} \iiint_V \rho(\boldsymbol{r}) \mathrm{d}V. \tag{10.30}$$

由于上述等式对任意体积 V 都成立，因此得到：

$$\nabla \cdot \boldsymbol{E}(\boldsymbol{r}) = \frac{\rho(\boldsymbol{r})}{\varepsilon_0}. \tag{10.31}$$

式(10.31)是静电场基本方程，它与高斯定律等价，用它可以求解电场 $\boldsymbol{E}(\boldsymbol{r})$。如图 10.15 所示，两块均匀带电的矩形导电平板构成一个电容器，平板的面积为 A，间距为 d；当平板分别带电 $+Q$ 和 $-Q$ 时，我们希望确定平板之间的电势差 V。$C = Q/V$ 被称作电容器的电容，它衡量系统在特定的电压下能存储多少电荷。假定平板之间的电场与 x 轴平行，则有 $\boldsymbol{E} = E(x)\boldsymbol{i}$，因此根据式(10.28)有 $\nabla \cdot \boldsymbol{E} = \mathrm{d}E/\mathrm{d}x$。由于平板之间没有电荷，因此根据式(10.31)可知在 $0 < x < d$ 的范围内 $\mathrm{d}E/\mathrm{d}x = 0$，即平板之间的电场保持恒定，$E(x) = E$，而应用式(10.27)可以确定该电场的大小。如图 10.15 所示，我们用一个小体积包围 $x = 0$ 处平板的一小块面积，该体积平行于平板的面积为 $\mathrm{d}A$，应用高斯定理有 $2E_1 \mathrm{d}A = Q\mathrm{d}A/\varepsilon_0 A$，即 $E_1 = Q/2\varepsilon_0 A$，其中 E_1 是左侧平板产生的电场。对 $x = d$ 的平板应用相同的过程，得到 $E_2 = Q/2\varepsilon_0 A$，其中 E_2 是右侧平板产生的电场。两个平板间的电场是 E_1 和 E_2 叠加的结果，即 $E = E_1 + E_2 = Q/\varepsilon_0 A$。由于静电场的电场强度可以表示为电势的梯度，而平板间的电场恒定，平行于 x 方向，因此电势只是 x 的函数，可以用 $V(x)$ 表示。我们有 $-\mathrm{d}V/\mathrm{d}x = E$，积分后得到 $V(x) = -Ex +$ 常数，因此平板之间的电势

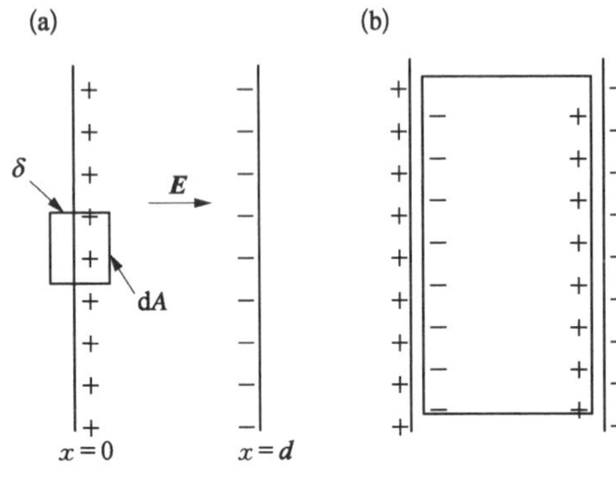

图 10.15　电容器

(a) 平行极板电容；(b) 平板间插入极化绝缘材料后的同一个电容。

差 $V=V(0)-V(d)=Ed=Qd/\varepsilon_0 A$，而平行极板电容器的电容为 $C=Q/V=\varepsilon_0 A/d$。如果把介电常数 $\varepsilon>\varepsilon_0$ 的可极化材料插入平板之间，则电容增大为 $C=\varepsilon A/d$（参见第 10.4.4 节）。

下一节我们还会讨论式(10.31)，现在则利用电场线的概念来解读高斯定律。我们发现通过表面元的电场线的数量决定了表面元的通量，而电场线由一个电荷发出并终止于另一个电荷，当 $\rho(\boldsymbol{r})$ 不等于零时 $\nabla\cdot\boldsymbol{E}(\boldsymbol{r})$ 也不等于零。因此高斯定律说明：只有当封闭表面的内部产生或终结电场线时，表面的电场通量才不等于零；正通量指向表面外部，而负通量指向表面内部。由于磁场线总是闭合的，它们不会在一个地方产生而在另一个地方终止，因此通过封闭表面 S 的磁通量总是等于零。电流产生的磁场当然是这样，而对于磁铁产生的磁场，我们可以假定图 10.1 中的磁场线在磁铁内部闭合。人们从来没有发现单独存在的磁极，因此对任意封闭表面 S 有：

$$\iint_S \boldsymbol{B}(\boldsymbol{r})\cdot \mathrm{d}\boldsymbol{S}=0. \tag{10.32}$$

对上式应用高斯定理得到：

$$\nabla\cdot\boldsymbol{B}(\boldsymbol{r})=0. \tag{10.33}$$

这是描述就静磁场的基本方程。

斯托克斯证明了矢量分析的第二条重要定理，由于他是在开尔文爵士的建议下完成的这项工作，因此斯托克斯定理也被称为开尔文-斯托克斯定理。斯托克斯定理适用于任意矢量场 $\boldsymbol{A}(\boldsymbol{r})$，而且 $\boldsymbol{A}$ 还可以随时间改变，即 $\boldsymbol{A}(\boldsymbol{r},t)$。该定理涉及 $\boldsymbol{A}(\boldsymbol{r})$ 的旋度，这也是一个矢量场，用 $\mathrm{curl}\boldsymbol{A}(\boldsymbol{r})$ 或 $\nabla\times\boldsymbol{A}(\boldsymbol{r})$ 表示，而 $\nabla\times\boldsymbol{A}(\boldsymbol{r})$ 的各个分量由 $\boldsymbol{A}(\boldsymbol{r})$ 的导数确定：

$$\nabla\times\boldsymbol{A}=\left(\frac{\partial A_z}{\partial y}-\frac{\partial A_y}{\partial z}\right)\boldsymbol{i}+\left(\frac{\partial A_x}{\partial z}-\frac{\partial A_z}{\partial x}\right)\boldsymbol{j}+\left(\frac{\partial A_y}{\partial x}-\frac{\partial A_x}{\partial y}\right)\boldsymbol{k}. \tag{10.34}$$

斯托克斯定理说明，任意矢量场 $\boldsymbol{A}(\boldsymbol{r})$ 满足：

$$\iint_S [\nabla\times\boldsymbol{A}(\boldsymbol{r})]\cdot\mathrm{d}\boldsymbol{S}=\oint_C \boldsymbol{A}(\boldsymbol{r})\cdot\mathrm{d}\boldsymbol{l}, \tag{10.35}$$

其中 C 是任意闭合曲线，而 S 是以 C 为边界的任意表面，$\mathrm{d}\boldsymbol{S}$ 和 $\mathrm{d}\boldsymbol{l}$ 的定义参见

图 10.8。

我们现在回到安培定律式(10.12),它适用于以曲线 C 为边界的任意表面 S 上通过的电流。通过表面元 d$\boldsymbol{S}$ 的电流 dI 为 $\mathrm{d}I=\boldsymbol{j}\cdot\mathrm{d}\boldsymbol{S}$,其中 $\boldsymbol{j}$ 是 d$\boldsymbol{S}$ 处的电流密度,它的方向可以和垂直于表面元的 d$\boldsymbol{S}$ 的方向不同。通过 S 的总电流就是所有表面元上通过的电流之和,通常用积分表示,因此式(10.12)的右手项就变成[采用 mks 单位,参见式(10.15)]:$\mu_0\iint_S \boldsymbol{j}\cdot\mathrm{d}\boldsymbol{S}$。应用斯托克斯定理,我们将式(10.12)的左手项关于 C 的线积分用表面积分代替:$\iint_S(\nabla\times\boldsymbol{B}(\boldsymbol{r}))\cdot\mathrm{d}\boldsymbol{S}$。因此安培定律变为:

$$\iint_S(\nabla\times\boldsymbol{B}(\boldsymbol{r}))\cdot\mathrm{d}\boldsymbol{S}=\mu_0\iint_S\boldsymbol{j}\cdot\mathrm{d}\boldsymbol{S}. \tag{10.36}$$

由于上式对任意表面 S 都成立,因此我们得到:

$$\nabla\times\boldsymbol{B}(\boldsymbol{r})=\mu_0\boldsymbol{j}(\boldsymbol{r}). \tag{10.37}$$

最后,我们将式(10.25)和式(10.23)联立,消去 dΦ/dt 后得到:

$$\oint_C\boldsymbol{E}\cdot\mathrm{d}\boldsymbol{l}=-\iint_S\frac{\partial\boldsymbol{B}}{\partial t}\cdot\mathrm{d}\boldsymbol{S}. \tag{10.38}$$

这是法拉第电磁感应定律的另一种表现形式,在法拉第进行推导的过程中,曲线 C 与载流导线重合。然而,法拉第和麦克斯韦合理地假定上述等式普遍成立,而不管是否存在与曲线 C 重合的载流导线。因此根据斯托克斯定理我们将上式表示为:

$$\iint_S(\nabla\times\boldsymbol{E})\cdot\mathrm{d}\boldsymbol{S}=-\iint_S\frac{\partial\boldsymbol{B}}{\partial t}\cdot\mathrm{d}\boldsymbol{S}. \tag{10.39}$$

由于上式对任意 S 都成立,因此我们最终得到:

$$\nabla\times\boldsymbol{E}(\boldsymbol{r},t)=-\frac{\partial\boldsymbol{B}(\boldsymbol{r},t)}{\partial t}. \tag{10.40}$$

在结束这一节之前,我们介绍$\nabla\times\boldsymbol{A}$ 的一个重要性质:

$$\nabla\cdot(\nabla\times\boldsymbol{A})=0, \tag{10.41}$$

用语言表述就是:任意矢量场的旋度的散度等于零。

10.4.3　麦克斯韦和他的方程

詹姆斯·克拉克·麦克斯韦于 1831 年在爱丁堡出生。他出身高贵，家境富有，父母都有很高的修养。幼年的麦克斯韦在格伦莱尔庄园生活，由于当地没有学校，他就在母亲的教导下学习。8 岁时母亲过早离世，这让麦克斯韦伤心不已。在家庭教师的指导下学习了 2 年以后，他进入爱丁堡中等学校学习。麦克斯韦在 14 岁时就发表了第一篇学术文章，其中推广了对椭圆的定义，并成功地生成了真正的卵形，与笛卡儿早期的研究吻合。但是麦克斯韦的兴趣非常广泛，就在发表这篇学术文章的 6 个月之前，他在爱丁堡报上发表了一首诗；他终身保有读诗和写诗的习惯。麦克斯韦在 1847 年进入爱丁堡大学，在那里广泛深入地学习了哲学。在 1850 年他参加了剑桥大学数学荣誉学位考试，之后在那里学习了三年零一个学期。1854 年，他落后于劳斯(E. J. Routh)取得了数学考试的第二名，两年后他被任命为剑桥大学三一学院的研究员。麦克斯韦在 1856 年回到苏格兰阿伯丁，担任马里沙尔学院的自然哲学教授。就在那里，他结识了学院院长的女儿凯瑟琳·迪尤尔(Katherine Dewar)，并和她结婚。1860 年，马里沙尔学院与国王学院合并让一些教授丢了职位，麦克斯韦就是其中一员。但麦克斯韦的经济状况丝毫没有受到影响，因为来自格伦莱尔庄园的私人收入远高于教授的薪水。麦克斯韦在 1861 年接受了伦敦国王学院的教职，同年被推选为英国皇家学会会员。在国王学院的任职期满后，麦克斯韦在 1865 年回到苏格兰，在扩建格伦莱尔庄园之余，撰写了著名的论文——《论电和磁》(Treatise on Electricity and Magnetism)。作为庄园主，麦克斯韦拥有 1 800 公顷(1 公顷=0.01 千米^2)土地，他有着维多利亚时代乡绅的所有优点：富有教养，体谅佃户，积极参与地区事务，善于游泳和骑马。1871 年麦克斯韦回到剑桥大学，担任实验物理学的首席教授。在德文郡第 7 代伯爵的资助下，麦克斯韦在 1874 年筹建了卡文迪什实验室，它后来成为全世界最重要的研究中心之一。麦克斯韦后来罹患腹部肿瘤，于 1879 年在剑桥逝世，享年 48 岁；他的母亲也是在同样的年纪死于相同的疾病。

麦克斯韦在许多领域做出了重要的贡献。从 1856 年到 1860 年，他历时 4 年撰写了最长的论文，研究土星环的本质。麦克斯韦证明行星环不是固体、液体或是气体，而是大量独立的粒子。麦克斯韦对热力学和统计物理也做出了杰出的贡献(参见第 9.2.2 节)，但是他最重要的贡献是由他总结的、并且冠以其名字的电磁方程组。1865 年还在国王学院任职时，他在给自己堂兄的信中写道："我还在构思一篇关于光的电磁理论的文章，除非证明我错了，否则这将是重大的发现。"但他是对的！

在前几节中，我们看到人们对电磁学和光学的研究取得了大量的成就，但是还没有建立统一的理论来描述所有观测现象。尽管菲涅耳公式用弹性以太的振动正确描述了光的反射、折射和偏振现象，但是人们还没有发现电磁波与光的紧密联系。我们将会看到，麦克斯韦正确地将这些公式扩展，将它们整合为麦克斯韦方程组，从而揭示了光也是一种电磁现象，预言光只是电磁波波谱的一部分，而电磁波还包括更低和更高的频率。麦克斯韦在 1860 年代用几篇文章介绍自己的理论，并在 1873 年发表专著《论电和磁》。

前文提到法拉第相信电磁场线真实存在，它们不是为了形象描绘矢量场而发明出来的几何线，而是实际存在的线，就像彼此间侧向排斥的橡皮筋一样。电场线和磁场线彼此扣在一起，从而产生了观测到的电力和磁力。麦克斯韦认为法拉第的场线过于简单，它们不足以解释观测到的复杂电磁现象；但是他和法拉第一样，认为阐释定律并揭示其背后的物理机制同等重要，就算这需要建立看不见摸不着的以太模型也在所不惜。我们现在不清楚，这种坚持建立机械系统的努力是为了避免超距作用呢？还是因为他们衷心地相信物理世界的本质的确如此。麦克斯韦和法拉第、开尔文类似，他们都有虔诚的宗教信仰。不管怎样，麦克斯韦在 1861 年写的文章中设计了以太模型，其中旋转的分子涡旋与微小的齿轮粒子啮合(如图 10.16 所示)，并论证说："与地球自旋类似，分子涡旋使其轴向收缩侧向扩展，从而产生了法拉第提出的那种应力。"

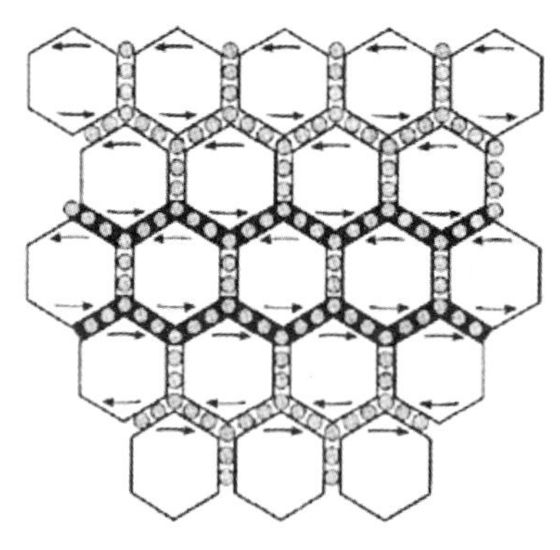

图 10.16 麦克斯韦的以太模型

其中旋转的分子涡旋与更小的齿轮粒子啮合。(复制自 Everitt F. James Clerk Maxwell: a force for physics. Physics World, 2006.)

麦克斯韦指出上述模型是构想出来的，它并不是真实存在，但他认为这个模型有助于理解电磁现象。导线中的粒子自由流动产生电流，这很好解释；在空间中，涡旋之间齿轮粒子的反向旋转使后续的齿轮粒子同向转动，从而产生法拉第描述的那种磁力。此外，通过将磁场能与涡旋的动能联系起来，表明空间的磁场能围绕导线分布。麦克斯韦在发表了两篇探讨磁力的文章后，开始考虑电力。他假定以太具有弹性，而扭曲以太所需的势能就产生了电力。由于弹性以太可以传递波动，麦克斯韦假定这种波具有电场和磁场扣在一起的形式，计算了该波动在以太中传播的速度。根据韦伯在实验中确定的电力和磁力之比（参见第 10.2.4 节），麦克斯韦发现以太中的波速等于光速，而在当时光速的测量误差仅为 1%。麦克斯韦写道："我们很难避免这个推论，在以太中以横振动传播的光波同样也是电磁现象。"

到了 1868 年，麦克斯韦已经整合出一组方程，用它们可以统一地描述电现象、磁现象和电磁波；直到今天这些方程依然是我们理解电磁现象的基础。根据方程的预言，电磁波的频率从接近零的极低频率直到可见光频率（约为每秒 10^{14} 周），还可以继续升高而没有明显上限。麦克斯韦在论文中采用四元数介绍他建立的理论，这让人很难理解。所谓四元数指的是一种数学变量，它的定义为 $Q=a+b\boldsymbol{i}+c\boldsymbol{j}+d\boldsymbol{k}$，其中 a，b，c，d 为实数，而 $\boldsymbol{i}$，$\boldsymbol{j}$，$\boldsymbol{k}$ 分别为 x，y，z 3 个方向上的单位矢量。此外，在麦克斯韦最初的理论中还包含了更多的方程和未知数，并不像现在的麦克斯韦方程组那样只包含 4 个方程。麦克斯韦理论的最初形式可能更接近他设计的机械模型，同时也非常复杂繁琐。由于最初的麦克斯韦理论和我们现在应用的理论等价，因此我们就根据现在的理论进行介绍。

科学家奥立佛・亥维赛（Oliver Heaviside）应用矢量分析改进了麦克斯韦理论，将它表示成更有效、更易于理解的形式。亥维赛于 1850 年出生在伦敦，他在 16 岁时就离开了学校，在家中自学了电磁学和电报学。1873 年亥维赛看到了麦克斯韦发表的《论电和磁》，而他在晚年时回忆道："我发现它是那么、那么地伟大，能够创造出无限多种可能，我下决心要掌握这本书并且着手开始研读。我很无知，没学过数学分析，因此花了好几年的时间才尽我所能读懂了它。然后我把麦克斯韦放在一边，开始了自己的工作。我的进展很快……可以说，我根据自己对麦克斯韦的理解传授福音。"在 1880 年代，亥维赛基于矢量分析重塑麦克斯韦理论的效果得以显现；他将原来的 20 个方程缩减为 4 个微分方程，这让理论更加简洁有效，并让它最终为世人所接受。1891 年，皇家学会认可了亥维赛用数学方法描述电磁现象的贡献，并接纳他为会员。亥维赛对数学的贡献还包括以他的名字命名的台阶函数。亥维赛到了晚年性格变得十分古怪，他于 1925 年在德文郡辞世。

我们下面就介绍亥维赛总结出来的麦克斯韦方程。麦克斯韦假定第 10.4.2 节给出的方程式（10.31）和式（10.33）不仅对静态场成立，对时变场也普遍成立，只不过后者的电荷密度 $\rho(\boldsymbol{r}, t)$ 和电流密度 $\boldsymbol{j}(\boldsymbol{r}, t)$ 都随着时间改变。此外,麦克斯韦假定法拉第电磁感应定律成立,因此接受了它的普遍形式即式(10.40)。将安培定律式(10.37)推广到时变场比较困难,因为对式(10.37)的两边同时取散度后得到$\nabla\cdot(\nabla\times\boldsymbol{B})=\mu_0\nabla\cdot\boldsymbol{j}$,而由于任意矢量场满足式(10.41),因此不管磁场 $\boldsymbol{B}$ 是否随时间变化都有$\nabla\cdot(\nabla\times\boldsymbol{B})=0$,但是$\nabla\cdot\boldsymbol{j}$ 不等于零。在解决这个问题之前我们先介绍一个方程,它不仅和当前的讨论有关,而且在许多其他领域都很有用。

假定封闭表面 S 包围体积 V,t 时刻该体积内的总电荷 $Q(t)$ 为 $Q(t)=\iiint_V\rho(\boldsymbol{r}, t)\mathrm{d}V$,因此我们有:

$$\frac{\mathrm{d}Q}{\mathrm{d}t}=\iiint_V\frac{\partial\rho}{\partial t}\mathrm{d}V=-\iint_S\boldsymbol{j}(\boldsymbol{r}, t)\cdot\mathrm{d}\boldsymbol{S}, \tag{10.42}$$

其中 $\boldsymbol{j}$ 是电流密度,它表示沿着电流方向在单位时间内通过单位面积的电荷,而 $\boldsymbol{j}(\boldsymbol{r}, t)\cdot\mathrm{d}\boldsymbol{S}$ 表示从 $\boldsymbol{r}$ 处的表面元 $\mathrm{d}\boldsymbol{S}$ 流出的电荷量,我们知道 $\mathrm{d}\boldsymbol{S}$ 垂直于表面向外,因此 $-\boldsymbol{j}(\boldsymbol{r}, t)\cdot\mathrm{d}\boldsymbol{S}$ 表示流入的电荷量,因此式(10.42)的右手项表示单位时间流入体积 V 的电荷,即 $\mathrm{d}Q/\mathrm{d}t$。但是根据散度定理(即高斯定理)式(10.29)$\iint_S\boldsymbol{j}\cdot\mathrm{d}\boldsymbol{S}=\iiint_V\nabla\cdot\boldsymbol{j}\,\mathrm{d}V$,因此有:

$$\iiint_V\frac{\partial\rho}{\partial t}\mathrm{d}V=-\iiint_V\nabla\cdot\boldsymbol{j}\,\mathrm{d}V.$$

由于上式对任意体积 V 都成立,因此我们得到:

$$\frac{\partial}{\partial t}\rho(\boldsymbol{r}, t)+\nabla\cdot\boldsymbol{j}(\boldsymbol{r}, t)=0. \tag{10.43}$$

这就是所谓的连续性方程,它表明电荷守恒,即电荷不生不灭。同样的方程也适于描述质量守恒,即当质量流动时质量密度随时间的改变,而此时 $\rho(\boldsymbol{r}, t)$ 和 $\boldsymbol{j}(\boldsymbol{r}, t)$ 分别表示质量密度和质流密度。我们还有一个方程 $\boldsymbol{j}(\boldsymbol{r}, t)=\rho(\boldsymbol{r}, t)\boldsymbol{u}(\boldsymbol{r}, t)$,其中 $\boldsymbol{u}(\boldsymbol{r}, t)$ 表示质量载流子(如原子或分子)或电荷载流子(如电子或离子)的运动速度。

我们现在将安培定律推广到交流电和时变场的情况。交流电路中的电流密度为 $\boldsymbol{j}(t)=\boldsymbol{I}(t)/A$,即电流 $\boldsymbol{I}(t)$ 除以导线的截面积 A;它的大小和方向(沿导线的方向)都随时间改变,但是在任意时刻它在导线上处处相同,因此有$\nabla\cdot \boldsymbol{j}(\boldsymbol{r},t)=0$。当电路包含电容时,参见图 10.17,交流电路导通,但是电容器的极板上会存储电荷。电容器的两块极板都是在交流电的半个周期内带正电,而在另外半个周期带负电,因此有 $\partial\rho/\partial t\neq 0$,而根据连续方程有$\nabla\cdot \boldsymbol{j}\neq 0$。显然我们必须修正安培定律即式(10.37),让它能描述这种普遍的情况。麦克斯韦创造性地解决了这个问题,他在公式中引入了和电荷运动无关的另一项。我们还记得在图 10.16 所示的以太模型中,为了保持磁力导线的外部也存在这种齿轮粒子。麦克斯韦将这个额外的电流称为位移电流,并令位移电流密度等于 $\varepsilon_0\partial\boldsymbol{E}/\partial t$,因此安培定律变为:

$$\nabla\times\boldsymbol{B}(\boldsymbol{r},t)=\mu_0\left[\boldsymbol{j}(\boldsymbol{r},t)+\varepsilon_0\frac{\partial}{\partial t}\boldsymbol{E}(\boldsymbol{r},t)\right].\tag{10.44}$$

我们可以证明上式右侧矢量的散度的确等于零:

$$\nabla\cdot\left(\boldsymbol{j}+\varepsilon_0\frac{\partial\boldsymbol{E}}{\partial t}\right)=\nabla\cdot\boldsymbol{j}+\varepsilon_0\frac{\partial(\nabla\cdot\boldsymbol{E})}{\partial t}=\nabla\cdot\boldsymbol{j}+\frac{\partial\rho}{\partial t}=0.$$

上述推导中先是用到了式(10.31),然后又用到了式(10.43)。

参见图 10.17,电容器的极板之间没有电流,因此 $\boldsymbol{j}=0$,但那里显然存在位移电流密度 $\varepsilon_0\partial\boldsymbol{E}/\partial t$,而极板间的电场当然由极板上的电荷决定(参见图 10.15)。人们在实验中观测到位移电流产生的磁场,最终证实了式(10.44)。金属导线中的位移电流不等于零,但是即使在技术上能实现的最高频率下,该位移电流和 $\boldsymbol{j}$ 相比也非常小,因此在实际应用中可忽略不计。

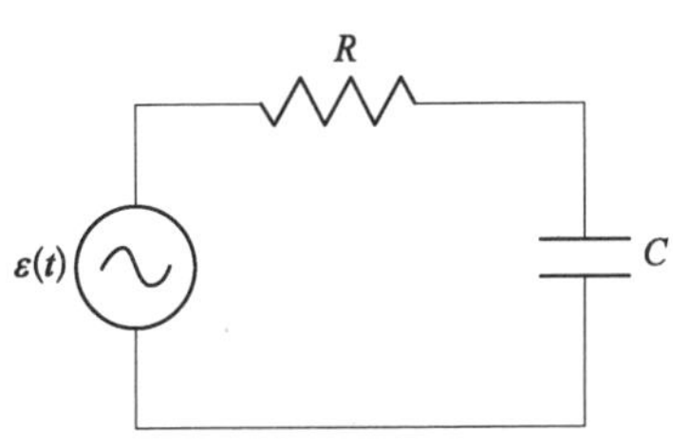

图 10.17　位移电流产生磁场

当电动势随时间变化时,例如 $\varepsilon(t)=\varepsilon_0\cos\omega t$,电路中就会产生交变电流,而电流与电动势不同相。

就这样,我们得到了全部的真空中的麦克斯韦方程:

$$\nabla\cdot\boldsymbol{E}=\frac{\rho}{\varepsilon_0},\tag{10.31/10.45a}$$

$$\nabla\cdot\boldsymbol{B}=0,\tag{10.33/10.45b}$$

$$\nabla\times\boldsymbol{E}=-\frac{\partial\boldsymbol{B}}{\partial t},\tag{10.40/10.45c}$$

$$\nabla\times\boldsymbol{B}=\mu_0\left(\boldsymbol{j}+\varepsilon_0\frac{\partial\boldsymbol{E}}{\partial t}\right).\qquad(10.44/10.45\text{d})$$

在普遍的情况下，所有变量都可以是时间 t 和位置 $\boldsymbol{r}$ 的函数。如果已知真空中的电荷分布 $\rho(\boldsymbol{r},t)$ 和电流密度分布 $\boldsymbol{j}(\boldsymbol{r},t)$，就可以利用上述方程确定对应的真空中的电场 $\boldsymbol{E}(\boldsymbol{r},t)$ 和磁场 $\boldsymbol{B}(\boldsymbol{r},t)$。在大多数情况下我们可以忽略空气的影响，而直接把金属导线中的电流看作是真空中的电流。只要令 $\partial\boldsymbol{E}/\partial t=\partial\boldsymbol{B}/\partial t=0$，就能得到前几节导出的静电场和静磁场的方程，而应用式(10.45c)就能描述电磁感应现象。麦克斯韦方程也可以描述光，这表明可见光不过是特定频率范围内的电磁波，而电磁波在高于和低于可见光频率的范围内普遍存在！让我们来说明这是怎么一回事。

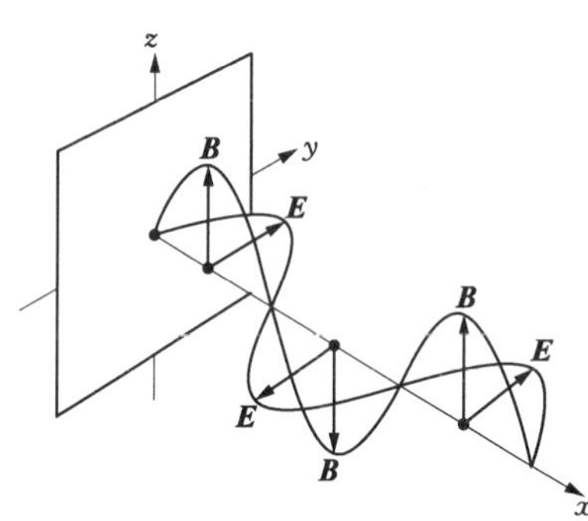

图 10.18 沿 x 方向传播的电磁波

图 10.18 给出了电磁波(electromagnetic wave，EM)的示意图，它在 y 方向存在 $\boldsymbol{E}$ 分量而在 z 方向存在 $\boldsymbol{B}$ 分量，该波动在空间上沿着 x 方向传播。我们把电场和磁场表示为：

$$\boldsymbol{E}=E_y(x,t)\boldsymbol{j}=E_0\cos(qx-\omega t)\boldsymbol{j},\qquad(10.46\text{a})$$

$$\boldsymbol{B}=B_z(x,t)\boldsymbol{k}=B_0\cos(qx-\omega t)\boldsymbol{k}.\qquad(10.46\text{b})$$

这个波动的波前(恒定相位的假想表面，参见第 5.2.2 节)是垂直于 x 方向的平面。它的传播速度由位移决定，例如在电场和磁场的最大值处有 $qx-\omega t=0$，而波动传播的速度为：

$$v=\frac{x}{t}=\frac{\omega}{q}.\qquad(10.46\text{c})$$

只要 $\boldsymbol{E}$ 和 $\boldsymbol{B}$ 在真空区满足式(10.45a)～式(10.45d)，我们就可以把 $\boldsymbol{E}$ 和 $\boldsymbol{B}$ 描述的波动称为电磁波，而只要令 $v=c$ 就能让式(10.46a)和式(10.46b)中的 $\boldsymbol{E}$ 和 $\boldsymbol{B}$ 满足麦克斯韦方程。我们予以证明。在真空中 $\rho=0$，$\boldsymbol{j}=0$，而式(10.45a)变为$\nabla\cdot\boldsymbol{E}=0$；计算式(10.46a)描述的 $\boldsymbol{E}$ 的散度，它只有随 x 改变的 y 分量，因此有$\nabla\cdot\boldsymbol{E}=\partial E_y/\partial y=0$，即式(10.45a)得到满足。类似地有$\nabla\cdot\boldsymbol{B}=\partial B_z/\partial z=0$，因此式(10.45b)也得到满足。对于剩下的两个方程我们要计算式(10.46)描述

的场的旋度。电场 $\boldsymbol{E}$ 的旋度为$\nabla\times\boldsymbol{E}=(\partial E_y/\partial x)\boldsymbol{k}=-qE_0\sin(qx-\omega t)\boldsymbol{k}$，而 $\partial\boldsymbol{B}/\partial t=\omega B_0\sin(qx-\omega t)\boldsymbol{k}$，因此式(10.45c)退化为 $E_0/B_0=\omega/q$。磁场 $\boldsymbol{B}$ 的旋度为$\nabla\times\boldsymbol{B}=-(\partial B_z/\partial x)\boldsymbol{j}=qB_0\sin(qx-\omega t)\boldsymbol{j}$，而 $\partial\boldsymbol{E}/\partial t=\omega E_0\sin(qx-\omega t)\boldsymbol{j}$，因此式(10.45d)退化为 $E_0/B_0=(\varepsilon_0\mu_0)^{-1}q/\omega$。参见式(10.16)，只有当 $(\omega/q)^2=(\varepsilon_0\mu_0)^{-1}=c^2$ 时这两个方程能同时得到满足，其中 c 是光速。由此我们可以得出，满足麦克斯韦方程的电磁波的传播速度就等于光速，而电磁波满足：

$$\omega=cq \quad \text{或} \quad \lambda f=c. \tag{10.47}$$

我们还记得 $\omega=2\pi/T=2\pi f$，其中 T 是波动周期而 f 是波动频率；而 $q=2\pi/\lambda$，其中 λ 是波长。需要强调的是 $0<\omega<\infty$，即电磁波的频率可以任意取值，它既可以高于可见光频率也可以低于可见光频率。我们现在熟知的这个结果让麦克斯韦时代的人惊诧不已。就这样我们证明式(10.46a)和式(10.46b)表示以频率 ω 沿 x 方向传播的电磁波，ω 可以取任意正的数值，而根据式(10.47)可以确定它对应的 q；E_0 给定后就能确定 B_0，$B_0=c^{-1}E_0$。

下面我们给出了电磁波谱，其中频率 f 的单位为赫兹(周/秒)，而波长 λ 的单位为米。

表 10.1 电磁波谱

交变电流	$f<10^2$	$\lambda>10^6$
无线电波	$10^4<f<10^8$	$10^4>\lambda>1$
微波	$10^8<f<10^{13}$	$1>\lambda>10^{-4}$
可见光	$f\sim10^{14}$	$\lambda\sim3\times10^{-6}$
X 射线	$10^{16}<f<10^{19}$	$10^{-8}>\lambda>10^{-11}$
伽马-射线	$f>10^{19}$	$\lambda<10^{-11}$

式(10.46)描述了沿 x 方向传播的电磁波，但是电磁波显然可以沿任意方向传播。我们用波矢 $\boldsymbol{q}$ 表示电磁波的传播方向，一般情况下 $\boldsymbol{q}=q_x\boldsymbol{i}+q_y\boldsymbol{j}+q_z\boldsymbol{k}$，而在式(10.46)中 $\boldsymbol{q}=q\boldsymbol{i}$，但是波矢的大小总是由式(10.47)确定。由波矢 $\boldsymbol{q}$ 表示的电磁波的电场分量为：

$$\boldsymbol{E}(\boldsymbol{r},t)=\boldsymbol{E}_0(\boldsymbol{q})\cos(\boldsymbol{q}\cdot\boldsymbol{r}-\omega t), \tag{10.48a}$$

其中 $\boldsymbol{E}_0(\boldsymbol{q})$ 是垂直于 $\boldsymbol{q}$ 的矢量，如图 10.19 所示，它可以有任意的取向。我们注意到，每个 $\boldsymbol{q}$ 对应两个彼此独立的平面波，它们的 $\boldsymbol{E}_0(\boldsymbol{q})$ 相互垂直且都与 $\boldsymbol{q}$ 垂

直，我们用 $e=1,\ 2$ 表示这两个方向。每个方向对应的磁场为：

$$\boldsymbol{B}(\boldsymbol{r},\ t)=\boldsymbol{B}_0(\boldsymbol{q})\cos(\boldsymbol{q}\cdot\boldsymbol{r}-\omega t), \tag{10.48b}$$

其中 $\boldsymbol{B}_0(\boldsymbol{q})=\omega^{-1}\boldsymbol{q}\times\boldsymbol{E}_0(\boldsymbol{q})$。

我们还记得 $\omega=cq$，而 q 可以取任意正的数值。我们注意到 $\boldsymbol{E}$ 和 $\boldsymbol{B}$ 相互垂直，并且都与 $\boldsymbol{q}$ 垂直，因此它们是横波。所谓波前指的是垂直于 $\boldsymbol{q}$ 的平面，平面上的任一点满足 $\boldsymbol{q}\cdot\boldsymbol{r}=d$，其中 d 是平面与原点的垂直距离，如图 10.19 中的虚线所示。因此任意时刻波前平面上所有点的相位相同，正因为这样，式(10.48)描述的波动被称为平面波。

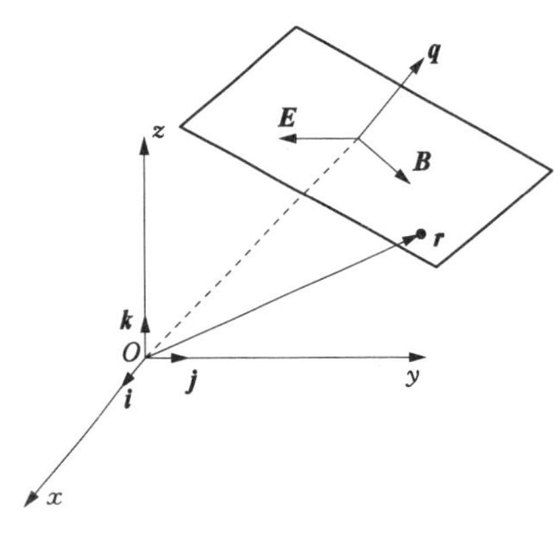

图 10.19　平面波的波前是垂直于 q 的平面

值得注意的是，平面波的和

$$\boldsymbol{E}(\boldsymbol{r},\ t)=\sum_{\boldsymbol{q},\ e}\boldsymbol{E}_{0e}(\boldsymbol{q})\cos(\boldsymbol{q}\cdot\boldsymbol{r}-\omega t), \tag{10.49}$$

以及伴随它的磁场都满足自由空间的麦克斯韦方程，因为这些方程是线性方程(参见第 7.2 节)。式(10.49)中的 $\boldsymbol{q}$ 任意取值，而对应特定的 $\boldsymbol{q}$，e 的取值为 1、2，这意味着电磁波可以在空间上传输任意形状的信号。

到目前为止我们还没有考虑电磁波的产生。根据麦克斯韦方程，当电荷密度 $\rho(\boldsymbol{r},\ t)$ 和电流密度 $\boldsymbol{j}(\boldsymbol{r},\ t)$ 随时间改变时就会产生电磁波，而电磁波以光速传播[18]。图 10.20 给出了某时刻振荡偶极子产生的电磁波的电场线图像。最简单的偶极子包含两个点电荷，$-q$ 和 $+q$，二者相距 l；偶极矩 $\boldsymbol{p}$ 的定义是 $\boldsymbol{p}=q\boldsymbol{l}$，其中 $\boldsymbol{l}$ 是从负电荷指向正电荷的矢量。当一个电荷相对另一个电荷振荡时我们就得到了振荡偶极子，$\boldsymbol{p}=\boldsymbol{p}_0\cos(\omega t)$，偶极子产生的波动场当然也有同样的频率 ω。

当麦克斯韦预言可以用振荡电流产生电磁波后，许多科学家尝试在实验室中产生电磁波。他们当然不能产生可见光，因为无论在当时还是现在，都不可能用机械方式产生这么高频率的振荡电流。但是他们产生了低频电磁波，而德国

---

⑱ 普通交流发电机产生低频交流电(例如 $f=50$ Hz)，该频率的电磁波波长达到几千米，因此不能观测到。在这么低的频率上，电流产生的磁场可以用稳态电流公式得到。

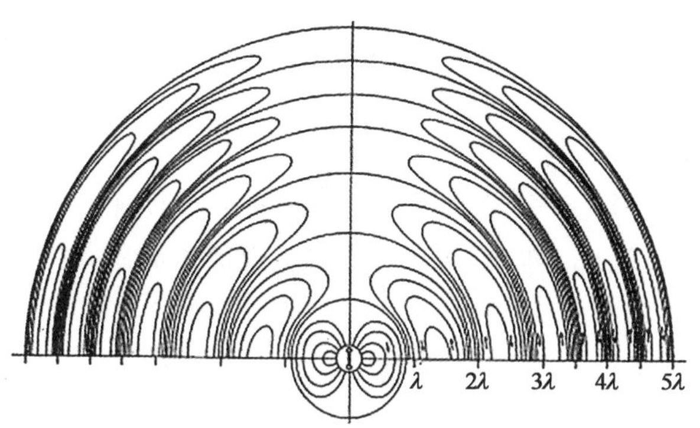

图 10.20 振荡偶极子产生的电场线

该图展示了偶极子(处于中心处)所在平面的截面图;波动场关于水平轴对称。

科学家赫兹(Hertz)首次实验证实电磁波存在。

海因里希·赫兹于1857年出生在汉堡,他的家境富裕,父母都有很好的修养。赫兹在年少时就显现出良好的科学和语言天赋,喜欢学习阿拉伯文和梵文。他先后在德累斯顿和慕尼黑学习物理学和工程学,并于1880年在柏林获得了博士学位。赫兹在柏林和自己的导师亥姆霍兹一起工作,直到1883年他得到基尔大学理论物理学的讲师职位。1885年赫兹成为卡尔斯鲁厄大学的教授,就在那里他首次制造出人工电磁波。他的无线电波发射器包括一个高频电感线圈和一个电容器,在电路中有两个半径为2厘米的球,二者之间形成小的火花间隙,而电容器和电感线圈决定了火花放电的振荡频率。当电路包含电感线圈和电容器时,对电容器充电可以在电路中产生振荡电流;当电容器通过线圈放电时,它的电能变为线圈电流产生的磁能;而当电容器被反向充电时,磁能又转变为电能。随着电路中的能量辐射损失(即产生电磁波消耗的能量)并被导线电阻耗尽变为热能后,振荡电流终止。在赫兹的电路中,如果不用金属球构造火花间隙,产生的波动场将会小得多。赫兹利用这样的发射器产生了频率约为 5×10^{8} 赫兹的波动场,对应的波长约为60厘米,它可以被几米远外的接收器检测到。赫兹采用的接收器是直径为7.5厘米的铜线环,铜线的直径为1毫米,环的终端留有一个很小的间隙(约为百分之几毫米),在间隙处一个小金属球和导线尖端相对。当导线尖端和金属球发生火花放电时,就表明接收器内存在感应电流。

赫兹后来改进实验装置,证明电磁波的传播速度就等于光速,还证明电磁辐射的反射和折射也和光的相同(参见下一节)。最后,赫兹用自己的数学方法计算了辐射场,发现它总是和麦克斯韦方程的结果一致,但是当时他并没有意识到这项发现的实用性。赫兹写道:“电磁波没什么用处……,我们不过用实验证明麦克斯韦是对的。我们得到了肉眼看不到的神秘的电磁波,它们的确存在。”赫兹于 1894 年在波恩辞世,时年 36 岁。为了纪念他的贡献,频率的单位被命名为赫兹(Hz)。

意大利工程师伽利尔摩·马可尼(Guglielmo Marconi)开发了赫兹波(即电磁波)的实际用途,他被后人称为“无线电之父”。马可尼于 1874 年出生在博洛尼亚,家境富裕。他在赫兹逝世的那一年首次实现了无线电远距离传输。1896 年移居伦敦后,马可尼用几年的时间改进设备的应用范围和可靠性,终于在 1901 年实现了跨大西洋的无线电传输,创立了无线电报业。1909 年马可尼与卡尔·布劳恩(Karl Braun)分享了诺贝尔物理学奖。马可尼于 1937 年辞世。

我们下面简单讨论电磁场的能量,以此结束本节。为了考察能量,我们给出由麦克斯韦方程导出的一个方程,但是不予证明。这个方程是:

$$\frac{\partial}{\partial t}\int_V \frac{1}{2}\left(\frac{B^2}{\mu_0}+\varepsilon_0 E^2\right)\mathrm{d}V=\int_V \frac{1}{2}\left(\boldsymbol{E}'\cdot\boldsymbol{j}-\frac{j^2}{\sigma}\right)\mathrm{d}V-\int_S \frac{1}{\mu_0}\boldsymbol{E}\times\boldsymbol{B}\cdot\mathrm{d}\boldsymbol{S}. \tag{10.50}$$

方程左手侧的积分表示体积 V 包含的电磁场的能量,而它关于时间的导数表明单位时间内该体积内的能量怎样变化。方程右手侧关于 $(\boldsymbol{E}'\cdot\boldsymbol{j})$ 的体积积分是维持电流密度 $\boldsymbol{j}$ 的电动势在单位时间内做的功。根据麦克斯韦方程,$\rho(\boldsymbol{r},t)$ 产生电场 $\boldsymbol{E}(\boldsymbol{r},t)$,而 $\boldsymbol{j}(\boldsymbol{r},t)$ 产生磁场 $\boldsymbol{B}(\boldsymbol{r},t)$。关于 (j^2/σ) 的体积积分表示单位时间内导线发热损耗的能量(参见第 10.2.5 节),其中 σ 是 V 内部载流导线的电导率。如果上述方程没有最后一项,当单位时间内电动势做的功大于热损耗的能量时,V 包含的电磁能就会增加,即 $\frac{\partial}{\partial t}\int_V \frac{1}{2}(B^2/\mu_0+\varepsilon_0 E^2)\mathrm{d}V>0$。方程右手侧的最后一项带负号,它表示通过包围 V 的表面 S 流入体积 V 的电磁能。

我们定义矢量

$$\boldsymbol{N}=\frac{1}{\mu_0}\boldsymbol{E}(\boldsymbol{r},t)\times\boldsymbol{B}(\boldsymbol{r},t) \tag{10.51}$$

为坡印亭矢量,根据对式(10.50)的分析,它表示单位时间通过垂直于 $\boldsymbol{N}$ 的单位

面积上的电磁场能量流。同理，我们定义

$$U(\boldsymbol{r},\ t)=\frac{1}{2}\left(\frac{B^2}{\mu_0}+\varepsilon_0 E^2\right) \tag{10.52}$$

为电磁场的“能量密度”，其中 $\boldsymbol{E}$ 和 $\boldsymbol{B}$ 的大小也是 $\boldsymbol{r}$ 和 t 的函数。

将式(10.51)和式(10.52)应用于平面波电磁场式(10.48)，我们得到：

$$U(\boldsymbol{r},\ t)=\frac{1}{2}\left(\frac{B_0^2}{\mu_0}+\varepsilon_0 E_0^2\right)\cos^2(\boldsymbol{q}\cdot\boldsymbol{r}-\omega t), \tag{10.53}$$

并希望确定该能量密度在一个周期上的平均值。(我们可以等效地求体积 λ^3 的平均能量，其中 $\lambda=2\pi/q$。) 余弦的平方在一个周期上的平均值为 1/2，因此平面波的平均能量密度 $U(\boldsymbol{q})$ 为：

$$U(\boldsymbol{q})=\frac{1}{4}\left(\frac{B_0^2}{\mu_0}+\varepsilon_0 E_0^2\right). \tag{10.54}$$

根据式(10.48b)有 $B_0(\boldsymbol{q})=E_0(\boldsymbol{q})/c$，而 $\varepsilon_0\mu_0=c^{-2}$，即有 $B_0^2/\mu_0=\varepsilon_0 E_0^2$，因此有：

$$U(\boldsymbol{q})=\varepsilon_0\,\frac{E_0^2(\boldsymbol{q})}{2}. \tag{10.55}$$

最后，式(10.48)给出的平面波坡印廷矢量的时间平均为：

$$\boldsymbol{N}(\boldsymbol{q})=U(\boldsymbol{q})c\boldsymbol{n}, \tag{10.56}$$

其中 $\boldsymbol{n}=\boldsymbol{q}/q$，是传播方向上的单位矢量。

在确定表面 S 包围的体系是否辐射能量时，坡印廷矢量特别有用。但是请注意，在空间单个点上应用这个矢量会引起误导。例如，对于静态叠加电场和磁场，在空间的某些点处 $\boldsymbol{N}$ 不为零，但是它在任意封闭表面 S 上的积分可以等于零，参见式(10.50)。

通常产生辐射场(即电磁波)的电荷密度 $\rho(\boldsymbol{r},\ t)$ 和电流密度 $\boldsymbol{j}(\boldsymbol{r},\ t)$ 是 $\boldsymbol{r}$ 的连续函数，但并不总是这样。我们知道静止的带电粒子在其周围产生静电场；而以速度 $\boldsymbol{u}$ 匀速运动的带电粒子则产生电场和磁场，但是它并不辐射能量。这是因为带电粒子是否辐射能量与选取的惯性参考系无关，我们可以适当选取参考系，让带电粒子在一个系统中静止而在另一个系统中进行匀速直线运动。但是根据麦克斯韦方程，只要一个电荷加速运动，不管它是沿着直线、圆弧还是任意其他轨迹运动(参见图 10.21)，它就会产生电磁波，即辐射能量。例如，在图 10.21 中，带电粒子单位时间辐射的能量为：

$$\frac{\mathrm{d}W}{\mathrm{d}t}=\frac{e^2a^2\omega^4}{6\pi\varepsilon_0c^3}\left(1-\frac{u^2}{c^2}\right)^2. \tag{10.57}$$

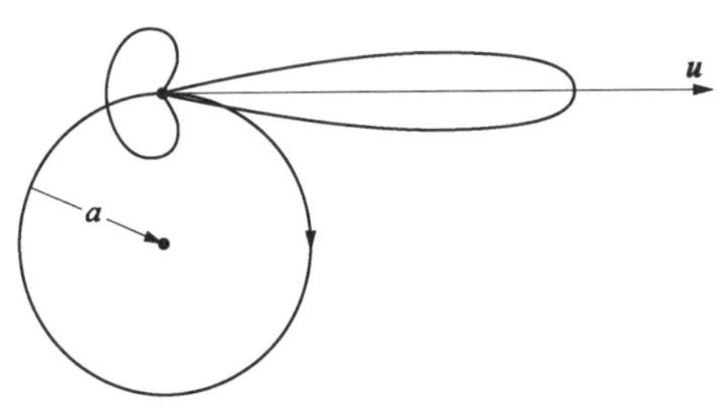

图 10.21　电荷在平面上匀速圆周运动产生的辐射场

电荷的加速度 $\gamma=\mathrm{d}\boldsymbol{u}/\mathrm{d}t$ 垂直于它的速度 $\boldsymbol{u}$。($u=a\omega$，其中 a 是半径，ω 是电荷的角速度，加速度的大小当然是 $\gamma=a\omega^2$。) 当速度较大时，沿着如图所示的 $\boldsymbol{u}$ 的方向产生很强的辐射。

由于麦克斯韦方程组没有给出电荷 q 以速度 $\boldsymbol{u}$ 运动时受到多大的电力和磁力，我们还要引入洛伦兹力(尽管麦克斯韦在 1860 年代发表的文章中已经给出了相应的公式)：

$$\boldsymbol{F}=q(\boldsymbol{E}+\boldsymbol{u}\times\boldsymbol{B}), \tag{10.58}$$

其中磁场 $\boldsymbol{B}$ 产生的力显然是式(10.10a)给出的电流单元产生力的延展。

我们以平面波电场和磁场为例，考虑它们对电荷 q 产生的作用力。这个力的电场分量与 E_0 成正比，而它的磁场分量与 $E_0(u/c)$ 成正比，由于速度 u 通常远远小于光速 c，因此力的磁场分量通常可忽略不计。

10.4.4　材料介质中的电磁场

物质由原子和分子构成，而后者又是由带正电的原子核与带负电的电子构成。因此在原子和分子级的微观尺度上存在电场和磁场，这些场的时间尺度和空间尺度都很小，它们随着原子间距的改变非常快速地变化。我们不考虑这些微观的电场和磁场，而是考虑长时间、大范围的平均场；我们研究的场介于宏观尺度和微观尺度之间，它包含许多原子和分子。我们不考虑铁磁材料(永久磁铁)和铁电材料(包含永久电偶极矩的材料)，而是考虑那些在没有施加外部场时，微观电荷、电流密度及对应的场在宏观尺度上的均值为零的那些材料。但是如果对这些材料施加电场或磁场，材料内部就会感应出宏观的电荷与电流，从而显著改变材料介质中的有效电场和磁场。例如，把当电介质(不导电的物质，如纸或玻璃)放置在电容器带电极板之间时，如图 10.15(b)所示，电介质的分子会发生一定的极化，每个分子获得一个沿电场方向的偶极矩。在电介质内部，偶极子产生的感应电荷抵消，但是在电介质表面的感应电荷存在，并且在计算电介质内部和外部的宏观电场时必须予以考虑。

我们采用麦克斯韦的方法进行推导：引入介质极化产生的极化电荷密度 ρ_P，它有别于真正的电荷密度 ρ，例如电容器极板上的电荷密度。麦克斯韦方程中的第一个方程式(10.45) 变为：

$$\varepsilon_0 \nabla \cdot \boldsymbol{E} = \rho + \rho_P. \tag{10.59}$$

随后引入极化场 $\boldsymbol{P}$：

$$\nabla \cdot \boldsymbol{P} = -\rho_P. \tag{10.60}$$

将上述两个方程相加后得到：

$$\nabla \cdot (\varepsilon_0 \boldsymbol{E} + \boldsymbol{P}) = \rho. \tag{10.61}$$

我们定义电位移矢量 $\boldsymbol{D}$：

$$\boldsymbol{D} = \varepsilon_0 \boldsymbol{E} + \boldsymbol{P}, \tag{10.62}$$

则式(10.59)变为：

$$\nabla \cdot \boldsymbol{D} = \rho. \tag{10.63}$$

我们注意到 $\boldsymbol{D}(\boldsymbol{r}, t)$ 只和真正的电荷密度 $\rho(\boldsymbol{r}, t)$ 有关。为了确定电场 $\boldsymbol{E}(\boldsymbol{r}, t)$ 必须已知 $\boldsymbol{P}$，而 $\boldsymbol{P}$ 不能由麦克斯韦方程确定，因为它是材料介质的属性，要由材料的分子结构决定。

在许多情况下我们将 $\boldsymbol{P}$ 表示为：

$$\boldsymbol{P} = \chi \varepsilon_0 \boldsymbol{E}, \tag{10.64}$$

其中 χ 是一个正数，它被称作物质的电极化率。在这种情况下式(10.62)变为：

$$\boldsymbol{D} = \varepsilon_0 \boldsymbol{E} + \boldsymbol{P} = \varepsilon_0 (1 + \chi) \boldsymbol{E} = \varepsilon \boldsymbol{E}, \tag{10.65}$$

其中 $\varepsilon = \varepsilon_0(1+\chi)$，被称作介质的介电常数。因此，对于由式(10.64)描述的介质，第一个麦克斯韦方程依然成立，只不过真空介电常数 ε_0 要被 ε 取代。我们有：

$$\nabla \cdot \boldsymbol{E} = \frac{\rho}{\varepsilon}. \tag{10.66}$$

我们下面考虑怎样修正最后一个麦克斯韦方程，使它能描述介质中的磁场。我们要在式(10.45d)的右手侧加上在介质中感应出来的两个电流密度。第一个电流密度来自 $\boldsymbol{P}$ 随时间的变化，即 $\partial \boldsymbol{P}/\partial t$；而第二个电流密度来自介质的感应(磁)电流，麦克斯韦将它表示为 $\boldsymbol{j}_{\mathrm{M}}=\nabla\times\boldsymbol{M}$，其中 $\boldsymbol{M}$ 被称为介质的磁化强度。加上这两项后式(10.45d)变为：

$$\nabla\times\boldsymbol{B}=\mu_0\left(\boldsymbol{j}+\nabla\times\boldsymbol{M}+\varepsilon_0\frac{\partial\boldsymbol{E}}{\partial t}+\frac{\partial\boldsymbol{P}}{\partial t}\right). \tag{10.67}$$

请注意麦克斯韦选取的 $\boldsymbol{j}_{\mathrm{M}}$ 确保了右手项的散度等于零，这是必须要满足的条件。我们继续追随麦克斯韦，引入磁场 $\boldsymbol{H}$：

$$\boldsymbol{H}=\frac{\boldsymbol{B}}{\mu_0}-\boldsymbol{M}. \tag{10.68}$$

人们通常把 $\boldsymbol{H}$ 称作磁场，把 $\boldsymbol{B}$ 称作磁场密度，而我们为了避免混淆，把它们分别称作 $\boldsymbol{H}$ 场和 $\boldsymbol{B}$ 场。根据式(10.62)和式(10.68)我们将式(10.67)写作：

$$\nabla\times\boldsymbol{H}=\boldsymbol{j}+\frac{\partial\boldsymbol{D}}{\partial t}. \tag{10.69}$$

它说明 $\boldsymbol{H}$ 只依赖真实的电流密度 $\boldsymbol{j}$ 和真实的电荷密度(由第二项表示)。但是要想确定 $\boldsymbol{B}$ 必须已知 $\boldsymbol{M}$，它和 $\boldsymbol{P}$ 一样都是材料的属性，由介质的分子结构确定，单凭麦克斯韦方程不能确定 $\boldsymbol{M}$。

在许多情况下，我们可以将 $\boldsymbol{M}$ 表示为：

$$\boldsymbol{M}=\chi_m\boldsymbol{H}, \tag{10.70}$$

其中 χ_m 是一个正数，被称作介质的磁化率。这样一来式(10.68)就变成：

$$\boldsymbol{B}=\mu_0(1+\chi_m)\boldsymbol{H}=\mu\boldsymbol{H}, \tag{10.71}$$

其中 $\mu=\mu_0(1+\chi_m)$，被称作介质的磁导率。因此，如果我们假定式(10.65)和式(10.71)都成立的话，那么最后一个麦克斯韦方程式(10.45d)/式(10.69)就变为：

$$\nabla\times\boldsymbol{B}=\mu\left(\boldsymbol{j}+\varepsilon\frac{\partial\boldsymbol{E}}{\partial t}\right). \tag{10.72}$$

麦克斯韦方程组的第二个方程式(10.45b)和第三个方程式(10.45c)在介质

中的形式和在自由空间的相同。因此如果式(10.65)和式(10.71)都成立，则在已知 ε 和 μ 的介质中的麦克斯韦方程组为：

$$\nabla\cdot\boldsymbol{E}=\frac{\rho}{\varepsilon}, \tag{10.73a}$$

$$\nabla\cdot\boldsymbol{B}=0, \tag{10.73b}$$

$$\nabla\times\boldsymbol{E}=-\frac{\partial\boldsymbol{B}}{\partial t}, \tag{10.73c}$$

$$\nabla\times\boldsymbol{B}=\mu\left(\boldsymbol{j}+\varepsilon\frac{\partial\boldsymbol{E}}{\partial t}\right), \tag{10.73d}$$

其中除了 ε_0 被 ε 取代、μ_0 被 μ 取代以外，上述方程组与自由空间的麦克斯韦方程组完全相同。

根据上述方程我们立刻能得出一个重要的结论：当 $\rho=0$，$\boldsymbol{j}=0$ 时，式(10.73)也有电磁波形式的解，只不过其中的 ε_0 和 μ_0 要被 ε 和 μ 取代。由此我们得出电磁波在介质中的传播速率 u：

$$u^2=(\varepsilon\mu)^{-1}=[\varepsilon_0(1+\chi)\mu_0(1+\chi_m)]^{-1}=\frac{(\varepsilon_0\mu_0)^{-1}}{(1+\chi)(1+\chi_m)}.$$

因此有：

$$u=\frac{c}{n}, \tag{10.74}$$

其中 $n^2=(1+\chi)(1+\chi_m)$。由于 χ 和 χ_m 都大于零，因此 $n>1$，即光在任何介质中传播的速率都小于真空中的光速 c。

让我们简要回顾平面波的反射和折射现象来结束本节讨论。如图 10.22 所示，两种介质的界面为平面 S，介质的参数分别为 ε_1，μ_1 和 ε_2，μ_2。我们假定辐射的波长 λ 足够长，因此体积为 λ^3 的介质内包含足够多的、数量恒定的分子(参见第 9.2.5 节和第 11.4 节)。

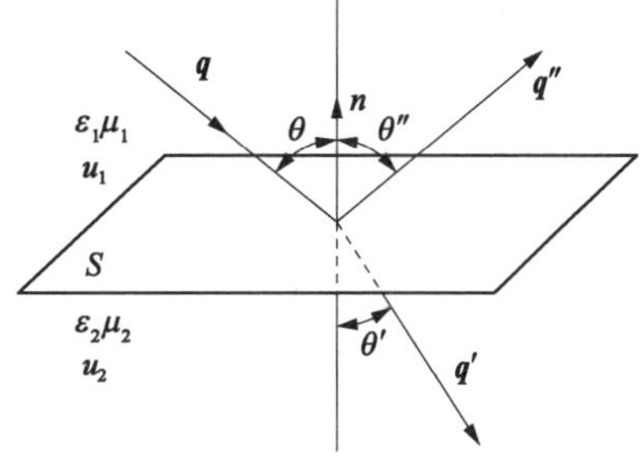

图 10.22　矢量的传播

入射波波矢 $\boldsymbol{q}$ 和垂直于反射面的单位矢量 $\boldsymbol{n}$ 确定了入射平面，而折射波波矢 $\boldsymbol{q}'$ 和反射波波矢 $\boldsymbol{q}''$ 也处在这个平面内。

服从麦克斯韦方程的波动场必须在表面 S 满足下述边界条件：如果在入射面上画一个矩形，它的一个长边在介质 1 的内部而另一个长边在介质 2 的内部，而该矩形的周长为 C。那么根据斯托克斯定理，回路积分 $\oint_C \boldsymbol{E}\cdot \mathrm{d}\boldsymbol{l}$ 等于面积积分 $\iint_S \nabla\times\boldsymbol{E}\cdot \mathrm{d}\boldsymbol{S}$，而由式(10.73c)得出该积分等于 $\iint_S(-\partial \boldsymbol{B}/\partial t)\cdot \mathrm{d}\boldsymbol{S}$。现在如果令矩形的短边缩小为零，则最后一个积分等于零，因此 $\oint_C \boldsymbol{E}\cdot \mathrm{d}\boldsymbol{l}=0$。但是现在这个积分变成沿着矩形两条长边的线积分，一条边穿过介质 1 而另一条边穿过介质 2，两个积分的方向相反。如果这两个积分彼此抵消的话，那么不管矩形的边长为多长我们都有：两个介质中 $\boldsymbol{E}$ 的切向分量(即平行于表面 S 的分量)在表面 S 处必然相等。将同样的方法应用于积分 $\oint_C \boldsymbol{B}/\mu\cdot \mathrm{d}\boldsymbol{l}$ 并且带入式(10.73d)(令其中的 $\boldsymbol{j}=0$)，我们发现：两个介质中 $\boldsymbol{H}=\boldsymbol{B}/\mu$ 的切向分量在表面处也必然相等。

令 $\boldsymbol{E}_0(\boldsymbol{q})\cos(\boldsymbol{q}\cdot\boldsymbol{r}-\omega t)$ 表示入射波的电场分量(参见图 10.22)，令 $\boldsymbol{E}'_0(\boldsymbol{q}')\cos(\boldsymbol{q}'\cdot\boldsymbol{r}-\omega t)$ 表示折射波的电场分量，而令 $\boldsymbol{E}''_0(\boldsymbol{q}'')\cos(\boldsymbol{q}''\cdot\boldsymbol{r}-\omega t)$ 表示反射波的电场分量。令入射面为 $x-y$ 平面，而 S 表面为 $z=0$ 的水平面。只有当 3 个场的余弦函数在表面 S 上取值相同时，电场的切向分量才有可能在表面 S 上连续。这意味着频率 ω 不能改变(我们已经把电场表示成频率不变的形式)，而且要在表面 S 上满足：$\boldsymbol{q}\cdot\boldsymbol{r}=\boldsymbol{q}'\cdot\boldsymbol{r}=\boldsymbol{q}''\cdot\boldsymbol{r}$；因此波矢平行于表面 S 的分量必须相等：

$$\boldsymbol{q}_{/\!/}=\boldsymbol{q}'_{/\!/}=\boldsymbol{q}''_{/\!/}. \tag{10.75}$$

此外，由于波矢 $\boldsymbol{q}$ 和 $\boldsymbol{q}''$ 处于相同的介质中，因此它们的大小必须相同(我们有 $\omega=u_1q=u_1q''$)。这意味着(参见图 10.22) $\theta=\theta''$。但是由于介质 2 中的光速与介质 1 中的不同，因此我们有 $\omega=u_1q=u_2q'$，根据式(10.75)这意味着 $\sin\theta/\sin\theta'=u_1/u_2$，这当然就是斯涅耳定律[参见式(5.17)和式(5.19)]。

根据电场和磁场的切向分量在两种介质界面处的连续性，我们还能根据入射波的振幅 $\boldsymbol{E}_0(\boldsymbol{q})$ 确定折射波和反射波的振幅 $\boldsymbol{E}'_0(\boldsymbol{q}')$ 和 $\boldsymbol{E}''_0(\boldsymbol{q}'')$。我们不需要写出由此得到的公式，因为它们和菲涅耳在麦克斯韦之前利用以太弹性模型导出的公式相同。

在许多情况下,极化强度 $\boldsymbol{P}$ 和 $\boldsymbol{E}$ 的关系不像式(10.64)描述得那么简单,而磁化强度 $\boldsymbol{M}$ 和磁场 $\boldsymbol{B}$ 的关系也并不满足简单的式(10.70)和式(10.71)。例如,金属的介电常数是频率的函数,$\varepsilon=\varepsilon(\omega)$。而且有些材料在没有施加电场时也具有极化强度 ($\boldsymbol{P}\neq 0$);还有些材料,例如磁铁,在没有施加磁场时也具有磁化强度 ($\boldsymbol{M}\neq 0$)。人们利用材料丰富多彩的电磁性质推动了现代科技的发展。材料的电磁性质由材料的分子结构决定,要想深入分析原子和分子的性质还需要量子力学的知识(第 14 章提供了一些例子)。

练习

10.1　请考虑 $x-y$ 平面内边长为 a 的正方形,它的中心位于坐标原点,它的 4 个角上分别放置了 4 个电荷 q_1, q_2, q_3, q_4,则电荷的坐标分别为 $(x_1, y_1)=(-a/2, a/2)$,$(x_2, y_2)=(a/2, a/2)$,$(x_3, y_3)=(a/2, -a/2)$ 和 $(x_4, y_4)=(-a/2, -a/2)$。

(a) 求正方形中心处的电场。

答案:$E=A(q_1-q_2-q_3+q_4)\boldsymbol{i}+A(-q_1-q_2+q_3+q_4)\boldsymbol{j}$,其中 $A=(\sqrt{8}\pi\varepsilon_0 a^2)^{-1}$,$\boldsymbol{i}$ 和 $\boldsymbol{j}$ 分别是 x 方向和 y 方向的单位矢量。

(b) 将点电荷 $Q>0$ 置于正方形的中心,求它在下述情况下受到的电力:(1) $q_1=q_2=q>0$,而 $q_3=q_4=0$;(2) $q_1=q_2=0$,而 $q_3=q_4=-q<0$。

答案:(1) $\boldsymbol{F}=-2QqA\boldsymbol{j}$;(2) $\boldsymbol{F}=-2QqA\boldsymbol{j}$。

10.2　请推导带电量为 Q,半径为 R 的均匀带电球壳(球壳的厚度可忽略不计)的电场 $\boldsymbol{E}(r)$ 和静电势 $V(r)$,其中 $0<r<\infty$。令球壳的中心位于坐标原点。

提示:利用高斯定律及电荷分布的球对称特性,并且要考虑到 $V(r)$ 处处连续。

答案:$\boldsymbol{E}(r)=\begin{cases}\dfrac{Q}{4\pi\varepsilon_0 r^2}\boldsymbol{e}_r, & r>R\\ 0, & r<R\end{cases}$,其中 $\boldsymbol{e}_r$ 是径向的单位矢量;$V(r)=$

$$\begin{cases}\dfrac{Q}{4\pi\varepsilon_0 r}, & r>R\\[2ex] \dfrac{Q}{4\pi\varepsilon_0 R}, & r<R\end{cases}。$$

10.3　(a) 请推导带电量为 Q，半径为 R 的均匀带电球体的电场 $\boldsymbol{E}(r)$ 和静电势 $V(r)$，其中 $0<r<\infty$。令球心位于坐标原点。

答案：$$\boldsymbol{E}(r)=\begin{cases}\dfrac{Q}{4\pi\varepsilon_0 r^2}\boldsymbol{e}_r, & r>R\\[2ex] \dfrac{Q}{4\pi\varepsilon_0 r^2}\left(\dfrac{r}{R}\right)^3\boldsymbol{e}_r, & r<R\end{cases},$$

$$V(r)=\begin{cases}\dfrac{Q}{4\pi\varepsilon_0 r}, & r>R\\[2ex] \dfrac{Q(3R^2-r^2)}{8\pi\varepsilon_0 R^3}, & r<R\end{cases}。$$

(b) 令均匀带电球的总电量为电子电量，请计算位于球心的电子的势能。

答案：$U=\dfrac{3e^2}{8\pi\varepsilon_0 R}$。

10.4　请考虑图 10.15 所示的两块带电平板，用两种方法推导平板单位面积上受到的力，(1) 直接根据式(10.3)推导；(2) 根据静电场的能量推导。

答案：$f=\sigma^2/\varepsilon_0$，其中 $\sigma=Q/A$ 是平板的电荷密度。

10.5　(a) 电子(带电量为 $-e$) 距离金属表面 x，它在金属表面感应出总电量为 $+e$ 的正电荷分布，后者对电子产生吸引。证明该吸引力为 $F=-e^2/(16\pi\varepsilon_0 x^2)$，而对应的势能场(被称作镜像势场)为 $U=-e^2/(16\pi\varepsilon_0 x)$。

提示：根据对称性，诱导电荷与电子产生的电场线和两个点电荷之间的电场线相同，这两个点电荷分别是位于 x 的 $-e$ 和位于 $-x$ 的 $+e$，后者是电子关于金属表面的镜像电荷。

(b) 当考虑电容器(参见图 10.15)极板上电子的受力时，我们通常忽略前文讨论的镜像力，这么做原因何在？

提示：参见图 11.10。

10.6 请考虑无限长载流直导线(参见图 10.5)，利用式(10.9)证明当电流为 I 时磁场为 $B=2k_{\mathrm{M}}I/L$。

解：假定导线沿着 z 轴从 $-\infty$ 伸展到 $+\infty$，计算导线上位于 z 的电流元 $I\mathrm{d}z$ 在 y 轴上与 z 轴相距 L 的点产生的 $\mathrm{d}\boldsymbol{B}$，$\mathrm{d}\boldsymbol{B}=-\mathrm{d}B\boldsymbol{i}$，其中 $\boldsymbol{i}$ 是 x 方向的单位矢量，而 $\mathrm{d}B=k_{\mathrm{M}}Ir\sin\theta\mathrm{d}z/r^3$，其中 $\boldsymbol{r}$ 是从导线上的点 z 到 y 轴上点 L 的矢量，而 θ 是 z 轴与 $\boldsymbol{r}$ 的夹角。我们有：$L=r\sin\theta$ 和 $z=-r\cos\theta=-L\cos\theta/\sin\theta$，因此有 $\mathrm{d}z=L\mathrm{d}\theta/\sin^2\theta$。我们注意到当 $\theta\to 0$ 时 $z\to-\infty$，而 $\theta\to\pi$ 时 $z\to+\infty$。因此有：$\mathrm{d}B=k_{\mathrm{M}}I\sin\theta\mathrm{d}\theta/L$。因此在 y 轴上点 L 的磁场为 $\boldsymbol{B}=-B\boldsymbol{i}$，其中 $B=\dfrac{k_{\mathrm{M}}I}{L}\int_0^{\pi}\sin\theta\mathrm{d}\theta=2k_{\mathrm{M}}I/L$。由于 y 轴可以任意选取，由此证明了图 10.5 的结果。

10.7 用导线围成边长为 L 的正方形，将它悬挂在永久磁铁的磁极之间并可以围绕竖直方向旋转(竖直方向的旋转轴即为 z 轴)，而磁场为 $\boldsymbol{B}=B\boldsymbol{j}$，其中 $\boldsymbol{j}$ 为 y 方向的单位矢量。当通过电流 I 时导线框产生磁矩 $\boldsymbol{M}=I\boldsymbol{S}$，其中 $\boldsymbol{S}$ 是垂直于导线框平面的矢量，$\boldsymbol{S}$ 的大小为 $S=L^2$，$\boldsymbol{S}$ 的方向遵照右手定则由电流的方向确定。

(a) 证明导线框受到的扭矩为：

$$\boldsymbol{N}=N\boldsymbol{k}, \tag{10.76}$$

其中 $N=MB\sin\theta$，$\boldsymbol{k}$ 是 z 方向的单位矢量，而 θ 是 $\boldsymbol{M}$ 和 $\boldsymbol{B}$ 之间的夹角。

提示：根据式(10.10b)确定导线框各边受到的力，只有竖直边的力贡献扭矩。

(b) 证明

$$\boldsymbol{N}=-\frac{\mathrm{d}U}{\mathrm{d}\theta}, \tag{10.77}$$

其中 $U(\theta)=-\boldsymbol{M}\cdot\boldsymbol{B}=-MB\cos\theta$，$U(\theta)$ 是由导线框的磁矩(偶极矩) $\boldsymbol{M}$ 在磁场 $\boldsymbol{B}$ 中的取向决定的势能。证明 $-\mathrm{d}U=N\mathrm{d}\theta$ 是扭矩将导线框转过角度 $\mathrm{d}\theta$ 所做的功。

10.8 推导均匀静电场 $\boldsymbol{E}$ 中的偶极子 $\boldsymbol{p}=q\boldsymbol{l}$ 受到的扭矩 $\boldsymbol{N}$。

答案：$\boldsymbol{N}=N\boldsymbol{k}$，其中 $\boldsymbol{k}$ 是垂直于 $\boldsymbol{p}$ 和 $\boldsymbol{E}$ 定义的平面的单位矢量，并且有

$$\boldsymbol{N}=-\frac{\mathrm{d}U}{\mathrm{d}\theta}, \tag{10.78}$$

其中 $U(\theta)=-\boldsymbol{p}\cdot\boldsymbol{E}=-pE\cos\theta$，$\theta$ 是 $\boldsymbol{p}$ 和 $\boldsymbol{E}$ 的夹角。

10.9 假定电压 V 维持电路的电流 I，请计算单位时间内电阻 R 的热损耗。

答案：$Q=VI=I^2R$。

10.10 假定电阻 R 和一个线圈串联，请计算电动势 $\varepsilon=\varepsilon_0\sin\omega t$ 在电路中产生的电流 $I(t)$。电路的形式与图 10.17 所示的类似，其中的电容被线圈取代。我们假定线圈磁通量的改变产生的感应电动势遵从楞次定律：$\varepsilon=-L\mathrm{d}I/\mathrm{d}t$，其中 L 为正数，被称作线圈的自感应系数。电感的单位就是式(10.15)介绍的亨利(Henry—H)。

注释：当电动势随时间改变时，欧姆定律依然成立，因为决定电导率的碰撞时间 τ[参见式(14.125)]和电动势的周期相比非常小。因此我们有：

$$\varepsilon_0\sin\omega t-L\frac{\mathrm{d}I}{\mathrm{d}t}=I(t)R,$$

即：

$$I(t)R+L\frac{\mathrm{d}I}{\mathrm{d}t}=\varepsilon_0\sin\omega t. \tag{10.79}$$

(a) 证明 $I_c(t)=A\sin\omega t+B\cos\omega t$ 满足方程(10.79)，其中 $A=\varepsilon_0R/(\omega^2L^2+R^2)$，$B=-(\omega L/R)A$。

(b) 考虑方程

$$I(t)R+L\frac{\mathrm{d}I}{\mathrm{d}t}=0, \tag{10.80}$$

证明 $I_h(t)=D\mathrm{e}^{-(R/L)t}$ 满足式(10.80)，其中 D 任意取值。

(c) 由此证明 $I(t)=A\sin\omega t+B\cos\omega t+D\mathrm{e}^{-(R/L)t}$ 满足式(10.79)，其中 A 和 B 的定义同上，D 为任意常数。

(d) 由 $I(t=0)=0$ 确定 D。

答案：$D=-B$。

当 $t \gg L/R$ 时，$D\mathrm{e}^{-(R/L)t} \approx 0$，因此这一项通常忽略不计。

(e) 根据下述三角公式：

$$A\sin\omega t + B\cos\omega t = \sqrt{A^2+B^2}\sin(x+\theta)\text{，其中 }\tan\theta = B/A\text{，}\tag{10.81}$$

证明：$I_c(t) = I_0\sin(\omega t - \theta)$，其中 $I_0 = \varepsilon_0/\sqrt{R^2+\omega^2L^2}$，$\tan\theta = \omega L/R$。我们注意到电流相对电压发生负的相位移动 θ。

10.11　假定电阻 R 与电容串联，如图 10.17 所示，请计算电动势 $\varepsilon = \varepsilon_0\sin\omega t$ 在电路中产生的电流 $I(t)$。

注释：计算过程与 10.10 的类似，只不过电容器极板聚集电荷 q 产生电势差 $-q/C$，用它代替练习 10.10 中的 $-L\mathrm{d}I/\mathrm{d}t$。我们有：

$$\varepsilon_0\sin\omega t - \frac{q}{C} = I(t)R.$$

(a) 对上式关于时间求导，证明得到的结果与下式等价：

$$\frac{R}{\omega}\frac{\mathrm{d}I}{\mathrm{d}t} + \frac{I(t)}{\omega C} = \varepsilon_0\cos\omega t.\tag{10.82}$$

(b) 证明 $I_c(t) = A\sin\omega t + B\cos\omega t$ 满足式(10.82)，其中 $A = \varepsilon_0\omega^2C^2R/(1+\omega^2C^2R^2)$，$B = A/(\omega CR)$。

(c) 考虑方程

$$\frac{R}{\omega}\frac{\mathrm{d}I}{\mathrm{d}t} + \frac{I(t)}{\omega C} = 0,\tag{10.83}$$

证明 $I_h(t) = D\mathrm{e}^{-t/CR}$ 满足式(10.83)，其中 D 任意取值。并由此证明：$I(t) = A\sin\omega t + B\cos\omega t + D\mathrm{e}^{-t/CR}$ 满足式(10.82)，其中 A 和 B 的定义同上，D 为任意常数。

(d) 由 $I(t=0)=0$ 确定 D。

答案：$D = -B$。

当 $t \gg L/R$ 时，$D\mathrm{e}^{-t/CR} \approx 0$，因此这一项通常忽略不计。

(e) 利用三角公式证明：$I_c(t) = I_0\sin(\omega t + \theta)$，其中 $I_0 = \varepsilon_0/\sqrt{R^2+1/\omega^2C^2}$，$\tan\theta = 1/R\omega C$。

我们注意到电流相对电压发生正的相位移动 θ。

10.12　作为练习 10.10 和练习 10.11 的延续，考虑由电阻 R，电容器 C 和电感线圈 L 串联的电路，计算电动势 $\varepsilon=\varepsilon_0\sin\omega t$ 产生的稳态电流 $I_c(t)$。

答案：$I_c(t)=I_0\sin(\omega t-\theta)$，其中 $I_0=\dfrac{\varepsilon_0}{\sqrt{R^2+(\omega L-1/\omega C)^2}}$，$\tan\theta=\dfrac{\omega L-1/\omega C}{R}$。

10.13　根据电路参数：$\varepsilon_0=200\ \text{V}$，$R=300\ \Omega$，$C=3.5\times10^{-6}\ \text{F}$，$L=0.6\ \text{H}$，$\omega=380\ \text{s}^{-1}$，计算练习 10.12 中的 I_0 和 $\tan\theta$。

答案：$I_0=0.331\ \text{A}$，$\tan\theta=-1.746$，因此 $\theta=-60.2°$。

10.14　将电容器 C 和电感线圈 L 串联，构造最简单的赫兹振荡器（参见第 10.4.3 节），请计算电路的电流 $I(t)$。

注释：当没有外加电动势时，电路满足方程：

$$-L\frac{\mathrm{d}I}{\mathrm{d}t}-\frac{q}{C}=0.$$

该方程可以等价地表示为：

$$\frac{\mathrm{d}^2I}{\mathrm{d}t^2}+\frac{I}{LC}=0. \tag{10.84}$$

(a) 证明 $I(t)=A\cos\omega t$ 满足方程(10.84)，其中 $\omega=\sqrt{LC}$。

(b) 振荡电流的振幅会随时间衰减，请问原因何在？

答案：辐射电磁波会消耗能量，而导线电阻也会产生热损耗。

(c) 如何修正电路方程来考虑电路的电阻。

答案：$-L\dfrac{\mathrm{d}I}{\mathrm{d}t}-\dfrac{q}{C}=RI(t)$。

10.15　在什么情况下，一束光在两种介质的界面处发生全反射？

提示：考虑光从折射率较大的一侧入射的情况。

第 11 章
阴极射线和 X 射线

11.1　阴极射线

在研究了金属和液体导电之后，人们对气体导电也进行了研究。法拉第曾在 1838 年进行气体放电实验，但是由于真空泵的性能不好而终止。在 1858 年到 1862 年间，德国物理学家尤利乌斯·普吕克(Julius Plücher)发表系列文章，介绍自己对低压真空管放电的研究，其中最重要的结果是发现了阴极射线。普吕克在负电极附近观测到微弱的蓝光(参见图 11.1)，他发现这束光投射到真空管壁上产生黄绿色光斑，而磁铁会改变气体中蓝光的位置。1862 年，普吕克宣称这是稀薄气体中的电辐射，它由阴极发出向着真空管壁运动，而其他一些德国科学家则认为阴极射线是荧光以太波。然而在 1871 年，英国物理学家瓦利(Varley)提出阴极射线是阴极发出的微小的带负电粒子，这一观点随后被英国物理学家威廉·克鲁克斯(William Crookes)证实。克鲁克斯的父亲是一位裁缝，他精明能干，靠投资发家。作为家中长子，克鲁克斯继承了足够的家产，因此不用为生计操心，终生专注科学研究。除了研究阴极射线以外，克鲁克斯还改进了真空管的制备方法，将气压较之前的数值降低了 75 000 倍[①]。克鲁克斯在实验中利用磁铁使阴极射线发生偏转，由此证明阴极射线由非常小的带电粒子构成，他把这些粒子称作物质的第四态或“超气”(ultra gas)。要知道，尽管当时人们熟知电解过程，但是直到 1870 年代才建立了正电荷和负电荷的概念。德国物理学家菲利普·爱德华·莱纳德(Philipp Edward Lenard)改进了克鲁克斯真空管，他在阴极对面设

① 爱迪生后来就是利用这项技术大批量生产白炽灯泡。

置铝窗让阴极射线透过(参见图 11.1),从而研究了射线从真空管发出后的效果。他发现阴极射线在距离铝窗 8 厘米的圆弧范围内可以令荧光体发光,而只要在铝窗前放置超过 0.5 毫米厚度的物体就可以阻挡住射线,并在物体上产生窗口的阴影[②]。这就是伦琴(Roentgen)在 1894 年进入该领域时的研究状况。

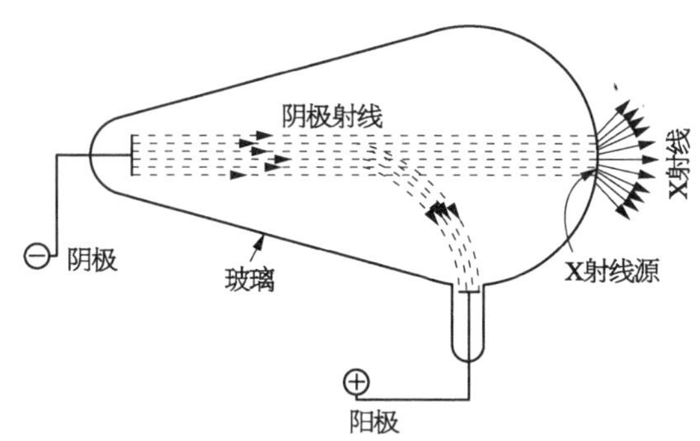

图 11.1 阴极射线管示意图

利用鲁姆科夫感应线圈在阴极和阳极之间产生高压:令电流通过缠绕紧密的线圈,快速切断电源就能产生极高的电压。我们现在知道气体放电产生高速运动的离子,而后者轰击阴极产生电子。

11.2 X 射线的发现

威廉·康拉德·伦琴(William Conrad Roentgen)于 1845 年出生在普鲁士伦讷普(Lennep),3 岁时随父母移居荷兰成为荷兰公民。在中学时,他被诬告画了一位教师的漫画而被开除学籍,实际上漫画是别人画的,但他只好在家中完成学业。1865 年,伦琴作为旁听生进入乌得勒支大学学习,同年年底前往苏黎世理工大学学习机械工程。其时克劳修斯在苏黎世理工大学任教,而伦琴跟随他学习热力学课程。在克劳修斯于 1868 年移居维尔茨堡后,年仅 29 岁的奥古斯特·孔特(August Kundt)接替他成为物理学教授,而伦琴由于成绩优异成为孔特的助手。伦琴在 1869 年获得博士学位,论文题目为《气体的研究》(Studies on gases)。1872 年,伦琴和自己一直倾心爱慕的伯莎·路德维希(Bertha Ludwig)

② 莱纳德对阴极射线及光电效应的研究工作(参见第 13.1.2 节)为他赢得了 1905 年诺贝尔物理学奖。

结婚,他们在一起幸福生活了五十多年,直到伯莎在 1919 年辞世。伦琴夫妇没有生育子女,但是收养了他们的侄女;夫妇俩都热爱自然,而伦琴特别喜欢打猎。1873 年,伦琴在距离斯特拉斯堡 70 英里的霍恩贝格农业学校获得了物理学和数学的教职,但他对那里的实验条件不满意,因此在 1876 年接受孔特的邀请前往斯特拉斯堡大学担任副教授。在斯特拉斯堡工作期间,伦琴杰出的工作得到了认可,他在 1879 年被任命为吉森大学的教授,当时年仅 34 岁。伦琴一直在吉森大学工作,直到 1888 年他接受了维尔茨堡大学的教职。就在维尔茨堡,伦琴在 1895 年发现了让他流芳百世的 X 射线。在从 1868 年到 1920 年的职业生涯中,伦琴共发表了 59 篇论文,其中 46 篇他是唯一作者;他的研究范围广泛,包括许多领域的课题,例如气体比热容,导电晶体和绝缘晶体的放电,液体的黏性、压缩率和表面张力,以及水表面的油膜,等等。他的最后一篇文章长达 195 页,探讨了 X 射线及可见光对晶体电导率的影响。但是最为世人称道的是他发现了 X 射线,故事是这样发生的。

1894 年,伦琴得到了阴极射线管后重复了莱纳德的许多实验,而在 1895 年夏天,他开始尝试新的实验。伦琴用全玻璃管代替带铝窗的莱纳德射线管,从而使阴极射线不能出射;他还用氰化铂酸钡制成的屏代替莱纳德的酮制荧光屏;他的屏只能发出微弱的荧光,而在紫外光的照射下能发出可见光。在 1895 年 11 月的一个夜晚,出乎预料的事情发生了。当伦琴开启了连接阴极射线管的鲁姆科夫线圈后,他看到距离真空管几英尺(1 英尺 =0.304 8 米)以外的氰化铂酸钡屏上显现出微弱的绿光。伦琴相信真空管发射出什么东西,因此使这么远的屏上产生荧光,但是它不是阴极射线。随后的 8 个星期,伦琴几乎没有离开过实验室,他废寝忘食地工作,对这种新射线进行研究。他发现这种射线能穿透皮肤但不能穿透骨头,而感光板对这种射线十分敏感。当他手持一块铅板挡在感光板前方时,他能看到自己的指骨在屏幕上留下的阴影。伦琴说服自己的妻子,让她把手放在装有感光板的暗盒上方,并用这种新射线照射了 15 分钟。冲洗后的照片显现出他妻子手部的骨骼,结婚戒指也留下了阴影。1895 年 12 月 25 日,伦琴向维尔茨堡物理-医学学会递交了介绍 X 射线的第一篇论文,名为《一种新的射线(初步报告)》[On a New Kind of Rays (Preliminary Communication)]。同时他将文章的副本和照片寄给许多知名的科学家,阐述这种 X 射线的性质;这些科学家包括格拉斯哥的开尔文爵士,荷兰莱顿的洛伦兹(Lorentz),巴黎的庞加莱(Poincare)和曼彻斯特的阿瑟·舒斯特(Arthur Schuster)爵士,而舒斯特很快也拍摄到了类似的照片。

伦琴随后又撰写了两篇关于X射线的论文:前一篇于1897年3月发表于《普鲁士科学院学报》(Proceedings of the Prussian Academy of Sciences),而伦琴在后面一篇论文中总结了X射线的性质。

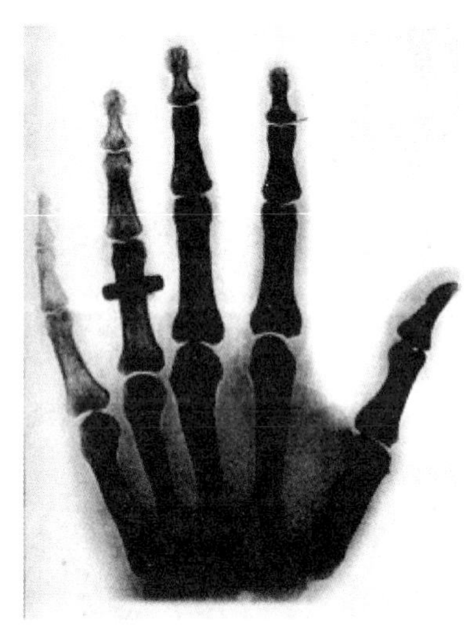
图 11.2　手部的 X 射线照片

1) X射线几乎能穿过所有物质,穿透性取决于物质的密度;X射线能穿透肉体组织,但不能穿透骨头。

2) 许多物质在X射线的照射下会发射荧光或可见光。

3) 感光板对X射线敏感。

4) 真空放电管中的阴极射线产生X射线。

5) X射线类似光,沿着直线传播,磁铁不会使它偏转。

6) 目前没有观测到X射线的干涉效应。

7) X射线似乎没有衍射效应(参见图11.2)。

在X射线被发现后将近四分之一个世纪,人们才观测到了X射线的反射、折射和衍射,并认识到它们是波长非常短的电磁波。在研究过程中,有些人认为它们是光波纵波,有些人宣称它们是波长极短的紫外线,有些人相信它们像赫兹波或无线电波那样有很长的波长,能传播很远的距离并能穿过墙和人的身体,还有些人认定X射线就是阴极射线。人们不清楚X射线的本质,但这并不妨碍对它的应用,特别是在医疗上的应用。利用X射线能显示出断骨、肿瘤和肺结核引起的损伤,因此它的发现者成为当时最著名、最令人仰慕的科学家就不足为奇了。伦琴获得了许多荣誉,并被自己所在的大学授予荣誉博士,被自己的出生地伦讷普授予荣誉市民称号。除了这些荣誉头衔,他得到了许多资助用于开发这项发现的商业价值。他对A.E.G.公司的代表这样答复说:“我认为大学教授的发现和发明属于全人类,它们不应当受到专利、证书或合同的制约,或是被任何集团操控。”当他在1901年获得首届诺贝尔物理学奖时,伦琴将全部奖金赠予维尔茨堡大学,以促进该校的科学研究。伦琴痛恨繁文缛节,他继续自己平静的生活,远离公众视野，工作之暇享受大自然的宁静。1900 年应巴伐利亚政府的特别邀请，伦琴接受了慕尼黑物理研究所的主任一职，并成为该研究所的物理学教授。在伦琴任职期间，他重新设立了理论物理学教席，并在 1906 年邀请阿诺德·索末菲（Arnold Sommerfeld）前来任教③。就是在索末菲的研究小组，麦克斯·冯·劳厄（Max von Laue）及其合作者在 6 年后证明了 X 射线的衍射，并利用 X 射线衍射检测晶体乃至分子的结构。伦琴在 75 岁时退休，3 年后于 1923 年逝世。

11.3　电子的发现

约瑟夫·约翰·汤姆孙（Joseph John Thomson）于 1856 年出生，在曼彻斯特成长，14 岁就进入欧文学院（即后来的曼彻斯特大学）学习工程。父亲离世让汤姆孙失去了经济支持，出于经济考虑，他接受奖学金转而攻读物理学、化学和数学。他在 20 岁时获得剑桥大学的奖学金进入剑桥学习，据说汤姆孙是少数几个能听懂麦克斯韦授课的学生之一。1884 年，汤姆孙在瑞利的推荐下成为卡文迪什实验室的物理学教授。据说汤姆孙笨手笨脚，因此在实验室中工作的同事总是想把他拒之门外。但是汤姆孙特别善于设计实验，可以用实验来检验理论模型或假说。汤姆孙认为阴极射线由带负电的微小粒子构成，他在 1897 年制备了真空度更高的阴极射线管，并首次在实验中利用电场（而不是磁场）让阴极射线发生偏转。实验结果表明，竖直方向的恒定电场对水平运动的带电粒子产生恒定的作用力，使它向下偏转，就像水平抛出的物体在重力作用下发生偏转一样（参见第 6.2.2 节）。偏转量 Y 与电场为粒子提供的加速度成正比，而这个加速度与粒子携带的电荷 e 成正比、与粒子的质量 m 成反比，即 $Y=(e/m)A$，其中 A 由外加电场决定。汤姆孙还通过改变真空管中残余气体的量，精确测量了真

---

③ 阿诺德·索末菲于 1868 年出生在东普鲁士柯尼斯堡（Königsberg），他的父亲是一位医生。索末菲在家乡的大学学习数学，于 1891 年毕业。服完兵役后，他在哥廷根大学的数学研究所工作，就光衍射的数学理论发表了一篇文章。1897 年索末菲成为克劳斯塔尔矿业学校的数学教授，他于 1900 年成为亚琛技术学院的力学教授。1906 年，索末菲被任命为慕尼黑大学理论物理学教授，直到 1938 年荣誉退休。索末菲是一位杰出的科学家，并且是一位受人尊敬和爱戴的老师，他影响并教导了许多学生，包括沃尔夫冈·泡利（Wolfgang Pauli）、沃特·海森堡（Werner Heisenberg）、彼得·德拜（Peter Debye）、汉斯·贝特（Hans Bethe）等。人们现在了解的索末菲的主要成就是他延伸了玻尔（Bohr）的原子模型（参见第 13.2.3 节），并提出了金属自由电子理论（参见第 14.7.3 节）。在索末菲退休以后，他整理了自己讲授的理论物理学讲义，并在 1943 年到 1953 年期间出版了 6 卷讲义。索末菲于 1951 年遭遇车祸去世。

空度对 Y 的影响。在不同的实验中，汤姆孙得出了相同的 e/m 比值，其结果与当前接受的数值 $1.758\,90\times10^{11}$ C/kg 非常接近。这个比值如此大表明粒子的质量非常小，这符合汤姆孙关于微小粒子的假定。当汤姆孙在 1897 年 4 月在皇家学会作报告时，他承认假定存在比原子还小的物体实在让人震惊。两年以后，美国科学家罗伯特·密立根(Robert Millikan)观测油滴在电容器平行极板间的空气中下落，通过测量油滴的质量、速度和电荷量得到了单个阴极射线粒子携带的电荷量 e，这种粒子后来被称作电子④。已知比值 e/m 和 e 就可以计算电子的质量 m，而密立根发现带负电的电子的质量比最轻的氢原子的质量还要小 1 800 倍。汤姆孙和密立根得到的 e 和 m 的数值与今天人们接受的数值没有太大的差别。汤姆孙因为发现了电子在 1906 年获得诺贝尔物理学奖，而密立根也在 1923 年获得了同样的殊荣。汤姆孙在做出了这项伟大的发现后，致力于对卡文迪什实验室的管理。在他担任实验室主任的 35 年间，卡文迪什实验室成为全世界最著名的亚原子研究中心之一。汤姆孙于 1940 年辞世。

11.4　X 射线衍射

1903 年到 1905 年间，查尔斯·巴克拉(Charles Barkla)在实验中发现 X 射线穿过物体时的散射与物体的密度和分子量成正比。巴克拉推断 X 射线像光一样是横波，只不过它的频率更高、波长更短，而由于致密物质的单位体积包含更多的电子，因此 X 射线受到更强的散射。巴克拉在 1909 年有了进一步的发现，他发现用电子轰击金属靶会产生两种 X 射线(如图 11.3 所示)，第一种是连续的 X 辐射，而第二种是靶材决定的一个或多个特定频

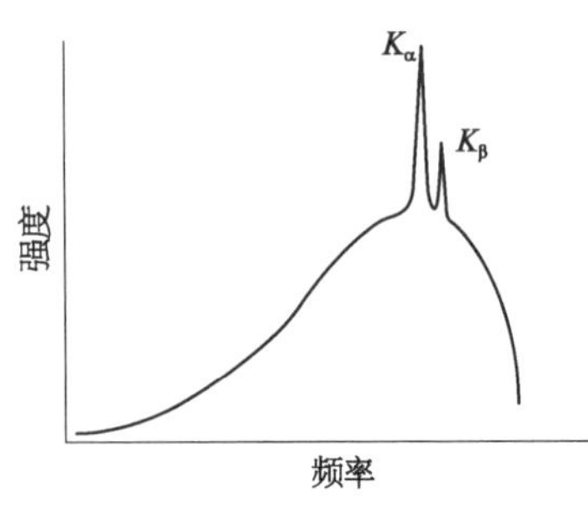

图 11.3　电子轰击金属靶产生的典型 X 射线光谱

④　当油滴在电容器平行极板之间的空气中下落时，它受到重力、空气黏性产生的拖曳力、油滴排开空气产生的上推力，以及电场力 qE，其中 q 是油滴携带的总电荷量，E 是极板间沿竖直方向的电场。已知油滴半径和油的密度，就可以确定前 3 个作用力。调整电场 E 可以使油滴受到的合力为零，此时油滴以恒定的速度下落，由此可以确定油滴的电量 q。在每次实验中，密立根都发现 q 总是某个特定电荷量的整数倍，而这个电量单位就是电子电量 e。

率的辐射(关于这种 X 射线谱的解释参见第 14.5 节,以及第 14 章的脚注⑨)。马克思·冯·劳厄(Max Von Laue)的研究最终确定了 X 射线的本质。

劳厄在 1903 年获得博士学位(同时获得博士学位的还有普朗克),并于同年加入了索末菲的理论物理研究所。劳厄相信 X 射线是电磁波,而索末菲的学生保罗·埃瓦尔德(Paul Ewald)为他提供了证明所需的线索。埃瓦尔德就光波在晶体中散射的问题与劳厄讨论,而当劳厄获悉晶体中的原子间距后,推断晶体对 X 射线的散射会产生衍射现象。他们决定进行实验检验,而在实验中得到了刚获得博士学位的沃尔特·弗雷德里克(Walter Friedrich)和保罗·克尼平(Paul Knipping)的帮助。他们在晶体的后方设置感光板,然后用 X 射线照射晶体,并在 1912 年获得了清晰的相长干涉的衍射图像。劳厄后来建立了衍射理论,这为他赢得了 1914 年的诺贝尔物理学奖。劳厄的衍射理论能确定晶体的结构,为后来固体物理的发展奠定了基础。

图 11.4　晶体结构的球体模型

该晶体为体心立方晶格,每个格点上有一个原子。

我们下面来介绍劳厄的衍射理论。晶体中的原子在空间上周期性排列,例如图 11.4 就用球体模型展示了体心立方的晶格结构。

三维晶格的格点位置矢量为 $\boldsymbol{R}_n$,它的定义为:

$$\boldsymbol{R}_n = n_1 \boldsymbol{t}_1 + n_2 \boldsymbol{t}_2 + n_3 \boldsymbol{t}_3, \quad n_1, n_2, n_3 = 0, \pm 1, \pm 2, \pm 3, \cdots, \tag{11.1}$$

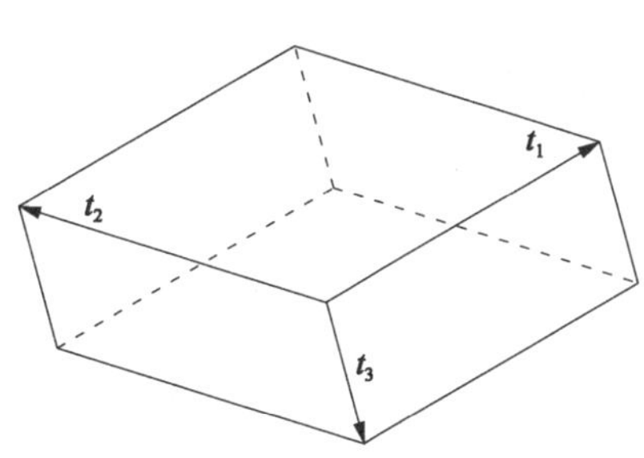

图 11.5　式(11.1)定义的晶格原胞

其中 $\boldsymbol{t}_1$, $\boldsymbol{t}_2$, $\boldsymbol{t}_3$ 是晶格决定的基矢,它构成图 11.5 所示的原胞,而将平行六面体原胞连续平移就能重现了整个晶格。在实际晶体中,如果每个格点上有一个原子,那么由基矢定义的原胞包含一个原子;如果每个格点上有两个以上的原子,那么原胞就不止包含一个原子,而我们要明确每个原子在原胞中的位置。

最简单的晶格是简立方晶格，它的基矢为：

$$\boldsymbol{t}_1 = a\boldsymbol{i},\ \boldsymbol{t}_2 = a\boldsymbol{j},\ \boldsymbol{t}_3 = a\boldsymbol{k}, \tag{11.2}$$

其中 $\boldsymbol{i}$, $\boldsymbol{j}$, $\boldsymbol{k}$ 是直角坐标系下 x, y, z 方向上的单位矢量，而 a 是晶格常数。我们可以想象用体积为 a^3 的立方体填满整个空间，令每个格点处于立方体的中心，这样就能构造简立方晶格。但是自然界并不是只有这一种立方晶格，还存在另外两种常见的立方晶格：体心立方(BCC)和面心立方(FCC)。

体心立方晶格的基矢为：

$$\boldsymbol{t}_1 = \frac{a}{2}(-\boldsymbol{i}+\boldsymbol{j}+\boldsymbol{k}),\ \boldsymbol{t}_2 = \frac{a}{2}(\boldsymbol{i}-\boldsymbol{j}+\boldsymbol{k}),\ \boldsymbol{t}_3 = \frac{a}{2}(\boldsymbol{i}+\boldsymbol{j}-\boldsymbol{k}). \tag{11.3}$$

我们这样来考虑体心立方晶格：用体积为 a^3 的立方体填满空间，在立方体的中心放置一个格点，在立方体的 8 个角上各放置一个格点，如图 11.6 所示，角上的格点当然被 8 个立方体分享。式(11.3)的 $\boldsymbol{t}_1$, $\boldsymbol{t}_2$, $\boldsymbol{t}_3$ 定义的平行六面体的体积为 $a^3/2$，因为一个 a^3 立方体包含两个格点，其中一个位于立方体的体心，而另一个来自 8 个角，每个角贡献 1/8 个格点。如果每个格点上只有一个原子，我们就得到如图 11.4 的晶体。

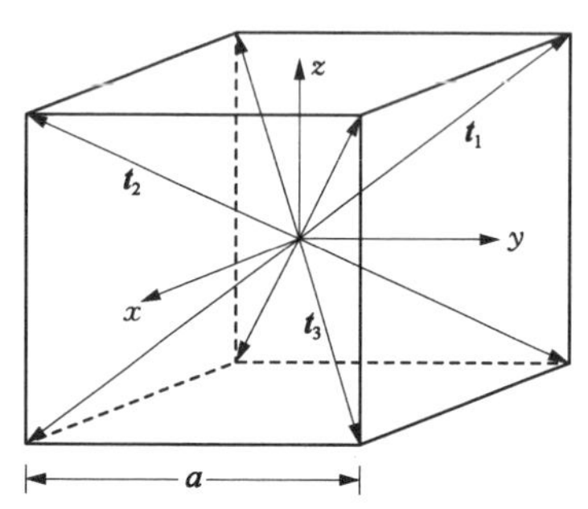

图 11.6 体心立方晶格的基矢

面心立方晶格的基矢为：

$$\boldsymbol{t}_1 = \frac{a}{2}(\boldsymbol{j}+\boldsymbol{k}),\ \boldsymbol{t}_2 = \frac{a}{2}(\boldsymbol{i}+\boldsymbol{k}),\ \boldsymbol{t}_3 = \frac{a}{2}(\boldsymbol{i}+\boldsymbol{j}). \tag{11.4}$$

要想构建面心立方晶格，我们还是用体积为 a^3 的立方体填满空间，在立方体的中心放置一个格点，并在 12 条边的中心处也各放置一个格点，由于 4 个相邻的立方体共有一条边，因此边上的格点被 4 个立方体分享，如图 11.7 所示。式(11.4)的 $\boldsymbol{t}_1$, $\boldsymbol{t}_2$, $\boldsymbol{t}_3$ 定义的平行六面体的体积为 $a^3/4$，因为一个立方体包含 4 个格点：一个格点位于立方体的中心，12 条边上的格点每个贡献 1/4 格点。还其他的晶格结构，我们在此不予介绍。

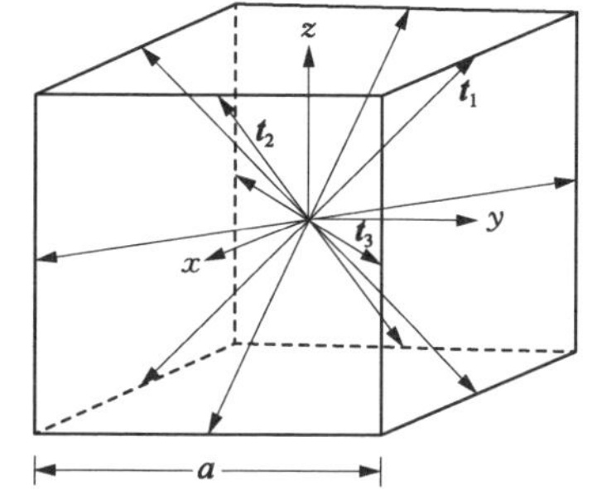

图 11.7 面心立方晶格的基矢

关于劳厄理论，我们需要知道每种晶格 $\{\boldsymbol{R}_n\}$ 对应一种倒格子 $\{\boldsymbol{K}_n\}$，后者的定义为：

$$\boldsymbol{K}_h = h_1\boldsymbol{b}_1 + h_2\boldsymbol{b}_2 + h_3\boldsymbol{b}_3,\quad h_1, h_2, h_3 = 0, \pm 1, \pm 2, \pm 3, \cdots, \tag{11.5}$$

其中 $\boldsymbol{b}_1$，$\boldsymbol{b}_2$，$\boldsymbol{b}_3$ 是 $\boldsymbol{k}$ 空间(即波矢空间)的矢量，它们由 $\boldsymbol{t}_1$，$\boldsymbol{t}_2$，$\boldsymbol{t}_3$ 确定，与后者满足下述关系：

$$\boldsymbol{b}_i \cdot \boldsymbol{t}_j = \begin{cases} 2\pi, & i = j \\ 0, & i \neq j \end{cases}.$$

我们发现体心立方晶格定义的倒格子基矢为：

$$\boldsymbol{b}_1 = \frac{2\pi}{a}(\boldsymbol{j}+\boldsymbol{k}),\ \boldsymbol{b}_2 = \frac{2\pi}{a}(\boldsymbol{i}+\boldsymbol{k}),\ \boldsymbol{b}_3 = \frac{2\pi}{a}(\boldsymbol{i}+\boldsymbol{j}). \tag{11.6}$$

比较式(11.6)和式(11.4)我们发现，体心立方晶格的倒格子是 $\boldsymbol{k}$ 空间的面心立方晶格结构。类似地，面心立方晶格的倒格子基矢为：

$$\boldsymbol{b}_1 = \frac{2\pi}{a}(-\boldsymbol{i}+\boldsymbol{j}+\boldsymbol{k}),\ \boldsymbol{b}_2 = \frac{2\pi}{a}(\boldsymbol{i}-\boldsymbol{j}+\boldsymbol{k}),\ \boldsymbol{b}_3 = \frac{2\pi}{a}(\boldsymbol{i}+\boldsymbol{j}-\boldsymbol{k}). \tag{11.7}$$

比较式(11.7)和式(11.3)我们发现，面心立方晶格的倒格子是 $\boldsymbol{k}$ 空间的体心立方晶格结构。

劳厄衍射分析基于下述原理：令单一频率(例如图 11.3 中所示的 K_α 对应的频率)特定波长的 X 射线沿特定的方向照射一块晶体，令 $\boldsymbol{n}$ 表示入射方向的单位矢量，则入射 X 射线的波矢为 $\boldsymbol{k} = (2\pi/\lambda)\boldsymbol{n}$。当散射波波矢 $\boldsymbol{k}'$ 满足 $\boldsymbol{k}' - \boldsymbol{k} = \boldsymbol{K}_h$ 时发生相长干涉，其中 $\boldsymbol{K}_h$ 是晶格对应的倒格矢。$\boldsymbol{k}'$ 和 $\boldsymbol{k}$ 的大小相等，因此通过观察不同方向上的相长干涉，我们可以确定倒格子 $\{\boldsymbol{K}_n\}$，并由此导出晶体的晶格结构$\{\boldsymbol{R}_n\}$。

英国物理学家威廉·亨利·布拉格(William Henry Bragg)对晶体的 X 射线衍射提出了更简单的解释。如图 11.8 所示，他把晶体看作是垂直于给定方向的一系列原子平面。相邻原子平面的间距 d 当然取决于原子面的取向；以图 11.4 所示的晶体为例，平行于立方体侧面的原子面和与侧面成 45° 的原子面当然有不同的面间距。对于任意取向的原子面，入射 X 射线被彼此平行的不同原子面反射(向后散射)，而当相邻原子面反射光的光程差为波长 λ 的整数倍时发生相长干涉，即满足 $n\lambda = 2d\sin\theta$，其中 n 为整数，且 λ 小于 d (约为 2×10^{-8}

厘米)。这个公式也被称作布拉格定律,根据该公式且波长 λ 已知,通过测量发生相长干涉的角度 θ 就能确定原子面间距 d。

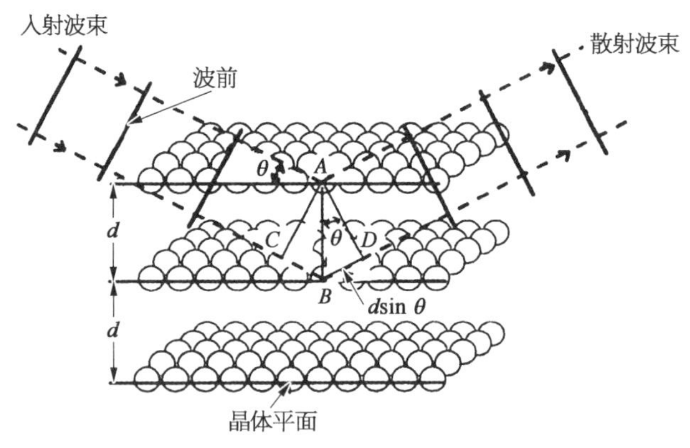

图 11.8 布拉格衍射定律

1915 年,亨利·布拉格与他的儿子威廉·劳伦斯·布拉格(William Laurence Bragg)利用 X 射线衍射确定了氯化钠晶体(即食盐)的结构,表明它不是由氯化钠分子构成,而是由氯离子和钠离子交替排列构成。这项发现让布拉格父子在 1915 年分享了诺贝尔物理学奖。

在介绍 X 射线衍射理论时我们假定晶体在空间上无限延展,这在实际中当然不可能,而只有当 X 光束的空间尺寸远小于它照射的晶体尺寸时,这个假设才成立。在不同方向上 X 射线衍射束的强度不同,而衍射束的强度提供了晶体原胞的成分信息,即原胞中包含什么原子,它们有几个,等等。最后说明一点,X 射线衍射不仅能确定晶体结构,它还被广泛用于确定大分子的结构,例如研究人员在 1953 年基于 X 射线衍射数据发现了 DNA 分子的双螺旋结构。

11.5 电子发射和电子阀

11.5.1 热电子发射

早在 20 世纪初,人们就发现热金属丝会发射带负电的粒子,继汤姆孙发现电子以后，人们证实这些粒子就是电子。理查森(O. N. Richardson)首次对这种热电子发射现象进行了定量研究，并在 1902 年发表文章，名为《热铂丝的负辐射》(Negative Radiation from Hot Platinum)。理查森在 1912 年、劳厄在 1918 年的后续研究表明：真空管中的热阴极(金属丝)发射的电子会被它对面的阳极(正电极)接收。在外加电场为零的极限条件下，发射电流密度(单位时间内阴极单位面积发出的电子电流)服从下述公式：

$$J(T)=AT^2\exp\left(-\frac{\phi}{kT}\right), \tag{11.8}$$

其中 T 是阴极温度，k 是玻尔兹曼常数，而 A 和 ϕ 是阴极材料决定的常数。ϕ 具有能量量纲，它被称作阴极的功函数，因材料的不同 ϕ 的取值介于 2 eV 和 5 eV 之间。式(11.8)被称作理查森-劳厄-杜什曼方程，有时就被简称为理查森方程⑤。

我们可以这样理解式(11.8)：电子的能量分布类似麦克斯韦分布(参见图 9.10)，只有其中的高能电子才有足够高的温度(高于 1 000 K)跨越金属-真空界面的势垒离开金属阴极，而绝大部分电子依然被束缚在金属内部。此外，这些高能电子中只有那些垂直，或几乎垂直于表面出射的电子才能脱离金属，而它们只占一小部分。肖特基(W. Schottky)证实这个物理图像基本上正确，他在 1914 年到 1923 年发表了一系列关于电子发射的文章，发现增加阴极电场 F 可以降低阴极表面的势垒(参见图 11.10)，从而使电子发射增强，而发射电流密度服从下述公式：

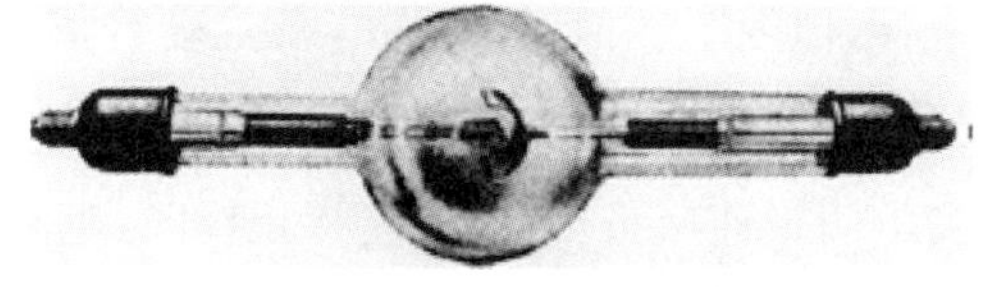

图 11.9　二极管热电子阀

阴极位于左侧，阳极位于右侧。

$$J(T)=AT^2\exp\left[-\frac{\phi-\sqrt{e^3F/4\pi\varepsilon_0}}{kT}\right]. \tag{11.9}$$

根据式(11.8)和式(11.9)，阴极功函数 ϕ 越小则热电子发射电流越大。人们很快又发现，某些材料(例如金属钨，因为它的熔点很高因此被广泛用作阴极)的吸附作用会使功函数(约为 4.5 eV)降低 1 个到几个 eV。

---

⑤　杜什曼(S. Dushman)基于索末菲的金属自由电子理论，首次应用量子力学确定了式(11.8)中的常数 A，$A=emk^2/(2\pi^2\hbar^3)=120\ \text{A/cm}^2\cdot\text{deg}^2$，其中 e 和 m 是电子的电量和质量，k 是玻尔兹曼常量，$\hbar$ 是普朗克常量。

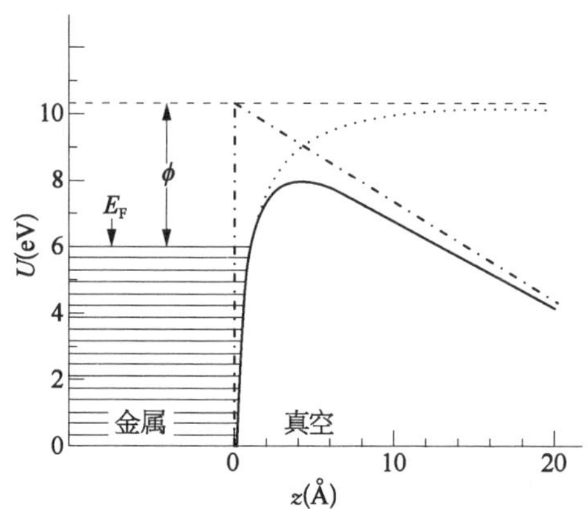

图 11.10　阴极表面的电子感受到的势垒

当没有外加电场时，势能（点线）从金属内部的零增加到金属外部的 $E_F+\phi$，其中常数 E_F 由金属决定。点线的形状由所谓的电子镜像势能确定，$U_{im}(z)=-e^2/16\pi\varepsilon_0 z$；产生镜像势能是因为金属表面前方的电子在表面上感应出正电荷分布，而这部分正电荷对电子产生吸引力 $F=-\partial U_{im}/\partial z$。上文给出的 $U_{im}(z)$ 公式在非常靠近金属表面的位置不成立，但是我们在此不必担心它。点划线的曲线是外加电场决定的势能 $-eFz$，而实线曲线表示电子感受到的总势垒：$U(z)=E_F+\phi-e^2/16\pi\varepsilon_0 z-eFz$。

在半导体技术长足发展之前，人们利用热电子发射制造了电子工业中的热电子阀、二极管和三极管。尽管大部分二极管已经被 p－n 结（参见第 14.7.6 节）取代，但图 11.9 所示的热电子二极管依然被用作高压整流器（参见图 11.11）。当变压器输出的交流电压连接二极管时，只有半个周期的电流通过电路；当二极管的阴极连接负极、阳极连接正极时，电阻 R 两端的电压 V 如图所示。

在热电子二极管的阴极和阳极之间放置金属格栅就构成了热电子三极管，它可以放大输入信号（交流电流或电压）。在栅极（B）和阴极（A）之间施加较小的交流电压，如图 11.12 所示，会使阳极电流 i 产生较大的改变，从而使电阻 R_a

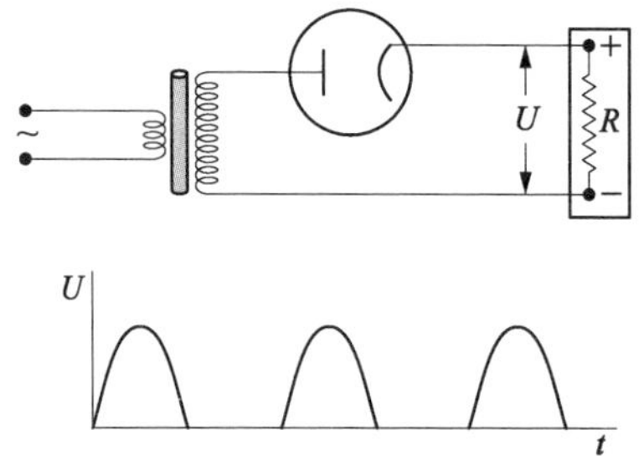

图 11.11　热电子二极管被用作整流器

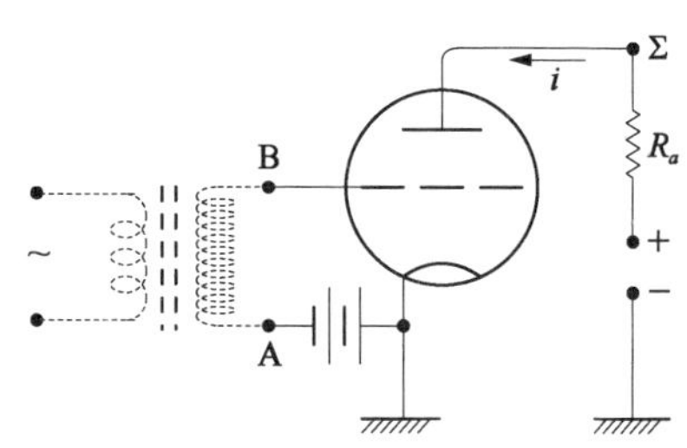

图 11.12　热电子三极管被用作放大器

两侧的输出电压发生较大改变。

11.5.2　场发射

1910 年，德国物理学家利林菲尔德(J. E. Lilienfeld)发现在阳极和针状阴极之间施加高压会导致冷阴极(室温或低于室温)发射电子。在 1920 年代早期，研究人员也得到类似的发现，并且发现该现象不服从肖特基公式(11.9)。高压下的低温电子发射被称作场发射，这种现象最终在 1928 年被福勒(R. H. Fowler)和诺德海姆(L. W. Nordheim)应用量子力学予以解释，他们的理论基于索末菲金属自由电子理论和隧道现象(参见第 13.4.4 节)。根据索末菲理论，在很低的温度下($T \approx 0$)，金属中会有更多的电子其能量位于 E_F 附近，参见图 11.10。其中一部分电子会垂直，或近似垂直地轰击表面势垒，而根据量子力学，其中非常小的一部分电子会隧穿势垒产生观测到的场发射电流。福勒和诺德海姆导出了 $T=0$ 时表面处的场发射电流密度，它随着外加电场 F 改变：

$$J(F)=AF^2\exp\left(-\frac{B\phi^{3/2}}{F}\right), \tag{11.10}$$

其中 $A \approx e^3/16\pi^2\hbar\phi$，而 $B \approx \sqrt{2m}/\hbar e$。这就是所谓的福勒-诺德海姆方程，它与实验结果吻合得很好，从而验证了量子力学理论，并为它的发明者赢得了诺贝尔物理学奖。

练习

11.1　利用关系式

$$\boldsymbol{b}_i \cdot \boldsymbol{t}_j=\begin{cases}2\pi, & i=j\\ 0, & i\neq j\end{cases},$$

并参考式(11.5)后面的文字讨论，证明体心立方晶格和面心立方晶格的倒格子分别由式(11.6)和式(11.7)给出。

11.2　根据索末菲金属模型(参见第 14.7.3 节)可以证明，单位时间、单位面积上，以介于 W 和 $W+\mathrm{d}W$ 的垂直能量（即电子垂直于表面运动的能量）轰击金属表面势垒的电子数为：

$$N(W,\ T)\mathrm{d}W=\frac{mkT}{2\pi^2\hbar^3}\ln\left[1+\exp\left(-\frac{W-E_\mathrm{F}}{kT}\right)\right]\mathrm{d}W. \qquad (11.11)$$

根据上述公式，并假定电子能量 $W>E_\mathrm{F}+\phi$，处于表面势垒的上方（参见图 11.10），在实际情况下 $\phi\geqslant 2\ \mathrm{eV}\gg kT$，而当 x 很小时 $\ln(1+x)\approx x$，推导式(11.8)。

11.3 研究表明式(11.8)中的因子 A 对不同金属有不同的取值，索末菲模型也暗示了这一点；A 还在一定程度上依赖金属表面的形貌。请基于上述考虑，利用表面发射公式(11.8)解释怎样根据实验数据确定功函数 ϕ。

提示：绘制 $\ln(J/T^2)$ 和 $1/T$ 曲线。

11.4(a) 证明在极低的温度下 $(T\to 0)$，式(11.11)退化为：

$$N(W,\ T\to 0)=\begin{cases}\dfrac{m(E_\mathrm{F}-W)}{2\pi^2\hbar^3}, & W<E_\mathrm{F}\\ 0, & W<E_\mathrm{F}\end{cases}.$$

(b) 可以证明（参见练习 13.13），当能量为 $W=E_\mathrm{F}-x$（其中 $x>0$）的电子轰击图 11.10 所示的表面势垒时，透射系数为：

$$T(x)=\exp\left[-\frac{B}{F}(\phi+x)^{3/2}\right],\text{其中 } B=\frac{4\alpha}{3e\hbar}\sqrt{2m},$$

其中 α 是镜像势的校正因子，$4\alpha/3\approx 1$。

请利用(a)和(b)导出场发射电流密度公式(11.10)。

解：由于大多数的电子发射都对应较小的 x，因此我们有：$(\phi+x)^{3/2}\approx \phi^{3/2}+\dfrac{3}{2}\phi^{1/2}$，由此得到：

$$J(T\to 0)=\frac{me}{2\pi^2\hbar^3}\exp\left(-\frac{B\phi^{3/2}}{F}\right)\int_0^\infty x\,\mathrm{e}^{-\lambda x}\,\mathrm{d}x,\text{其中 } \lambda=\frac{3B\phi^{1/2}}{F}.$$

注释：$\int_0^\infty x\,\mathrm{e}^{-\lambda x}\,\mathrm{d}x=1/\lambda^2$，请注意在当前的情况下可以积分到 ∞。

11.5　研究发现式(11.10)中的因子 A 对不同的金属取值不同，索末菲模型也暗示了这一点，A 还在一定程度上依赖金属表面的形貌。请基于上述考虑，利用表面发射公式(11.10)解释我们怎样根据实验数据确定功函数 ϕ。

提示：绘制 $\frac{J}{F^2}$ 和 $\frac{1}{F}$ 曲线。

第 12 章
爱因斯坦相对论

12.1　爱因斯坦早期的生活和研究

阿尔伯特·爱因斯坦于 1879 年 3 月 14 日出生在德国南部城市乌尔姆(Ulm),是赫尔曼(Herman)和保利娜(Pauline)的长子。1880 年,爱因斯坦一家移居慕尼黑,而赫尔曼加入了他弟弟雅各布(Jacob)开办的电气和管道业务。这个产业一度非常繁荣,这让爱因斯坦一家得以舒适地生活。1881 年,爱因斯坦的妹妹马娅(Maja)在慕尼黑出生。1894 年,慕尼黑的产业不再景气,爱因斯坦一家移居意大利北部。赫尔曼在米兰建立了电气工厂,但事业并不成功。

受到母亲的影响,爱因斯坦在孩提时代就喜爱音乐。他从 5 岁开始学习小提琴,而音乐和航行是他一生中的主要消遣方式。7 岁时爱因斯坦在慕尼黑的公立小学入学,这是一个天主教学校,而他是班上唯一的犹太人。爱因斯坦后来回忆说学校气氛宽松,没有种族歧视,但实际上班上许多同学都是反犹太人的。他的父母对宗教毫不关心,几乎从不谈论宗教,而爱因斯坦在家中由一位亲属传授犹太教教义。年少的爱因斯坦一度对宗教十分热衷,他还因为父亲对宗教的冷漠态度感到气恼。爱因斯坦在学校的表现很好,并不像传闻所说的那么糟糕。看到他学业进步,他的母亲时常说阿尔伯特总有一天会成为一名伟大的教授。

爱因斯坦九岁半时进入路易波尔德高级中学学习,成为 1 300 名学生中的一员。他不喜欢这里正统的教学方式,学习成绩也不突出。爱因斯坦一向擅长数学,他在叔叔雅各布的引导下学习几何与代数,学得非常开心。爱因斯坦的拉丁语成绩很好,希腊语也学得相当不错,但体育是他的弱项。他喜欢阅读科普读物,据爱因斯坦自己回忆,正是这些阅读让他在 12 岁时放弃了对宗教的热忱。

“外面的世界多么广阔，它独立于人的思想存在，在我们面前展开一个巨大、永恒的谜团，而至少其中有一部分我们可以去考察、研究和思索。对这个世界的深思让我们有望摆脱束缚，而且我很快发现，许多我尊敬和景仰的人都投身于其中并获得了内心的自由和安宁。”

当他们一家在 1894 年迁居意大利时，15 岁的爱因斯坦为了避免中断学业，留在慕尼黑开始了寄宿生活。但是次年春天，尽管再有一年半就能毕业，爱因斯坦却没有征得父母的同意就突然中断学业，前往意大利和自己思念的家人会合。一位富有同情心的医生为他开具了诊断书，说他神经紊乱，爱因斯坦将诊断书呈给老师后获准离校。与此同时，爱因斯坦希望能放弃德国国籍，因为当时在德国年满 17 周岁的男子必须服兵役。爱因斯坦不想服兵役，他终生都痛恨军事化管理。不管怎样，1901 年爱因斯坦在瑞士参加入伍检查，由于被查出静脉曲张和扁平足而被淘汰。

爱因斯坦希望能学习更多的理论课程，但是遵照父亲的意愿报考了苏黎世联邦理工学院（Swiss Federal Institute of Technology，德文缩写为 ETH）学习工程。1895 年，尽管爱因斯坦年仅 16 岁不足入学年龄（18 岁）也没有中学毕业证书，他还是在父母的一位朋友的帮助下参加了理工学院的入学考试。尽管爱因斯坦的数学很出色，但是他没有通过通识考试。爱因斯坦不得不进入阿劳州立中学继续学习，并于次年拿到中学毕业证书再次报考理工学院。该学校在苏黎世以西 20 英里，而爱因斯坦在希腊语教授约斯特·温特勒（Jost Winteler）的家中寄宿。爱因斯坦和温特勒一家相处融洽，他的妹妹马娅后来嫁给了温特勒的儿子保罗，他最好的朋友米歇尔·贝索（Michele Besso）后来娶了温特勒的女儿安娜（Anna），而温特勒的女儿玛丽（Marie）显然是爱因斯坦的初恋。

1896 年，爱因斯坦被苏黎世联邦理工学院录取，其时赫尔曼·闵可夫斯基（Hermann Minkowski）在该校任教，他后来对相对论做出了重要的贡献。但是显然爱因斯坦大部分时间都在自学，他在实验室做实验，在家中研读亥姆霍兹、基尔霍夫、赫兹等人的著作。在理工学院求学期间，爱因斯坦遇到了米列娃·玛丽克（Mileva Marić），她是来自匈牙利的塞尔维亚人，信奉东正教，这两个年轻人相爱了。作为理工学院的学生，他们今后的主要职业是科学教师。爱因斯坦希望能担任理工学院某位教授的助教，以便能继续自己的学业，但是他在 1900 年毕业后没有得到任何老师的推荐。

爱因斯坦曾在一所技术高中担任老师，后又在一所寄宿学校当学生导师，但时间都不长。1902年，爱因斯坦终于在伯尔尼专利局谋得职位，他在那里工作了7年。爱因斯坦现在有足够的经济保障来迎娶米列娃，他在1903年和她完婚。他们养育了两个儿子，长子汉斯·阿尔伯特（Hans Albert）生于1904年，次子爱德华（Eduard）生于1910年。爱因斯坦的婚姻并不成功，他们夫妇在1914年分居，1919年离婚。

就是在清冷的伯尔尼专利局，爱因斯坦在1902年到1904年期间发表了3篇文章，介绍自己的发现，而这些发现是玻尔兹曼和吉布斯已经建立的结果。爱因斯坦后来说，如果他早知道这样就永远也不会发表这些文章。然而，1905年是爱因斯坦的奇迹年，他发表了3篇伟大的文章。第一篇文章名为《根据热的分子运动论探讨悬浮在静止液体中微小粒子的运动》，正如我们在第9.2.5节指出的那样，这篇文章确立了物质的原子理论。第二篇文章名为《关于光的产生和转变的一个启发性观点》（Concerning a Heuristic Point of View about the Creation and Transformation of Light），它提出了光的量子化，并且令人信服地解释了光电效应（参见第13.1.2节）。他的第三篇文章名为《运动物体电动力学》（Electrodynamics of Moving Bodies），其中介绍了狭义相对论。这3篇伟大的文章都是在几乎完全隔绝的条件下完成的，这更加凸显了爱因斯坦成就的伟大。唯一能和爱因斯坦讨论的人是他的旧友米歇尔·贝索，他也在专利局工作，因此爱因斯坦在第三篇文章的结尾对他的帮助和建议给予感谢。

12.2 狭义相对论

12.2.1 预备知识

我们在第6.2.4节看到，当两个坐标系以恒定的速度相对运动时，两个参考系中的牛顿运动定律有着相同的数学形式。我们由此推断，所有的物理基本定律在这两个参考系中都有相同的数学表达式，即物理定律在伽利略变换——式(6.14)下保持不变。但是当人们对麦克斯韦方程应用伽利略变换时，却发现方程的形式发生了改变。实际上在麦克斯韦总结出这些著名方程之前，人们就已经认识到了这一点。在麦克斯韦的专著《论电和磁》的第 2 卷，他引用了高斯在 1835 年对库仑定律的评述（高斯生前并未发表）：“当两个电荷相对运动时，它们也会彼此吸引或是排斥，但它们之间的作用和它们相对静止时的作用不同。”在麦克斯韦之后，人们相信如果伽利略变换依然成立，那么麦克斯韦方程只在一个参考系下成立，即以太参考系。因此由麦克斯韦方程导出的光速，$c=1/\sqrt{\varepsilon_0\mu_0}$，是光相对以太的速度。

如图 12.1 所示，我们考虑在以太中静止的参考系 Σ，以及相对 Σ 以速度 V 沿着 x 方向运动的参考系 Σ'。根据伽利略变换，在 Σ' 中沿着 x' 方向（与 x 方向相同）的光速 c' 应当为：$c'=c-V$。然而，人们在 19 世纪进行的多次实验表明，根本检测不到 c 和 c' 有任何差别。最著名的检测是迈克耳孙（Michelson）在 1881 年进行的实验，以及他与莫雷（Morely）在 1887 年合作完成的实验，后者是前者的改进版。

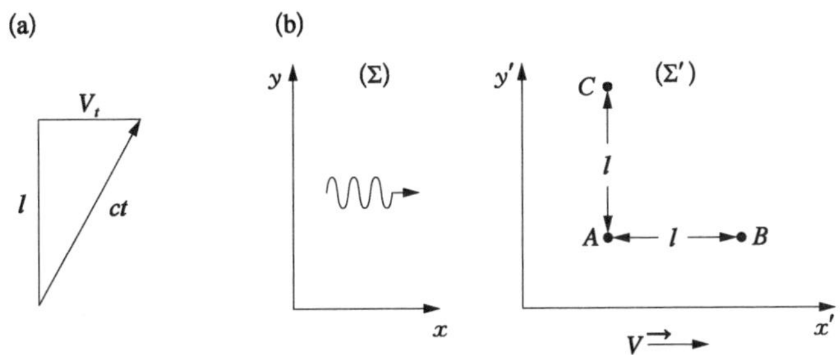

图 12.1　迈克耳孙-莫雷实验的基本原理

我们参考图 12.1(b)介绍迈克耳孙-莫雷实验的基本原理。令 Σ' 表示地球参考系，它相对以太以恒定速度运动，我们考虑其中三个位置点 A、B 和 C，令 AB 与 AC 垂直，且二者的长度均为 l。在 A 处设置光源，而在 B 和 C 处分别设置反射镜。观察者当然在地球上，沿 x 方向以速度 V 在以太中穿行。如果伽利略相对性原理成立，那么 A 发出的光被 B 处的镜面反射后回到 A 的时间 t_{ABA} 为：

$$t_{ABA}=\frac{l}{c-V}+\frac{l}{c+V}=\frac{2l/c}{1-V^2/c^2}. \tag{12.1}$$

同理，t_{ACA} 表示 A 发出的光被 C 处的镜面反射后回到 A 的时间，我们希望对 t_{ACA} 和 t_{ABA} 进行比较。令 t 表示光从 A 传播到 C 的时间，参见图 12.1(a)，在

这段时间 C 向右运动了距离 Vt，对这个直角三角形应用勾股定理得到：

$$c^2t^2=l^2+V^2t^2.$$

因此有

$$t=\frac{l/c}{\sqrt{1-V^2/c^2}}.$$

由于从 C 返回 A 的时间也是 t，因此有

$$t_{ACA}=2t=\frac{2l/c}{\sqrt{1-V^2/c^2}}. \tag{12.2}$$

我们发现由此导出的 t_{ACA} 与 t_{ABA} 不同，而迈克耳孙和莫雷设计的实验就是要测量二者的差值（$t_{ACA}-t_{ABA}$）。他们的实验非常灵敏，只要地球相对以太的速度 V 为 10 千米/秒，他们就能测出这个时间差。但是尽管地球围绕太阳运转的轨道速度高达 30 千米/秒，迈克耳孙和莫雷也没有观测到 t_{ACA} 与 t_{ABA} 有任何的不同。光速似乎是恒定的，它在所有以恒定速度相对运动的参考系中都是一样的！

洛伦兹可能是当时最杰出的理论物理学家，他在研究电子间相互作用时曾假定二者通过静止的以太相互作用。为了保住以太的概念，洛伦兹假定地球直径乃至所有长度都在沿 V 的方向上缩小了 $\sqrt{1-V^2/c^2}$ 倍，而在垂直于 V 的方向上保持不变。因此，t_{ABA} 中的长度 l 以这样的倍率减小，从而使 t_{ACA} 与 t_{ABA} 相等。洛伦兹还进一步提出："不仅仪器的长度收缩，而且测量长度的尺子也会收缩，因此这种收缩测不出来。"在洛伦兹看来，这种收缩的物理原因是物体相对运动时电磁力修正的结果。

亨德里克・安东・洛伦兹于 1853 年出生在荷兰的阿纳姆(Arnhem)。他在 1870 年进入莱顿大学学习，两年后获得数学和物理学学士学位，随后于 1872 年回到阿纳姆的一所夜校任教，同时研究光的反射和折射，准备他的博士论文。洛伦兹在 1875 年获得博士学位，3 年后被任命为莱顿大学理论物理学教授；这个职位是专门为他设定的。洛伦兹对电磁学理论做出了重要的贡献，并因此在 1902 年获得诺贝尔物理学奖。他卒于 1928 年。

尽管洛伦兹相信存在静止的、能穿透所有物质的以太，但他的理论工作推动了狭义相对论的发展。1904 年，他在《阿姆斯特丹科学学报》(*Proceedings of the Academy of Science of Amsterdam*)上发表文章，证明尽管麦克斯韦方程在

伽利略变换下发生了改变，但是如果采用洛伦兹变换方程

$$
\begin{aligned}
x' &= \frac{x - Vt}{\sqrt{1 - V^2/c^2}} \\
y' &= y \\
z' &= z \\
t' &= \frac{t - Vx/c^2}{\sqrt{1 - V^2/c^2}}
\end{aligned}
\tag{12.3}
$$

代替伽利略变换方程[式(6.14)]，就会使麦克斯韦方程在所有以恒定速度相对运动的坐标系中都保持不变；上述变换假定 Σ' 相对 Σ 以速度 V 沿 x 方向运动。我们首先注意到，在洛伦兹变换中不仅坐标发生改变，时间也发生了改变。在牛顿力学中，不管我们选择什么样的坐标系，不管它相对其他坐标系怎样运动，时间总是以相同的速度流逝。要怎样理解这些变换方程呢？

我们首先考察低速的极限情况，当 $V \ll c$ 时，上述方程退化为伽利略变换：

$$x' = x - Vt,\ y' = y,\ z' = z,\ t' = t. \tag{12.4}$$

因此，只有当物体以极高的速度运动时，我们才能观测到偏离牛顿力学的现象。但是不管这种偏差多大，我们还是需要明确洛伦兹变换的物理解释。尽管人们没办法检测一个参考系是在以太中静止还是运动，洛伦兹依然相信存在绝对的牛顿时间和绝对的以太参考系。在洛伦兹看来，式(12.3)体现出的时间改变是以太对电磁相互作用调节的结果，而由于测量时间的钟也受到同样的影响，因此这种效应根本检测不出来。同理，式(12.3)反映出的长度缩短也是以太造成的，而由于测量长度的尺也受到同样的影响，这种效应也检测不出来。

在爱因斯坦之前，一位科学家认为有必要推翻以太观念并提出全新的理论，他就是法国物理学家和数学家亨利·庞加莱，他同时也是哲学家和政治家。庞加莱在 1904 年和 1905 年发表了两篇文章，其中摒弃了以太的观念，提出了我们现在熟知的相对性原理："在所有以恒定速度相对彼此运动的参考系中，物理定律必须保持相同的数学形式。"他同时还提出了"任何速度都不能超过光速"的观点。

在介绍迈克耳孙和莫雷的实验时我们已经注意到，在以恒定的速度相对彼此运动的不同参考系中，光都以相同的速度传播。天文观测为光速恒定提供了证据。首先，天文学家发现不同颜色的光传播速度相同：当一颗恒星被黑暗的

天体挡住后，在它发射出的微弱的光中依然能同时观测到不同的颜色。而对双子星的观测表明，光速与光源的运动无关。因此，庞加莱要求新的理论不仅要满足上述相对性原理，还要与光速恒定的实验观测结果吻合。爱因斯坦在 1905 年发表了名为《运动物体电动力学》的文章，提出了他的狭义相对论。

光速恒定意味着伽利略变换要被其他变换取代，例如洛伦兹变换，但是要有明晰的物理解释，并能经得起实验的检验。爱因斯坦通过对“同时性”概念进行正确分析，建立了自己的理论。爱因斯坦的核心观念是：“我们需要有一种方法来确定两个事件是否同时发生。”我们可以这样来讨论。参见图 12.2，观察者站在路基上的 M 点，该点为路基上点 A 和点 B 的中点，如果观察者同时看到这两点发出的闪光，那么可以断定这两点的闪光同时发生。在爱因斯坦看来，时间要这样来定义：在一个参考系的不同位置安置构造完全相同的时钟，并且让它们的指针在每一时刻都同步，而“事件发生时间”就是在事件发生处的时钟指示的时间。

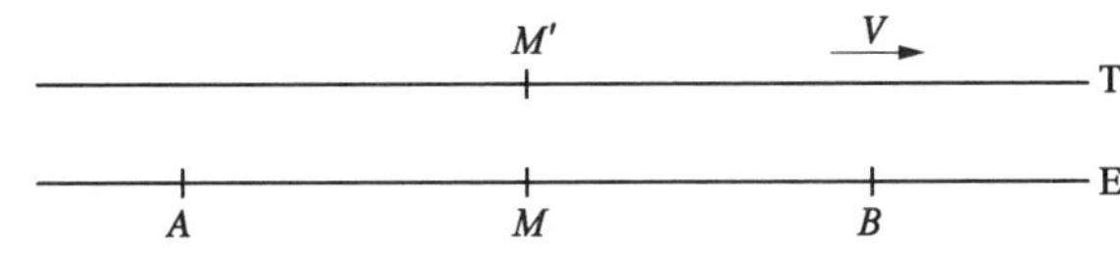

图 12.2　火车(T)相对于路基(E)以速度 V 运动

对于站在路基上 M 点的观察者来说，他同时看到路基上的 A、B 两点发出的闪光，那么可以推断 M 点是 AB 的中点。令观察者坐在列车上，以速度 V 相对路基运动。假定观察者位于点 M'，而当 A、B 两点发出闪光时，M' 与 M 重合(根据在路基上的观察者判断)。如果 M' 点的观察者没有和列车一起运动，那么他永远都看到 A、B 同时发出闪光，但是由于他随着列车向点 B 运动，他会先看到 B 点闪光然后再看到 A 点闪光。由此可以得出结论：“在路基上的观察者看来同时发生的事件，对于列车上的观察者来说并不同时，反之亦然。”

我们可能认为，根据路基参考系的判断来决定同时性更加合理，其实不然，因为列车上的观察者没有办法确定到底是车在动还是路基在动。因此我们必然得出下述结论：“当两个参考系相对运动时，在不同参考系下测得的两个事件发生的时间间隔并不相同。”也就是说，每个参考系有它自己的时间。如果两个事件在不同参考系中的时间间隔不同，那么对于相对参考系 Σ 以速度 V 沿 x 方向运动的参考系 Σ' 来说，其中物体的运动速度 $\mathrm{d}x'/\mathrm{d}t'$ 就不等于 $\mathrm{d}x/\mathrm{d}t-V$，因为

t 和 t' 不同，而 $\mathrm{d}x/\mathrm{d}t$ 是在 Σ 中测得的物体运动速度。因此，伽利略相对性原理（参见第 6.2.4 节）不再成立。

在对长度（两个事件之间的距离）进行测量时，也会得出类似的结论。列车上的观察者依照常规测量出列车上 A' 和 B' 两点的距离，而路基上的观察者测量这段距离时遇到一些麻烦，因为这两点都以速度 V 相对路基运动。他因此必须根据自己的时钟确定在路基上和 A'、B' 两点重合的 A、B 两点，而这段距离和列车上的观测者测得的距离并不相同。

现在的问题是：令参考系 Σ' 相对参考系 Σ 以速度 V 沿 x 方向运动，参见图 12.3，如果已知某事件在 Σ 中的空间坐标 x，y，z 以及时间 t，我们怎样确定同一事件在 Σ' 中的坐标 x'，y'，z' 和时间 t' 呢？

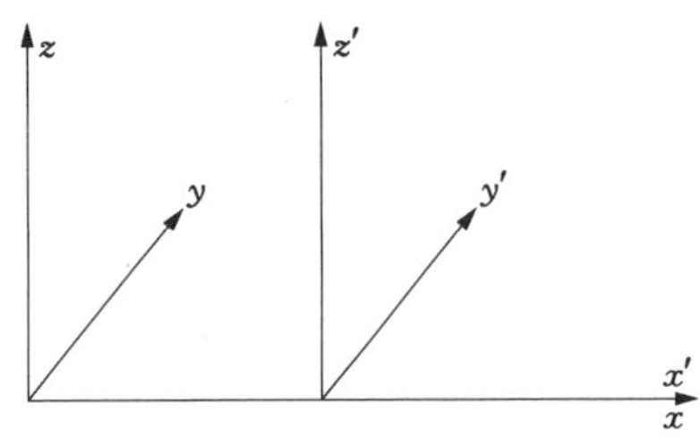

图 12.3 坐标系 Σ' 相对坐标系 Σ 以速度 V 沿 x 轴（与 x' 轴重合）运动

12.2.2 洛伦兹变换的由来

我们可以进行下述不失普遍性的假定：令初始时刻两个坐标系重合，即 $t'=t=0$ 时 $x'=y'=z'=0$ 与点 $x=y=z=0$ 重合。由于两个系统沿着 x 方向相对运动，因此有 $y'=y$ 和 $z'=z$；而在低速条件下 $(V\ll c)$，伽利略变换式(12.4)成立。为了导出与 x，y，z 和 t 对应的 x'，y'，z' 和 t'，我们寻求下述形式的变换：

$$\begin{cases}x'=\gamma(x-Vt)\\ t'=At+Bx\end{cases},\tag{12.5}$$

当 $V\ll c$ 时，γ 和 A 接近 1 而 B 接近 0。由于在坐标原点的光源发出的光在两个坐标系中都以光速 c 传播，因此对于沿 x 方向传播的光我们必然有：

$$\begin{cases}x=ct\\ x'=ct'\end{cases},$$

整理后得到：

$$\begin{cases}x^2-c^2t^2=0\\ x'^2-c^2t'^2=0\end{cases}.$$

这意味着 $x'^2-c^2t'^2=x^2-c^2t^2$，而将式(12.5)中的 x' 和 t' 的表达式代入后

得到：

$$\gamma^2(x-Vt)^2-c^2(At+Bx)^2=x^2-c^2t^2,$$

整理后得到：

$$(\gamma^2-B^2c^2)x^2+(\gamma^2V^2-A^2c^2)t^2-2(\gamma^2V+ABc^2)xt=x^2-c^2t^2.$$

要使上述方程成立则必须满足：

$$\gamma^2-B^2c^2=1,\ \gamma^2V^2-A^2c^2=-c^2,\ \gamma^2V+ABc^2=0,$$

其中的参数 A，B 和 γ 可以用 V 唯一表示出来：

$$\gamma=A=\frac{1}{\sqrt{1-V^2/c^2}},\ B=-\gamma V/c^2. \tag{12.6}$$

将上述数值代入式(12.5)，我们最终得到：

$$\begin{aligned} x'&=\frac{x-Vt}{\sqrt{1-V^2/c^2}} \\ y'&=y \\ z'&=z \\ t'&=\frac{t-Vx/c^2}{\sqrt{1-V^2/c^2}} \end{aligned}. \tag{12.7}$$

这当然就是洛伦兹变换式(12.3)。值得注意的是，我们根据在两个匀速相对运动的坐标系中光速 c 恒定的事实导出该变换，在推导中没用到其他假设，因此洛伦兹变换体现的就是空间和时间的性质。大自然就这样行事；我们过去没有认识到时间-空间交织在一起的性质，是因为遇到的速度 V 都远小于光速，即使围绕地球运转的卫星其速度也只是 $2\times10^{-5}c$。当 $V\ll c$ 时，洛伦兹变换退化为伽利略变换，而我们之前错误地假定伽利略变换普遍成立。现在，当爱因斯坦创造性地分析了同时性的概念之后，我们发现能比较容易地摆脱绝对时间的概念，并接受大自然要求的相对时间。

在探讨洛伦兹变换对时间和空间的测量产生什么样的影响之前，我们先考虑一个粒子在坐标系 Σ' 中的轨迹 $(x'(t'),\ y'(t'),\ z'(t'))$，并和它在 Σ 中的轨迹 $(x(t),\ y(t),\ z(t))$ 进行比较。我们当然可以计算粒子的速度，它在这两个坐标系中的速度分别为 $(\mathrm{d}x'/\mathrm{d}t',\ \mathrm{d}y'/\mathrm{d}t',\ \mathrm{d}z'/\mathrm{d}t')$ 和 $(\mathrm{d}x/\mathrm{d}t,\ \mathrm{d}y/\mathrm{d}t,$

dz/dt）。我们注意到由于 $dt \neq dt'$，因此两个坐标系中速度的所有 3 个分量都不相同；导出二者的关系很容易，我们在此不赘述。需要强调的是，当 $V \ll c$ 时，这些关系式都退化为伽利略相对论的形式。还需要强调的是：dx/dt 小于 $V + dx'/dt'$，而当 V 和 dx'/dt' 都小于 c 时 dx/dt 也小于 c。

12.2.3 长度缩短和时间膨胀

我们依然考虑图 12.3 所示的两个坐标系。一根平行于 x 轴的杆静止在坐标系 Σ 中，它的长度为 L，而我们考虑在坐标系 Σ' 中测量得到的杆的长度 L'。

我们用 x_1' 和 x_2' 表示在 t' 时刻在 Σ' 中观测到的杆的端点坐标，而在 Σ' 中得到的杆的长度为 $L' = x_2' - x_1'$；同理，x_1 和 x_2 表示杆在 Σ 中的两个端点的坐标，而杆相应的长度为 $L = x_2 - x_1$。利用式(12.7)我们得到：

$$x_1' = \frac{x_1 - Vt}{\sqrt{1 - V^2/c^2}},\ x_2' = \frac{x_2 - Vt}{\sqrt{1 - V^2/c^2}}.$$

因此有：

$$x_2' - x_1' = \frac{x_2 - x_1}{\sqrt{1 - V^2/c^2}},$$

即

$$L = L'\sqrt{1 - V^2/c^2}. \tag{12.8}$$

这个结果说明："当杆平行于运动方向相对观察者运动时，它的长度变短。"如果杆在 yz 平面内垂直于运动方向相对观察者运动时，则根据式(12.7) 有 $y' = y$，$z' = z$，它的长度不变。

我们下面考虑对时间的测量。我们在 Σ' 的坐标原点放置一个钟，它前后"滴答"两次对应在该处（$x_2' = x_1' = 0$）发生的两个事件，时间间隔为 $\Delta t' = t_2' - t_1'$。我们可以假定 $t_1' = 0$，而 $\Delta t' = t_2'$，并且在 $t_1' = 0$ 时刻 Σ 和 Σ' 重合。我们在坐标系 Σ 中观测这两个事件，第一个发生在 $x_1 = 0$，$t_1 = 0$，而第二个发生在 $x_2 = Vt_2$，$t_2 = t_2'/\sqrt{1 - V^2/c^2}$ ①。因此，在 Σ 中观测到两个事件的时间间隔为：$\Delta t =$

① 根据式(12.7)可以导出：$x = \dfrac{x' + Vt}{\sqrt{1 - V^2/c^2}}$，$t = \dfrac{t' + Vx/c^2}{\sqrt{1 - V^2/c^2}}$。

$t_2-t_1=t'_2/\sqrt{1-V^2/c^2}$，即

$$\Delta t=\frac{\Delta t'}{\sqrt{1-V^2/c^2}}. \tag{12.9}$$

由此可见，当钟相对观察者运动时，它比静止时走得慢。

在高能粒子物理学研究中，上述结论被实验证实。人们在测量放射性衰变介子的寿命时，发现它们在运动时的寿命比在静止时的寿命长，与式(12.9)预测的结果吻合②。

12.2.4 狭义相对论的运动定律

我们发现麦克斯韦方程在洛伦兹变换下保持不变，但是牛顿第二定律显然在该变换下并没有保持不变。爱因斯坦提出形如式(6.1)的牛顿定律只是一种极限形式，它只在粒子的速度 v 远小于光速的条件下成立，而运动定律的普遍形式为：

$$\frac{\mathrm{d}}{\mathrm{d}t}\boldsymbol{p}=\boldsymbol{F}, \tag{12.10a}$$

$$\boldsymbol{p}=m\boldsymbol{v}, \tag{12.10b}$$

$$m=\frac{m_0}{\sqrt{1-v^2/c^2}}, \tag{12.10c}$$

其中 m_0 是物体的静止质量。我们注意到在牛顿定律中 $m=m_0$，这意味着在恒定力 $\boldsymbol{F}$ 的作用下，物体的速度可以无限增长，并最终超过光速。与牛顿力学的预期相反，根据式(12.10c)，物体的有效惯性质量 m 随着速度 v 增长，而当 v 趋于光速 c 时 m 趋于无穷，这意味着物体的速度永远也不能超过光速。

式(12.10c)的证明如下。当 $v^2/c^2\ll 1$ 时，我们将该表达式展开为级数，并只保留前两项③：

$$m=m_0+\frac{m_0v^2}{2c^2}. \tag{12.11a}$$

---

② Bailey J., Picasso E.. Progress in Nuclear Physics, 1970, 12: 43.

③ $m_0/\sqrt{1-v^2/c^2}$ 的级数展开为 $m_0(1+v^2/2c^2+3v^4/8c^4+\cdots)$。

整理后得到：

$$mc^2=m_0c^2+\frac{m_0v^2}{2}. \tag{12.11b}$$

我们发现方程右侧的第二项就是式(7.30)定义的物体动能。爱因斯坦假定 m_0c^2 是物体的静止能量，而不管物体运动速度多大，mc^2 就表示物体的总能量。由此爱因斯坦得出：

$$E=mc^2. \tag{12.12}$$

令能量随时间的变化率 $\mathrm{d}E/\mathrm{d}t$ 等于力在单位时间内做的功 $\boldsymbol{v}\cdot\boldsymbol{F}$：

$$\frac{\mathrm{d}(mc^2)}{\mathrm{d}t}=\boldsymbol{v}\cdot\frac{\mathrm{d}(m\boldsymbol{v})}{\mathrm{d}t}=v\,\frac{\mathrm{d}(mv)}{\mathrm{d}t}.$$

将方程的两边同乘 $2m$ 得到：

$$c^2 2m\,\frac{\mathrm{d}m}{\mathrm{d}t}=2mv\,\frac{\mathrm{d}(mv)}{\mathrm{d}t}.$$

我们注意到 $\mathrm{d}(m^2)/\mathrm{d}t=2m(\mathrm{d}m/\mathrm{d}t)$，而 $\mathrm{d}(mv)^2/\mathrm{d}t=2mv\mathrm{d}(mv)/\mathrm{d}t$，因此上式变为：

$$c^2\,\frac{\mathrm{d}(m^2)}{\mathrm{d}t}=\frac{\mathrm{d}(mv)^2}{\mathrm{d}t}.$$

如果两个变量的导数相同，那么这两个变量只相差一个常数 C，因此有：

$$m^2c^2=m^2v^2+C. \tag{12.13}$$

上式当然对任意速度 v 成立。令 $v=0$，则可以用静止质量 m_0(即 $v=0$ 时的 m 值)确定常数 C，得到：$C=m_0^2c^2$。将该结果代入式(12.13)得到 $m^2(c^2-v^2)=m_0^2c^2$，整理后得到 $m^2=m_0^2/(1-v^2/c^2)$，两侧开方后就得到了式(12.10c)。

爱因斯坦详尽地阐述了式(12.12)的重要性，他认为这个方程普遍成立，这意味着物体的静止能量 m_0c^2 的一部分是物体的内能(即动能)。然而在一般条件下，物体内能增加导致的质量改变非常微小而可以忽略不计。但是原子弹爆炸释放出巨大的能量，在这种情况下，爆炸产物的质量小于初始反应物的质量。例如，在当量为 20 千吨(1 吨=1 000 千克)TNT 的原子弹爆炸过程中，质量减小了 1 克。

12.3 物理定律的不变性

12.3.1 闵可夫斯基四维时空

请考虑三维空间的矢量 $\boldsymbol{A}$，它在图 12.4 的两个笛卡儿坐标系中的坐标当然不同。我们有：

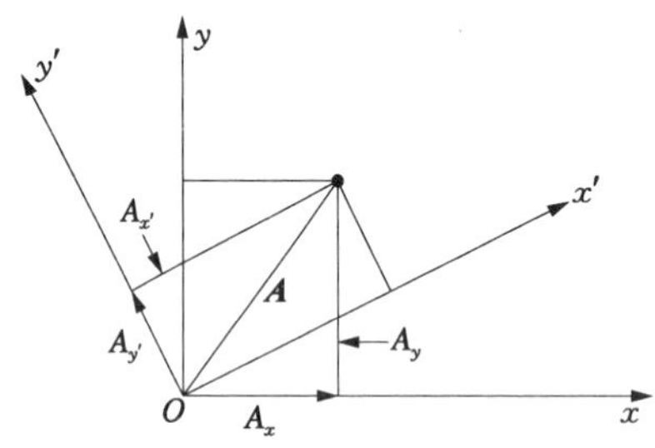

图 12.4 矢量 A 在两个笛卡儿坐标系中的分量

为了清晰起见，我们令 z 轴和 z' 轴重合。

$$\begin{aligned}\boldsymbol{A}&=A_x\boldsymbol{i}+A_y\boldsymbol{j}+A_z\boldsymbol{k}\\ \boldsymbol{A}&=A'_x\boldsymbol{i}'+A'_y\boldsymbol{j}'+A'_z\boldsymbol{k}'\end{aligned},\quad(12.14)$$

其中 $\boldsymbol{i}$，$\boldsymbol{j}$，$\boldsymbol{k}$ 是 x，y，z 方向的单位矢量，而 $\boldsymbol{i}'$，$\boldsymbol{j}'$，$\boldsymbol{k}'$ 是 x'，y'，z' 方向的单位矢量。$\boldsymbol{A}$ 的分量 A'_x 当然是 $A_x\boldsymbol{i}$，$A_y\boldsymbol{j}$ 和 $A_z\boldsymbol{k}$ 在 x' 方向上投影的和，而 A'_y 和 A'_z 也可以用类似的方式确定。我们有：

$$\begin{aligned}A'_x&=\cos(x',x)A_x+\cos(x',y)A_y+\cos(x',z)A_z\\ A'_y&=\cos(y',x)A_x+\cos(y',y)A_y+\cos(y',z)A_z\\ A'_z&=\cos(z',x)A_x+\cos(z',y)A_y+\cos(z',z)A_z\end{aligned},\quad(12.15)$$

其中 (x', x) 表示 x' 方向与 x 方向的夹角，而 (x', y) 是 x' 方向与 y 方向的夹角，依次类推。在后续推导中，我们用 x_1，x_2，x_3 表示 x，y，z 方向，而将 $\boldsymbol{A}$ 的对应分量表示为 A_1，A_2，A_3；用 x'_1，x'_2，x'_3 表示 x'，y'，z' 方向，将 $\boldsymbol{A}'$ 的对应分量表示为 A'_1，A'_2，A'_3。变换后式(12.15)变为：

$$\begin{aligned}A'_1&=c_{11}A_1+c_{12}A_2+c_{13}A_3\\ A'_2&=c_{21}A_1+c_{22}A_2+c_{23}A_3\\ A'_3&=c_{31}A_1+c_{32}A_2+c_{33}A_3\end{aligned},\quad(12.15\text{a})$$

其中，

$$c_{ij}=\cos(x'_i, x_j).\quad(12.15\text{b})$$

我们可以将(12.15a)表示成更紧凑的形式：

$$A'_i = \sum_{j=1}^{3} c_{ij} A_j, \quad i = 1, 2, 3. \tag{12.15c}$$

同理也可以将 A_i 用 A'_i 表示出来：

$$A_i = \sum_{j=1}^{3} c'_{ij} A'_j, \quad i = 1, 2, 3, \tag{12.16}$$

其中，

$$c'_{ij} = \cos(x_i, x'_j) = \cos(x'_j, x_i) = c_{ji}. \tag{12.17}$$

矢量 $\boldsymbol{A}$ 的长度当然在旋转操作下保持不变，因此有：

$$A_1'^2 + A_2'^2 + A_3'^2 = A_1^2 + A_2^2 + A_3^2. \tag{12.18}$$

将上述结果应用于位置矢量 $\boldsymbol{r}$：

$$\boldsymbol{r} = x_1 \boldsymbol{i} + x_2 \boldsymbol{j} + x_3 \boldsymbol{k} = x'_1 \boldsymbol{i}' + x'_2 \boldsymbol{j}' + x'_3 \boldsymbol{k}',$$

则有：

$$r^2 = x_1^2 + x_2^2 + x_3^2 = x_1'^2 + x_2'^2 + x_3'^2 = r'^2. \tag{12.19}$$

闵可夫斯基是爱因斯坦在瑞士联邦工学院的老师，他发现洛伦兹变换式(12.7)也有一个类似的性质：

$$x'^2 + y'^2 + z'^2 - (ct')^2 = x^2 + y^2 + z^2 - (ct)^2. \tag{12.20}$$

他随后提出 $\mathrm{i}ct$（其中 $\mathrm{i}^2 = -1$，参见附录 A2 关于复数的讨论）应当被看作是四维时空的第四维。一个事件在四维时空中的“位置”由矢量 $\boldsymbol{s}$ 的 4 个分量 x_i ($i = 1, 2, 3, 4$) 确定：

$$\boldsymbol{s} = (\boldsymbol{r}, \mathrm{i}ct) = (x_1 = x, x_2 = y, x_3 = z, x_4 = \mathrm{i}ct). \tag{12.21}$$

四维时空可以这样来考虑。我们用笛卡儿坐标系描述三维空间，并在其中每一点(或每个小区域上)上安置一个时钟，而时钟指示的时间就确定了该点的第四维坐标：$\mathrm{i}ct$。如果两个坐标系相对运动，如图 12.3 描述的情况，那么就在每个系统的每一点上安置时钟，而时钟的读数分别确定了系统 Σ 和 Σ' 中这些点对应的 $\mathrm{i}ct$ 和 $\mathrm{i}ct'$。

让我们考虑当四维坐标系发生旋转后，矢量 **s** 的 4 个分量如何变换。我们用旋转表示空间坐标的旋转（如图 12.4 所示情况），或者一个坐标系以恒定速度相对原坐标系运动（如图 12.3 所示情况）。根据式(12.20)，在后一种情况下矢量 **s** 的大小不变，因此这种操作也可以被看作旋转。我们有：

$$\begin{aligned} s^2 &= r^2 - c^2t^2 = x_1^2 + x_2^2 + x_3^2 + x_4^2 \\ &= x_1'^2 + x_2'^2 + x_3'^2 + x_4'^2 = r'^2 - c^2t'^2 = s'^2. \end{aligned} \tag{12.22}$$

一般情况下，上述变换既包含空间坐标系的旋转，也包含洛伦兹变换。但是我们不考虑这种普遍情况，而是假定要么发生空间坐标的旋转，要么发生洛伦兹变换。在任何一种情况下，式(12.21)定义的 **s** 的分量在 Σ' 中的分量为：

$$x'_\mu = \sum_{\nu=1}^{4} c_{\mu\nu} x_\nu, \quad \mu = 1, 2, 3, 4. \tag{12.23}$$

我们可以将 $c_{\mu\nu}$ 看作 4×4 阶矩阵 $\boldsymbol{C}$ 的元素（参见附录 A4）：

$$\boldsymbol{C} = \begin{pmatrix} c_{11} & c_{12} & c_{13} & c_{14} \\ c_{21} & c_{22} & c_{23} & c_{24} \\ c_{31} & c_{32} & c_{33} & c_{34} \\ c_{41} & c_{42} & c_{43} & c_{44} \end{pmatrix}. \tag{12.24}$$

对于空间旋转，根据式(12.15b)给出的矩阵元素，我们有：

$$\boldsymbol{C} = \begin{pmatrix} c_{11} & c_{12} & c_{13} & 0 \\ c_{21} & c_{22} & c_{23} & 0 \\ c_{31} & c_{32} & c_{33} & 0 \\ 0 & 0 & 0 & 1 \end{pmatrix}. \tag{12.25}$$

而对于洛伦兹变换，根据式(12.7)我们有：

$$\boldsymbol{C} = \begin{pmatrix} \gamma & 0 & 0 & i\beta\gamma \\ 0 & 1 & 1 & 0 \\ 0 & 0 & 1 & 0 \\ -i\beta\gamma & 0 & 0 & \gamma \end{pmatrix}, \tag{12.26}$$

其中 $\gamma=1/\sqrt{1-V^2/c^2}$，而 $\beta=V/c$。

类似地，我们也可以用系统 Σ' 中的分量 $x'_\mu(\mu=1, 2, 3, 4)$ 表示系统 Σ 的分量 $x_\mu(\mu=1, 2, 3, 4)$：

$$x_\mu=\sum_{\nu=1}^{4}c'_{\mu\nu}x'_\nu, \quad \mu=1, 2, 3, 4. \tag{12.27}$$

并且注意到：

$$c'_{\mu\nu}=c_{\nu\mu}, \quad \mu, \nu=1, 2, 3, 4, \tag{12.28}$$

上式是式(12.17)在四维时空中的推广。

12.3.2 张量和相对论不变性

相对论不变性要求当四维时空彼此相对旋转后，物理学的基本方程(即定律)在坐标系 Σ 和 Σ' 中的形式保持不变。

秩为 0 的张量：我们知道标量是有着适当单位的数值，它在任何坐标系中取值相同。标量是秩为零的张量。物体的静止质量 m_0 显然是秩为零的张量，而另一个重要的标量是两个事件发生的固有时间间隔(proper time interval)，我们下面讨论它的定义。

令事件“1”和“2”在某个四维时空中的位置分别为 $\boldsymbol{s}(1)=(x_1^{(1)}, x_2^{(1)}, x_3^{(1)}, x_4^{(1)})$ 和 $\boldsymbol{s}(2)=(x_1^{(2)}, x_2^{(2)}, x_3^{(2)}, x_4^{(2)})$，则二者的时空间隔为 $\Delta\boldsymbol{s}=\boldsymbol{s}(2)-\boldsymbol{s}(1)$，而根据式(12.22)这个间隔的大小为：

$$\begin{aligned}&(\Delta s)^2=(\Delta r)^2-(c\Delta t)^2\\&(\Delta r)^2=(x_1^{(2)}-x_1^{(1)})^2+(x_2^{(2)}-x_2^{(1)})^2+(x_3^{(2)}-x_3^{(1)})^2,\\&(\Delta t)^2=(t^{(2)}-t^{(1)})^2\end{aligned} \tag{12.29}$$

其中 Δr 是两个事件的空间距离，Δt 是它们的时间间隔。我们知道 $(\Delta s)^2$ 是标量，它在任何四维时空中取值相同。我们定义两个事件的固有时间间隔 $\Delta\tau$：

$$(\Delta\tau)^2=-\frac{(\Delta s)^2}{c^2}=(\Delta t)^2-\frac{(\Delta r)^2}{c^2}. \tag{12.30}$$

由于 c 是常数，因此 $\Delta\tau$ 也是标量。当 $(\Delta t)^2-(\Delta r)^2/c^2>0$ 时 $(\Delta\tau)^2$ 为正，$\Delta\tau$ 为实数，我们得到一个类似时间的间隔；反之当 $(\Delta\tau)^2$ 为负时 $\Delta\tau$ 为纯虚数，我们得

到一个类似空间的间隔。如果两个事件被类似空间的间隔 $\Delta\tau$ 分开，则二者没有关联，即一个事件不会引发另一个事件，因为任何信号都不能比光跑得更快。

令 $\boldsymbol{s}(1)$ 和 $\boldsymbol{s}(2)$ 表示一个粒子在时空中的位置，如果将式(12.30)两侧同除 $(\Delta t)^2$ 则得到：

$$\left(\frac{\Delta\tau}{\Delta t}\right)^2=1-\frac{(\Delta r/\Delta t)^2}{c^2}.$$

在无限小的极限条件下上式变为：

$$\left(\frac{\mathrm{d}\tau}{\mathrm{d}t}\right)^2=1-\frac{v^2}{c^2},$$

其中 $\boldsymbol{v}=\mathrm{d}\boldsymbol{r}/\mathrm{d}t$ 是粒子的速度。因此有：

$$\frac{\mathrm{d}\tau}{\mathrm{d}t}=\sqrt{1-v^2/c^2},\quad 即\quad \mathrm{d}\tau=\mathrm{d}t\sqrt{1-v^2/c^2}. \tag{12.31}$$

秩为 1 的张量：在四维空间的旋转操作下，如果一个四维矢量的分量遵照位置矢量 $\boldsymbol{s}$ 的方式变换，即服从式(12.23)，那么这个矢量是秩为 1 的张量。

请考虑四维时空中的无限小位移：

$$\mathrm{d}\boldsymbol{s}=(\mathrm{d}x_1=\mathrm{d}x,\ \mathrm{d}x_2=\mathrm{d}y,\ \mathrm{d}x_3=\mathrm{d}z,\ \mathrm{d}x_4=\mathrm{i}c\,\mathrm{d}t), \tag{12.32}$$

其中 $\mathrm{d}\boldsymbol{s}$ 是秩为 1 的张量(即矢量)，因为它的变换显然服从式(12.23)。将上式乘以粒子质量 m_0 再除以 $\mathrm{d}\tau=\mathrm{d}t\sqrt{1-v^2/c^2}$，由于这两个量都是标量，我们由此得到四维动量-能量矢量：

$$\boldsymbol{P}=(\boldsymbol{p},\ p_4)=\left(\boldsymbol{p},\ \frac{\mathrm{i}m_0c}{\sqrt{1-v^2/c^2}}\right)=\left(\boldsymbol{p},\ \frac{\mathrm{i}E}{c}\right), \tag{12.33}$$

其中 $\boldsymbol{p}$ 是式(12.10b)定义的粒子动量，而 E 是式(12.10c)和式(12.12)定义的粒子能量。

我们注意到，$P^2=p^2-E^2/c^2$ 也是一个标量，它在时空旋转操作下同样保持不变。我们将 $\boldsymbol{P}$ 看作固有时间 τ 的函数，对它求导后得到：

$$\frac{\mathrm{d}\boldsymbol{P}}{\mathrm{d}\tau}=\boldsymbol{F}^{(4)}, \tag{12.34}$$

其中 $\boldsymbol{F}^{(4)}$ 是一个四维矢量，它被称作闵可夫斯基力，其定义为：

$$F^{(4)} = \frac{(\boldsymbol{F},\ \boldsymbol{v} \cdot \boldsymbol{F}/c)}{\sqrt{1-v^2/c^2}}. \tag{12.34a}$$

在上式中 $\boldsymbol{F}$ 是普通的作用力,例如带电粒子在电磁场中受到的洛伦兹力,而第 4 个分量 $\boldsymbol{v} \cdot \boldsymbol{F}/c$ 与 $\boldsymbol{F}$ 在单位时间内做的功有关[参见式(12.12)后面的讨论]。根据式(12.33)和式(12.34),我们有 $\mathrm{d}\boldsymbol{p}/\mathrm{d}\tau = (\mathrm{d}\boldsymbol{p}/\mathrm{d}t)/\sqrt{1-v^2/c^2} = \boldsymbol{F}/\sqrt{1-v^2/c^2}$,即 $\mathrm{d}\boldsymbol{p}/\mathrm{d}t = \boldsymbol{F}$,这当然就是式(12.10a)。但是式(12.34)和式(12.10a)有着显著的差别,因为前者用张量形式明确表述了相对论(洛伦兹变换)的不变性。将方程表示成矢量(或张量)的形式就能体现洛伦兹不变性,这一点很容易证明。根据式(12.34)我们有:

$$\frac{\mathrm{d}P_\mu}{\mathrm{d}\tau} - F_\mu^{(4)} = 0, \quad \mu = 1,\ 2,\ 3,\ 4. \tag{12.35}$$

在时空坐标系 Σ' 中考虑同样这些矢量,由于两个坐标系中的 $\mathrm{d}\tau$ 相同,因此根据式(12.23)可以得到:

$$\frac{\mathrm{d}P'_\mu}{\mathrm{d}\tau} - F'^{(4)}_\mu = \sum_{\nu=1}^{4} c_{\mu\nu}\left(\frac{\mathrm{d}P_\mu}{\mathrm{d}\tau} - F_\mu^{(4)}\right).$$

而根据式(12.35)可知上式等于零,因此系统 Σ' 中的运动方程为:

$$\frac{\mathrm{d}\boldsymbol{P}'}{\mathrm{d}\tau} = \boldsymbol{F}'^{(4)}.$$

它的形式与式(12.34)完全相同。证明了运动方程具有洛伦兹变换不变性后,我们就可以在实际计算中放心地使用式(12.10c)。

秩为 2 的张量:对于有着 $4 \times 4 = 16$ 个分量的物理量 $A_{\mu\nu}(\mu,\ \nu = 1,\ 2,\ 3,\ 4)$(我们还记得这些数字对应时空的 4 个"方向"),如果在时空旋转操作下它们的变换满足:

$$A'_{\mu\nu} = \sum_{k=1}^{4}\sum_{q=1}^{4} c_{\mu k} c_{\nu q} A_{kq}, \tag{12.36}$$

其中 c_{ij} 由式(12.24)和式(12.26)定义,同时还满足:

$$A_{\mu\nu} = \sum_{k=1}^{4}\sum_{q=1}^{4} c'_{\mu k} c'_{\nu q} A'_{kq}, \tag{12.37}$$

其中 $c'_{ij}=c_{ji}$，则 $A_{\mu\nu}$ 是秩为 2 的张量。我们通常将这样的张量表示成矩阵的形式，而在许多情况下矩阵中的某些元素相同，$A_{\mu\nu}=A_{\nu\mu}$，或矩阵中的某些元素为零。

秩为 3 的张量：有些物理量包含 $4\times4\times4=64$ 个分量，例如 $A_{\lambda\mu\nu}(\lambda,\ \mu,\ \nu=1,\ 2,\ 3,\ 4)$，如果在时空的旋转操作下这些元素的变换满足：

$$A'_{\lambda\mu\nu}=\sum_{k=1}^{4}\sum_{q=1}^{4}\sum_{r=1}^{4}c_{\lambda k}c_{\mu q}c_{\nu r}A_{kqr}, \tag{12.38}$$

其中 c_{ij} 由式(12.24)和式(12.26)定义，同时还满足：

$$A_{\lambda\mu\nu}=\sum_{k=1}^{4}\sum_{q=1}^{4}\sum_{r=1}^{4}c'_{\lambda k}c'_{\mu q}c'_{\nu r}A'_{kqr}. \tag{12.39}$$

其中 $c'_{ij}=c_{ji}$，它们就表示秩为 3 的张量。类似地，我们还可以定义更高秩的张量，在此不予介绍。

任何秩的张量都可以是式(12.21)定义的时空位置矢量 $\boldsymbol{s}$ 的函数，而我们通常将这样的张量称为张量场。张量场的变换方式也遵照前文的方程，例如，秩为 2 的张量场的变换满足：

$$A'_{\mu\nu}(\boldsymbol{s}')=\sum_{k=1}^{4}\sum_{q=1}^{4}c_{\mu k}c_{\nu q}A_{kq}(\boldsymbol{s}), \tag{12.40}$$

其中 $\boldsymbol{s}'=(x'_1,\ x'_2,\ x'_3,\ x'_4)$，$\boldsymbol{s}=(x_1,\ x_2,\ x_3,\ x_4)$，二者满足式(12.23)变换关系。

张量关于 $x_i(i=1,\ 2,\ 3,\ 4)$ 的导数也满足类似的变换。例如 $f(\boldsymbol{s})$ 是秩为 0 的张量场，而它的导数 $\partial f/\partial x_i(i=1,\ 2,\ 3,\ 4)$ 是秩为 1 的张量场，即四维的矢量场，遵循矢量的方式进行变换。为了说明这一点，我们将 x'_i 看作 x_i 的函数，由此得到：

$$\mathrm{d}x'_i=\sum_{j=1}^{4}\frac{\partial x'_i}{\partial x_j}\mathrm{d}x_j=\sum_{j=1}^{4}c_{ij}\mathrm{d}x_j. \tag{12.41a}$$

类似地有：

$$\mathrm{d}x_i=\sum_{j=1}^{4}\frac{\partial x_i}{\partial x'_j}\mathrm{d}x'_j=\sum_{j=1}^{4}c'_{ij}\mathrm{d}x'_j, \tag{12.41b}$$

而根据式(12.28)有 $c'_{ij}=c_{ji}$。由上述方程及求导的链式法则式(5.38)，我们得到：

$$\frac{\partial f}{\partial x_i'}=\sum_{j=1}^{4}\frac{\partial x_j}{\partial x_i'}\frac{\partial f}{\partial x_j}=\sum_{j=1}^{4}c_{ji}'\frac{\partial f}{\partial x_j}=\sum_{j=1}^{4}c_{ij}\frac{\partial f}{\partial x_j}. \tag{12.42}$$

这表明 $f_i=\partial f/\partial x_i(i=1, 2, 3, 4)$ 是一个矢量，秩为 1 的张量，它的变换方式服从式(12.23)，与位置矢量 $\boldsymbol{s}$ 的变换方式完全相同。

类似地，如果能证明 $f_i=\partial f/\partial x_i(i=1, 2, 3, 4)$ 是秩为 1 的张量场，则

$$f_{ij}=\frac{\partial f_i}{\partial x_j},\quad i, j=1, 2, 3, 4 \tag{12.43}$$

是秩为 2 的张量场；同理，

$$f_{ijk}=\frac{\partial f_{ij}}{\partial x_k},\quad i, j, k=1, 2, 3, 4 \tag{12.44}$$

是秩为 3 的张量场。类似地我们还可以得到更高秩的张量场，在此不赘述。

在后续讨论中[参见式(12.48a)]，我们需要和式(12.44)有关的一个公式。依惯例我们用双下标表示加和，即：

$$\frac{\partial f_{ij}}{\partial x_j}=\sum_{j=1}^{4}\frac{\partial f_{ij}}{\partial x_j}=g_i. \tag{12.45}$$

由此式得到的 $g_i(i=1, 2, 3, 4)$ 是秩为 1 的张量。上述操作类似求矢量的散度[参见式(10.28)]。

使用张量大有益处，因为在时空的旋转操作下，被表示成张量形式的方程组形式保持不变，让我们举例说明。假定在时空系统 Σ(参见图 12.3)中下面的方程成立：

$$A_{kqr}(\boldsymbol{s})-B_{kqr}(\boldsymbol{s})=0,\quad k, q, r=1, 2, 3, 4, \tag{12.46}$$

其中 $\boldsymbol{A}$ 和 $\boldsymbol{B}$ 是秩为 3 的张量，它们都是矢量 $\boldsymbol{s}=(x_1, x_2, x_3, x_4)$ 的函数。在系统 Σ′ 中，根据式(12.23) $\boldsymbol{s}$ 变成 $\boldsymbol{s}'=(x_1', x_2', x_3', x_4')$，而 $\boldsymbol{A}$ 和 $\boldsymbol{B}$ 变为：

$$A_{\lambda\mu\nu}'(\boldsymbol{s}')=\sum_{k=1}^{4}\sum_{q=1}^{4}\sum_{r=1}^{4}c_{\lambda k}c_{\mu q}c_{\nu r}A_{kqr}(\boldsymbol{s}),\quad \lambda, \mu, \nu=1, 2, 3, 4,$$

$$B_{\lambda\mu\nu}'(\boldsymbol{s}')=\sum_{k=1}^{4}\sum_{q=1}^{4}\sum_{r=1}^{4}c_{\lambda k}c_{\mu q}c_{\nu r}B_{kqr}(\boldsymbol{s}),\quad \lambda, \mu, \nu=1, 2, 3, 4.$$

因此有

$$A'_{\lambda\mu\nu}(\boldsymbol{s}')-B'_{\lambda\mu\nu}(\boldsymbol{s}')=\sum_{k=1}^{4}\sum_{q=1}^{4}\sum_{r=1}^{4}c_{\lambda k}c_{\mu q}c_{\nu r}[A_{kqr}(\boldsymbol{s})-B_{kqr}(\boldsymbol{s})],$$

而根据式(12.46)上式等于零，即：

$$A'_{\lambda\mu\nu}(\boldsymbol{s}')-B'_{\lambda\mu\nu}(\boldsymbol{s}')=0,\quad \lambda, \mu, \nu=1, 2, 3, 4, \tag{12.46a}$$

与式(12.46)完全相同。也就是说，在时空系统的旋转操作下，方程组的形式保持不变。

在结束本节之前，让我们将麦克斯韦方程组表示成张量的形式，以此表明这些方程的确在四维时空的旋转操作下保持不变。请考虑秩为 2 的张量，$f_{\mu\nu}(\boldsymbol{s})$ $(\mu, \nu=1, 2, 3, 4)$，而电场 $\boldsymbol{E}$ 和磁场 $\boldsymbol{B}$ 是这个张量的分量：

$$f_{\mu\nu}(\boldsymbol{s})=\begin{pmatrix} 0 & B_z & -B_y & -\dfrac{\mathrm{i}E_x}{c} \\ -B_z & 0 & B_x & -\dfrac{\mathrm{i}E_y}{c} \\ B_y & -B_x & 0 & -\dfrac{\mathrm{i}E_z}{c} \\ \dfrac{\mathrm{i}E_x}{c} & \dfrac{\mathrm{i}E_y}{c} & \dfrac{\mathrm{i}E_z}{c} & 0 \end{pmatrix}, \tag{12.47}$$

其中 μ 和 ν 分别表示矩阵的行号和列号，而 $\boldsymbol{s}$ 由式(12.21)定义。我们发现上述矩阵反对称，即 $f_{\nu\mu}=-f_{\mu\nu}$，而当 $\mu=\nu$ 时 $f_{\mu\nu}=0$，而张量 $f_{\mu\nu}$ 完全由 $\boldsymbol{E}$ 和 $\boldsymbol{B}$ 确定。还有一点很重要：在时空的旋转操作下，$f_{\mu\nu}$ 都要保持反对称的性质。

我们将麦克斯韦方程式(10.45)表示成张量的形式：

$$\frac{\partial f_{\mu\nu}}{\partial x_\nu}=\mu_0 J_\mu, \tag{12.48a}$$

$$\frac{\partial f_{\nu\sigma}}{\partial x_\alpha}+\frac{\partial f_{\sigma\alpha}}{\partial x_\nu}+\frac{\partial f_{\alpha\nu}}{\partial x_\sigma}=0, \tag{12.48b}$$

其中 μ, ν, σ, α 取值 1, 2, 3, 4，分别对应时空的 4 个坐标。$J_\mu(\boldsymbol{s})$ $(\mu, \nu=1, 2, 3, 4)$ 的定义为：

$$(J_1, J_2, J_3, J_4)=(\boldsymbol{j}, \mathrm{i}c\rho), \tag{12.49}$$

其中 $\boldsymbol{j}$ 是电流密度，而 ρ 是电荷密度。我们很容易证明 J_μ 的确是一个四维的矢量,即秩为 1 的张量场。

我们注意到,如果已知系统 Σ 中的 $\boldsymbol{E}$ 和 $\boldsymbol{B}$,那么可以构造张量 $f_{\mu\nu}(\boldsymbol{s})$;利用张量的变换规则将 $f_{\mu\nu}(\boldsymbol{s})$ 变换为 $f'_{\mu\nu}(\boldsymbol{s}')$,而根据后者就能确定系统 Σ′ 中的电场和磁场。我们可以用这样的方式,确定电荷 q 以恒定速度 $\boldsymbol{v}$ 运动时产生的电场和磁场。首先确定电荷 q 静止时产生的库仑场,构建对应的张量 $f_{\mu\nu}$,再根据变换后的张量确定电荷运动时产生的电场和磁场。

附录 A 给出了另一种体现洛伦兹不变性的麦克斯韦方程。

12.4　广义相对论

12.4.1　广义相对性原理

在时空的旋转操作下,特别是在坐标系的洛伦兹变换下,物理定律必须保持不变,这一点不仅对经典物理学很重要,对量子物理也产生了巨大影响,并引发了重大的发现。爱因斯坦进一步提出,自然定律是否应当在任意运动的参考系中保持相同的形式?考虑到引力自然会提出这样的问题。我们在第 6.2.3 节看到,在牛顿运动定律中出现的 m ——物体的惯性质量——在引力定律即式(6.12)中也同样出现。因为当物体在地球的引力场中以加速度 g 运动时,其惯性质量与引力质量等价;但是爱因斯坦不愿意把这种等价看作是巧合,他进行了下面的论述。

假定一个盒子(例如电梯)远离任何天体因此没有受到任何引力,而它在恒定拉力的作用下获得向上的加速度 γ(相对盒子外部的坐标系 K)。现在假定有一个人待在盒子里,他释放手中物体,看到它以恒定加速度 γ 落向盒子的地板,就像外部存在引力场一样。而在盒子外部的观察者看来,当盒子里的人拿着物体时,他的手对物体施加力使它获得盒子的加速度 γ,而放手后物体不再受力而保持速度恒定,因此被加速运动的地板赶上。这两个解释都非常合理,但如果是这样的话,那么物理定律应当适用于内外两个系统,即能同时描述盒子里运动的人与盒子外静止的观察者看到的现象。此外关于引力还有一点很棘手,牛顿也注意到了这一点,而他同时代的人对此也很担忧:两个物体之间的引力瞬时产生,这是一种超距作用，但是根据狭义相对论，任何信号的传播速度都不能超过光速。

出于上述原因，爱因斯坦根据广义相对性原理（即在任何参考系中物理定律都具有相同的形式，而不管系统如何运动）对引力理论进行了修正，使引力理论摆脱了瞬时超距作用，并解释了为什么物体的惯性质量等于它的引力质量。在还没有形成该理论之前，爱因斯坦在 1911 年发表文章，论证了引力与加速运动的参考系等价，从而推断光线会在引力场中弯曲[④]。例如恒星发出的光在太阳附近发生弯曲，尽管这个效应很微小但在日食时也能观测到。让我们参考无引力空间的加速参考系（电梯盒子）来解释为什么光线会弯曲。在静止参考系中观察者发出一束光，并且让光束通过一个小窗口平行于电梯的地板射入电梯。电梯中的观察者向上加速运动，他看到光束向着地板弯曲。根据牛顿引力理论，只有具有质量的物体之间会存在引力，但这和上述现象并不矛盾，因为光具有能量，而根据狭义相对论能量与质量等价。根据质能等价和牛顿的公式，爱因斯坦估算了沿太阳表面切线入射的光线被弯曲的角度，而他得出的结果是真实情况的一半。爱因斯坦后来又根据自己的引力理论（即 1916 年发表的广义相对论）进行了计算，而理论预测结果在 1919 年被观测实验证实。引力场中光线弯曲的现象非常重要，而这意味着光速随位置改变；这与狭义相对论矛盾，后者假定真空中光速恒定。我们现在只能假定，当引力场对研究现象的影响可以忽略不计时才能应用狭义相对论。爱因斯坦这样说道："没有比狭义相对论更光明正大的理论，它指明了道路引出更加全面的理论，而自己则安于描述极限的情况。"

建立数学理论、描述满足广义相对论的引力可不是一件容易事，让我们介绍爱因斯坦关于相对论的阐述，以此说明在这个过程中遇到的困难[⑤]。假定世界是一个圆盘，它在自己的平面上围着中心旋转。一个相对圆盘静止的观察者可以用尺子测量其周围的距离，用时钟测量时间间隔，如果广义相对论成立，那么他的测量结果经过适当的变换后，应当和位于圆盘中心的观察者的结果一致。我们发现当时钟远离中心运动时，根据狭义相对论，中心处的观察者看到它总是比自己的时钟走得慢，参见式（12.9）。此外，在中心处的观察者看来，时钟慢多

---

④ Einstein A. On the Effect of Gravitation on the Propagation of Light. Annalen der Physik, 1911, 340: 898.

⑤ Einstein A. The Meaning of Relativity. 5th ed. N J: Princeton University Press, 1953; Relativity (A Popular Exposition). 15th ed. Great Britain: Methuen & Co Ltd, 1954.

少取决于它的位置，因为时钟位置决定了它相对中心运动的速度。类似地，圆盘上点 A 围着中心旋转，在它运动的方向上(即垂直于指向中心的矢径)用尺子测量长度，在中心处的观察者看来测得的长度较短，参见式(12.8)。但是如果在矢径的方向上(垂直于点 A 运动的方向)用尺子测量长度，则在中心处的观察者看来测得长度没有变短。根据上述分析，圆盘中心的观察者得到的圆盘周长不等于 πD，其中 D 是圆盘的直径，这意味着我们熟知的欧氏几何不再适用。如果我们接受加速参考系和引力场等价的原理，那么这意味着欧氏几何不适于描述引力场。这似乎是一种不可能的状态，因为除非我们可以对不同的参考系定义一致的空间坐标和时间，否则就不能陈述符合广义相对性原理的物理定律。但是，如果认识到闵可夫斯基的笛卡儿坐标及其基础欧氏几何，并非描述时空的唯一的方式，那么这个问题就迎刃而解了。实际上在数学上已经产生了满足广义相对性要求的几何，即非欧几何，它由高斯提出，后被黎曼(Riemann)完善；但是在爱因斯坦提出他的理论时，物理学家对此还不甚了解。

高斯考虑弯曲“表面”的二维空间，如图 12.5 所示在表面上绘制曲线：两条 x^1 曲线永不相交，它们形成连续的表面，即表面上任一点总是处在某一条 x^1 曲线上。这意味着在曲线 $x^1=1$ 和 $x^1=2$ 之间存在无限多条 x^1 曲线。同理，x^2 曲线也满足这样的条件。这样一来，表面上的点对应特定的 x^1 和 x^2 的值，而后者相当于点的坐标，即所谓的高斯坐标。

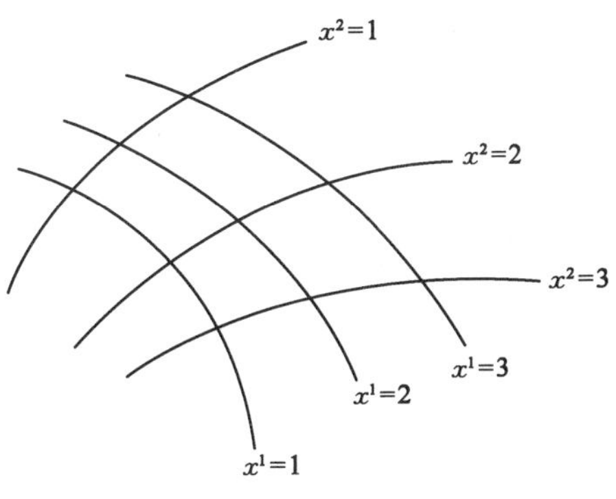

图 12.5 二维高斯坐标

当两个点靠得很近时，它们的坐标分别为 (x^1, x^2) 和 $(x^1+\mathrm{d}x^1, x^2+\mathrm{d}x^2)$，其中 $\mathrm{d}x^1$ 和 $\mathrm{d}x^2$ 是无限小的量。高斯提出，用尺子测量得到的两点间距 $\mathrm{d}s$ 为：

$$(\mathrm{d}s)^2 = g_{11}(\mathrm{d}x^1)^2 + 2g_{12}\mathrm{d}x^1\mathrm{d}x^2 + g_{22}(\mathrm{d}x^2)^2, \tag{12.50}$$

其中 g_{11}，g_{12}，g_{22} 是坐标 (x^1, x^2) 的函数，而正是它们确定了在点 (x^1, x^2) 处的尺子的长度。只有对欧氏空间，我们才能选取满足 $(\mathrm{d}s)^2=(\mathrm{d}x^1)^2+(\mathrm{d}x^2)^2$

的坐标，而此时高斯坐标退化为我们熟知的笛卡儿坐标。

将高斯的讨论推广到 n $(n>2)$ 维的情况十分容易。我们考虑的四维时空有 4 个高斯坐标 (x^1, x^2, x^3, x^4)，前 3 个描述非欧几何空间，而空间中每一点对应坐标 (x^1, x^2, x^3)。通过读取设置在 (x^1, x^2, x^3) 的时钟我们确定第 4 个坐标，$x^4=\mathrm{i}ct$；只要相邻的时钟读数连续变化，时钟可以走得快或是走得慢。由于 c 是常数，我们就像在式(12.21)中那样把第 4 个坐标看作时间坐标。两个相邻事件的时空间距 $\mathrm{d}s$ 是标量，它的大小为：

$$(\mathrm{d}s)^2=\sum_{\mu=1}^{4}\sum_{\nu=1}^{4}g_{\mu\nu}\mathrm{d}x^{\mu}\mathrm{d}x^{\nu}, \tag{12.51}$$

其中 $g_{\mu\nu}$ 是坐标 (x^1, x^2, x^3, x^4) 的函数。我们总可以选取坐标让 $g_{\mu\nu}$ 对称，即满足 $g_{\mu\nu}=g_{\nu\mu}$。对应的固有时间间隔的定义与式(12.30)类似：

$$(\mathrm{d}\tau)^2=-\frac{(\mathrm{d}t)^2}{c^2}. \tag{12.52}$$

高斯对时空的描述暗示了时空在局部上是欧氏空间，这意味着在时空中每一点 $\boldsymbol{s}=(x^1, x^2, x^3, x^4)$ 周围的小区域上狭义相对论成立。我们可以用比喻来说明这一点：尽管整个时空是弯曲的，但它在局部上是平的，就像大球面上的一小块面积几乎是平的一样。一根测量尺不能完全贴合球面，但是只要尺子相对球面半径来说足够小，它就能完全贴在球面上。在确信我们所属的局域空间的确是这样之后，我们假定整个宇宙处处都是局域平坦的。

最后，高斯和黎曼建立的几何让我们能利用曲线张量，确定(即计算)任意高斯坐标系下的度规张量 $g_{\mu\nu}$。当然，我们已经看到式(12.51)确定的 $(\mathrm{d}s)^2$ 是标量，它在所有坐标系下取值相同。

12.4.2 曲线张量

时空中某点在高斯坐标系 Σ 中的坐标为 $\boldsymbol{s}=(x^1, x^2, x^3, x^4)$，它在另一个高斯坐标系 Σ' 中的坐标为 $\boldsymbol{s}'=(x^{1'}, x^{2'}, x^{3'}, x^{4'})$，而后者可有前者变换得到：

$$x^{\mu'}=x^{\mu'}(x^1, x^2, x^3, x^4), \quad \mu=1, 2, 3, 4. \tag{12.53}$$

上式的右侧表示 x^1, x^2, x^3, x^4 的函数。因此我们将 Σ' 中的无限小位移用 Σ 中的无限小位移表示为：

$$dx^{\mu'}=\sum_{\nu=1}^{4}\frac{\partial x^{\mu'}}{\partial x^{\nu}}dx^{\nu}=\sum_{\nu=1}^{4}c^{\mu\nu}(\mathbf{s})dx^{\nu},\quad \mu=1,2,3,4. \tag{12.54}$$

上式与适用于笛卡儿坐标系的式(12.41a)类似，只不过现在光速 c 不再是常数而是位置的函数。类似地我们也能得到逆变换，但是逆变换的系数与正变换的系数不再满足简单关系，就像式(12.28)描述得那样。

标量函数 $f(\mathbf{s})$ 的导数为 $\partial f/\partial x^{\mu}(\mu=1,2,3,4)$，它的变换满足：

$$\frac{\partial f}{\partial x^{\mu'}}=\sum_{\nu=1}^{4}\frac{\partial x^{\nu}}{\partial x^{\mu'}}\frac{\partial f}{\partial x^{\nu}}=\sum_{\nu=1}^{4}c_{\mu\nu}(\mathbf{s})\frac{\partial f}{\partial x^{\nu}}, \tag{12.55}$$

其中根据式(12.53)计算 $\mathbf{s}$ 点的 $\partial f/\partial x^{\mu}$ 和 $\mathbf{s}'$ 点的 $\partial f/\partial x^{\mu'}$。我们注意到，与笛卡儿坐标的情况不同，在高斯坐标中光速 c 是位置的函数，而且 $c_{\mu\nu}$ 与 $c^{\mu\nu}$ 不同。

如果四元变量 $A^{\mu}(\mathbf{s})\ (\mu=1,2,3,4)$ 的变换方式与 $dx^{\mu}(\mu=1,2,3,4)$ 的相同，即服从式(12.54)，则 $A^{\mu}(\mathbf{s})$ 就被称作秩为 1 的(曲线)逆变张量场，或逆变矢量场。我们有：

$$A^{\mu'}(\mathbf{s}')=\sum_{\nu=1}^{4}c^{\mu\nu}(\mathbf{s})A^{\nu}(\mathbf{s}),\quad \mu=1,2,3,4.$$

如果四元变量 $A^{\mu}(\mathbf{s})\ (\mu=1,2,3,4)$ 的变换方式与 $\partial f/\partial x^{\mu}(\mu=1,2,3,4)$ 的变换方式相同，即服从式(12.55)，则 $A^{\mu}(\mathbf{s})$ 就被称作秩为 1 的(曲线)协变张量场，或协变矢量场。我们有：

$$A'_{\mu}(\mathbf{s}')=\sum_{\nu=1}^{4}c_{\mu\nu}(\mathbf{s})A_{\nu}(\mathbf{s}),\quad \mu=1,2,3,4.$$

请注意到，我们用上标表示逆变张量，而用下标表示协变张量，而用类似的方式还可以定义更高秩的逆变张量和协变张量。此外，一个曲线张量可以相对某些指标逆变，而相对其他指标协变。例如：

$$F_{\lambda}^{\mu\nu'}(\mathbf{s}')=\sum_{k=1}^{4}\sum_{q=1}^{4}\sum_{r=1}^{4}c_{\lambda k}c^{\mu q}c^{\nu r}F_{k}^{qr}(\mathbf{s}).$$

由于引入了逆变张量和协变张量，情况变得十分复杂，但这还不是处理曲线坐标(即高斯坐标)时遇到的主要困难。我们发现在笛卡儿坐标系中，对一个矢量或张量求导不会产生更高秩的张量，而在高斯坐标系中情况却不是这样。数学家改进普通的微分，提出了协变微分，由此得到张量的协变导数。人们发现这些协变导数在物理上很有趣，这也许并不奇怪。将普通导数 $\partial/\partial x$ 变换为协变导数 $\mathrm{D}/\mathrm{D}x$ 过于复杂，我们在此不予讨论，而只用一个例子来说明它的复杂性。张量 $A_{\mu\nu}$ 的协变导数可以由它的普通导数导出：

$$\frac{\mathrm{D}A_{\mu\nu}}{\mathrm{D}x^{\rho}}=\frac{\partial A_{\mu\nu}}{\partial x^{\rho}}-\sum_{\tau=1}^{4}\Gamma_{\mu\rho}^{\tau}A_{\tau\nu}-\sum_{\tau=1}^{4}\Gamma_{\nu\rho}^{\tau}A_{\mu\tau}, \tag{12.56}$$

其中 $\Gamma_{\nu\rho}^{\tau}$ 被称作度规连接或克里斯托弗符号，它是 $g_{\mu\nu}$ 的函数：

$$2\sum_{\tau=1}^{4}g_{\nu\tau}\Gamma_{\mu\rho}^{\tau}=\frac{\partial g_{\mu\nu}}{\partial x^{\rho}}-\frac{\partial g_{\rho\mu}}{\partial x^{\nu}}+\frac{\partial g_{\nu\rho}}{\partial x^{\mu}}.$$

$\Gamma_{\nu\rho}^{\tau}$ 和常规的导数 $\partial A_{\mu\nu}/\partial x^{\rho}$ 并不是张量，但是 $\mathrm{D}A_{\mu\nu}/\mathrm{D}x^{\rho}$ 是张量。

读者们可能已经猜到了我们介绍曲线张量的原因：类似笛卡儿张量，一组用张量表示的微分方程在所有的高斯坐标系下形式不变，从而满足了广义相对论的要求。

12.4.3 爱因斯坦方程

让我们首先考察如何在高斯坐标系中描述粒子的运动。如果粒子只存在了瞬间，那么它的时空位置由 4 个数值 x^1, x^2, x^3, x^4 来确定。如果粒子持续存在，那么它就由一系列四元数来描述，而这些数值在四维时空中形成一条连续的线。如果存在 N 个粒子，那么就有 N 条这样的线，每条线对应一个粒子。如果粒子被光信号取代，情况也是一样。如果考虑粒子在引力场中运动，则根据爱因斯坦理论，引力是度规张量 $g_{\mu\nu}$ 描述的时空性质，而如果粒子没有受到其他的力，那它就是自由粒子，而它的运动(即在高斯坐标系中的一条连续曲线)完全由 $g_{\mu\nu}$ (它是 x^1, x^2, x^3, x^4 的函数)以及粒子的初始状态决定。研究表明，运动曲线上的任意两点决定了粒子的完整运动。我们也是这样预期的。在平坦的欧氏空间狭义相对论成立，它预言自由粒子从点 A 运动到点 B 所采取的路径让距离 $c\Delta\tau$ 最小，而且该距离是直线。在弯曲的时空广义相对论成立，自由粒子从点 A 运动到点 B，它采取的路径令距离 $c\Delta\tau$ 最小，而在弯曲时空中该距离根据式(12.51)定义：

$$s=\int_A^B\mathrm{d}s=\int_A^B\sqrt{\sum_{\mu=1}^{4}\sum_{\nu=1}^{4}g_{\eta\nu}\,\mathrm{d}x^{\mu}\,\mathrm{d}x^{\nu}}. \tag{12.57}$$

由此定义的曲线被称作四维时空中通过点 A 和点 B 的测地线。

球面构成弯曲的二维空间，让我们参考地球表面的测地线来明确弯曲空间中测地线的含义。地球表面 A 和 B 两点间最短的距离，是这两点在它们确定的地球表面大圆上的距离。根据 A 和 B 两点及地球的中心可以确定一个平面，而这个平面与球面相交产生表面大圆。

我们可以用测地线描述自由粒子在时空中的运动，最简单的方法是将测地线表示为一个连续参数(如 τ) 的函数：$\boldsymbol{s}(\tau)=(x^1(\tau),\ x^2(\tau),\ x^3(\tau),\ x^4(\tau))$。如果有需要，我们也能根据 $\boldsymbol{s}(\tau)$ 导出空间坐标 x^1，x^2，x^3 随时间坐标 x^4 变化的函数，这并不难。研究发现，令式(12.57)中的 s 最小的 $x^1(\tau)$，$x^2(\tau)$，$x^3(\tau)$，$x^4(\tau)$ 满足一组耦合的偏微分方程(我们在此不予写出)；它们与牛顿力学确定的粒子在势场 $U(x,\ y,\ z)$ 中运动，其坐标 $x(t)$，$y(t)$，$z(t)$ 满足的方程类似。只不过在当前的情况下，$g_{\mu\nu}$ 是 x^1，x^2，x^3，x^4 的函数，它就相当于势场。因此，为了计算粒子在时空中的运动，我们必须首先掌握(计算)特定坐标系下的度规张量 $g_{\mu\nu}$。为此，我们需要一个满足广义相对论的方程来确定 $g_{\mu\nu}$。

我们已经注意到，弯曲的空间与欧氏空间不同。怎样测定一个弯曲空间的“曲率”呢？对于二维球面我们可以这样做：在球面上绘制球面三角形，它的边都处在某个大圆上。这个三角形与平面三角形不同，它的内角 α，β，γ 的和不等于 π，而是大于 π。对此，我们用(局域)曲率半径 R 来度量(局域)曲率：

$$\frac{1}{R^2}=\frac{\alpha+\beta+\gamma-\pi}{A},\tag{12.58}$$

其中 A 表示三角形的面积。我们看到当 $(\alpha+\beta+\gamma)$ 接近 π 时，对应的 R 变得非常大，而当 $(\alpha+\beta+\gamma)$ 等于 π 时，R 趋于无穷，它对应平面。我们注意到，上述测量曲率的方法适用于任意二维表面，只不过在任意二维表面中，R 随着表面的位置改变。当我们要定义三维或更高维度空间的曲率时，才会遇到真正的困难。黎曼用一个秩为 4 的张量对四维空间的曲率进行了完整的描述，该张量的分量是 $g_{\mu\nu}$ 函数以及这些函数关于 $x^\mu(\mu=1,\ 2,\ 3,\ 4)$ 的一阶和二阶导数，它被称作黎曼曲率张量。对于当前的讨论，我们不需要明确写出这个张量。

爱因斯坦论证说：“用黎曼曲率张量(或者它导出的其他张量)测量得到的时空曲率，应当由时空中质量(或能量)的分布确定。”根据狭义相对论：能量和动量是同一个物理量的分量[参见式(12.33)],因此度量时空曲率的张量必然和时空中动量-能量分布直接导出的张量有关。爱因斯坦提出了一个这样的张量,它就是应力-能量张量 $T_{\mu\nu}$,它是对称张量 $T_{\mu\nu}=T_{\nu\mu}$,并且它的散度为零:

$$\sum_{\nu=1}^{4}\frac{\partial T_{\mu\nu}}{\partial x_{\nu}}=0,\quad \mu=1,\ 2,\ 3,\ 4. \tag{12.59}$$

式(12.59)保证了时空中动量-能量分布满足动量和能量守恒。我们注意到,$T_{\mu\nu}$ 的对称性及上述方程说明 $T_{\mu\nu}$ 只有 6 个独立的分量,而任意秩为 2 的张量有 16 个分量。

让我们举一个例子,在狭义相对论的笛卡儿坐标系中写出一团尘埃的 $T_{\mu\nu}$。假定在静止框架下(静止的尘埃),单位体积内有 n_0 个粒子,而每个粒子的静止质量为 m_0,我们有:

$$T_{\mu\nu}=n_0 m_0 v_\mu v_\nu, \tag{12.60}$$

其中 $m_0 v_\mu(\mu=1,\ 2,\ 3,\ 4)$ 是 $(p,\ iE/c)$ 的 4 个分量,参见式(12.33),而 $v_\nu(\nu=1,\ 2,\ 3,\ 4)$ 是粒子速度的 4 个分量,它们用传统符号表示为:$\mathrm{d}x/\mathrm{d}\tau$, $\mathrm{d}y/\mathrm{d}\tau$, $\mathrm{d}z/\mathrm{d}\tau$, $ic\mathrm{d}t/\mathrm{d}\tau$。我们可以把 $T_{\mu\nu}$ 看作是沿第 ν 个方向的四元动量的第 μ 个分量的流量,如 $T_{41}(x,\ y,\ z,\ t)$ 表示时空中点 $(x,\ y,\ z,\ t)$ 处沿 x 方向的能量流(例如热量),而 $T_{44}(x,\ y,\ z,\ t)$ 表示点 $(x,\ y,\ z,\ t)$ 处能量密度随时间的改变,等等。由于式(12.59)成立,因此没有任何能量-质量或动量的损失或生成。

最后,我们注意到上述过程可以应用于描述广义相对论的高斯坐标系,只需要将式(12.59)中的普通导数用协变导数代替即可[参见式(12.56)前面的讨论]。

爱因斯坦用下述方法,将应力-能量张量与黎曼曲线张量建立了联系。首先黎曼曲线张量是秩为 4 的张量,而通过收缩运算[张量分析的一种数学运算,有些类似式(12.45)的运算]将它变成秩为 2 的张量,我们用 $G_{\mu\nu}$ 表示,它和 $T_{\mu\nu}$ 一样也是对称的、无散度张量。爱因斯坦认为这两个张量有一定的联系,并由此建立了爱因斯坦方程:

$$G_{\mu\nu}=-KT_{\mu\nu}, \tag{12.61a}$$

其中 K 是一个普适常数。该方程通常被表示为:

$$R_{\mu\nu}-\frac{1}{2Rg_{\mu\nu}}=-KT_{\mu\nu}, \tag{12.61b}$$

其中 $R_{\mu\nu}$ 被称作里奇张量，而 R 被称作里奇标量。爱因斯坦证明在弱引力场中上述方程退化为牛顿引力定律，而所有质量相对坐标系的运动速度都低于光速，前提条件是：

$$K=\frac{8\pi G}{c^4},$$

其中 G 是第 6.2.3 节介绍的引力常数，而爱因斯坦就这样确定了该常数。

根据广义相对论，表示成张量形式的爱因斯坦方程式(12.61a)(12.61b)在任意高斯坐标系下成立。但是不管我们选取什么样的坐标系，这个方程都极难求解。要知道，式(12.61b)表示一组 $g_{\mu\nu}$ 必须满足的非线性耦合偏微分方程，而且这些方程还包含 $g_{\mu\nu}$ 及其关于时空坐标的一阶和二阶导数。在 1916 年，施瓦西(Schwarzschild)对球形质量分布周围的时空得出了上述方程的精确解，他得到的 $g_{\mu\nu}$ 被称作施瓦西度规，用它可以计算太阳系以及最简单形式的黑洞(参见第 15.3.2 节)中的广义相对论效应。然而在许多情况下我们只能得到方程足够精确的近似解，此外细致考察方程的结构也能得出一些重要的结果。

下面我们简要介绍广义相对论的一些结果，特别是爱因斯坦自己对行星围绕太阳运转以及引力令光线弯曲得出的结论。

关于行星围绕太阳运转，广义相对论得出的结果与牛顿力学的结果一致，只有水星例外，它距离太阳最近。早在爱因斯坦以前人们就发现，排除其他行星对水星运动的影响之后，水星围绕太阳运转的椭圆轨道依然偏离牛顿力学预测的结果。水星轨道在轨道平面内非常缓慢地转动，每个世纪转过 43 弧秒。根据爱因斯坦的引力理论，每个行星的椭圆轨道都产生这样旋转，只不过它们的旋转与水星的相比太小而没有被观测到。对于水星，爱因斯坦的理论预测结果与观测结果完美地吻合。

关于引力令光线弯曲，我们之前已经提到，爱因斯坦根据理论预测的太阳令光线弯曲的程度是他之前粗略估计的两倍。这个偏转的实测值是 1.7 弧秒，由英国天文学家亚瑟·爱丁顿(Arthur Eddington)在 1919 年 5 月 29 日的日食期间观测得到，观测结果与理论预测完美地吻合。

爱因斯坦理论的另一个重要预测是引力波的存在。我们假定一个弱的引力场可以用下述度规张量描述：$g_{\mu\nu}=g_{\mu\nu}^{(0)}+h_{\mu\nu}$，其中 $g_{\mu\nu}^{(0)}$ 是平坦空间的分量，根据式(12.29)有：当 $\mu=\nu$ 时 $g_{\mu\nu}^{(0)}=1$，而当 $\mu\neq\nu$ 时 $g_{\mu\nu}^{(0)}=0$；而 $h_{\mu\nu}$ 的大小远小于

1。在这种情况下,爱因斯坦方程退化为达朗贝尔方程:

$$\frac{\partial^2 h_{\mu\nu}}{\partial x^2}+\frac{\partial^2 h_{\mu\nu}}{\partial y^2}+\frac{\partial^2 h_{\mu\nu}}{\partial z^2}=\frac{1}{c^2}\ \frac{\partial^2 h_{\mu\nu}}{\partial t^2}.$$

该方程有形如 $h_{\mu\nu}(t-x/c)$ 的解,它表示以光速 c 沿着某个方向(在本例中是 x 方向)传播的引力波。当空间某区域产生这样的波动以后,时空本身会振荡,这会导致空间中两点的间距稍许改变。抵达地球的最强的引力波由我们星系的恒星坍缩发出,预计会在时空中产生大小约为 10^{-18} 的应力,这代表 1 米的长度伸缩了一个原子核直径(约 10^{-15} 米)的距离。研究人员相信,随着技术的发展在不远的将来可以观测到这种效应。

在 1960 年代以后,我们就可以比较原子钟的快慢,一个放置在地球上,另一个放置在火箭上处于 10 000 千米的高空,而二者的差异服从爱因斯坦的理论预测。

爱因斯坦方程有一个特质现在引起了广泛的关注,就是所谓的宇宙学常数。当应用爱因斯坦方程计算更广阔的宇宙时,会得出扩展的宇宙,这与当时流行的静止宇宙的观念矛盾。爱因斯坦发现他只能引入额外一项 $\Lambda g_{\mu\nu}$ 来修正自己的方程,其中 Λ 被称作宇宙学常数,它可以由实验确定。因此新的爱因斯坦方程为:

$$G_{\mu\nu}=-KT_{\mu\nu}+\Lambda g_{\mu\nu}. \tag{12.62}$$

我们很容易看出,即使没有物质或能量 ($T_{\mu\nu}=0$),新引入的项也会导致时空弯曲,而适当选取 Λ 可以得到静态的宇宙。然而在 1931 年,哈勃(Hubble)和赫马森(Humason)发现了宇宙扩展的证据,而爱因斯坦就愉快地抛弃了宇宙学常数。但是也许他不应该这样做,因为现在宇宙学家又把这个常数引入了方程,希望能适应宇宙扩展的新数据(参见第 15.3.4 节)。

12.5 著名的科学家

1908 年爱因斯坦 29 岁,他依然在伯尔尼的专利局工作,而此时他的研究几乎没有受到任何关注。然而在 1909 年,他被任命为苏黎世理工学院的"特别教授",这个职位有点像助理教授,给的薪水和他在专利局工作时的差不多。1911

年爱因斯坦移居布拉格，而在 1912 年秋又回到苏黎世，这一次被任命为理工学院的全职教授，表明他在此时已经是公认的杰出科学家。1913 年，爱因斯坦被选举为普鲁士科学院院士，而在 1914 年第一次世界大战还没有爆发时，他以柏林大学教授的身份被任命为新建立的德国皇家物理研究所的主任。爱因斯坦不需要履行行政职务，并且被允许用任何他喜欢的方式教课或是搞研究。从这时开始直到 1920 年代中期（当研究的重心已经转移到哥廷根和哥本哈根的年轻人身上时），柏林一直处于理论物理研究的前沿阵地，普朗克（Planck）、爱因斯坦以及薛定谔（Schrödinger）都在那里。爱因斯坦在柏林的生活很顺心，但不幸的是移居柏林后不久他的婚姻亮了红灯；他和米列娃分居了，而米列娃随后带着两个儿子回到了苏黎世。爱因斯坦的传记作者菲利普·弗兰克（Philipp Frank）在这个时期常去看他，他记述说爱因斯坦对于大学组织的社交生活不感兴趣。在弗兰克看来，爱因斯坦就像那些波希米亚小提琴家一样，经常和弗兰克一起在咖啡馆逗留。爱因斯坦在柏林重新享受到一部分家庭生活。一开始，他的亲属们看不起他，认为他是一个不负责任的波希米亚人，但是现在他成了一位教授、学者，他们就很愿意接纳他。爱因斯坦在他的叔叔家里享用美食，并且很高兴有自己的表妹埃尔莎（Elsa）陪伴；后者新寡，带着两个女儿。埃尔莎充满母性，能创造愉快的家庭氛围，她后来成为爱因斯坦的第二任妻子。

爱丁顿在 1919 年观测到光线在太阳引力作用下弯曲，证实了爱因斯坦的广义相对论，使他一跃成为享誉世界的科学家。此外，爱因斯坦关于狭义相对论和统计物理学的工作也得到人们的关注和赞赏。1921 年，爱因斯坦获得诺贝尔物理学奖，但并不是因为他的相对论，而是由于他对光电效应的解释（参见第 13.1.2 节）。显然瑞典科学院承认爱因斯坦是天才，但是和当时的许多人一样，试图回避相对论的“怪异”本性；但实际上爱因斯坦对光电效应的解释更加怪异。1922 年 11 月诺贝尔奖颁布，而爱因斯坦在 1923 年 4 月得到了奖金，他把所有的钱都给了米列娃来照顾他们的两个儿子。

爱丁顿对光线弯曲的观测之时恰逢相对论遭受第一次有组织的政治攻击，这显然是因为爱因斯坦是一位举世闻名的犹太人。这次疯狂的攻击当然没有几年后的攻击那样猛烈，我们都知道纳粹后来在德国的恐怖统治。

在 1933 年春天，爱因斯坦前往比利时海滨胜地避难。他在德国的避暑别墅距离柏林很近，它受到盖世太保的搜查，财产被充公，借口是它们会被用于支持社会主义分子暴动。爱因斯坦在 1933 年 10 月离开比利时前往美国，他的妻子埃尔莎及其忠实的秘书海伦·杜卡(Helen Dukas)随行。爱因斯坦成为新建立的普林斯顿高级研究中心的第一位教授。研究中心没有正式的课堂讲座，也不会授予学位，这里是年轻学者与少数顶尖科学家进行非正式交流的场所。1935 年，爱因斯坦在离研究所不远的地方买了一处不起眼的房子，他一直住在那里直到去世。到了 1939 年，欧洲和他的犹太同胞的命运让他心情沉重，尽管他毕生都是和平主义者，但是他也认为战争是对抗希特勒的唯一方式。尽管作为反纳粹主义者，但索末菲和普朗克在战时都待在德国。在战争结束后，索末菲在 1946 年给爱因斯坦写信，希望他重新担任巴伐利亚研究所中的职务；爱因斯坦回答道："德国人屠杀了我的犹太弟兄；我不想和德国有什么联系，哪怕一个没做任何坏事的研究所。我对那些少数尽力抵制纳粹主义的人抱有不同的感情，很高兴你是其中的一员。"爱因斯坦当然知道许多科学家曾加入了希特勒的阵营，诺贝尔奖得主菲利普·爱德华·莱纳德就是一个著名的纳粹分子。

1917 年以后，爱因斯坦继续他的广义相对论的研究，但是与此同时，他对统计物理学(我们指的是玻色-爱因斯坦分布，参见第 14.4.2 节)以及光与物质相互作用的理论研究也做出了重要的贡献。但是从 20 世纪 20 年代直到他去世，他的主要研究工作是统一引力和电磁力，以及对量子力学进行物理解释。爱因斯坦一再地尝试创造统一的理论，但是没有成功。尽管人们将式(12.48)和式(12.49)中的常规导数用协变导数代替，就能写出在每个高斯坐标系下成立的麦克斯韦方程，但是却不能根据产生引力和电磁场的统一的源导出这些方程。爱因斯坦和普朗克的工作催生了量子力学，但是他对科学本质的认识决定了他对这门新学科的看法；我们将在下一章有介绍爱因斯坦对量子力学的困惑。

埃尔莎于 1936 年辞世后，爱因斯坦的妹妹马娅搬到普林斯顿来照顾他的生活，直到她于 1951 年逝世；此后，海伦·杜卡照顾他的起居，直到爱因斯坦在 1955 年去世。在他生命的最后几年，爱因斯坦已经成为世界上最知名的健在的科学家。全世界的科学家，以及成千上万的老百姓熟知他的面容。现在，大多数科学家认为，爱因斯坦是有史以来最伟大的科学家之一[⑥]。

⑥ 感兴趣的读者可以阅读 Einstein A. Ideas and Opinions. London: Souvenir Press Ltd, 1973，其中介绍了爱因斯坦对许多问题的看法和观念，包括自由、教育、战争和政治，以及简短但非常明晰的关于理论物理、它与数学的关系，以及相对论基本假设的文章。

练习

12.1　两个事件在图 12.3 所示的坐标系 Σ 中同时发生，它们的位置分别为 (x_1, y_1, z_1) 和 (x_2, y_2, z_2)。证明在图 12.3 的坐标系 Σ' 中，这两个事件发生的时间间隔为：

$$\Delta t' = t_2' - t_1' = -\frac{V(x_2 - x_1)}{c^2\sqrt{1 - V^2/c^2}}.$$

12.2　一个电子以 $0.75c$ 的速度运动，证明它的相对论动量比它的经典动量大 50%。

12.3　一个光子的动量-能量矢量为 $(\hbar\boldsymbol{q}', \mathrm{i}E'/c)$，其中 $E' = \hbar\omega' = \hbar c q'$。在图 12.3 所示的坐标系 Σ' 中，我们有 $q_x' = q'\cos\theta$，其中 θ 是 $\boldsymbol{q}'$ 与 x 方向的夹角（坐标系 Σ 和 Σ' 的 x 方向相同）。我们还记得当 $q_x' < 0$ 意味着 $\cos\theta < 0$。利用动量-能量矢量变换定律得到坐标系 Σ 中的矢量 $(\hbar\boldsymbol{q}, \mathrm{i}E/c)$，其中 $E = \hbar\omega = \hbar c q$，并由此证明：

$$\omega' = \frac{\omega}{(1 + \beta\cos\theta)\gamma},$$

其中 $\beta = V/c$，$\gamma = 1/\sqrt{1 - V^2/c^2}$。上述光子频率的改变就是多普勒平移，它在天文学中十分重要。我们注意到光子频率改变意味着它的波长 λ 改变，因为 $\lambda = 2\pi c/\omega$。

12.4　物体要向着观察者运动得多快才能让它发出的红光（$\lambda = 7\,000$ a.u.）看起来是蓝光（$\lambda = 4\,000$ a.u.）？（1 a.u. $= 0.529 \times 10^{-10}$ m）

答案：$0.51c$。

12.5　粒子在图 12.3 坐标系 Σ 中的速度为 $\boldsymbol{u} = (u_x = \mathrm{d}x/\mathrm{d}t,\ u_y = \mathrm{d}y/\mathrm{d}t,\ u_z = \mathrm{d}z/\mathrm{d}t)$，请将该速度用它在坐标系 Σ' 中的速度 $\boldsymbol{u}' = (u_x' = \mathrm{d}x'/\mathrm{d}t',\ u_y' =$

dy'/dt'，$u'_z = dz'/dt'$）表示。

答案：$u_x = \dfrac{u'_x + V}{\gamma(1+u'_x V/c^2)}$，$u_y = \dfrac{u'_y}{\gamma(1+u'_x V/c^2)}$，$u_z = \dfrac{u'_z}{\gamma(1+u'_x V/c^2)}$，其中 $\gamma = \dfrac{1}{\sqrt{1-V^2/c^2}}$。

12.6　两个粒子以速度 $0.99c$ 相向运动，求二者的相对速度。

答案：$0.999\,95c$。

12.7　μ 介子在相对它静止的坐标系下平均寿命为 2.0×10^{-6} s。当它相对观测坐标系分别以 0，$0.6c$，$0.99c$ 运动时，在对应坐标系下测得它在衰变前在真空中运动的距离各为多少呢？

答案：0，450 m，4 200 m。

12.8　核反应后物质的总质量减轻了 10^{-3} g，请估算释放的能量 ΔE。

答案：$\Delta E = 8.897\,5\times10^{10}$ J。

12.9　在第 8 章中我们陈述说："物质不生不灭。"根据狭义相对论，这个说法应当怎样理解？

12.10　如果一个笛卡儿张量具有某种对称性，请证明在所有的坐标系下该张量都有这种对称性。

12.11　根据牛顿第三定律，当两个粒子发生碰撞时总能量（两个粒子的能量之和）、总动量（两个粒子的动量之和）都守恒，碰撞前后它们不会改变。静止质量为 M 的粒子以速度 $\beta_0 c$ 运动，它与一个静止的粒子（静止质量为 m）碰撞后二者粘在一起，请问碰撞后的速度多大？

答案：$\dfrac{\gamma_0 M}{\gamma_0 M + m}\beta_0 c$，其中 $\gamma_0 = \dfrac{1}{\sqrt{1-\beta_0^2}}$。

12.12 将式(12.48)和式(10.45)展开成它们的分量形式，以表明这两组方程等价。

12.13 对式(12.47)的二阶张量 $f_{\mu\nu}$ 应用变换定律，证明电场和磁场的洛伦兹变换方程为：

$$
\begin{aligned}
&E'_x = E_x, \quad E'_y = \gamma(E_y - \beta c B_z), \quad E'_z = \gamma(E_z + \beta c B_y) \\
&B'_x = B_x, \quad B'_y = \gamma(B_y + \beta E_z/c), \quad B'_z = \gamma(B_z - \beta E_y/c)
\end{aligned}.
$$

第 13 章
量子力学

13.1 光的量子化

13.1.1 黑体辐射和普朗克定律

19 世纪末,人们研究空腔内的电磁辐射;通过开在空腔壁上的小孔观察,发现处于热平衡的任意空腔内存在相同的电磁辐射。也就是说,不管空腔的形状如何、空腔壁是何种材质,在给定温度下,空腔内的辐射强度以及频谱保持恒定;所谓频谱指的是在特定的频率(波长)范围内辐射的分布。人们把这种辐射称作等温空腔辐射,而且由于空腔可被视为黑体,因此该辐射也被称为黑体辐射。图 13.1 给出了不同温度下的辐射频谱。$I(\lambda,\ T)\mathrm{d}\lambda$ 表示在绝对温度 T 下,黑体在单位时间内、单位面积辐射的波长介于 λ 和 $\lambda+\mathrm{d}\lambda$ 的电磁能。单位时间内黑体单位表面积辐射的总能量是 $I(\lambda,\ T)$ 对所有频率的积分,它服从斯特藩定律:

$$I(T)=\sigma T^4, \tag{13.1}$$

其中 $\sigma=5.7\times10^{-8}\ \mathrm{J\cdot s^{-1}\cdot m^{-2}\cdot K^{-4}}$,这一规律是斯洛文尼亚物理学家约瑟夫·斯特藩(Joseph Stefan)发现的。玻尔兹曼将空腔内的辐射看作热力学流体也导出了这个形式的定律,但是他没有确定 σ 的数值,因此式(13.1)也被称作斯特藩-玻尔兹曼定律。但是,当瑞利(Rayleigh)和金斯(Jeans)应用统计力学研究这个问题时,却没能得到实际观测到的频谱(图 13.1)。

不管用什么理论研究黑体辐射,都必须首先确定空腔内电磁场的独立状态。正如振动弦的一般状态可以被看作弦的正则模式的线性叠加(参见第 7.2 节),

空腔内电磁场的普通状态可以被看作这些独立状态的线性叠加，而我们把这些电磁场独立状态称作空腔的正则模式、本征模式，或者就简单地称作模式。

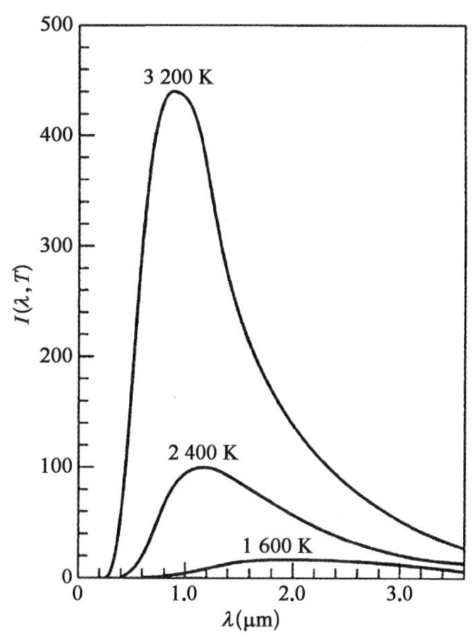

图 13.1 黑体辐射光谱

$I(\lambda, T)$ 是黑体在绝对温度 T（单位为K）时，单位时间内单位面积、单位波长辐射的电磁能；波长的单位为 μm（$1\ \mu\text{m}=10^{-6}$ m）。我们注意到在可见光范围内，电磁辐射的波长从 0.4 μm（紫光）变化到 0.8 μm（红光）。

我们已经看到，在无界自由空间内，平面波的任意线性组合都表示一种可能存在的电磁场（参见式 10.49），而每个平面波可被当作无界自由空间电磁场的一种模式。空腔中电磁场的模式同样是麦克斯韦方程的解，但后者必须满足空腔边界定义的边界条件，即与空腔壁相切的电场分量和磁场分量等于零。幸运的是，我们不需要考虑这些本征模式的具体形式，而只需要确定存在多少种这样的模式。我们可以这样来确定空腔中电磁场本征态的数量。由于黑体辐射的性质与空腔的形状无关，我们考虑立方体空腔，它的边长为 L，体积 $V=L^3$。我们令平面波式(10.48) 在空间 x，y，z 方向上都以 L 为周期，换句话讲，要求电场满足：

$$E(x, y, z, t)=E(x+L, y, z, t)=E(x, y+L, z, t)=E(x, y, z+L, t). \tag{13.2}$$

我们按照电场的周期插入腔壁，把空间分割成无穷多的立方体空腔，并假定无界空间的周期性场不会被这些腔壁显著地改变。只要这些立方体空腔足够大，那么电磁场只会在靠近腔壁的地方稍许改变，而在其他地方保持不变。上面的陈述意味着我们可以将空腔内的电场看作是自由空间周期性电场的一部分，而只要考虑满足式(13.2)的平面波，就能确定空腔中电磁场的模式。考察余弦函数的图像（图 5.6）可以看出，这些平面波的波矢 $\boldsymbol{q}$ 满足：

$$\boldsymbol{q}=(q_x, q_y, q_z)=\left(\frac{2\pi n_x}{L}, \frac{2\pi n_y}{L}, \frac{2\pi n_z}{L}\right), \tag{13.3}$$

其中 n_x，n_y，n_z 是任意整数，它们可正可负，但是不能同时为零。根据式(13.3)可以确定，空腔中电磁场的本征模式在 $\boldsymbol{q}$ 空间中占据体积 $(2\pi/L)^3$。实际上每个体积 $(2\pi/L)^3$ 对应两个本征模式，因为平面波的电场垂直于 $\boldsymbol{q}$，而在垂直于 $\boldsymbol{q}$ 的平面内有两个独立方向，因此每个 $\boldsymbol{q}$ 对应两个独立的本征模式。我们需要确定频率介于 ω 和 $\omega+\mathrm{d}\omega$ 之间的本征模式的个数。由于 $\omega=cq$，因此频率介于 ω 和 $\omega+\mathrm{d}\omega$ 之间的 $\boldsymbol{q}$ 空间体积就是半径为 q 和 $q+\mathrm{d}q$ 的两个球面之间的体积，即 $4\pi q^2\mathrm{d}q$，其中 $q=\omega/c$。根据上述讨论，要确定空腔中电磁场的本征模式数，我们必须用这个体积除以 $(2\pi/L)^3$ 再乘以 2，由此得到：

$$2\,\frac{4\pi q^2\mathrm{d}q}{(2\pi/L)^3}=V\rho(\omega)\mathrm{d}\omega,$$

其中 V 是空腔的体积，并且得到：

$$\rho(\omega)\mathrm{d}\omega=\frac{\omega^2}{\pi^2c^3}\mathrm{d}\omega. \tag{13.4}$$

这就是我们想要的物理量，即空腔的单位体积内、频率介于 ω 和 $\omega+\mathrm{d}\omega$ 之间的电磁场的本征模式数。利用关系式 $\omega=2\pi c/\lambda$，我们可以将 $\rho(\omega)\mathrm{d}\omega$ 变换为：

$$N(\lambda)\mathrm{d}\lambda=\frac{8\pi}{\lambda^4}\mathrm{d}\lambda. \tag{13.4a}$$

它表示空腔的单位体积内波长介于 λ 和 $\lambda+\mathrm{d}\lambda$ 之间的电磁场的本征模式数。

瑞利和金斯在用热力学考虑电磁场时，假定电磁场的本征模式就像谐振子，并把式(10.55)中的 $E_0(\boldsymbol{q})$ 看作是谐振子的振幅。根据能量均分定理(参见第 9.2.4 节)，当谐振子气体达到热平衡时，每个谐振子的平均能量等于 kT。瑞利和金斯对空腔中的电磁场也应用了同样的假定，即热平衡条件下空腔中电磁场的每个本征模式携带相等的能量 kT，因此在空腔的单位体积内，波长介于 λ 和 $\lambda+\mathrm{d}\lambda$ 之间的电磁场携带的能量为 $kTN(\lambda)\mathrm{d}\lambda=kT(8\pi/\lambda^4)\mathrm{d}\lambda$。由此可以得出，在绝对温度 T 下，单位时间内黑体单位面积辐射的波长介于 λ 和 $\lambda+\mathrm{d}\lambda$ 之间的能量为：

$$I(\lambda,\ T)\mathrm{d}\lambda=\frac{c}{4}kTN(\lambda)\mathrm{d}\lambda=\frac{2\pi ckT}{\lambda^4}\mathrm{d}\lambda. \tag{13.5}$$

其中出现了因子 $c/4$，这是因为只有一半的本征模式离开表面，而它们垂直于表面的分量平均来说等于 $c/2$。人们发现瑞利-金斯公式在长波长范围 ($\lambda \to \infty$) 与观测到的频谱(图 13.1)符合得很好，而在其他频率范围则与频谱不符。特别在 $\lambda \to 0$ 的极限情况下，公式预测的结果与实际结果完全相反。

到了普朗克对这个问题产生兴趣的时候，人们已经建立了描述图 13.1 的经验公式：

$$I(\lambda, T) = \frac{c_1}{4} \frac{1}{\lambda^5 (e^{c_2/\lambda T} - 1)}, \tag{13.6}$$

其中 c_1 和 c_2 是常量。1900 年，卢默尔(Lummer)和普林斯海姆(Pringsheim)以足够的精度测量了频谱分布以及总辐射量，从而令人信服地确定了这些常数。

马克斯·普朗克于 1858 年出生在德国基尔，成长于铁血宰相俾斯麦(Bismarck)统一德国的时代。他的家庭笃信秩序和勤奋工作，而作为一位成功的法律教授的儿子，普朗克选择学习物理学。17 岁时，他前往柏林师从亥姆霍兹和基尔霍夫学习，而这两位导师在热力学和电磁学上都颇有建树。普朗克学习勤奋，成绩优异，他在 1892 年成为柏林大学的教授。普朗克在 1890 年代中期开始对黑体辐射产生兴趣，并在 1900 年发表了著名的文章，引入了“量子化”概念以及常量 h，即普朗克常量。他的工作为他赢得了 1918 年诺贝尔物理学奖，而且直到今天也常常被人提起。普朗克憎恶纳粹，但是在二战期间依然留在德国。他的儿子参与了一个刺杀希特勒的活动，在战争结束前夕被帝国处决。战后，普朗克为恢复德国科学家与欧洲和世界各地的同事之间的联系做了许多工作。普朗克于 1947 年去世。

我们下面总结普朗克关于黑体辐射的理论①。普朗克论证说，既然黑体辐射与空腔的材质无关，那么可以假定观测到的频谱是与电磁场平衡的一组一维带电谐振子产生的。他还继续假定：

1) 每个谐振子遵从牛顿和麦克斯韦定律，它们从辐射场连续地吸收能量，但是只能辐射量化的总能量 E：

$$E = nhf, \quad n = 1, 2, 3, \cdots, \tag{13.7}$$

---

① 关于理论的详细介绍参见他与马修斯(M. Masius)合著的 The Theory of Heat Radiation. N Y: McGraw-Hill Book Company, Inc, 1914.

其中 f 表示振子的频率，而 h 是待定的常量[②]。

2）当谐振子满足条件 1）辐射能量时，它会辐射自己的全部能量。

3）当振子的能量达到式(13.7)定义的一个关键值时，它是否辐射能量由概率决定：不辐射的概率与辐射的概率的比值与激发振子的辐射强度成正比。

根据上述假定，结合他熟知的统计热力学公式，普朗克导出了下述描述黑体辐射频谱分布的公式：

$$I(\lambda,\ T)=\frac{2\pi c^2 h}{\lambda^5(e^{ch/\lambda kT}-1)},\tag{13.8}$$

其中 c 为光速，k 为玻尔兹曼常量，而新的常量 h 后来被命名为普朗克常量。我们注意到上述方程与实验确定的经验公式(13.6)的形式相同。因此，通过比较可以确定普朗克常量的值：

$$h=6.626\ 176\times 10^{-34}\ \mathrm{J\cdot s}.\tag{13.9a}$$

而我们经常使用 $\hbar$ 而不是 h，$\hbar$ 为：

$$\hbar=\frac{h}{2\pi}=1.054\ 59\times 10^{-34}\mathrm{J\cdot s}.\tag{13.9b}$$

后续我们将看到，普朗克常量在量子力学中极为重要。

普朗克对他推导式(13.8)时采用的假设这样评述：

这些假设不一定唯一地或者充分地描述了振子运动的基本力学定律。与之相反，我认为它很可能在形式和内容上都将得到很大的改进。然而，我们没有办法检验是否应该接受这些假定，而只能对它预言的结果进行研究；只要得出的结果不自相矛盾或是和实验结果矛盾，而且暂时也没有更好的理论取代它，那么这些假设就有一定的价值。

爱因斯坦在 1905 年发表名为《关于光的产生和转变的启发性观点》的文章，而在文章的开头他这样写道：

波动理论考虑的是连续的空间函数，它适于描述许多光现象，并且不大可能

---

② 我们可以证明，当式(6.6)描述的线性谐振子受到周期性力 $F_0\cos\omega t$ 的作用时，它会以外力的频率 ω 进行周期性运动 $X(t)=X_0\cos\omega t$。为了表明这一点，你必须在式(6.6)的右侧加上一个除以 m 的周期性力，然后证明当 X_0 取恰当的数值时 $X(t)$ 满足改进后的方程。对于当前情况需要注意的是：当普朗克假定的带电一维谐振子与空腔中的电磁场平衡时，它们会以空腔中电磁场本征模式的频率振荡。

被其他理论取代。然而,我们必须知道,光学观察关注的是平均值,而不是瞬时值,因此用连续函数描述光的理论有可能与光的产生和转变的现象矛盾。

实际上我认为,如果假定光的能量在空间并非连续分布,那么就可以更好地理解黑体辐射、紫外光激发阴极射线以及光的产生和转变等现象。根据这个假定,点光源发射的光在大的空间上并非连续分布,而是包含许多集中在空间各点上的能量子,它们带着自身的能量移动,并且只能以整份的能量被吸收和发射。

我们都知道爱因斯坦应用上述假设解释了光电现象(参见第 13.1.2 节),但这些假设对于黑体辐射同样重要。爱因斯坦无疑受到了普朗克的启发,即假定黑体空腔内电磁场的本征模式具有量子化的能量,它只能取一组离散数值中的一个,而不能具有任意的能量。请注意,普朗克的模型只假定了辐射的能量是量子化的,并没有假定电磁场的能量也是量子化的。让我们追随爱因斯坦,假定本征模式的能量 U_{qe} 对应某个 $\boldsymbol{q}$ 和特定的电场极化 e($e=1$ 或 2,对应垂直于 $\boldsymbol{q}$ 的两个相互垂直的电场),而 U_{qe} 只能取下述数值中的一个[③]:

$$U_{qe}(n)=\left(n+\frac{1}{2}\right)\hbar\omega_q,\quad n=0,\ 1,\ 2,\ 3,\ \cdots, \tag{13.10}$$

其中 $\omega_q=cq$(参见式 10.47)。我们注意到 $\hbar\omega_q$ 的单位是能量,还注意到 $U_{qe}(n)$ 和极化方向无关。我们可以利用统计物理得出 $U_{qe}(T)$ 的平均值,即 $\boldsymbol{q}$ 和 e 确定的电磁场本征模式在温度 T 的平均值。利用式(9.33)和式(9.34),我们有:

$$U_{qe}(T)=\sum_n U_{qe}(n)P_{qe}(n,\ T),$$

$$P_{qe}(n,\ T)=\exp\left[-\frac{U_{qe}(n)}{kT}\right]/Z,\ Z=\sum_n\exp\left[-\frac{U_{qe}(n)}{kT}\right].$$

对 n 的求和很容易计算(在此不讨论计算的细节),我们得到:

$$U_{qe}(T)=\frac{\hbar\omega_q}{2}+\frac{\hbar\omega_q}{e^{\hbar\omega_q/kT}-1}. \tag{13.11}$$

我们可以把式(13.10)解读为"对应 $\boldsymbol{q}$ 和 e 的电磁场本征模式处于第 n($n=1,\ 2,\ 3,\ \cdots$)个激发态的能量",也可以遵循爱因斯坦的说法——"有 n 个光量子

③ 为了便于和后续章节的结果进行比较,公式包含了基态能量 $\hbar\omega_q/2$,它对应 $n=0$;但这种情况对当前的讨论没有意义。

(即现在所说的光子)”④,它们的波矢为 $\boldsymbol{q}$,极化为 e,而能量为 $\hbar\omega_q=\hbar cq$。因此我们可以定义:

$$n_{qe}(T)=\frac{1}{e^{\hbar\omega_q/kT}-1}. \tag{13.12}$$

这一项在式(13.11)中出现,它表示温度为 T 的黑体空腔中波矢为 $\boldsymbol{q}$、极化为 e 的光子的平均数。式(13.12)是所谓的玻色-爱因斯坦分布的一种特例,我们将在第 14.4.2 节介绍这种分布,而令式(14.77a)中的 $\mu=0$ 就能得到式(13.12)。

请注意 $n_{qe}(T)$ 只依赖本征模式的频率 ω,因此当空腔的温度为 T 时,其单位体积内频率介于 ω 和 $\omega+\mathrm{d}\omega$ 的光子数为:

$$W^T(\omega)\mathrm{d}\omega=\frac{\rho(\omega)\mathrm{d}\omega}{e^{\hbar\omega/kT}-1}=\frac{\omega^2\mathrm{d}\omega}{\pi^2c^3(e^{\hbar\omega/kT}-1)}, \tag{13.13}$$

其中 $\rho(\omega)$ 由式(13.4)确定。为了确定黑体单位时间内、单位面积辐射的频率介于 ω 和 $\omega+\mathrm{d}\omega$ 的能量,我们将上述变量乘以 $c/4$ 以得到发射的光子数(参见式 13.5 后面的讨论),并将结果再乘以每个光子的能量 $\hbar\omega$ 即可。我们可以用 λ 替代最终结果中的 ω,而最终得到了式(13.8)中的 $I(\lambda, T)$。

我们下面考虑频率为 $\omega_q=cq=2\pi c/\lambda$ 的本征模式具有的平均能量。当波长足够长时 $kT\gg\hbar\omega_q$,我们有:$\exp(\hbar\omega_q/kT)=1+\hbar\omega_q/kT$,则式(13.11)变为:$U_{qe}(T)-\hbar\omega_q/2=kT$,这与瑞利-金斯得到的经典理论吻合,这就是为什么后者在长波范围内与观测结果符合的原因。本征模式的基态能量保持恒定,它在这种情况下没有意义,可以忽略不计。激发长波本征模式不需要太大的能量(即 kT),但是随着波长变短情况就不再是这样,而只有当 kT 至少等于 $\hbar\omega$ 时才能激发频率为 ω 的本征模式(即产生频率为 ω 的光子),因此 ω 增大意味着温度升高。

13.1.2 光电效应

赫兹在 1887 年首次发现了光电效应,他注意到放电间隙在紫外光的照射下更容易发生火花放电。1889 年到 1891 年间,哈尔瓦克斯(Hallwachs)、埃尔斯特(Elster)和盖特尔(Geitel)对光电效应进行了实验研究,发现光照会驱动负端

---

④ 美国物理学家康普顿(Compton)证明光是粒子,它有一定的动量 $\hbar\boldsymbol{q}$ 和动能 $\hbar\omega_q$。1923 年,他在电子散射光子的实验中观测到光子的动量守恒。参见第 15.2.2 节。

子发射带负电的粒子，而这种光电流与光照强度成正比。汤姆孙发现了电子之后，他和莱纳德在1899年确定了端子发射的粒子就是电子。1902年，莱纳德进一步研究发现：

1）光电子的动能与光照强度无关；光强决定光电子的发射数量，后者与光照强度成正比。

2）光电子的最大动能随入射光频率的增大而增大，而当频率 f 低于某个阈值 f_0 时就没有光电子发射。

利用经典物理无法解释上述两个观测结果。根据经典理论，入射光对电子的作用随着入射波强度（即电场的大小）的增大而增强，而不应该受到波动频率的影响。此外，电子需要一定时间蓄积能量，以摆脱表面的束缚，特别是当入射能量在包含大量电子的面积上分散开时。但是在实验中发现电子几乎立即发射，从光照开始后 3×10^{-9} 秒即开始，而根据经典理论的预期，电子会延迟几微秒（高强度照射）到几分钟甚至几天（微弱的照射）。但实际情况是，只有在非常微弱的光照条件下才会观测到明显的延迟。

在爱因斯坦1905年发表文章中，他把电磁辐射看作离散的光子，对于黑体辐射它们达到热平衡，而对于光源照射金属表面的情况它们就没有达到热平衡，基于这些观念他对这些现象进行了物理解释。我们可以用平面波[式(10.48)]描述一束光，它有明确的波矢 $\boldsymbol{q}$ 和电场极化 e，而在微观层面上，这束光是光子流，其中每个光子有特定的极化 e、动量 $\hbar\boldsymbol{q}$ 和能量 $\hbar\omega_{\boldsymbol{q}}$。根据经典理论，光束的强度由电场的振幅确定，而现在则由光束中光子的数目确定，即在垂直于波动传播方向 $\boldsymbol{q}$ 的单位面积上通过的光子数目。爱因斯坦还进行下述两个假定：

1）一个光子（即能量子）被发射表面的电子全部吸收，吸收的概率由电磁场与电子之间的相互作用决定。

2）电子同时吸收两个及以上光子的概率为零。

假定电子逃离金属表面所需的最低能量为 ϕ，如果爱因斯坦的模型正确，那么逃逸的电子必须吸收能量 hf 大于或等于 ϕ 的光子，因此当入射光频率 $f<f_0=\phi/h$ 时没有电子发射。当然，有些电子吸收了这么多能量后还是没能逃离表面，因为它们向着辐射材料（通常是金属）的内部移动，或者因为它们在到达表面之前与其他电子碰撞损失了能量。因此，发射电子的动能 $mv^2/2$ 在0和最大值 $hf-\phi$ 之间变化，即光电子的最大能量是光子能量与电子逃逸所需最低能量

的差值，这种情况与实验观测结果吻合。爱因斯坦的模型还能解释光电子发射的延迟时间为什么远低于经典理论的预期结果。当光子被吸收后，它的全部能量 hf 被电子瞬时吸收，使后者的能量瞬时增大到逃逸所需的能量。根据量子力学，延迟时间由单位时间内的吸收概率决定，而这当然和光照强度（即单位时间内照射单位表面的光子数）成正比。

我们可以认为，爱因斯坦的模型解释了光电效应的所有主要特性，而后来的实验研究毫无疑问地证实了这个模型。此外，爱因斯坦在建立光电效应表象理论的假设，与 1920 年代发展起来的量子理论的基本原理保持一致。

13.1.3 爱因斯坦系数

爱因斯坦在 1917 年发表的文章中讨论了黑体辐射，并再次向世人展示了他根据看似简单的现象得出重要结论的本领。爱因斯坦假定在辐射空腔中存在一些相同种类的原子，它们的体积密度为 N（即单位体积包含 N 个原子）。爱因斯坦仿照玻尔（参见第 13.2.3 节），假定这些原子有离散的能级（即原子能具有的能量），并将原子能级简化为两个：E_1 和 E_2，而具有对应能量的原子数分别为 g_1 和 g_2。这两个能级的能量差定义了频率 f，它满足 $E_1-E_2=hf=\hbar\omega$。

假定原子处于状态 1，那么根据能量守恒，如果空腔内没有频率为 ω 的辐射（即光子）它就不可能跃迁到状态 2。假定光子密度为 $W(\omega)$，即辐射空腔的单位体积内频率介于 ω 和 $\omega+\mathrm{d}\omega$ 的光子数为 $W(\omega)\mathrm{d}\omega$，那么原子吸收光子能量后才有可能跃迁到状态 2。我们用 $B_{12}W(\omega)$ 表示 $1\rightarrow 2$ 的跃迁率，即单位时间内跃迁发生的概率，其中 B_{12} 为常量。对于处于状态 2 的原子来说，合理的假定是，它们自发地辐射光子 $\hbar\omega$ 返回状态 1[⑤]。我们用 A_{21} 表示对应的跃迁率，这两个跃迁过程如图 13.2 所示。爱因斯坦还引入了第三个过程，即辐射密度 $W(\omega)$ 引发的从状态 2 到状态 1 的跃迁，它对应的跃迁率为 $B_{21}W(\omega)$。

假定 t 时刻，单位体积内有 N_1 个原子处于状态 1，N_2 个原子处于状态 2，那么能级跃迁会让这两个数值改变，但是它们的和 $N=N_1+N_2$ 保持不变。因此，根据上文描述的跃迁过程我们有：

---

⑤ 我们可以这样论证：在经典原子中带负电的电子围绕带正电的原子核运动，它类似一个振荡电偶极子，因此会发出连续的辐射[参见关于式(10.57)的文字讨论]。对于当前的情况，这一过程变为原子在单位时间内以特定的概率突然进行能级跃迁，并发射能量为 $\hbar\omega$ 的光量子。

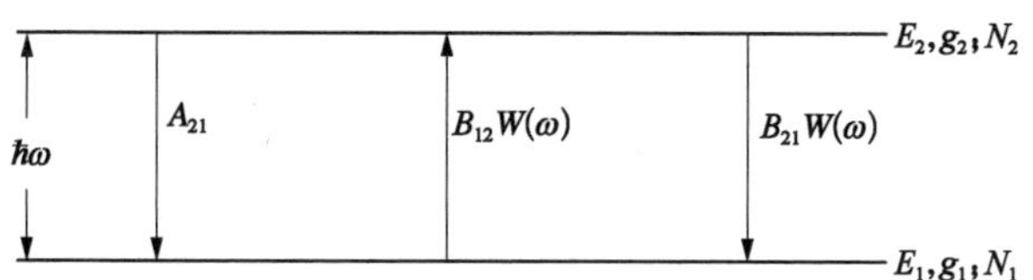

图 13.2　原子在两个能级 E_1 和 E_2 之间跃迁

$$\frac{\mathrm{d}N_1}{\mathrm{d}t}=-\frac{\mathrm{d}N_2}{\mathrm{d}t}=N_2A_{21}-N_1B_{12}W(\omega)+N_2B_{21}W(\omega). \tag{13.14}$$

在上述方程中，右手侧第一项表示处于状态 2 的原子辐射光子后自发返回状态 1，这导致 N_1 增加，而增加的量当然和 N_2 成正比。右手侧第二项表示处于状态 1 的原子吸收光子后跃迁到状态 2，这导致 N_1 减小，而减小的量与 N_1 和辐射密度都成正比。右手侧最后一项表示从状态 2 到状态 1 的诱导辐射，即在辐射条件下从状态 2 到状态 1 的跃迁，它与 N_2 和辐射密度都成正比。系数 A_{21}，B_{12} 和 B_{21} 被称为爱因斯坦系数，它们由原子的性质决定而与辐射密度无关。要知道不管这个系统(原子和辐射)是否达到热平衡式(13.14)都成立，只不过在没有达到热平衡时，光子密度以及 N_1 和 N_2 都会随时间改变。然而热平衡状态十分重要，它让我们能确定系数 A_{21}，B_{12} 和 B_{21} 之间的关系。在热平衡条件下 $\mathrm{d}N_1/\mathrm{d}t=0$，因此有：

$$N_2A_{21}-N_1B_{12}W^T(\omega)+N_2B_{21}W^T(\omega)=0, \tag{13.15}$$

其中 $W^T(\omega)$ 表示温度为 T 时平衡态的光子密度分布，它由式(13.13)确定。由式(13.15)我们得到：

$$W^T(\omega)=\frac{A_{21}}{(N_1/N_2)B_{12}-B_{21}}. \tag{13.16}$$

根据统计力学，在热平衡条件下，假定有 g_1 个状态能量为 E_1，而处于其中任意一个状态的原子数与 $\exp(-E_1/kT)$ 成正比；有 g_2 个状态能量为 E_2，而处于其中任意一个状态的原子数与 $\exp(-E_2/kT)$ 成正比，两个表达式的比例系数相同。因此我们有：$N_1/N_2=(g_1/g_2)\exp[(E_2-E_1)/kT]=(g_1/g_2)\exp(\hbar\omega/kT)$。由此式(13.16)变为：

$$W^T(\omega)=\frac{A_{21}}{(g_1/g_2)B_{12}\mathrm{e}^{\hbar\omega/kT}-B_{21}}. \tag{13.17}$$

上述表达式必须和式(13.13)相同,这意味着:

$$\frac{g_1}{g_2}B_{12}=B_{21},\ \frac{\omega^2}{\pi^2c^3}B_{21}=A_{21}. \tag{13.18}$$

这说明 3 个爱因斯坦系数彼此关联,并可以用一个参数把它们都表示出来。还有一点值得注意的是,如果在式(13.14)中没有引入诱导发射,那么上述理论推导就不可能与普朗克定律保持一致。我们将在下一节讨论诱导发射(也被称作受激发射)的实际价值。现在只想说明一点:从量子力学出发讨论原子和电磁场的相互作用(参见第 14.3.3 节),同样能得到黑体辐射的频谱,即式(13.18)。

13.1.4 激光

激光器能发出具有高度方向性、单色性和相干性的光;所谓相干性指的是所有光子的极化相同、相位相同,因此它们彼此加强。激光(laser)是应激辐射光放大器(light amplification by stimulated emission of radiation)的缩写,它的实现基于应激辐射。尽管爱因斯坦在 1917 年就提出了应激辐射的概念,但是直到 35 年后,人们才认识到这个过程的实用价值⑥。下面让我们介绍激光产生的基本过程。在热平衡条件下,受激(诱导)发射与自发发射的比值非常小,例如在双能级系统中,式(13.14)中的 $N_2B_{21}W^T(\omega)=N_2A_{21}$,这是因为 $W^T(\omega)$ 非常小。激光的操作远偏离平衡态,而激光器的基本构件是光学共振腔,在其内部利用多级反射提高特定频率 ω 及特定极化 e 的光子密度。然而,为了让受激发射超过吸收,我们必须有[以式(13.14)为例]:

$$\frac{B_{21}N_2W(\omega)}{B_{12}N_1W(\omega)}=\frac{B_{21}N_2}{B_{12}N_1}>1. \tag{13.19}$$

因此为了让受激发射占优必须满足 $N_2>N_1$,即处于能级 E_2 的原子数大于处于能级 E_1 的原子数。这和平衡态的情况完全相反,因此这一条件被称为粒子数反转。图 13.3 给出了红宝石激光器的示意图;图中给出了铬晶体中原子的相对能级,E_1,E_2,E_3,其中 E_2 是亚稳态,原子在该能级可以停留大约 5 毫秒,然后返回基态 E_1。向系统注入能量,将原子从 E_1 激发到 E_3,并且让激发速率大于

⑥ 美国和苏联的科学家在 1960 年代初期独立地进行了激光研究。

原子从 E_2 返回 E_1 的速率，这样就使 E_2 中的原子数大于 E_1 中的原子数，实现了粒子数反转，并最终可以产生激光。我们在此不详细介绍激光操作的细节，只是假定原子从 E_3 返回 E_2 的时间非常短而可以忽略不计，并且知道激光有着广泛的实际应用。

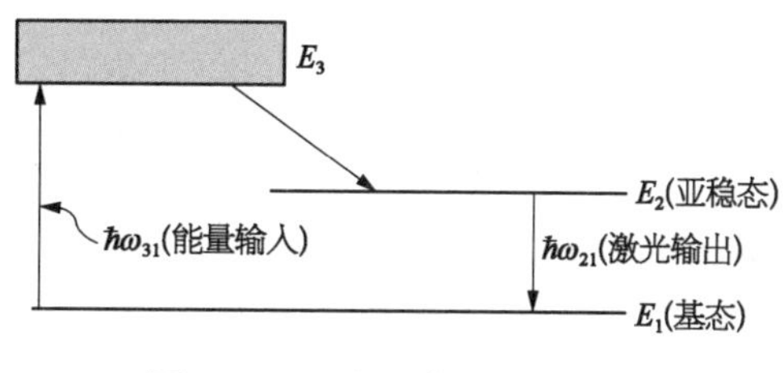

图 13.3 红宝石激光的示意图

输入 $\hbar\omega_{31}=E_3-E_1$，输出 $\hbar\omega_{21}=E_2-E_1$。

13.2 原子结构

13.2.1 汤姆孙静态原子模型

到了 1905 年几乎每个人都接受了物质的原子理论，但是没有人知道原子长什么样。汤姆孙发现电子在许多现象中出现，他由此提出了“葡萄干布丁”原子模型：原子包含一个大的球形原子核，其中均匀分布正电荷，而原子的质量几乎都集中在原子核上；一些电子像葡萄干一样镶嵌在松软如布丁的球体表面或是内部，以保证原子不带电。X 射线散射实验表明，原子中的电子数与原子量处于同一量级。氢原子是最简单的原子，它只有一个电子。这个模型有一个显著的优点，它假定电子可以围绕其平衡位置像谐振子（参见第 6.2.2 节）那样振动，而一旦受到辐射激发，它们就会进行电偶极子振荡（参见第 10.4.3 节）从而发出辐射，而辐射频率由原子的弹性性质决定。这个假定至少在原则上解释了观测到的原子光谱，即原子辐射离散的、特定频率的光。洛伦兹和塞曼（Zeeman）后来推广了这个观念，利用它解释了磁场中的原子辐射光谱。塞曼在 1896 年对钠原子发射光谱进行观测时，发现处于磁场中的原子其谱线频率分裂成了 3 个：$\omega_1=\omega_0+eB/m$，ω_0 和 $\omega_2=\omega_0-eB/m$，其中 ω_0 是未受磁场干扰的原子频率，B 是磁场的大小，而 e 和 m 分别表示电子电荷和电子质量。这种现象被称作塞曼效应，它在量子力学发射光谱的分析中十分重要。

值得注意的是，原子光谱学家对量子力学的发展做出了杰出的贡献。在 19 世纪最后 20 年中，巴尔末（Balmer）、莱曼（Lyman）、帕邢（Paschen）、里德伯

(Rydberg)等许多科学家辛勤地工作,他们系统地测量了氢和其他原子的发射光谱,为验证和推动量子力学的发展做出了卓越的贡献。

卢瑟福在 1910 年进行的散射实验推翻了汤姆孙的原子模型。

13.2.2 卢瑟福原子模型

欧内斯特·卢瑟福于 1871 年出生在新西兰,在家中 12 个孩子中排行第 4。1889 年卢瑟福赢得奖学金,进入位于惠灵顿的新西兰大学学习,4 年后获得数学和物理学双学位。1895 年卢瑟福获得剑桥大学的奖学金,作为研究生进入卡文迪什实验室与汤姆孙一同工作;二人合作了 3 年,相处融洽。卢瑟福先是进行 X 射线实验研究,后来又研究了铀和镭的射线;这两种新元素后来被贝克勒尔(Becquerel)和居里夫妇发现(参见第 15.1.1 节)。

在剑桥工作了 3 年以后,卢瑟福希望获得一份足以养家的工作,好让他和身在新西兰的未婚妻玛丽·牛顿(Mary Newton)结婚。当卢瑟福获得麦吉尔大学的教职后就来到加拿大的蒙特利尔,在那里迎娶了玛丽。他继续进行 α 粒子的研究,而在实验中用到的铀和镭样本是居里夫人寄给他的。

1899 年,卢瑟福得出了第一个重大的发现。在他的同事,英国化学家弗雷德里克·索迪(Frederick Soddy)的协助下,卢瑟福发现裹了 3 层铝箔的铀样本会发出稳定的辐射,而包裹更多的铝箔后会使辐射达到某个临界值后开始下降。他意识到这个过程至少包含两种辐射:一种容易被铝箔阻挡,他称其为 α 辐射,而第二种更具有很强的穿透性,他称其为 β 辐射。卢瑟福很快发现,带正电的 α 粒子很重,而 β 粒子是电子;贝克勒尔和居里夫妇也发现了这一点。一年后,卢瑟福观测到第三种更具穿透性的辐射—频率极高的光子,他称其为 γ 射线。

卢瑟福发现放射性样品中的原子在特定的时间内会衰减一半,同时辐射强度也会相应减小,他意识到可以利用这种现象探测岩石中的放射性物质存在了多长的时间。他计算出沥青铀矿的年龄为 5 亿年,这比当时人们公认的年龄要长得多。

卢瑟福在 1907 年返回英国,担任曼彻斯特大学物理实验室主任。1908 年他和自己的助手,前来访学的德国物理学家汉斯·盖革(Hans Geiger),识别了 α 粒子的身份。他们将镭样品放置在薄壁真空管中,让 α 粒子可以穿透管壁;随后将前者放置在厚壁真空管内部,以捕获 α 粒子。进行了几天的实验后,他们在捕集α粒子的空间中通过电流(即电子)。根据出现在示波器上的微弱光斑,他们判断出这是氦原子发出的特征光,由此确定了α粒子是氦原子核。

卢瑟福的发现为他赢得了1908年诺贝尔化学奖。得到诺贝尔奖让他很高兴,但被划分到化学学科让卢瑟福不太满意。他曾经说,自己的工作中观测到很多放射性元素的快速转变(即嬗变,一种元素变为另一种元素),但都没有他从物理学家变为化学家那样快。

1911年,卢瑟福根据详尽的实验分析结果,提出了一个全新的原子模型。这项实验是盖革和年轻的本科生欧内斯特·马斯登(Ernest Marsden)完成的;他们在实验中让放射性原子发出的α粒子穿过金属箔,而α粒子打在硫化锌屏幕上发出闪光,由此可以测量粒子相对原来运动方向的偏转(参见图13.4)。

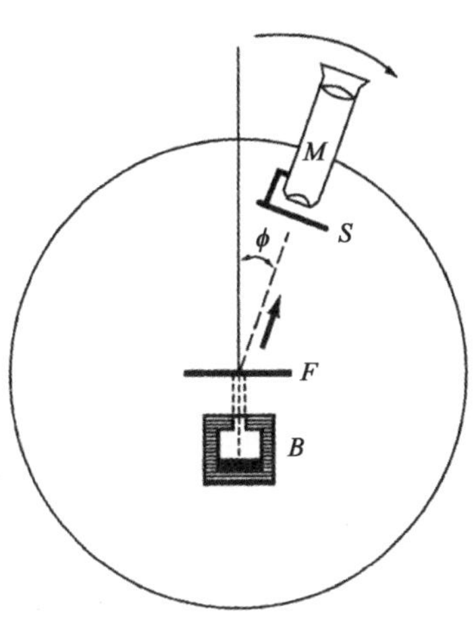

图13.4 卢瑟福散射仪

α粒子穿过金箔F后发生偏转打到屏幕S上,由此可以确定偏转角度ϕ;屏幕后面连有显微镜,它们可以在150°的范围内转动。(来自Holton G and Brush S G. Introduction to Concepts and Theories in Physical Science. 2nd ed. Princeton University Press, 1985.)

如果汤姆孙的原子模型正确,那么α粒子只会相对原来的运动方向稍微偏转几度。但是在实际观测中发现,许多α粒子发生了大角度偏转,偏转角甚至大于90°。这意味着α粒子在穿过金属箔时受到非常大的作用力。考虑到金属箔中的原子尺寸(根据晶格间距估计,约为4×10^{-10}米),卢瑟福只能用一种方式解释这种大的偏转现象,即假定原子核的质量全部集中在一个非常小的体积上,它相对于半径为4×10^{-10}米的电子壳层几乎就是球心上的一点。尽管尺度存在巨大的差异,但卢瑟福原子模型和太阳系惊人地相似;在太阳和围着它运动的行星之间有着极其广袤的空间,而卢瑟福原子的原子核与外部的电子之间也存在极大的空间。我们还可以对二者进行进一步的类比。在太阳系外围运动的物体受到太阳的作用力较弱,因此它的运动方向只会稍微改变;但如果物体靠近太阳运动,那么它在太阳较大的引力作用下相对原运动方向发生较大的偏转。被卢瑟福原子散射的α粒子情况也一样;当粒子从原子核近旁经过时受到较大的库仑力,因此在实验中观测到α粒子发生较大的偏转。如果情况的确是这样，而电子云对 α 粒子运动的影响可以忽略不计的话，卢瑟福导出了 $dN/d\Omega$ 的表达式，即 α 粒子相对原运动方向的散射角为 ϕ 时，单位立体角中的粒子数为：

$$\frac{dN}{d\Omega}=\frac{N_0 ntQ^2e^2}{16\pi^2\varepsilon_0^2m^2v_0^2\sin^2(\phi/2)},\tag{13.20}$$

其中 N_0 是入射的 α 粒子数，m 和 $2e$ 分别是 α 粒子的质量和带电量，v_0 是粒子的初始速度；n 是金属箔单位体积散射中心的数目，Q 是散射中心的电量，t 是金属箔的厚度。值得注意的是，卢瑟福从经典力学出发导出了这个公式，它被称作卢瑟福单散射定律，而它和根据量子力学定律导出的对应公式没有显著的差异。

盖革和马斯登在 1913 年进行细致的实验，通过改变金属箔的厚度及成分、入射 α 粒子的能量，以及硫化锌屏幕相对入射束的方向等条件，证实这一公式成立。

然而，卢瑟福原子模型遇到了一个巨大的障碍。卢瑟福提出电子围绕原子核沿着类似圆形的轨道运动，但是根据麦克斯韦方程(参见图 10.21)，这样运动的电子会辐射电磁波损失能量，并最终落向原子核。这样一来原子就不存在了！因此，要么卢瑟福错了，要么经典力学需要修正。

当时许多年轻科学家因为仰慕卢瑟福而访问曼彻斯特，其中有一位名叫尼尔斯·玻尔(Niels Bohr)的丹麦年轻人。1912 年，在他在访问曼彻斯特 1 年后，玻尔摒弃了经典力学提出了量子假说，从而使卢瑟福原子模型站稳了脚跟(参见下一节的介绍)。

卢瑟福在 1919 年回到剑桥大学担任卡文迪什教授，他后来进行了用人工方法分裂原子核的研究。放射性材料自发辐射 α 粒子显然是一种原子核现象，而这预示着原子核并非紧实不可分，它是由一些更微小的粒子结合在一起构成的。1919 年卢瑟福用 α 粒子轰击氮气的实验证实：α 粒子可以从氮原子核上剥离出一个质子(即氢原子核)，而它自身与氮原子核结合形成一个氧原子核。然而卢瑟福制造的核反应效率不高，30 万个 α 粒子连续轰击一个氮原子核才能产生一个氧原子核。卢瑟福继续进行核物理研究直到生命终结，他于 1937 年逝世。

13.2.3 玻尔模型

尼尔斯·玻尔生于 1885 年，18 岁时进入哥本哈根大学，主修物理学。1911

年他刚刚获得博士学位后就前往剑桥大学访问，与汤姆孙共事；几个月后，他转赴曼彻斯特。卢瑟福很欣赏玻尔，认为他是“我见过的最聪明的人”。

1913 年 4 月，玻尔在卢瑟福的支持下发表著名的文章——《关于原子和分子的构成》(On the Constitution of Atoms and Molecules)[⑦]，在文章中他提出：

1) 氢原子的一个电子围绕它的原子核(即质子)进行圆周运动，二者之间存在库仑作用力。

2) 原子只能以特定的状态存在，即所谓的定态，其中原子的角动量 $\boldsymbol{L}$ 是 $\hbar$ 的整数倍：

$$\boldsymbol{L}=n\hbar,\quad n=1,\,2,\,3,\,\cdots. \tag{13.21}$$

3) 当原子从状态 n (能量为 E_n) 跃迁到状态 n' (能量较低为 $E_{n'}$) 时，辐射频率为 f 的光子：

$$hf=E_n-E_{n'}, \tag{13.22}$$

其中 h 是普朗克常量。

玻尔根据式(13.22)计算了氢原子的允许能级[⑧]。令电子的质量为 m，当它以速度 v 进行半径为 r 的圆周运动时，其角动量 L 为 $L=mvr=m\omega r^2$，其中 $\omega=v/r$ 是电子的角速度。结合式(13.21)必然得到：$m\omega r^2=n\hbar$，因此有：

$$m\omega^2 r^4=\frac{n^2\hbar^2}{m}. \tag{13.23}$$

另一方面根据牛顿定律，圆周运动的加速度 $\omega^2 r$ 乘以电子质量 m 必须等于电子受到的库仑力 $e^2/(4\pi\varepsilon_0 r^2)$，因此有 $m\omega^2 r=e^2/(4\pi\varepsilon_0 r^2)$，这意味着：

$$m\omega^2 r^4=\frac{e^2}{4\pi\varepsilon_0}r. \tag{13.24}$$

---

⑦ 文章见 Philosophical Magazine，1913，26.

⑧ 为了简化，我们在推导玻尔公式时假定原子的质心与原子核中心重合，由于原子核的质量是电子质量的 2 000 倍，这个假定是合理的。要得到能级的精确公式需要用约化质量 $m_r=Mm/(M+m)$ 代替电子质量 m，其中 M 是质子质量，最终的公式参见第 14.1.2 节。还有一点值得注意，我们现在对原子内能感兴趣，即原子在质心坐标系中的能量，此时坐标原点与原子的质心重合。在任何其他坐标系下，自由原子(即没有受到外力作用的原子)的总能量是它的内能加上它平动的动能，$MV^2/2$，其中 M 是原子的总质量，而 V 是原子质心的速度。

比较式(13.23)和式(13.24)我们得到：

$$r = r_n = \frac{4\pi\varepsilon_0 \hbar^2}{me^2} n^2, \quad n = 1, 2, 3, \cdots. \tag{13.25}$$

因此，上式确定的圆周轨道半径就定义了氢原子的不同定态。

原子的总能量 E 是电子动能 $K = mv^2/2$ 以及电子在原子核球形电场(参见第 7.3 节)中的势能 $U(r) = -e^2/(4\pi\varepsilon_0 r)$ 之和。我们根据式(13.24)得到 $K = mv^2/2 = m\omega^2 r^2/2 = e^2/(8\pi\varepsilon_0 r)$，因此有：

$$E = K + U(r) = \frac{e^2}{8\pi\varepsilon_0 r} - \frac{e^2}{4\pi\varepsilon_0 r} = -\frac{e^2}{8\pi\varepsilon_0 r}.$$

式(13.25)确定了电子运动的允许半径 r，带入上式后即可确定氢原子的允许能级(被称作原子的能量本征值)，它们分别是：

$$\begin{aligned} r_n &= a_0' n^2,\ a_0' = \frac{4\pi\varepsilon_0 \hbar^2}{m_r e^2} = 5.291\,72 \times 10^{-11}\ \mathrm{m} \\ E_n &= -\frac{m_r e^4}{32\pi^2 \varepsilon_0^2 \hbar^2 n^2}, \quad n = 1, 2, 3, \cdots \end{aligned} , \tag{13.26}$$

其中 a_0' 是原子处于基态时(能量最低的状态)电子的圆周轨道半径。我们还注意到，为了考虑原子核对角动量和原子能量的贡献，最终公式中 m 被约化质量 m_r 取代(参见脚注⑧)。

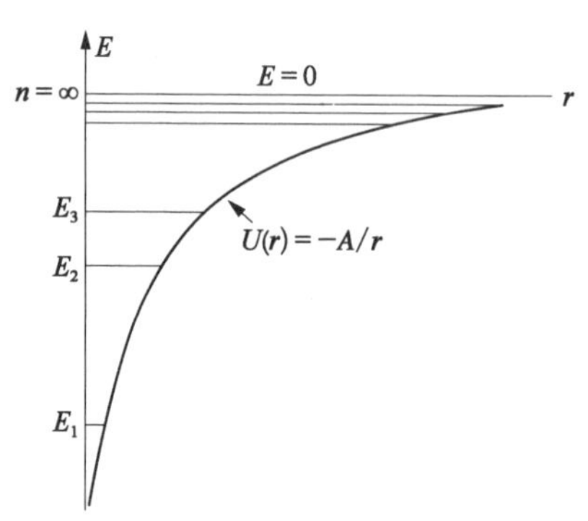

图 13.5 氢原子能级示意图

图 13.5 给出了氢原子的能级示意图，从图中可以看到势能 $U(r)$ 为负，并且随着 r 增大趋近于零。由此可以推断，处于第 n 能态的原子电离，即电子摆脱原子核的束缚向无穷远处运动，至少要吸收 $-E_n$ 的能量。如果原子处于基态，则电离能为 $-E_1 = 13.598\ \mathrm{eV}$，该结果与实际测量结果完美地吻合。

人们早已精确测量得到了氢原子的发射光谱，由于玻尔的氢原子模型能够成功地复制发射光谱，因此被科学界欣然接受。假设氢原子发射波长为 λ 的电磁波时，则波数 $\bar{f}=1/\lambda=f/c$。利用式(13.26)和式(13.22)，我们可以得到原子从能量较高的状态 n 跃迁到能量较低的状态 n' 辐射的电磁波的波数：

$$\bar{f}=R_{\mathrm{H}}\left(\frac{1}{n'^2}-\frac{1}{n^2}\right),$$

其中 $R_{\mathrm{H}}=m_{\mathrm{r}}e^4/(8\varepsilon_0^2h^3c)=10\,967\,757.6\ \mathrm{m}^{-1}$，被称作里德伯数，其中 m_{r} 为氢原子的约化质量。当用上述公式描述从状态 $n=3,\ 4,\ 5,\ \cdots$ 向状态 $n'=2$ 的跃迁时，得到下述辐射波波长的公式(我们知道 $\lambda=1/\bar{f}$)：

$$\lambda=\frac{bn^2}{n^2-4},$$

其中 $b=1/R_{\mathrm{H}}$。这个结果对于玻尔的理论非常重要，因为它和巴尔末在 1885 年(即玻尔出生那年)进行光谱测量得到的经验公式完全相同。图 13.6 给出了巴尔末系列谱线的示意图。玻尔的理论不但给出了 λ 和 n 之间正确的关系式，还给出了 b 的精确值。同时，玻尔理论也适用于图 13.6 中的其他系列谱线。

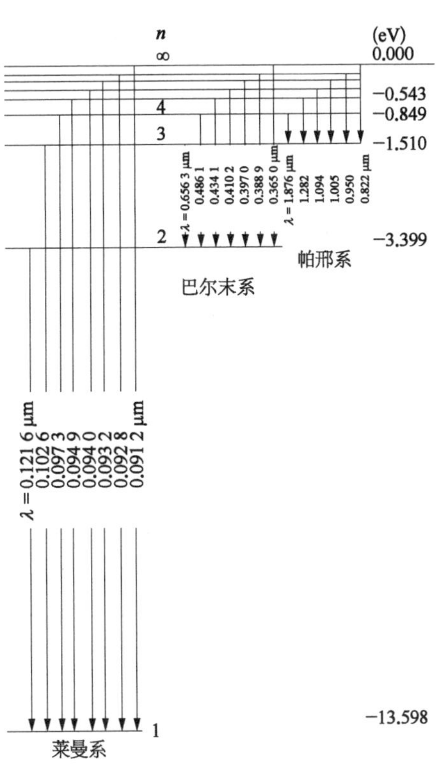

图 13.6　氢原子能级图和对应的发射光谱

$1\ \mathrm{eV}=1.6\times10^{-19}\ \mathrm{J}$。

玻尔作为一名学术新星回到哥本哈根。1914 年 3 月他曾写信给丹麦的教育部：“冒昧恳请教育部为哥本哈根大学理论物理学系设立教授席位，并请任命本人担任该教职。”这件事没有成功，玻尔回到曼彻斯特，并在一战期间(1914—1918)一直待在那里。丹麦在惨烈的一战中保持中立，因此成为战后建立国际科研中心的绝佳场所。玻尔是筹建该中心的不二人选，他的声望为他赢得了商业组织和国家的大笔资助。1921 年哥本哈根理论物理研究所落成，玻尔为它剪彩。这幢 3 层建筑在丹麦政府以及嘉士伯酿造公司的资助下完成，它的地下室是物理实验室，1层楼是实验室、报告厅和办公室，玻尔和他的妻子以及他们的两个儿子住在2楼，研究所的访客住在3楼。研究所很快成为吸引世界各地科学家的中心，他们在那里愉快合作，积极探讨，产生了许多新的发现和理论，特别是关于新的量子力学的观念；这个研究所为新理论提供了物理解释，即现在所说的量子力学的哥本哈根解释。伟大的物理学家海森堡就曾经对研究所进行访问。还有一项事实彰显了研究所的国际影响：当研究所的资金发生短缺时，它很快获得了纽约洛克菲勒基金会提供的40 000美元（相当于今天的50万美元）的资助，用于扩建研究所。据说玻尔在说话时总是绕来绕去，让听者很难跟上他的思路，但是那些耐心倾听的人都无一例外地被他的智慧和思想的深度所打动。

在玻尔的早期原子模型中，假定电子采用圆形轨道运动。1916年，索末菲将模型推广，假定电子进行椭圆形轨道运动。其他科学家也进行了类似的尝试，希望能系统地描述氢原子以外其他原子的光谱，特别是氦原子。索末菲发现对应不同角动量的轨道可以有相同的能量，而他得出的允许能级和玻尔模型的相同。但是根据质量随速度改变的效应（即相对论效应）进行修正后，之前能量相同的不同角动量轨道能级会稍许分离，而这些微小的分离与观测到的精细光谱吻合。然而，索末菲提出的理论只能解释单电子的光谱，即氢原子和氦离子的光谱。

玻尔支持索末菲对模型的推广，并用它来尝试解释元素周期表。周期表是对所有已知元素进行的排列总结，而处于同一列的元素化学性质相近。1869年俄国科学家季米特里·门捷列夫（Dimitri Mendeleev）根据相对原子量排列原子，最早提出了元素周期表；后来英国化学家亨利·莫塞莱（Henry Moseley）根据原子序数（即原子核中的质子数）对原子进行排列，对周期表进行了修正。正是玻尔试图解读元素周期表的工作导致自己的朋友沃尔夫冈·泡利（Wolfgang Pauli）在1925年提出了著名的泡利不相容原理，即不可能有两个电子处于同一轨道上。玻尔对于元素周期表的解释以及泡利不相容原理只能在量子力学（参见第14.5.1节）的框架下成立，然而值得注意的是，这两个观念在量子力学形成之前就出现了。

玻尔在1922年获得诺贝尔物理学奖，他继续进行物理学研究，特别是理论核物理学，并担任研究所的主任直到1962年去世。

13.2.4　自旋的发现

施特恩(Stern)和格拉赫(Gerlach)在 1922 年首次观测到角动量的量子化[⑨]。在他们的实验中(参见图 13.7),一束呈电中性的银原子穿过两个连续狭缝出射后通过不均匀的磁场,磁场对原子的磁偶极矩 $\boldsymbol{\mu}$ 产生横向作用力:$F_z = \mu_z \partial B_z / \partial z$,其中 z 是磁场变化率最大的方向[⑩]。根据经典理论磁偶极矩随机取向,因此原子束通过磁场后应当产生连续散开的原子束斑。然而施特恩和格拉赫却观测到原子束一分为二,如图 13.7 所示。根据量子力学(参见第 14.1.1 节)轨道角动量量子化,原子束应当分裂为奇数,即 $(2l+1)$ 束,而不是实验中看到的两束。

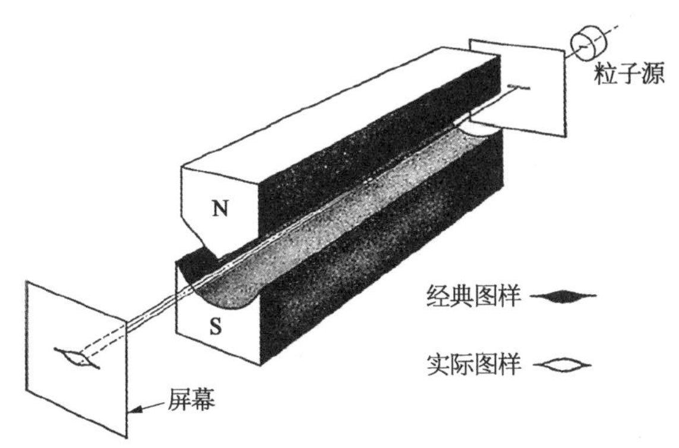

图 13.7　施特恩-格拉赫实验示意图

(来自 Leighton R B. Principles of Modern Physics. N Y: McGraw-Hill, 1959. 磁铁 N 极和 S 极之间不均匀的磁场对原子产生横向力,导致原子束分裂。)

1925 年,乌伦贝克(G. Uhlenbeck)和古德斯米特(S. Goudsmit)提出电子具有内禀角动量(即自旋),而自旋只有两个可能的取向[⑪]。1927 年,自旋的观念由泡利正式引入了量子力学[⑫]。在同一年,菲普斯(Phips)和泰勒(Taylor)采用氢原子束重复了施特恩-格拉赫实验。根据量子力学(参见第 14.1.2 节),基态氢原子的轨道角动量为零,因此它的轨道磁矩也为零。但是实验却观测到氢原子束

---

⑨ Z Physik, 1922, 8: 110; 1922, 9: 349.

⑩ 电子围绕原子核运动相当于环电流,因此会产生磁矩。

⑪ Natuwiss, 1925, 13: 953; Nature, 1926, 117: 264.

⑫ Z Physik, 1927, 43: 601.

分裂为两束。人们必须接受电子的确具有内禀角动量的观念，而电子自旋是量子化的：它只有两种可能的取向。

13.3 波粒二相性

路易·德布罗意（Louis de Broglie）生于1892年，是法国贵族。他的家庭非常富裕，使他能在距离香榭丽舍大街不远的地方建造自己的实验室。德布罗意在巴黎的索邦大学教书长达34年，他很长寿，直到1987年才去世。他最知名的工作是基于自己的博士论文，在1924年发表于《哲学杂志》（*Philosophical Magazine*）的文章，这为他赢得了1929年的诺贝尔物理学奖。在文章中德布罗意论证说，既然光子兼具波和粒子的性质，那么也许所有物质都同时具有波动性和粒子性。他提出，既然假定能量为 $\hbar\omega$ 的光子具有动量 $\boldsymbol{p}=\hbar\boldsymbol{q}$，其中 $q=2\pi/\lambda=\omega/c$（参见第13.1.2节），那么可以合理地假定动量为 $\boldsymbol{p}=m\boldsymbol{v}$ 的粒子也会以某种方式表现出波动性，其波矢为 $\boldsymbol{q}=\boldsymbol{p}/\hbar$，对应波长 $\lambda=2\pi/q=h/p$。

根据自己的假定，德布罗意导出了角动量量子化的玻尔规则式(13.21)。德布罗意论述说："要想得到圆形的稳态波，圆形轨道的周长 $2\pi r$ 应当是轨道电子的波长 λ 的整数倍，因此必然有 $2\pi r=n\lambda=nh/p$，其中 n 为整数。"我们可以将这个式子表示成：$mvr=nh/2\pi$，即式(13.21)。

尽管德布罗意的观念颇有挑战性，而且也没有实验证据，但是它立即获得了科学家同行的关注，并且在量子力学的发展中起到了重要的作用。如果德布罗意是对的，即粒子的确具有波动性的话，那么在适当条件下粒子也会表现出干涉效应。1927年，在德布罗意的论文发表了3年后，美国科学家戴维孙（C. J. Davisson）和革末（L. H. Germer）成功地验证了这个预言，而实验结果完全是偶然中得到的。当时戴维孙和革末研究镍靶在真空中对低能电子（能量约为54 eV）的散射，他们加热清除靶表面的氧化层后，发现散射电子在特定的角度上出现极大值和极小值。他们意识到加热使镍靶形成了大的晶体，而晶体规则排列的原子面就成为电子波的散射光栅。戴维孙和革末后续的实验，以及苏格兰的汤姆孙（G. P. Thomson）令电子穿透金箔观测到的衍射现象，都证实了德布罗意的推想[13]。

人们常用图 13.8 所示的假想实验来演示粒子的波动性。令一束单能粒子(如电子)穿过两个距离很近的平行狭缝 A 和 B 后,打到后方检测屏上。如果只打开狭缝 A,则在单位时间内屏幕上不同位置检测到的电子数为图中所示的曲线,这和经典理论预期的结果吻合,即随着在屏幕上逐渐偏离和狭缝 A 正对的点,轰击屏幕的粒子数逐渐减小。但是当两个狭缝都打开时,我们看到的结果就绝不是经典的图像,而只有粒子具有波动性才能得到这样的结果(与图 10.13 比较)。

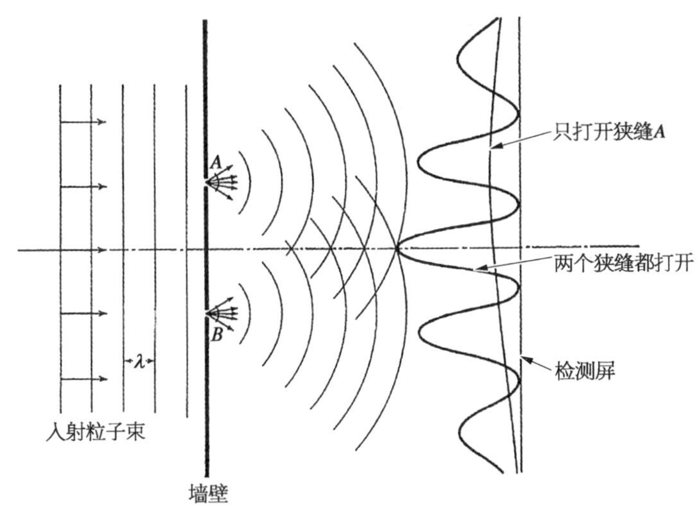

图 13.8　粒子波的衍射干涉

(来自 Leighton R B. Principles of Modern Physics. N Y: McGraw-Hill, 1959.)

理解这个现象非常困难。有一点是肯定的:轰击屏幕的粒子动量表明它是粒子而不是什么别的。但是如果它一直都是粒子的话,它要么通过狭缝 A 要么通过狭缝 B,而不能同时通过两个;但是这样一来就不会出现干涉。但是干涉的确存在!如果你们还不熟悉量子力学,此时会感到困惑;如果你们足够熟悉量子力学,就会接受"永远也不能用经典的方式理解量子现象"的观念。你们要学着和这个"谜团"共存。你们必须先学习如何计算和粒子有关的波动,以得到能够被实验验证的答案,然后再学习如何在物理上解释它们。

---

⑬ 1937 年,汤姆孙和戴维孙"由于他们得到的晶体对电子衍射的实验发现"分享了诺贝尔奖。

13.4 形式化的量子力学

13.4.1 薛定谔方程

埃尔温·薛定谔于1887年出生在维也纳，他的父亲继承家业，经营一家小的油毡工厂，他的母亲有一半英国血统，因此埃尔温在孩童时既学习英语也学习德语。薛定谔先是跟着家庭教师学习，11岁进入中学后表现优异。1906年，薛定谔进入维也纳大学，主修物理和数学，1910年获得博士学位，博士论文讨论了潮湿空气对电导体和绝缘体的影响。薛定谔毕业后按规定服一年兵役，于次年秋天回到维也纳大学担任助教，主要从事实验研究工作。1914年薛定谔参战，历经数次战斗，并且作为炮兵军官受到嘉奖。战后薛定谔先后在斯图加特、布累斯劳任教，后来在苏黎世大学待了6年，就在那里他完成了自己最辉煌的工作——创建了量子力学。1927年，薛定谔继任普朗克成为柏林皇家物理研究所主任，并在1933年与狄拉克分享了诺贝尔物理学奖。作为信奉天主教的奥地利人，薛定谔对纳粹及其反犹太主义极其反感，并于1933年离开德国。美国普林斯顿高等学术研究院为他提供了一个职位，但是他坚持要和自己的妻子安玛丽(Annmaire)及情人希尔达(Hilde)一同前往，这让研究所的专家们深感不满；最后薛定谔就愉快地接受了牛津大学莫德林学院提供的职位。尽管被纳粹认为是叛国者，薛定谔还是由于思念家乡在1936年返回奥地利，在格拉茨大学任教。1939年，他在爱尔兰总理瓦莱拉(Valera)的邀请下前往都柏林，在都柏林高级研究所工作了将近20年。薛定谔和人们眼中的科学家形象相去甚远，他在给玻恩的信中写道："我认为美人比科学重要，我们总是渴望得到邻居的妻子和所谓的圆满，但总是求而不得。"薛定谔于1961年去世，墓碑上刻着以他的名字命名的方程。

薛定谔在1926年发表了一系列文章(Annal Physik，1926，79：361，489，784；80：437；81：109.)，介绍自己提出的著名理论。他说："德布罗意的论文以及爱因斯坦简短、但富有远见的论点，启发我创建了自己的理论。"就在这些论文中，薛定谔提出了以他的名字命名的方程，用它获得了氢原子能级及对应的状态，并应用微扰理论研究不同状态之间的跃迁。我们下面介绍薛定谔的理论。

从现在开始我们将德布罗意波称为波函数，而如果这种波在物理学中非常重要的话，它必须满足有着适当边界条件的偏微分方程。薛定谔提出，当质量为 m 的粒子在势场 $U(\boldsymbol{r})$ (定义参见第 7.3 节)中运动时，它的波函数 $\psi(\boldsymbol{r}, t)$ 满足下面的方程：

$$-\frac{\hbar}{\mathrm{i}}\frac{\partial \psi}{\partial t}=-\frac{\hbar^2}{2m}\nabla^2\psi(\boldsymbol{r}, t)+U(\boldsymbol{r})\psi(\boldsymbol{r}, t), \tag{13.27}$$

其中 $\mathrm{i}=\sqrt{-1}$ 为虚数单位，ψ 是位置 $\boldsymbol{r}$ 和时间 t 的复函数。复函数的形式为 $\psi(\boldsymbol{r}, t)=\psi_R(\boldsymbol{r}, t)+\mathrm{i}\psi_I(\boldsymbol{r}, t)$，其中 ψ_R 和 ψ_I 是 $\boldsymbol{r}$ 和 t 的实函数。读者可以参见附录 A，了解本书涉及的复数的内容。拉普拉斯算符 ∇^2 的定义参见式(7.46)。

我们现在把式(13.27)称作薛定谔方程，它通常还可以表示为：

$$-\frac{\hbar}{\mathrm{i}}\frac{\partial \psi}{\partial t}=\hat{H}\psi, \tag{13.28}$$

其中算符 $\hat{H}$ 为：

$$\hat{H}=-\frac{\hbar^2}{2m}\nabla^2+U(\boldsymbol{r}). \tag{13.28a}$$

$\hat{H}$ 被称作粒子的哈密顿算符，它表示粒子的总能量。$U(\boldsymbol{r})$ 的物理含义很明确，它表示粒子的势能[14]。算符

$$-\frac{\hbar^2}{2m}\nabla^2=-\frac{\hbar^2}{2m}\left(\frac{\partial^2}{\partial x^2}+\frac{\partial^2}{\partial y^2}+\frac{\partial^2}{\partial z^2}\right) \tag{13.28b}$$

被称为粒子的动能算符。

我们要将上述方程与德布罗意波的概念联系起来。假定粒子以速度 v 沿着 x 方向运动，那么对应波动的波矢指向 x 方向，它的大小为 $q=p/\hbar=mv/\hbar$，而波动的频率为 $\omega=E/\hbar$；与光子的情况完全一样，E 表示粒子的能量，而且我们有 $E=mv^2/2=\hbar^2q^2/2m$。德布罗意波作为波动，可以用下面的表达式表示：

$$\psi_q(x, t)=A\mathrm{e}^{\mathrm{i}qx-\mathrm{i}E_q t/\hbar}, \tag{13.29}$$

其中 $E_q=\hbar^2q^2/2m$ 是粒子的动能，而 A 是归一化因子。我们很容易就能看出

---

⑭　正如第 7.3 节描述的那样，我们假定粒子受到的力可以表示为势能场 $U(\boldsymbol{r})$ 的梯度。请注意，当粒子受到磁场产生的洛伦兹力时也可以定义哈密顿算符，而洛伦兹力也可以表示为势能场的梯度；在这种情况下，薛定谔方程的形式保持不变，只是哈密顿算符的形式稍有改变。

$\psi_q(x, t)$ 满足薛定谔方程式(13.28),因为 $\mathrm{i}\hbar\partial\psi_q/\partial t = \mathrm{i}\hbar(-\mathrm{i}E_q/\hbar)\psi_q = E_q\psi_q$;而对于当前的情况 $U(\boldsymbol{r})=0$, 粒子只有沿着 x 方向的运动,因此有 $\hat{H}\psi_q = (-\hbar^2/2m)\partial^2\psi_q/\partial x^2 = (-\hbar^2/2m)(\mathrm{i}q)^2\psi_q = (\hbar^2 q^2/2m)\psi_q = E_q\psi_q$, 即 $\mathrm{i}\hbar\partial\psi_q/\partial t = \hat{H}\psi_q$。我们看到,形如式(13.29)的自由粒子的德布罗意波函数满足薛定谔方程。最后还有一点,当粒子的能量为 $\hbar^2q^2/2m$ 时,它有两种状态: $q>0$ 对应粒子向右运动, $q<0$ 对应粒子向左运动。

在考虑束缚粒子的波函数之前,先介绍上述讨论引出的一些有用的概念。我们注意到:

$$\frac{\hbar}{\mathrm{i}}\frac{\partial}{\partial x}A\mathrm{e}^{\mathrm{i}qx} = \hbar qA\mathrm{e}^{\mathrm{i}qx}. \tag{13.30}$$

由此引入算符 $\hat{p}_x$:

$$\hat{p}_x = \frac{\hbar}{\mathrm{i}}\frac{\partial}{\partial x}. \tag{13.31}$$

用它表示沿 x 方向的动量,我们说 $A\mathrm{e}^{\mathrm{i}qx}$ 是 $\hat{p}_x$ 对应本征值 $\hbar q$ 的本征函数(或本征态)。我们发现 q 可以任意取值,即 $-\infty<q<+\infty$。但是出于对实际情况的考虑,我们假定:

$$q = q_n = \frac{2\pi}{l}n, \quad n = 0, \pm 1, \pm 2, \pm 3, \cdots, \tag{13.32}$$

其中 L 非常长,因此相邻的 q 值非常接近,但 q 依然取离散的数值。

由式(13.32)定义的 q 对应一组函数:

$$u_q(x) = \frac{1}{\sqrt{L}}\mathrm{e}^{\mathrm{i}qx}. \tag{13.33}$$

这些函数有着非常重要的性质,它们彼此正交:

$$\int_{-L/2}^{L/2} u_q^*(x)u_{q'}(x)\mathrm{d}x = \begin{cases} 1, & \text{当 } q = q' \\ 0, & \text{当 } q \neq q' \end{cases}, \tag{13.34}$$

其中 $u_q^*(x)$ 是 $u_q(x)$ 的复共轭,我们注意到 $u_q^*(x) = u_{-q}(x)$。因此 $u_q(x)$ 构成一组完备的基函数,而物理意义明确的任意函数 $f(x)$ $(-L/2 < x < L/2)$ 都可以表示为 $u_q(x)$ 的和:

$$f(x)=\sum_q c_q u_q(x),\ c_q=\int_{-L/2}^{L/2} u_q^*(x)f(x)\mathrm{d}x. \tag{13.35}$$

我们假定粒子沿着 x 方向运动，但类似的讨论适用于任意方向的运动。我们很容易将式(10.30)和式(10.31)推广到三维的情况：

$$\frac{\hbar}{\mathrm{i}}\nabla A\mathrm{e}^{\mathrm{i}\boldsymbol{q}\cdot\boldsymbol{r}}=\hbar\boldsymbol{q}A\mathrm{e}^{\mathrm{i}\boldsymbol{q}\cdot\boldsymbol{r}}, \tag{13.36}$$

$$\boldsymbol{p}=\frac{\hbar}{\mathrm{i}}\nabla=\frac{\hbar}{\mathrm{i}}\left(\frac{\partial}{\partial x},\ \frac{\partial}{\partial y},\ \frac{\partial}{\partial z}\right). \tag{13.37}$$

与式(13.33)类比后可以写出动量算符 $\boldsymbol{p}=(\hbar/\mathrm{i})\nabla$ 的归一化本征函数：

$$u_{\boldsymbol{q}}(\boldsymbol{r})=\frac{1}{\sqrt{L^3}}\mathrm{e}^{\mathrm{i}\boldsymbol{q}\cdot\boldsymbol{r}}$$
$$\boldsymbol{q}=\left(\frac{2\pi n_x}{L},\ \frac{2\pi n_y}{L},\ \frac{2\pi n_z}{L}\right),\quad n_x,\ n_y,\ n_z=0,\ \pm1,\ \pm2,\ \pm3,\ \cdots \tag{13.38}$$

函数 $u_{\boldsymbol{q}}(\boldsymbol{r})$ 构成正交的完备集合，即任意函数 $f(\boldsymbol{r})$ $(-L/2<x,\ y,\ z<L/2)$，都可以像式(13.35)那样写成 $u_{\boldsymbol{q}}(\boldsymbol{r})$ 的和，只是式(10.34)和式(10.35)中的一重积分要变成对 $-L/2<x,\ y,\ z<L/2$ 的体积积分。

最后，对于动量为 $\hbar\boldsymbol{q}$ 的粒子，它的归一化波函数为：

$$\psi_{\boldsymbol{q}}(\boldsymbol{r},\ t)=\frac{1}{\sqrt{L^3}}\exp\left(\mathrm{i}\boldsymbol{q}\cdot\boldsymbol{r}-\frac{\mathrm{i}E_q t}{\hbar}\right). \tag{13.39}$$

而这个函数满足 $U(\boldsymbol{r})=0$ 的方程式(13.28)。我们注意到能量 $E_q=\hbar^2q^2/(2m)$ 只与波矢的大小 q 有关，而与波矢的方向无关。

让我们将式(13.29)表示为：

$$\psi_q(x,\ t)=u_q(x)\mathrm{e}^{-\mathrm{i}E_q t/\hbar}, \tag{13.40}$$

$$\hat{H}u_q(x)=E_q u_q(x), \tag{13.41}$$

其中 $\hat{H}=(-\hbar^2/2m)(\partial^2/\partial x^2)$，$E_q=\hbar^2q^2/(2m)$，而 $u_q(x)$ 由式(13.33)确定。我们发现形如式(13.40)的薛定谔方程的解对应确定的能量，它被称作粒子的能量本征态。有时人们也把这种状态称为定态，其原因将在稍后的讨论中介绍。

在现阶段,我们要强调这些状态的完备性。请注意薛定谔方程是线性方程,这意味着这些定态波的任意线性组合

$$\psi(x, t)=\sum_q c_q u_q(x) \mathrm{e}^{-\mathrm{i} E_q t / \hbar} \tag{13.42}$$

依然是方程的解,其中 c_q 为任意常数,它也是自由粒子薛定谔方程最普遍形式的解。假定我们已知 $t=0$ 时刻的波函数:$\psi(x, 0)=f(x)$,则根据式(13.35)可以唯一地确定系数 c_q,并由此确定 $t>0$ 的任意时刻的波函数 $\psi(x, t)$。

研究结果表明,我们由自由粒子的特例得出的上述结论普遍成立。已知势能场 $U(\boldsymbol{r})$ 和能量本征值 E_ν,则对应的粒子本征态 ψ_ν 为:

$$\psi_\nu(\boldsymbol{r}, t)=u_\nu(\boldsymbol{r}) \mathrm{e}^{-\mathrm{i} E_\nu t / \hbar}, \tag{13.43}$$

$$\hat{H} u_\nu(\boldsymbol{r})=E_\nu u_\nu(\boldsymbol{r}), \tag{13.44}$$

其中 ν 是描述本征态的一个或多个下标;$u_\nu(\boldsymbol{r})$ 是平滑变化的函数,它有着连续的导数,并满足适当的边界条件。我们将看到束缚粒子的本征态只能取离散的、特定的能量 E_ν。 我们很容易证明 $\psi_\nu(\boldsymbol{r}, t)$ 满足薛定谔方程,将 $\psi_\nu(\boldsymbol{r}, t)$ 方程左侧得到:

$$-\frac{\hbar}{\mathrm{i}} \frac{\partial \psi_\nu}{\partial t}=\left(-\frac{\hbar}{\mathrm{i}}\right)\left(-\frac{\mathrm{i} E_\nu}{\hbar}\right) \psi_\nu=E_\nu \psi_\nu .$$

代入方程右侧得到:

$$\hat{H} \psi_\nu(\boldsymbol{r}, t)=\hat{H} u_\nu(\boldsymbol{r}) \mathrm{e}^{-\mathrm{i} E_\nu t / \hbar}=E_\nu \psi_\nu(\boldsymbol{r}, t) .$$

因此有:

$$-\frac{\hbar}{\mathrm{i}} \frac{\partial \psi_\nu}{\partial t}=\hat{H} \psi_\nu .$$

薛定谔的理论假定 $u_\nu(\boldsymbol{r})$ 是一组正交且完备的函数,任意函数 $f(\boldsymbol{r})$ 可以表示为这些函数的线性组合:

$$f(\boldsymbol{r})=\sum_\nu c_\nu u_\nu(\boldsymbol{r}) . \tag{13.45}$$

上式要对所有被允许的状态,而所谓的被允许的状态就是式(13.44)的解。与式(13.42)类比后得出势能场 $U(\boldsymbol{r})$ 中最普遍的粒子波函数:

$$\psi(\boldsymbol{r},\ t)=\sum_{\nu}c_{\nu}u_{\nu}(\boldsymbol{r})\mathrm{e}^{-\mathrm{i}E_{\nu}t/\hbar}. \tag{13.46}$$

和式(13.42)的情况一样，系数 c_ν 可由 $t=0$ 时刻的波函数 $\psi(\boldsymbol{r},\ 0)$ 唯一地确定。

我们将式(13.44)称为不含时薛定谔方程(time-independent Schrödinger equation，TISE)。

13.4.2 束缚粒子的定态

一维无限深势阱中的粒子：假定粒子在一个无限深的矩形势阱中运动，在 $x=0$ 到 $x=a$ 的势阱内部，粒子不受力，因此它的势能 $U=0$，而由于受到势阱壁的约束，粒子在势阱外部的能量无穷大：

$$U(x)=\begin{cases}0, & 0<x<a\\ \infty, & x<0 \text{ 或 } x>a\end{cases}. \tag{13.47}$$

对于势阱中的粒子，它的不含时薛定谔方程为：

$$-\frac{\hbar^2}{2m}\frac{\partial^2 u}{\partial x^2}=Eu(x),$$

其中 m 是粒子的质量。代入 $E=\hbar^2q^2/2m$ 后方程变为：

$$\frac{\partial^2 u}{\partial x^2}=-q^2u(x). \tag{13.48}$$

上述方程的通解为：

$$u(x)=A\mathrm{e}^{\mathrm{i}qx}+B\mathrm{e}^{-\mathrm{i}qx},\quad 0<x<a. \tag{13.49}$$

这就是我们在上节对自由粒子波的讨论得出的结果，第一项表示能量为 E 向右传播的波动，而第二项表示相同能量向左传播的波动。我们可以根据 $u(x)$ 在包括端点 $x=0$ 和 $x=a$ 在内处处连续的条件来确定常数 A 和 B，而对于完美的矩形势阱必须令 $x<0$ 和 $x>a$ 处 $u(x)=0$，即波动不会穿透势垒壁。无限深势阱是下节讨论的有限深势阱的极限情况，我们将看到情况的确是这样。根据 $u(x)$ 的连续性有：

$$u(0)=0 \quad \text{和} \quad u(a)=0. \tag{13.50}$$

我们利用等式 $\mathrm{e}^{\mathrm{i}\phi}=\cos\phi+\mathrm{i}\sin\phi$，将 $u(x)$ 表示为：

$$u(x)=D\cos qx+C\sin qx. \tag{13.51}$$

考察图 5.6 的余弦和正弦图像可以看出：$u(0)=0$ 使得 $D=0$，即 $u(x)=C\sin qx$。为了满足 $u(a)=0$ 并且 $C\neq 0$，必须选取 q 使 $\sin qx=0$。这意味着(参见图 5.6) $qa=n\pi$ ($n=1, 2, 3, \cdots$)，即势阱式(13.47)中的粒子能量 $E=\hbar^2q^2/2m$ 只能取下述本征值：

$$E_n=\frac{\hbar^2\pi^2n^2}{2ma^2},\quad n=1, 2, 3, \cdots. \tag{13.52}$$

这与经典理论的结果不同；经典粒子可以有任意的动能，因此它有连续的能谱，而不是式(13.52)表示的离散能谱。

对应第 n 能级的驻波(即能态)为：

$$\begin{aligned}\psi_n(x, t)&=u_n(x)e^{-iE_nt/\hbar}\\ u_n(x)&=C\sin(n\pi x/a)\end{aligned}. \tag{13.53}$$

常数 C 由归一化条件确定，我们要求

$$\int_0^a u_n^*(x)u_n(x)\mathrm{d}x=C^2\int_0^a\sin^2\left(\frac{n\pi x}{a}\right)\mathrm{d}x=C^2\ \frac{a}{2}=1,$$

因此有 $C=\sqrt{2/a}$。正如预期得那样，当 $n\neq m$ 时 $\int_0^a u_n^*(x)u_m(x)\mathrm{d}x=0$(参见式 13.45 前面的讨论)。

你们应当注意到能量为零不是被允许能级。粒子在 $x=0$ 和 $x=a$ 之间的某处静止，这个经典图像不适用于量子世界，而对于原子体系这当然不可能。在我们考虑的势阱中，粒子的最低能量(即基态能量)为：

$$E_1=\frac{\hbar^2\pi^2}{2ma^2}. \tag{13.54}$$

令 m 为电子质量，$a=2\times10^{-8}$ cm (约为原子的直径)，我们得到 $E_1\approx 10$ eV；另一方面，当 a 为几厘米时 E_1 几乎等于零。我们还注意到两个连续能级之间的能量差为：

$$E_n-E_{n-1}=\frac{\pi^2\hbar^2}{2ma^2}(2n-1). \tag{13.55}$$

它在 a 趋于无穷大时趋于零。

我们注意到，势阱式(13.47)的粒子定态和弦振动的正则模式(参见 7.2 节的讨论)十分类似。二者还可以进一步类比；弦的任意振动可以表示为正则模式的线性和，根据式(13.53)表示的定态，而粒子在势阱中最普通的状态可以表示为这些定态的线性和：

$$\psi(x, t)=\sum_{n} c_{n} u_{n}(x) \mathrm{e}^{-\mathrm{i} E_{n} t / \hbar},$$

其中系数 c_n 同样由初始条件，即 $t=0$ 时刻的波函数 $\psi(x, 0)$ 确定。

矩形势阱的粒子：考虑质量为 m 的粒子在图 13.9 所示的势阱中运动：

$$U(x)=\begin{cases}-U_{0}, & 0<x<a \\ 0, & x<0 \text { 或 } x>a\end{cases}. \tag{13.56}$$

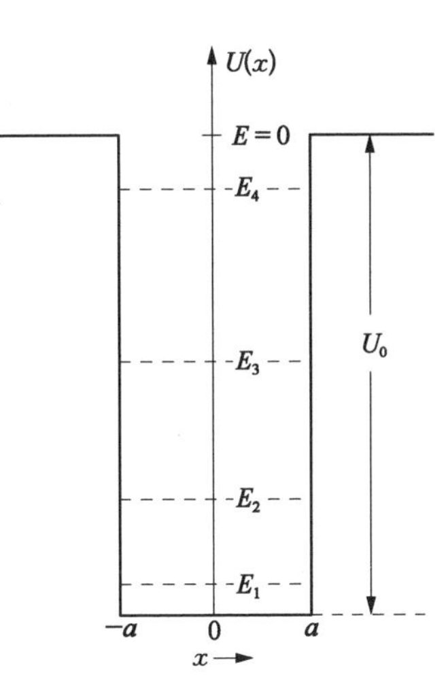

图 13.9　矩形势阱 $U_0 = 49h^2/(128ma^2)$

其中 h 是普朗克常量。负的能级为：$E_1 = -0.94U_0$，$E_2 = -0.77U_0$，$E_3 = -0.50U_0$，$E_4 = -0.16U_0$。

对于这种情况，粒子的能级谱包含两部分：从 $E=0$ 到 $E=+\infty$ 正的连续能级，和负的离散能级；前者对应粒子的自由态(我们在此不深入讨论)，而后者对应粒子被限制在势阱内部的束缚态。让我们确定这些束缚态。

粒子的不含时薛定谔方程为：

$$\begin{aligned}
&-\frac{\hbar^{2}}{2m} \frac{\partial^{2} u}{\partial x^{2}}-U_{0} u(x)=E u(x), \quad -a<x<a \\
&-\frac{\hbar^{2}}{2m} \frac{\partial^{2} u}{\partial x^{2}}=E u(x), \quad x<-a \text { 及 } x>a
\end{aligned}, \tag{13.57}$$

其中对于束缚态 $-U_0 < E < 0$。很容易能证明表达式

$$u(x)=\begin{cases}A \mathrm{e}^{\beta x}+B \mathrm{e}^{-\beta x}, & x<-a \\ C \mathrm{e}^{\mathrm{i} \alpha x}+D \mathrm{e}^{-\mathrm{i} \alpha x}, & -a<x<a \\ F \mathrm{e}^{\beta x}+G \mathrm{e}^{-\beta x}, & x>a\end{cases} \tag{13.58}$$

满足上述薛定谔方程，直接代入即可证明。

我们要根据 $u(x)$ 和 $\mathrm{d}u/\mathrm{d}x$ 在包括端点 $-a$ 和 a 在内的所有点上连续，以及归一化条件来确定常数 A，B，C，D，F，G（参见图 13.10）。波函数必须满足的归一化条件为：

$$\int_{-\infty}^{+\infty} u^*(x)u(x)\mathrm{d}x = Q, \tag{13.59}$$

其中 Q 是一个确定的数值。（这个积分要被理解为一种极限情况，参见第 9 章脚注⑪。）根据归一化条件，式(13.58)中的 B 和 F 等于零，因为对应的项在远离势阱后呈指数增长，使 $u(x)$ 不能被归一化。我们要利用 $u(x)$ 和 $\mathrm{d}u/\mathrm{d}x$ 在端点 $-a$ 和 a 上连续的条件来确定剩下的常数。我们发现只有对于一些特定的能量才能实现这一点（参见练习 13.4），而被允许能量的数量取决于势阱深度 U_0。当势阱很浅时，只有一个这样的能量，因此粒子只有一种束缚态。当势阱逐渐加深，被允许能级的数目就会增加，而束缚态的数目也随之增加。图 13.9 所示的势阱有 4 个能级，即 4 个束缚态，它们对应的归一化波函数如图 13.11 中的实线

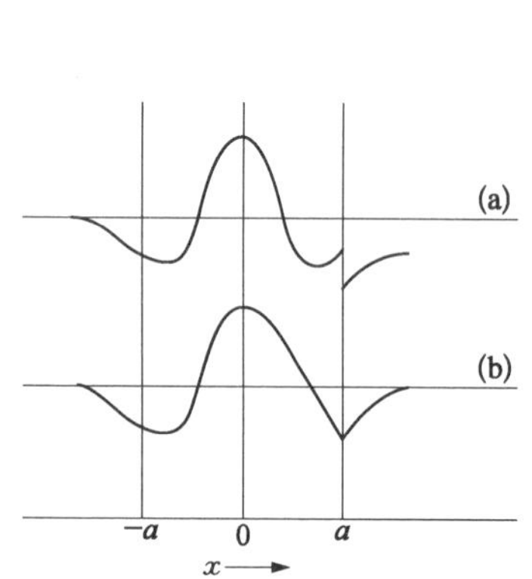

图 13.10 波函数和它的导数必须连续

函数(a)不是波函数，因为它在 $x = a$ 不连续；函数(b)也不是波函数，因为它的导数在 $x = a$ 不连续。

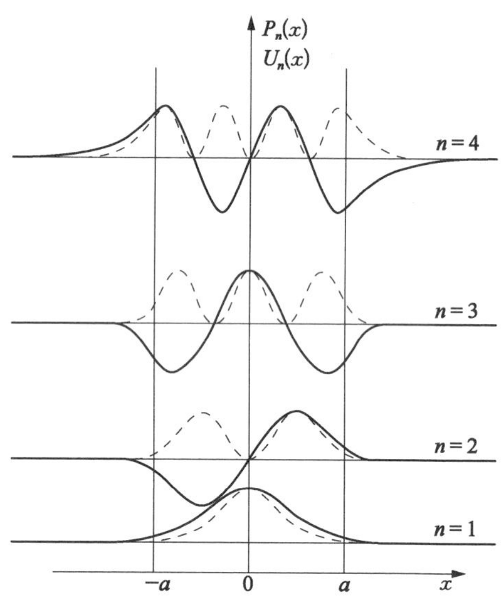

图 13.11 势阱中粒子的波函数

实线描述了粒子在图 13.9 所示的势阱中的束缚态，$u_n(x)$ $(n = 1, 2, 3, 4)$；虚线给出了对应的概率分布 $P_n(x) = |u_n(x)|^2$。波函数满足归一化条件 $\int_{-\infty}^{+\infty} P_n(x) = 1$。

曲线所示。我们注意到波函数扩展到势阱的外部，而这种扩展在势阱的底部很小而在靠近势阱的顶部时很显著；在极深的势阱底部这种扩展几乎没有，与无限深势阱的情况类似。我们将在后续章节更细致地讨论图 13.11 中的波函数。

介绍这些例子是希望让你们相信：薛定谔的理论用明确的数学方法得出了束缚粒子的离散能谱，它同样适用于描述多个粒子的情况。薛定谔用他的理论分析氢原子，得出的结果与实验结果完美地吻合（除了需要少许相对论修正），并且与玻尔的理论保持一致；我们将在第 14.1.2 节总结这些结果。薛定谔的理论还能描述原子在外部干扰（如电磁辐射）的作用下，怎样从一个状态跃迁到另一个状态。但是好像还是缺少了非常重要的一环，薛定谔无法说明波函数 $\psi(\boldsymbol{r}, t)$ 的物理意义。他相信 $\psi(\boldsymbol{r}, t)$ 一定有物理意义，从而保持经典物理的清晰性（例如在时空中运动的粒子有着明确的轨迹），尽管他进行了尝试但没有得到令人满意的结果。最终解决这个问题的是海森堡。

13.4.3　海森堡不确定性原理

沃纳·海森堡（Werner Heisenberg）于 1901 年和他的双胞胎兄弟埃尔温（Erwin）出生在德国维尔茨堡。兄弟俩好像并不怎么亲近，二者的生活也没什么交集。1910 年，海森堡一家移居慕尼黑。作为慕尼黑大学希腊哲学教授，他的父亲向希腊哲学家和科学家们引荐自己的孩子沃纳，并鼓励他弹奏钢琴。第一次世界大战后，18 岁的海森堡成为“德国新童子军”运动的领袖。他们在山上露营，渴望建立更简单、高尚的生活。后来这种运动被纳粹利用，但是当时这些年轻人非常纯真，也并不反对犹太人。1920 年，海森堡进入慕尼黑大学学习数学，但很快就转到物理系学习。还是学生时，海森堡就参加了玻尔在哥廷根举办的讲座，并且被后者建立的原子理论深深吸引。1923 年，海森堡在哥廷根大学得到了第一个科研职位，成为马克斯·玻恩（Max Born）的助手。在哥廷根，海森堡建立了科学的“实证主义”观点，它的大致含义是：对科学理论来说最重要的是它能预测实验结果，而任何想理解现象背后“不可见”的自然运作机制的努力都是不必要且徒劳的。正是本着这样的精神，海森堡在 1925 年发表了他与玻恩合作建立了矩阵（量子）力学（Z Physik，1925，33：879）。海森堡的理论采用不同的数学语言（即矩阵代数）描述量子力学，薛定谔和埃卡特（Eckart）后来分别证实这个理论和薛定谔的理论等价（Ann Physik，1926，79：734；Phys Rev，

1926，28：711)。然而，海森堡在一年后提出的不确定性原理(Z Physik，1927，43：172)为量子力学奠定了坚实的基础。一种说法是1926年他在和玻恩讨论时，后者首次提出 $|\psi(\boldsymbol{r},t)|^2 dV$ 应当表示在 $\boldsymbol{r}$ 附近的体积微元 dV 中找到粒子的概率，而这对海森堡有所启发。不管怎么说，不确定性原理完全是海森堡自己的观点，而且是一个具有革命性的观念。海森堡后来在许多领域都做出了杰出的贡献，包括核物理、流体力学、统计物理和固体物理，但他最杰出的贡献是提出不确定性原理，奠定了量子力学的基础；这为他赢得了1932年诺贝尔物理学奖。

1939年，海森堡携妻子伊丽莎白·舒马赫(Elisabeth Schumaher)访问美国，他在安娜堡(Ann Arbor)和芝加哥作报告，并遇到许多旧时的朋友。费米劝说海森堡留在美国，但他还是回到柏林，而此时皇家物理研究所已经成为德国核研究中心。由于研究所主任彼得·德拜前往瑞士讲学后就没有回来，海森堡成了研究所的领导。没人知道海森堡的团队在制造核武器的道路上走了多远，他们进行了怎样的尝试。历史学家普遍认为，海森堡相信他能建造出铀反应堆，但是纳粹给他的时间太短根本无法完成。战后，海森堡宣称他为了延缓原子弹的开发而没有申请资金资助。许多人相信，如果给海森堡足够的时间和资金，他就能造出并使用原子弹。海森堡在1942年发表的一篇哲学文章中表达了自己对历史的宿命观点："我们左右不了世事的变迁，只能准备好接受终将发生的改变。"

海森堡还撰写了一系列哲学著作，例如《物理学和哲学》(*Physics and Philosophy*)，为现代物理学和哲学做出了不可磨灭的贡献。战后，海森堡在哥廷根组建了马克思·普朗克物理学和天体物理学研究所，并在1958年将研究所迁至慕尼黑。1970年海森堡成为这个研究所的名誉主任；他于1976年去世。

海森堡的不确定性原理说明：不管用什么方法和仪器进行测量，都不可能同时精确地掌握粒子的位置和速度。令 Δx 表示测量粒子 x 坐标的误差，即我们只知道能在 $x-\Delta x/2$ 和 $x+\Delta x/2$ 的范围内找到粒子，而令 Δp_x 表示测量粒子 x 方向动量的误差，那么有：

$$\Delta p_x \cdot \Delta x \geqslant \frac{\hbar}{2}, \tag{13.60}$$

其中 $\hbar$ 是普朗克常量。为了说明这条原理，让我们考虑用显微镜测量一个微小粒子(如电子)，如图13.12所示。

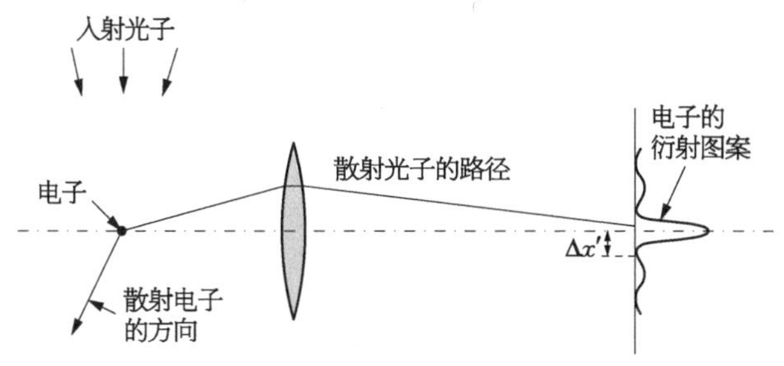

图 13.12　不确定性原理的演示

其中 $\Delta x' = \Delta x/2$。

为了让我们"看到"电子，至少要有一个光子打到电子上；而光子被电子散射后，穿过显微镜打到屏幕上，形成衍射图案中的一个点。显微镜的最高分辨率是入射光子的波长 λ，而测量误差 $\Delta x \geqslant \lambda$，因此应当尽量减小波长以减小误差 Δx。然而，波长为 λ 的光子动量为 $\hbar q = 2\pi\hbar/\lambda$，它和电子碰撞时将与其动量相当的动量传递给后者，使测量电子动量的误差为 $\Delta p_x \approx \hbar/\lambda$，因此我们有 $\Delta x \Delta p_x \approx \hbar$，与式(13.60)相符。如果我们想更准确地测量 x，就必须接受更大的动量测量误差。我们描述的实验只是对不确定性原理的演示，而一旦确立了根据 $\psi(\boldsymbol{r}, t)$ 计算可观测物理量的规则，就能由理论导出该原理的精确形式式(13.60)。我们将会看到，根据已知的(或计算得到的) $\psi(\boldsymbol{r}, t)$ 确定可观测物理量的规则简单明了，但我们必须首先理解，"什么问题是量子力学中有意义、能解答的问题"。

不确定性原理迫使我们放弃粒子轨迹的概念；因为掌握粒子轨迹意味着我们知道粒子在任意时刻的位置 $\boldsymbol{r}(t)$，并由此确定粒子在任意时刻的速度 $\boldsymbol{v}(t)$；但是根据不确定性原理，这是不可能的。因此毫不奇怪，包括薛定谔和爱因斯坦在内的许多科学家都不愿意接受这条原理。具有讽刺意味的是，海森堡认为他建立矩阵力学是因为受到马赫(Mach)观点的启发，而马赫的观点是："物理理论中的所有变量都必须有操作性定义(operational definition)，也就是说它能被仪器(例如钟，尺等)测量。"海森堡还认为马赫的观点是狭义相对论的基础，因此当海森堡在 1926 年遇到爱因斯坦时，后者的问题让他感到惊讶[15]。爱因斯坦问

⑮　这个故事见于伯恩斯坦(Bernstein)撰写的《爱因斯坦》(*Einstein*)第 155 页，由丰塔纳公司在 1973 年出版。

道:“你并不是真的相信物理理论只能包含可观测的物理量吧?”海森堡回答说:“您在相对论中说的不就是这回事吗? 您一直强调不能谈及绝对时间就是因为不能观测到绝对时间,而不管在运动参考系还是在静止参考系中,都只能用钟的读数来确定时间。”根据海森堡回忆,爱因斯坦的回答是:“也许我的确进行了这样的论证,但它是一派胡说。可能这样说更贴切,‘关注实际观测到的结果会更有用’。但是在原则上只依据观测结果来建立理论是不对的。实际情况恰恰相反,是理论决定了我们能观测到什么。”“理论决定了我们能观测到什么”,海森堡把这句话铭记于心,并使他最终发明了自己的不确定性原理。

现在产生了一个问题:如果不能从 $\psi(\boldsymbol{r}, t)$ 读出粒子的轨迹,那么怎样和观测结果进行比较呢? 对这一问题有所谓的哥本哈根学派的解答,这个学派的代表人物是玻尔和海森堡[16]。

根据玻恩的观点,$P(\boldsymbol{r}, t)\mathrm{d}V = |\psi(\boldsymbol{r}, t)|^2\mathrm{d}V$,它表示 t 时刻在 $\boldsymbol{r}$ 周围的体积元 $\mathrm{d}V$ 中发现粒子的概率。请考虑许多相同的、全都由 $\psi(\boldsymbol{r}, t)$ 描述的系统,而在某时刻我们观测每个系统中粒子的位置,而在 $\boldsymbol{r}$ 周围 $\mathrm{d}V$ 中发现粒子的频率就等于概率 $P(\boldsymbol{r}, t)\mathrm{d}V$。[我们令概率 $|\psi(\boldsymbol{r}, t)|^2\mathrm{d}V$ 在粒子存在的空间上的积分为 1。]定态波函数的形式为:$\psi_E(\boldsymbol{r}, t) = u_E(\boldsymbol{r})\exp(\mathrm{i}Et/\hbar)$,因此有 $|\psi_E(\boldsymbol{r}, t)|^2\mathrm{d}V = |u_E(\boldsymbol{r})|^2\mathrm{d}V$,即概率与时间无关。图 13.11 就展示了这样的情况;当粒子处于第 n 定态时,$P_n(x)\mathrm{d}x$ 表示任意时刻在 x 和 $x+\mathrm{d}x$ 之间发现粒子的概率。我们注意到粒子有可能出现在势阱的外部,而使势能 U 高于粒子的总能量 E。这种情况在经典力学中不可能出现,因为粒子动能为 $E-U = mv^2/2$,它必须为正。然而我们要知道,图 13.11 所示的 $P_n(x)$ 并不意味着粒子以负的动能出现在势阱外部。“当粒子处于 x 时其速度和动能为多少”,这样的表述在量子力学中不成立,因为我们不能同时掌握粒子的速度(因此掌握它的动能)和它的位置。也许下面的表述更恰当:当粒子位于 x 时,我们不知道它的速度是多少。量子力学事实可以这样来总结:粒子的物理状态包含在波函数 $\psi(\boldsymbol{r}, t)$ 中。已知波函数,我们就可以根据明确的规则回答这样一些问题,例如:

---

⑯ 想了解哥本哈根学派对量子力学更系统的解释,请参见:Leighton R B. Principles of Modern Physics. NY: McGrawHill Book Company, Inc, 1959.其他的对量子力学的尝试性解释接受了数学预测,但是试图提出数学背后的物理实在,以便更接近我们对物理世界的实际经验,但科学团体没有接受这些解释。戴维·玻姆(David Bohm)关于该主题写了《统一性和背后的秩序》(*Wholeness and the Implicate Order*),这本书很有趣,由劳特利奇于 2002 年出版。

“在 x 和 $x+\mathrm{d}x$ 之间发现粒子的概率有多大”,“粒子动能(恒为正)处于 K 和 $K+\mathrm{d}K$ 之间的概率有多大”等等。

当粒子的波函数为 $\psi(x, t)$ 时,粒子的平均位置 $\langle x(t)\rangle$ 为[17]:

$$\langle x(t)\rangle=\int_{-\infty}^{+\infty}\psi^*(x, t)x\psi(x, t)\mathrm{d}x=\int_{-\infty}^{+\infty}xP(x, t)\mathrm{d}x. \tag{13.61}$$

而测量这个均值的误差 Δx 为[18]:

$$\Delta x=\left[\int_{-\infty}^{+\infty}\psi^*(x, t)(x-\langle x\rangle)^2\psi(x, t)\mathrm{d}x\right]^{1/2}. \tag{13.62}$$

一般来说,$\langle x\rangle$ 和 Δx 都是时间的函数,而当 $\psi(x, t)$ 为定态时,它们就不随时间改变。

下面考虑如何根据波函数 $\psi(x, t)$ 来确定粒子的动量。我们知道式(13.33)定义的 $u_q(x)$ 对应确定的动量 $\hbar q$,而任意函数都可以被表示为 $u_q(x)$ 的线性组合,其中 q 由式(13.32)确定。因此我们有:

$$\psi(x, t)=\sum_q c_q(t)u_q(x)=\sum_q c_q(t)\frac{1}{\sqrt{L}}\mathrm{e}^{\mathrm{i}qx}, \tag{13.63}$$

其中,

$$c_q(t)=\int_{-L/2}^{+L/2}u_q^*(x)\psi(x, t)\mathrm{d}x=\int_{-L/2}^{+L/2}\frac{1}{\sqrt{L}}\mathrm{e}^{-\mathrm{i}qx}\psi(x, t)\mathrm{d}x.$$

由于 L 非常大,因此 ψ 在 $-L/2<x<+L/2$ 的外部趋于零。我们令 $\psi(x, t)$ 满足归一化条件:

$$\int_{-L/2}^{+L/2}\psi^*(x, t)\psi(x, t)\mathrm{d}x=1. \tag{13.64}$$

将式(13.63)代入上式,并利用式(13.34)的正交关系,我们得到:

$$\sum_q c_q^*(t)c_q(t)=\sum_q |c_q(t)|^2=1. \tag{13.65}$$

式(13.63)说明 $\psi(x, t)$ 由 $u_q(x)$ 构成,而每个 $u_q(x)$ 对应确定的动量 $\hbar q$。那

---

⑰ 为了简化问题,我们只给出了沿 x 方向运动的公式,而把公式推广到三维的情况很容易。

⑱ 式(13.61)和式(13.62)类似对一系列测量结果(例如物体温度)求均值和关于均值的分布宽度的公式。

么根据式(13.65),我们可以合理地预期，$|c_q(t)|^2$ 就表示 t 时刻测得粒子动量为 $\hbar q$ 的概率。检验这一理论预期的方式与测量粒子位置的过程相似：我们建立许多全同的、均由 $\psi(x, t)$ 描述的系统,而在某一时刻我们观测每个系统中粒子的动量。测得的粒子动量介于 $\hbar q$ 和 $\hbar(q+\Delta q)$ 的频率就等于 $|c_q(t)|^2$，其中 $\Delta q = 2\pi/L$，由于 L 很大因此 Δq 很小。

根据上述讨论,粒子的平均动量 $\langle p_x(t)\rangle$ 为：

$$\langle p_x(t)\rangle = \sum_q \hbar q\ |c_q(t)|^2. \tag{13.66}$$

而利用公式

$$\langle p_x(t)\rangle = \int_{-L/2}^{+L/2} \psi^*(x, t)\hat{p}_x \psi^*(x, t)\mathrm{d}x = \sum_q \hbar q\ |c_q(t)|^2 \tag{13.67}$$

也能得到相同的 $\langle p_x(t)\rangle$ 的表达式,其中 $\hat{p}_x$ 是式(13.31)定义的动量算符。在上述推导中,我们先是将 $\psi(x, t)$ 表示为 $u_q(x)$ 的和,然后利用了正交性关系式(13.34)。Δp_x 的公式与式(13.62)类似：

$$\Delta p_x = \left[\int_{-L/2}^{+L/2} \psi^*(x, t)(\hat{p}_x - \langle p_x\rangle)^2 \psi(x, t)\mathrm{d}x\right]^{1/2}. \tag{13.68}$$

我们很容易证明,由式(13.62)和式(13.68)定义的 Δx 和 Δp_x 满足不确定性原理式(13.60)。我们注意到定态 $\psi_E(\boldsymbol{r}, t) = u_E(\boldsymbol{r})\exp(\mathrm{i}Et/\hbar)$ 的系数 $c_q(t) = c_q(0)\exp(\mathrm{i}Et/\hbar)$，它满足 $|c_q(t)|^2 = |c_q(0)|^2$，即 $|c_q(t)|^2$ 不随时间改变，而 $\langle p_x\rangle$ 和 Δp_x 也不随时间改变。

对于每个物理量 $\Omega(\boldsymbol{r}, \boldsymbol{p})$ 我们可以建立对应的算符 $\hat{\Omega} = \hat{\Omega}(\boldsymbol{r}, \hat{p})$，它有一组本征值 ω_n 和对应的本征态 $f_n(\boldsymbol{r})$，它们满足 $\hat{\Omega} f_n(\boldsymbol{r}) = \omega_n f_n(\boldsymbol{r})$ $(n=1, 2, 3, \cdots)$。因此只要已知粒子的波函数 $\psi(\boldsymbol{r}, t)$，就能确定测量 Ω 得到的结果,它是本征值 ω_n 中的一个,以及这个结果出现的概率。这个过程和确定粒子动量的过程类似。我们假定函数 $f_n(\boldsymbol{r})$ $(n=1, 2, 3, \cdots)$ 构成一组正交完备的函数，而任意波函数都可以表示为本征函数的线性组合，$\psi(\boldsymbol{r}, t) = \sum_n c_n f_n(\boldsymbol{r})$。我们将在下一章讨论一个重要的物理量,粒子的角动量。

13.4.4 散射态和隧穿现象

考虑质量为 m 的自由粒子,当它的动量为 $\hbar q$ 时我们可以用波函数式

(13.29)来描述它，而 t 时刻在 x 和 $x+\mathrm{d}x$ 之间发现粒子的概率为 $P(x)\mathrm{d}x=|A\exp(\mathrm{i}qx-\mathrm{i}E_q t/\hbar)|^2=|A|^2$，即粒子出现在任意位置的概率相同。这符合我们的预期，因为式(13.29)描述的粒子动量为 $\hbar q$，对应的动量不确定性 $\Delta p_x=0$，而根据不确定性原理式(13.60)，$\Delta x=\infty$。在实际情况下，自由粒子的状态由所谓的波包表示，是一组确定能量状态的叠加：

$$\psi_k(x,t)=\sum_q c_q(k)\frac{1}{\sqrt{L}}\mathrm{e}^{\mathrm{i}qx-\mathrm{i}E_q t/\hbar},\tag{13.69}$$

其中波包的动量为 $\hbar k$，它可以取 $-\infty$ 到 $+\infty$ 之间的任意数值；上式对式(13.32)中所有的 q 求和，$E_q=\hbar^2q^2/2m$，而系数 $c_q(k)$ 为：

$$c_q(k)=\sqrt{\frac{2\alpha\sqrt{\pi}}{L}}\,\mathrm{e}^{-\mathrm{i}(q-k)x_0}\,\mathrm{e}^{-\alpha^2(q-k)^2/2}.\tag{13.69a}$$

我们注意到 $|c_q(k)|^2$ 是粒子动量为 $\hbar q$ 的概率，当 $q=k$ 时概率最大，而在 $(k-1/\alpha)<q<(k+1/\alpha)$ 的范围之外概率几乎等于零，如图 13.13 所示。我们由此得出，波函数式(13.69)描述的粒子沿 x 方向动量的均值为 $\langle p\rangle=\hbar k$，而对应的动量不确定性 $\Delta p\approx\hbar/\alpha$。

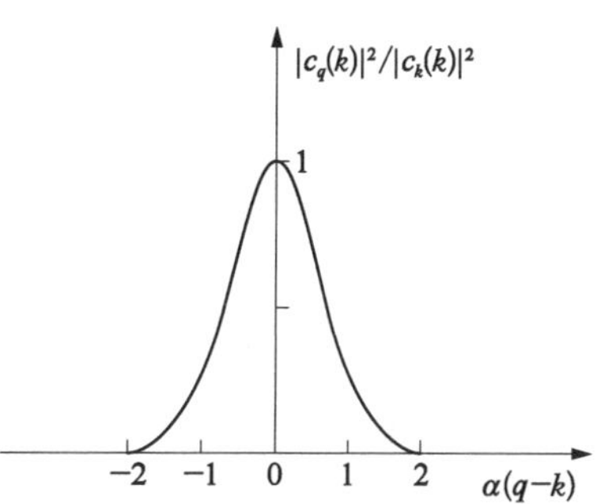

图 13.13　不同动量的波对式(13.69)描述的波包的贡献

它们贡献的份额不随时间改变。

图 13.14 展示了在 $t=0$，$t=t_0$ 和 $t=3t_0$ 3 个时刻波函数 $\psi_k(x,t)$ 的实部和 $|\psi_k(x,t)|$，其中 $t_0=m\alpha^2/\hbar$，$\alpha=\pi/k$。对应的概率函数 $P_k(x,t)=|\psi_k(x,t)|^2$ 为：

$$P_k(x,t)=\frac{1}{\sqrt{\pi(\alpha^2+\hbar^2t^2/m^2\alpha^2)}}\exp\left[-\frac{(x-x_0-pt/m)^2}{\alpha^2+\hbar^2t^2/m^2\alpha^2}\right],\tag{13.70}$$

其中 $p=\hbar k$。我们注意到在任意时刻 $\int_{-\infty}^{+\infty}P_k(x,t)\mathrm{d}x=1$。

在 t 时刻，粒子的平均位置为：

$$\langle x(t)\rangle=x_0+\frac{pt}{m}.\tag{13.71}$$

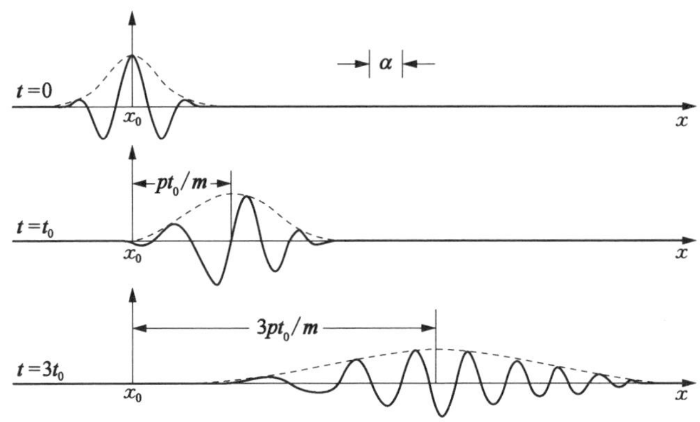

图 13.14　式(13.69)描述 3 个不同时刻的波包

其中实线表示 $\psi_k(x, t)$ 的实部，虚线表示模 $|\psi_k(x, t)|$，其中 $t_0 = m\alpha^2/\hbar$，而 $\alpha = \pi/k$。(来自 Leighton R B. Principles of Modern Physics. NY：McGrawHill Book Company，Inc，1959.)

这就是当经典粒子以速度 $v=p/m$ 从初始位置 x_0 沿着 x 方向运动时的位置(没有不确定性)。在量子力学描述的真实世界中，粒子总是以不可忽视的概率出现在 $\langle x(t)\rangle$ 附近的区域。粒子位置的不确定性 $(\Delta x)_t$ 就由这段延伸区域确定，根据式(13.70)为：

$$(\Delta x)_t \approx \sqrt{\alpha^2 + \frac{\hbar^2 t^2}{m^2 \alpha^2}}. \tag{13.72}$$

我们看到在 $t=0$ 时刻 $\Delta x \approx \alpha$，由此得到 $\Delta p \approx \hbar/\alpha$。因此在 $t=0$，Δx 由不确定性原理 $\Delta x \approx \hbar/\Delta p$ 确定。然而，随着时间推进，式(13.72)中的第二项逐渐占据主导地位，而 $(\Delta x)_t \approx \hbar t/m\alpha \approx (\Delta p/m)t$，这说明粒子位置的不确定性随着时间增大，而当 Δp 较大时粒子围绕其均值的展宽程度也加大。我们可以这样来理解：组成波包的各个动量波以不同的速度 $\hbar q/m$ 传播，因此导致 $|\psi_k(x, t)|$ 发生色散，如图 13.14 所示。而当速度(即动量)的展开程度较大，即 Δp 较大时，这种色散程度也会加大。

在散射实验中，入射粒子轰击靶并且被靶散射，我们利用宏观仪器制备特定状态的入射粒子并检测散射粒子状态；我们的仪器很精密，可以以很小的 Δp (亦即很小的 ΔE) 制备并检测粒子波包，而不会受到对应的位置不确定性 Δx 的任何阻碍。散射体(原子、分子或者固体的表面区域)“看到”一个在空间延展的波函数，它与确定动量和能量的空间波函数相差无几，而检测仪器“看到”的却是经典粒子。

我们用式(13.69)定义的 $\psi_k(x, t)$ 描述一个自由粒子，假定它入射图 13.15 所示的势垒。假定粒子关于其平均动量 $\hbar k$ 的展开足够小，因此它关于其平均能量 $E=\hbar^2k^2/2m$ 的展开也足够小，因此在后续讨论中，我们把波包的能量看作一个确定的值。在 $t=0$ 时刻，粒子(即波包)处于势垒左侧某处[曲线 (α) 下的面积为 A，归一化后 $A=1$]。在 $t\approx t_1$ 时刻，波包抵达势垒，根据薛定谔方程[式(13.27)]粒子被势垒散射。散射发生后 ($t\gg t_1$)，波包分裂成两部分：反射波包 (β) 向 $x=-\infty$ 传播，它的速度为 $v=\hbar k/m$，而透射波包 (γ) 以同样的速度向 $x=+\infty$ 传播。曲线 (β) 下的面积为 B，它确定了入射粒子被势垒反射的概率，而曲线 (γ) 的下方面积 C 决定了透射概率；在任何情况下都有 $B+C=A=1$。反射系数 R 和透射系数 T 的定义为：

$$R=\frac{B}{A} \quad 和 \quad T=\frac{C}{A}. \tag{13.73}$$

它们当然满足 $R+T=1$，入射势垒的粒子要么发生反射要么发生透射，它不会消失。

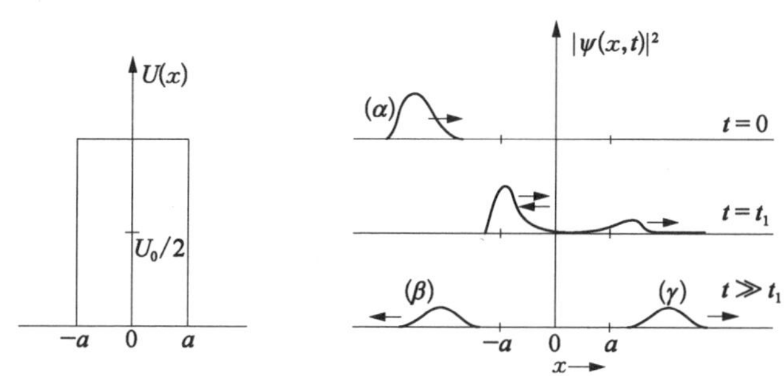

图 13.15　矩形势垒 $U(x)=\begin{cases}U_0, & -a<x<a\\ 0, & x<-a \text{ 或 } x>+a\end{cases}$ 对波函数的散射

其中 (α) 是入射波，对应 $|\psi_i(x, t)|^2$；(β) 是反射波，对应 $|\psi_r(x, t)|^2$；而 (γ) 是透射波，对应 $|\psi_t(x, t)|^2$。

图 13.16 给出了相应的透射系数随着粒子能量 E 的变化，其中势垒高度为 U_0。根据量子力学原理，我们可以求解不含时薛定谔方程，其中粒子的能量为 E，并在 $x\ll -a$ 和 $x\gg a$ 对波函数施加适当的边界条件；在此我们不详细讨论，请参考练习 13.11。我们注意到，和经典理论预期的结果不同，当粒子的能量小于势垒高度时透射系数不会消失，而当能量高于势垒高度时透射系数也不等于

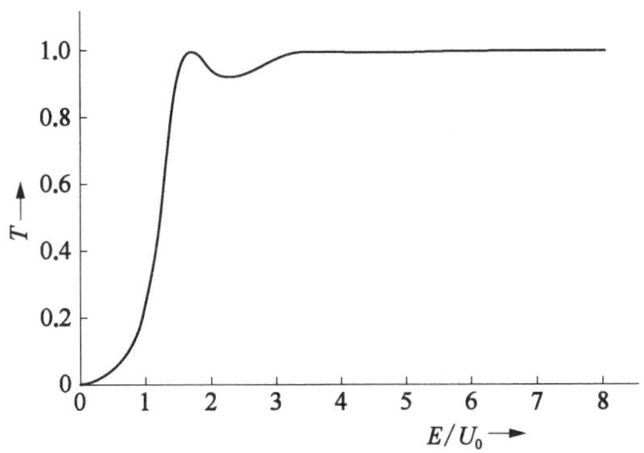

图 13.16　图 13.15 所示的矩形势垒的透射系数

其中 $U_0 = \hbar^2\pi^2/2ma^2$。

1，只有当 $E \gg U_0$ 时它才等于 1。粒子的能量低于势垒高度它依然有可能穿过势垒，这就是所谓的隧穿效应，它不仅在矩形势垒中出现，在任意形态的势垒中都会出现，而在量子力学创立之前这种现象一直让人费解。（在介绍场电子发射时我们提到过这种现象，参见第 11.5.2 节。）

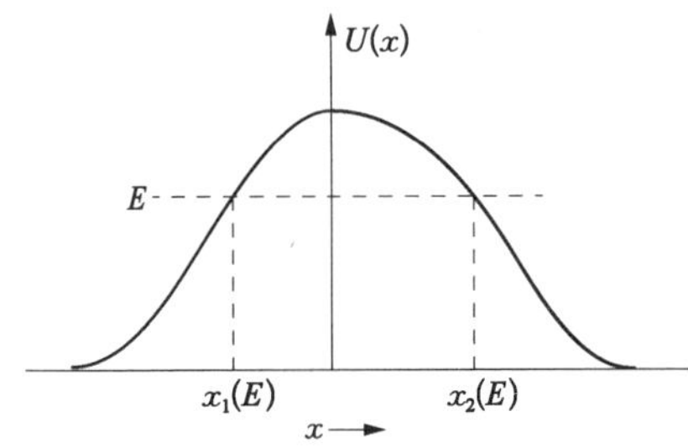

图 13.17　随着位置缓慢变化的势垒

如图 13.17 所示，当势垒的变化十分缓慢时，我们可以证明，粒子隧穿势垒的透射系数可以用很好地近似为：

$$T = \exp\left[-\frac{\sqrt{8m}}{\hbar}\int_{x_1(E)}^{x_2(E)} \sqrt{U(x)-E}\,\mathrm{d}x\right], \tag{13.74}$$

其中 m 是粒子质量，E 是粒子能量，而 $x_1(E)$ 和 $x_2(E)$ 是图中所示的经典的拐点。

我们针对真实或假想的实验条件，对图 13.16 予以解释。我们向势垒发射质量为 m、能量为 E 的粒子，在势垒左侧安置接收器收集反射粒子，而在势垒右侧安置接收器收集透射粒子。我们重复进行 100 次实验，假定发现有 95 次粒子被反射（因为左侧接收器屏幕被粒子击中后出现亮点），而有 5 次粒子透射过去（因为右侧接收器屏幕被粒子击中后出现亮点）。由此我们在实验上确定了反射系数和透射系数，它们分别是 $R = 0.95$ 和 $T = 0.05$。对不同能量的粒子重复这个实验过程，由此确定了曲线 $T(E)$，而它与图 13.16 所示的理论计算结果吻合。需要注意的是，我们的仪器记录收集了多少个粒子，而图 13.15 给出了入射波 (α) 分裂为 (β) 和 (γ) 的理论结果，让我们能在统计意义上准确地预测实验结果。量子力学就是这样工作的。

出于好玩，让我们考虑下面的概率：假定右侧接收器距离势垒很远，而左侧接收器与势垒的距离很近，因此反射粒子抵达接收器较快而透射粒子抵达接收器较慢，在这种情况下，左侧接收器的观察者一旦观测到接收到了粒子，就可以告诉右侧接收器的观察者不需要再苦苦等待。对图 13.15 中的 (β) 的观测破坏了包括远处 (γ) 在内的整个波函数。这种情况会让那些对量子力学不熟悉的人感到困惑；似乎抽象的波函数携带了粒子的全部信息，而一旦我们从中提取了具体的信息(即具体的经典物理量)，波函数就被破坏了，而此后它被一个新的波函数取代。

13.4.5　跃迁

考虑某个势场中的粒子，它可以是氢原子中围绕原子核运动的电子，或者是被图 13.9 所示势阱束缚的粒子。我们用 $\hat{H}_0$ 表示粒子未受到干扰时的哈密顿算符，并假定已知它对应的粒子定态：

$$\hat{H}_0 u_n(x) = E_n u_n(x), \quad n = 1, 2, 3, \cdots. \tag{13.75}$$

我们进一步假定粒子初始时刻处于第 i 个定态，某个束缚态：

$$\psi_i = u_i(x) \mathrm{e}^{-\mathrm{i}E_i t/\hbar}. \tag{13.76}$$

如果没有受到外力的作用，粒子将永远保持这种状态。如果粒子带电，例如电子，用光照射会改变它的状态。例如将原子放置在电磁波场中，如照射紫外光或可见光，则电场会对原子产生作用力，这个力像 $\sin \omega t$ 那样随时间改变[19]。为了考虑这个作用力，我们必须对哈密顿量加上一个干扰项 $V(x, t)$。为了研究这个干扰项对粒子的影响，我们求解薛定谔方程式(13.28)得到波函数 $\psi(x, t)$，其中 $\hat{H} = \hat{H}_0 + V$，而初始条件为 $\psi(x, 0) = u_i(x)$，与式(13.76)保持一致。

由于式(13.75)中的函数 $u_n(x)$ 构成一个完备集，即任何函数都可以用 $u_n(x)$ 的线性组合表示，因此我们假定要求解的 $\psi(x, t)$ 具有下面的形式：

---

⑲ 第 14.3.3 节介绍了另一种考虑原子与光相互作用的方法；这两种方法采用的都是一级微扰理论。

$$\psi(x,\ t)=\sum_n c_n(t)u_n(x)\mathrm{e}^{-\mathrm{i}E_n t/\hbar}. \tag{13.77}$$

将上式代入薛定谔方程后，经过一些代数运算我们得到了系数 $c_n(t)$ 满足的方程：

$$\frac{\mathrm{d}c_k}{\mathrm{d}t}=-\frac{\mathrm{i}}{\hbar}\sum_n c_n(t)V_{kn}(t)\mathrm{e}^{\mathrm{i}\omega_{kn}t/\hbar},\quad k=1,\ 2,\ 3,\ \cdots, \tag{13.78}$$

其中 $\omega_{kn}=(E_k-E_n)/\hbar$，$V_{kn}(t)=\int_{-\infty}^{+\infty}u_k^*(x)V(x,\ t)u_n(x)\mathrm{d}x$。

我们通常假定扰动很微弱，因此可以令方程右侧的所有 $n\neq i$ 的 $c_n(t)$ 都等于零，而令 $c_i(t)=1$；因为第 i 状态是系统的初始态，而如果没有微扰的话系统将一直保持这个状态。随后我们对式(13.78)积分，得到所有 $k\neq i$ 的 $c_k(t)$ 的表达式：

$$c_k(t)=-\frac{\mathrm{i}}{\hbar}\int_0^t V_{ki}(t')\mathrm{e}^{\mathrm{i}\omega_{ki}t'/\hbar}\mathrm{d}t',\quad k\neq i. \tag{13.79}$$

这就是所谓的一级近似结果。根据式(13.77)，$|c_k(t)\mathrm{e}^{-\mathrm{i}E_k t/\hbar}|^2=|c_k(t)|^2$，它表示在 t 时刻发现粒子处于状态 k 而不是初始状态 i 的概率。我们可以进一步，将 $c_k(t)$ 的一极近似结果代入式(13.78)的右侧，进行积分后得到二级近似结果，而重复这一过程可以得到更高级的近似结果。你们可能认为这个过程最终会收敛于确定的 $c_k(t)$ 值，但实际上我们通常不需要高级的近似结果。

13.4.6 经典力学与量子力学的联系

我们可以证明，式(12.61)和式(13.67)定义的 $\langle x(t)\rangle$ 和 $\langle p_x(t)\rangle$ 满足下述方程：

$$\frac{\mathrm{d}\langle x(t)\rangle}{\mathrm{d}t}=\frac{\langle p_x(t)\rangle}{m}. \tag{13.80}$$

因此，当式(13.62)和式(13.68)定义的 Δx 和 Δp_x 可以忽略不计时，我们就用经典力学中的 $x(t)$ 和 $p_x(t)$ 分别代替 $\langle x(t)\rangle$ 和 $\langle p_x(t)\rangle$。此外我们还可以证明：

$$\frac{\mathrm{d}\langle p_x(t)\rangle}{\mathrm{d}t}=\left\langle -\frac{\partial U}{\partial x}\right\rangle, \tag{13.81}$$

其中 $\left\langle -\frac{\partial U}{\partial x}\right\rangle=\int\left(-\frac{\partial U}{\partial x}\right)|\psi(x,\ t)|^2\mathrm{d}x$，是负的粒子势能 $U(x)$ 梯度的均

值。如果我们忽略 Δx（它决定了 $|\psi(x,t)|^2$ 围绕其平均位置 $\langle x(t)\rangle$ 展开的程度），就可以用 $-\partial U/\partial x$ 代替 $\langle -\partial U/\partial x\rangle$。因此忽略了 Δx 和 Δp_x 以后，式(13.81)变为：

$$\frac{\mathrm{d}p_x(t)}{\mathrm{d}t}=-\frac{\partial U}{\partial x}. \tag{13.82}$$

这当然就是牛顿运动定律，因为 $-\partial U/\partial x$ 就等于粒子在 $x(t)$ 受到的力。因此在可以忽略 Δx 和 Δp_x 的条件下，经典力学与量子力学等价，这就是玻尔提出的对应原则。汤姆孙研究了真空管中的电子在电磁场作用下的运动（参见第 11.3 节），他的实验结果证实了对应原则成立[20]。当我们考虑宏观物体运动时，当然可以忽略不确定性原理确定的 Δx 和 Δp_x。因此在原则上，宏观物体有可能偏离牛顿定律预测的结果，但是在世界终结之前，这个概率几乎等于零。

以上论述符合我们的预期；当旧理论（当前情况下是牛顿理论）被新理论取代时，前者作为一种极限情况成为后者的一部分。但是经典物理还没有退化到这一步，因为在解释量子力学的计算结果时，我们必须采用经典概念才能和实验结果联系起来。我们还没有描绘物理世界的完整的量子力学图像。

练习

13.1　(a) 利用式(13.1)证明斯特藩定律 $I(T)=\sigma T^4$，其中 $\sigma=2\pi^5k^4/15c^2h^3$。请注意：$\int_0^\infty \frac{x^3\mathrm{d}x}{\mathrm{e}^x-1}=\frac{\pi^4}{15}$。

(b) 已知太阳的半径为 6.98×10^8 m，假定太阳辐射能量的功率为 3.74×10^{26} W，估算太阳表面的温度。

13.2　假定一个粒子处于式(13.47)描述的一维盒子中，利用不确定性原理估计粒子的基态能量 E_1。

提示：假定 $p_x\geqslant\Delta p_x$，$\Delta x\approx a$。

---

⑳　在威尔逊云室中（例如图 15.2）也可以看到亚核粒子产生的经典轨迹。对粒子位置的精确测量会在轨迹近旁得到随机分布的一些点。

答案：$E_1 \approx \hbar^2/8ma^2$。

13.3 假定质量为 m 的粒子处于式(13.47)描述的一维盒子中，$t=0$ 时刻粒子的状态为：

$$u(x)=\frac{1}{\sqrt{2a}}\sin\frac{\pi x}{a}+\sqrt{\frac{3}{2a}}\left(\sin\frac{2\pi x}{a}\cos\frac{\pi x}{a}+\cos\frac{2\pi x}{a}\sin\frac{\pi x}{a}\right),$$

请确定粒子在 $t>0$ 时的波函数 $u(x, t)$。

提示：$\sin(a+b)=\sin a\cos b+\cos a\sin b$。

答案：$u(x, t)=\dfrac{1}{\sqrt{2a}}\sin\dfrac{\pi x}{a}\mathrm{e}^{-E_1 t/\hbar}+\sqrt{\dfrac{3}{2a}}\sin\dfrac{2\pi x}{a}\mathrm{e}^{-E_3 t/\hbar}$，$E_n=\dfrac{\pi^2\hbar^2 n^2}{2ma^2}$，$n=1, 2, 3, \cdots$。

13.4 假定质量为 m 的粒子处于式(13.56)描述的矩形势阱中，请确定粒子束缚态的能量本征值和对应的本征函数。

答案：根据图 13.11 可知，本征函数或者为偶函数：$u_n(-x)=u_n(x)$，或者是奇函数：$u_n(-x)=-u_n(x)$。感兴趣的读者可以证明这一性质来自势场的对称性：$U(-x)=U(x)$，而且一维束缚态的能量本征值不能简并，即一个能量本征值只能对应一个本征态。利用这一性质证明偶函数的本征态具有下述形式：

$$u(x)=\begin{cases}A\mathrm{e}^{\beta x}, & x<-a\\ C\cos\alpha x, & -a<x<a,\\ A\mathrm{e}^{-\beta x}, & x>a\end{cases}\tag{13.83}$$

而奇函数的本征态具有下述形式：

$$u(x)=\begin{cases}A\mathrm{e}^{\beta x}, & x<-a\\ C\sin\alpha x, & -a<x<a,\\ -A\mathrm{e}^{-\beta x}, & x>a\end{cases}\tag{13.84}$$

其中，

$$\alpha=\frac{\sqrt{2m(E+U_0)}}{\hbar};\ \beta=\frac{\sqrt{-2mE}}{\hbar};\ -U_0<E<0.\tag{13.85}$$

要知道,被束缚粒子的能量只能处在这个范围。读者可以证明,式(13.83)和式(13.84)确定的 $u(x)$ 在 $x \in [-\infty, +\infty]$ 上满足 $U(x)$ 对应的不含时薛定谔方程,而且它们已经被归一化了。然而, $u(x)$ 和 $\mathrm{d}u/\mathrm{d}x$ 必须处处连续,也包括势阱边界 $x = \pm a$。读者可以证明,只有满足

$$\text{偶函数态: } \cos(\alpha a) = (\alpha/\beta)\sin(\alpha a), \tag{13.86}$$

$$\text{奇函数态: } \sin(\alpha a) = -(\alpha/\beta)\cos(\alpha a) \tag{13.87}$$

时, $u(x)$ 和 $\mathrm{d}u/\mathrm{d}x$ 才能处处连续。上述两个式子可以被表示成更方便的形式:

$$\text{偶函数态: } \frac{\cos k}{\sin k} = \frac{k}{\sqrt{b^2 - k^2}}, \tag{13.86$'$}$$

$$\text{奇函数态: } -\frac{\sin k}{\cos k} = \frac{k}{\sqrt{b^2 - k^2}}, \tag{13.87$'$}$$

其中,

$$k = \alpha a = a\,\frac{\sqrt{2m(E + U_0)}}{\hbar}, \tag{13.88}$$

$$b = a\,\frac{\sqrt{2mU_0}}{\hbar}. \tag{13.89}$$

我们注意到,当 k 从 0(对应 $E = -U_0$) 变化到 b (对应 $E = 0$) 时, $k/\sqrt{b^2 - k^2}$ 从 0 连续增大并趋于无穷。曲线 $\cos k/\sin k$ 和曲线 $k/\sqrt{b^2 - k^2}$ 的交点确定的 k 值令偶函数状态取本征能量。你们很容易证明, $\cos k/\sin k$ 从 $+\infty$ ($k = 0$) 连续降低到 0 ($k = \pi/2$),因此两个曲线在某点 k_1 相交,根据式(13.88)可以确定基态能量 E_1。我们注意到,当 $\pi/2 < k < \pi$ 时 $\cos k/\sin k$ 为负,因此在这个区域该曲线和曲线 $k/\sqrt{b^2 - k^2}$ 没有交点。然而,在这个区域, $-\sin k/\cos k$ 从 $k = \pi/2$ 时的 $+\infty$ 连续降低到 $k = \pi$ 时的 0,因此该曲线和 $k/\sqrt{b^2 - k^2}$ 会有一个交点 k_2,而根据式(13.88)可以确定能量本征值 E_2。随后 $\cos k/\sin k$ 再次从 $+\infty$ ($k = \pi$) 降低到 0($k = 3\pi/2$),而它和 $k/\sqrt{b^2 - k^2}$ 的交点决定了本征值 E_3,依此类推,直到 k 达到最大值 b。读者应当证明,由上述方法确定的矩形势阱中的粒子的能级(即能量本征值)数 N 为:

$$N=最小整数\geqslant\frac{2a\sqrt{2mU_0}}{\pi\hbar}. \tag{13.90}$$

对于能级 n，α 和 β 就要用 α_n 和 β_n 表示，而已知 E_n 就能确定 α_n 和 β_n 以及对应的本征函数 $u_n(x)$ [式(13.83)或式(13.84)]。随后系数 C 可以用系数 A 表示，而最后将 $u_n(x)$ 归一化就可以确定 A。

读者可以应用上述过程验证图 13.9 的矩形势阱的能级。

13.5　假定一个质量为 m 的粒子被势场 $U(x)$ 束缚，$u_\nu(x)$ 表示粒子的归一化本征态，我们有：

$$\hat{H}u_\nu(x)=E_\nu u_\nu(x), \tag{13.91}$$

$$\int_{-\infty}^{+\infty}u_\nu^*(x)u_\nu(x)\mathrm{d}x=1, \tag{13.92}$$

其中 $\hat{H}=\hat{T}+U(x)$，而 $\hat{T}=-\frac{\hbar^2}{2m}\frac{\mathrm{d}^2}{\mathrm{d}x^2}$ 是动能算符。

(a) 证明如果要确定粒子处于能态 ν 的动能均值，可以采用下面两个公式的任意一个：

$$\langle T\rangle_\nu=\int_{-\infty}^{+\infty}u_\nu^*(x)\hat{T}u_\nu(x)\mathrm{d}x, \tag{13.93}$$

$$\langle T\rangle_\nu=\int_{-\infty}^{+\infty}u_\nu^*(x)[E_\nu-U(x)]u_\nu(x)\mathrm{d}x. \tag{13.94}$$

(b) 写出在三维空间运动的粒子的对应公式。

答案：将式(13.93)和(13.94)中的符号推广到三维：$x\rightarrow\boldsymbol{r}$；$\hat{T}=-\frac{\hbar^2}{2m}\left(\frac{\partial^2}{\partial x^2}+\frac{\partial^2}{\partial y^2}+\frac{\partial^2}{\partial z^2}\right)$，$\mathrm{d}x\rightarrow\mathrm{d}V$，并对整个空间积分。

(c) 根据式(13.91)和(13.92)以及它们的三维推广证明：

$$E_\nu=\int u_\nu^*(\boldsymbol{r})\hat{H}u_\nu(\boldsymbol{r})\mathrm{d}V. \tag{13.95}$$

上式意味着，如果我们能很好地写出(或猜出)波函数 $u_\nu(\boldsymbol{r})$，那么利用式(13.95)就能得出对应的能量本征值，而不用求解不含时薛定谔方程。

13.6 应用图13.9所示的矩形势阱中的基态公式，验证练习13.5中的式(13.93)和式(13.94)。

13.7 假定质量为 m 的粒子在势场 $U(x)$ 中运动，势场 $U(x)$ 为：

$$U(x,y,z)=\begin{cases}0, & 0<x<a,\ 0<y<b,\ 0<z<c\\ +\infty, & \text{其余各处}\end{cases}. \tag{13.96}$$

请确定粒子的能量本征值和对应的本征态(归一化的本征函数)。

我们可以说粒子在一个三维的盒子中运动，盒子沿着 x, y, z 方向的尺寸分别为 a, b, c，并且假定 a, b, c 并不相等。

答案：

$$E_{npl}=\frac{\pi^2\hbar^2}{2m}\left(\frac{n^2}{a^2}+\frac{p^2}{b^2}+\frac{l^2}{c^2}\right), \tag{13.97}$$

$$n=1,2,3,\cdots;\ p=1,2,3,\cdots;\ l=1,2,3,\cdots.$$

$$u_{npl}(x,y,z)=\sqrt{\frac{8}{abc}}\sin\frac{n\pi x}{a}\sin\frac{p\pi y}{b}\sin\frac{l\pi z}{c}, \tag{13.98}$$

$$0<x<a;\ 0<y<b;\ 0<z<c.$$

读者可以证明 u_{npl} 满足不含式薛定谔方程，即：

$$-\frac{\hbar^2}{2m}\left(\frac{\partial^2}{\partial x^2}+\frac{\partial^2}{\partial y^2}+\frac{\partial^2}{\partial z^2}\right)u_{npl}(x,y,z)=E_{npl}u_{npl}(x,y,z). \tag{13.99}$$

u_{npl} 满足边界条件，即在盒子的“边界”处均消失；u_{npl} 还满足归一化条件：

$$\int_0^a\int_0^b\int_0^c |u_{npl}(x,y,z)|^2\mathrm{d}x\,\mathrm{d}y\,\mathrm{d}z=1. \tag{13.100}$$

我们还注意到，E_{npl} 的第一项 (n)，第二项 (p) 和第三项 (l) 分别给出了粒子沿着 x, y, z 方向的动能。最后，粒子在盒子中的定态为：

$$u_{npl}(x,y,z,t)=\sqrt{\frac{8}{abc}}\sin\frac{n\pi x}{a}\sin\frac{p\pi y}{b}\sin\frac{l\pi z}{c}\mathrm{e}^{-\mathrm{i}E_{npl}t/\hbar},$$

$$n=1,2,3,\cdots;\ p=1,2,3,\cdots;\ l=1,2,3,\cdots. \tag{13.101}$$

13.8 当(1) $b=a$ 及 (2) $c=b=a$ 时，讨论练习 13.7 中的粒子能量本征值以及对应的本征态。

答案：对于 (1) $b=a$ ，我们注意两个不同的本征态(假定 $n\neq p$)

$$u_{npl}(x,y,z)=\sqrt{\frac{8}{a^2c}}\sin\frac{n\pi x}{a}\sin\frac{p\pi y}{a}\sin\frac{l\pi z}{c} \tag{13.102}$$

和

$$u_{npl}(x,y,z)=\sqrt{\frac{8}{a^2c}}\sin\frac{p\pi x}{a}\sin\frac{n\pi y}{a}\sin\frac{l\pi z}{c} \tag{13.103}$$

有相同的能量

$$E_{npl}=E_{pnl}=\frac{\pi^2\hbar^2}{2m}\left(\frac{n^2+p^2}{a^2}+\frac{l^2}{c^2}\right). \tag{13.104}$$

我们说能量本征值 E_{npl} 是双重简并的，意思是有两个不同的本征态对应这个能量。数学背后的物理图像很明确：假定 $n>p$，则处于状态 u_{npl} 的粒子沿着 x 方向比沿着 y 方向运动得快，而处于状态 u_{pnl} 的粒子的情况恰恰相反。我们还注意到并不是所有的能级都是简并的，例如能级 E_{nnl}，因为在此情况下公式(13.102)和公式(13.103)完全相同，因此能级 E_{nnl} 只对应一种状态。

对于(2)，$c=b=a$，粒子在立方体的盒子中运动，而能级 E_{lll} 非简并。另一方面，当 $l\neq n$ 时，显然 E_{nll}，E_{lnl} 和 E_{lln} 对应相同的能量值 $\frac{\pi^2\hbar^2}{2m}\left(\frac{n^2+l^2+l^2}{a^2}\right)$，因此能级 E_{nll} 是三重简并的。最后我们还得到六重简并的能级：当 $l\neq n\neq p$ 时，u_{npl}，u_{nlp}，u_{pln}，u_{pnl}，u_{lnp}，u_{lpn} 表示 6 种不同的状态，而它们对应相同的能量 $\frac{\pi^2\hbar^2}{2m}\left(\frac{n^2+p^2+l^2}{a^2}\right)$。

当空间势场的对称性越高时，能级的简并度也越大。我们看到在对称性最高的立方体盒子中 ($a=b=c$)，最高可以达到能级的六重简并；在对称性不那么高的盒子中 ($a=b\neq c$)，最高能达到二重简并；而在没有对称性的盒子中 ($a\neq b\neq c$) 中，任何能级都不是简并的。由上述分析结果可知，球对称势场能得到更大的简并度。

13.9　计算电子在三维盒子中的前5个能量本征值，盒子的尺寸参见下文的(1)和(2)，请用电子伏特(eV)给出计算结果。请注意每个能级的简并度，并写出对应的本征函数。

(1) $a=1$，$b=1.5$，$c=2$，单位是Å。

(2) $a=b=c=1.5$，单位是Å。

开始计算前，请证实 $\hbar^2/2m=3.82\ \mathrm{eV}\cdot\mathrm{Å}^2$。

答案：(1) $E_{111}=63.86$，$E_{112}=92.14$，$E_{121}=114.08$；$E_{113}=139.26$，$E_{211}=176.96$，所有能级非简并。对应的本征函数可由练习13.7的式(3)得到。

(2) $E_{111}=50.22$(非简并)，$E_{112}=E_{121}=E_{211}=100.44$(三重简并)，$E_{122}=E_{212}=E_{221}=150.68$(三重简并)，$E_{113}=E_{131}=E_{311}=184.14$(三重简并)，$E_{222}=200.88$(非简并)。对应的本征函数也可由练习13.7的式(3)得到，其中令 $a=b=c$。

13.10　粒子的哈密顿算符 $\hat{H}$ 通常被表示为

$$\hat{H}=\hat{H}_0+V(\boldsymbol{r}), \tag{13.105}$$

其中 $\hat{H}_0=-\frac{\hbar^2}{2m}\nabla^2+U(\boldsymbol{r})$ 表示未受到扰动的哈密顿算符，而 $V(\boldsymbol{r})$ 表示扰动项，它是小于 $U(\boldsymbol{r})$ 的额外势场。我们假定已知能量本征值 E_ν^0 和对应的归一化本征函数 $u_\nu^0(\boldsymbol{r})$：

$$\hat{H}_0u_\nu^0(\boldsymbol{r})=E_\nu^0u_\nu^0(\boldsymbol{r}), \tag{13.106}$$

其中 ν 表示适当的一组量子数，例如练习13.7和练习13.8中表征盒子中粒子的量子数 n，p，l。

添加了额外势场 V 通常让我们不能确定粒子的本征值和本征函数，但如果 V 很小我们就能确定它导致能级 E_ν^0 改变的修正项 ΔE_ν，方法如下。

(a) 假定 E_ν^0 非简并，我们利用下式估计 $V(\boldsymbol{r})$ 产生的一阶修正：

$$\Delta E_\nu=\int u_\nu^0(\boldsymbol{r})V(\boldsymbol{r})u_\nu^0(\boldsymbol{r})\mathrm{d}\boldsymbol{r}. \tag{13.107}$$

因此，一阶近似条件下的能级为：

$$E_\nu = E_\nu^0 + \Delta E_\nu. \tag{13.108}$$

我们假定波函数 $u_\nu^0(\boldsymbol{r})$ 没有因为 V 的存在而显著改变，利用练习 13.5 的方程(13.95)直接导出了上面的方程(13.107)和方程(13.108)。

问题：电子在图 13.9 所示的矩形势阱中运动，沿着 x 方向对势阱施加弱的恒定电场F，这对电子产生扰动势场$V=eFx$。证明在一阶近似条件下，电子在势阱中的能级不变。

(b) 假定 E_ν^0 二重简并，我们有：

$$\hat{H}_0 u_{\nu i}^0(\boldsymbol{r}) = E_\nu^0 u_{\nu i}^0(\boldsymbol{r}),\ i=1,\ 2. \tag{13.109}$$

然而，这两个本征态的任意线性组合都满足相同的方程：$\hat{H}_0(c_1 u_{\nu 1}^0 + c_2 u_{\nu 2}^0) = E_\nu^0(c_1 u_{\nu 1}^0 + c_2 u_{\nu 2}^0)$。如果本征函数满足归一化条件，则必然有 $|c_1|^2 + |c_2|^2 = 1$，否则可以任意选取 c_1 和 c_2。因此，只有掌握了正确的比例才能应用式(13.107)。有时根据对称性可以确定这个比例，但是对于一般的情况则不然。在这种情况下，我们这样来确定被扰动系统的不含时薛定谔方程的近似解：

$$(\hat{H}_0 + V)(c_1 u_{\nu 1}^0 + c_2 u_{\nu 2}^0) = E_\nu(c_1 u_{\nu 1}^0 + c_2 u_{\nu 2}^0). \tag{13.110}$$

应用式(13.109)则可以用 E_ν^0 代替 $\hat{H}_0$，而方程变为 $(E_\nu^0 + V)(c_1 u_{\nu 1}^0 + c_2 u_{\nu 2}^0) = E_\nu(c_1 u_{\nu 1}^0 + c_2 u_{\nu 2}^0)$。根据波函数的正交性，将这个方程左乘 $u_{\nu 1}^{0\,*}$ 并在整个空间上积分得到：

$$(E_\nu^0 + V_{11} - E_\nu)c_1 + V_{12}c_2 = 0. \tag{13.111a}$$

同理，左乘 $u_{\nu 2}^{0\,*}$ 并积分得到：

$$V_{21}c_1 + (E_\nu^0 + V_{22} - E_\nu)c_2 = 0, \tag{13.111b}$$

其中 $V_{ij} = \int u_{\nu 1}^0(\boldsymbol{r})^* V(\boldsymbol{r}) u_{\nu j}^0(\boldsymbol{r})\mathrm{d}\boldsymbol{r}$。我们知道[参见式(A4.8)～式(A4.10)]，只有当上述方程的系数矩阵的行列式等于零，c_1 和 c_2 才有非零解。因此有：

$$\begin{vmatrix} E_\nu^0 + V_{11} - E_\nu & V_{12} \\ V_{21} & E_\nu^0 + V_{22} - E_\nu \end{vmatrix} = 0. \tag{13.112}$$

由上式我们得到一个代数方程，求解后即得到我们想要的能量本征值 $E_{\nu 1}$ 和 $E_{\nu 2}$。将 $E_\nu = E_{\nu 1}$ 代入式(13.111a)和式(13.111b)我们得到由 c_2 表示的 c_1，而将本征函数归一化就能确定 c_2。对 $E_\nu = E_{\nu 2}$ 也可以进行同样的操作。

例子：假定 $V_{11} = V_{22} = 0$，而 $V_{12} = V_{21} = \nu$，证明 $E_{\nu 1} = E_\nu^0 + \nu$，$E_{\nu 2} = E_\nu^0 - \nu$，而对应的本征函数为：

$$u_{\nu 1}(\boldsymbol{r}) = \frac{1}{\sqrt{2}}(u_{\nu 1}^0 + u_{\nu 2}^0),\ u_{\nu 2}(\boldsymbol{r}) = \frac{1}{\sqrt{2}}(u_{\nu 1}^0 - u_{\nu 2}^0).$$

问题：一个电子在三维的盒子中运动，盒子在 x，y，z 方向上的尺寸为 a，$b = a$，c。对盒子施加一个弱的干扰势场 $V(x)$，证明在此情况下，电子的每个二重简并的能级分裂成两个能级。

(c) 上述对二重简并的处理方法可以推广到多重简并的情况，尽管推导过程有些繁琐但基本思想是一样的，你们可以尝试。

13.11　请考虑一个由式(13.69)描述的波包，它的动量围绕均值 $\hbar k$ 展开了 Δp_x。根据量子力学原理，要确定这个波包的散射可以求解下述不含时薛定谔方程：

$$-\frac{\hbar^2}{2m}\frac{\mathrm{d}^2 u}{\mathrm{d}x^2} + U(x)u = Eu, \tag{13.113}$$

其中 $E = \hbar^2 k^2 / 2m$ 是质量为 m 的粒子的能量，该粒子轰击由 $U(x)$ 表示的散射体。我们假定：

$$U(x) = \begin{cases} 0 & x < -a \\ \text{任意形态} & -a < x < a. \\ 0 & x > a \end{cases}$$

如果粒子从左侧轰击散射体，则波函数必须满足方程(13.113)和下面的边界条件：

$$u(x) = \begin{cases} \mathrm{e}^{\mathrm{i}kx} + r\mathrm{e}^{-\mathrm{i}kx} & x < -a \\ t\mathrm{e}^{\mathrm{i}kx} & x > a \end{cases}. \tag{13.114}$$

如果粒子从右侧轰击散射体，则波函数必须满足方程(13.113)和下面的边界条件：

$$u(x) = \begin{cases} \mathrm{e}^{-\mathrm{i}kx} + r\mathrm{e}^{\mathrm{i}kx} & x > a \\ t\mathrm{e}^{-\mathrm{i}kx} & x < -a \end{cases}. \tag{13.114'}$$

在方程(13.114)和方程(13.114′)中，$\mathrm{e}^{-\mathrm{i}kx}$ 表示入射波，我们令它的振幅为 1，$r\mathrm{e}^{\mathrm{i}kx}$

表示反射波，而 te^{-ikx} 表示透射波。我们注意到，方程(13.114)和(13.114′)在 $x<-a$ 和 $x>a$ 的范围内满足式(13.113)，而 $u(x)$ 在 $-a<x<a$ 范围内的形式当然由 $U(x)$ 决定，而我们要求 $u(x)$ 以及 du/dx 在包括边界点 $x=\pm a$ 在内处处连续，由此可以确定 t 和 r。透射率 T 和反射率 R 根据式(13.73)确定：

$$T=|t|^2,R=|r|^2. \tag{13.115}$$

(a) 假定粒子的质量为 m，能量 $E>U_0$，它从左侧入射图 13.15 所示的势垒。(1) 请写出 $-a<x<a$ 的 $u(x)$；(2) 写出 $u(x)$ 和 du/dx 在边界点 $x=\pm a$ 处连续的表达式；(3) 确定 $T(E)$ 的表达式。

答案：(1) $u(x)=De^{iqx}+Fe^{-iqx}$，其中 $q=\sqrt{2m(E-U_0)}/\hbar$。

(2) $u(x)$ 和 du/dx 在 $x=-a$ 连续，则有：

$$\begin{cases}-e^{ika}r+e^{-iqa}D+e^{iqa}F=e^{-ika}\\ ke^{-ika}r+qe^{-iqa}D-qe^{iqa}F=ke^{-ika}\end{cases};$$

$u(x)$ 和 du/dx 在 $x=a$ 连续，则有：$\begin{cases}e^{iqa}D+e^{-iqa}F-e^{ika}t=0\\ qe^{iqa}D-qe^{-iqa}F-ke^{ika}t=0\end{cases}$。

求解上述方程就能确定 D, F, r, t 的值。

(3) $T(E)=\left[1+\dfrac{U_0^2\sin^2(\sqrt{8m(E-U_0)}a/\hbar)}{4E(E-U_0)}\right]^{-1}$。

(b) 假定粒子的质量为 m，能量 $E<U_0$，它从左侧入射图 13.15 所示的势垒。(1) 请写出 $-a<x<a$ 的 $u(x)$；(2) 写出表示 $u(x)$ 和 du/dx 在边界点 $x=\pm a$ 处连续的方程，并由此确定 $T(E)$ 的表达式。

答案：(1) $u(x)=De^{-qx}+Fe^{qx}$，其中 $q=\sqrt{2m(U_0-E)}/\hbar$。

(2) $T(E)$ 的形式同上。我们注意到，根据式(A2.14)当 $\theta>0$ 时有：$\sin\sqrt{-\theta}=\sin i\sqrt{\theta}=(e^{-\sqrt{\theta}}-e^{\sqrt{\theta}})/2i$。

(c) 最后请证明，当粒子从右侧入射时可以得到相同的透射率 $T(E)$。

13.12 一个质量为 m，能量为 E 的粒子从左侧入射台阶状势垒：$U(x)=\begin{cases}0, & x<0\\ U_0, & x>0\end{cases}$。

(a) 假定 $E>U_0$，采用练习13.11同样的方法，证明被势垒散射的粒子的波函数为：

$$u(x)=\begin{cases}e^{ikx}+re^{-ikx}, & x<0\\ te^{iqx}, & x>0\end{cases},$$

其中 $k=\sqrt{2mE}/\hbar$，而 $q=\sqrt{2m(E-U_0)}/\hbar$。

(b) 证明由 $u(x)$ 和 du/dx 在 $x=0$ 连续的条件可以确定 $t=2k/(k+q)$，以及 $r=(k-q)/(k+q)$。

(c) 计算反射率 $R(E)=|r(E)|^2$ 和透射率 $T(E)=|t(E)|^2$，其中 q/k 考虑了透射粒子的速度 $\hbar q/m$ 与入射粒子的速度 $\hbar k/m$ 不同的事实。证明：$R(E)+T(E)=1$。

(d) 假定 $E<U_0$，证明被台阶势垒散射的粒子的波函数为：

$$u(x)=\begin{cases}e^{ikx}+re^{-ikx}, & x<0\\ te^{iq'x}, & x>0\end{cases},$$

其中 $k=\sqrt{2mE}/\hbar$ 而 $q'=\sqrt{2m(U_0-E)}/\hbar$。利用 $u(x)$ 和 du/dx 在 $x=0$ 连续的条件可以确定 $t=2k/(k+iq')$，以及 $r=(k-iq')/(k+iq')$。

在当前的情况下没有透射波，因为当 $x\to\infty$ 时 $u(x)\to 0$。因此我们预期反射率 $R(E)=|r(E)|^2$ 为1，请予以验证。

13.13 假定电子的能量为 E_F，它从左侧入射势垒：$U(x)=\begin{cases}0, & x<0\\ E_F+\phi-eFx, & x>0\end{cases}$，请计算透射率 $T(E_F)$。该势垒如图11.10所示，其中忽略了镜像势能修正。

提示：根据式(13.74)我们有：$T(E_F)=e^{-\sqrt{8m}/\hbar\int_0^{x_2}\sqrt{\phi-eFx}\,dx}$，其中 $x_2=\phi/eF$。为了计算积分，令 $w=\phi-eFx$，而 $dw=-eF\,dx$。

答案：$T(E_F)=\exp\left(-\dfrac{4\sqrt{2m\phi}}{3\hbar}\dfrac{\phi}{eF}\right)$。

第 14 章 原子、分子和固体

14.1 单电子原子

如果势场 $U(r)$ 成球形对称，即 $U(r)$ 只和与坐标原点的距离 r 有关，那么用球坐标描述粒子在势场中的位置比用我们熟悉的笛卡儿坐标更方便。球坐标 (r, θ, ϕ) 的定义参见图 14.1。

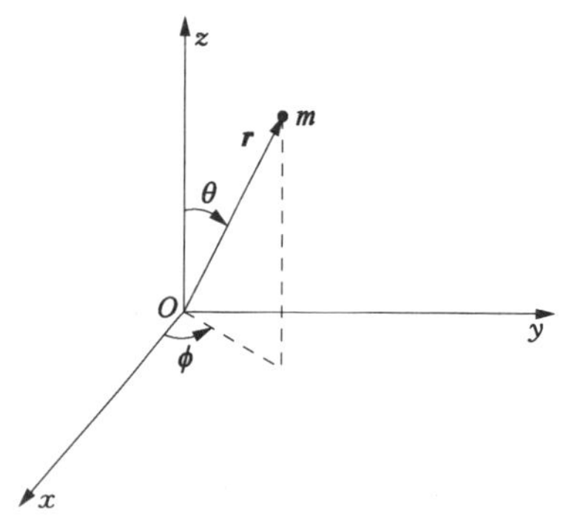

图 14.1 粒子 m 的位置矢量 r 的球坐标定义

粒子与坐标原点的距离为 r，$0 \leqslant r < \infty$；$\boldsymbol{r}$ 与 z 轴的夹角为极角 θ，$0 \leqslant \theta \leqslant \pi$；$\boldsymbol{r}$ 在 xy 平面的投影与 x 轴的夹角为方位角 ϕ，$0 \leqslant \phi < 2\pi$。球坐标与笛卡儿坐标的关系为：$x = r\sin\theta\cos\phi$，$y = r\sin\theta\sin\phi$，$z = r\cos\theta$。

14.1.1 轨道角动量

在经典意义下，当一个粒子在中心场（即球对称场）$U(r)$ 中运动时，由式(7.1)定义的角动量保持恒定；势场 $U(r)$ 产生的力沿 $\boldsymbol{r}$ 的方向，因此角动量关于时间的导数为零。我们将看到，在量子力学中情况也是这样。

根据量子力学规则（参见第 13.4.3 节），我们要从量子力学算符 $\hat{l}_x$，$\hat{l}_y$，$\hat{l}_z$ 开始讨论，它们分别表示粒子角动量 $\boldsymbol{l} = \boldsymbol{r} \times \boldsymbol{p}$ 的 3 个分量。角动量的经典表达式[参见式(7.2)]为：

$$l_x = yp_z - zp_y,\ l_y = zp_x - xp_z,\ l_z = xp_y - yp_x. \tag{14.1}$$

我们用动量算符代替动量的分量，得到对应的角动量算符：

$$\hat{l}_x = y\hat{p}_z - z\hat{p}_y,\ \hat{l}_y = z\hat{p}_x - x\hat{p}_z,\ \hat{l}_z = x\hat{p}_y - y\hat{p}_x, \tag{14.2}$$

其中，

$$\hat{p}_x = \frac{\hbar}{\mathrm{i}}\frac{\partial}{\partial x},\ \hat{p}_y = \frac{\hbar}{\mathrm{i}}\frac{\partial}{\partial y},\ \hat{p}_z = \frac{\hbar}{\mathrm{i}}\frac{\partial}{\partial z}.$$

根据第 13.4.3 节的讨论，在量子力学中物理观测量对应算符，例如能量、动量、轨道角动量的分量等；如果物理系统[例如势场 $U(r)$ 中的粒子]的状态是某个观测量对应算符的本征态，那么对应的物理量就有明确的取值。系统状态可以同时是两个物理量的本征态，即对应的两个算符共享一组本征态，此时这两个物理量都有明确的取值。例如自由粒子的能量和动量共享一组本征态，即式(13.39)表示的平面波，因此其中任意平面波描述的自由粒子既有确定的能量、又有确定的动量，我们可以准确地测出对应的本征值。

研究发现，对于在球对称场 $U(r)$ 中运动的粒子，我们可以选取一组本征态，让它们同时是轨道角动量的平方以及角动量的某个分量(只能是一个分量)的本征态。轨道角动量的平方算符为：$\hat{l}^2 = l_x^2 + l_y^2 + l_z^2$，而根据球坐标定义，最好令这个分量为角动量的 z 分量。换句话讲，我们只能准确说粒子围绕某个轴转动的角动量的大小，以及这个轴和 z 轴的夹角，而角动量在 xy 平面上的投影可以服从任意的概率分布。

在量子力学中有一条重要原理：只有当算符 $\hat{A}$ 和 $\hat{B}$ 满足互易性时，即 $[\hat{A}, \hat{B}] = \hat{A}\hat{B} - \hat{B}\hat{A} = 0$，它们才会有一组共同的本征态，在此情况下任意函数 $f(\boldsymbol{r})$ 满足 $\hat{A}[\hat{B}f(\boldsymbol{r})] = \hat{B}[\hat{A}f(\boldsymbol{r})]$。你们可以证明逆定理也成立，即如果 $\hat{A}$ 和 $\hat{B}$ 有一组共同的本征态，那么这两个算符满足互易性。

现在 $\hat{l}_x$，$\hat{l}_y$，$\hat{l}_z$ 和 $\hat{l}^2 = \hat{l}_x^2 + \hat{l}_y^2 + \hat{l}_z^2$ 满足下述交换关系：

$$\begin{aligned} &[\hat{l}^2, \hat{l}_x] = 0, \quad [\hat{l}^2, \hat{l}_y] = 0, \quad [\hat{l}^2, \hat{l}_z] = 0 \\ &[\hat{l}_x, \hat{l}_y] = \mathrm{i}\hbar\hat{l}_z, \quad [\hat{l}_y, \hat{l}_z] = \mathrm{i}\hbar\hat{l}_x, \quad [\hat{l}_z, \hat{l}_x] = \mathrm{i}\hbar\hat{l}_y \end{aligned}. \tag{14.3}$$

因此，$\hat{l}^2$ 只能和角动量算符的一个分量(我们取 $\hat{l}_z$) 满足互易性，它们共享一组本征态。

交换性关系式(14.3)还包含更多的信息。根据量子力学最重要的原理，如果任意一组(角动量)算符 $(\hat{J}_x, \hat{J}_y, \hat{J}_z)$ 和 $\hat{J}^2 = \hat{J}_x^2 + \hat{J}_y^2 + \hat{J}_z^2$ 满足式(14.3)，则 $\hat{J}^2$ 的本征值为：

$$j(j+1)\hbar^2, \tag{14.4a}$$

其中 j 是整数 ($j=0, 1, 2, \cdots$) 或半整数 $\left(j=\frac{1}{2}, \frac{3}{2}, \frac{5}{2}, \cdots\right)$；而对于任意给定的 j，$\hat{J}_z$ 的本征值为：

$$m_j\hbar, \quad m_j=-j, -j+1, \cdots, j-1, j. \tag{14.4b}$$

我们注意到对于任意给定的 j，量子数 m_j 共有 $2j+1$ 个取值。

我们下面要确定球坐标下的 $\hat{l}^2$ 和 $\hat{l}_z$，它们是：

$$\hat{l}^2=-\hbar^2\left[\frac{\partial^2}{\partial\theta^2}+\frac{\cos\theta}{\sin\theta}\frac{\partial}{\partial\theta}+\frac{1}{\sin^2\theta}\frac{\partial^2}{\partial\phi^2}\right], \hat{l}_z=\frac{\hbar}{\mathrm{i}}\frac{\partial}{\partial\phi}. \tag{14.5}$$

令 $\hat{l}^2$ 和 $\hat{l}_z$ 的本征态的形式为 $R(r)f(\theta, \phi)$；由于上述算符没有包含 r，因此 $R(r)$ 是 r 的任意函数。此外，$\hat{l}_z$ 的简单形式让我们有 $f(\theta, \phi)=X(\theta)\Phi(\phi)$，而 $\hat{l}_z$ 满足的本征值方程变为：

$$\frac{\hbar}{\mathrm{i}}\frac{\partial\Phi_m}{\partial\phi}=m\hbar\Phi_m(\phi). \tag{14.6}$$

我们注意到形如 $\Phi_m(\phi)=A\mathrm{e}^{\mathrm{i}m\phi}$ 的函数满足上述方程，其中 A 和 m 为常数，因此 $\hat{l}_z$ 的本征值为 $m\hbar$，本征函数为 $\Phi_m(\phi)=A\mathrm{e}^{\mathrm{i}m\phi}$。此外，如果 $\Phi_m(\phi)$ 是 ϕ 的单值函数，则必然有 $\Phi_m(\phi+2\pi)=\Phi_m(\phi)$，这意味着 m 一定是整数或是零。因此，归一化后的 $\hat{l}_z$ 的本征函数和对应的本征值为：

$$\begin{gathered}\Phi_m(\phi)=\frac{1}{\sqrt{2\pi}}\mathrm{e}^{\mathrm{i}m\phi} \\ m\hbar, \quad m=0, \pm1, \pm2, \cdots, \pm l\end{gathered}. \tag{14.7}$$

我们注意到 $\Phi_m(\phi)$ 满足 $\int_0^{2\pi}|\Phi_m(\phi)|^2\mathrm{d}\phi=1$。

$f(\theta, \phi)=X(\theta)\Phi(\phi)$ 同时是 $\hat{l}^2$ 的本征态，据此可以确定 $X(\theta)$。将 $f(\theta, \phi)$ 代入 $\hat{l}^2$ 满足的本征值方程得到：

$$\hat{l}^2X(\theta)\Phi_m(\phi)=\hbar^2l(l+1)X(\theta)\Phi_m(\phi), \tag{14.8}$$

其中我们将 $\hat{l}^2$ 的本征值表示成 $\hbar^2l(l+1)$，这没有损失任何一般性。代入式(14.5)表示的 $\hat{l}^2$ 和式(14.7)定义的 $\Phi_m(\phi)$ 后，得到 $X(\theta)$ 的本征值方程：

$$\frac{d^2X}{d\theta^2}+\frac{\cos\theta}{\sin\theta}\frac{dX}{d\theta}-\frac{m^2}{\sin^2\theta}X+l(l+1)X=0. \tag{14.9}$$

我们很幸运,因为法国数学家阿德里安-马里·勒让德(Adrien-Marie Legendre)在 1780 年代研究并求解了上述方程。他发现只有当 l 取正整数、且 $l\geqslant|m|$ 时,上述方程才有有限、连续且单值的解,它们是:

$$X_{lm}(\theta)=N_{lm}P_l^m(\cos\theta), \tag{14.10}$$

其中 N_{lm} 是归一化常数,而 P_l^m 被称作勒让德多项式,它的定义为:

$$P_l^m(\cos\theta)=\frac{1}{2^l l!}\sin^m\theta\frac{d^{l+m}}{d(\cos\theta)^{l+m}}(\cos^2\theta-1)^l. \tag{14.11}$$

我们还记得[参见式(5.42)], d^nf/dx^n 表示 $f(x)$ 的 n 阶导数。由于式(14.9)依赖 m^2 而不是 m, 因此有 $P_l^{-m}(\cos\theta)=P_l^m(\cos\theta)$。

我们通常将 $\hat{l}^2$ 和 $\hat{l}_z$ 的本征态表示为:

$$\begin{aligned}&Y_{lm}(\theta,\phi)=X_{lm}(\theta)\Phi_m(\phi)\\&l=0,1,2,\cdots;\ m=-l,-l+1,\cdots,l-1,l\end{aligned}. \tag{14.12}$$

$Y_{lm}(\theta,\phi)$ 被称作球谐函数,它满足:

$$\begin{aligned}&\hat{l}^2Y_{lm}(\theta,\phi)=\hbar^2l(l+1)Y_{lm}(\theta,\phi)\\&\hat{l}_zY_{lm}(\theta,\phi)=m\hbar Y_{lm}(\theta,\phi)\end{aligned}. \tag{14.13}$$

要记住 l 为正整数或零,而 m 有 $2l+1$ 个取值。

下面介绍几个球谐函数:

$$\begin{aligned}&Y_{00}=\sqrt{\frac{1}{4\pi}}\\&Y_{1-1}=\sqrt{\frac{3}{8\pi}}\sin\theta e^{-i\phi},\ Y_{10}=\sqrt{\frac{6}{8\pi}}\cos\theta,\ Y_{11}=-\sqrt{\frac{3}{8\pi}}\sin\theta e^{i\phi}\\&Y_{2-2}=\sqrt{\frac{15}{32\pi}}\sin^2\theta e^{-2i\phi},\ Y_{2-1}=\sqrt{\frac{15}{8\pi}}\sin\theta\cos\theta e^{-i\phi}\\&Y_{20}=\sqrt{\frac{5}{16\pi}}(3\cos^2\theta-1),\ Y_{21}=-\sqrt{\frac{15}{8\pi}}\sin\theta\cos\theta e^{i\phi}\\&Y_{22}=\sqrt{\frac{15}{32\pi}}\sin^2\theta e^{2i\phi}\end{aligned}. \tag{14.14}$$

根据式(14.12)和式(14.7)，$|Y_{lm}(\theta,\phi)|^2=[N_{lm}P_l^m(\cos\theta)]^2/2\pi$，与方位角 ϕ 无关。图 14.2 给出了 $[P_l^m(\cos\theta)]^2$ 随 θ 变化的示意图。后续我们将看到，这些示意图描述了原子中围绕原子核的电子云分布。

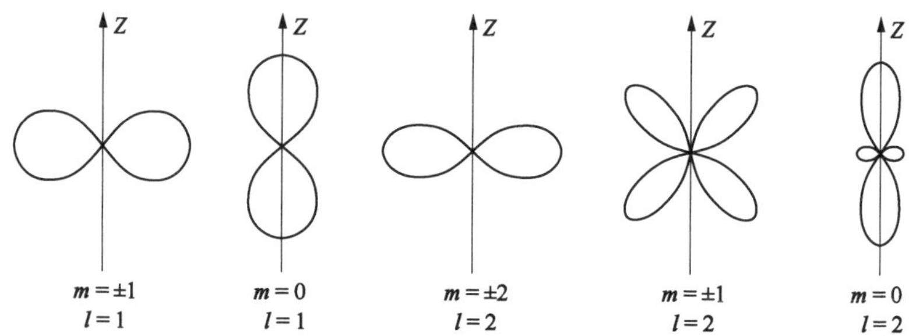

图 14.2　在极坐标系形式下 $[P_l^m(\cos\theta)]^2$ 随 θ 的变化

从原点发出一个矢量，它与 z 轴的夹角为 θ，而它的长度为 $[P_l^m(\cos\theta)]^2$。

球谐函数有着重要的性质。首先它们是一组正交函数：

$$\int_0^{2\pi}\int_0^{\pi}Y_{l'm'}^*(\theta,\phi)Y_{lm}(\theta,\phi)\sin\theta\mathrm{d}\theta\mathrm{d}\phi=\begin{cases}1, & l=l',\ m=m'\\ 0, & \text{其余}\end{cases},\quad(14.15)$$

其中 $\sin\theta\mathrm{d}\theta\mathrm{d}\phi$ 是 (θ,ϕ) 方向上的立体角微元 $\mathrm{d}\Omega$，参见图 14.3。其次，球谐函

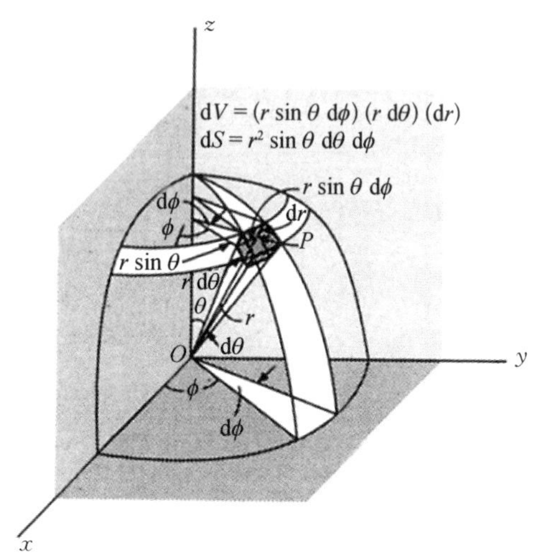

图 14.3　球坐标系中的面积元和体积元

点 P 的球坐标为 (r,θ,ϕ)，它在半径为 r 的球面上的面积元为 $\mathrm{d}S$，体积元为 $\mathrm{d}V$，而 $\mathrm{d}\Omega=\sin\theta\mathrm{d}\theta\mathrm{d}\phi$ 就是张成 $\mathrm{d}S$ 的立体角微元。

数构成一组完备的函数集,即任何函数 $f(\theta, \phi)$,其中 $0 \leqslant \theta \leqslant \pi$ 而 $0 \leqslant \phi < 2\pi$,都可以表示为球谐函数的线性组合:

$$\begin{aligned} f(\theta, \phi) &= \sum_{l=0}^{\infty} \sum_{m=-l}^{l} c_{lm} Y_{lm}(\theta, \phi) \\ c_{lm} &= \int_{0}^{2\pi} \int_{0}^{\pi} Y_{lm}^{*}(\theta, \phi) f(\theta, \phi) \sin\theta \mathrm{d}\theta \mathrm{d}\phi \end{aligned} . \tag{14.16}$$

最后,球谐函数满足下面的关系:

$$\sum_{m=-l}^{l} | Y_{lm}(\theta, \phi) |^2 = \frac{2l+1}{4\pi}. \tag{14.17}$$

14.1.2 中心场中粒子的定态

当质量为 m 的粒子在中心场 $U(r)$ 中运动时,它的定态(即能量本征态)由式(13.43)和式(13.44)确定,对应的哈密顿算符为:

$$H = -\frac{\hbar^2}{2m} \nabla^2 + U(r). \tag{14.18}$$

在球坐标下,动能算符的形式为:

$$-\frac{\hbar^2}{2m} \nabla^2 = -\frac{\hbar^2}{2m} \left(\frac{\partial^2}{\partial r^2} + \frac{2}{r} \frac{\partial}{\partial r} \right) + \frac{1}{2mr^2} \hat{l}^2, \tag{14.19}$$

其中 $\hat{l}^2$ 是由式(14.5)定义的角动量算符。显然 $\hat{l}^2$ 和 $\hat{l}_z$ 可以与 $\hat{H}$ 互易,因此[参见式(14.3)之前的表述]粒子的定态是 $\hat{l}^2$、$\hat{l}_z$ 和 $\hat{H}$ 的本征态。我们要确定形式为 $R(r)Y_{lm}(\theta, \phi)$ 的本征函数,将它代入式(14.19)后得到:

$$\left[-\frac{\hbar^2}{2m} \left(\frac{\partial^2}{\partial r^2} + \frac{2}{r} \frac{\partial}{\partial r} \right) + \frac{1}{2mr^2} \hat{l}^2 + U(r) \right] R(r) Y_{lm}(\theta, \phi) = E R(r) Y_{lm}(\theta, \phi). \tag{14.20}$$

利用式(14.13),将上述方程化为 $R(r)$ 满足的本征值方程:

$$-\frac{\hbar^2}{2m} \left(\frac{\mathrm{d}^2 R}{\mathrm{d}r^2} + \frac{2}{r} \frac{\mathrm{d}R}{\mathrm{d}r} \right) + \left[\frac{\hbar^2 l(l+1)}{2mr^2} + U(r) \right] R(r) = E R(r). \tag{14.21}$$

该方程对应特定的 l 值。我们当然要求 $R(r)$ 以及它的导数连续,而对于束缚态,$R(r)$ 必须平方可积[参见式(14.24a)]。

我们可以将式(14.21)表示成我们更熟悉的形式。令

$$R(r)=\frac{u(r)}{r}, \tag{14.22}$$

并代入式(14.21),我们就得到了关于 $u(r)$ 的方程:

$$-\frac{\hbar^2}{2m}\frac{\mathrm{d}^2u}{\mathrm{d}r^2}+U_l(r)u(r)=Eu(r), \tag{14.23}$$

其中,

$$U_l(r)=U(r)+\frac{\hbar^2 l(l+1)}{2mr^2}. \tag{14.23a}$$

我们看到,式(14.23)类似粒子在一维矩形势阱中的方程,参见第 13.4.2 节。假定 $U_l(r)$ 在空间某个区域足够负,而当 r 很大时它趋于零(下文提到的球形势阱和下一节介绍的原子库仑势场就满足这种情况),那么对于特定的 l 值存在几个束缚态 $u_{nl}(r)$,它们对应离散的、负的能量本征值 E_{nl};其中 n 是描述本征态的另一个量子数,$n=1, 2, 3, \cdots$,随着 n 增大能量增大。$u_{nl}(r)$ 满足式(14.23)和适当的边界条件。首先,由于 $R(r)$ 必须处处有限(包括原点),因此有 $u(0)=0$;其次,由于式(14.23a)成立,因此当 $r\to\infty$ 时 $u(r)$ 趋于零的速度要比 $1/r$ 快。最后,我们知道对于一维运动,每个能量本征值只能对应一个束缚本征态,因此对应特定的本征值 E_{nl},式(14.21)只有一个解 $R_{nl}(r)=u_{nl}(r)/r$。

在许多情况下,不利用变换式(14.22)也能得到式(14.20)的本征函数和对应的本征值。我们用 $\psi_{nlm}(r, \theta, \phi)$ 表示式(14.20)的归一化的本征函数,其中 n 是表示本征函数径向分量 $R_{nl}(r)$ 的另一个量子数,$R_{nl}(r)$ 对应的本征值为 E_{nl}。因此,式(14.18)定义的哈密顿算符描述的粒子定态为:

$$\begin{aligned}&\psi_{nlm}(\boldsymbol{r}, t)=\psi_{nlm}(r, \theta, \phi)\mathrm{e}^{-\mathrm{i}E_{nl}t/\hbar}\\&\psi_{nlm}(r, \theta, \phi)=R_{nl}(r)Y_{lm}(\theta, \phi)\\&\hat{H}\psi_{nlm}(r, \theta, \phi)=E_{nl}\psi_{nlm}(r, \theta, \phi)\\&\int|\psi_{nlm}(r, \theta, \phi)|^2\mathrm{d}V=1\end{aligned}. \tag{14.24}$$

其中最后一个方程要对整个空间积分，而 dV 的定义参见图 14.3。如果利用式(14.15)，则最后一个方程变为：

$$\int_0^{\infty}[rR_{nl}(r)]^2 dr = 1. \tag{14.24a}$$

我们注意到本征函数的径向分量和能量本征值与量子数 m 无关，这符合我们的预期，因为给定势场中粒子的能量与 z 方向的选取无关。对于给定的 l（零或正整数），m 有 $2l+1$ 个取值[参见式(14.12)]，因此存在 $2l+1$ 个本征态对应本征能量 E_{nl}，我们说 E_{nl} 的简并度为 $2l+1$。

图 14.4 给出了粒子在有限球形势阱中的束缚态能级。随着势阱加深 U_0 值增大，l 的取值增多而我们会得到更多的束缚态，其中包括较大角动量（$l>2$）的束缚态；反之随着势阱深度减小束缚态的数量也减小；这与一维势阱的情况类似。值得注意的是，不同的 l 值对应的能级显著不同，这是普遍的情况，而下一节要讨论的单电子原子的库仑场是例外。

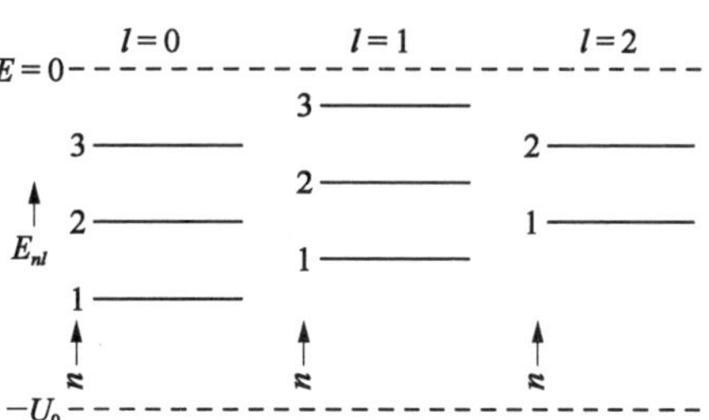

图 14.4　球形势阱中粒子的束缚态能级

其中 $U(r)=\begin{cases}-U_0, & 0<r<a\\ 0, & r>a\end{cases}$。

14.1.3　氢原子定态

在质心系统①中，单电子原子的哈密顿算符为：

$$\hat{H} = -\frac{\hbar^2}{2m_r}\nabla^2 + U(r), \tag{14.25}$$

其中，

$$U(r) = -\frac{Ze^2}{4\pi\varepsilon_0 r}. \tag{14.26}$$

请注意，动能算符中出现的是 m_r，它是原子的约化质量：

---

① 考虑 m_1 和 m_2 两个粒子构成的系统，它们分别位于 $\boldsymbol{r}_1(t)$ 和 $\boldsymbol{r}_2(t)$。系统的质心为 $\boldsymbol{R}(t)=(m_1/M)\boldsymbol{r}_1+(m_2/M)\boldsymbol{r}_2$，其中 $M=m_1+m_2$，而两个粒子的间隔为 $\boldsymbol{r}=\boldsymbol{r}_2-\boldsymbol{r}_1$。在质心坐标系下 $\boldsymbol{R}(t)=0$，因此有 $\boldsymbol{r}_1(t)=-(m_2/M)\boldsymbol{r}(t)$ 和 $\boldsymbol{r}_2(t)=(m_1/M)\boldsymbol{r}(t)$，而两个粒子的动能为 $m_1(d\boldsymbol{r}_1/dt)^2/2+m_2(d\boldsymbol{r}_2/dt)^2/2=m_r v^2/2$，其中 $v=d\boldsymbol{r}/dt$，而 $m_r=m_1m_2/(m_1+m_2)$。

$$m_{\mathrm{r}}=\frac{mM_{\mathrm{N}}}{m+M_{\mathrm{N}}}, \tag{14.27}$$

其中 m 是电子质量而 M_{N} 是原子核的质量；由于 $m \ll M_{\mathrm{N}}$，因此 $m_{\mathrm{r}}=m/(1+m/M_{\mathrm{N}}) \approx m$。在式(14.26)中，$Ze$ 是原子核携带的正电荷，而 $-e$ 是电子电荷。

图 14.5 展示了氢原子 $(Z=1)$ 中电子的有效势能，$U_l(r)=-e^2/4\pi\varepsilon_0 r+\hbar^2 l(l+1)/2m_{\mathrm{r}}r^2$。根据式(12.24)，我们可以固定 l 值，求解处于势场式(14.26)中的单个电子的能级 E_{nl}：

$$E_n=-\frac{m_{\mathrm{r}}Z^2e^4}{32\pi^2\varepsilon_0^2\hbar^2n^2}, \quad n=1,\ 2,\ 3,\ \cdots. \tag{14.28}$$

令 $Z=1$ 就得到了氢原子能级，而上述公式与玻尔公式(13.26)相同，而我们知道后者和实验结果吻合得很好。令 $Z=2$ 就得到了氦离子的能级，它同样与实验结果吻合。

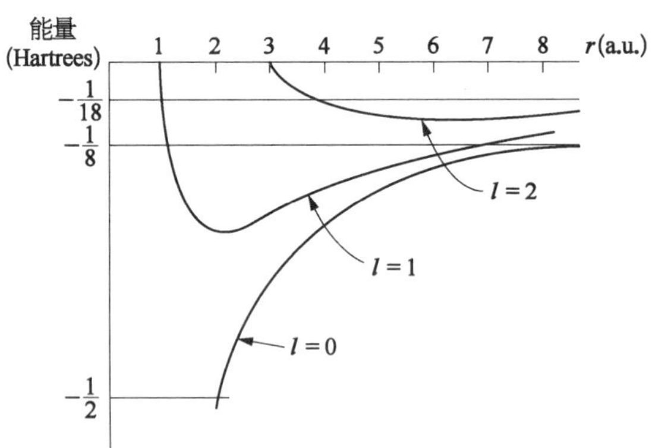

图 14.5　用原子单位表示的氢原子 $(Z=1)$ 的有效势能 $U_l(r)$

其中 1 Hartree = 27.21 eV，长度的原子单位为 $a_0=0.529\,17\times10^{-8}$ cm。图中用水平线给出了由式(14.28)确定的 E_1，E_2，E_3。

本征函数中的 $R_{nl}(r)$ 可以用所谓的连带拉盖尔多项式(associated Laguerre polynomials)表示，图 14.6 给出了 $R_{nl}(r)$ 的示意图，并在图注中给出了对应的表达式，我们对它不作深入讨论。

我们通常将 $l=0$ 的原子本征态称作 s 态，将 $l=1$ 的状态称作 p 态，将 $l=2$ 的状态称作 d 态，而将 $l=3$ 的状态称作 f 态。量子数 n 和 l 决定的本征态为：

$$\begin{aligned}&1s,\ 2s,\ 3s,\ \cdots \quad (l=0,\ n=1,\ 2,\ 3,\ \cdots)\\&2p,\ 3p,\ 4p,\ \cdots \quad (l=1,\ n=2,\ 3,\ 4,\ \cdots)\\&3d,\ 4d,\ 5d,\ \cdots \quad (l=2,\ n=3,\ 4,\ 5,\ \cdots)\\&4f,\ 5f,\ 6f,\ \cdots \quad (l=3,\ n=4,\ 5,\ 6,\ \cdots)\end{aligned}. \tag{14.29}$$

图 14.6 的上图给出了 1s 状态的径向分布，它定义的基态对应原子的最低能级 E_1；中图给出了 2s 和 2p 状态的径向分布，而下图给出了 3s, 3p 和 3d 状态的径向分布。我们注意到，给定的 l 对应某个没有零点的最低能量（即最小的 n 值）的 $R_{nl}(r)$，例如 $R_{10}(r)$，$R_{21}(r)$ 和 $R_{32}(r)$ 都没有零点。随着 n 增大 E_n 也随之增大，而 $R_{nl}(r)$ 的零点增多，如 $R_{20}(r)$ 和 $R_{31}(r)$ 存在一个零点，$R_{30}(r)$ 存在两个零点，等等；n 每增加 1，$R_{nl}(r)$ 就增加一个零点。由于式(14.23)类似一维势阱（参见图 13.11）的情况，因此这在我们的预料之中。此外，随着 n 增大，

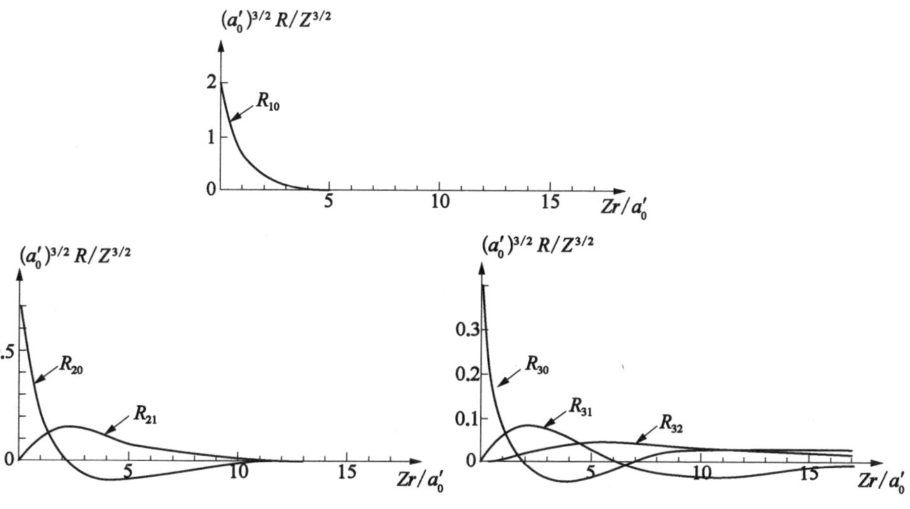

图 14.6　单电子原子的 $R_{nl}(r)$

$R_{10}=2\left(\frac{Z}{a_0'}\right)^{3/2}e^{-Zr/a_0'}$，$R_{20}=\frac{1}{\sqrt{8}}\left(\frac{Z}{a_0'}\right)^{3/2}\left(2-\frac{Zr}{a_0'}\right)e^{-Zr/2a_0'}$，$R_{30}=\frac{1}{81\sqrt{3}}\left(\frac{Z}{a_0'}\right)^{3/2}\left[27-\frac{18Zr}{a_0'}+2\left(\frac{Zr}{a_0'}\right)^2\right]e^{-Zr/3a_0'}$，$R_{21}=\frac{1}{\sqrt{24}}\left(\frac{Z}{a_0'}\right)^{3/2}\left(\frac{Zr}{a_0'}\right)e^{-Zr/2a_0'}$，$R_{31}=\frac{4}{81\sqrt{6}}\left(\frac{Z}{a_0'}\right)^{3/2}\left(6-\frac{Zr}{a_0'}\right)\left(\frac{Zr}{a_0'}\right)e^{-Zr/3a_0'}$，$R_{32}=\frac{\sqrt{8}}{81\sqrt{15}}\left(\frac{Z}{a_0'}\right)^{3/2}\left(\frac{Zr}{a_0'}\right)^2e^{-Zr/3a_0'}$，其中 $a_0'=(1+m/M)a_0$，而 $a_0=4\pi\varepsilon_0\hbar^2/me^2$。（来自 Leighton R B. Principles of Modern Physics. N Y：McGraw-Hill, 1959.）

$R_{nl}(r)$ 会延伸到更大的 r 值范围，即在远离原子核的位置也有可能发现电子。这是因为随着电子能量增大，它运动能达到的空间范围也增大；在经典意义上电子的运动范围增大，而在量子力学意义上电子能穿透的范围增大。

有一点需要说明，多个不同的本征态 $\psi_{nlm}(r, \theta, \phi)=R_{nl}(r)Y_{lm}(\theta, \phi)$ 可以对应相同的能级 E_n。上文曾提到，特定的 l 值对应 $2l+1$ 个不同 m 值的状态。对于当前情况，由于 $l=0, 1, 2, \cdots, n-1$ 对应的状态都具有相同的能量，导致 E_n 的简并度进一步增大。有些人把这种额外的简并度称作意外简并度，认为这来自式(14.26)中哈密顿算符的特殊性。我们将在第 14.2 节看到，电子自旋还会进一步增大简并度，令其加倍。

在结束这一节之前，我们再次对 $|\psi_{nlm}(r, \theta, \phi)|^2$ 定义的概率密度进行说明。由于电子质量远小于原子核的质量，因此可以假定原子核处于坐标原点，而我们说 $|\psi_{nlm}(r, \theta, \phi)|^2\mathrm{d}V$ 表示在点 (r, θ, ϕ) 周围的体积元 $\mathrm{d}V$ 中发现电子的概率(参见图 14.3)。由于 $|\psi_{nlm}(r, \theta, \phi)|^2=|R_{nl}(r)|^2|Y_{lm}(\theta, \phi)|^2$，而 $|Y_{lm}(\theta, \phi)|^2=[N_{lm}P_l^m(\cos\theta)]^2/2\pi$ 与 ϕ 无关，因此概率密度 $|\psi_{nlm}(r, \theta, \phi)|^2$ 与 ϕ 无关。在图 14.7 中，我们用照片的形式展示了 1s, 2p 等状态的概率密度，它们通常被称作电子云。

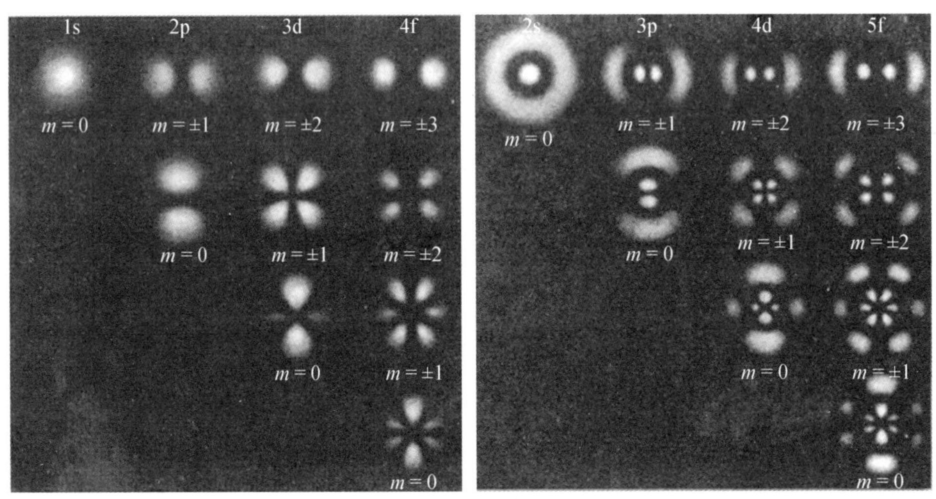

图 14.7 对应不同状态的概率密度函数 $|\psi_{nlm}(r, \theta, \phi)|^2$ 的照片图示

z 轴处于纸面内竖直向上。$|\psi_{nlm}(r, \theta, \phi)|^2$ 和方位角 ϕ 无关；请注意每一列的显示比例有所不同。(来自 Leighton R B. Principles of Modern Physics. N Y: McGraw-Hill, 1959.)

14.2 电子自旋

14.2.1 氢原子能级的精细结构

式(14.28)给出的能级可以很好地解释氢原子的光谱，参见图 13.6。然而早在薛定谔建立他的理论之前，光谱学家就发现了氢原子能级的精细结构，如图 14.8 所示。我们注意到，该图为了强调了实际能级（实线）相对式(14.28)预测的能级（虚线）的偏离，相对图中的标尺将二者的差异放大一万倍。除了能级发生偏移之外，我们还看到对应角动量 $l>0$ 的所有状态能级都分裂成了两个。随着量子数 n 和 l 增大，这两种效应变得越来越不明显。

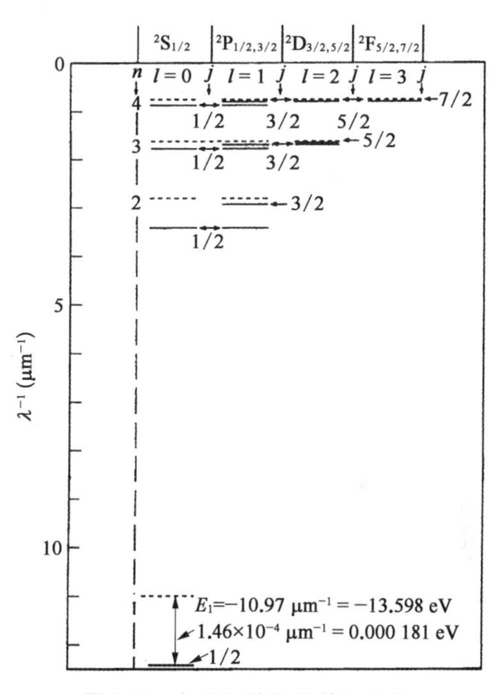

图 14.8　氢原子能级的精细结构

人们对薛定谔的非相对论理论进行了相对论修正，从而得到了图 13.6 所示的能级精细结构。实际上索末菲证明，根据狭义相对论电子的实际动能低于牛顿力学的预测结果，因此氢原子能级要低于原来的玻尔-索末菲氢原子理论预测的结果。当 $p \ll mc$ 时，其中 m 是粒子的静止质量而 p 是粒子动量，我们可以得到粒子的动能 K 为②：

② 这个公式来自 $p^2-E^2/c^2=-m^2c^2$，而后者是根据四元量在洛伦兹变换下长度保持不变的性质由式(12.33)导出的。在静止坐标系下 $p=0$，$E=mc^2$，因此 p^2-E^2/c^2 等于 $-m^2c^2$。我们注意到 m 是粒子的静止质量。因此当 $p \ll mc$ 时我们有：$K=E-mc^2=\sqrt{m^2c^4+c^2p^2}-mc^2 \approx p^2/2m-p^4/8m^3c^2$。

$$K = \frac{p^2}{2m} - \frac{p^4}{8m^3c^2}. \tag{14.30}$$

根据微扰公式(参见练习 13.10),由上述方程的第二项可以得到对能级 E_n 的修正 ΔE_r:

$$\Delta E_r = \int \psi^*(r,\ \theta,\ \phi)\hat{V}_p \psi(r,\ \theta,\ \phi)\mathrm{d}V, \tag{14.31}$$

其中,

$$\hat{V}_p = -\frac{1}{8m^3c^2}\hat{p}^4,$$

其中 $\hat{p} = -(\hbar/\mathrm{i})\nabla$ 是动量算符[参见式(13.37)],而 ψ 是适当的未被扰动的波函数。

对于一个能级分裂成两个的情况,乌伦贝克和古德斯米特在 1925 年就给出了正确的解释(参见第 13.2.4 节)。他们证明电子具有内禀角动量,称其为自旋 $\boldsymbol{\sigma}$,由此产生角动量 $\boldsymbol{\mu}$。 他们根据实验结果,假定 $\boldsymbol{\sigma}$ (亦即 $\boldsymbol{\mu}$) 在特定方向上只有平行或反平行两种取向,而 $\boldsymbol{\mu}$ 与电子轨道运动产生的磁矩相互作用,导致 $l > 0$ 的能级发生分裂。

14.2.2 电子自旋的形式化描述

泡利在 1927 年正式将自旋角动量(通常简称为自旋)引入量子力学,我们下面介绍泡利的理论。电子的自旋只能有两个取向,例如平行或反平行于 z 轴,这一事实意味着(参见第 14.1.1 节的讨论)它们的模方由式(14.4a)确定,其中 $j = 1/2$:

$$\sigma^2 = \frac{1}{2}\left(1 + \frac{1}{2}\right)\hbar^2 = \frac{3}{4}\hbar^2. \tag{14.32}$$

因此 $\sigma_z = -\hbar/2$ 或 $\sigma_z = \hbar/2$。

因此要想完整描述电子的状态,不管它是自由电子还是在势场中运动,对应的波函数都要由 $\psi(\boldsymbol{r};\ t)$ 变为 $\psi(\boldsymbol{r},\ s;\ t)$,其中 s 有两个取值:$s = 1$ 表示自旋向上 $\sigma_z = \hbar/2$,而 $s = 2$ 表示自旋向下 $\sigma_z = -\hbar/2$。 因此,$|\psi(\boldsymbol{r},\ 1;\ t)|^2\mathrm{d}V$ 表示在 $\boldsymbol{r}$ 处的体积元 $\mathrm{d}V$ 中找到自旋向上的电子的概率,而 $|\psi(\boldsymbol{r},\ 2;\ t)|^2\mathrm{d}V$ 则表示在该处找到自旋向下的电子的概率。我们假定

$$\int (|\psi(\boldsymbol{r}, 1; t)|^2 + |\psi(\boldsymbol{r}, 2; t)|^2) \mathrm{d}V = 1, \tag{14.33}$$

波函数 $\psi(\boldsymbol{r}, s; t)$ 也被称作旋量或旋子(spinor)。

在许多情况下,将 $\psi(\boldsymbol{r}, s; t)$ 表示成列矩阵的形式很方便,也很有指导性(参见附录 A):

$$\begin{bmatrix} \psi(\boldsymbol{r}, 1; t) \\ \psi(\boldsymbol{r}, 2; t) \end{bmatrix} = \psi(\boldsymbol{r}, 1; t) \begin{bmatrix} 1 \\ 0 \end{bmatrix} + \psi(\boldsymbol{r}, 2; t) \begin{bmatrix} 0 \\ 1 \end{bmatrix}, \tag{14.34}$$

其中 $\psi(\boldsymbol{r}, 1; t)$ 和 $\psi(\boldsymbol{r}, 2; t)$ 与 $\boldsymbol{r}$ 的函数关系可以相同也可以不同,它们分别用 $\psi_1(\boldsymbol{r}, t)$ 和 $\psi_2(\boldsymbol{r}, t)$ 表示。式(14.34)意味着,我们要将自旋分量算符 $\hat{\sigma}_x$, $\hat{\sigma}_y$, $\hat{\sigma}_z$,以及自旋模方算符 $\hat{\sigma}^2 = \hat{\sigma}_x^2 + \hat{\sigma}_y^2 + \hat{\sigma}_z^2$ 表示成 2×2 阶矩阵的形式。泡利引入了以他的名字命名的矩阵:

$$\hat{\sigma}_x = \frac{\hbar}{2} \begin{bmatrix} 0 & 1 \\ 1 & 0 \end{bmatrix}, \hat{\sigma}_y = \frac{\hbar}{2} \begin{bmatrix} 0 & -\mathrm{i} \\ \mathrm{i} & 0 \end{bmatrix}, \hat{\sigma}_z = \frac{\hbar}{2} \begin{bmatrix} 1 & 0 \\ 0 & -1 \end{bmatrix}. \tag{14.35}$$

因此有:

$$\hat{\sigma}^2 = \frac{3\hbar^2}{4} \begin{bmatrix} 1 & 0 \\ 0 & 1 \end{bmatrix}.$$

利用矩阵运算很容易证明上述算符满足所需要的交换关系式(14.3),例如:

$$\begin{aligned} \hat{\sigma}_x \hat{\sigma}_y - \hat{\sigma}_y \hat{\sigma}_x &= \frac{\hbar^2}{4} \begin{bmatrix} 0 & 1 \\ 1 & 0 \end{bmatrix} \begin{bmatrix} 0 & -\mathrm{i} \\ \mathrm{i} & 0 \end{bmatrix} - \frac{\hbar^2}{4} \begin{bmatrix} 0 & -\mathrm{i} \\ \mathrm{i} & 0 \end{bmatrix} \begin{bmatrix} 0 & 1 \\ 1 & 0 \end{bmatrix} \\ &= \frac{\hbar^2}{4} \begin{bmatrix} \mathrm{i} & 0 \\ 0 & -\mathrm{i} \end{bmatrix} - \frac{\hbar^2}{4} \begin{bmatrix} -\mathrm{i} & 0 \\ 0 & \mathrm{i} \end{bmatrix} = \frac{\mathrm{i}\hbar^2}{2} \begin{bmatrix} 1 & 0 \\ 0 & -1 \end{bmatrix} = \mathrm{i}\hbar \hat{\sigma}_z. \end{aligned}$$

而且我们也很容易证明下面定义的 $\underline{u}_+(s)$ 和 $\underline{u}_-(s)$:

$$\underline{u}_+(s) = \begin{bmatrix} 1 \\ 0 \end{bmatrix}, \underline{u}_-(s) = \begin{bmatrix} 0 \\ 1 \end{bmatrix} \tag{14.36}$$

是 $\hat{\sigma}^2$ 和 $\hat{\sigma}_z$ 的本征态,即:

$$\hat{\sigma}^2 \underline{u}_+ = \frac{3\hbar^2}{4} \underline{u}_+, \hat{\sigma}_z \underline{u}_+ = \frac{\hbar}{2} \underline{u}_+$$

$$\hat{\sigma}^2 \underline{u}_- = \frac{3\hbar^2}{4} \underline{u}_-, \hat{\sigma}_z \underline{u}_- = \frac{\hbar}{2} \underline{u}_-.$$

我们下面考虑怎样在定态中考虑电子的自旋。当哈密顿算符没有包含自旋时，电子的定态为 $\psi_\nu(\boldsymbol{r};t)=\psi_\nu(\boldsymbol{r})\exp(-\mathrm{i}E_\nu t/\hbar)$，其中 ν 表示一组量子数。考虑电子自旋以后，定态的数量就要加倍，而每个能级 E_ν 二重简并，而对应的状态为：

$$\begin{aligned}\psi_{\nu+}(\boldsymbol{r},\ s;\ t)&=\psi_\nu(\boldsymbol{r})\underline{u}_+(s)\mathrm{e}^{-\mathrm{i}E_\nu t/\hbar}\\ \psi_{\nu-}(\boldsymbol{r},\ s;\ t)&=\psi_\nu(\boldsymbol{r})\underline{u}_-(s)\mathrm{e}^{-\mathrm{i}E_\nu t/\hbar}\end{aligned},\tag{14.37}$$

其中 $\underline{u}_+(s)$ 和 $\underline{u}_-(s)$ 表示电子的自旋状态，参见式(14.36)。当哈密顿算符包含了自旋以后，情况就变得不同了，让我们以氢原子能级的精细结构为例进行讨论。

电子自旋 $\boldsymbol{\sigma}$ 产生的磁矩 $\boldsymbol{\mu}$ 为：

$$\boldsymbol{\mu}=-\frac{e}{m}\boldsymbol{\sigma}.\tag{14.38}$$

电子的轨道角动量 $\boldsymbol{l}$ 产生的磁矩 $\boldsymbol{M}$ 为(参见练习 14.8)：

$$\boldsymbol{M}=-\frac{e}{2m}\boldsymbol{l}.\tag{14.39}$$

我们可以证明，$\boldsymbol{\mu}$ 和 $\boldsymbol{M}$ 在原子核势场中的相互作用改变了式(14.25)中的哈密顿算符，而在很好的近似条件下 $\hat{H}$ 变为：

$$\hat{H}=-\frac{\hbar^2}{2m_\mathrm{r}}\nabla^2-\frac{Ze^2}{4\pi\varepsilon_0 r}+\frac{Z}{8\pi\varepsilon_0 m^2c^2r^3}(\hat{\sigma}_x\hat{l}_x+\hat{\sigma}_y\hat{l}_y+\hat{\sigma}_z\hat{l}_z).\tag{14.40}$$

我们注意到，$\hat{l}^2$ 与上述 $\hat{H}$ 满足互易性，但是 $\hat{l}_z$ 和 $\hat{\sigma}_z$ 却不能互易③。因此，$\hat{H}$ 的本征态也是 $\hat{l}^2$ 的本征态，但不能是 $\hat{l}_z$ 和 $\hat{\sigma}_z$ 的本征态。然而我们可以证明，下面即将定义的总角动量平方 $\hat{j}^2$ 及总角动量的 z 分量 $\hat{j}_z$ 和 $\hat{H}$ 以及 $\hat{l}^2$ 可以互易，即 $\hat{H}$ 的本征态也是 $\hat{l}^2$，$\hat{j}^2$ 以及 $\hat{j}_z$ 的本征态。因此，完整描述定态的波函数为：$\psi_{nljm_j}(r,\ \theta,\ \phi;\ s)\exp(-\mathrm{i}E_{nlj}t/\hbar)$。我们注意到能量和 m_j 无关，因为它依赖于任意选取的 z 轴。正如预期得那样，氢原子能级 E_{nlj} 并不明显地依赖 l，参见式(14.28)。

我们下面定义脚注③提到的总角动量

---

③ 根据附录 A 的矩阵乘法规则，我们有 $\hat{\sigma}_x\hat{l}_x\begin{bmatrix}\alpha\\ \beta\end{bmatrix}=\hat{\sigma}_x\begin{bmatrix}\hat{l}_x & 0\\ 0 & \hat{l}_x\end{bmatrix}\begin{bmatrix}\alpha\\ \beta\end{bmatrix}=\hat{\sigma}_x\begin{bmatrix}\hat{l}_x\alpha\\ \hat{l}_x\beta\end{bmatrix}$。因此当一个和自旋无关的算符，例如 $\hat{l}_x$，对旋量作用时，它就相当于一个对角元素为该算符的 2×2 阶对角矩阵。如果像式(14.40)和式(14.41)那样，一个与自旋无关的算符加上一个和自旋有关的算符，上述原理同样适用。

$$\boldsymbol{j}=\boldsymbol{l}+\boldsymbol{\sigma}. \tag{14.41}$$

算符 $\hat{j}$ 的分量以及 $\hat{j}^2$ 的定义为：

$$\begin{array}{l}\hat{j}_x=\hat{l}_x+\hat{\sigma}_x,\ \hat{j}_y=\hat{l}_y+\hat{\sigma}_y,\ \hat{j}_z=\hat{l}_z+\hat{\sigma}_z\\ \hat{j}^2=\hat{j}_x^2+\hat{j}_y^2+\hat{j}_z^2\end{array}. \tag{14.42}$$

$\hat{j}^2$ 和 $\hat{j}_z$ 满足互易关系，因此它们的本征值由式(14.4a)给出。

现在产生了一个问题：总角动量要取什么值[即式(14.4a)中的量子数 j] 才能和给定的轨道角动量(即量子数 l) 相容呢？研究发现 j 可能取值为：

$$j=l+\frac{1}{2}\quad 和\quad j=l-\frac{1}{2}. \tag{14.43}$$

给定的 j 包含 $(2j+1)$ 个状态，分别对应 $m_j=j,\ j-1,\ j-2,\ \cdots,\ -j+1,\ -j$，因此我们共有 $\left[2\left(l+\frac{1}{2}\right)+1\right]+\left[2\left(l-\frac{1}{2}\right)+1\right]=2(2l+1)$ 个状态。如果不考虑哈密顿算符中的交叉项，这就是我们能得到的所有的独立状态[形如式(14.37)]。由于相互作用非常小，我们可以将 $\psi_{nljm_j}(r,\ \theta,\ \phi;\ s)$ 表示为未受干扰的状态的线性和：

$$\begin{aligned}\psi_{nljm_j}(r,\ \theta,\ \phi;\ s)=&\sum_{m=-l}^{l}C_{nl}^{+}(j,\ m_j;m)\psi_{nlm}(\boldsymbol{r})\ \underline{u}_{+}(s)\\ &+\sum_{m=-l}^{l}C_{nl}^{-}(j,\ m_j;m)\psi_{nlm}(\boldsymbol{r})\ \underline{u}_{-}(s),\end{aligned} \tag{14.44}$$

其中 C 为适当的系数。

如果考虑相对论动能修正式(14.30)，则对应的能级为：$E_{nj}=E_n+\Delta E_r+\Delta E_s$；其中 E_n 是未受扰动的本征值[式(14.28)]，ΔE_r 是考虑旋量后将式(14.31)中的 ψ 由 $\psi_{nljm_j}(r,\ \theta,\ \phi;\ s)$ 代替后得出的结果，ΔE_s 也来自形如式(14.31)的方程，其中的 $\hat{V}_p$ 由式(14.40)的最后一项确定。计算相应的积分后得到：

$$E_{nj}=E_n+\frac{Z^2\mid E_n\mid\alpha^2}{4n^2}\left(3-\frac{4n}{j+1/2}\right), \tag{14.45}$$

其中 α 被称作精细结构常数，它没有单位。

$$\alpha=\frac{e^2}{4\pi\varepsilon_0\hbar c}=\frac{1}{137.037\ 7}. \tag{14.46}$$

当 $Z=1$ 时，上述公式和图 14.8 中的实线完美地吻合。我们注意到轨道角动量(量子数 l) 在式(14.45)中没有出现，它实际上通过式(14.43) 间接地起作用，而图 14.8 也体现了这一点。这意味着轨道角动量的大小尽管是式(14.40)中 $\hat{H}$ 的守恒量，但它不是精确的 $\hat{H}$ 的守恒量。

在得到上述结果[即式(14.45)]之后不久，保罗·狄拉克(Paul Dirac)在 1928 年通过建立薛定谔方程的洛伦兹不变性形式，提出了他著名的电子理论(参见第 15.2 节)。狄拉克的方程只容许电子定态旋量形式的解，从而得出了氢原子能级 E_{nj}。在狄拉克的理论中，他并没有采用泡利的方式将电子自旋及其磁矩引入理论，而是根据相对论不变性的要求，自然而然地导出了电子自旋。狄拉克理论同样证实了上文介绍的结果。

14.3 辐射场及其和物质的相互作用

14.3.1 线性谐振子

我们在第 6.2.2 节看到，当质量为 m 的粒子受到力 $F=-kx$ 的作用时，它会围绕中心 $(x=0)$ 进行简谐振动。该作用力当然是保守力，它满足 $F=-\partial U/\partial x$，其中 $U(x)=kx^2/2$。

对线性谐振子的量子力学研究是从不含时薛定谔方程开始的，该方程的形式为：

$$-\frac{\hbar^2}{2m}\frac{\mathrm{d}^2 u}{\mathrm{d}x^2}+\frac{1}{2}kx^2 u(x)=Eu(x). \tag{14.47}$$

由于当 $x\to\pm\infty$ 时 $U(x)\to\infty$，因此振子的所有能量本征态都是束缚态，即当 $x\to\pm\infty$ 时 $u(x)\to 0$。这种情况和一维盒子中的粒子类似，参见第 13.4.2 节。振子具有无穷多的能量本征值：

$$E_n=\hbar\omega\left(n+\frac{1}{2}\right),\quad n=0,1,2,\cdots, \tag{14.48}$$

其中 $\omega=\sqrt{k/m}$，而每个能量本征值对应一个本征态。基态是对应最低能量

$E_0 = \hbar\omega/2$ 的本征函数，它的归一化形式为：

$$u_0(x) = \frac{\alpha^{1/2}}{\pi^{1/4}} e^{-\alpha^2 x^2/2}, \tag{14.49}$$

其中 $\alpha = (km/\hbar^2)^{1/4}$。对应 $n = 1, 2, 3, \cdots$ 的本征态可由下面的公式得到：

$$u_n(x) = \frac{1}{\sqrt{2n}}\left[-\frac{1}{\alpha}\frac{\mathrm{d}u_{n-1}}{\mathrm{d}x} + \alpha x u_{n-1}(x)\right]. \tag{14.50}$$

它们都满足归一化条件：$\int_{-\infty}^{+\infty} u_n^2(x)\mathrm{d}x = 1$。

图 14.9 给出了 $n = 0, 1, 2$ 对应的 $u_n(x)$ 的示意图。我们注意到 $u_0(x)$ 没有零点，$u_1(x)$ 有一个零点，$u_2(x)$ 有两个零点；依此类推，$u_n(x)$ 有 n 个零点。

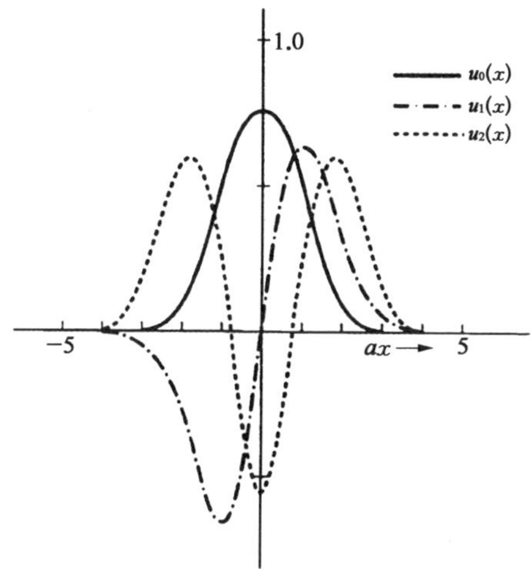

图 14.9　对应 $n = 0, 1, 2$ 的谐振子的能量本征函数

在后续推导中，我们将会用到下述积分：

$$\begin{aligned}
&\int_{-\infty}^{+\infty} u_{n-1}(x) x u_n(x)\mathrm{d}x = \frac{1}{\alpha}\sqrt{\frac{n}{2}} \\
&\int_{-\infty}^{+\infty} u_{n+1}(x) x u_n(x)\mathrm{d}x = \frac{1}{\alpha}\sqrt{\frac{n+1}{2}} \\
&\int_{-\infty}^{+\infty} u_m(x) x u_n(x)\mathrm{d}x = 0, \quad m \neq n-1, n+1
\end{aligned} \tag{14.51}$$

14.3.2 对辐射场的量子力学描述

我们在第 13.1.2 节看到,爱因斯坦通过假定电磁辐射场由量子化的"振子"构成,解释了光电效应。1927 年,狄拉克对辐射场进行了正确的量子力学描述。

为了介绍狄拉克的理论,让我们首先了解经典的矢量场(参见附录 A):

$$A(\boldsymbol{r},\ t)=\sum_{\boldsymbol{q},\ n}Q_{\boldsymbol{q},\ n}(t)\ \boldsymbol{e}_{\boldsymbol{q},\ n}\mathrm{e}^{i\boldsymbol{q}\cdot\boldsymbol{r}}+\mathrm{c.c.}, \tag{14.52}$$

其中 $Q_{\boldsymbol{q},\ n}(t)$ 是待定的函数。上式对所有允许的 $\boldsymbol{q}$ 求和,而 $\boldsymbol{q}$ 由式(13.3)确定;给定的 $\boldsymbol{q}$ 包含两个与 $\boldsymbol{q}$ 垂直的独立的偏振方向,它们由单位矢量 $\boldsymbol{e}_{\boldsymbol{q},\ n}$ 定义,其中 $n=1,\ 2$。第二项 c.c. 表示第一项的复共轭,从而保证 $A(\boldsymbol{r},\ t)$ 是实变量。空腔中的电场为:

$$\boldsymbol{E}(\boldsymbol{r},\ t)=-\frac{\partial \boldsymbol{A}}{\partial t}. \tag{14.53}$$

根据上式,再结合麦克斯韦方程,我们可以得出空腔辐射场的哈密顿量,即总能量:

$$H_{\mathrm{rad}}=\sum_{\alpha}\left(\frac{P_{\alpha}^{2}}{2\varepsilon_{0}}+\frac{\varepsilon_{0}\omega_{\alpha}^{2}Q_{\alpha}^{2}}{2}\right), \tag{14.54}$$

其中 $P_{\alpha}=\varepsilon_{0}(\mathrm{d}Q_{\alpha}/\mathrm{d}t)$, $\omega_{\alpha}=cq$, c 为光速;我们还记得 $\alpha\equiv\boldsymbol{q},\ n$。括号中的第一项给出了电能(即 $\varepsilon_{0}E_{\alpha}^{2}/2$ 在整个空腔的积分),而第二项表示磁能(即 $B_{\alpha}^{2}/2\mu_{0}$ 在整个空腔的积分),二者对应由 α 表示的本征模式[参见式(10.52)]。我们注意到, H_{rad} 中对应特定 α 的每一项在形式上都与线性谐振子的哈密顿量相同:

$$H=\frac{p^{2}}{2m}+\frac{kx^{2}}{2}. \tag{14.55}$$

P_{α} 对应振子的动量 p, Q_{α} 对应位移 x, ε_{0} 代替了 m,而 $\varepsilon_{0}\omega_{\alpha}^{2}$ 代替了 k。经过了这样的类比后,我们就可以讨论量子谐振子。每个谐振子由波函数 $\psi(Q_{\alpha},\ t)$ 描述,波函数满足薛定谔方程

$$\left(-\frac{\hbar^{2}}{2\varepsilon_{0}}\frac{\partial^{2}}{\partial Q_{\alpha}^{2}}+\frac{\varepsilon_{0}\omega_{\alpha}^{2}}{2}Q_{\alpha}^{2}\right)\psi(Q_{\alpha},\ t)=-\frac{\hbar}{\mathrm{i}}\frac{\partial\psi}{\partial t}. \tag{14.56}$$

谐振子的定态为:

$$\psi_{n_{\alpha}}(Q_{\alpha},\ t)=u_{n_{\alpha}}(Q_{\alpha})\mathrm{e}^{-\mathrm{i}E_{n_{\alpha}}t/\hbar}, \tag{14.57}$$

其中 E_{n_α} 是能量本征值，$u_{n_\alpha}(Q_\alpha)$ 是本征函数，二者满足的不含时薛定谔方程为：

$$\left(-\frac{\hbar^2}{2\varepsilon_0}\frac{\partial^2}{\partial Q_\alpha^2}+\frac{\varepsilon_0\omega_\alpha^2}{2}Q_\alpha^2\right)u_{n_\alpha}(Q_\alpha)=E_{n_\alpha}u_{n_\alpha}(Q_\alpha). \tag{14.58}$$

上式与式(14.47)类似，当 $Q_\alpha\to\pm\infty$ 时 $u_{n_\alpha}(Q_\alpha)\to 0$。因此振子 α 的能级为：

$$E_{n_\alpha}=\hbar\omega_\alpha\left(n_\alpha+\frac{1}{2}\right),\quad n_\alpha=0,\ 1,\ 2,\ \cdots. \tag{14.59}$$

上述结果与爱因斯坦的预期完全吻合。利用代换：$n\to n_\alpha$，$x\to Q_\alpha$，以及 $\alpha=\sqrt{\varepsilon_0\omega_\alpha/\hbar}$，可以从谐振子的本征态 $u_n(x)$ 得到 $u_{n_\alpha}(Q_\alpha)$，例如 $u_0(Q_\alpha)=\frac{\alpha^{1/2}}{\pi^{1/4}}\exp(-\alpha^2Q_\alpha^2/2)$。

14.3.3　辐射场和物质的相互作用

为了简化问题，我们假定与辐射场作用的物质是氢原子。讨论更复杂的体系会更加麻烦，但是基本原理都是相同的。我们在第 13.4.5 节讨论了辐射场和原子的作用，其中将时变电场 $\boldsymbol{E}_0\sin\omega t$ 看作是和原子作用的平面波，许多教科书都介绍了这种方法。狄拉克在 1927 年发表了他研究方法，他假定原子和电磁场的相互作用比较弱，并给出了系统的哈密顿算符：

$$\hat{H}=\hat{H}_{\text{atom}}+\hat{H}_{\text{rad}}+\hat{H}_{\text{int}}, \tag{14.60}$$

其中第一项是原子的哈密顿算符[参见式(14.25)]，第二项是辐射场的哈密顿算符$\left[\text{参见式(14.54)，其中 } P_\alpha \text{ 被算符 } \hat{P}_\alpha=-\mathrm{i}\hbar\frac{\partial}{\partial Q_\alpha}\text{ 取代}\right]$，而最后一项表示原子和辐射场的耦合，它的形式为(我们在此不予证明)：

$$\hat{H}_{\text{int}}=\frac{\mathrm{i}e\hbar}{m}\boldsymbol{A}(\boldsymbol{r},\ t)\cdot\nabla,$$

其中 $\boldsymbol{A}\cdot\nabla=A_x\partial/\partial x+A_y\partial/\partial y+A_z\partial/\partial z$。原子的电子波函数不会延伸很远，因此当电磁辐射的波长大于原子尺寸时(例如可见光)，满足 $\boldsymbol{q}\cdot\boldsymbol{r}\ll 1$，那么可以令式(14.52)中的 $\exp(\mathrm{i}\boldsymbol{q}\cdot\boldsymbol{r})=1$。在这种情况下有：

$$\hat{H}_{\text{int}}=\frac{\mathrm{i}e\hbar}{m}\sum_\alpha Q_\alpha\cdot\nabla. \tag{14.61}$$

我们暂时假定原子和辐射场没有相互作用，而原子的状态为式(14.24)描述的 $\psi_{nlm}(\boldsymbol{r})$，为了简化暂时不考虑自旋。另一方面，辐射场的振子处于它的某个定态：第 α 个振子处于状态 $u_{n_\alpha}(Q_\alpha)$。

如果考虑了描述辐射场和原子的相互作用，即 $\hat{H}_{\text{int}}$，可能会产生下面的结果：

1) 原子吸收光：处于状态 $\nu=n, l, m$ 能量为 E_ν 的原子吸收能量 ΔE 跃迁到状态 $\nu'=n', l', m'$，它的能量变为 $E_{\nu'}=E_\nu+\Delta E$。与此同时，辐射场的一个振子，例如第 α 振子，从状态 $u_{n_\alpha}(Q_\alpha)$ 跃迁到较低的能态 $u_{n'_\alpha}(Q_\alpha)$，能量变为 $\hbar\omega_\alpha(n'_\alpha+1/2)=\hbar\omega_\alpha(n_\alpha+1/2)-\Delta E$。单位时间内发生这种跃迁的概率很小，因此可以应用微扰理论来求解(参见第 13.4.5 节)。我们发现跃迁的概率与所谓的跃迁矩阵元素成正比：

$$W(n'_\alpha, \nu'; n_\alpha, \nu)=|\boldsymbol{B}(n'_\alpha, n_\alpha)\cdot\boldsymbol{C}(\nu', \nu)|^2, \tag{14.62a}$$

其中 $\boldsymbol{B}$ 和 $\boldsymbol{C}$ 这两个矢量分别为：

$$\boldsymbol{B}(n'_\alpha, n_\alpha)=\boldsymbol{e}_\alpha\int_{-\infty}^{+\infty}u_{n'_\alpha}(Q_\alpha)Q_\alpha u_{n_\alpha}(Q_\alpha)\mathrm{d}Q_\alpha. \tag{14.62b}$$

$$\boldsymbol{C}(\nu', \nu)=\frac{\mathrm{i}e\hbar}{m}\int\psi^*_{\nu'}(\boldsymbol{r})\nabla\psi_\nu(\boldsymbol{r})\mathrm{d}V=-\frac{e}{\hbar}(E_{\nu'}-E_\nu)\int\psi^*_{\nu'}(\boldsymbol{r})\boldsymbol{r}\psi_\nu(\boldsymbol{r})\mathrm{d}V. \tag{14.62c}$$

[我们在此不用关心式(14.62c)最后一步推导的证明。]由于 $\hbar\omega_\alpha(n'_\alpha+1/2)<\hbar\omega_\alpha(n_\alpha+1/2)$，因此必然有 $n'_\alpha<n_\alpha$。而且根据式(14.51)，除了 $n'_\alpha=n_\alpha-1$ 以外 $\boldsymbol{B}(n'_\alpha, n_\alpha)=0$。我们可以说 α 振子单步发射能量：$n_\alpha\rightarrow n_\alpha-1$，这意味着 $\hbar\omega_\alpha=E_{\nu'}-E_\nu$，而根据 $\omega_\alpha=cq$ 可以确定振子波矢 $\boldsymbol{q}$ 的大小。最后式(14.51)说明 $\boldsymbol{B}(n_\alpha-1, n_\alpha)$ 与 $\sqrt{n_\alpha}$ 成正比，这意味着：

$$W(n_\alpha-1, \nu'; n_\alpha, \nu)\propto n_\alpha, \quad n_\alpha=1, 2, 3, \cdots. \tag{14.63}$$

采用第 13.1.2 节介绍的光子术语，我们说跃迁的概率和辐射场的光子数 n_α 成正比。此外，跃迁概率还和 $\boldsymbol{C}(\nu', \nu)$ 体现的原子的性质有关。例如在某些情况下由于某种对称性，$\boldsymbol{C}(\nu', \nu)=0$，即能量允许的跃迁不能发生④。

---

④ 我们假定在跃迁中原子发射的能量被单个振子吸收，或原子吸收单个振子发射的能量。在更细致的理论中我们不需要这样假定，该过程自动发生。

2) 原子发射光：处于状态 $\nu=n, l, m$ 能量为 E_ν 的原子发射能量 ΔE 跃迁到状态 $\nu'=n', l', m'$，能量变为 $E_{\nu'}=E_\nu-\Delta E$。与此同时，辐射场的振子 α 从状态 $u_{n_\alpha}(Q_\alpha)$ 跃迁到较高的能态 $u_{n'_\alpha}(Q_\alpha)$，能量变为 $\hbar\omega_\alpha(n'_\alpha+1/2)=\hbar\omega_\alpha(n_\alpha+1/2)+\Delta E$。单位时间内发生这种跃迁的概率和式(14.62a)定义的跃迁矩阵元素成正比，只不过现在 $n'_\alpha>n_\alpha$。并且根据式(14.51)，除了 $n'_\alpha=n_\alpha+1$ 以外 $\boldsymbol{B}(n'_\alpha, n_\alpha)=0$。我们可以说振子 α 单步吸收能量。这种 $n_\alpha\rightarrow n_\alpha+1$ 意味着 $\hbar\omega_\alpha=E_\nu-E_{\nu'}$，而根据 $\omega_\alpha=cq$ 这又决定了跃迁振子的波矢 $\boldsymbol{q}$ 的大小。最后式(14.51)说明 $\boldsymbol{B}(n_\alpha+1, n_\alpha)$ 与 $\sqrt{n_\alpha+1}$ 成正比，这意味着：

$$W(n_\alpha+1, \nu'; n_\alpha, \nu)\propto(n_\alpha+1). \tag{14.64}$$

我们注意到即使 $n_\alpha=0$ 也有可能发生跃迁，这对应自发发射(参见第 13.1.3 节)。另一方面，在上述公式中和 n_α 成正比的项也和辐射场中 α 光子的数量成正比，这对应感应发射(参见第 13.1.3 节)。最后，跃迁的概率依赖于原子性质，即前文介绍的 $\boldsymbol{C}(\nu', \nu)$。

就这样，我们用量子力学的方法讨论了物质对辐射的吸收和发射，结果和式(13.18)给出的爱因斯坦系数吻合。

14.4　全同粒子的不可区分性和量子统计

14.4.1　全同粒子的不可区分性

当考虑同种粒子构成的系统时，不管它们是多电子原子中的电子、还是气体中相同种类的原子，海森堡不确定性原理说明每个粒子没有自己的身份，即同种类粒子不可分辨。在经典物理中，全同粒子至少在原则上是可以区分开的。假定这些粒子是电子，那么可以令 $t=0$ 时刻位于 $\boldsymbol{r}_1$ 的电子为 1 号、位于 $\boldsymbol{r}_2$ 的电子为 2 号，依此类推；通过跟踪每个电子的轨迹，我们可以知道这些电子在任意时刻的位置，从而对它们进行区分。但是在量子力学中不存在所谓的电子轨迹。我们在原则上可以知道各个电子在 $t=0$ 时刻的位置，但是到了 $t>0$ 时刻，我们最多只能说“根据某种概率分布，一个电子位于 $\boldsymbol{r}_1$，一个位于 $\boldsymbol{r}_2$，一个位于 $\boldsymbol{r}_3$”等等，但是分辨不出来哪个是哪个。

因此,我们必须考虑如何让系统的波函数体现出粒子的不可区分性,首先考虑包含两个全同粒子的系统。如果粒子没有自旋,则系统的波函数为$\psi(\boldsymbol{r}_1, \boldsymbol{r}_2; t)$。发现一个粒子位于$\boldsymbol{r}_1$的体积元$dV_1$内、而另一个粒子位于$\boldsymbol{r}_2$的体积元$dV_2$内的概率为$|\psi(\boldsymbol{r}_1, \boldsymbol{r}_2; t)|^2 dV_1 dV_2$;这个概率和$|\psi(\boldsymbol{r}_2, \boldsymbol{r}_1; t)|^2 dV_1 dV_2$完全相同,因为我们分不清那个粒子是1号哪个是2号。同样的讨论也适用于有自旋的粒子,如电子。双电子系统的波函数为$\psi(\boldsymbol{r}_1, s_1, \boldsymbol{r}_2, s_2; t)$[这是对第14.2.2节中的$\psi(\boldsymbol{r}, s; t)$的推广],而在$\boldsymbol{r}_1$的体积元$dV_1$内发现一个自旋为$s_1$的电子、在$\boldsymbol{r}_2$的体积元$dV_2$内发现一个自旋为$s_2$的电子的概率为$|\psi(\boldsymbol{r}_1, s_1, \boldsymbol{r}_2, s_2; t)|^2 dV_1 dV_2$,它和$|\psi(\boldsymbol{r}_2, s_2, \boldsymbol{r}_1, s_1; t)|^2 dV_1 dV_2$相同,同样因为我们分不清哪个电子是1号哪个是2号。这要求波函数满足

$$\psi(\boldsymbol{1}, \boldsymbol{2}; t) = \psi(\boldsymbol{2}, \boldsymbol{1}; t) \tag{14.65a}$$

或者

$$\psi(\boldsymbol{1}, \boldsymbol{2}; t) = -\psi(\boldsymbol{2}, \boldsymbol{1}; t). \tag{14.65b}$$

如果粒子有自旋,$\boldsymbol{1}$表示$\boldsymbol{r}_1$, s_1,如果没有自旋则表示$\boldsymbol{r}_1$;类似地$\boldsymbol{2}$表示$\boldsymbol{r}_2$, s_2或$\boldsymbol{r}_2$。我们发现自然界有些粒子的自旋为零或是整数,即它们的内禀角动量对应$j=0, 1, 2, \cdots$,它们的波函数服从式(14.65a),即粒子坐标交换后波函数对称。自然界还存在自旋为半整数的粒子,即它们的内禀角动量对应$j=1/2, 3/2, \cdots$,它们的波函数服从式(14.65b),即粒子坐标交换后波函数反对称。服从式(14.65a)的粒子被称为玻色子,它包括光子(自旋为1),基态中性氦原子(自旋为0)和α粒子(自旋为0)。服从式(14.65b)的粒子被称为费米子,包括电子、质子、中子,它们的自旋均为1/2。最后说明一点,泡利证明费米子的反对称性和玻色子的对称性都是为了满足狭义相对论的要求。

我们介绍了泡利的一些重要工作,现在简要介绍一下这个人。沃尔夫冈·厄恩斯特·泡利于1900年出生在奥地利,于1958年逝世。当他还在慕尼黑求学时,就在导师索末菲的要求下,发表了3篇关于相对论的百科全书式的文章。爱因斯坦读到他的文章后很惊讶,他写道:“真不知道是该赞叹他对相对论主题的完整描述,还是其中的关键评述。”⑤泡利于1921年从慕尼黑大学毕业后,前

---

⑤ 下述关于泡利的文字摘自 Bizony P. Atom. UK: Icon Books Ltd, 2007.

往哥廷根担任玻恩的助手，在那里他遇到了玻尔，此后经常造访哥本哈根的玻尔研究所。泡利先后在海德堡和苏黎世任教，而在 1945 年，因为他在 1925 年提出的不相容原理获得了诺贝尔物理学奖。泡利言语犀利刻薄，广为人知。海森堡在慕尼黑求学时对此不以为意，他回忆道："泡利非常难于相处，我不知道他说了多少次'你真是个傻瓜'这类的话，但这很有帮助。"海森堡曾有一次信心满满地介绍自己的理论，说它"只缺少技术上的细节"。泡利在纸上画了一个歪歪扭扭的长方形给海森堡，他说："看我画得和提香（Titian，威尼斯画派的著名画家）一样好，也只是缺少技术上的细节。"泡利还曾经对海森堡说："只有那些没有深入理解经典物理的人才会像你那么想，这是你的优势。但是要记住，无知不能保证成功。"当然，泡利对自己的批评更加严厉，也许这阻碍了他义无反顾地迈进未知的领域，像他的许多同伴那样取得更卓越的成果。

14.4.2　玻色子

假定两个全同玻色子处在势场 $U(\boldsymbol{r})$ 中，它们的自旋为 0，质量为 m，二者没有相互作用，那么该系统的哈密顿算符为：

$$\hat{H}=\sum_{i=1}^{2}\hat{H}(i)=\sum_{i=1}^{2}\left[-\frac{\hbar^2}{2m}\nabla_i^2+U(\boldsymbol{r}_i)\right]. \tag{14.66}$$

假定我们已知单粒子处于该势场中的定态（即能量本征态）：

$$\hat{H}(i)\phi_\nu(\boldsymbol{r}_i)=\varepsilon_\nu\phi_\nu(\boldsymbol{r}_i), \tag{14.67}$$

其中 ν 表示适当的一组量子数。我们还假定这些本征函数标准正交：

$$\int\phi_{\nu_1}^*(\boldsymbol{r})\phi_{\nu_2}(\boldsymbol{r})\mathrm{d}V=\begin{cases}1, & \nu_1=\nu_2\\ 0, & \nu_1\neq\nu_2\end{cases}. \tag{14.68}$$

上式要对整个空间积分。我们很容易证明：

$$\hat{H}\phi_{\nu_1}(\boldsymbol{r}_1)\phi_{\nu_2}(\boldsymbol{r}_2)=(\varepsilon_{\nu_1}+\varepsilon_{\nu_2})\phi_{\nu_1}(\boldsymbol{r}_1)\phi_{\nu_2}(\boldsymbol{r}_2). \tag{14.69}$$

然而，$\phi_{\nu_1}(\boldsymbol{r}_1)\phi_{\nu_2}(\boldsymbol{r}_2)$ 对粒子坐标不满足对称性，即 $\phi_{\nu_1}(\boldsymbol{r}_1)\phi_{\nu_2}(\boldsymbol{r}_2)\neq\phi_{\nu_1}(\boldsymbol{r}_2)\phi_{\nu_2}(\boldsymbol{r}_1)$。我们这样构造满足式(14.65a)的对称态：

$$\Phi_{\nu_1\nu_2}(\boldsymbol{r}_1,\boldsymbol{r}_2)=\frac{1}{\sqrt{2}}[\phi_{\nu_1}(\boldsymbol{r}_1)\phi_{\nu_2}(\boldsymbol{r}_2)+\phi_{\nu_1}(\boldsymbol{r}_2)\phi_{\nu_2}(\boldsymbol{r}_1)]. \tag{14.70}$$

我们有：

$$\hat{H}\Phi_{\nu_1\nu_2}(\boldsymbol{r}_1, \boldsymbol{r}_2) = (\varepsilon_{\nu_1} + \varepsilon_{\nu_2})\Phi_{\nu_1\nu_2}(\boldsymbol{r}_1, \boldsymbol{r}_2), \tag{14.71}$$

$$\int |\Phi_{\nu_1\nu_2}(\boldsymbol{r}_1, \boldsymbol{r}_2)|^2 \mathrm{d}V_1 \mathrm{d}V_2 = 1. \tag{14.72}$$

最后一个方程根据式(14.68)导出。我们这样理解式(14.70)：两个不相互作用的粒子分别处于单粒子态 ν_1 和 ν_2；而且这两个粒子也有可能处于相同的单粒子态，即 $\nu_1 = \nu_2$。将上述讨论推广到 N 个不相互作用的全同玻色子很容易，该系统的哈密顿算符为：

$$\hat{H} = \sum_{i=1}^{N} \hat{H}(i) = \sum_{i=1}^{N} \left[-\frac{\hbar^2}{2m} \nabla_i^2 + U(\boldsymbol{r}_i) \right]. \tag{14.73}$$

我们可以用对称的波函数来描述这个 N 粒子系统的状态：

$$\Phi_{\nu_1, \nu_2, \cdots, \nu_N}(\boldsymbol{r}_1, \boldsymbol{r}_2, \cdots, \boldsymbol{r}_N) = \frac{1}{\sqrt{N!}} [\phi_{\nu_1}(\boldsymbol{r}_1)\phi_{\nu_2}(\boldsymbol{r}_2)\cdots\phi_{\nu_N}(\boldsymbol{r}_N) + \phi_{\nu_1}(\boldsymbol{r}_2)\phi_{\nu_2}(\boldsymbol{r}_1)\cdots\phi_{\nu_N}(\boldsymbol{r}_N) + \cdots]. \tag{14.74}$$

$\boldsymbol{r}_1, \boldsymbol{r}_2, \cdots, \boldsymbol{r}_N$ 在 N 个单粒子态 $\nu_1, \nu_2, \cdots, \nu_N$ 中共有 $N!$ 种排列，上式要对所有这些可能的排列求和。我们这样理解式(14.74)：N 个不相互作用的粒子分别处于单粒子态 $\nu_1, \nu_2, \cdots, \nu_N$，而且类似地它们的状态可以都相同，即所有的 ν 相同，某个单粒子态有多少个粒子都可以。该系统的能量为：

$$E_{\nu_1, \nu_2, \cdots, \nu_N} = \varepsilon_{\nu_1} + \varepsilon_{\nu_2} + \cdots + \varepsilon_{\nu_N}. \tag{14.75}$$

最后，我们还可以给出完整的定态波函数，它随着时间改变：

$$\Phi_{\nu_1, \nu_2, \cdots, \nu_N}(\boldsymbol{r}_1, \boldsymbol{r}_2, \cdots, \boldsymbol{r}_N) \exp\left(-\frac{\mathrm{i}E_{\nu_1, \nu_2, \cdots, \nu_N} t}{\hbar} \right). \tag{14.76}$$

在许多实际应用中，我们只需要知道系统(例如玻色子气)在温度 T 达到热平衡时，N 个独立的粒子在各个单粒子态 ϕ_{ν_1} 上怎样分布。

我们还记得[参见式(9.24)]，在经典物理中处于状态 ν 的粒子数和 $\exp(-\varepsilon_\nu/kT)$ 成正比，这是通过将系统的熵最大化得到的，而熵又是由微观状态数(即粒子在特定分布下不同的排列数)决定的。在量子力学中情况也一样，只不过我们必须记住：经典物理认为是不同的排列，例如粒子 1 处于状态 ν_1 而粒子 2 处于状态 ν_2、与粒子 2 处于状态 ν_1 而粒子 1 处于状态 ν_2 是不同的排列，但是在量子力学中它们被看作是相同的排列。我们对微观状态进行正确的计数后，会得到温度 T 处于状态 ν 的玻色子的数目服从下面的公式：

$$n(\nu)=\frac{1}{e^{(\varepsilon_\nu-\mu)/kT}-1}, \tag{14.77}$$

其中 μ 被称作系统的化学势，它是一个常数，在任意温度下通过满足 $\sum_\nu n(\nu)=N$ 得以确定；其中 N 为系统的粒子总数，而上述公式要对所有的单粒子态求和。我们注意到，对任意 ν 都要求 $\mu<\varepsilon_\nu$。

式(14.77)被称为玻色-爱因斯坦分布，以纪念印度物理学家玻色(S. N. Bose)，他首次提出了光子气满足这样的分布[将 $\mu=0$ 代入后就得到了式(13.12)]；而爱因斯坦认识到可以用这种分布描述其他粒子。故事是这样的：1924 年在玻色给爱因斯坦寄了一份简短的英文手稿，其中证明了进行量子统计的一种新方法，并用该方法导出了普朗克辐射定律。爱因斯坦深感敬佩，他把手稿译成德文后代表玻色投稿，从而公布了这个成果。

我们注意到，当温度很低时，普通气体的分子密度很小，那么和分子平动有关的玻色-爱因斯坦分布就退化为经典公式：$n(\nu)\propto\exp(-\varepsilon_\nu/kT)$，其中 ε_ν 是分子的平动能量，即动能，因为在此情况下任意状态 ν 的 $n(\nu)$ 都很小。

我们还注意到，如果将 N 个没有相互作用的玻色子(如基态氦原子)放置在体积为 V 的盒子中，那么在非常低的温度下会出现一种有趣的凝聚现象。假定盒子是立方体，$V=L^3$，而我们只考虑原子的平动，则单原子的能级为(参见练习 13.7)：

$$E_{npl}=\frac{\hbar^2\pi^2}{2m}\left(\frac{n^2}{L^2}+\frac{p^2}{L^2}+\frac{l^2}{L^2}\right), \tag{14.78}$$

其中 m 是原子的质量，n, p, l 是三个正整数。根据式(14.77) 我们推断会发生下述现象：气体的原子质量和密度 (N/V) 决定了一个临界温度 T_c，当 $T\leqslant T_c$ 时，大部分原子处于基态 $n=p=l=1$，能量为 $E_{1,1,1}$ (当 $V\to\infty$ 时，该能量趋于零)，如图 14.10 所示。当 $T>T_c$ 时，几乎没有原子处于基态；而当 $T=T_c$ 时，温度降低会导致基态原子数突然升高，也就是说大自然驱使越来越多的原子进入基

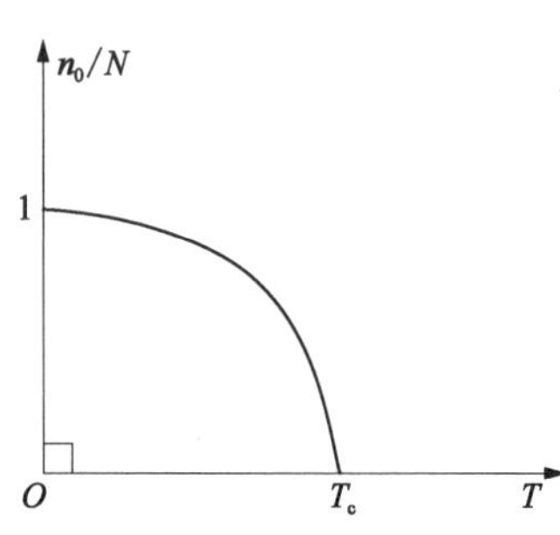

图 14.10　玻色子处于基态的原子比例随温度的变化

其中 n_0 是处于基态的粒子数，而 N 是气体的总粒子数。

态这种单粒子态，这种现象被称作玻色-爱因斯坦凝聚。在低温下仅有液氦（He^4）可被近似看作玻色子气体，它的比热容在 $T = 2.8\ K$ 趋于无穷，而这个温度和由式(14.77)确定的临界温度 $T_c = 3.14\ K$ 非常接近；比热容当然依赖氦原子的能量分布，而可以推断正是玻色-爱因斯坦凝聚导致产生了这种反常现象。这种凝聚会受到原子间作用力的影响，尽管原子间力很微弱但在 He^4（He^4 在 4.25 K 液化）中不能被忽视。这种解释得到了事实的支持，因为 He^3 作为费米子就没有出现这种反常的比热容⑥。

在玻色-爱因斯坦凝聚中，原子丧失了它们的独立性而集体运动，这会产生所谓的超流体现象，即液 He^4 在临界温度以下可以无摩擦地流动；这种现象和第 14.7.7 节讨论的超导现象类似。1938 年，彼得・卡皮查(Peter Kapitza)在莫斯科首次发现了超流体现象，而杰克・艾伦(Jack Allen)和唐纳德・米森纳(Donald Misener)也在剑桥独立发现了这种现象。1940 年代，苏联理论物理学家朗道(L. D. Landau)建立了超流体的唯象理论，为后来的研究奠定了基础；时至今日这依然是非常活跃的研究领域。

14.4.3　费米子

假定两个全同费米子处在特定的势场中，它们的自旋为 1/2 质量为 m，二者没有相互作用。该系统的哈密顿算符由式(14.66)给出，其中可能还包含与自旋有关的项。类似式(14.70)的推导过程，我们先写出满足式(14.65b)的归一化反对称定态波函数：

---

⑥　1995 年，在位于美国科罗拉多州的天体物理实验室联合研究所(JILA)，埃里克・康奈尔(Eric Cornell)和卡尔・韦曼(Carl Weiman)及其同事将捕集在磁光阱中的铷原子气冷却到接近绝对零度，从而首次观测到玻色-爱因斯坦凝聚现象。在实验中，他们用几个激光束从不同的方向轰击铷原子，减慢它运动令其冷却。这种减慢效应以及对样品施加的横向磁场将原子约束在很小的区域(即阱)内。这种阱可以约束大约 10^7 个碱金属原子和惰性气体原子，它们都是玻色子，原子的密度为 10^{10} 到 $10^{14}\ cm^{-3}$，而在大约几 μK 时出现了凝聚现象，要知道凝聚的临界温度依赖于气体的密度。具体的实验过程如下：关闭磁光阱让原子碰撞膨胀，和原子迁移共振的激光束指向原子流的方向；原子吸收产生的“阴影”被照相机拍摄下来，它表明阱释放出来多少原子，而用这样的方式可以记录粒子的速度分布。凝聚到最低能量态的原子扩展得最慢而最后到达，而它们到达时照相机会记录一个显著的峰！

$$\Phi_{\nu_1\nu_2}(\boldsymbol{r}_1, s_1, \boldsymbol{r}_2, s_2) = \frac{1}{\sqrt{2}}[\phi_{\nu_1}(\boldsymbol{r}_1, s_1)\phi_{\nu_2}(\boldsymbol{r}_2, s_2) - \phi_{\nu_1}(\boldsymbol{r}_2, s_2)\phi_{\nu_2}(\boldsymbol{r}_1, s_1)]. \tag{14.79}$$

我们有：

$$\hat{H}\Phi_{\nu_1\nu_2}(\boldsymbol{r}_1, s_1, \boldsymbol{r}_2, s_2) = (\varepsilon_{\nu_1} + \varepsilon_{\nu_2})\Phi_{\nu_1\nu_2}(\boldsymbol{r}_1, s_1, \boldsymbol{r}_2, s_2), \tag{14.80}$$

$$\sum_{s_1=1}^{2}\sum_{s_2=1}^{2}\int |\Phi_{\nu_1\nu_2}(\boldsymbol{r}_1, s_1, \boldsymbol{r}_2, s_2)|^2 \mathrm{d}V_1 \mathrm{d}V_2 = 1, \tag{14.81}$$

其中 ν 表示一组适当的量子数，它决定了电子的能量本征值 ε_ν 和对应的本征态 ϕ_ν；在当前情况下，这些电子是第 14.2.2 节定义的旋量。我们注意到当 $\nu_1 = \nu_2$ 时 $\Phi_{\nu_1\nu_2}$ 消失，因为两个电子不可能处于同一个状态。我们用行列式的形式表示波函数式(14.79)会更加方便(参见附录 A)：

$$\Phi_{\nu_1\nu_2}(\boldsymbol{r}_1, s_1, \boldsymbol{r}_2, s_2) = \frac{1}{\sqrt{2}}\begin{vmatrix} \phi_{\nu_1}(1) & \phi_{\nu_1}(2) \\ \phi_{\nu_2}(1) & \phi_{\nu_2}(2) \end{vmatrix}. \tag{14.82}$$

在这里用到了式(14.65a)中的简写符号来表示粒子坐标。我们注意到，两个粒子的坐标交换 $(1\to 2, 2\to 1)$ 相当于行列式的两列交换，而这必然导致行列式的符号改变，即波函数具有反对称性。

把上述情况推广到 n 个无相互作用全同费米子的情况很容易，n 粒子系统的哈密顿算符由式(14.73)确定，其中可能还要加上和自旋有关的项。该系统的定态由一个归一化的反对称波函数描述，我们可以将它表示为 $N\times N$ 阶斯莱特行列式⑦：

$$\Phi_{\nu_1,\nu_2,\cdots,\nu_N}(1, 2, \cdots, N) = \frac{1}{\sqrt{N!}}\begin{vmatrix} \phi_{\nu_1}(1) & \phi_{\nu_1}(2) & \cdots & \phi_{\nu_1}(N) \\ \phi_{\nu_2}(1) & \phi_{\nu_2}(2) & \cdots & \phi_{\nu_2}(N) \\ \vdots & \vdots & \cdots & \vdots \\ \phi_{\nu_N}(1) & \phi_{\nu_N}(2) & \cdots & \phi_{\nu_N}(N) \end{vmatrix}. \tag{14.83}$$

我们注意到，任何两个粒子的坐标交换[例如$(1\to 2, 2\to 1)$]相当于行列式的两列

⑦ 美国物理学家约翰·斯莱特(John C. Slater)在 1930 年代首次提出了这个公式，他后来还对原子物理和固体物理做出了重要的贡献。

交换，而这会让行列式变号；此外，如果其中任意两列相同则行列式等于零，这意味着两个费米子不能处于同一个状态。因此斯莱特行列式满足泡利不相容原理，而早在薛定谔和海森堡建立量子力学（参见第 13.2.3 节）之前这一原理就被提出来了。该费米子系统的能量为：

$$E_{\nu_1,\nu_2,\cdots,\nu_N}=\varepsilon_{\nu_1}+\varepsilon_{\nu_2}+\cdots+\varepsilon_{\nu_N}. \tag{14.84}$$

随时间变化的完整的定态波函数为：

$$\Phi_{\nu_1,\nu_2,\cdots,\nu_N}(\boldsymbol{r}_1,s_1,\boldsymbol{r}_2,s_2,\cdots,\boldsymbol{r}_N,s_N)\exp\left(-\frac{\mathrm{i}E_{\nu_1,\nu_2,\cdots,\nu_N}t}{\hbar}\right). \tag{14.85}$$

在许多实际应用中，我们只需要了解系统（例如费米子气）在温度 T 达到热平衡时，N 个无相互作用的粒子在各个单粒子态 ϕ_ν 上如何分布。我们沿用分析玻色子时采用的方法，并结合不相容原理，得到处于状态 ν 的费米子数 $n(\nu)$［请注意 $n(\nu)\leqslant 1$］：

$$n(\nu)=\frac{1}{\mathrm{e}^{(\varepsilon_\nu-\mu)/kT}+1}, \tag{14.86}$$

其中 μ 表示系统的化学势，通过满足下面的公式来确定：

$$\sum_\nu n(\nu)=N. \tag{14.87}$$

这个分布被称作费米-狄拉克分布，以纪念分别独立提出该分布的两位科学家。在图 14.11 中，我们展示了当 $T\to 0$ 及 $0<kT=E_F$ 时，n 随粒子能量的变化；其

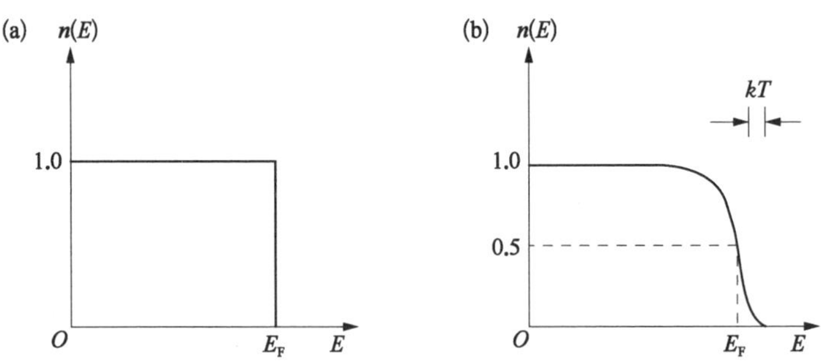

图 14.11 费米-狄拉克分布

(a) $T=0$；(b) $T>0$。我们假定 $kT=E_F$，因此 $\mu(T)\approx\mu(0)=E_F$。

中 E_F 被称作费米能级，它是 $T\to 0$ 的 μ 值。图 14.11(a)说明当 $T=0$ 时，N 粒子系统的能量最低，所有能量低于 E_F 的单粒子态都被占据，而能量高于 E_F 的能态都是空的。如果恰好存在能量等于 E_F 的单粒子能态，那么这个能态只能被部分占据。对于一般情况下普通气体的分子平动，式(14.86)退化为 $n(\nu)\propto \exp(-\varepsilon_\nu/kT)$，这和玻色子的情况相同。

14.5 多电子原子

14.5.1 元素周期表

我们假定多电子原子中的电子彼此独立，它们在球对称场 $U(r)$ 中运动，这个势场当然由原子核电荷 $+Ze$ 以及核外的电子分布决定；这是很好的近似，而研究结果会证实这个假定是合理的。下一节将会介绍如何用自洽的方式确定势场，现在只是假定 $U(r)$ 已知。如果我们忽略电子的自旋和轨道之间的微弱相互作用，则独立电子在势场中的定态可由式(14.37)给出的旋量态描述，其中波函数的轨道部分 $\psi_\nu(\boldsymbol{r})$ 就是式(14.24)给出的 $\psi_{nlm}(r,\theta,\phi)$。我们还记得电子的能量本征值 E_{nl} 由量子数 n 和 l 确定，它和量子数 $m(m=-l,-l+1,\cdots,l-1,l)$ 以及自旋的取向无关，因此 E_{nl} 的简并度为 $2(2l+1)$。也就是说，对于所有的 m，自旋向上的状态 $\psi_{nlm+}(r,\theta,\phi,s)$ 和向下的状态 $\psi_{nlm-}(r,\theta,\phi,s)$ 具有相同的能量 E_{nl}。人们习惯于将给定 nl 的状态称作壳层，并且沿用标记氢原子量子数的方式来定义量子数 n，即某个 l 的最低能量状态对应 $n=l+1$，而高于它的能级对应 $l+2$，$l+3$ 等数值。最后，我们依惯例将 $l=0$ 的状态称作 s 态，$l=1$ 的状态称作 p 态等[参见式(14.29)]，并由此定义 1s 壳层，2s 壳层，2p 壳层等。

令原子包含 N 个电子，而每个电子在势场 $U(r)$ 中独立运动。由于常温下能级之间的间隔远大于 kT，因此这 N 个电子将按着能量升高的顺序占据前 N 个单电子态。让我们举几个例子来说明这种情况。氦原子有 2 个电子，它们分别占据 1s 壳层的两个状态，此时原子的能量最低；我们这样描述氦原子的基态：He：$1s^2$。锂原子有 3 个电子，前两个占据原子的 1s 壳层，而第 3 个电子进入能量较高的第 2 个壳层，2s 壳层；我们这样描述锂原子的基态：Li：$(1s^2)2s^1$。按照原子序数(即原子包含的电子数)下一个原子是铍，它有 4 个电子，它的基态为：Be：$(1s^2)2s^2$。这说明铍原子有 2 个电子处于 1s 壳层，有 2 个电子处于 2s 壳层。下一个原子硼有 5 个电子，它的基态为：B：$(1s^2)2s^2 2p$。它的内部 1s 壳层被占满，外部 2s 壳层也被占满，而第 5 个电子进入最外面的 2p 壳层，它的能级高于 2s 壳层的能级。p 壳层对应 $l=1$，因此最多可以容纳 $2(2l+1)=6$ 个电子。因此原子序数 $N=5, 6, 7, 8, 9, 10$ 的原子其电子逐步占满 2p 壳层，它们分别是硼，碳，氮，氧，氟和氖。最后一个原子氖的电子构型为：Ne：$(1s^2)2s^2 2p^6$，它的 2s 和 2p 壳层全部被占满。我们可以用这种方式描述所有原子被占据(部分占据或占满)的壳层，最后会得到非常有用的元素周期表。我们这样理解元素周期表。每个原子由公认的元素符号表示(如氢为 H，氦为 He，等等)，而原子序数写在元素符号的左上角。周期表的行(或一行的一部分)定义一个壳层，它被标在这一行的左侧。当一个壳层被填满后，我们移动到相同高度的一行或下面的一行，这表明壳层的能量上了一个台阶。我们发现：1s 壳层被填满后进入 2s 壳层，而 2s 壳层被填满后进入 2p 壳层，当 2p 壳层被填满后进入 3s 壳层，后面是 3p 壳层，再后面是 4s 壳层，再后面是 3d 壳层，等等。我们同样可以将任意元素的电子构型写出来，例如碳原子是 C：$(1s^2)2s^2 2p^2$，钠原子是 Na：$(1s^2 2s^2 2p^6)3s$，镍原子是 Ni：$(1s^2 2s^2 2p^6 3s^2 3p^6)4s^2 3d^8$，依此类推；请注意我们将内部壳层写在括号里面。当出现“反常”情况时，例如铜，外层电子构型被标在元素符号的下方。铜原子宁愿失去 4s 壳层的电子也不愿失去 3d 壳层的电子⑧。

元素周期表有一个最重要的性质：同一列的原子的化学性质非常相似。这当然就是门捷列夫创立元素周期表的初衷，而莫塞莱继承并发展了这个思想(参见第 13.2.3 节的介绍)。要知道，泡利之所以提出不相容原理就是要帮助玻尔解释周期表的性质。然而，只有当人们建立了量子力学之后，玻尔的观念才有了坚实的基础。我们注意到，周期表中同一列原子的最外部壳层的形式(如 s，p，d 等)及其包含的电子数都相同，参见每一列下方的标注，因此它们的化学性质相似。

---

⑧ 当我们放弃独立电子假设时，这种反常情况就很容易理解，而这种电子构型更接近原子真实的基态。

表 14.1　元素周期表

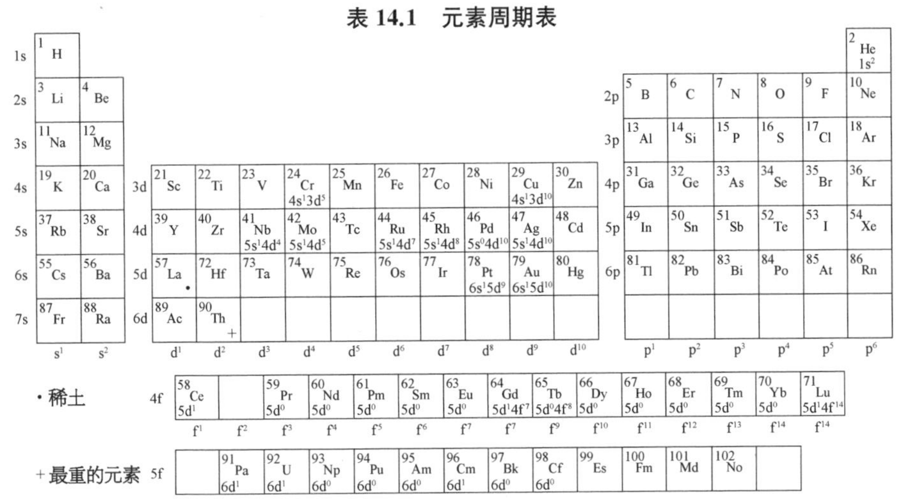

	s^1	s^2		d^1	d^2	d^3	d^4	d^5	d^6	d^7	d^8	d^9	d^{10}		p^1	p^2	p^3	p^4	p^5	p^6
1s	1 H																			2 He $1s^2$
2s	3 Li	4 Be												2p	5 B	6 C	7 N	8 O	9 F	10 Ne
3s	11 Na	12 Mg												3p	13 Al	14 Si	15 P	16 S	17 Cl	18 Ar
4s	19 K	20 Ca	3d	21 Sc	22 Ti	23 V	24 Cr $4s^13d^5$	25 Mn	26 Fe	27 Co	28 Ni	29 Cu $4s^13d^{10}$	30 Zn	4p	31 Ga	32 Ge	33 As	34 Se	35 Br	36 Kr
5s	37 Rb	38 Sr	4d	39 Y	40 Zr	41 Nb $5s^14d^4$	42 Mo $5s^14d^5$	43 Tc	44 Ru $5s^14d^7$	45 Rh $5s^14d^8$	46 Pd $5s^04d^{10}$	47 Ag $5s^14d^{10}$	48 Cd	5p	49 In	50 Sn	51 Sb	52 Te	53 I	54 Xe
6s	55 Cs	56 Ba	5d	57 La •	72 Hf	73 Ta	74 W	75 Re	76 Os	77 Ir	78 Pt $6s^15d^9$	79 Au $6s^15d^{10}$	80 Hg	6p	81 Tl	82 Pb	83 Bi	84 Po	85 At	86 Rn
7s	87 Fr	88 Ra	6d	89 Ac	90 Th +															

		f^1	f^2	f^3	f^4	f^5	f^6	f^7	f^7	f^9	f^{10}	f^{11}	f^{12}	f^{13}	f^{14}	f^{14}
·稀土	4f	58 Ce $5d^1$		59 Pr $5d^0$	60 Nd $5d^0$	61 Pm $5d^0$	62 Sm $5d^0$	63 Eu $5d^0$	64 Gd $5d^14f^7$	65 Tb $5d^04f^8$	66 Dy $5d^0$	67 Ho $5d^0$	68 Er $5d^0$	69 Tm $5d^0$	70 Yb $5d^0$	71 Lu $5d^14f^{14}$
+最重的元素	5f		91 Pa $6d^1$	92 U $6d^1$	93 Np $6d^0$	94 Pu $6d^0$	95 Am $6d^0$	96 Cm $6d^1$	97 Bk $6d^0$	98 Cf $6d^0$	99 Es	100 Fm	101 Md	102 No		

现在让我们说明前文提到的所谓“内壳层”和“外壳层”。在多电子原子中，内壳层能级远低于外壳层能级，因此和外壳层相比它们的波函数更靠近原子核分布。根据波函数的形式[参见式(14.37)和式(14.24)]，当电子处在 nl 壳层的任意状态时，我们在半径为 r 和 $r+\mathrm{d}r$ 的球面之间找到它的概率为：

$$P_{nl}(r)\mathrm{d}r = R_{nl}^2(r)r^2\mathrm{d}r. \tag{14.88}$$

图 14.12 给出了不同壳层的 $P_{nl}(r)$ 的示意图。我们定义壳层半径 $r_{\max}(nl)$ 为 $P_{nl}(r)$ 的最后一个极大值与原子核的距离，它决定了 nl 壳层的空间延展度。我们注意到对于给定的 l，$r_{\max}(nl)$ 随着 n 增大，即波函数的能量升高；这种情况符合我们分析氢原子得出的经验。我们还记得电子看到的是有效势垒 $U_l(r)$ [式(14.23a)]，因此随着 l 增大，电子波函数向外部扩展变得越难，参见图 14.12。在任何情况下，原子的内壳层半径远小于它的外壳层半径；此外，原子的内壳层全部被填满，而外壳层可以被全部填满，也可以被部分填满。

在下表中，我们给出了对碳原子和钠原子计算得到的壳层能量 E_{nl} 和半径 $r_{\max}(nl)$，其中我们将内壳层括在括号中⑨。

---

⑨ 表格摘自 Slater J C. Quantum Theory of Matter. 2nd ed. N Y: McGraw-Hill Book Company, 1968. E_{nl} 的计算值通常和实验结果吻合，利用 X 射线光谱可以得到更深的能级，例如图 11.3 所示的情况。当入射光子将深层能级中的电子移走后，外层较高能级上的电子会来填补这个空态，在此过程中辐射一个光子，而光子的特定频率在图 11.3 中产生一个峰。当电子没有被特定的原子束缚时，它处于连续态，产生连续的频谱。轰击固体靶也能得到类似的谱图，因为原子的深层能级不会因为原子结合成分子或固体而显著改变。

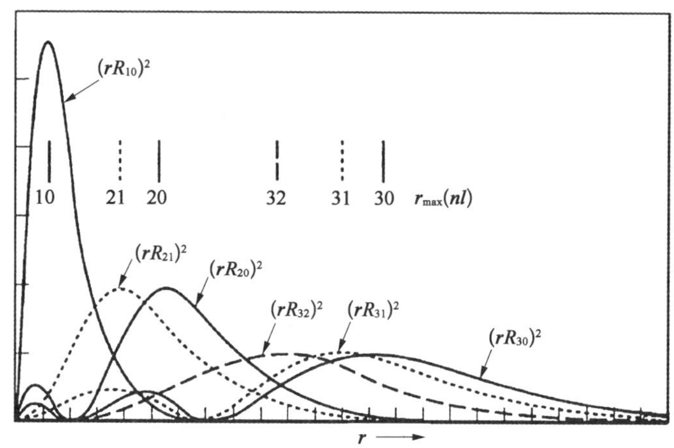

图 14.12 不同壳层的 $[rR_{nl}(r)]^2$ 示意图

图中的竖线指示 $[rR_{nl}(r)]^2$ 最后一个极大值的位置，从而确定了 $r_{max}(nl)$。

表 14.2 碳原子和钠原子的 *nl* 壳层

C：$(1s^2)2s^2 2p^2$			Na：$(1s^2 2s^2 2p^6)3s$		
nl	E_{nl}	$r_{max}(nl)$	*nl*	E_{nl}	$r_{max}(nl)$
1s	−10.69	0.09	1s	−39.03	0.05
2s	−0.64	0.62	2s	−2.36	0.32
2p	−0.33	0.59	2p	−1.33	0.28
			3s	−0.19	1.17

* E_{nl} 以 Hartee 为单位，1 Hartree = 27.21 eV；$r_{max}(nl)$ 以 Å 为单位，1 Å = 10^{-8} cm。

我们注意到，这两个原子内外壳层的 E_{nl} 和 $r_{max}(nl)$ 有着巨大的差别。内壳层能量较低，这当然是因为电子和原子核距离较近，而没有其他电子云影响它和原子核的相互作用。对于碳原子，我们把被填满的 2s 壳层归为外壳层，因为尽管能量 E_{2p} 高于 E_{2s}，但是 2s 壳层的半径几乎和 2p 的相同，实际上还比后者稍大。

我们预期原子的化学性质由原子的外壳层决定，这得到了实验的支持。当两个或多个原子结合形成分子时，原子的内壳层只受到很小的影响，在一级近似条件下保持不变。内壳层已经被填满，不能再添加电子，而由于将内壳层电子移动到外壳层通常需要极高的能量，因此内壳层会保持这种被占满的状态。最后，由于原子内层电子波函数的延展半径较小，因此当原子和其他原子结合成分子时，内层电子波函数不会受到显著影响。因此，我们将最外层轨道相同、包含的电子数也相同的原子总结在周期表的同一列中，而每一列原子的化学性质相近。

在结束本节之前，我们对同位素进行简单介绍。我们将在第 15.1.2 节看到，原子核一般包含质子和中子。质子带正电荷 $+e$，而中子不带电，它的质量几乎和质子的质量相同。在中性原子中，原子核中的质子数等于原子的电子数，而中子数可以与质子数相同、也可以与质子数不同。当原子有相同数量的质子但不同数量的中子时，就产生了这种原子的同位素。例如氢，普通的氢只有一个质子，而它的同位素氘有一个质子和一个中子，而同位素氚有一个质子和两个中子。需要注意的是，对于目前的讨论特定原子数的所有同位素化学性质相同。我们在考虑原子核时，就把它看作带有正电荷 $+Ze$ 的点电荷。

14.5.2　自洽场

在上一节中，我们假定原子的 N 个电子在球对称势场 $U(r)$ 中独立运动。如果情况的确是这样的话，我们怎样确定势场 $U(r)$ 呢？哈特里(Hartree)假定 $U(r)=U_C(r)$，而 $U_C(r)$ 就是电子在原子核以及原子的电子产生的库仑场中的势能[10]：

$$U_C(r)=-\frac{Ze^2}{4\pi\varepsilon_0 r}+\frac{e^2}{4\pi\varepsilon_0 r}\int\frac{n(\boldsymbol{r}')}{|\boldsymbol{r}-\boldsymbol{r}'|}\mathrm{d}V', \tag{14.89}$$

其中 $+Ze$ 是位于坐标原点的原子核电量(对于中性原子 $Z=N$)，$en(\boldsymbol{r})\mathrm{d}V$ 是 $\boldsymbol{r}$ 处体积 $\mathrm{d}V$ 中的电子电量，而 $|\boldsymbol{r}-\boldsymbol{r}'|$ 表示 $\boldsymbol{r}$ 和 $\boldsymbol{r}'$ 之间的距离。上式的第一项表示任意电子与原子核的相互作用，而第二项表示它和原子中其他电子的相互作用。我们注意到，只有当 $en(\boldsymbol{r})$ 成球形对称时，即 $n(\boldsymbol{r})$ 只依赖 r 而不依赖角度 θ 和 ϕ，才能保证第二项球形对称。我们可以认为 $n(\boldsymbol{r})$ 是由被占据的原子轨道的电子云叠加产生，但是除了 s 轨道以外，单独轨道的电子云都不是球形对称的(参见图 14.7)。由于式(14.17)成立，因此只有被完全填满的壳层的电子云是球形对称的，而当原子包含一个或多个未被填满的壳层时，严格来说 $n(\boldsymbol{r})$ 就不是球对称的。然而，如果我们用球对称分布

$$en(r)=\frac{e\sum_{n,l}q_{nl}R_{nl}^2(r)}{4\pi} \tag{14.90}$$

---

⑩ Hartree D R. Proceedings of the Cambridge Philosophical Society, 1928, 24: 89, 111, 426.

代替实际的 $en(\boldsymbol{r})$ 也不失为一个好的近似。其中 q_{nl} 是 nl 壳层中被占据的状态数；对于空壳层 $q_{nl}=0$，当壳层被占据了一部分时 $0<q_{nl}<2(2l+1)$，而当壳层被完全占满时 $q_{nl}=2(2l+1)$。上述公式是将式(14.88)的 $P_{nl}(r)\mathrm{d}r$ 除以 $4\pi r^2\mathrm{d}r$（这是半径为 r 和 $r+\mathrm{d}r$ 的球面之间的体积)，再把所有被占据壳层的贡献加起来得到的。在后续的讨论中，我们假定式(14.89)中的 $n(\boldsymbol{r})$ 就由式(14.90)确定。

式(14.89)还面临一个更严重的问题：式(14.90)中的 $en(r)$ 来自原子中所有电子的贡献，因此当然也包括我们要确定其运动的那个电子，这引起了一种反常的情况，因为原子“感受”不到自身的电场。哈特里认为可以用一阶近似来考虑这种反常情况，并提出了下述计算 $U_{\mathrm{C}}(r)$ 的方法。首先根据预先确定的势场(多少有些任意的成分)数值求解薛定谔方程，得到足够多的能级 E_{nl} 及其对应的波函数[即波函数的径向部分 $R_{nl}(r)$]；然后利用计算得到的 $R_{nl}(r)$ 求式(14.90)中的 $en(r)$；随后将 $en(r)$ 代入式(14.89)确定新的 $U_{\mathrm{C}}(r)$。重复上述过程，根据新的 $U_{\mathrm{C}}(r)$ 计算一组新的 E_{nl} 和 $R_{nl}(r)$，然后更新 $en(r)$，继而又得到一个新的 $U_{\mathrm{C}}(r)$，依此类推。哈特里发现经过几次迭代之后，输出的 $en(r)$ 和输入的 $en(r)$ 几乎相同，换句话讲，$en(r)$ 达到了自洽⑪。哈特里巧妙地假设 $|E_{nl}|$ 等于将电子从 nl 壳层移动到无穷远处所需的最低能量，他宣称由自洽势场得到的 E_{nl} 就是在实验中测得的原子能级。尽管哈特里的计算结果并不精确，但它的确和实验结果在合理的范围内吻合⑫。有一点是毋庸置疑的，哈特里引入的

---

⑪ 哈特里进行的数值计算在当时非常耗时，他花几个星期得到的结果在现代计算机上不到一分钟就能得出。

⑫ 哈特里发表他的工作后一两年，福克(V. Fock)提出了另一种更可靠的原子计算方法，而斯莱特也独立地改进了这种方法。这就是哈特里-福克方法，它假定 N 电子系统的波函数 $\Psi(1,2,\cdots,N)$ 可以用 N 个单粒子波函数的斯莱特行列式表示，即式(14.37)和式(14.24)，通过令原子总能量 $E=\sum_{s_1,\cdots,s_N}\int\Psi^*(1,2,\cdots,N)\hat{H}\Psi(1,2,\cdots,N)\mathrm{d}V_1\cdots\mathrm{d}V_N$ 最小化来确定波函数的径向部分，其中 $\hat{H}=\sum_{i=1}^{N}-\frac{\hbar^2}{2m}\nabla_i^2-\sum_{i=1}^{N}\frac{Ze^2}{4\pi\varepsilon_0 r_i}+\sum_{i\neq j}\frac{e^2}{4\pi\varepsilon_0|\boldsymbol{r}_i-\boldsymbol{r}_j|}$ 是 N 电子系统的哈密顿算符。$\hat{H}$ 的第一项表示电子动能，第二项表示电子和原子核之间的引力势能(对于中性原子 $Z=N$)，第三项表示电子之间的排斥势能(参见附录A3)。我们还记得，第一个方程中的积分要遍及所有的 $\boldsymbol{r}_1,\boldsymbol{r}_2,\cdots$，而求和要对所有 $s_1,s_2,\cdots$ 的两个分量进行。令第一个方程最小化得到一组方程，它们的解就决定了单粒子态的能级 E_{nl} 和径向波函数 $R_{nl}(r)$。结果表明，用哈特里-福克方法得到的 E_{nl} 至少能很好地描述轻原子的电离能，它们与实验数据吻合。在“独立”电子近似条件下，这种方法不能给出更好的结果。遗憾的是哈特里-福克方法十分复杂，它不适于描述包含大量电子的原子和分子，也不能用于描述固体。

自洽方法在计算原子、分子和固体的电子结构中继续发挥着重要的作用。

人们提出了修正的 $U_C(r)$ 来消除电子自身电场的贡献，从而改进了这种自洽方法[13]。泡利不相容原理还可以被表述为：处于同一位置的两个电子不可能具有相同的自旋。因此，我们以位于 $\boldsymbol{r}$ 的电子为中心构建一个球，对于自旋向上 (+) 或自旋向下 (−) 球的半径 $R_\pm$ 为：

$$\frac{4\pi}{3}R_\pm^3 n_\pm(r)=1 \quad 即 \quad R_\pm=\left[\frac{4\pi}{3}n_\pm(r)\right]^{-1/3}. \tag{14.91}$$

上式说明在半径为 R_+（或 R_-）的球面内，共有一个自旋向上（或向下）的单电子电量。根据定义，$en_+(r)$ 表示自旋向上的电子密度，而 $en_-(r)$ 表示自旋向下的电子密度。如果我们假定在原子的哈密顿算符中没有依赖自旋的项，则有 $n_+(r)=n_-(r)=n(r)/2$，因此有：

$$R_+=R_-=R=\left[\frac{2\pi}{3}n(r)\right]^{-1/3}. \tag{14.92}$$

现在，我们从 $U_C(r)$ 减去上述电子球内部的电子电荷与球心处电子的相互作用，这样就能合理地消除哈特里势场先天的反常特性。球心处电子的势能为 $3e^2/8\pi\varepsilon_0 R$（参见练习 10.3），将这一项从 $U_C(r)$ 中减去，我们就得到了电子的有效势场 $U(r)$：

$$U(r)=U_C(r)+U_{ex}(r), \tag{14.93}$$

$$U_{ex}(r)=-\frac{3e^2}{8\pi\varepsilon_0 R}=-\frac{3\alpha e^2}{4\pi\varepsilon_0}\left[\frac{3}{8\pi}n(r)\right]^{1/3}, \tag{14.94}$$

其中 $\alpha=\sqrt[3]{2\pi^2/9}$。$U_{ex}(r)$ 被称为交换势。

将上述势场带入自洽场的计算，并稍微调整 α 的值来适应不同的原子，物理学家能很精确地得到许多原子的电离能级 E_{nl}（参见脚注⑬）。然而，在固体的电子结构的计算中，这种方法依然是一种半经验式的方法。1960 年代由科恩 (W. Kohn)等人提出的密度泛函理论克服了这种方法的局限性[14]。

---

⑬ 这就是斯莱特在 1950 年代提出的 Xα 方法。具体内容请参考他的书：Quantum Theory of Matter. 2nd ed. N Y：McGraw-Hill Book Company，1968；也可参见本章的脚注⑰。

⑭ Hohenberg，Kohn W. Physical Review，1964，136：864 - 871；Kohn W，Sham L J. Physical Review，1965，140：1133 - 1138.

科恩及其合作者证明，多电子系统（原子、分子或固体）的基态能量 E 由系统的电子密度分布唯一地确定，尽管他们不能确定根据这个分布得出基态能量的精确泛函，但是利用下面的公式能非常准确地估计 E[15]：

$$E=\sum_{nl}q_{nl}E_{nl}-\int U(r)n(r)\mathrm{d}V+E_{\mathrm{s}}+E_{\mathrm{ex}}+E_{\mathrm{cr}}, \tag{14.95}$$

其中，

$$E_{\mathrm{s}}=-\frac{Ze^2}{4\pi\varepsilon_0}\int\frac{n(r)}{r}\mathrm{d}V+\frac{e^2}{8\pi\varepsilon_0}\int\frac{n(r)n(r')}{|\boldsymbol{r}-\boldsymbol{r}'|}\mathrm{d}V\mathrm{d}V',$$

其中 E_{nl}，$U(r)$ 和 $n(r)$ 都根据哈特里自洽方法计算得到，而 $U(r)$ 为：

$$U(r)=U_{\mathrm{C}}(r)+U_{\mathrm{ex}}(r)+U_{\mathrm{cr}}(r), \tag{14.96}$$

其中 $U_{\mathrm{C}}(r)$ 由式(14.89)确定，$U_{\mathrm{ex}}(r)$ 由式(14.94)令 $\alpha=2/3$ 得到。上式还包含额外一项 $U_{\mathrm{cr}}(r)$，它被称作关联项，它考虑了两个电子存在库仑斥力的事实，因此没有包含这一项的自洽场会让两个电子过于靠近。这个关联项很微小，它只有近似的表达式。

式(14.95)中 E 的前两项结合在一起给出电子的动能[16]；E_{s} 表示原子的库仑作用能；E_{ex} 为交换修正项，由式(14.93)的第二项导出：

$$E_{\mathrm{ex}}=-\frac{3e^2}{8\pi\varepsilon_0}\int\left[\frac{3}{8\pi}n(r)\right]^{1/3}n(r)\mathrm{d}V. \tag{14.97}$$

最后一项 E_{cr} 考虑关联修正，它也有类似的表达式。

应当注意的是，根据式(14.95)计算的基态能量通常和实际的基态能量非常接近，但根据式(14.95)计算单电子电离能级的结果并不很好。这样计算电离能级没有坚实的理论基础，但物理学家却乐此不疲，因为他们经常会得到与实际结果吻合的数据，特别是在晶体计算中。斯莱特给出了半定量的证明，说明这么做的合理性[17]。

---

⑮ 我们写出的是原子的公式，很容易将它推广到原子核位置固定的分子和固体的情况。

⑯ 根据 $E_{nl}=\int\psi_{nl}^*(r)(-\hbar^2/2m)\nabla^2\psi_{nl}(r)\mathrm{d}V+\int\psi_{nl}^*(r)U(r)\nabla^2\psi_{nl}(r)\mathrm{d}V$ 计算得到。

⑰ The Self-consistent Field for Molecules and Solids: Quantum Theory of Molecules and Solids, Volume 4. N Y: McGraw-Hill Book Company, 1974.

14.5.3　多电子原子的能级

我们以碳原子为例，考虑多电子原子的能级。碳原子有两个外壳层，其中能容纳 6 个电子的 2p 壳层容纳了 2 个电子。因此，碳原子有 15 种不同的原子状态，分别对应从 6 种可能的单电子态中挑出两个来的 15 种不同方式，而每个状态均可由 6×6 阶斯莱特行列式表示。这个行列式的 4 列[参见式(14.83)]表示两个内壳层 1s 和 2s 的 4 个状态，剩下的 2 列表示 2p 壳层的 2 个状态。如果不考虑上述状态之间的剩余相互作用(residual interaction)，则上述 15 种原子态的能量均为 ε^0，而我们称它们是未被干扰的状态。但是，电子之间的关联效应，以及自旋-轨道相互作用会产生剩余相互作用，这导致单个电子的轨道角动量以及自旋的 z 分量不守恒；然而，总角动量 $\boldsymbol{J}$ 的平方及其 z 分量 J_z 是守恒量。此外，如果相对论效应不是很强的话(例如对于较轻的原子)，总轨道角动量 $\boldsymbol{L}$ 的平方以及总自旋 $\boldsymbol{S}$ 的平方也是守恒的[18]。因此，如果考虑剩余相互作用，则 15 重简并的 ε^0 将会分裂为图 14.13 所示的 5 个能级。

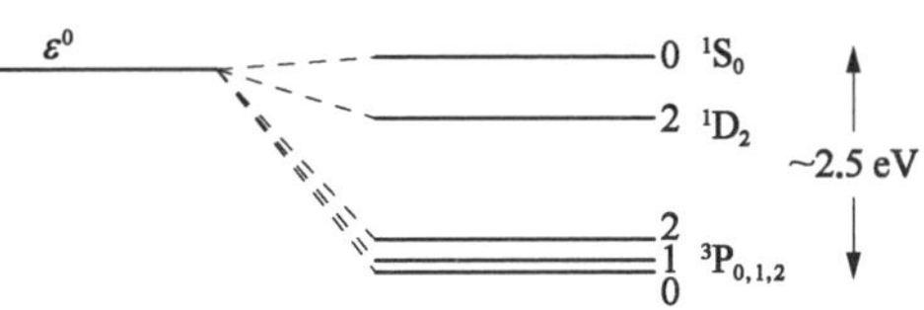

图 14.13　未被扰动的能级 ε^0 分裂为 5 个能级

图 14.13 中的最低能级为基态能级，它对应基态原子总角动量为零(即 $J=0$)的状态，这是非简并状态。第二能级对应 $J=1$ 的状态，它是三重简并的，即对应 $M_j=-1$, 0, 1 的 3 个状态能量相同，因为能量与任意选取的 z 方向无关。第 3 个能级对应 $J=2$ 的状态，它是五重简并的。在图中能级的右侧标注了对应状态的 J 值。我们注意到 $J=2$ 的第四能级是五重简并的，而 $J=0$ 的第五能级没有简并。这 5 个能级一共对应 15 种状态，和能量为 ε^0 独立的未被扰动的状态数相同。实际上，我们可以将这 5 个能级对应的本征态用未被扰动状态的线

---

⑱　原子的轨道总角动量 $\boldsymbol{L}$ 及其 z 分量 L_z 的算符是 N 个电子的对应算符之和，而且它们满足相同的交换关系[参见式(14.3)]，原子的总自旋 $\boldsymbol{S}$ 及其 z 分量 S_z，以及原子的总角动量 $\boldsymbol{J}=\boldsymbol{L}+\boldsymbol{S}$ 及其 z 分量 J_z 情况也是如此。因此，这些物理量的本征值必然和式(14.4a)描述的情况一致。结果表明，两个 p 电子的总轨道角动量的平方允许的取值为：$\hbar^2L(L+1)$，其中 $L=0$, 1, 2；而这两个电子的总自旋的平方允许的取值为：$\hbar^2S(S+1)$，其中 $S=0$, 1。最后，和给定的 L 与 S 相容的总角动量平方允许的取值为：$\hbar^2J(J+1)$，其中 J 是满足 $|L-S|\leqslant J\leqslant|L+S|$ 的任意整数。我们还记得对于给定的 J，总角动量的 z 分量的取值为：$J_z=M_j\hbar$, $M_j=-J, -J+1, \cdots, J$。

性和近似表示，即前文提到的那 15 个斯莱特行列式，在此不作深入的介绍。图 14.13 中能级右侧标注了符号，其中字母说明总轨道角动量的大小，S，P，D，F，…分别表示 $L=0,1,2,3,\cdots$（参见脚注⑱）。字母左侧的上标等于 $(2S+1)$，其中 S 表示原子总自旋量子数，而字母右侧的下标是 J，原子的总角动量量子数。

图 14.13 并没有展示出碳原子的所有能级。我们通过自洽计算，不仅能得出占据的单电子能级（参见第 14.5.1 的表格），还能得出许多更高能级 E_{nl} 对应的单电子态（即壳层）。将电子从被占据的基态壳层移动到较高能级会产生新的电子构型，而考虑剩余相互作用后，会得到一组新的激发态，对应的能级图变得非常丰富，如图 14.14 所示。我们注意到一个能级存在多重分裂，例如图 14.13

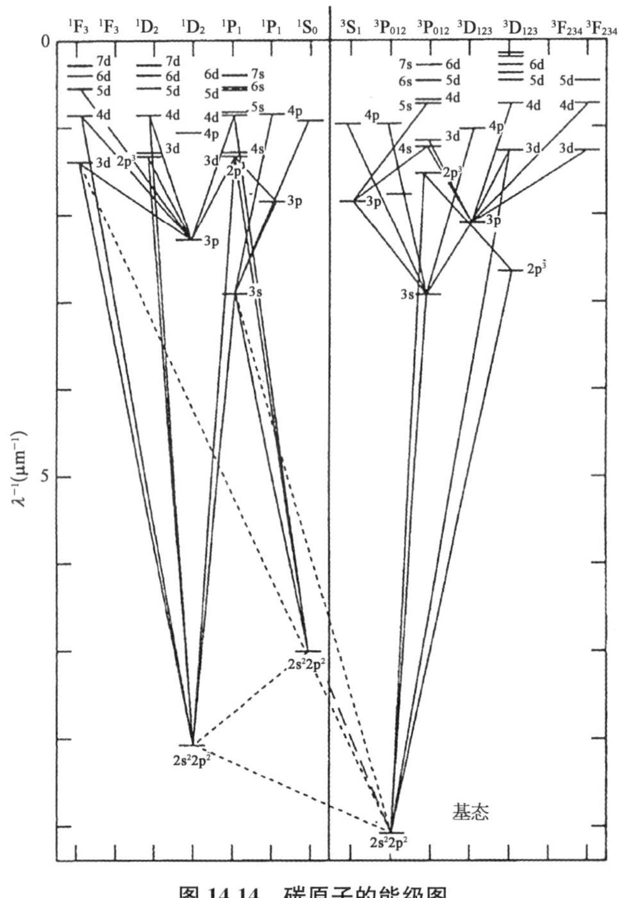

图 14.14　碳原子的能级图

图中的实线标示了服从第 14.3.3 节的规则的允许跃迁，而图中的虚线则标示了较弱的跃迁。（来自 Leighton R B. Principles of Modern Physics. N Y：McGraw-Hill，1959.）

中的 $^3P_{0,1,2}$，但是在图 14.14 中看不出这种情况。尽管我们不能精确算出这样一张图，但是根据第 14.3.3 节的公式以及适当的推广，我们可以进行能级分类，并确定能级之间允许发生的跃迁。

14.6　分子

14.6.1　玻恩-奥本海默近似

假定一个分子包含 Λ $(\Lambda \geqslant 2)$ 个原子核和 N 个电子，而我们希望了解电子及原子核相对分子质心的运动。由于原子核的质量远大于电子质量，因此相对后者它们运动缓慢。根据经典理论，我们可以说在电子完成其轨道运动的时间内，原子核只会稍有移动，因此可以假定原子核静止不动。令 $\boldsymbol{R}$ 表示所有原子核的坐标，而假定原子核的位置固定后，我们可以计算分子的能量 $E(\boldsymbol{R})$。$E(\boldsymbol{R})$ 包括电子动能、电子和原子核之间的引力势能（为负）、电子间排斥势能（为正），以及静止原子核之间的排斥势能（为负）。最后，我们“允许”原子核相对电子缓慢地运动，从而获得分子的总能量 ε：

$$\varepsilon = K + E(\boldsymbol{R}), \tag{14.98}$$

其中 K 表示分子中原子核的动能。我们可以将上式看作包含 Λ 个原子核的系统在势场 $E(\boldsymbol{R})$ 中的哈密顿量，即总能量。

我们现在用量子力学的方法来研究这个系统[⑲]。给定原子核的坐标 $\boldsymbol{R}$，我们可以计算本征值 $E_n(\boldsymbol{R})$（它们被称作分子的电子项），以及对应的波函数 $\psi_n(\boldsymbol{r}_1, \boldsymbol{r}_2, \cdots, \boldsymbol{r}_N; \boldsymbol{R})$，后者描述了 N 个电子在原子核固定时的能量本征态。为了完整地描述 $E_n(\boldsymbol{R})$ 和 $\psi_n(\boldsymbol{r}_1, \boldsymbol{r}_2, \cdots, \boldsymbol{r}_N; \boldsymbol{R})$，用下标 n 表示所需的一组量子数。在图 14.15

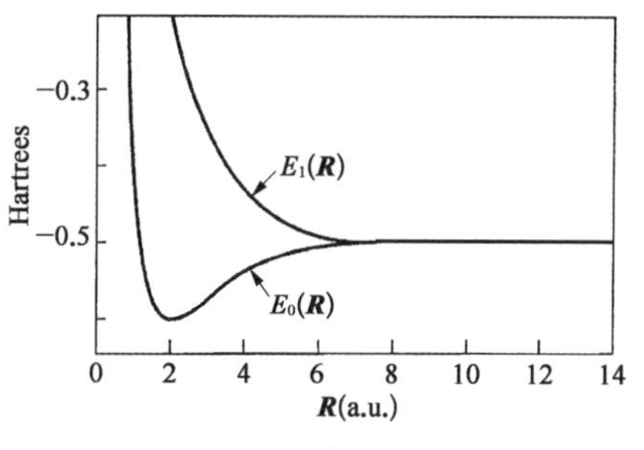

图 14.15　H_2^+ 的电子项

⑲　为了简化问题，我们没有考虑电子和原子核的自旋。

中,我们给出了最简单的分子即氢分子离子 H_2^+ 的电子项的示意图,对其他的双原子分子也可以得到类似的曲线[20]。如果原子核的确静止在 $\boldsymbol{R}$,则分子的定态由 $\psi_n(\boldsymbol{r}_1, \boldsymbol{r}_2, \cdots, \boldsymbol{r}_N; \boldsymbol{R})\exp[-E_n(\boldsymbol{R})t/\hbar]$ 描述。但是原子核实际上会缓慢地运动,而 $E_n(\boldsymbol{R})$ 也并不保持恒定。但是,分子的总能量 ε 包括 $E_n(\boldsymbol{R})$ 和原子核的动能,它是保持恒定的。根据式(14.98),我们将 ε 看作是 Λ 个原子核在"势场" $E_n(\boldsymbol{R})$ 中运动的能量本征值,并用 $\varepsilon_{n\mu}$ 来表示,其中 μ 是一组适当的量子数。由于原子核位于 $\boldsymbol{R}$ 时的电子态由 $\psi_n(\boldsymbol{r}_1, \boldsymbol{r}_2, \cdots, \boldsymbol{r}_N; \boldsymbol{R})$ 描述,而且根据我们的近似,电子会对原子核的位置改变快速响应,因此对应 $\varepsilon_{n\mu}$ 的分子本征态可由下面的波函数描述:

$$\Psi_{n\mu}(\boldsymbol{r}_1, \boldsymbol{r}_2, \cdots, \boldsymbol{r}_N; \boldsymbol{R}; t) = \chi_{n\mu}(\boldsymbol{R})\psi_n(\boldsymbol{r}_1, \boldsymbol{r}_2, \cdots, \boldsymbol{r}_N; \boldsymbol{R})e^{-\varepsilon_{n\mu}t/\hbar}. \tag{14.99}$$

上述公式描述了分子的能量本征态,它由玻恩和奥本海默在 1927 年提出,被称作玻恩-奥本海默近似[21]。

14.6.2 双原子分子:电子项

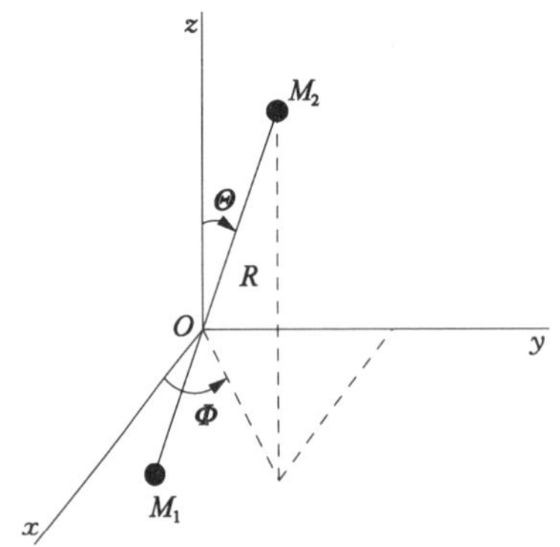

图 14.16 双原子分子

取双原子分子的质心为坐标原点,则质量为 M_1 和 M_2 的原子核的位置由二者的间距 R 以及角度 Θ 和 Φ 确定,其中 $0<R<\infty$, $0\leqslant\Theta\leqslant\pi$, $0\leqslant\Phi<2\pi$。对于 H_2^+ 我们有 $M_1=M_2$。

氢分子离子 H_2^+ 包含一个电子和两个相同的原子核(即质子),后者分别位于 $\boldsymbol{R}_1=-\boldsymbol{R}/2$ 和 $\boldsymbol{R}_2=\boldsymbol{R}/2$,参见图 14.16。令原子核固定在 $\boldsymbol{R}_1$ 和 $\boldsymbol{R}_2$,则电子看到的势场为:

$$U(\boldsymbol{r}) = -\frac{e^2}{4\pi\varepsilon_0|\boldsymbol{r}-\boldsymbol{R}_1|} - \frac{e^2}{4\pi\varepsilon_0|\boldsymbol{r}-\boldsymbol{R}_2|} + \frac{e^2}{4\pi\varepsilon_0 R}, \tag{14.100}$$

其中 $R=|\boldsymbol{R}_2-\boldsymbol{R}_1|$ 表示原子核间距,而 $\boldsymbol{r}$ 表示电子位置。当原子核固定不动时最后一项就是常数,它不影响当前的本征值问题,即不

---

⑳ 根据相同的原理也可以得到多原子分子的 $E_n(\boldsymbol{R})$,只不过这个函数难以表示。

㉑ Born, Oppenheimer J R. Ann. Physik, 1927, 84: 457.

会影响该势场中的电子本征态。忽略这一项后我们得到 $E_n(\boldsymbol{R})$，而将它加上 $e^2/4\pi\varepsilon_0 R$ 就得到了电子的能量本征值。

我们发现 $E_n(\boldsymbol{R})$ 只与原子核间距 R 有关，与分子在空间的取向无关。因此我们将两个原子核置于 z 轴，分别位于 $-R/2$ 和 $R/2$。这个本征值问题可以精确求解，但我们在此给出的近似结果能提供更多的信息。研究表明，电子在势场式(14.100)中的基态可以近似地表示为：

$$\psi_0(r)=A_0(\mathrm{e}^{-r_1/a_0}+\mathrm{e}^{-r_2/a_0}),\tag{14.101}$$

其中 $r_1=|\boldsymbol{r}-\boldsymbol{R}_1|$，$r_2=|\boldsymbol{r}-\boldsymbol{R}_2|$，$a_0$ 为玻尔半径(参见图 14.6 的注释)，而 A_0 是令 $\int|\psi_0(r)|^2\mathrm{d}V=1$ 的归一化常数。我们注意到，上式中的两项与分别位于 $\boldsymbol{R}_1$ 和 $\boldsymbol{R}_2$ 的氢原子基态波函数完全相同，我们将这样的项称作原子轨道，而将 $\psi_0(r)$ 这种描述电子在分子中运动的波函数称作分子轨道。一般情况下，原子轨道的线性和可以很好地近似分子轨道，式(14.101)是最简单的例子。利用下面一组公式可以计算 ψ_0 对应的 $E_0(R)$：

$$E_n(R)=E_n^{(e)}(R)+\frac{e^2}{4\pi\varepsilon_0 R}.\tag{14.102}$$

$$E_n^{(e)}(R)=-\frac{\hbar^2}{2m}\int\psi_n^*(\boldsymbol{r})\nabla^2\psi_n(\boldsymbol{r})\mathrm{d}V+\int V(\boldsymbol{r})|\psi_n(\boldsymbol{r})|^2\mathrm{d}V.\tag{14.102a}$$

$$V(\boldsymbol{r})=-\left(\frac{e^2}{4\pi\varepsilon_0|\boldsymbol{r}-\boldsymbol{R}_1|}+\frac{e^2}{4\pi\varepsilon_0|\boldsymbol{r}-\boldsymbol{R}_2|}\right).\tag{14.102b}$$

$E_n^{(e)}(R)$ 的第一项表示电子动能，第二项表示电子在两个原子核形成的场中的势能。我们可以将 $E_0^{(e)}(R)$ 看作是电子在该场中的基态能量，其中两个原子核的间距为 R。令式(14.102)中的 $n=0$，我们就得到了图 14.15 所示的电子项 $E_0(R)$。从图中可以看出，$E_0(R)$ 有一个极小值，这保证了氢分子离子可以存在。我们会简要地解释为何会产生这个极小值，但是在此之前，先考虑式(14.102)给出的下一个能量项 $E_1(R)$，它对应的分子轨道为：

$$\psi_1(r)=A_1(\mathrm{e}^{-r_2/a_0}-\mathrm{e}^{-r_1/a_0}).\tag{14.103}$$

我们先考察分子轨道 $\psi_0(r)$ 和 $\psi_1(r)$ 对应的能级 $E_0^{(e)}$ 和 $E_1^{(e)}$，看它们怎样

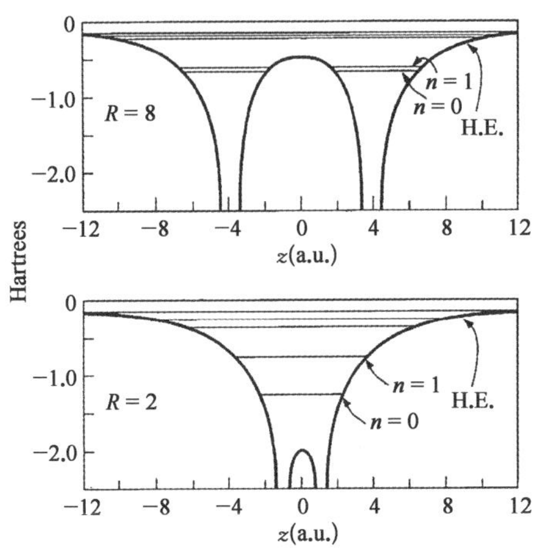

图 14.17 不同分子间距对应的能级

图中实线表示式(14.102b)定义的 V 沿着分子轴方向的变化，其中分子的质心位于原点。上图对应 $R=8a_0$，下图对应 $R=2a_0$，其中 $E_0(R)$ 的极小值参见图 14.15。我们注意到 V 在原子核之间降低。标为 $n=0$ 和 $n=1$ 的水平线分别给出了对应分子轨道 $\psi_0(r)$ 和的 $\psi_1(r)$ 能级 $E_0^{(e)}$ 和 $E_1^{(e)}$，标为 H.E.的能级是我们在此不予考虑的电子的较高能级。上图夸大了能级之间的间隔。

随着 R 改变。图 14.17 给出了两个不同的 R 对应的这两个能级，其中用水平线标出了 $n=0$ 和 $n=1$。$E_0^{(e)}$ 显然比 $E_1^{(e)}$ 低，我们可以这样来理解：$E_0^{(e)}$ 和 $E_1^{(e)}$ 由式(14.102a)给出，而当 V 较小(或较负)时，例如在原子核之间，$|\psi_0|^2$ 比 $|\psi_1|^2$ 大(参见图 14.18)，这就会导致 $E_0^{(e)}<E_1^{(e)}$。图 14.17 和图 14.18 还能揭示更多信息，如 $E_1^{(e)}-E_0^{(e)}$ 会随着 R 增大而减小，而当 $R\rightarrow\infty$ 时这个差值消失。由于式(14.102)的第二项也会在这个极限条件下消失，因此对应的电子项在 $R\rightarrow\infty$ 时收敛(参见图 14.15)。在此极限条件下，$E_1^{(e)}=E_0^{(e)}=-0.5$ Hartree，这就是氢原子的基态能量。我们可以这样理解这种情况：当原子核间距较大时，电子要么在 1 号原子核附近要么在 2 号原子核附近，而不会出现在二者之间。不管分子轨道是 ψ_0 还是 ψ_1，式(14.101)和式(14.103)中的两项均不发生交叠，而我们实际上得到了一个基态氢原子和一个裸露的质子，二者没有相互作用。随着 R 逐渐减小，电子能够在原子核之间运动，此时隧道效应起了很大的作用，而原子能级一分为二，$E_0^{(e)}$ 和 $E_1^{(e)}$ 分别对应我们描述的分子轨道。

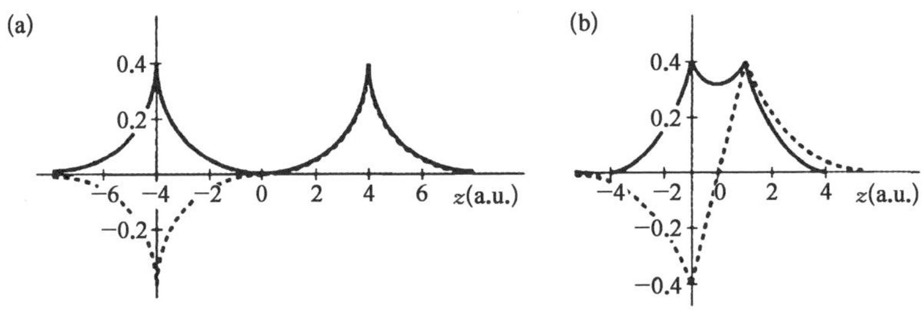

图 14.18 沿着 H_2^+ 分子轴的分子轨道 ψ_0(实线)和 ψ_1(虚线)

(a) $R=8a_0$；(b) $R=2a_0$。

随着 R 趋向平衡间距 $R=2a_0$，$E_0^{(e)}$ 和 $E_1^{(e)}$ 的差异逐渐增大。图 14.15 所示的电子项随 R 的改变很容易理解。由于原子核之间的电子云聚集抵消了原子核之间的库仑斥力，因此随着 R 减小 $E_0^{(e)}$ 降低，这导致 $E_0(R)$ 也降低；在平衡间隔处二者达到平衡，对应 $E_0(R)$ 的最小值。如果原子核间距进一步减小，原子核之间的库仑斥力就会增大，导致 $E_0(R)$ 增大。对于 $E_1(R)$，由于在原子核之间没有明显的电子云聚集（参见图 14.18b），因此库仑斥力一直占据主导地位。$E_0(R)$ 存在极小值保证了 H_2^+ 得以存在。根据图 14.15，将 H_2^+ 分解为一个氢原子和一个质子所需的最小能量，即 H_2^+ 的分离能为：

$$E_0(R \to \infty) - E_0(R=2a_0) \approx 0.1 \text{ Hartree.}$$

对于双原子分子 XY，例如 H_2，O_2，HCl 等，它们包含更多的电子，在原则上计算它们的电子项 $E_n(R)$ 和计算多电子原子的能级没什么不同，但是由于分子场的约化对称性导致实际计算非常困难。但是现在，我们总可以计算得到基态分子的自洽电子密度及其对应的能量 $E_0(R)$。另一方面，我们可以将电子的分子轨道表示成原子轨道的线性和，通过适当选取原子轨道的系数，可以让分子轨道非常接近由自洽场得出的轨道。研究表明，两个原子结合成分子的过程大致和 H_2^+ 形成的过程相同：电子云在两个原子核之间聚集，使电子看到更负的有效势场，结合原子核的库仑斥力后得到一个降低的电子能量项。这种结合被称作共价键和，而原子核之间聚集的电子云为两个原子核“共有”。

我们还可以用另一种方式解读共价键[22]：原子核之间的电子电荷会吸引原子核，将二者拉近，而原子核之间的斥力要使二者远离。在平衡距离处，这两个力彼此平衡。当原子核的距离小于平衡距离时，电子电荷会从原子核之间跑到左侧原子核的左侧以及右侧原子核的右侧，从而帮助原子核之间的排斥力将原子核拉开。

14.6.3　双原子分子的原子核运动

双原子分子的原子核的位置由图 14.16 定义的 R，Θ，Φ 来确定，因此，式(14.99)定义的波函数原子核部分 $\chi_{n\mu}(\boldsymbol{R})$ 形为 $\chi_{n\mu}(R, \Theta, \Phi)$。对于给定的电子项 $E_n(R)$，$\chi_{n\mu}(R, \Theta, \Phi)$ 对应的分子能量本征值 $\varepsilon_{n\mu}$ 可通过求解下面的方

---

[22] 这种解释被称作赫尔曼-费曼原理，由这两位科学家分别在 1937 年和 1939 年独立提出。

程来确定：

$$\hat{H}\chi_{n\mu}=-\frac{\hbar^2}{2M_r}\nabla^2\chi_{n\mu}+E_n(R)\chi_{n\mu}=\varepsilon_{n\mu}\chi_{n\mu}, \tag{14.104}$$

其中 $M_r=M_1M_2/(M_1+M_2)$ 是分子的约化质量(参见脚注①)。我们注意到 $\hat{H}$ 与氢原子的 $\hat{H}$ 形式完全相同，因此类比式(14.24)和式(14.22)我们有：

$$\chi(R,\Theta,\Phi)=\frac{u(R)}{R}Y_{lm}(\Theta,\Phi). \tag{14.105}$$

同样与式(14.23)类似，通过求解下述方程来确定 $u(R)$：

$$-\frac{\hbar^2}{2M_r}\frac{\mathrm{d}^2u}{\mathrm{d}R^2}+U_{nl}(R)u(R)=\varepsilon u(R), \tag{14.106}$$

其中，

$$U_{nl}(R)=E_n(R)+\frac{\hbar^2 l(l+1)}{2M_rR^2}. \tag{14.106a}$$

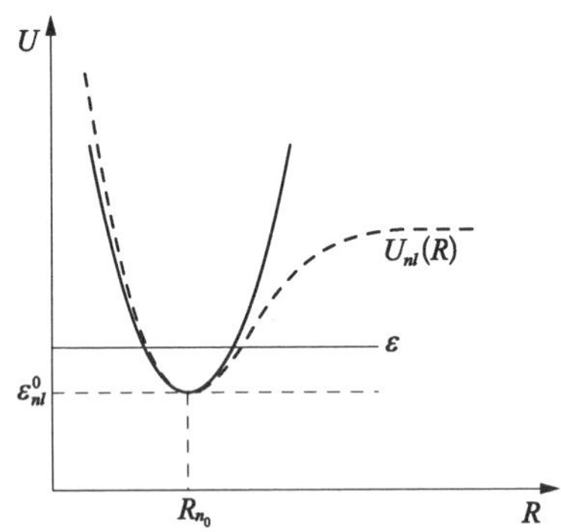

图 14.19 势场 $U_{nl}(r)$ (虚线)及其简谐近似式(14.107)(实线)

图 14.19 给出了 $U_{nl}(R)$ 的示意图。由于 $U_{nl}(R)$ 在 R_{n0} 有极小值，因此可以采用下述近似：

$$U_{nl}(R)=\varepsilon^0_{nl}+\frac{1}{2}k_n(R-R_{n0})^2, \tag{14.107}$$

$$\varepsilon^0_{nl}=E_n(R_{n0})+\frac{\hbar^2 l(l+1)}{2M_rR^2_{n0}}, \tag{14.107a}$$

其中 k_n 是适当的常数。上述势场(即图 14.19 中的实线)当然就是谐振子的势场，将 $x=R-R_{n0}$ 代入式(14.47)即可得到。常数 ε^0_{nl} 只不过将振子的能级进行了平移。因此分子能级 $\varepsilon_{n\mu}$ (将 μ 用 $l\upsilon$ 代替)为：

$$\varepsilon_{nl\upsilon}=E_n(R_{n0})+\frac{\hbar^2 l(l+1)}{2M_rR^2_{n0}}+\hbar\omega_n\left(\upsilon+\frac{1}{2}\right),\quad \upsilon=0,1,2,\cdots, \tag{14.108}$$

其中 $\omega_n = \sqrt{k_n/M_r}$。上式第一项表示电子对分子能量的贡献，第二项是原子核的旋转能，而第三项表示原子核的振动能。式(14.105)定义了原子核径向波函数，其中 $u = u_{n\upsilon}(R - R_{n0})$，它由谐振子的本征函数[式(14.49)和式(14.50)]得到，其中 $x = R - R_{n0}$。对应特定电子项的双原子分子的能级 $\varepsilon_{nl\upsilon}$ 如图 14.20 所示。

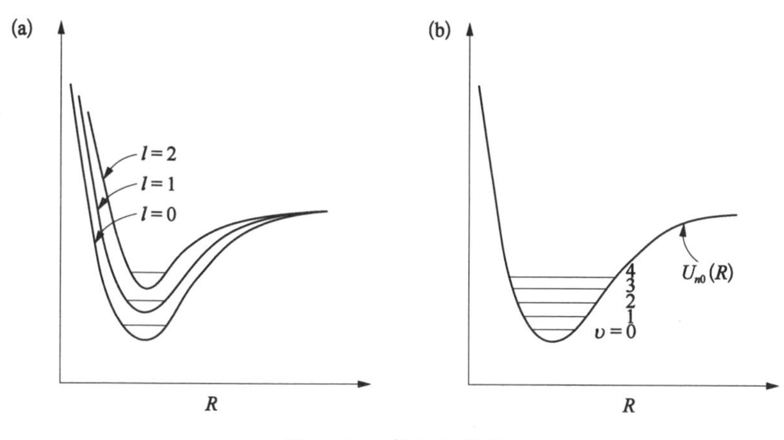

图 14.20　势场和能级

(a) 图中的水平线表示对应特定 n 和 $\upsilon = 0$ 的能级 $\varepsilon_{nl\upsilon}$，其中 $l = 0, 1, 2$；(b) 图中水平线表示对应特定 n 和 $l = 0$ 的能级 $\varepsilon_{nl\upsilon}$，其中 $\upsilon = 0, 1, 2, 3, 4$。请注意，图(a)的能量标尺约为(b)的 10 倍。

利用图 14.20，我们可以令人信服地解释在第 9.2.4 节讨论的双原子分子气体比热容的变化，参见图 9.11。我们知道，气体比热容来自分子的平动(每个分子贡献 $3k/2$) 以及分子的转动和振动。在低温下，分子处于最低能级 ($l = 0$, $\upsilon = 0$)，kT 小于图(a)中的能级间隔，而只有平动对比热容有贡献。随着温度升高 kT 超过转动能级的能量差[如图 9.11(a)所示]，分子可以吸收热量跃迁到 l 值更大的状态，因此在 $T \approx 100$ K 时 C_V 开始向上增长，参见图 9.11。当 kT 超过了振动能级的能量差时[如图 9.11(b)所示]，分子可以吸收能量进入 υ 值更大的状态，这就解释了图 9.11 中的 C_V 在高温下有较大的取值。显然，在极高温度下，离散能级的效果变得不再明显，而我们就得到了经典的结果。

最后还有要说明一点，利用图 14.20 可以理解双原子分子的光学性质。双原子分子在 3 个频率区域可以发生辐射和吸收：

1) 微波和红外区，这对应不同 l 状态的跃迁：$nl\upsilon \rightarrow nl'\upsilon$；

2）红外区域，对应转动能级和振动能级的改变：$nl\upsilon \rightarrow nl'\upsilon'$；

3）可见光和紫外区，这对应所有量子数都改变的跃迁：$nl\upsilon \rightarrow n'l'\upsilon'$。

14.6.4　多原子分子

图 14.21 给出了甲烷分子的原子核的平衡位置。碳原子核位于正四面体的中心，而氢原子核分别位于四面体的顶点。氢原子的 1s 轨道与碳原子的 2s 轨道和 2p 轨道结合在一起形成甲烷分子的分子轨道，图中的阴影显示了分子轨道的电子云。我们注意到，碳原子和氢原子之间聚集的电荷将分子结合在一起，而这种四面体分子结构显然是令分子总能量最小化的诸多可能的构型之一。

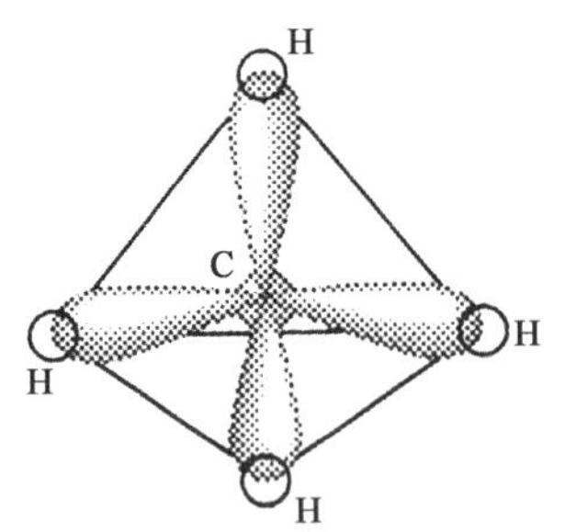

图 14.21　CH_4 的共价键

多原子分子与双原子分子的情况不同，我们实际上不能计算令分子能量最小化的原子核的空间排布，而是通常利用缜密的实验和数据分析来确定分子结构。分子越大，确定它的结构越困难，因此人们花费那么长的时间才确定了 DNA 的结构。但是由于分子结构决定了分子的性质，因此化学家在这方面进行了不懈的努力。在量子力学发展起来以后，化学家在理解自然界已经存在的物质以及创造有着特殊性质的新物质方面取得了惊人的成就。对他们的工作的介绍超出了本书的范畴，感兴趣的读者可以在斯莱特的著作中了解这些前沿性的工作。

14.7　固体

14.7.1　正格子和倒格子的对称单元

晶体的主要特征是它具有周期性结构：体积、形状和成分均相同的单元重复排列，填满固体占据的整个空间。我们用空间格子定义这种周期性结构：

$$\boldsymbol{R}_n = n_1 \boldsymbol{t}_1 + n_2 \boldsymbol{t}_2 + n_3 \boldsymbol{t}_3, \qquad n_1, n_2, n_3 = 0, \pm 1, \pm 2, \cdots, \tag{14.109}$$

其中 t_1，t_2，t_3 是格子的基矢。共存在 14 种不同的空间格子，即所谓的布拉维格子。自然界中最常见的是体心立方(BCC)和面心立方(FCC)格子，我们在第 11.4 节介绍过，而晶体的空间格子由该节介绍的实验方法确定。

图 11.5 所示的平行六面体并不是选取体心立方格子原胞的唯一方式，对于式(11.3)定义的 BCC 格子，我们可以确定对称性更高的原胞：用线段连接某个格点和它的所有相邻格点，然后在每条线段的中点做该线段的垂直平面。就这样，我们得到了围绕着中心点由 14 个表面包围的体积，如图 14.22(a)所示。用这种方式构建的原胞其体积就是一个格点占据的体积 $a^3/2$，其中 a 是晶格常数(参见第 11.4 节)。图 14.22(b)展示了这样的原胞重复排列就能填满晶体的所有空间。

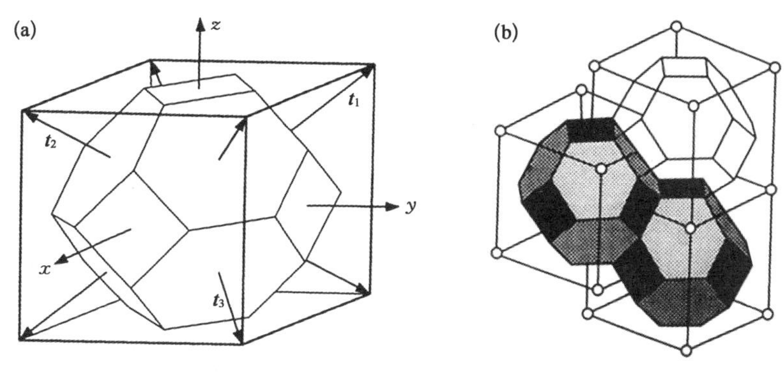

图 14.22　维格纳-塞茨原胞

(a) BCC 格子的维格纳-塞茨原胞；(b) 维格纳-塞茨原胞填满晶体的所有空间。

用这种方式构造的原胞被称为维格纳-塞茨原胞，以纪念这两位科学家在计算体心立方和面心立方结构金属的电子能量时，首次采用了这种原胞结构㉓。这种原胞最大的特点是它的对称性：它共有 48 种对称性操作，包括围绕对称轴的旋转，相对对称面的镜面反射等；令格点固定在坐标原点，利用对称性操作就能构建整个空间格子。体心立方格子的维格纳-塞茨原胞为立方体对称，任何其他原胞都没有这种对称性。

对于式(11.4)定义的面心立方格子，我们也可以用同样的方法构造维格纳-塞茨原胞，从一个格点向它周围的 12 个相邻格点绘制线段，然后再做线段的中

㉓ Physical Review，1933，43：804；1934，46：509.

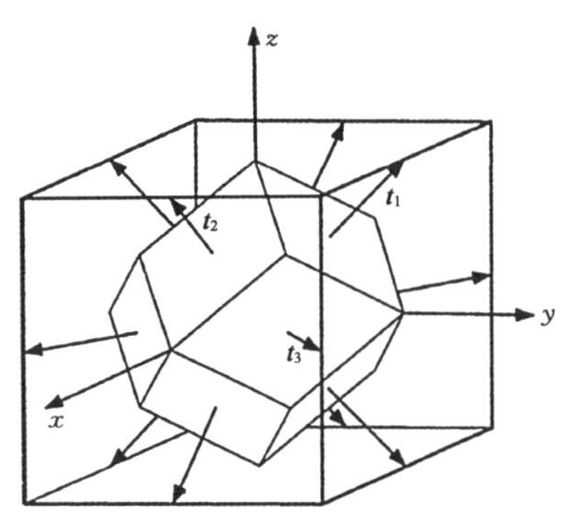

图 14.23 面心立方格子的维格纳-塞茨原胞

垂面,由此得到体积为 $a^3/4$ 的十二面体,如图 14.23 所示。

我们在第 11.4 节提到过,体心立方格子的倒格子是 $\boldsymbol{k}$ 空间的面心立方格子,而面心立方格子的倒格子是 $\boldsymbol{k}$ 空间的体心立方格子。在 $\boldsymbol{k}$ 空间构造的维格纳-塞茨原胞被称为第一布里渊区,或简称为布里渊区,用 BZ (Brillouin Zone)表示[24]。图 14.24 给出了体心立方格子和面心立方格子的布里渊区,下一节介绍布里渊区在物理上的重要性。

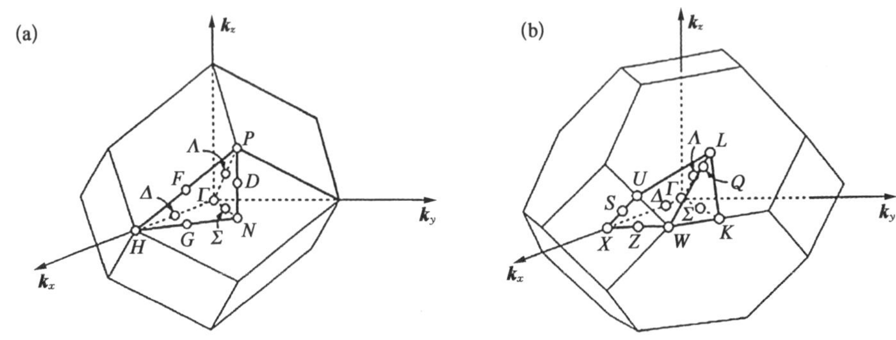

图 14.24 布里渊区

(a) 体心立方格子的布里渊区;(b) 面心立方格子的布里渊区。

14.7.2 晶体的单电子态

根据经验,假定晶体中的电子在周期性势场 $U(\boldsymbol{r})$ 中独立运动,我们就能非常好地描述晶体的电子性质,其中 $U(\boldsymbol{r})$ 的周期性由晶体确定[25]:

$$U(\boldsymbol{r}+\boldsymbol{R}_n)=U(\boldsymbol{r}), \tag{14.110}$$

其中 $\boldsymbol{R}_n$ 是任意格矢。上述势场在原则上可以计算得到,而在许多情况下的确能

㉔ 为了纪念布里渊(Brillouin),他在《量子统计学》(*Die Quantenstatistic*,于 1931 年在柏林出版)一书中提出了这一概念。

㉕ 我们假定原子核固定在它的平衡位置上。常温下原子核围绕其平衡位置的振动很微小,因此在计算单电子能级时可以忽略不计;我们当然也假定玻恩-奥本海默近似成立。

计算得到，所用方法基本上就是第 14.5.2 节介绍的自治方法[26]。在下面的计算中，我们假定 $U(\boldsymbol{r})$ 已知。

德国物理学家费利克斯·布洛赫(Felix Bloch)证明[Zeits. f. Phys. 1928, 52: 555.]，单电子在式(14.110)的周期性势场中的定态(即本征态)总可以写成下面的形式(即所谓的布洛赫定理)：

$$\psi_{\boldsymbol{k}\alpha}(\boldsymbol{r},t)=A\exp(\mathrm{i}\boldsymbol{k}\cdot\boldsymbol{r})u_{\boldsymbol{k}\alpha}(\boldsymbol{r})\mathrm{e}^{-\mathrm{i}E_\alpha(\boldsymbol{k})t/\hbar}, \tag{14.111}$$

其中 $u_{\boldsymbol{k}\alpha}(\boldsymbol{r})$ 是周期性函数：$u_{\boldsymbol{k}\alpha}(\boldsymbol{r})=u_{\boldsymbol{k}\alpha}(\boldsymbol{r}+\boldsymbol{R}_n)$，其中 $\boldsymbol{R}_n$ 是任意格矢，A 是归一化常数，它让 $\psi_{\boldsymbol{k}\alpha}(\boldsymbol{r},t)$ 满足下式：

$$\int_V|\psi_{\boldsymbol{k}\alpha}(\boldsymbol{r},t)|^2\mathrm{d}V=NV_0\int_V|u_{\boldsymbol{k}\alpha}(\boldsymbol{r})|^2\mathrm{d}V=1, \tag{14.112}$$

其中 V_0 是单原胞的体积，而 N 是晶体包含的原胞个数。式(14.111)描述的本征态被称作布洛赫波。下标 α 表示一组量子数，它指明了布洛赫波以及对应的能量本征值 $E_\alpha(\boldsymbol{k})$。首先要注意的是，我们只需要考虑那些处于布里渊区内部和边界面上的 $\boldsymbol{k}$ 值。布里渊区外部的 $\boldsymbol{k}'$ 定义的布洛赫波和布里渊区内部对应 $\boldsymbol{k}$ 值的布洛赫波完全相同。在图 14.25 中，我们给出了通过一行原子中心的布洛赫波。

最后需要注意的是，对于无限大晶体式(14.110)严格成立，而布洛赫定理也严格成立。为了回避晶体尺寸有限的这个困难，我们采用和讨论空腔中电磁场的模式大致相同的方法(参见第 13.1.1 节)。在实际情况下波函数在晶体的表面消失，但我们采用周期性边界条件[27]，也就是要求：

$$\psi_{\boldsymbol{k}\alpha}(x+L,y,z)=\psi_{\boldsymbol{k}\alpha}(x,y+L,z)=\psi_{\boldsymbol{k}\alpha}(x,y,z+L)=\psi_{\boldsymbol{k}\alpha}(x,y,z), \tag{14.113}$$

其中 $L^3=V$ 是晶体体积，我们假定晶体体积足够大，例如至少包含 1 000 个原胞。要让式(14.113)成立，则 $\boldsymbol{k}$ 必须满足：

---

[26] Moruzzi V L, Janak J F, Williams A R. Calculated Electronic Properties of Metals. N Y: Pergamon, 1978.对晶体的单电子能级以及晶体总能量(假定原子核静止)的计算和第 14.5.2 节介绍的对原子的自洽计算方法相同。首先围绕单原胞中的原子核对势能场进行球平均，而对于单原胞的剩余部分，假定其势能场就是体积平均得到的常数。

[27] 采用周期性边界条件，可以很好地描述晶体的电子性质，如比热容、电导率等；但是在研究和表面现象有关的性质时，如电子发射，当然就不能采用这样的边界条件。

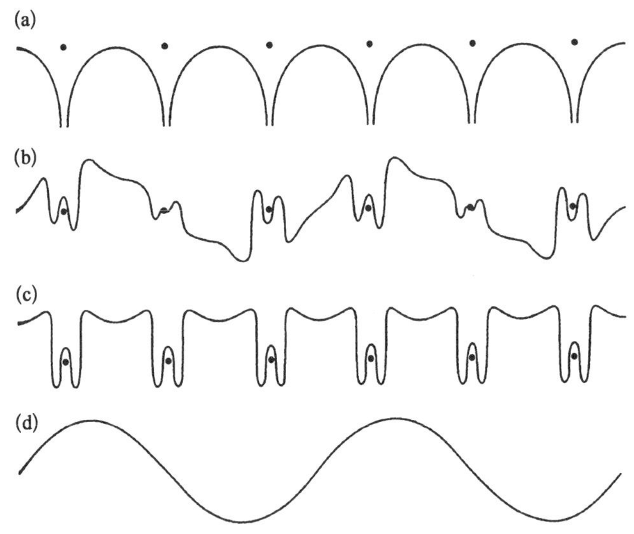

图 14.25 通过一行原子中心的布洛赫波的示意图

(a) $U(\boldsymbol{r})$; (b) $\psi_{k\alpha}(\boldsymbol{r}, t=0)$ 的实部;(c) $u_{k\alpha}(\boldsymbol{r})$ 的实部;(d) $A\exp(\mathrm{i}\boldsymbol{k}\cdot\boldsymbol{r})$ 的实部。
(来自 Harrison W A. Solid State Theory. N Y: McGraw-Hill, 1970.)

$$\boldsymbol{k}=(k_x, k_y, k_z)=\frac{2\pi}{l}(n_x, n_y, n_z), \qquad n_x, n_y, n_z=0, \pm 1, \pm 2, \cdots. \tag{14.114}$$

我们发现,布里渊区中某些 $\boldsymbol{k}$ 点满足上述方程,而这种点在 $\boldsymbol{k}$ 空间占据的体积为 $(2\pi/L)^3$,它等于 $(2\pi)^3/NV_0$。已知布里渊区的体积为 $(2\pi)^3/V_0$,因此在布里渊区中共有 N 个满足条件的 $\boldsymbol{k}$ 点,和晶体包含的原胞一样多。

14.7.3 金属

我们以金属钨为例进行讨论。钨具有体心立方结构,每个原胞有一个原子,它的布里渊区如图 14.24(a)所示。我们参考元素周期表可知,钨原子有 74 个电子,其中 68 个是内层电子,它们对晶体的结合没有显著贡献,对原子的电子性质等也没有显著的影响。原子的 6 个外层电子分别处于 6s 和 5d 壳层,它们形成的布洛赫轨道[参见式(14.116)]对应 6 个能带: $E_\alpha(\boldsymbol{k})$, $\alpha=1, 2, \cdots, 6$,如图 14.26 所示。我们还注意到,自旋向上和自旋向下对应相同的 6 个能带,而我们把这些能带统称为金属的导带。图 14.24(a)给出了特定的对称方向,而图 14.26 就是沿着这些方向展示的能带。你们可能注意到,沿着 G 线在布里渊区表面从点

H 到点 N 有 6 个能带，而沿着 Δ 线从布里渊区中心点 Γ 到点 H 却只有 5 个能带。这是因为 Δ_5 能带二重简并，即有两个独立的布洛赫波对应这条线的 $E_\alpha(\boldsymbol{k})$。需要注意的是，能带 $E_\alpha(\boldsymbol{k})$ 在布里渊区内部处处满足式(14.114)；而为了清晰起见，我们只沿着所谓的布里渊区的对称方向绘制 $E_\alpha(\boldsymbol{k})$。由于 L 非常大，因此满足式(14.114)的 $\boldsymbol{k}$ 点彼此非常靠近，它们几乎在布里渊区内部形成连续的线。此外，图 14.24 (a)给出的那些对称线只包围了一小部分体积，占到布里渊区总体积的 1/48；这个区域被称作布里渊区的不可约化区域，而只要进行 48 个对称性操作(围绕对称轴旋转、相对对称面反射等)就能构造出完整的布里渊区，其中沿某条对称线的能带 $E_\alpha(\boldsymbol{k})$ 可由不可约化区域对应的对称线的能带确定。

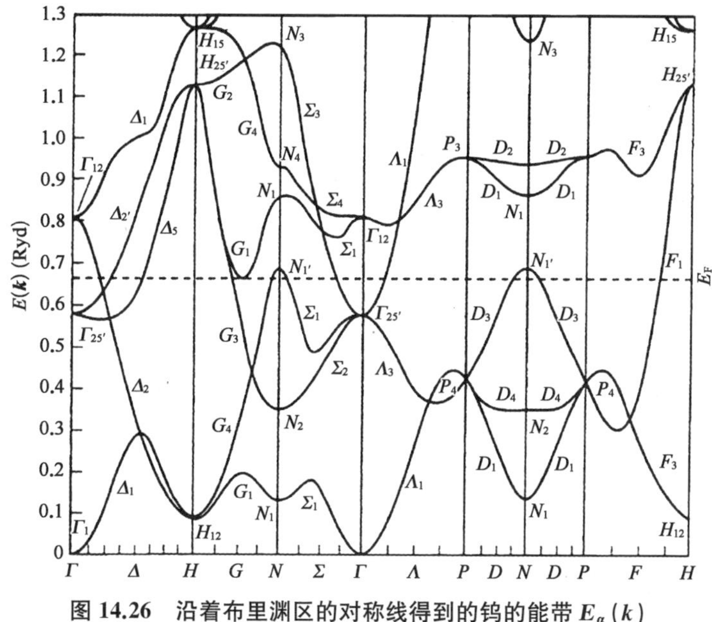

图 14.26　沿着布里渊区的对称线得到的钨的能带 $E_\alpha(\boldsymbol{k})$

能量单位为 Rydberg (1 Ryd = 13.6 eV)。(来自 Mattheiss L F. Physical Review, 1965, 139: A 1893.)

根据上述讨论可知，相同的能量 E 可以对应多个 $\boldsymbol{k}$ 值以及多个单电子态(即布洛赫波)。满足方程

$$E_\alpha(\boldsymbol{k})=E \tag{14.115}$$

的 $\boldsymbol{k}$ 点在布里渊区定义了一个等能面，这个面可以很简单，例如球面；也可以很复杂，例如图 14.27 所示的表面，它由多个部分组成，而且不同部分还可能相交。

最重要的等能面就是所谓的金属费米面：$E_\alpha(\boldsymbol{k})=E_\mathrm{F}$，其中 E_F 就是我们在第14.4.3节定义的费米能级。对于金属，E_F 位于导带某处，因此在 $T=0$ 时所有 $E_\alpha(\boldsymbol{k})<E_\mathrm{F}$ 的能态被占据，而 $E_\alpha(\boldsymbol{k})>E_\mathrm{F}$ 的能态是空的。图14.26中用水平虚线标出了钨的费米能级 E_F，而图14.27则给出了钨的费米面。我们参考图14.27描述费米面的形态：它的中心部分切入外部6个球面，后者的中心分别位于 $\pm k_x$，$\pm k_y$，$\pm k_z$ 轴；而外部的球面又和位于点 H 的八面体相连；最后还有围绕点 N 的椭球面，它们关于布里渊区的表面对称；为图示清晰我们把布里渊区外部的费米面也绘制了出来。我们注意到费米面成立方体对称，与预期吻合。现在，利用费米面上的电子在磁场作用下沿着该表面运动的事实，就算是图14.27那么复杂的金属费米面也能在实验上测量得到，而实验结果和理论计算结果完美地吻合，表明了近似的计算方法是有效的。

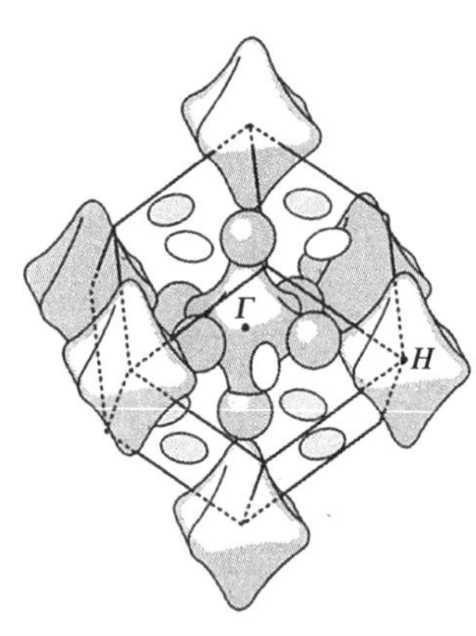

图14.27　钨的费米面

（来自 Mattheiss L F. Physical Review，1965，139：A1893.）

在探讨图14.26所示的能带背后的物理意义之前，我们要注意下面几点：

1）图14.26中的能量零点被任意设定在导带的底部；而我们知道，费米能级比金属外部的能量零点低大约几电子伏特（参见图11.10），二者的能量差就是金属表面的功函数 ϕ。

2）在图14.26所示的能带下方，还存在晶体原子的内部原子轨道产生的能带，它们的带宽较窄。这些能带的电子云和自由原子的电子云基本相同，而能带也和对应的原子能级差别甚微，它们对应的布洛赫波可由下面的式（14.117）很好地近似，我们在此不作深入讨论。

图14.26中能带对应的布洛赫波可以用6s和5d原子轨道近似表示，方法如下。d轨道对应轨道角量子数 $l=2$，因此它对应5个轨道，分别是 $m=-2$，-1，0，1，2。我们将式（14.111）中的 $u_{k\alpha}(\boldsymbol{r})$ 表示为：

$$u_{k\alpha}(\boldsymbol{r})=\frac{A}{\sqrt{N}}\sum_n \mathrm{e}^{-\mathrm{i}\boldsymbol{k}\cdot(\boldsymbol{r}-\boldsymbol{R}_n)}\phi_\alpha(\boldsymbol{r}-\boldsymbol{R}_n). \tag{14.116}$$

上式对晶体所有格点求和，而钨晶体每个格点上有一个原子。$\phi_\alpha(\boldsymbol{r}-\boldsymbol{R}_n)$ 是 $\boldsymbol{R}_n$

处原子的 6s 及 5d 原子轨道的适当组合，共有 6 种独立的组合方式，分别对应 $\alpha=1, 2, \cdots, 6$。将式(14.116)代入式(14.111)后得到：

$$\psi_{\boldsymbol{k}\alpha}(\boldsymbol{r}, t)=\left[\frac{A}{\sqrt{N}}\sum_{n}\mathrm{e}^{-\mathrm{i}\boldsymbol{k}\cdot(\boldsymbol{r}-\boldsymbol{R}_n)}\phi_{\alpha}(\boldsymbol{r}-\boldsymbol{R}_n)\right]\mathrm{e}^{-\mathrm{i}E_{\alpha}(\boldsymbol{k})t/\hbar}. \tag{14.117}$$

这个式子说明，晶体的电子本征态可由原子轨道的线性和来近似表示，而原子核就位于各个格点。我们在第 14.6.2 节讨论氢分子离子时建立了分子轨道，而式(14.117)可以被看作是分子轨道的推广。对于氢分子离子我们得到两个分子轨道，式(14.101)和式(14.103)，由于存在原子能级它们对应不同能量 $E_0^{(e)}$ 和 $E_1^{(e)}$，参见图 14.17。现在的“分子”轨道[式(14.117)]已经连成了带，而这些带状能级是由晶体中钨原子的 6s 及 5d 能级形成的。这样表示的布洛赫波物理含义很明确，但是它不是计算 $u_{\boldsymbol{k}\alpha}(\boldsymbol{r})$ 以及确定对应能带的最佳方式(参见脚注㉖)。最后还要说明一点，由于电子有两种自旋，因此一个 $\psi_{\boldsymbol{k}\alpha}(\boldsymbol{r}, t)$ 对应两个状态。

图 14.26 中的导带有一个重要的性质：费米能级穿过这个能带。当 $T=0$ 时，E_{F} 下方的所有能带被填满，而 E_{F} 上方的能级都是空的。因此，紧邻被占据态的更高能级没有任何单电子态，正是这一点决定了钨是金属，而所有金属都有这样的性质。我们下面简要介绍根据这个性质，怎样确定电子对金属比热容及电导率的贡献。首先我们定义自旋向上的单电子能态的密度：$\rho_{\uparrow}(E)\mathrm{d}E$，它表示晶体单位体积中能量介于 E 和 $E+\mathrm{d}E$ 之间的自旋向上的单电子能态数；类似地定义 $\rho_{\downarrow}(E)\mathrm{d}E$，它表示晶体单位体积中能量介于 E 和 $E+\mathrm{d}E$ 之间的自旋向下的单电子能态数。对于非磁性金属(例如钨)我们有：

$$\rho_{\uparrow}(E)=\rho_{\downarrow}(E)=\rho(E). \tag{14.118}$$

如果我们已知能带 $E_{\alpha}(\boldsymbol{k})$ 就能计算 $\rho(E)$，这并不难，只要记住 $\boldsymbol{k}$ 要满足式(14.114)。对于当前讨论的钨，它的 $\rho(E)$ 如图 14.28 所示。图中实线表示 $V_0\rho(E)$，其中 V_0 表示原胞的体积；由于每个原胞只包含一个原子，因此 $V_0\rho(E)\mathrm{d}E$ 就表示能量介于 E 和 $E+\mathrm{d}E$ 之间的每个原子、每种自旋的单电子能态数。图中的点线给出了 $n_A(E)$，它的定义为

$$n_A(E)=2V_0\int_0^E\rho(E)\mathrm{d}E, \tag{14.119}$$

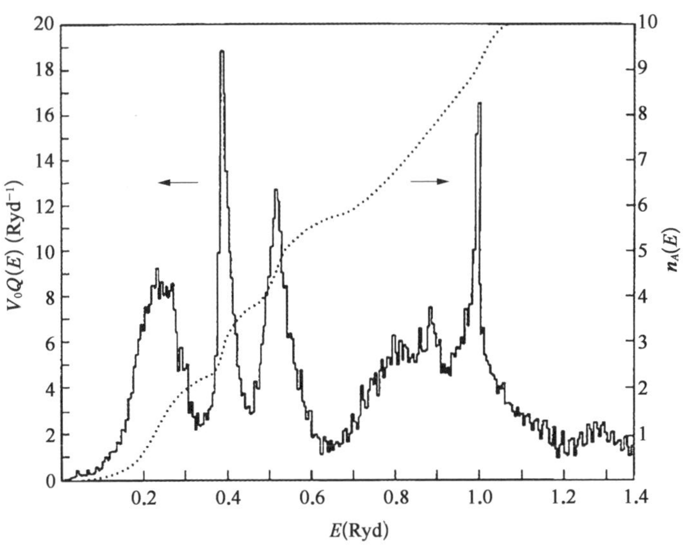

图 14.28 钨的态密度

图中实线表示钨的单电子态密度，点线给出了每个原子的积分态密度。（来自 Mattheiss L F. Physical Review，1965，139：A1893.）

表示能量从 0（导带底部）到 E 的每个原子的单电子能态数，而其中的因子 2 考虑了自旋简并。我们知道图 14.26 所示的能带中，每个原子必须有 6 个电子。当 $T=0$ 时，它们从低到高占据所有能态直到 E_F，因此可用下式来确定 E_F：

$$n_A(E_F)=6. \tag{14.120}$$

这意味着 $E_F=0.675$ Ryd。我们现在知道了怎样确定图 14.26 所示的费米能级，而用同样的方法可以确定任何金属的费米能级。

比热容：参见图 14.11，当温度高于 $T=0$ 时，有些能量稍低于 E_F 的电子会从环境获得能量（$\sim kT$），跃迁到高于 E_F 的能态，使在高于 E_F 的能量上 $\rho(E)\neq 0$，从而导致单位体积金属的总能量升高 ΔE_{el}：

$$\Delta E_{el}\approx[2\rho(E_F)kT]kT=2\rho(E_F)k^2T^2. \tag{14.121}$$

因此在单位体积的金属中，电子对比热容的贡献为：

$$c_{V,el}=\frac{d}{dT}\Delta E_{el}=4\rho(E_F)k^2T=c_1T, \tag{14.122}$$

其中 c_1 为常数。我们注意到，在量子力学建立之前，人们将导带电子看作玻尔兹曼气体，得出的式(9.19)表明比热容与温度无关，这与上述结果截然不同。式

(14.122)和实验结果吻合，这是固体的量子理论取得的第一项成就。

电导率：就像用平面波叠加构造在空间传播的波包那样(参见图 13.14)，我们用大致相同能量 $E_\alpha(\boldsymbol{k})$ 的布洛赫波构造布洛赫波包，将波矢 $\boldsymbol{k}$ 限制在很小的范围内，用它描述电子在晶体中的传播。电子的速度为 $v_\alpha(\boldsymbol{k}) = 1/\hbar(\partial E_\alpha/\partial k_x,\ \partial E_\alpha/\partial k_y,\ \partial E_\alpha/\partial k_z)$，括号中的各项分别表示速度沿 x，y，z 方向的分量。在平衡状态下，每个向右运动的电子对应一个以同样速度向左运动的电子，如图 14.29(a)所示。研究发现，当金属中存在沿 x 方向的电场 F 时，电子的分布将会改变，如图 14.29(b)所示。在 δt 时间内，导带电子的 k_x 分量变为 $k_x+\delta k_x$，根据半经典公式有：

$$\delta k_x = -\frac{eF}{\hbar}\delta t. \tag{14.123}$$

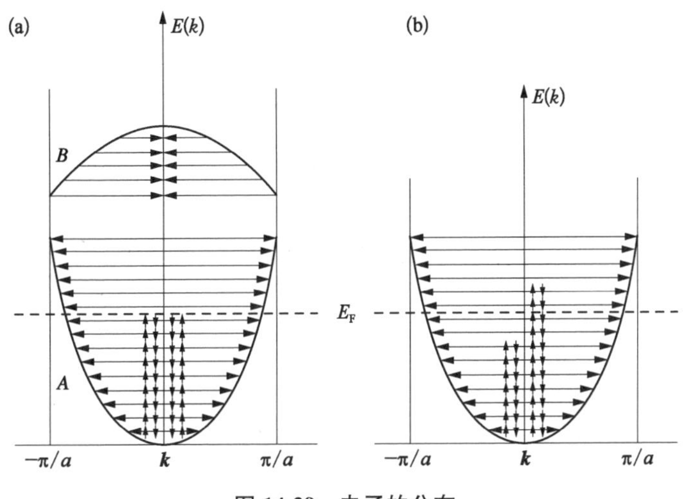

图 14.29 电子的分布

(a) 在平衡条件下，每个向右运动的电子对应一个以同样速度向左运动的电子，因此总电流为零。(b) 存在电场时更多电子向右运动，因此净电流不再等于零。竖直方向的箭头标出了能级上电子的自旋状态，而电子的速度用水平方向的箭头表示。

当 $\delta t = 2\tau$ 时，电子与金属中的杂质和振动晶格的碰撞会使电子回到其平衡状态，因此存在外加电场时，平均来讲我们有：

$$\delta k_x = -\frac{eF}{\hbar}\tau, \tag{14.124}$$

其中 τ 被称作碰撞时间，它的具体数值依赖金属中杂质的浓度以及温度，因为原子核振动的幅度由温度决定。在 $T=300\ \mathrm{K}$ 时,碰撞时间的典型数值约为 $10^{-14}\ \mathrm{s}$。因此,费米能级的电子在两次碰撞之间运动的平均距离约为几百 Å,这个距离就是所谓的平均自由程[28]。在给定外加电场下对电流密度的详细计算有些麻烦,我们在此不予介绍。计算后会得到金属的电导率公式[电导率的定义参见式(19.19),在该公式中电场用 E 表示]:

$$\sigma=\frac{2}{3}e^2\,\overline{v^2}(E_\mathrm{F})\rho(E_\mathrm{F})\tau, \tag{14.125}$$

其中 $\overline{v^2}(E_\mathrm{F})$ 表示 $v_\alpha(\boldsymbol{k})$ 在费米面上所有状态的均方值。我们注意到公式包含 $\rho(E_\mathrm{F})$,当 $\rho(E_\mathrm{F})$ 等于零时电导率也等于零;而当 $\rho(E_\mathrm{F})$ 不等于零时(例如金属的情况),那么在任意温度下(包括 $T=0$)电导率都不为零。图 14.29(b)给出了电子在外加电场作用下的重新排布,只有当被占据能态的上方紧邻空的单电子态时才会出现这种情况。

现在我们要介绍索末菲对金属进行的首次量子力学研究[29],他用的方法与上文讨论的方法大致相同。索末菲假定在体积为 V 的金属中有 N 个基本上自由的电子,这些电子的能级就是式(14.78)给出的自由电子能级。当 V 足够大时,这些能级准连续,就像真实金属中导带的情况。根据式(14.118),对应的电子态密度为:

$$\rho(E)=\frac{4\pi m}{h^3}\sqrt{2mE}. \tag{14.126}$$

金属单位体积的自由电子(我们就将它们看作是导带电子)数为 $n=N/V$,我们把它看作一个经验参数,用它来确定金属的费米能级:

$$n=2\int_0^{E_\mathrm{F}}\rho(E)\mathrm{d}E, \tag{14.127}$$

其中因子 2 考虑了自旋简并。在索末菲的模型中适当地选取 n,从而将 $\rho(E_\mathrm{F})$ 代入式(14.122)后可以得到实验确定的比热容。我们同样可以将 $\rho(E_\mathrm{F})$ 代入式(14.125),从而根据实验测得的 σ 确定碰撞时间 τ。

利用索末菲模型还可以从量子力学的角度讨论金属表面的电子发射,参见第 11.5 节。但是这个自由电子模型对某些情况束手无策,例如它不能解释如图

---

[28] 在考虑电子的平均自由程时忽略宏观导线的弧度,因此在讨论中我们假定导线是沿着 x 方向的直线。

[29] Sommerfeld A. Z. Physik, 1928, 47: 1.

14.27 所示的复杂的费米面，也不能解释实验观测到的光跃迁。所谓光跃迁指的是当能量为 $\hbar\omega$ 的光子穿过金属时会被能量 $E_\alpha(\boldsymbol{k}) < E_F$ 的电子吸收，后者跃迁到相同 $\boldsymbol{k}$ 的状态，但是能量变为 $E_\beta(\boldsymbol{k}) = E_\alpha(\boldsymbol{k}) + \hbar\omega > E_F$。当用布洛赫波描述对应的电子态时，这种跃迁的概率不等于零；但是在索末菲的模型中，当电子的初态和末态相同时跃迁的概率总是等于零。在这个方面，索末菲模型和当时为解释实验结果而提出的许多其他经验模型没什么不同。经验模型可以解释实验现象，但是它们并不普遍成立。我们在第 14.7.2 节介绍了独立电子模型，尽管它比索末菲模型的应用范围更广，但是它也有自身的局限性，同样无法解释某些现象(参见第 14.7.8 节的介绍)。

14.7.4　铁磁性金属

对于钨和其他非磁性金属，例如铜、银等，导带中自旋向上和自旋向下的电子数相同。但是情况并不总是这样。如果我们用改进形式的式(14.95)计算金属处于基态的总能量，有可能在自旋向上的电子多于自旋向下的电子时得到更低的能量。在这种情况下，电子因为自旋状态不同"看到"不同的势场。在满足式(14.91)的条件下，式(14.95)中的 $U_{ex}(\boldsymbol{r})$ 对两种自旋状态有所不同，因此不同自旋对应不同的能带。在这种情况下，两种自旋的势场和对应的能带当然必须满足自洽。我们以铁磁金属镍(Ni)为例进行讨论。镍具有面心立方晶格结构，每个原胞有一个原子。镍原子的内壳层 18 个电子占据较低能带，它们不参与金属的磁化，即不会产生磁矩；剩下的 10 个电子处于导带，导带的形态类似钨原子的导带，但是自旋向上的电子的导带(所谓的主带)整体上相对自旋向下的电子导带(所谓的副带)向下移动，如图 14.30 所示。

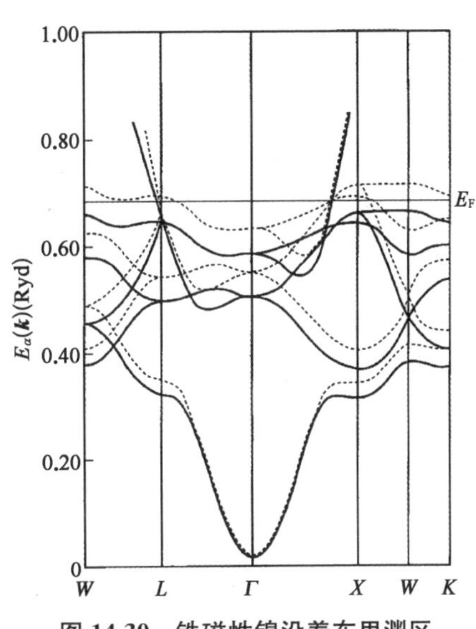

图 14.30　铁磁性镍沿着布里渊区不同对称线的能带

实线表示自旋向上，虚线表示自旋向下。[由莫鲁齐(V. L. Moruzzi)，贾纳克(J. F. Janak)和威廉(A. R. Williams)计算得到，参见脚注㉖。]

当 $T = 0$ 时，所有 $E < E_F$ 的能态都被占据，但是由于自旋向上的能态向下移

动，因此自旋向上的电子会多于自旋向下的电子。与式(14.119)类比，我们定义 $n_{A\uparrow}(E)$ 和 $n_{A\downarrow}(E)$，它们分别表示能量从 0(即图 14.30 所示的导带底部)到 E 每个原子的自旋向上和向下的电子数。通过要求等式 $n_{A\uparrow}(E)+n_{A\downarrow}(E)=10$ 成立，我们可以确定 E_F，这和探讨钨时用到的式(14.120)相同。最后，镍的磁化强度(即每个原子的磁矩)为 $[n_{A\uparrow}(E)-n_{A\downarrow}(E)]\mu_B$，其中 $\mu_B=e\hbar/2m$ 是和电子自旋有关的磁矩，它被称作玻尔磁子[参见式(14.38)和第 15.24 节]。对镍的磁化强度进行计算得到的结果为 $0.59\mu_B$，它和 $T\rightarrow 0$ 的实验结果 $0.60\mu_B$ 吻合。

我们要强调一点，尽管铁磁性的能带理论正确地给出 $T=0$ 的磁化强度，但它不能描述磁化强度随温度的改变。人们在实验中发现，当温度高于 $T=0$ 时，铁磁性金属(例如镍和铁)的磁化强度会降低，而当温度高于临界温度 T_c (即所谓的居里温度)时磁化强度消失。镍的居里温度为 631 K，而铁的居里温度为 1 043 K。金属在 T_c 通过所谓的二级相变从铁磁相转变为顺磁相[30]，该相变和第 9.1.3 节介绍的一级相变类似，但是和它不同。铁磁相变有一个特征：当温度从临界温度的两侧接近 T_c 时，金属的比热容成对数发散。要想建立铁磁转变理论，必须抛弃独立电子模型。

人们早在 20 世纪二三十年代就建立了这样的理论，但是对它们的讨论超出了本书的范畴[31]。时至今日，人们仍然对铁磁性和反铁磁性现象，以及对应的相变进行着研究。

14.7.5 半导体

图 14.31 给出了硅(Si)、砷化镓(GaAs)、硫化锌(ZnS)和氯化钾(KCl)的能带，这 4 种物质都没有磁性，因此它们自旋向上和自旋向下的电子能带相同。我们选定能量零点 $E=0$，让这 4 种物质在 $T=0$ 时所有 $E<0$ 的单电子能态均被占据(这些能带被称作晶体的价带)，而所有 $E>0$ 的能带都是空的(这些能带被称作晶体的导带)。由于原子内壳层电子产生的能带低于价带，因此不考虑它们。我

---

[30] 当 $T>T_c$ 时，顺磁相没有自发磁化强度，但它在外磁场的作用下可以获得一定的磁化强度。自旋磁矩和外磁场的耦合令电子能量稍微降低或升高，而能量如何改变取决于自旋磁矩是平行于还是反平行于磁场的方向(即 z 方向)。这意味着如果 E_F 保持不变，磁矩与磁场方向相同的电子比与磁场方向相反的电子多，而由此感应的磁化强度 $\boldsymbol{M}$ 和外加磁场 $\boldsymbol{B}$ 成正比。在低温下，$\boldsymbol{M}=\chi\boldsymbol{B}$ 成立，其中 $\chi=2\mu_B^2\rho(E_F)$，泡利最先导出了这个磁化强度公式，其中的 $\rho(E_F)$ 由式(14.118)确定。

[31] Ising E. Z. Physik, 1925, 31: 253; Heisenberg W. Z. Physik, 1928, 49: 619; Bragg W L, Williams E J. Proc Soc London Ser A, 1934, 145: 699.

们将导带最小值和价带最大值之间的能量差称作晶体的带隙 E_g，而下面的表格给出了上述晶体和锗(Ge)晶体的能隙数值，其中锗和硅同属于第Ⅳ族元素，二者的能带结构类似。我们将带隙较小的晶体称为半导体，而将带隙较大的晶体称为绝缘体。根据这一标准，Ge、Si 和 GaAs 是半导体，而 KCl 是绝缘体；ZnS 介于二者之间，我们一般把它称作宽带隙半导体。下面来说明为什么这样分类。

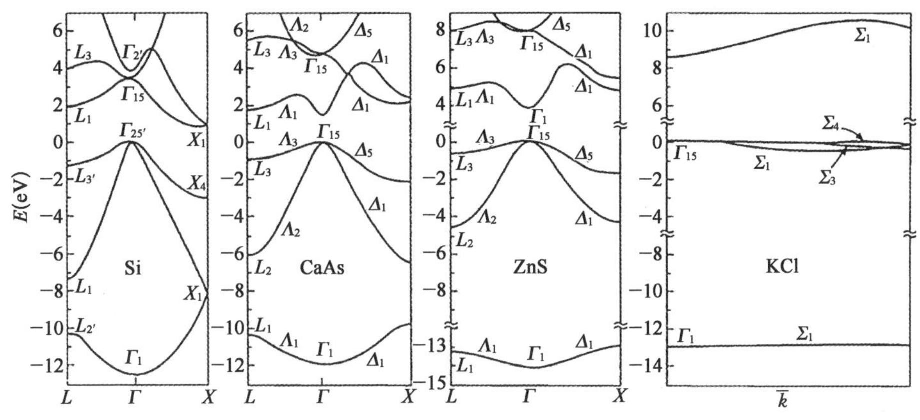

图 14.31　Si、GaAs、ZnS 和 KCl 的能带

表 14.3　几种晶体的能隙数值

	Ge	Si	GaAs	ZnS	KCl
E_g(eV)	0.67	1.11	1.43	3.56	8.2

在图 14.32 中，我们给出了半导体单电子态密度的示意图，以及根据式(14.86)确定的 $T=0$ 及 $T>0$ 时这些状态被占据的概率。我们看到当 $T>0$ 时，单位体积中有 n 个电子从价带向上跃迁到导带，进入导带底部 E_c 附近的能级，而在价带顶部 E_v 附近留下 p 个空态(即所谓的空穴)。我们显然有：

$$n=p. \tag{14.128}$$

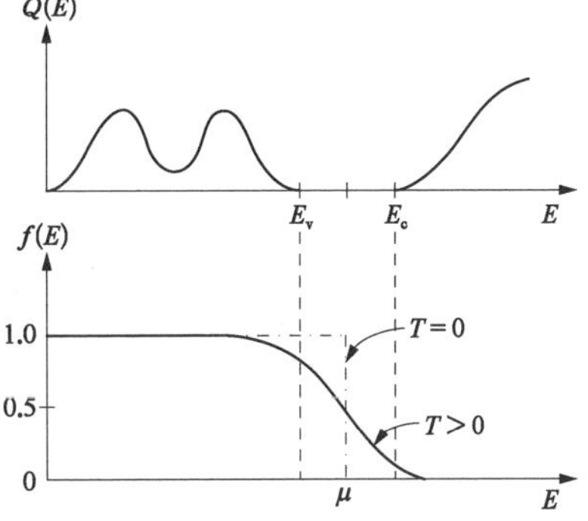

图 14.32　半导体中单电子的能量分布

在半导体中每个自旋的单电子态密度 $\rho(E)$ 的示意图，以及在 $T=0$ 和 $T>0$ 时能量为 E 的状态被占据的概率。

我们通常对导带底部附近的 $\rho(E)$ 进行

合理的近似,将它表示成式(14.126)的形式:

$$\rho_c(E)=\frac{4\pi m_c}{h^3}\sqrt{2m_c(E-E_c)}, \tag{14.129a}$$

而将价带顶部附近的 $\rho(E)$ 近似为:

$$\rho_v(E)=\frac{4\pi m_v}{h^3}\sqrt{2m_v(E_v-E)}, \tag{14.129b}$$

其中 m_c 和 m_v 是经验常数,分别表示电子和空穴的有效质量。根据费米-狄拉克分布

$$f(E)=\frac{1}{e^{(E-\mu)/kT}+1}, \tag{14.130}$$

由式(14.129a)可以导出化学势 μ 以及电子和空穴的密度:

$$\mu\approx E_v+E_g/2+\frac{3}{4}kT\ln\frac{m_v}{m_c}\approx E_v+E_g/2, \tag{14.131}$$

$$n=p=2\left(\frac{2\pi kT}{h^2}\right)^{3/2}(m_v m_c)^{3/4}e^{-E_g/2kT}. \tag{14.132}$$

显然,温度升高导致的半导体的电子重新排布会引起总能量改变 ΔE,而 $\Delta E\approx nE_g$。根据式(14.132),n 随着温度成指数变化,因此比热容 $c_V=d(\Delta E)/dT$,也随着温度成指数变化,而由于 $E_g\gg kT$ 时这个变化很小,因此绝缘体的比热容基本上不随温度变化。

下面讨论半导体的电导率 σ。当 $T=0$ 时,价带全满而导带全空,而占据态没有紧邻的空态导致电子不能移动,因此 $\sigma=0$。当 $T>0$ 时情况有所改变,与被占据能级相邻的导带中出现空态,产生电导率的基本要求得到满足,而电导率 σ 为:

$$\sigma=e\mu_n n+e\mu_p p, \tag{14.133}$$

其中 n 和 p 由式(14.132)确定,而 μ_n 和 μ_p 分别为电子和空穴的迁移率,它们是由材料属性和温度确定的常数。由于常温下 n 和 p 很小,即使窄带隙的半导体其电导率也比金属的小得多(参见第 10.2.5 节),但这也足以传输小的信号。此外,人们发现除了升高温度以外,对本征(纯的)半导体掺杂少量的杂质可以有效地在导带中产生电子、在价带中产生空穴[32]。在后续讨论中我们考虑硅或锗半导体,二者都

---

[32] 人们在 1940 年代研制了本征半导体和掺杂半导体,并证明了它们的性质。

是面心立方结构，每个原胞有 2 个原子，而每个原子都有 4 个外壳层电子，而这 2 个原子贡献的 8 个电子填满了对应晶体的价带。我们假定纯晶体中少量原子被带有 5 个电子的其他原子取代，掺杂密度约为10^{15} cm^{-3}，而纯晶体的原子密度约为10^{23} cm^{-3}。这第 5 个电子位于杂质原子的局域态，而杂质原子周围存在许多的基体原子；该电子的能量 E_d 稍低于 E_c，如图 14.33a 所示。在此情况下，$T=0$ 时的化学势 μ 就在 E_d 的上方。在常温下，电子从上方的局域态进入导带，因此 n 为：

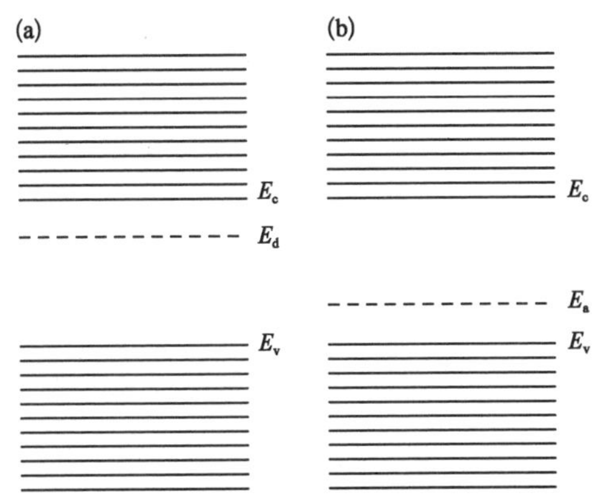

图 14.33　掺杂半导体的单电子能级

(a) n 型；(b) p 型。其中能量差 $E_c - E_d$ 和 $E_a - E_v$ 均被放大。

$$n \approx N_d, \tag{14.134}$$

其中 N_d 是单位体积晶体的杂质原子数。类似地，如果晶体中的原子被带有 3 个电子的原子取代，那么就会在杂质原子附近产生一个空态（价带中的一个电子态被逐出），其能级 E_a 稍高于 E_v，如图 14.33b 所示。在这种情况下，$T=0$ 时的化学势 μ 就在 E_d 的下方。在常温下，电子从价带进入这些局域态，在价带中留下等量的空态（即空穴），因此 p 为：

$$p \approx N_a, \tag{14.135}$$

其中 N_a 是单位体积晶体的杂质原子数。在这两种情况下，电导率均由式(14.133)确定。

14.7.6　p－n 结和晶体管

当 p 型半导体和 n 型半导体接触时，电子就会在二者间流动直到建立某种平衡。我们预期达到平衡时，这两部分半导体的化学势相等，与式(9.16)定义的两相平衡时的情况类似。这意味着 p－n 结中 p 型半导体的能级相对 n 型半导体的能级抬高，我们用 eV_0 表示抬高的这部分能量。通过在两部分半导体的界面中建立电偶极子层可以实现这一点：电子从 n 侧运动到 p 侧，在二者之间产生类似电容器极板之间的电场；电子迁移区域（偶极子层区域）的宽度在图 14.34

(a)的上图中用 W 表示，而达到平衡后迁移区域内能带的弯曲如图 14.34(a)的下图所示。

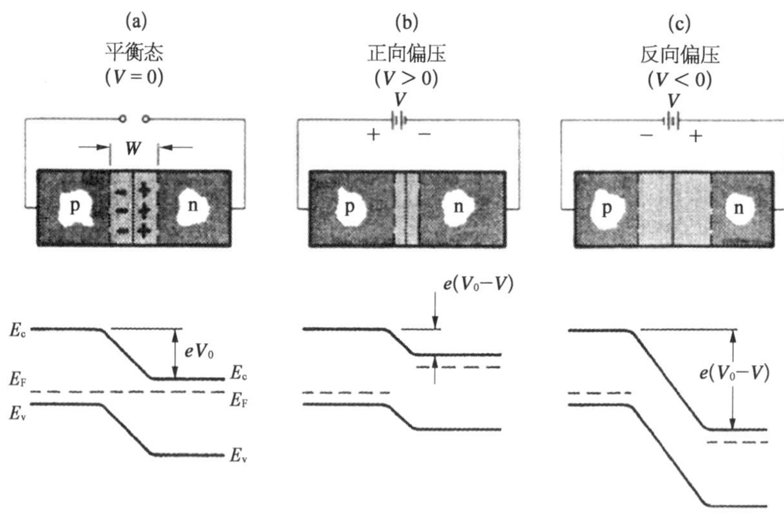

图 14.34　能带在穿过 p-n 结时弯曲

(a) 平衡态 ($E_F=\mu$)；(b) 正向偏压；(c) 反向偏压。

在平衡状态下，单位时间内从 n 侧穿过界面进入 p 侧的电子与反向运动的电子一样多。当对 p-n 结施加正向偏压时，如图 14.34(b)所示，电子从 n 侧向 p 侧运动时需要克服的势垒降低，使这个方向上的电流成指数增长。但是反向运动的电子没有受到电压的影响，反向电流依然很小；这是因为 p 侧的电子必须从价带顶部跃迁到导带底部，这一过程由热扰动决定，几乎不受外加电场的影响。因此，施加正向偏压会使通过 p-n 结的净电流成指数增长，如图 14.35 所示。当对 p-n 结施加反向偏压时，能带的弯曲如图 14.34(c)所示。因此从 n 侧流向 p 侧的电流基本消失，而反向电流保持不变，这意味着施加反向偏压时穿过 p-n 结的电流很小，如图 14.35 所示。图 14.35 所示的 $I-V$ 特性曲线表明，p-n 结可以用作小的交流电压/电流的整流器，而真空二极管

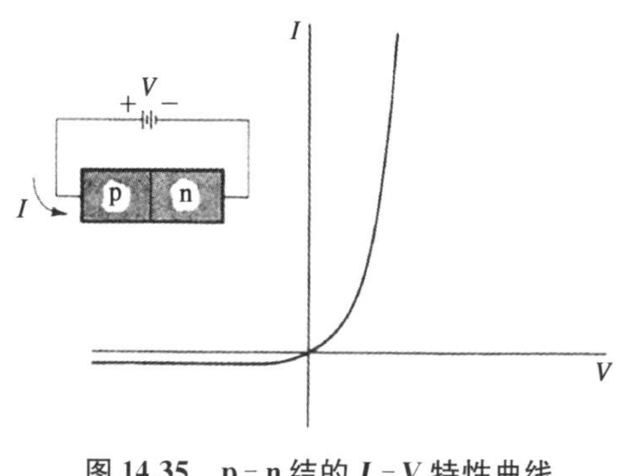

图 14.35　p-n 结的 $I-V$ 特性曲线

的确曾被用作小电流的整流器(参见第 11.5.1 节)。

在图 14.36(a)中,我们给出了 p－n－p 晶体管的工作示意图。晶体管的发射极(E)是 p 型半导体,基极(B)是 n 型半导体,而集电极(C)是 p 型半导体。当没有施加交流电压时,通过 500 欧电阻的收集极电流远大于通过 50 千欧电阻的集电极电流。我们选取的晶体管放大倍率为 $\beta = I_C / I_B = 100$,因此当对集电极电流施加微小的交流扰动 i_b 后,就会得到很大的收集极电流扰动 $i_c = \beta i_b$,如图 14.36b 所示。这表明晶体管可以对交流电流和电压进行放大。我们注意到晶体管的操作和真空三极管的操作类似,参见第 11.5.1 节。

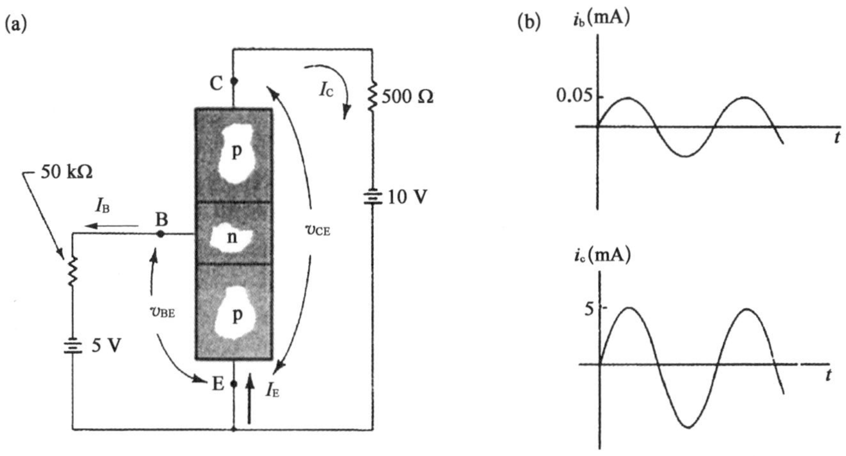

图 14.36　普通发射晶体管电流的放大效果

1947 年 12 月,沃尔特・布喇顿(Walter Brattain)、约翰・巴丁(John Bardeen)和威廉・肖克利(William Shockley)在贝尔实验室发明了首个工作晶体管,这为他们赢得了 1956 年诺贝尔物理学奖。图 14.36(a)给出了 p－n－p 晶体管,人们还制备了类似结构的 n－p－n 晶体管,二者也被称为双极晶体管。肖特基还提出了另一类晶体管,场效应晶体管,它的操作原理不同,但同样可以对微弱信号进行放大。我们都知道,晶体管的发明以及 1958 年美国杰克・基尔比(Jack Kilby)和罗伯特・诺伊斯(Robert Noyce)开发的集成电路,对现代科技的发展起到了至关重要的作用。

14.7.7　晶格振动

爱因斯坦在 1907 年首次提出了晶格振动的量子理论。他假定晶体中的每个原子核围绕其平衡位置独立地振动，而沿着 x, y, z 方向的振动由对应的线性谐振子表示。通过假定这些振子的能级量子化[参见式(14.48)]，爱因斯坦说明低温下它们的振动对固体比热容的贡献会减小；这与根据能量均分原理得出恒定比热容的经典理论不同，但是它和实验结果吻合。爱因斯坦的理论和我们描述双原子分子振动采用的方法相同，参见第 9.2.4 节和第 14.6.3 节。

实际晶体的原子核并非独立振动，它们彼此耦合，就像是由弹簧连接的粒子那样振动。我们假定每个原胞只包含一个原子，根据晶体的周期性将第 i 个原胞的中原子的位移表示为[33]：

$$\boldsymbol{R}_i^{(\boldsymbol{k},\,\alpha)}(t)=\boldsymbol{A}_0^{(\boldsymbol{k},\,\alpha)}\exp(\mathrm{i}k\cdot\boldsymbol{R}_i)\mathrm{e}^{\mathrm{i}\omega_\alpha(\boldsymbol{k})t}, \tag{14.136}$$

其中 $\boldsymbol{k}$ 是布里渊区中的波矢，由式(14.114)确定；α 是能带指数，后续将说明它的含义；而 $\boldsymbol{A}_0^{(\boldsymbol{k},\,\alpha)}$ 是一个常数。如果晶体的每个原胞只包含一个原子，那么给定的 $\boldsymbol{k}$ 有 3 种独立的振动模式(由上述公式表示)，分别对应频率：$\omega_\alpha(\boldsymbol{k})$, $\alpha=L$, T_1, T_2。其中第一个振动(L)是纵波振动，即原子核平行于 $\boldsymbol{k}$ 的振动；另外两个(T_1 和 T_2)是横振动，即原子核垂直于 $\boldsymbol{k}$ 的振动。在图 14.37 中，我们给出了计算得到的铅的频带；铅具有面心立方晶格结构，每个原胞包含一个原子。我们还记得，在布里渊区中有 N 个被允许的 $\boldsymbol{k}$ 点，和晶体包含的原胞数一样。

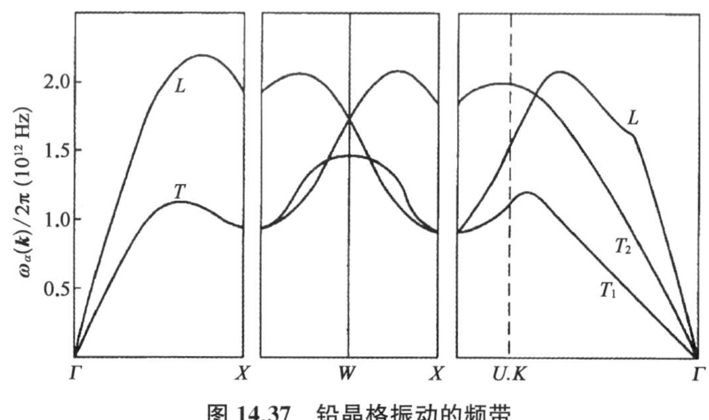

图 14.37 铅晶格振动的频带

我们发现沿着布里渊区的 ΓX 方向两个横波频带重合(参见图 14.24b)。(Brockhouse B N, Arase T, Caglioti G, et al. Physical Review, 1962, 128: 1099.)

---

[33] 实际上我们应该说原子核的位移由该表达式的实部加虚部表示。

由于铅的每个原胞包含一个原子，因此布里渊区中被允许的 $\boldsymbol{k}$ 点数就等于晶体中的原子数。每个 $\boldsymbol{k}$ 对应 3 种独立的振动模式，因此每个原子也有 3 种这样的振动模式。如果原胞包含两个或更多的原子，就会在高频区产生其他的频带。

我要强调一点，计算频带 $\omega_\alpha(\boldsymbol{k})$ 和对应的 $\boldsymbol{R}_i^{(\boldsymbol{k},\alpha)}(t)$ 采用的是经典方法。每个原子核都遵从牛顿定律运动，它们在其他原子的作用下偏离平衡位置产生弹性位移。我们不需要详细介绍这种计算，感兴趣的读者请参考练习 14.26。一旦计算得到了频带，每个振动模式 $(\boldsymbol{k},\alpha)$ 就被看作一个独立的线性谐振子，根据式(14.48)它的能级为：$E_n(\boldsymbol{k},\alpha)=\hbar\omega_\alpha(n+1/2)$ $(n=0,1,2,\cdots)$。

我们发现对于沿任意方向的 $\boldsymbol{k}$（由图 14.1 中的角度 θ，ϕ 确定），上述每个频带都在 $k=0$(即布里渊区中心)附近随着 k 线性变化：$\omega_\alpha(k)=c_\alpha(\theta,\phi)k$，其中 k 沿着 (θ,ϕ) 方向并且数值很小。这些长波振动被称作声波，而 $c_\alpha(\theta,\phi)$ 就是沿着该方向的对应声速。

下面讨论晶格振动对比热容的贡献。当 $T=0$ 时，每个振子 $\omega_\alpha(\boldsymbol{k})$ 都处于基态；随着温度升高，振子将以一定概率处于激发态。根据式(13.11)的推导，振子的平均能量为：

$$\overline{E_\alpha}(\boldsymbol{k})=\frac{\hbar\omega_\alpha(\boldsymbol{k})}{2}+n(\boldsymbol{k},\alpha)\hbar\omega_\alpha(\boldsymbol{k}), \tag{14.137a}$$

$$n(\boldsymbol{k},\alpha)=\frac{1}{\mathrm{e}^{\hbar\omega_\alpha(\boldsymbol{k})/kT}-1}. \tag{14.137b}$$

在计算晶格振动的能量随温度的改变时，我们可以忽略式(14.137a)中的第一个常数项。因此，晶格振动对晶体单位体积总能量的贡献为：

$$\Delta E_{\mathrm{vb}}=\frac{1}{V}\sum_{\boldsymbol{k},\alpha}n(\boldsymbol{k},\alpha)\hbar\omega_\alpha(\boldsymbol{k})=\int\frac{\hbar\omega}{\mathrm{e}^{\hbar\omega/kT}-1}D(\omega)\mathrm{d}\omega, \tag{14.138}$$

其中 $V=L^3$ 是晶体体积，$D(\omega)\mathrm{d}\omega$ 是单位体积晶体频率介于 ω 和 $\omega+\mathrm{d}\omega$ 之间的振动模式数。因此振动对单位体积晶体的比热容的贡献为：

$$c_{\mathrm{V,\,vb}}=\frac{\mathrm{d}}{\mathrm{d}T}\Delta E_{\mathrm{vb}}. \tag{14.139}$$

一旦计算得到了频带，我们就能毫不费力地数值计算 $D(\omega)$ [要牢记 $\boldsymbol{k}$ 由式

(14.114)限定],然后利用式(14.138)和式(14.139)计算 $c_{V,\,vb}$。然而对于大多数晶体而言,我们可以用德国物理学家德拜提出的 $D(\omega)$ 模型进行很好的近似。德拜模型假定了 3 种声波频带:

$$\omega_\alpha(\boldsymbol{k}) = c_S k = c_S\,(k_x^2 + k_y^2 + k_z^2)^{1/2}, \quad \alpha = 1,\ 2,\ 3, \tag{14.140}$$

其中 c_S 是平均声速,$\boldsymbol{k}$ 在半径为 k_D 的球面内取值,并且保证球面内 $\boldsymbol{k}$ 的数目和晶体中原子的数目一致。德拜模型中振动模式的密度为:

$$D(\omega) = \begin{cases} \dfrac{3\omega^2}{2\pi^2 c_S^3}, & \omega < \omega_D \\ 0, & \omega > \omega_D \end{cases}, \tag{14.141}$$

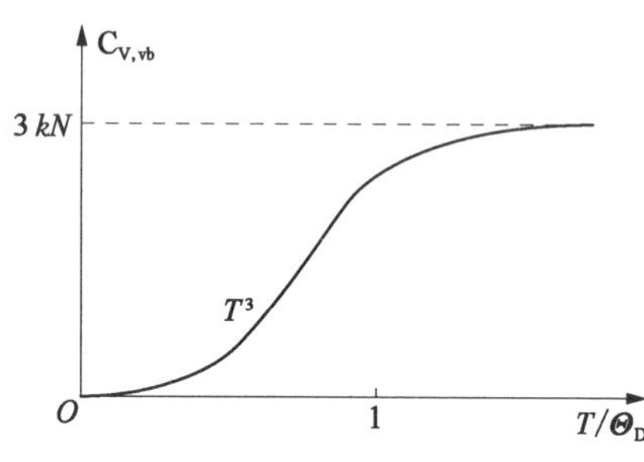

图 14.38 比热容的德拜定律

其中 $\omega_D = c_S k_D$。根据德拜模型,振动对晶体比热容的贡献大致如图 14.38 所示。温度 Θ_D 是一个经验常数,它被称作德拜温度:$k\Theta_D = \hbar\omega_D$。铜的德拜温度为 330 开,铝为 390 开,而砷为 224 开。我们看到 $T \gg \Theta_D$ 时有:

$$c_{V,\,vb} = 3Nk, \tag{14.142}$$

其中 N 是晶体单位体积的原子数。上述结果当然和应用能量均分原理得到的结果吻合:每个原子有 3 种振动模式,而单位体积晶体由 $3N$ 个谐振子表示,它们中每一个对总能量的贡献为 kT。当 $T \ll \Theta_D$ 时我们有:

$$c_{V,\,vb} = \frac{12\pi^4}{5} Nk \left(\frac{T}{\Theta_D}\right)^3. \tag{14.143}$$

它说明当 $T \to 0$ 时,振动对比热容的贡献与 T^3 成正比趋于零,如图 14.38 所示。

我们还记得,当 $T \to 0$ 时电子对比热容的贡献与 T 成正比趋于零[参见式(14.122)]。实验中测量得到的当然是这两部分贡献的和,因此 c_V 为

$$c_V = c_{V,\,el} + c_{V,\,vb} = c_1 T + c_2 T^3, \tag{14.144}$$

或者也被写作

$$\frac{c_V}{T} = c_1 + c_2 T^2. \tag{14.144a}$$

实验物理学家通过绘制 c_V/T 随 T^2 的变化可以确定 c_1 和 c_2，如图 14.39 所示。

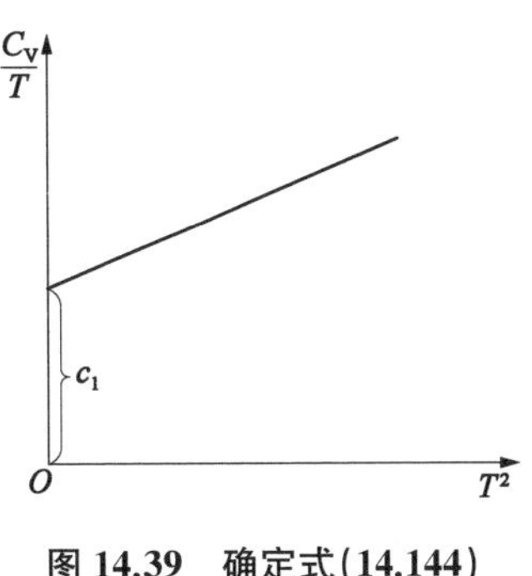

图 14.39　确定式(14.144)中的 c_1 和 c_2

绘制 c_V/T 随 T^2 的变化，图中的直线的截距为 c_1，直线斜率为 c_2。

14.7.8　超导性

有一种重要的现象独立电子模型无法解释，那就是超导性。由于当 $T \to 0$ 时晶格振动连续地降低为零，因此我们预期它在纯金属中引发的电阻率 $1/\sigma$ 也同样降低为零。然而，许多金属的电阻率在高于零时突然消失，图 14.40(a)展示了汞样品在所谓的临界温度 (T_c) 附近电阻率的变化，即金属在临界温度处从常规相 ($T > T_c$) 转变为超导相 ($T < T_c$)。图 14.40(a)的数据由荷兰物理学家昂内斯(Onnes)观测得到，他在 1911 年首次观测到超导现象。此后，人们又观测到了许多金属的超导现象，例如铝 ($T_c = 1.19\ \mathrm{K}$)，镓 ($T_c = 1.09\ \mathrm{K}$)，铅 ($T_c = 7.18\ \mathrm{K}$)，钒 ($T_c = 5.30\ \mathrm{K}$) 等。电阻消失意味着处于超导相的金属环不需要电动势也可以长时间地保持电流。人们在实验中发现，在一定条件下这个超导电流可以保持两年之久。超导体还

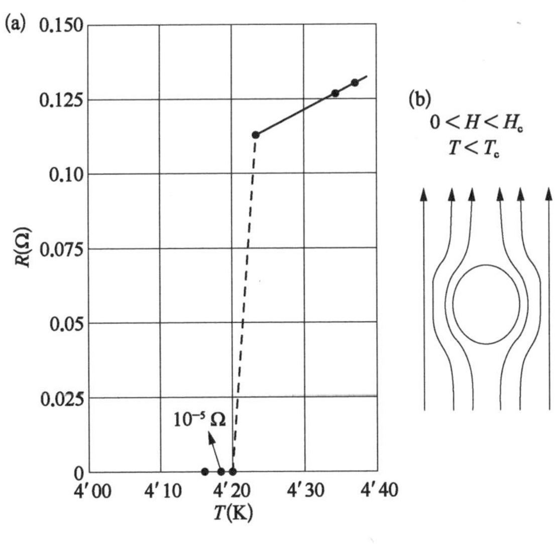

图 14.40　超导现象

(a) 汞电阻在 T_c 附近随温度的改变；(b) 迈斯纳效应。

具有有趣的磁性质：它不容许在其内部建立磁场。将超导体置于强度低于临界值 H_c 的磁场，超导体会自身调整将磁场排除在外。这种现象被称作迈斯纳效应，如图 14.40(b)所示[34]。

人们试图建立微观理论来解释超导体的电阻消失、迈斯纳效应以及其他反常的热力学性质，例如超导体的比热容随温度的改变和普通金属显著不同。但是在研究过程中遇到了许多困难，多年以后才建立了相关的理论。在 $T=0$ 时，金属的超导相和常规相的总能量之差 $\delta\varepsilon$ 非常小，比任意一种相的总能量都低几个数量级。这一点让我们能体会出研究这种现象的困难所在，因为这意味着超导机制就蕴含于这个微小的 $\delta\varepsilon$ 中，而我们测量能量的误差 $\Delta\varepsilon \gg \delta\varepsilon$。

美国物理学家巴丁、库珀(Cooper)和施里弗(Schrieffer)在 1957 年提出了超导的 BSC 理论[35]，他们沿着下面的思路来解释超导性。假定在正常相中导带电子自由运动，它们可以用波矢为 $\boldsymbol{k}$ 的平面波表示，能量为 $E(\boldsymbol{k})=\hbar^2k^2/2m$（以导带的底部能量为零点）；用布洛赫波代替平面波不会改变该理论的基本结果。他们还假定除了引起超导效应的相互作用以外，所有其他的相互作用都会令这两相的总能量产生同样的改变，因此在研究超导现象时可以忽略其他这些作用。在这些前提下，不用精确掌握任意一相的总能量也能估计两相之间的能量差。BCS 理论假定两个电子的能量 $E(\boldsymbol{k})$ 和 $E(\boldsymbol{k}')$ 均处于下述范围：

$$E_F-\hbar\omega_D<E(\boldsymbol{k}),E(\boldsymbol{k}')<E_F+\hbar\omega_D, \tag{14.145}$$

其中 ω_D 是式(14.141)给出的德拜频率，而这两个电子会克服二者的残余库仑斥力相互吸引。当原子实晶格被这样一对电子极化，从而在二者之间产生大于残余库仑斥力的引力，就有可能产生这种情况。我们在此不提供这一陈述的理论和实验依据，只说明在金属中这种情况很常见，而且许多金属在足够低的温度下的确成为超导体。因此我们假定，任意两个处在式(14.145)所示能量范围内的电子之间存在微弱的引力，并将对应的势能用 U' 表示。在 BCS 理论中，U' 被近似为 U'_0/L^3，其中 L^3 是金属体积而 U'_0 为常数。这种相互作用会在电子之间形成微弱的键合，有点像两个电子形成了松散的“分子”，二者间距处在 $\xi=$

---

[34] 这一现象由迈斯纳(W. Meissner)和奥森菲尔德(R. Ochsenfeld)在 1933 年首次发现。

[35] Bardeen J, Copper L N, Schrieffer J. Physical Reviews, 1957, 108: 1175.这项发现为他们赢得了诺贝尔物理学奖。

10^{-4} cm 量级。在这样一对电子之间及其周围分布着其他电子的电子云，不管其他电子是否成对，它们和这一对电子混在一起，分辨不出来哪个是哪个。显然我们考虑的是一个复杂的动态多电子系统，其中电子一直在变换角色；这就像观看上千个舞者们跳舞，由于舞者的角色我们能看出一些秩序，但是这些舞者一直都在变换他们的角色。

我们随后假定达到热力学平衡后（$T \approx 0$），那些在 $U'=0$ 时占据 $E_F - \hbar\omega_D$ 和 E_F 之间单电子态的电子，现在在 $U'<0$ 的条件下以一定的概率配对 ($\boldsymbol{k}$, $\boldsymbol{k}'$)，而能量 $E(\boldsymbol{k})$ 和 $E(\boldsymbol{k}')$ 就处于式(14.145)规定的范围。我们假定能量低于 $E_F - \hbar\omega_D$ 的电子没有受到 U' 的影响。显然在式(14.145)所示的能量范围内，可能形成的电子对 ($\boldsymbol{k}$, $\boldsymbol{k}'$) 的数目要比占据这些能量的电子多，这就产生了一个问题：到底形成了哪些电子对？研究发现，当这些电子形成所谓的库珀对 ($\boldsymbol{k}\uparrow$, $-\boldsymbol{k}\downarrow$) 时，即电子对有着相反的动量和相反的自旋，超导相的总能量最小；但是在式(14.145)规定的能量范围内形成库珀对的数量依然比该能量范围内的电子多。因此，在 $T=0$ 时，通过让系统的总能量最小化来最终确定库珀对形成的概率 $w(\boldsymbol{k})$。

采用上述方法确定的超导体的基态和第一激发态之间的能量差为：

$$\Delta_0 = \hbar\omega_D e^{-\frac{1}{\rho(E_F)|U_0'|}}, \tag{14.146}$$

其中 $\rho(E_F)$ 是常规相的对应费米能级的每种自旋的单电子密度，而 Δ_0 是破坏库珀对所需的能量；需要说明的是，不同库珀对的电子之间也会相互作用，而考虑单独的库珀对不能计算能量 Δ_0。我们发现 $[\rho(E_F)|U_0'|]^{-1} \approx 3.5$，这意味着 $\Delta_0 < \hbar\omega_D$。超导体的基态和第一激发态之间的能量差对于确定超导体的性质至关重要。

库珀对的动量为零，因此当超导体处于基态时电子的总动量为零，而超导环中电流的动量也为零。我们这样来理解超导环中的持续电流。超导体中的持续电流对应一个亚稳态，该状态非常类似基态[36]，只不过此时处于式(14.145)规定的范围内的所有电子形成库珀对：($\boldsymbol{k}\uparrow$, $-\boldsymbol{k}'\downarrow$)，其中 $\boldsymbol{k}-\boldsymbol{k}'=\boldsymbol{K}$ 是一个非零矢量，该矢量对所有库珀对相同。在这种情况下，电子的总动量就是 $\hbar\boldsymbol{K}$ 的整数

---

[36] 亚稳态的能量高于基态能量，因此严格来说它不是热力学的稳态。但是由于亚稳态很难跃迁到较低的能态，因此它可以持续很长的时间。

倍，这意味着一个有限的电流。这个电流之所以会持续很长时间，是因为当一个或多个库珀对解体后才会改变超导体的状态，但电子对解体需要的最低能量大致等于式(14.146)的能量差，而有可能和电子对碰撞的振动原子核在低于 T_c 时不足以提供这么多的能量。如果碰撞导致大量电子对的动量发生改变，那么超导体的状态也会改变，但这种情况发生的概率很低。

BCS 理论也可以解释迈斯纳效应：库珀对相互作用产生的状态会驱逐超导体内部的磁场。当 $T>0$ 时，处于式(14.145)的能量范围内的一部分电子不会成对，它们像普通电子一样自由运动。随着温度升高，普通电子所占的比例增大，而在 $T=T_c$ 时所有电子都成为普通电子。我们可以证明 $3.5T_c \approx \Delta_0$。还有一点值得注意的是，随着温度升高，超导体的带隙从 $T=0$ 时的数值降低到 $T=T_c$ 时的零。此外，当 $T<T_c$ 时，如果外加磁场 $H \geqslant H_c(T)$，超导相就会被破坏；函数 $H_c(T)$ 的形态大致如图 14.41 所示。

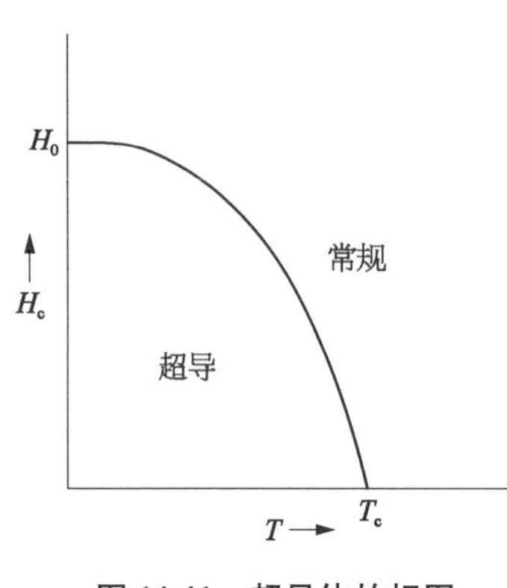

图 14.41　超导体的相图

我们顺便提及一点，乔治・贝德诺尔茨(Georg Bednorz)和卡尔・米勒(Karl Müller)在 1986 年发现了高温超导体。这些超导晶体是 $YBa_2Cu_3O_7$，$Bi_2Sr_2CaCu_2O_8$ 等化合物，有着较大的原胞，它们的临界温度高于 100 K。产生高温超导性的机理更加复杂，不能用 BSC 理论描述，高温超导体依然是而当今的研究热点。

许多理论、实验和工程上有趣的现象我们没有提及，例如表面现象，以及我们观测固体表面原子结构的能力；我们也没有提到磁现象、非晶固体以及后者有趣的电学性质；所有这些都是过去五十年来研究的热点。但是有一点是明确的：量子力学在各个领域中的应用都能得出令人满意的结果，但应用这个理论受到计算的复杂性，以及我们构建正确模型的能力的制约。

练习

14.1　证明轨道角动量算符的变换关系，即式(14.3)。

14.2　根据球坐标(参见图 14.1)，证明式(14.5)给出的 $\hat{l}^2$ 和 $\hat{l}_z$ 表达式。

提示：首先证明 $\hat{l}_z=\frac{\hbar}{\mathrm{i}}\frac{\partial}{\partial\phi}$；$\hat{l}_x+\mathrm{i}\hat{l}_y=\hbar\mathrm{e}^{\mathrm{i}\phi}\left(\frac{\partial}{\partial\theta}+\mathrm{i}\frac{\cos\theta}{\sin\theta}\frac{\partial}{\partial\phi}\right)$；$\hat{l}_x-\mathrm{i}\hat{l}_y=\hbar\mathrm{e}^{-\mathrm{i}\phi}\left(-\frac{\partial}{\partial\theta}+\mathrm{i}\frac{\cos\theta}{\sin\theta}\frac{\partial}{\partial\phi}\right)$，然后根据：$(\hat{l}_x+\mathrm{i}\hat{l}_y)(\hat{l}_x-\mathrm{i}\hat{l}_y)=\hat{l}_x^2+\hat{l}_y^2+\hbar\hat{l}_z$。

14.3　证明式(14.14)给出的球谐函数满足式(14.13)。

14.4　证明 $[P_l^m(\cos\theta)]^2$ 随角度 θ 的改变的确如图 14.2 的极图所示。

14.5　证明图 14.6 所示的 $R_{nl}(r)$ 满足式(14.21)，其中 $E=E_{nl}$ 由式(14.28)确定，而 $U(r)$ 由式(14.26)确定，令 $Z=1$。证明它们满足适当的边界条件，以及根据式(14.24a)的确是正交的。(计算归一化积分时可以查积分表。)

14.6　验证当氢原子为偶宇称时，其能量本征函数 $\psi_{nlm}(r,\ \theta,\ \phi)$ 满足 $\psi_{nlm}(-\boldsymbol{r})=\psi_{nlm}(\boldsymbol{r})$，其中 l 为偶数；验证当氢原子为奇宇称时，其能量本征函数满足 $\psi_{nlm}(-\boldsymbol{r})=-\psi_{nlm}(\boldsymbol{r})$，其中 l 为奇数。

提示：$\boldsymbol{r}\to-\boldsymbol{r}$ 等价于 $\theta\to\pi-\theta,\ \phi\to\phi+\pi$。

14.7　确定基态氢原子的电子经典转变点 r_c，其中 $l=0,\ U(r_\mathrm{c})=E$，并计算电子处于经典禁止区 $r>r_\mathrm{c}$ 的概率 P。

提示：$\int x^2\mathrm{e}^{-ax}\mathrm{d}x=-\mathrm{e}^{-ax}\left(\frac{x^2}{a}+\frac{2x}{a^2}+\frac{2}{a^3}\right)$。

答案：$r_\mathrm{c}=2a_0$；$P=0.238$。

14.8　半径为 r 的平面圆环载流 i，它产生磁矩 $\boldsymbol{M}$ 的大小为 iS，其中 $S=\pi r^2$ 是圆环围成的面积(参见练习 10.7)。假定玻尔模型中的电子进行圆周运动，令 $i=-e/T$，其中 T 是电子运动的周期，请证明电子的轨道运动产生的磁矩为：$\boldsymbol{M}=-\frac{e}{2m}\boldsymbol{l}$，其中 $\boldsymbol{l}$ 是电子的玻尔轨道角动量。在薛定谔量子力学中，$\boldsymbol{M}$ 和 $\boldsymbol{l}$ 被对应的算符取代。

14.9 (a) 将氢原子置于弱的均匀电场(例如电容器的极板之间)中,请利用一阶微扰理论修正氢原子的基态能量。

提示:令原子核位于坐标原点,则可以将微扰表示为:$V=-eFr\cos\theta$。

答案:$\Delta E=0$。

(b) 请考虑当电场的强度增大会产生什么结果。

答案:电场增强不但会令能级升高,还会让电子更容易发生隧穿效应。

14.10 (a) 证明式(14.35)定义的泡利矩阵满足式(14.3)的交换关系。

(b) 证明式(14.42)定义的总角动量算符满足式(14.3)的交换关系。

14.11 关于C和Na的nl壳层的数值结果(参见第14.5.1节的相关表格)表明壳层半径$r_{\max}(nl)$依赖于壳层的能量和角动量,而且特定角动量(特定的l)的壳层半径有可能小于更低角动量的壳层半径,即使前者的能量高于后者。请依据式(14.23)和图14.5定性地解释这种结果。

14.12 我们建立了3个独立的p轨道:

$$\psi_{lm}=R(r)Y_{lm}(\theta,\phi),\text{其中 } l=1,\ m=-1,0,1. \tag{13.147}$$

(a) 证明根据上述轨道定义的

$$\begin{aligned}
\mathrm{p}_x&=-\frac{\psi_{11}-\psi_{1-1}}{\sqrt{2}}=\sqrt{\frac{3}{4\pi}}\,\frac{x}{r}R(r)\\
\mathrm{p}_y&=-\frac{\psi_{11}+\psi_{1-1}}{\sqrt{2}}=\sqrt{\frac{3}{4\pi}}\,\frac{y}{r}R(r)\\
\mathrm{p}_z&=\psi_{10}=\sqrt{\frac{3}{4\pi}}\,\frac{z}{r}R(r)
\end{aligned} \tag{13.148}$$

也是正交的归一化轨道,这意味着我们可以用(13.148)代替(13.147)来表示p轨道。

(b) 验证概率密度$|\mathrm{p}_x(\boldsymbol{r})|^2$,$|\mathrm{p}_y(\boldsymbol{r})|^2$,$|\mathrm{p}_z(\boldsymbol{r})|^2$分别集中于$x$,$y$,$z$ 3条轴线。

14.13 (a) 请描述处于一维盒子[式(13.47)]中的粒子,和处于势阱$U(r)=$

$kx^2/2$ 的谐振子的能级的异同。

(b) 应用式(14.50)导出谐振子的表达式 $u_n(x)$ ($n=1$, 2)。

(c) 验证式(14.51)中的 $u_n(x)$。

14.14　(a) 假定一个系统包含 5 个全同但没有相互作用的粒子,粒子的质量等于电子质量;该系统处于一个盒子中,盒子的尺寸为: $a=1$, $b=1.5$, $c=2$, 单位为 Å(参见练习 13.9)。请计算当粒子分别为(i) 自旋为 1/2 的费米子和(ii) 自旋为 1 的玻色子时系统的基态能量。

答案: (i) 426.08 eV;(ii) 319.3 eV。

(b) 请计算全同无相互作用粒子构成系统的基态能量,粒子质量等于电子质量;系统处于盒子中,盒子的尺寸为 $a=b=c=1.5$(参见练习 13.9)。请计算当粒子分别为(i) 自旋为 1/2 的费米子和 (ii) 自旋为 1 的玻色子时系统的基态能量。

答案: (i) 401.76 eV;(ii) 251.1 eV。

14.15　双原子分子的电子项 $E(R)$ 有极小值,如图 14.15 所示的 $E_0(R)$, $E(R)$ 可以用莫尔斯曲线 $E(R)=D[\mathrm{e}^{-2\alpha(R-R_0)}-2\mathrm{e}^{-\alpha(R-R_0)}]$ 近似表示。

证明: (i) $E(R)$ 在 $R=R_0$ 处取极小值 $-D$; (ii) 通过适当选取 α, 可以得到电子项的振动谱频率 ω_n。

14.16　LiH 晶体具有立方晶格,其中氢原子位于立方体原胞的顶点和面心,而锂原子位于立方体的中心和棱的中点。假定 LiH 晶体中所有原子间距相同,请估计 LiH 分子中原子的平衡间距,已知 LiH 晶体的密度为 0.83×10^{13} kg/m^3。利用上述数据估计 $l=1\rightarrow l=0$ ($n=\upsilon=0$) 跃迁的波长。

14.17　请验证图 14.27 所示的钨的费米面与图 14.26 所示的钨的能带吻合。

14.18　(a) 证明式(14.126)。

提示: 请参考式(13.4)的推导过程。

(b) 证明自由电子金属的费米能级为 $E_F=\frac{\hbar^2}{2m}(3\pi^2 n)^{2/3}$，其中 m 是电子质量，而 n 是金属单位体积包含的自由电子(即导带电子)的数量。

14.19 对金属的导带可以近似地应用自由电子模型。金属的密度为 9×10^3 kg/m^3，而每个原子对导带贡献一个自由电子，原子的质量为 1.07×10^{-22} g。请计算费米能量 E_F，以及在 E_F 处电子的输运速度 v_F。我们还记得能带 $E_\alpha(\boldsymbol{k})$ 中的输运速度为 $v_\alpha(\boldsymbol{k})=(1/\hbar)(\partial E_\alpha/\partial k_x, \partial E_\alpha/\partial k_y, \partial E_\alpha/\partial k_z)$。

14.20 当金属中的电子在外电场 $\boldsymbol{F}$ 获得能量后，它会在时间 $\mathrm{d}t$ 内从能级 $E_\alpha(\boldsymbol{k})$ 跃迁到能级 $E_\alpha(\boldsymbol{k}+\mathrm{d}\boldsymbol{k})$。利用上述 $\boldsymbol{v}_\alpha(\boldsymbol{k})$ 的表达式，证明：

$$\frac{\mathrm{d}E_\alpha}{\mathrm{d}t}=\hbar\,\boldsymbol{v}_\alpha(\boldsymbol{k})\cdot\frac{\mathrm{d}\boldsymbol{k}}{\mathrm{d}t}.$$

请注意 $\mathrm{d}E_\alpha/\mathrm{d}t$ 等于力 $-e\boldsymbol{F}$ 在单位时间内的做功：$-e\boldsymbol{F}\cdot v_\alpha(\boldsymbol{k})$，证明 $\mathrm{d}\boldsymbol{k}/\mathrm{d}t=-e\boldsymbol{F}/\hbar$，这当然就是式(14.123)的三维形式。

14.21 Cu 在 $T=300$ K 的电阻率 $1/\sigma$ 为 $1.7\times10^{-8}\ \Omega\cdot$m。

(a) 利用自由电子近似并假定每个原子有一个自由电子，估计该温度下能量为 E_F 的电子的弛豫时间 τ 和平均自由程 L；已知 Cu 的密度为 8 930 kg/m^3。

(b) Cu 和其他金属的电阻率随着温度升高线性增长，尽管增大的幅度不显著，如 Cu 从 $T=300$ K 时的 $1.7\times10^{-8}\ \Omega\cdot$m 升高到 $T=600$ K 的 $2.7\times10^{-8}\ \Omega\cdot$m。假定电子与振动的原子核碰撞引发电阻，请定性地解释这种电阻率随温度线性增长的现象。

提示：原子核振动的幅度在这个温度范围内随着温度怎样改变?

(c) 人们发现纯金属的电阻率在 $T\to0$ 时，它与 T^5 成正比趋于零。请猜测这种现象的原因。

提示：当 $T\to0$ 时，将振动的原子核看作独立的经典振子是否依然合适(参见第 14.7.7 节)?

14.22 根据图 14.28 所示的单电子态密度，估计当 $T\to0$ 时钨的电子比热容，以及式(14.122)中的常数 c_1。

提示：已知钨 $V_0 = a^3/2$，$a = 3.16$ Å。

14.23　(a) 请补充推导式(14.132)时缺失的步骤，导出本征半导体中的电子和空穴的浓度。

(b) 请解释怎样通过测量本征半导体的电导率来确定它的能隙。

(c) 估计 $T = 300$ K 时本征锗的电阻率。我们已知对于锗 $m_c = 0.55m$，$m_v = 0.37m$，其中 m 为电子质量；在 $T = 300$ K 时，$\mu_n = 3\,900$ cm^2/(V·s)，$\mu_p = 1\,900$ cm^2/(V·s)。

(d) 假定 n 型锗中杂质原子的浓度为 10^{17}/cm^3，请估计 n 型锗在温度 $T = 300$ K 时的电阻率。

14.24　根据图 14.31 所示的能带，分别对 Si，GaAs，ZnS 和 KCl，估计将价带中的电子激发到导带所需的入射电磁辐射的最小频率。

提示：可以证明当入射电磁辐射的波长远大于晶格常数时，只能激发对应相同 $\boldsymbol{k}$ 的不同状态(即布洛赫波)之间的跃迁。

14.25　假定 $\omega_\alpha(\boldsymbol{k})$ 由式(14.140)确定，请推导式(14.141)所表示的 $D(\omega)$。

14.26　令 $x_i = ia$，$i = 0, \pm 1, \pm 2, \cdots$表示线性周期性原子链的平衡位置。第 i 个原子偏离其平衡位置的位移 X_i 满足下面的经典运动方程：

$$M\frac{\mathrm{d}^2 X_i}{\mathrm{d}t^2} = -K(X_i - X_{i+1}) - K(X_i - X_{i-1}),$$

其中 M 为原子质量，而 K 为弹性常数。我们还假定在原子链上，原子只和它最近邻的原子耦合。证明在此情况下，如果将下式：

$$X_i(t) = \mathrm{Re}\{X_0^{(k)} \exp[\mathrm{i}kx_i + \mathrm{i}\omega(k)t]\}$$

代入运动方程，我们就会得到下述方程：

$$\omega^2(k) M X_0^{(k)} = 2(1 - \cos ka) K X_0^{(k)},$$

因此得到：

$$\omega(k)=2\omega_0\left|\sin\frac{ka}{2}\right|,$$

其中 $\omega_0=\sqrt{K/M}$，而 k 在布里渊区(即 $-\pi/a<k\leqslant\pi/a$) 内有 N 个取值：

$$k=\frac{2\pi n}{Na},\ n=0,\ \pm1,\ \pm2,\ \cdots,$$

其中 N 是原子链上的原子数。

14.27 请考虑一块金属板，它平行 xy 平面，厚度为 Δz。假定金属板导带内的所有电子形成的电子云沿 x 方向发生位移 x，那么由于金属板中的正离子固定不动，这个位移会在金属板的左侧表面产生一层正电荷，而在右侧表面产生一层负电荷。这样一来，金属板两侧表面上的电荷就像平行极板电容器两个极板上的电荷一样。两侧端面的电荷密度(不考虑符号)相同，均为 $\sigma=eNx$，其中 N 是单位体积金属的导带电子数。

(a) 证明这种电荷分布会对金属板中的每个导带电子产生作用力 $F=-(e^2N/\varepsilon_0)x$。

(b) 假定上述作用力超过了电子和电子以及电子和振荡原子核之间的残余库仑力，证明导带电子云将会集体振动，就像单独一个谐振子那样，它量子化的能级为：

$$E_{P\upsilon}=\hbar\omega_P\left(\upsilon+\frac{1}{2}\right),\quad \upsilon=0,\ 1,\ 2,\ \cdots,$$

其中，

$$\omega_P=\sqrt{\frac{Ne^2}{m\varepsilon_0}},$$

很明显，激发这个振子(它被称为等离子体振子)所需的最小能量为 $\hbar\omega_P$。对大多数金属而言，$10\ \text{eV}<\hbar\omega_P<20\ \text{eV}$。

提示：实验研究表明的确存在这种集体振荡激发，而令能量 E 为几千电子伏的单能电子束穿过薄金属膜就能激发这种振荡。当电子束穿过金属膜后，有些电子的能量变为 $E-\Delta E$，其中 $\Delta E=\hbar\omega_P$，$2\hbar\omega_P$，$3\hbar\omega_P$K。人们也建立了正确的量子力学理论来描述等离子体，但是相关内容超出了本书的范围。

14.28　当光波穿过晶体传播时（例如沿着 z 方向），光波的电场（例如沿 x 方向的电场）可由下式表示：

$$E=\mathrm{Re}\{E_0\mathrm{e}^{\mathrm{i}(qz-\omega t)}\}\approx\mathrm{Re}\{E_0\mathrm{e}^{-\mathrm{i}\omega t}\}.$$

当假定辐射的波长远大于晶格常数时，就能近似得到上面的最后一项。上式对可见光和紫外光当然成立。晶体的极化（由式 10.64 引入）一般可由下式定义：

$$P=\mathrm{Re}\{[\varepsilon_r(\omega)-1]\varepsilon_0E_0\mathrm{e}^{-\mathrm{i}\omega t}\}.$$

而且我们还注意到，$\varepsilon_r(\omega)=1+\chi(\omega)$ 可以是复数，它考虑了晶体对光的吸收。可以证明当频率为 ω 的电磁辐射垂直入射金属表面时，电磁辐射的反射系数为：

$$R=\frac{(n-1)^2+\kappa^2}{(n+1)^2+\kappa^2},$$

其中 $n+\mathrm{i}\kappa=\sqrt{\varepsilon_r(\omega)}$。对于某些金属（Cs，Rb，K，Na，Li）来说，在可见光和紫外光范围内，$\varepsilon_r(\omega)$ 可以被很好地近似为：$\varepsilon_r(\omega)=1-\omega_P^2/\omega^2$，其中 ω_P 是练习 14.27 中介绍的等离子体频率。

(a) 证明当 $\omega<\omega_P$ 时，垂直入射光全部被这些金属反射，即 $R=1$。因此，通过测量临界波长 λ_0（即波长大于 λ_0 的光波全部被反射），我们能够确定 N，它是在金属的自由电子模型中单位体积金属所包含的自由电子数（亦即导带电子数）。

(b) 利用下面列出的实验数据确定金属对应的 N。

金　属	Cs	Rb	K	Na	Li
λ_0(nm)	440	360	315	210	205

第 15 章 非常小和非常大

15.1 核物理

15.1.1 放射性

16 世纪，捷克与德国边境上的小城约阿希姆斯塔尔因富含银矿而闻名。矿工们在银矿中还发现了一种闪亮的黑色矿石，根据颜色就把它称作黑矿(Pechblende)，但没有发现它有什么用处。1789 年，德国化学家马丁·克拉普罗特(Martin Klaproth)仔细地研究了这种矿石，发现它含有一种“奇特的金属”，为了纪念天王星(Uranus)将它命名为铀(uranium)；当时天王星被看作是太阳系的最后一颗行星。进入 19 世纪，人们又在许多地方发现了铀，它似乎是地球上最重的元素，而由于它的氧化物和盐颜色鲜艳，因此常常被用于制备有色玻璃器皿。1896 年，在伦琴发现 X 射线几个月后，法国物理学家安托尼·亨利·贝克勒耳(Antoine Henri Becquerel)偶然发现铀盐辐射不可见光，而这种辐射和 X 射线的性质类似。1899 年，贝克勒耳证明该射线在磁场的作用下偏转，意味着这种辐射很可能包含带电粒子。

居里夫人原名玛丽亚·斯克洛多夫斯卡(Marya Sklodowska)，于 1867 年出生在波兰华沙(Warsaw)，是家中 5 个孩子中最小的那个。她的父亲在中学教授数学和物理，而她的母亲开办了一所女子寄宿学校。在玛丽亚 10 岁时，她的大姐感染伤寒去世，在她 12 岁时，母亲感染肺结核去世。由于家境拮据，玛丽亚和姐姐布罗尼娅(Bronia)达成协议，她先资助姐姐在巴黎学习医学，两年后布罗尼娅学成后再资助玛丽亚求学。因此玛丽亚成为一名家庭教师，先后在克拉科夫、切哈努夫和波罗海沿岸的索波特的不同家庭任教，其间一直资助布罗尼娅的学业。1891 年，玛丽亚终于前往巴黎求学。在巴黎她先是寄居在姐姐家中，随后自己租了一间小阁楼。玛丽亚进入巴黎大学学习物理、化学和数学，而在夜晚她辅导学生来赚取生活费。1893 年玛丽亚获得物理学学位，她开始在工厂的实验室工作。与此同时，她继续在巴黎大学的学业，并于 1894 年获得数学学位。同年，她遇到了物理学家皮埃尔・居里(Pierre Curie)，后者在物理和化学学院担任教师和研究员，并且在磁学研究领域已经获得了一定的成就。玛丽亚对各种钢材的磁性进行研究，从而开启了她的科学事业。1894 年玛丽亚曾返回波兰，向克拉科夫大学申请教职，但作为女性她遭到了拒绝。玛丽亚回到巴黎，一年后和皮埃尔・居里结婚。居里夫妇志同道合，兴趣相投，他们都喜欢骑自行车旅行，并且都决心献身科学事业。他们大部分的时间都是在实验室中共同度过的。

居里夫妇被贝克勒耳发现的新射线深深地吸引，他们将这种现象称作“放射性”(radio-active)现象，并决定进行细致深入的研究，而玛丽亚也将这一课题作为博士论文的题目。1898 年，夫妇俩终于有了一间自己的实验室；这不过是一个废弃的房间，夏日炎热冬季寒冷。他们就在这里开始了严酷辛劳的工作——从沸腾的铀矿溶液中提取微量的铀。一袋袋铀矿矿石被源源不断地运抵实验室，玛丽亚负责清理矿石表面的污垢，将这些矿石粉碎后放在液体中煮沸，然后进行过滤和精炼，最后再利用电解从溶液中提炼出几克纯铀。居里夫人后来写道，“有时，我一整天都用一个和我差不多高的大铁棒去搅和那锅沸腾的溶液，到了晚上我累极了……但就是在这间破败、阴暗屋子里，我们度过了一生中最快乐的时光。”他们取得了重大的发现。

玛丽亚很早就发现，铀射线会让样品周围的空气导电。利用居里及其哥哥早年设计的电流计，玛丽亚发现铀化合物的放射性和铀的含量有关。随后居里惊讶地发现，铀矿矿石的放射性是纯铀的 4 倍，而铜铀矿矿石则是纯铀的 2 倍。他们由此推断，这两种矿石还包含放射性远大于铀的另一种物质。1898 年 7 月，居里夫妇发表文章宣称发现了一种新的元素，为了纪念玛丽亚的祖国波兰，他们将元素命名为钋(polonium)。同年 12 月，他们又发现了另一种新元素，由于它有着极强的放射性因此被命名为镭(radium)。

1903 年，居里夫人获得巴黎大学的博士学位，而就在同一年，他们夫妇和贝克勒耳因为发现了放射性而分享了诺贝尔物理学奖。次年，已经45岁的居里被任命为索邦大学的教授，而37岁的玛丽亚成为他的助手。此时他们已经有了两个女儿，伊蕾娜(Irene)和刚刚降生的伊芙(Eve)。1906年4月，灾难突然降临，居里遭遇车祸离世。玛丽亚忍受痛苦继续工作，她在1908年成为索邦大学历史上第一位女教授，并在1911年因为发现镭而再次获得诺贝尔奖，这次是化学奖。一战后，居里夫人开展了利用放射性治疗肿瘤的研究，并于1932年在华沙建立镭研究所(即现在的玛丽亚·居里肿瘤研究所)，她的姐姐布罗尼娅任研究所主任。居里夫人在巴黎也建立了类似的研究所。由于长期接触放射性物质，居里夫人在1934年死于白血病。

1928年8月，一位年轻的乌克兰人抵达哥本哈根玻尔研究所，他就是乔治·伽莫夫(George Gamow)。伽莫夫曾在哥廷根学习了一年量子力学，现在他急于告诉玻尔自己对α粒子(参见第13.2.2节)放射性的解释。玻尔对他的理论很感兴趣，并邀请他在研究所工作一年。一个月后，伽莫夫惊讶地发现，两位普林斯顿的学者，罗纳德·格尼(Ronald Gurney)和爱德华·康登(Edward Condon)，在自然杂志上发表了和自己的理论几乎相同的文章。玻尔安慰伽莫夫，说他还是能发表一些有价值东西，让自己的工作得到认可。伽莫夫和两位美国科学家对α粒子衰变的解释是基于图15.1所示的隧穿效应。

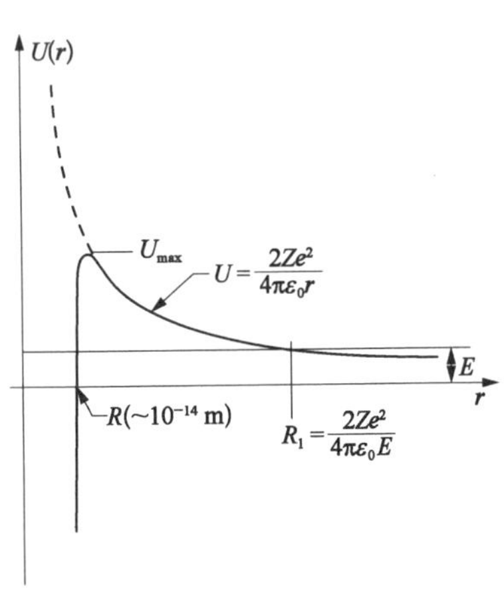

图15.1 在原子核附近的α粒子的能量示意图

图中的虚线表示α粒子的原子核与其他原子核之间的库仑排斥能，当r小于原子核的半径R时，所谓的强相互作用占主导地位，它把原子核中的粒子紧密地结合在一起。当时人们对这种作用知之甚少，只知道它不是电磁力但是作用更强，因为它能克服电力将带正电的质子拉在一起；此外这种作用的距离非常短，只有原子核大小，$R\approx 10^{-14}$ m。因此人们可以认为，α粒子在原子核的内部实际上“看到”一个非常深的势阱。他们还进一步假定α粒子的角动量为零，因此它的径向波函数满足简单的方程，即式(14.21)退化为对应$l=0$的式(14.23)，而势能$U(r)$如上图的实线曲线所示。然而，解释α粒子衰变不需要完整的薛定谓方程的解。我们发现 α 粒子出射的能量 E 介于 4.0 和 9.0 MeV 之间，它比势垒的最大值 $U_{\max}$ 低而比远离原子核时的势能高，参见图 15.1。这意味着 α 粒子能够隧穿势垒逃出原子核。伽莫夫给出了 α 粒子的衰变概率：

$$W = vT(E), \tag{15.1}$$

其中 $T(E)$ 是势垒的隧穿系数，根据式(13.74)计算得到。我们注意到，在经典转变点 R（即原子核半径）和 R_1 之间的势垒只和库仑斥力有关。v 是原子核中的 α 粒子每秒碰撞势垒的次数，$v = N\upsilon/2R$，其中 N 是原子核中的 α 粒子数（这个量定义得不好，因为我们不知道原子核中是否存在 α 粒子，即使有的话也不知道有多少），υ 是特征速度，而 $2R$ 是原子核的直径。计算得到了 $T(E)$ 后，最终可以发现：

$$\ln W \approx \ln \frac{N\upsilon}{2R} + 2.97\sqrt{ZR} - \frac{3.95Z}{\sqrt{E}}. \tag{15.2}$$

到了 1928 年，人们实验测定了许多放射性原子核的 $\ln W$，即针对不同的 $Z/\sqrt{E}$ 值，并且可以将上述方程与实验结果进行比较。研究发现当 R 约为 8.5×10^{-15} m 时二者吻合，而该数值与卢瑟福散射实验得出的数值一致。

相较而言，对 β 衰变（参见第 13.2.2 节）的理论研究更加困难。辐射电子意味着中子 n 转变为带正电的质子 p 和带负电的电子 e：

$$\mathrm{n} \rightarrow \mathrm{p} + \mathrm{e}. \tag{15.3a}$$

而类似的正电子辐射则意味着质子转变为一个中子和一个正电子 e^+[①]：

$$\mathrm{p} \rightarrow \mathrm{n} + \mathrm{e}^+. \tag{15.3b}$$

上述方程表明 β 粒子（电子或正电子）似乎在出射的过程中产生，而不像 α 粒子那样，一开始就在原子核中存在。这两个衰变过程还有其他的不同：出射的电子或正电子的能量从几 keV 到 15 keV 以上，而出射的 α 粒子的能量却很少有低于 4 keV 或高于 9 keV 的情况。此外，原子核辐射的 α 粒子能量确定，这意味着原子

① 1931 年，狄拉克在理论上预测了正电子存在，而在 1932 年，人们在宇宙射线中发现了正电子。正电子与电子的唯一区别在于它携带一个正电荷，而当它和电子相遇时，二者反应湮灭，同时产生电磁辐射。在湮灭之前，电子和正电子通常会形成一个"中性原子"，即所谓的电子偶素。电子偶素有两种状态，均不稳定，存在的时间分别为 8×10^{-9} s 和 7×10^{-6} s。我们还应该注意的是，质子衰变只发生在原子核内部。自由质子是稳定的，而自由中子不稳定，它的平均寿命约为 18 min。

核在两个能态之间跃迁；而β粒子的能量通常从零连续变化到一个最大值。最后，由于α粒子的能量较低因此可以采用非相对论方法处理，而β粒子的能量与 m_0c^2 相当，因此完整的β衰变理论必须考虑相对论效应。

建立β衰变理论还有一个困难。在式(15.3)所示的衰变过程中，一个半整数自旋的粒子变为两个半整数自旋的粒子，而根据角动量相加的规则，后者的合成角动量变成了一个整数！泡利在1930年指出，除非在衰变过程中还辐射了另外一个粒子，否则就不能解释β衰变的能量和角动量不守恒。这个粒子不带电以保证电荷守恒，而它像电子一样具有1/2自旋以保证角动量守恒，它的静止质量和电子的相比非常小，而对于高能电子忽略它的质量依然可以保证能量守恒。最后，与γ射线相比，这种粒子和物质的作用必然微弱得多，因为它可以穿过大块物质而几乎不损失能量。当时人们将这种假想粒子称作中微子，并最终在1960年代发现了它。

1934年恩里科·费米(Enrico Fermi)建立了β衰变的基本理论，他提出一种短程作用，但它比同样是短程作用的强核力微弱的多。这种作用被称作弱相互作用，它比电磁力弱但是比引力强。费米认为这种弱的核力引发β衰变，使原子核系统从初态 i 变为终态 f，并辐射电子和中微子。他用所谓的δ函数来描述这种短程的弱核力，该力的强度为常数 G，G 的单位是能量乘以体积。他还利用微扰理论计算了从初态 i 跃迁到终态 f 的速率，方法与第13.4.5节介绍的类似。费米令 $G \approx 1.41 \times 10^{-49}\ \mathrm{erg \cdot cm^3}$ ($1\ \mathrm{erg} = 10^{-7}\ \mathrm{J}$)，从而令人满意地解释了当时掌握的实验数据。

15.1.2　核反应以及中子的发现

我们在第13.2.2节介绍了卢瑟福研究核反应的最初尝试，而在1927年他在皇家学会介绍了自己研发的新仪器：利用强电场加速带电粒子(电子、质子或α粒子)，利用电磁铁偏转粒子，让粒子轰击不同靶材的原子核，使后者分解为两部分或者多部分。卢瑟福希望将电压差提高到8 MV，让这台仪器和实验室以往的仪器不同。根据卢瑟福的观念，来自爱尔兰的年轻物理学家厄恩斯特·瓦耳顿(Ernst Walton)提出下面的建议：利用磁线圈将电子限制在环形轨道上，而利用电场将电子连续加速1 000次。在环形轨道的某点设置狭缝，并对其施加交流电压；调解电压，使电子在每次穿过狭缝时就会受到推力而增加动能。后续研究证明这个观念可行，但是瓦耳顿并没有亲自实现这个想法[②]。1927 年，瓦耳顿和约翰·考克饶夫(John Cockcroft)获得卢瑟福的批准建造线性加速器，但是科学家自己没办法建造仪器，还需要借助私人企业和研究所的协助。“大科学”(意味着昂贵)时代到来了；不仅在英国如此，远在加利福尼亚伯克利的劳伦斯也进行着同样的努力。

1932 年线性加速器制备完成。它基本构件是一个长 3 m 的玻璃管，和阴极射线管没什么不同。在 1932 年 4 月进行的第一次实验中，他们用高能质子轰击锂原子核。质子进入锂原子核后形成了包含 4 个质子的新原子核，这个原子核随后分裂为 2 个 α 粒子，α 粒子轰击闪烁显示器被识别。闪烁的数目巨大，表明这一过程产生了大量的 α 粒子，而这些粒子在 200 000 V 电压的作用下加速运动。他们将结果发表于自然杂志，标题为《快质子引发锂核分解》(Disintegration of Lithium by Swift Protons)。瓦耳顿和考克饶夫随后用校准的检测器代替闪烁显示器，他们将 α 粒子引入了威尔逊云室，发现这些粒子似乎受到 8 MeV 电压的加速！这个能量比质子进入锂原子核所需的能量高，因为质子的加速电压仅为 200 000 V。似乎原子核反应本身产生了额外的能量。卡文迪什团队很快发现锂原子核分解为 2 个 α 粒子后损失了 2%的质量，而德国的研究团队也发现了类似的结果，显然原子核反应产生的能量 ΔE 与质量损失 Δm 有关，二者服从爱因斯坦公式：$\Delta E = c^2 \Delta m$。

威尔逊(C. T. R. Wilson)在 1911 年发明了云室，这是一个包含空气和乙醇蒸气的容器，利用绝热膨胀将它突然冷却使蒸气过饱和。当带电粒子进入云室后，蒸气会在它的轨迹上凝结成小液滴，使粒子轨迹可见并被拍摄记录。粒子轨迹在电场和磁场的作用下发生偏转，这当然也会被记录下来。

盖革计数器是汉斯·盖革在 1908 年和卢瑟福一同工作时设计建造的，他后来在 1928 年和缪勒改进了计数器。计数器包含一个低压管，其中充入氩气、氖气和甲烷混合气体；在管中设置管状阴极，其中心穿过细丝阳极，两个电极之间施加大约 1 000 V 电压。带电粒子通过窗口进入低压管后会引发气体电离，由此产生的离子在电场作用下向阴极或阳极加速运动，在此过程中碰撞产生更多的离子(即雪崩效应)。利用电路可以检测到这个脉冲，从而实现对入射粒

---

② 根据这个观念，美国物理学家厄恩斯特·劳伦斯(Ernest Lawrence)于 1931 年在加利福尼亚建造完成了第一台回旋加速器。

子的计数。

到了1920年,卡文迪什团队和其他的科学家证实:化学性质相同(即和其他原子作用的方式相同)的原子不一定质量总相同。弗朗西斯·阿斯顿(Francis Aston)建造了一台质谱仪,可以让电离的原子或分子在电场或磁场的作用下偏转,而当离子携带相同的电荷量时,质量大的离子会发生更大的偏转。当离子质量等于它的原子核质量时,用这种方法可以确定原子核的质量。阿斯顿很快发现,某种化学元素会有不同的同位素,即这些原子的化学性质相同但是原子质量不同。原子的化学性质由原子包含的电子数决定(参见第14.5.1节),即由所谓的原子序数(Z)决定,而由于原子呈电中性,Z也是原子核包含的质子数。现在人们知道,原子核除了包含质子以外,还包含不带电的另一种粒子。1932年,就在考克饶夫-瓦耳顿加速器大获成功的前几周,查德威克(Chadwick)对这一问题给出了明确的答案。

詹姆斯·查德威克于1891年出生在英国柴郡,家境贫寒。当他1908年在曼彻斯特大学学习物理时,需要每天步行往返8英里的路程。1913年,查德威克前往柏林和卢瑟福之前的合作者盖革一起工作。第一次世界大战爆发后,他被关进了平民俘虏营。那里缺衣少食,寒冷的冬天几乎要了他的命。战后查德威克回到英国,卢瑟福为他在曼彻斯特大学找了一份工作,而当1919年卢瑟福离开曼彻斯特前往剑桥时,查德威克也随同一起前往。1921年,他成为卡文迪什实验室的研究副主任。在研究放射性材料的过程中,查德威克发现如果假定射线只包含电子和α粒子,就无法解释射线轰击靶材时产生的某些情况。实验结果预示着射线还包含另一种成分,它携带的动量非常大,它不是X射线或γ射线。查德威克在笔记本中这样写道:“如果假定射线包含一种粒子,它的质量几乎和质子的相同,那么在碰撞中出现的所有困难就都会迎刃而解。”

1932年,当查德威克用α粒子轰击铍靶时,发现尽管有些粒子在穿过氢原子气体时令后者电离,但还是有一些粒子径直穿过气体而没有留下电离的轨迹,这意味着这些粒子呈电中性。就这样,查德威克发现了中子。查德威克研究发现中子可以穿透包括铅在内的所有材料,这是因为中子不带电,不会和原子核及其周围的电子作用,因此能不受阻碍地在任意物质中穿行③。由于发现了中子,

---

③ 居里夫人的女儿伊蕾娜和她的丈夫皮埃尔·约里奥(Pierre Joliot)也进行了类似的实验,他们在1932年发现中子辐射可以从含氢材料中打出非常高能量的质子。

查德威克在 1935 年获得诺贝尔物理学奖，同年他在利物浦大学建造了英国的第一台回旋加速器。查德威克于 1974 年辞世。

15.1.3　核裂变以及首次核反应

莉泽·迈特纳(Lise Meitner)是奥地利人，1906 年她成为维也纳大学的首位物理学女博士后。1907 年迈特纳抵达柏林，与富有才华的化学家奥托·哈恩(Otto Hahn)开始了长达 30 年的合作研究，后者曾经在加拿大麦吉尔大学师从卢瑟福学习。哈恩利用化学法分离得到最纯净的放射性样品，而迈特纳研究这些样品的物理性质。他们的工作因为第一次世界大战而中断，但是战后恢复了研究。20 世纪 20 年代到 30 年代，他们对原子的研究取得了重要的成果，包括发现了元素周期表中重的未知元素。随后他们和德国、巴黎以及英国的科研团队竞赛，试图识别上文提到的这种新辐射，最终竞赛以查德威克发现中子告终。

1933 年希特勒上台后，迈特纳的犹太人身份让她处于险境之中。化学研究所中她的对手现在可以更大声地嘀咕说："这个犹太女人威胁到我们的研究所。"作为她的老朋友兼合作伙伴，哈恩不敢或是不愿意帮助她，他显然认同研究所主管的看法：他们应当摆脱这个人。1938 年，迈特纳逃往瑞典，但是在那里她不能进入实验室工作。迈特纳将详细的研究笔记寄给哈恩，让后者在迈特纳以前的助手弗里茨·斯特拉斯曼(Fritz Strassman)的帮助下完成实验，然后再将实验结果寄给迈特纳进行分析。1938 年，哈恩和斯特拉斯曼发现慢中子轰击铀会产生新的、较轻的原子核。(费米在 1934 年也发现了这种现象，参见下文。)经过细致的化学分析，他们发现其中一种产物很可能是钡，它的质量大约是铀的一半。他们预期额外的中子进入原子核后会使铀原子嬗变为更重的同位素，但是结果正好相反。哈恩在 1938 年 12 月末写信给迈特纳，询问观测到的现象意味着什么，并承诺"如果你能提供解释，那么这项发现将作为我们 3 个人共同的工作发表，而且你的意见帮了我们大忙。"迈特纳的确帮上了忙，她这样论证说："铀原子核(罕见的同位素铀 235)包含 92 个质子和 143 个中子，它们因为强核力克服库仑斥力而结合在一起。显然额外一个中子的加入破坏了这种平衡，它导致原子核分裂。"她还能解释为什么嵌入一个慢中子不但令原子核分裂，还会释放巨大能量。这部分能量和入射中子的能量无关，它由爱因斯坦方程 $\Delta E = c^2 \Delta m$ 决定。经过仔细地衡量反应前后的质量，她发现反应物(铀原子核与中子)的质量大于生成物的质量，而损失的质量足以解释释放的能量。你们可能还记得，考克绕夫和瓦耳顿在1932年用α粒子轰击锂原子核时，也观测到类似的现象。现在，利用核反应产生能量已经成为不争的事实。

然而十分遗憾，哈恩不承认迈特纳对这项发现的贡献；当时没有，1944年他因为发现核裂变而获得诺贝尔奖时也没有。多年以后，迈特纳在写给朋友的信中说道："在他的综述中根本没有提到我，以及我们多年来的合作，这让我非常痛苦。"

恩里科·费米于1901年出生在罗马，是家中3个孩子中最小的一个。他的父亲在铁路局任职，而他的母亲是一位教师。1915年，他的哥哥因为一场小的喉部手术死亡，母亲被彻底击垮，震惊难过的恩里科只好在书本中寻求慰藉。一位颇具慧眼的老师发现了费米过人的才华悉心教导他，使他得以进入意大利最好的学校，比萨高等师范学校学习。1926年，年轻的费米轻松地获得了罗马大学理论物理系的教席。费米在理论物理学上颇有建树，他独立于狄拉克发现了费米-狄拉克分布(参见第14.3.3节)，并且如之前提到的那样，他在自己建立的β衰变理论中首次提出弱核力。然而，大多数人了解他是因为他带领团队在1942年在芝加哥建造了首个核反应装置。

1934年，费米还在罗马的物理研究所工作，他用水和6厘米厚的石蜡罩阻碍中子运动，成功地产生了慢(热)中子流。石蜡中轻的氢原子使中子减速，但并不会完全阻碍它们运动。慢中子的主要优点在于它们能毫不费力地嵌入原子核，因为中子不像带电粒子，它们"看不到"原子核周围的库仑势垒(参见图15.1)，因此能不受阻碍地抵达原子核，在那里受到强核力的作用而被束缚，从而产生靶原子核的重同位素。较重的同位素不稳定，它们会自动分解。根据费米的最初发现，世界各地的许多研究人员开始研究慢中子的作用，其中之一就是柏林哈恩的团队。

直到1937年，费米还没有特别憎恶墨索里尼(Mussolini)在意大利的统治，只要让他能安心从事自己的工作就可以了。但是当墨索里尼和希特勒结盟，开始执行后者的种族政策时，费米的犹太妻子处境危险。1938年，就在费米因为对慢中子的研究获得诺贝尔奖时，费米夫妇移居美国。1942年秋季，费米在芝加哥建造了第一台核反应器；他时任芝加哥大学的物理教授。在长20米宽10米的屋子中心，堆了一堆黑砖头和木材，而在这堆材料的深处整齐排布着一层层的铀块。这十分冒险，但费米向"国家科学院战时评估原子能应用委员会"保证一切都在可控的范围内。他们用水平排布的管子将这些铀块隔开，在管子的中心可以插入镀镉石墨棒来阻碍中子运动并减慢反应。1942 年 12 月 2 日，费米和他的同事们开启了核反应器。随着各个中子计数器的报数迅速加快，他们震惊地听到麦克风发出刺耳的白噪声。如果再让链式反应继续下去，产生的能量足以熔化反应器，杀死实验室中的每个人，并且让大学周围地区遭受辐射污染。经过四分半钟的核反应，费米命令在管子中插入控制棒终止反应。

到了 1943 年，美国又建造了两个核反应器，并在新墨西哥州洛斯阿拉莫斯实验室开始制造核弹，项目负责人是罗伯特・奥本海默；后来发生的事情大家都知道的。费米于 1954 年死于癌症。

15.1.4　核模型

原子核的结构很复杂，类似原子它有基态和许多激发态，通过核反应实验，根据原子核辐射或吸收 γ 射线的过程可以确定原子核的能级。目前，尽管人们掌握了构成质子和中子的基本粒子之间的强力和弱力作用，单是还没有建立描述核子(质子和中子)相互作用形成原子核的可靠的定量理论。人们建立了经验模型来描述原子核的能态，其中最常用的有下面几个。

液体模型：该模型假定一个核子只和它最近邻的核子作用。原子核像一小滴液体，核子在原子核中运动，但它们不像固体中的粒子那样围绕平衡位置振动。我们可以将原子核激发看作是其中粒子的统计“加热”，而将原子核的粒子发射看作是某种蒸发。此外，我们还可以将原子核在某种低洼处的激发态，看作是被表面张力束缚的连续流体液滴的激发模式。

费米气模型：该模型将核子看作是无相互作用的粒子，它们被束缚在足够深的球形势阱中，其最高占据态的能量大约比原子核外的能级零点低 8 MeV。球形势阱的半径对应原子核半径 R，$R = R_0 A^{1/3}$，其中 A 为原子核的质量数(即质子和中子的总数)，而 $R_0 \approx 1.2 \times 10^{-15}$ m。

壳层模型：该模型与原子壳层模型类似，但不如后者合理，因为原子核没有中心粒子来维持该模型。然而能级的壳层结构可以很好地重现某些观测到的原子核激发态。

15.1.5　基本粒子和标准模型

1935 年，日本理论物理学家汤川秀树(Hideki Yukawa)提出核子之间的力是核子交换粒子的结果,他把这种粒子称为介子;这个过程和原子共享电子结合成分子的情况有些类似(参见第 14.6.2 节)。质子或中子可以发射一个介子,而这个介子随后被其他质子或中子吸收;这种粒子交换过程会暂时违背能量守恒,持续的时间为 Δt。令介子的静止质量为 M,则它的静止能量为 $\Delta E = Mc^2$,汤川秀树假定这就是从核子中夺取一个介子所需的能量。经过时间 Δt 后,该介子被另一个核子吸收,能量守恒得以恢复。令 R 表示原子核半径,则 $\Delta t \approx R/c$,其中 c 为光速,我们可以根据不确定性关系 $\Delta E \Delta t \approx \hbar$ 来估计 ΔE,得到 $\Delta E \approx \hbar/\Delta t$,这意味着介子的静止质量约为 $M \approx \hbar/Rc$,是电子质量的 275 倍。一年后,汤川秀树宣布在宇宙射线(即从太空落向地球的高能粒子)中发现了所谓的 μ 介子,它的质量大约是电子质量的 200 倍。μ^- 介子的带电量为电子电量,而它的反粒子 μ^+ 携带等量的正电荷。然而,它们与原子核的相互作用远比汤川秀树提出的介子的作用微弱。1947 年,人们又发现了另一种所谓的 π 介子(参见图 15.2)。但是故事还没有结束。

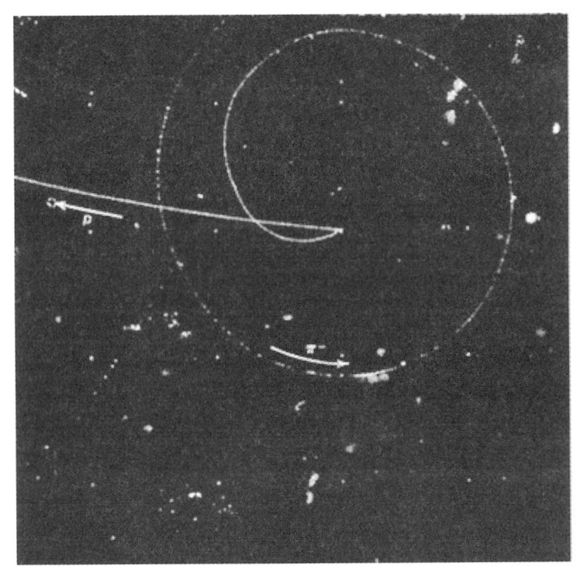

图 15.2 捕获 π^- 介子

一个负的 π 介子进入云室,它被氩原子核或碳原子核捕获,产生一个 65 MeV 的质子。

从 20 世纪 40 年代到 60 年代,人们建造了高能加速器,并发现了许多新奇的粒子。这些粒子都不稳定,只能存在大约10^{-10} s,而检测它们需要高度复杂的仪器。正因为此，现代粒子物理学的研究非常昂贵。这些粒子形形色色、数量众多，表明它们不是构成物质的基本单元。1961 年美国物理学家默里·盖尔曼(Murray Gell-Mann)④根据当时发现的粒子提出：受弱核力控制的轻子(即下表列出的电子等粒子)是基本粒子，而其余受强核力控制的强子则不是基本粒子。

表 15.1 基本粒子(种类)

轻 子	符 号	静止质量 (MeV/c^2)	电荷量
电子	e	0.511	−1
电子中微子	v_e	≈0	0
μ 介子	μ^-	105.7	−1
μ 介子中微子	v_μ	≈0	0
τ 介子	τ^-	1 784	−1
τ 介子中微子	v_τ	≈0	0

* 所有粒子均为 1/2 自旋。

表中列出的中微子似乎和电子、μ 介子和 τ 介子联系紧密，它们总是和后者同时出现。1985 年，苏联的一个研究团队测量得出中微子的质量不为零，而在 1989 年，日本和美国的研究小组结合理论和实验的结果提出中微子的确具有质量。我们还需要记住，每种粒子都有自己的反粒子，后者与前者性质相同但携带相反的电荷。

强子通常比轻子重得多，它被分为两类——重子和介子；最常见的重子是质子和中子，它们是半整数自旋的费米子；而介子是整数自旋的玻色子。不管是重子还是介子，它们都由 6 种基本粒子(及其反粒子)构成，盖尔把这些基本粒子称作夸克，夸克的分类及其性质见下表。表中给出的夸克质量只是粗略的估计，因为我们还没有观测到单独的夸克。值得注意的是，当人们根据理论预测“顶”夸克存在以后，日内瓦 CERN 的研究人员在 1998 年发现了“顶”夸克。我们发现，夸克携带的正电荷或负电荷只是电子电量的一部分。每种夸克对应自己的反夸克，后者与前者性质完全相同只是携带相反的电荷。

---

④ 默里·盖尔曼于 1929 年生于纽约，是维也纳犹太人的后裔。他 15 岁就进入耶鲁大学学习，毕业后曾在普林斯顿大学和芝加哥大学短暂工作，而从 1955 年开始就一直在加州理工学院工作，成为该大学最年轻的终身教授。1969 年，他因为对基本粒子的分类及其相互作用的研究获得了诺贝尔物理学奖。

表 15.2 夸克(的种类)

夸 克	符 号	静止质量 (MeV/c^2)	电荷量
上夸克	u	20	+2/3
下夸克	d	20	−1/3
奇夸克	s	200	−1/3
粲夸克	c	1 800	+2/3
底夸克	b	4 800	−1/3
顶夸克	t	40 000	+2/3

* 所有粒子均为 1/2 自旋。

所有重子均由 3 个夸克构成,而所有介子均由一个夸克和一个反夸克构成。图 15.3 给出夸克结合形成质子和中子的示意图,前者包含两个上夸克和一个下夸克,因此携带电量+1;后者包含两个下夸克和一个上夸,因此总电量为零。中子和质子都是由带电粒子构成,这就解释了为什么二者的磁矩略有不同,以及为什么中子也具有磁矩。

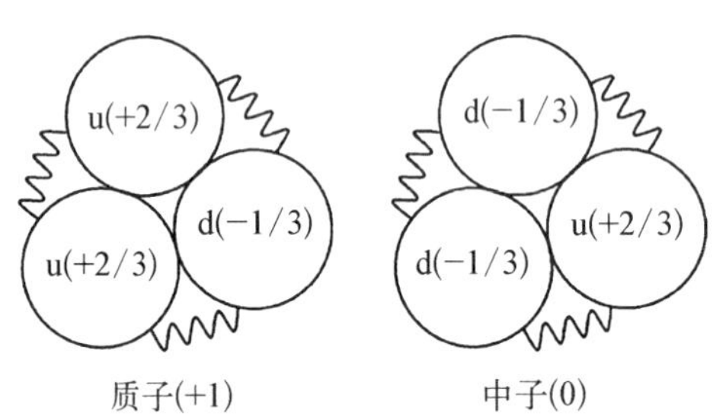

图 15.3 质子和中子中的夸克

图中的波浪线表示将夸克结合在一起的胶子。

强力将夸克结合在一起,而这种力是由所谓的胶子交换产生的。胶子是自旋为 1 的粒子,它们像光子那样,电量和静止质量均为零。而且正如光子交换令电子和原子核结合成原子那样(光子是电磁作用的中间人,参见第 15.2.2 节),胶子交换使夸克结合形成重子或介子。然而让情况变得复杂的是,夸克有着不同的"电荷",即所谓的色荷,而色荷在相互作用的过程中至关重要。夸克可以是红色,绿色或蓝色,而这些"颜色"当然和普通颜色无关,你们可以把它看作某种"极化"。另一方面,根据胶子对夸克颜色的影响,例如将红夸克变为绿夸克或蓝夸克等,存在 8 种胶子。对夸克物理学的计算方式与量子电动力学的类似(参见第 15.2.2 节),它们都依赖连续的近似才能得到最终的结果。由于存在这么多种粒子,而粒子通过不同胶子实现各种不同的相互作用,而且强力还远大于电磁作用,因此描述夸克的量子色动力学理论不像量子色动力学理论那么完整充分。

对应 β 衰变的弱相互作用也可以用类似的方式描述。费米理论被相对论理论取代，其中力通过某种粒子的交换实现，这 3 种粒子被称作 W^+，W^- 和 Z^0 玻色子。其中 W^+ 和 W^- 粒子的质量为 81×10^3 MeV/c^2，它们分别携带的正、负电荷等于电子电量。Z^0 玻色子不带电，它的质量为 93×10^3 MeV/c^2。例如，我们用这种方法解释式(15.3a)所示的中子衰变(参见图 15.4)：W^- 玻色子将左侧的下夸克与上夸克与右侧的电子和中微子耦合起来，当反应发生后中子的一个下夸克变成了上夸克，同时辐射一个电子和一个中微子。由于 W^- 的质量较大，因此这个反应比较慢。

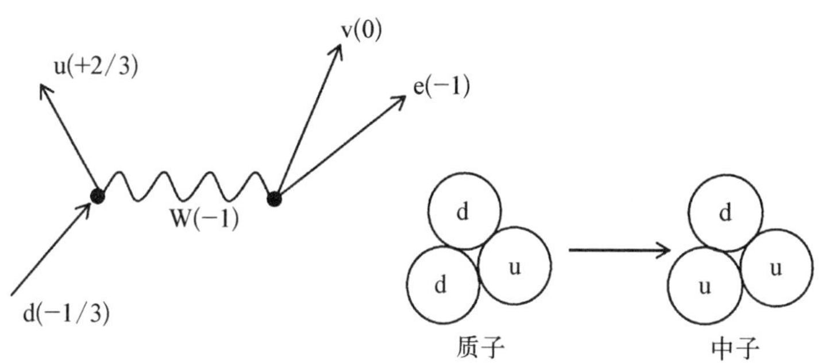

图 15.4　中子衰变产生一个质子、一个电子和一个中微子

其中 W^- 玻色子是中间人。

如果反应过程中任何粒子的电量没有改变，那么弱力就由 Z^0 玻色子来调节，这样的过程被称作中性电流。最后，反应一侧为 W^+ 和 W^- 耦合，而另一侧为 Z^0 玻色子的情况在较高能量下可能发生(参见图 15.5)，在此情况下弱力的强度大致与电磁力相当。

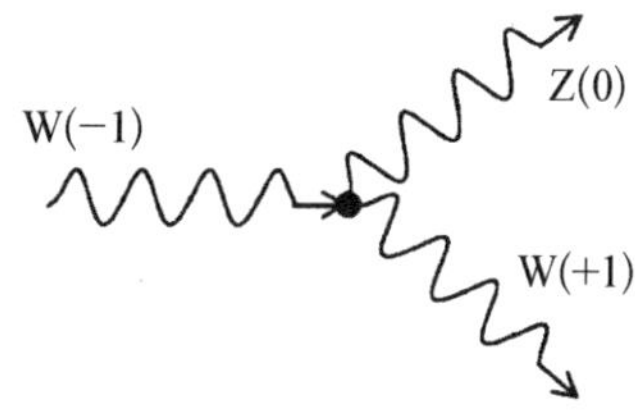

图 15.5　W^+ 和 W^- 耦合的情况

这让斯蒂芬・温伯格(Stephen Weinberg)和阿卜杜勒・萨拉姆(Abdus Salam)萌生了新的想法：在高能、或与之等价的作用距离小于质子直径的情况下，W^+、W^- 和 Z^0 玻色子以及光子是同一种力的不同侧面，他们将这种力称作电弱力。当能量较低时，将这两种力统一在一起的“对称性”被打破，因此这两种力没有显示出关联。他们的理论发表于 1967 年，通常被称作格拉肖-温伯格-萨拉姆模型，因为谢尔登・格拉肖(Sheldon Glashow)先前也提出过类似的想法。在 1983—1984 年间，人们观测到 W^+，W^- 和 Z^0 玻色子，它们的质量和理论预测的一致,实验发现夯实了这个理论的基础。该理论预测的另一种玻色子,希格斯玻色子,也被观测到。

我们描述了包括夸克和轻子在内的基本粒子,而它们之间的力(包括强力、弱力和电磁力)通过玻色子(包括胶子、W 玻色子、Z^0 玻色子和光子)来实现,这个理论被统称为标准模型。只要我们采用实验测定的粒子质量以及基本相互作用的耦合常数(强度),这个模型就很好用。

我们发现当间距为10^{-15}米时,强力比电磁力强 10 倍到 100 倍,但是随着间距增大强力迅速降低,当间距大于10^{-14}米时强力已经消失殆尽。弱力也是类似的短程作用力,但是比电力大约弱10^{10}倍。

物质之间还有第 4 种基本作用力,那就是引力,但是基本粒子或微观粒子之间的引力比电磁力弱10^{40}倍因此可以忽略。然而,大的物体具有电中性,物体之间的电力抵消,因此随着质量增大物体之间的引力增大。正是这个原因,我们在考虑自由落体运动或恒星的运动时只考虑引力。

然而,许多科学家相信可能存在引力的量子理论,其中力通过所谓的引力子实现。此外他们还预期在极限条件下(当整个宇宙收缩成一个原子核),所有 4 种基本作用力不过是一种统一力的不同侧面。对这个问题的讨论超出了本书的范畴。

15.2 狄拉克电子理论和量子电动力学

15.2.1 狄拉克电子理论

保罗·狄拉克于 1902 年出生在英国,是家中 3 个孩子的第二个。他的父亲查尔斯·狄拉克(Charles Dirac)是布里斯托尔商业技术学院附属中学的法语教师,他独断专行,为家人制订了严格的规矩。例如,他要求每个人在吃晚饭时要说法语。保罗尽力达到要求,得以在餐厅用晚餐,而家里的其他人,他母亲、哥哥雷金纳德(Reginald)和妹妹比阿特丽斯(Beatrice),却常常不得不在厨房用餐。他父亲曾在瑞士度过不幸的童年,这显然是他的这种古板专制态度的根源,而这样的家庭环境造就了狄拉克异常害羞的个性。高中毕业后,保罗和他的哥哥一样，遵从父亲的愿望前往布里斯托尔大学学习工程，而雷金纳德在 24 岁时自杀身亡，让他的父母异常痛心。1923 年，保罗・狄拉克获得奖学金前往剑桥大学求学，自此，他全身心投入理论物理的研究。狄拉克不愿意与人交往，总是独立从事研究。他毕生研究量子力学和相对论，发表了许多文章并出版书籍，但其中只有寥寥几篇是与他人合作完成的。前文曾介绍过他在量子统计力学以及辐射场理论方面的工作(参见第 14.3.3 节)，但是他在 1928 年发表的电子理论被认为是理论物理学最伟大的成就之一，并带给了他最高的声望⑤。正是这项工作让狄拉克在 1933 年与海森堡分享了诺贝尔物理学奖。1937 年狄拉克迎娶了玛吉特・维格纳(Margit Wigner)，她是物理学家、诺贝尔奖得主尤金・维格纳(Eugene Wigner)的妹妹。她在前一段婚姻中育有两个孩子，嫁给狄拉克后又生了两个孩子。狄拉克从剑桥大学退休后移居美国，在那里安度晚年直到 1984 年辞世。

狄拉克一开始就要建立服从狭义相对论的电子的量子理论，在这一点上他和薛定谔不同。狄拉克的出发点是用洛伦兹变换下保持不变的公式(参见第 14 章的脚注②)描述自由电子：

$$p^2 - \frac{E^2}{c^2} = -mc^2.$$

这个公式可以等价地表示为：

$$H^2 - c^2 \boldsymbol{p}^2 = m^2 c^4, \tag{15.4}$$

其中 $\boldsymbol{p}$ 是电子的动量，E 是电子的能量，而 m 是电子的静止质量。我们令 $E = H$，其中 H 是电子的哈密顿量。当电子处于电磁场中时，上式变为⑥：

$$(H - e\phi)^2 - c^2 (\boldsymbol{p} - e\boldsymbol{A})^2 = m^2 c^4, \tag{15.5}$$

其中 $-e$ 表示电子电量，$\phi(\boldsymbol{r},\ t)$ 和 $\boldsymbol{A}(\boldsymbol{r},\ t)$ 分别表示标量电磁势和矢量电磁势，参见附录 A 的定义，该式在洛伦兹变换下保持不变。狄拉克将这个方程写成下面的形式：

$$H = c\left[(\boldsymbol{p} - e\boldsymbol{A})^2 + m^2 c^2\right]^{1/2} + e\phi. \tag{15.6}$$

---

⑤ Dirac P A M. Proc Roy Soc Lond. 1928, A117: 610; 1928, A118: 351.

⑥ 牛顿力学可以表示为拉格朗日和哈密顿公式的形式，后者能给出电子在电磁场中正确的运动方程。我们要注意的是：$\boldsymbol{A}^2 \equiv \boldsymbol{A} \cdot \boldsymbol{A} = A^2$。

他决定将方程右侧的平方根表示成随着动量线性变化的对称形式：

$$[(\boldsymbol{p}-e\boldsymbol{A})^2+m^2c^2]^{1/2}=\boldsymbol{\alpha}\cdot(\boldsymbol{p}-e\boldsymbol{A})+\beta mc. \tag{15.7}$$

狄拉克注意到，当 $\boldsymbol{\alpha}$ 和 β 是普通的矢量和标量时上式不成立，因为如果将式(15.7)的两侧平方并让对应项的系数相等，就会得到下述矛盾的结果：

$$\alpha_x^2=\alpha_y^2=\alpha_z^2=\beta^2=1, \tag{15.8a}$$

$$\begin{aligned}\alpha_x\alpha_y+\alpha_y\alpha_x=\alpha_x\alpha_z+\alpha_z\alpha_x&=\alpha_x\beta+\beta\alpha_x\\=\alpha_y\alpha_z+\alpha_z\alpha_y&=\alpha_y\beta+\beta\alpha_y\\&=\alpha_z\beta+\beta\alpha_z\\&=0.\end{aligned} \tag{15.8b}$$

然而，如果将 α_x，α_y，α_z 和 β 都看作是 4×4 阶矩阵算符，式(15.7)就能成立：

$$\hat{\alpha}_x=\begin{pmatrix}0&0&0&1\\0&0&1&0\\0&1&0&0\\1&0&0&0\end{pmatrix}=\begin{pmatrix}\hat{0}&\hat{\sigma}'_x\\\hat{\sigma}'_x&\hat{0}\end{pmatrix}，\hat{\alpha}_y=\begin{pmatrix}0&0&0&-i\\0&0&i&0\\0&-i&0&0\\i&0&0&0\end{pmatrix}=\begin{pmatrix}\hat{0}&\hat{\sigma}'_y\\\hat{\sigma}'_y&\hat{0}\end{pmatrix}$$

$$\hat{\alpha}_z=\begin{pmatrix}0&0&1&0\\0&0&0&-1\\1&0&0&0\\0&-1&0&0\end{pmatrix}=\begin{pmatrix}\hat{0}&\hat{\sigma}'_z\\\hat{\sigma}'_z&\hat{0}\end{pmatrix}，\hat{\beta}=\begin{pmatrix}1&0&0&0\\0&1&0&0\\0&0&-1&0\\0&0&0&-1\end{pmatrix}=\begin{pmatrix}\hat{1}&\hat{0}\\\hat{0}&-\hat{1}\end{pmatrix} \tag{15.9}$$

其中 $(\hbar/2)\hat{\sigma}'_i=\hat{\sigma}_i$，$i=x, y, z$ 就是泡利在 1927 年提出的自旋算符(参见第 14.2.2 节)，而 $\hat{1}$ 是 2×2 阶单位矩阵，$\hat{0}$ 是 2×2 阶零矩阵：

$$\hat{1}=\begin{pmatrix}1&0\\0&1\end{pmatrix}，\hat{0}=\begin{pmatrix}0&0\\0&0\end{pmatrix}. \tag{15.10}$$

根据矩阵乘法(参见附录 A)，我们可以证明式(15.9)中的矩阵满足式(15.8a)。

这样一来，就可以将电子在 $\boldsymbol{A}$，ϕ 电磁势场中运动的方程表示为：

$$-\frac{\hbar}{\mathrm{i}}\frac{\partial\underline{\psi}}{\partial t}=\hat{H}\underline{\psi}. \tag{15.11a}$$

这是薛定谔方程的相对论形式，其中 $\hat{H}$ 由式(15.6)确定；利用式(15.7)，并代入式(15.9)和式(15.10)定义的算符，以及代换：$\boldsymbol{p} \to \frac{\hbar}{\mathrm{i}}\nabla$，$H \to \frac{\hbar}{\mathrm{i}}\frac{\partial}{\partial t}$，我们得到：

$$\hat{H} = c\left[\hat{\alpha}_x\left(\frac{\hbar}{\mathrm{i}}\frac{\partial}{\partial x} - eA_x\right) + \hat{\alpha}_y\left(\frac{\hbar}{\mathrm{i}}\frac{\partial}{\partial y} - eA_y\right) + \hat{\alpha}_z\left(\frac{\hbar}{\mathrm{i}}\frac{\partial}{\partial z} - eA_z\right)\right] + \hat{\beta}mc^2 + \hat{1}e\phi, \tag{15.11b}$$

其中 $\hat{1}$ 是 4×4 阶单位矩阵[7]。由于 $\hat{H}$ 是 4×4 阶矩阵算符，因此我们要寻找的波函数 $\underline{\psi}$ 是四元列矩阵：

$$\underline{\psi} = \begin{pmatrix} \psi_1 \\ \psi_2 \\ \psi_3 \\ \psi_4 \end{pmatrix}，其中\ \psi_i = \psi_i(\boldsymbol{r},\ t). \tag{15.11c}$$

根据矩阵乘法规则(参见附录 A)，4×4 阶矩阵对四元列矩阵作用会得到另一个四元列矩阵，式(15.11a)也表示这个含义。对照泡利介绍的二元旋量，我们可以将 $\underline{\psi}$ 看作是四元旋量，它可以用类似的方式归一化：

$$\int(|\psi_1|^2 + |\psi_2|^2 + |\psi_3|^2 + |\psi_4|^2)\mathrm{d}V = 1. \tag{15.12}$$

引入行矩阵(参见附录 A)：

$$\underline{\psi}^{\dagger} = (\psi_1^*,\ \psi_2^*,\ \psi_3^*,\ \psi_4^*). \tag{15.12a}$$

根据式(A4.2)我们可以将式(15.12)表示为：

$$\int \underline{\psi}^{\dagger}\underline{\psi}\mathrm{d}V = 1. \tag{15.12b}$$

我们将狄拉克电子方程式(15.11a)和式(15.11b)的分量形式写出来：

---

⑦　这个 4×4 阶矩阵通常被舍去，这一项就简单地写作 $e\phi$。在后续操作中，如果一个标量算符(或者像 $\hat{l}_2$ 那样的算符)和一个 4×4 阶矩阵相加，我们就认为这个标量表示 4×4 阶对角矩阵，它的对角元素就等于标量的值。

$$\left(\frac{\hbar}{\mathrm{i}}\frac{\partial}{\partial t}+e\phi+mc^2\right)\psi_1+c\left(\frac{\hbar}{\mathrm{i}}\frac{\partial}{\partial z}-eA_z\right)\psi_3$$
$$+c\left[\left(\frac{\hbar}{\mathrm{i}}\frac{\partial}{\partial x}-eA_x\right)-\mathrm{i}\left(\frac{\hbar}{\mathrm{i}}\frac{\partial}{\partial y}-eA_y\right)\right]\psi_4=0$$
$$\left(\frac{\hbar}{\mathrm{i}}\frac{\partial}{\partial t}+e\phi+mc^2\right)\psi_2+c\left[\left(\frac{\hbar}{\mathrm{i}}\frac{\partial}{\partial x}-eA_x\right)+\mathrm{i}\left(\frac{\hbar}{i}\frac{\partial}{\partial y}-eA_y\right)\right]\psi_3$$
$$-c\left(\frac{\hbar}{\mathrm{i}}\frac{\partial}{\partial z}-eA_z\right)\psi_4=0$$
$$c\left(\frac{\hbar}{\mathrm{i}}\frac{\partial}{\partial z}-eA_z\right)\psi_1+c\left[\left(\frac{\hbar}{\mathrm{i}}\frac{\partial}{\partial x}-eA_x\right)-\mathrm{i}\left(\frac{\hbar}{i}\frac{\partial}{\partial y}-eA_y\right)\right]\psi_2$$
$$+\left(\frac{\hbar}{\mathrm{i}}\frac{\partial}{\partial t}+e\phi-mc^2\right)\psi_3=0$$
$$c\left[\left(\frac{\hbar}{\mathrm{i}}\frac{\partial}{\partial x}-eA_x\right)+\mathrm{i}\left(\frac{\hbar}{\mathrm{i}}\frac{\partial}{\partial y}-eA_y\right)\right]\psi_1-c\left(\frac{\hbar}{\mathrm{i}}\frac{\partial}{\partial z}-eA_z\right)\psi_2$$
$$+\left(\frac{\hbar}{\mathrm{i}}\frac{\partial}{\partial t}+e\phi-mc^2\right)\psi_4=0$$

(15.13)

我们根据上述方程探讨自由电子的能量本征态和动量本征态，在这种情况下 $\boldsymbol{A}$，ϕ 都等于零，这极大地简化了问题。

我们寻求电子具有明确动量 $\boldsymbol{p}=(p_x, p_y, p_z)$ 时的本征态，其波函数的形式为：

$$\underline{\psi}=\exp\left[\frac{\mathrm{i}}{\hbar}(p_x x+p_y y+p_z z-Et)\right]\begin{pmatrix}C_1\\C_2\\C_3\\C_4\end{pmatrix}, \tag{15.14}$$

其中 E 表示电子能量。将上式代入式(15.13)，并让 $\boldsymbol{A}$，ϕ 都等于零，我们就得到了包含未知数 C_1，C_2，C_3，C_4 的 4 个代数方程：

$$\begin{aligned}
&(-E+mc^2)C_1+cp_zC_3+c(p_x-\mathrm{i}p_y)C_4=0\\
&(-E+mc^2)C_2+c(p_x+\mathrm{i}p_y)C_3-cp_zC_4=0\\
&cp_zC_1+c(p_x-\mathrm{i}p_y)C_2+(-E-mc^2)C_3=0\\
&c(p_x+\mathrm{i}p_y)C_1-cp_zC_2+(-E-mc^2)C_4=0
\end{aligned} \tag{15.15}$$

根据附录 A 介绍的定理，只有当上述方程的系数矩阵行列式等于零，该方程组才有非零解。对于当前的方程为：

$$(E^2 - m^2c^4 - p^2c^2)^2 = 0.$$

这意味着：

$$E = \pm\sqrt{p^2c^2 + m^2c^4}. \tag{15.16}$$

这个结果有些出乎预料，因为它说明自由电子的能量可以为负。根据式(15.16)，粒子可以具有从它的静止质能 mc^2 直到 $+\infty$ 的正能量，这符合狭义相对论；但是粒子也可以具有从 $-mc^2$ 到 $-\infty$ 的负能量。狄拉克当时也没办法解释由他的方程导出的自由粒子的负能量，直到 3 年后正电子概念被提出才解开了这个谜题。我们先简要介绍狄拉克理论更容易被人接受的其他方面，稍后再考虑这方面的问题。

首先请注意，式(15.15)的 4 个独立的解对应粒子的特定动量 $\boldsymbol{p}$。假定 $\boldsymbol{p}$ 平行于 z 方向，则正能量对应的两个本征态为：

$$\underline{\psi} = A\exp\left[\frac{\mathrm{i}}{\hbar}(pz - Et)\right]\left\{\begin{pmatrix} pc \\ 0 \\ E - mc^2 \\ 0 \end{pmatrix} \text{或} \begin{pmatrix} 0 \\ -pc \\ 0 \\ E - mc^2 \end{pmatrix}\right\}, \tag{15.17a}$$

其中 $E = +\sqrt{p^2c^2 + m^2c^4}$。而负能量对应的两个本征态为：

$$\underline{\psi} = A\exp\left[\frac{\mathrm{i}}{\hbar}(pz - Et)\right]\left\{\begin{pmatrix} pc \\ 0 \\ E - mc^2 \\ 0 \end{pmatrix} \text{或} \begin{pmatrix} 0 \\ -pc \\ 0 \\ E - mc^2 \end{pmatrix}\right\}, \tag{15.17b}$$

其中 $E = -\sqrt{p^2c^2 + m^2c^4}$。在这两种情况下，归一化常数 A 都根据式(15.12a)确定。

我们发现对于正能量，当 $p \ll mc$ 时有 $E - mc^2 \approx 0$，而式(15.17a)的本征态退化为：

$$\underline{\psi}=A'\exp\left[\frac{\mathrm{i}}{\hbar}(pz-Et)\right]\left\{\begin{pmatrix}1\\0\\0\\0\end{pmatrix}\text{或}\begin{pmatrix}0\\1\\0\\0\end{pmatrix}\right\}. \tag{15.18}$$

它对应第 14.2.2 节介绍的泡利理论中的旋量，参见式(14.37)，而在当前情况下 $\psi_\nu(\boldsymbol{r})=\exp(\mathrm{i}pz/\hbar)$。后续我们将看到狄拉克理论和泡利理论有着更深入的关联。

如果采用非相对论方法考虑中心场(诸如氢原子的电场)中的电子或任何粒子，轨道角动量算符 $\hat{l}_z$ 和 $\hat{l}^2$ 可以和哈密顿算符互易，因此电子的能量本征态也是算符 $\hat{l}_z$ 和 $\hat{l}^2$ 的本征态(参见第 14.1.2 节)。然而对于狄拉克哈密顿算符情况却并不是这样，对应中心场的狄拉克哈密顿算符的形式为：

$$\hat{H}=c\,\frac{\hbar}{\mathrm{i}}\left[\hat{\alpha}_x\frac{\partial}{\partial x}+\hat{\alpha}_y\frac{\partial}{\partial y}+\hat{\alpha}_z\frac{\partial}{\partial z}+i\hat{\beta}\frac{mc}{\hbar}\right]+e\phi(r). \tag{15.19}$$

我们令式(15.11b)中的 $A_x=A_y=A_z=0$，并且令 $\phi(\boldsymbol{r})=\phi(r)$ 得到了上式。我们要证明上述算符不能与 $\hat{l}_z$ 互换。已知 $\hat{l}_z$ 的定义[参见式(14.2)和式(14.5)]为：

$$\hat{l}_z=\frac{\hbar}{\mathrm{i}}\left(x\frac{\partial}{\partial y}-y\frac{\partial}{\partial x}\right)=\frac{\hbar}{\mathrm{i}}\frac{\partial}{\partial\phi}. \tag{15.20}$$

显然 $\hat{l}_z$ 可以和 $\hat{\alpha}_z(\partial/\partial z)$，$i\hat{\beta}(mc/\hbar)$ 以及 $\phi(r)$ 互易，因此在考虑 $\hat{l}_z\hat{H}-\hat{H}\hat{l}_z$ 时可以忽略这些项。因此我们得到

$$\begin{aligned}\hat{l}_z\hat{H}&=-c\hbar^2\left(x\frac{\partial}{\partial y}-y\frac{\partial}{\partial x}\right)\left(\hat{\alpha}_x\frac{\partial}{\partial x}+\hat{\alpha}_y\frac{\partial}{\partial y}\right)\\&=-c\hbar^2\left(\hat{\alpha}_x x\frac{\partial^2}{\partial x\partial y}+\hat{\alpha}_y x\frac{\partial^2}{\partial y^2}-\hat{\alpha}_x y\frac{\partial^2}{\partial x^2}-\hat{\alpha}_y y\frac{\partial^2}{\partial x\partial y}\right)\end{aligned}$$

以及

$$\begin{aligned}\hat{H}\hat{l}_z&=-c\hbar^2\left(\hat{\alpha}_x\frac{\partial}{\partial x}+\hat{\alpha}_y\frac{\partial}{\partial y}\right)\left(x\frac{\partial}{\partial y}-y\frac{\partial}{\partial x}\right)\\&=-c\hbar^2\left(\hat{\alpha}_x\frac{\partial}{\partial y}+\hat{\alpha}_x x\frac{\partial^2}{\partial x\partial y}+\hat{\alpha}_y x\frac{\partial^2}{\partial y^2}\right.\\&\qquad\left.-\hat{\alpha}_x y\frac{\partial^2}{\partial x^2}-\hat{\alpha}_y\frac{\partial}{\partial x}-\hat{\alpha}_y y\frac{\partial^2}{\partial x\partial y}\right),\end{aligned}$$

最后得到

$$\hat{l}_z\hat{H}-\hat{H}\hat{l}_z=c\hbar^2\left(\hat{\alpha}_x\frac{\partial}{\partial y}-\hat{\alpha}_y\frac{\partial}{\partial x}\right)\neq 0. \tag{15.21}$$

用类似的方法可以证明 $\hat{l}_x$，$\hat{l}_y$ 和 $\hat{l}^2$ 也不能和 $\hat{H}$ 互易。然而，我们发现下面定义的算符 $\hat{j}_z$：

$$\hat{j}_z=\hat{l}_z+\begin{pmatrix}\hat{\sigma}_z & \hat{0}\\ \hat{0} & \hat{\sigma}_z\end{pmatrix}. \tag{15.22}$$

可以和 $\hat{H}$ 互易，其中 $\hat{\sigma}_z$ 是式(14.35)定义的泡利矩阵，而 $\hat{0}$ 是二阶零矩阵。已知 $\boldsymbol{j}=(j_x, j_y, j_z)$ 是电子的总角动量，类比式(15.22)我们可以定义 j_x，j_y 对应的算符(参见脚注⑦)：

$$\hat{j}_x=\hat{l}_x+\begin{pmatrix}\hat{\sigma}_x & \hat{0}\\ \hat{0} & \hat{\sigma}_x\end{pmatrix}, \hat{j}_y=\hat{l}_y+\begin{pmatrix}\hat{\sigma}_y & \hat{0}\\ \hat{0} & \hat{\sigma}_y\end{pmatrix}. \tag{15.23}$$

它们也可以和 $\hat{H}$ 互易。$\boldsymbol{j}$ 的分量算符能和其大小的平方算符 $\hat{j}^2=\hat{j}_x^2+\hat{j}_y^2+\hat{j}_z^2$ 互易，但是这些分量算符彼此不能互易。总的来说，它们满足第 14.1.1 节介绍的角动量的互易关系。最后，我们可以证明 $\hat{j}^2$ 和 $\hat{H}$ 互易，因为中心场中电子的能量本征态同时也是 $\hat{j}^2$ 及其一个分量(我们通常选择 j_z)的本征态。由此我们得出结论：泡利提出的电子的本征角动量(即自旋)是电子的性质，可由狄拉克方程导出，而这个方程服从狭义相对论。

此外，狄拉克电子方程在磁场中的解表明，被允许的能量还包含一项，它对应自旋 1/2 的粒子的取向能，而电子的磁矩等于所谓的玻尔磁矩：

$$\mu_B=\frac{e\hbar}{2m}. \tag{15.24}$$

上述结果与第 14.2.2 节得到的式(14.38)完全吻合。

我们不打算给出狄拉克的氢原子解，它的能量本征值和对应的本征态(即四元旋量)，因为狄拉克解的数学形式非常复杂。但是正如在第 14.2.2 节末尾提到的那样，我们可以说狄拉克的解和泡利得出的结果基本相同。

在结束本节之前，让我们简要讨论自由电子的负能量本征态和狄拉克预言的正电子。狄拉克的理论成功地解释了观测到的电子性质，因此人们相信它预言的负能量状态揭示了未知的物理规律。经过一番思考和犹豫,狄拉克提出这些状态意味着存在一种新的粒子,他把它称作反电子:除了携带与电子电荷符号相反的电荷以外,其他的一切均与电子相同。狄拉克的反电子观点可以被总结为:式(15.17b)描述的无限多的负能量状态对应电子具有的不同动量,而不相容原理不允许更多的电子落入这个无限深的负能量电子的海洋。他还进一步假定这些电子不能运动[就像半导体价带中的电子那样,参见推导式(14.133)时的陈述],因此不能被检测到。当电子吸收能量高于 $2mc^2$ 的光子时,它会从负能量状态变为正能量状态,而留下的空穴可被看作是一个反电子。这种空穴在电场作用下的运动方向似乎和电子的运动方向相反,因为所有负能量的电子都反向运动。我们已经看到,狄拉克提出反电子的观念一年以后,安德森就在 1932 年在宇宙射线中发现了这种粒子,并将它命名为正电子。现在,在实验室中利用光子碰撞很容易产生正电子,并可以将它在磁场中保持数周。

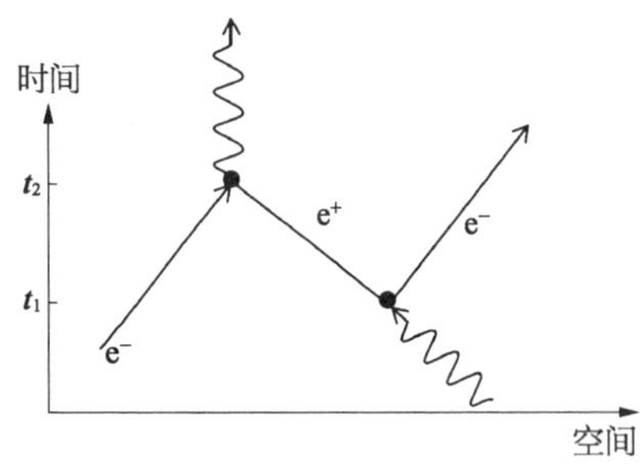

图 15.6 费曼提出的正电子的生命史

费曼(Feynman)在 1949 年提出了有别于空穴模型的正电子模型,该模型大致如图 15.6 所示。当 $t<t_1$ 时,一个电子(用直线表示)和一个光子(用波浪线表示)向着彼此运动;在 $t=t_1$ 时刻,光子分解为一个电子(e^-)和一个正电子(e^+);在 $t=t_2$ 时刻,正电子与原来的那个电子湮灭产生一个新的光子,而电子继续在时空中存在。人们的确在实验室中观察到这一系列事件发生。

我们还可以这样来解读这种情况:初始电子在时空中行进,直至 $t=t_2$ 时刻;在 $t=t_2$ 时刻它发射一个光子,然后在时间上反向行进,在 $t=t_1$ 时刻吸收一个光子,然后恢复在时间上的正向行进。在实际实验中,我们看到的在时间上反向行进的电子就是在时间上正向行进正电子。我们必须记住,在时间上反向行进并没有违背任何经典或量子力学的运动定律!只不过热力学第二定律控制着宏观系统的发展变化,因此我们习惯于沿着时间的正向考察系统的变化。

15.2.2 量子电动力学

在第 14.3.3 节,我们介绍了如何应用微扰方法(参见第 13.4.5 节)考虑光和原子的作用。这个理论同样适用于分子和固体,并且极富实用价值。但是如果想通过提高近似的阶数来提高计算精度的话,结果反而会变得更糟。因为微小的修正会导致无穷大的偏差!即使一阶近似理论能令人满意地解释实验结果,但出现这种情况也让人不太满意。事实上,一阶理论不能解释某些现象,其中最著名的就是兰姆(Lamb)和卢瑟福在 1947 年发现的氢原子光谱的兰姆平移。考察氢原子能级的精细结构(图 14.8),我们发现对应 $n=2$, $j=1/2$ 的两个能态能量相同,其中一个来自 $l=0$ 自旋向上(用 $^2S_{1/2}$ 表示),而另一个来自 $l=1$ 自旋向下(用 $^2P_{1/2}$ 表示)。薛定谔和狄拉克的氢原子理论都得出同样的这个结论。但是兰姆和卢瑟福却发现,这两个能级有着微小的差异, $\Delta E=4.371\,0^{-8}\,\mathrm{eV}$。人们认为原子和电磁场的相互作用导致了这种兰姆平移,而要采用比一阶近似更准确的方法才能考虑这种效应。

电子磁矩也受到电子与电磁场相互作用的影响,它也不能用普通的微扰理论来解释。我们已经看到,狄拉克理论让电子带有磁矩 μ_B,参见式(15.24)。但是在 1948 年,人们在实验中发现电子的真实磁矩 μ 约为 $1.001\,18\mu_B$!

最终在 1948 年,3 位科学家独立创建了各自的理论,能以所需的精度计算上述现象并解释物质和光相互作用的其他现象,他们是耶鲁大学教授朱利安·施温格(Julian Schwinger),日本科学家朝永振一郎(Sin-Itiro Tomonaga),和当时在康奈尔大学任教的理查德·费曼。施温格解决问题的方法在数学上似乎比费曼的更加严谨,后者似乎主要依赖直观论述和一系列表示复杂积分的图示。作为一位杰出的数学家,施温格显然不太认可费曼不那么正统的方法。朝永振一郎在二战之前就开发出自己的方法,但是直到 1948 年他才和西方学术界交流了自己的研究成果。1949 年,朝永振一郎在奥本海默的邀请下来到普林斯顿研究所工作,后者时任该研究所所长。朝永振一郎的方法与费曼的方法更接近,只是没有图示。1948 年,一位年轻的英国人在《物理评论》(*Physical Review*)上发表文章,证明施温格和费曼的方法等价!他就是弗里曼·戴森,当时在康奈尔大学攻读研究生。值得注意的是,戴森的文章先于施温格和费曼正式发表他们的结果。戴森和他的导师贝特(Bethe)一样,都拥护费曼的方法,因为这种方法更易于理解也更容易使用。当戴森遇到朝永振一郎后,被后者谦和坚定的个性折服,他后来写道:"朝永振一郎比施温格或费曼更能理解他人的观念,而他自己也有足够丰富的观念。他是一个极其无私的人。"施温格、费曼和朝永振一郎因为他们奠定了量子电动力学的基础，在 1965 年分享了诺贝尔物理学奖。后续我将用费曼的语言定性地介绍他们的理论，但是可能首先要用一些篇幅介绍这位 20 世纪最著名的科学家。

理查德·费曼于 1918 年出生在纽约，他的父亲梅尔韦尔(Melville)是一位聪明睿智、口才很好的推销员和商人。梅尔韦尔对科学很感兴趣，对大自然的运行机制也很好奇；他的这种对物理世界的好奇心显然遗传给了他的儿子。在麻省理工获得学士学位后，费曼在系主任斯莱特的鼓励下于 1939 年秋天前往普林斯顿继续求学。正是在普林斯顿，费曼首次建立了自己的量子力学路径积分理论。这是研究量子力学的新颖有趣的方法，我们受到篇幅限制不能详细讨论。约翰·惠勒(John Wheeler)是费曼在普林斯顿的导师，他这样评述费曼的观念："不管从初态到末态的运动多么疯狂，他对每一种能想到的历程都同等对待，并根据经典的最小作用原理衡量这些过程的贡献[⑧]。有了他的理论，我们想不出还有更简单的描述量子理论的方法。"

在二战中，费曼和贝特及许多科学家一道在洛斯阿拉莫斯研制原子弹；战后他接受贝特的邀请，于 1945 年抵达康奈尔大学任教。同年 6 月，他的第一位妻子阿利纳·戈林鲍姆(Arline Greenbaum)死于肺结核。费曼后来再婚，并育有两个孩子。1951 年，当费曼在巴西度过一段漫长的休假后，他接受了加州理工学院的教职，并在那里工作，直到 1988 年辞世。费曼不仅对量子电动力学做出了基础性的贡献，他还对粒子物理和其他学科也做出了突出的贡献；也许他留给世人最有价值的是他的三卷本著作——《费曼物理学讲义》(*Feynman Lectures on Physics*)，其中体现了他对世界积极探索的好奇心和研究物理的乐趣。物理学讲义是根据费曼在 1961—1962 学年和 1962—1963 学年讲授的物理学讲座编撰成文的，这些讲座针对大学一二年级的本科生。费曼在他的讲义中创造了许多新方法来解释那些人们似乎早就理解的现象，并且努力用年轻学生能理解的方式介绍物理原理或规则，每一个阅读该讲义的人都不能不被费曼的用心打动。基于他针对不同听众的讲座，费曼还撰写了其他一些书籍，这些书同样令人赞叹[⑨]。

---

⑧ 最小作用原理是哈密顿在 100 年前建立的分析力学中的重要原理，它说明粒子的实际(经典)路径令某种积分取得极小值。

⑨ 他有一些针对普通读者的图书，例如《物理定律的本性》(*The Character of Physical Law*)(企鹅出版社，1992)，《六篇容易的讲座》(*Six Easy Pieces*)(企鹅出版社，1998)，《六篇不那么容易的讲座》(*Six Not-So-Easy Pieces*)(企鹅出版社，1999)。和本节的主题最相关的图书是他撰写的量子电动力学的"大众版"：《量子电动力学，光和物质的奇妙理论》(*QED The Strange Theory of Light and Matter*)(普林斯顿大学出版社，1985)。

费曼不但能从解决各种问题中找到乐趣，他还很会享受生活；他喜欢音乐和绘画，还曾经举办过一次画展，他也很善于讲故事[10]。他喜欢让自己的观众开心，并且从不惧怕出丑。

量子电动力学研究物质和电磁场的相互作用，它必然基于狄拉克的电子方程[式(15.13)]和描述电磁势 $\boldsymbol{A}(\boldsymbol{r}, t)$ 和 $\phi(\boldsymbol{r}, t)$ 的麦克斯韦方程(参见附录 A)。如果忽略静态场(即静止的原子核)对 $\boldsymbol{A}$, ϕ 的贡献，我们可以通过求解式(A3.4)得到 $\boldsymbol{A}(\boldsymbol{r}, t)$ 和 $\phi(\boldsymbol{r}, t)$，其中 $\rho(\boldsymbol{r}, t)$ 为：

$$\rho(\boldsymbol{r}, t) = e\,\underline{\psi}^{\dagger}\underline{\psi} = e(|\psi_1|^2 + |\psi_2|^2 + |\psi_3|^2 + |\psi_4|^2). \tag{15.25}$$

根据式(15.12)，$\underline{\psi}^{\dagger}\underline{\psi}$ 表示 t 时刻在 $\boldsymbol{r}$ 处发现电子的概率。电流密度 $\boldsymbol{j} = \rho\boldsymbol{u}$，其中 $\boldsymbol{u}$ 表是电子速度，当用狄拉克旋量描述电子时，电流密度为：

$$j_i(\boldsymbol{r}, t) = ec\,\underline{\psi}^{\dagger}\hat{\alpha}_i\underline{\psi}, \quad i = x, y, z, \tag{15.26}$$

其中 $\hat{\alpha}_x$, $\hat{\alpha}_y$, $\hat{\alpha}_z$ 为式(15.9)中的矩阵，而 c 为光速。因此麦克斯韦方程为：

$$\nabla^2 A_i - \frac{1}{c^2}\frac{\partial^2 A_i}{\partial t^2} = -\mu_0 ec\,\underline{\psi}^{\dagger}\hat{\alpha}_i\underline{\psi}, \quad i = x, y, z, \tag{15.27a}$$

$$\nabla^2 \phi - \frac{1}{c^2}\frac{\partial^2 \phi}{\partial t^2} = -\frac{e}{\varepsilon_0}\underline{\psi}^{\dagger}\underline{\psi}. \tag{15.27b}$$

将上述方程和狄拉克方程式(15.13)联立后，就能求解 $\boldsymbol{A}$, ϕ。当电子在外部静态场中运动时(例如对于氢原子，外部静态场就是静态原子核产生的电场)，式(15.13)中的 $\boldsymbol{A}$, ϕ 要加上外部场。显然我们不能得到方程的精确解，而只能用微扰方法得到近似解。求解的基本思路是这样的：对于粒子没有相互作用的系统，各个粒子独立运动，而整个系统的波函数很容易写出。当粒子之间存在微弱的相互作用时，我们可以在一阶近似条件下将系统的波函数表示为未受到扰动的本征态 $[\psi_\nu(q)]$ 的线性和，方法参见第 13.4.5 节。从初态 $\psi_i(q)$ 跃迁到末态 $\psi_f(q)$ 的概率和 $|T_{fi}|^2$ 成正比，其中复概率幅 T_{fi} 的定义为：

$$T_{fi} = \int \psi_f^*(q)\hat{H}_{\text{int}}\psi_i(q)\,\mathrm{d}q, \tag{15.28}$$

---

⑩ 他的自传《别逗了，费曼先生》(*Surely You're Joking, Mr. Feynman*)于 1985 年出版。

其中 q 是决定系统中所有粒子位置的一组坐标；i 和 f 是表征未受扰动系统的本征态的一组量子数；$\hat{H}_{\text{int}}$ 是相互作用势；而上式要对所有的 q 值积分。如果一阶微扰方法并不令人满意，则原则上可以采用二阶、或更高阶的微扰方法(参见第 13.4.5 节)，但是随着阶数增加求解过程变得异常复杂。

20 世纪 40 年代，费曼根据相互作用势 $\hat{H}_{\text{int}}$ 对系统的作用并非连续，提出了另一种解决方案。他将式(15.28)的被积函数看作一系列事件发生的概率幅，而其中的每一项表示一个事件发生的概率幅。系统抵达时空中的点 q（在上述公式中表示任何粒子的位置都需要第 4 个坐标：时间)的概率幅为 $\psi_i(q)$；在 q 点 $\hat{H}_{\text{int}}$ 对系统作用，而这一事件发生的概率幅为 $\hat{H}_{\text{int}}$；最后系统离开点 q 进入状态 f，而这一事件发生的概率幅为 ψ_f^*；在时空中，对相互作用势可能作用的所有 q 点积分就能得到总的概率幅。这种方法的巨大优势在于它能把高阶微扰效应简单地表示出来：系统抵达时空中某点并受到相互作用势的作用，离开这一点进入新的状态；它然后抵达时空中第二个点，在那里再次受到相互作用势的作用，离开时进入第三种状态，如此这般。下面我们定性地介绍怎样在量子电动力学中应用种方法，恐怕我不能对其中包含的复杂数学进行简单的解释。

我们以两个电子的散射为例来介绍这种方法。我们可以用图 15.7 描述二阶近似方法，其中图(a)对应一个矩阵元素 T_{fi}，它的定义参见式(15.28)。

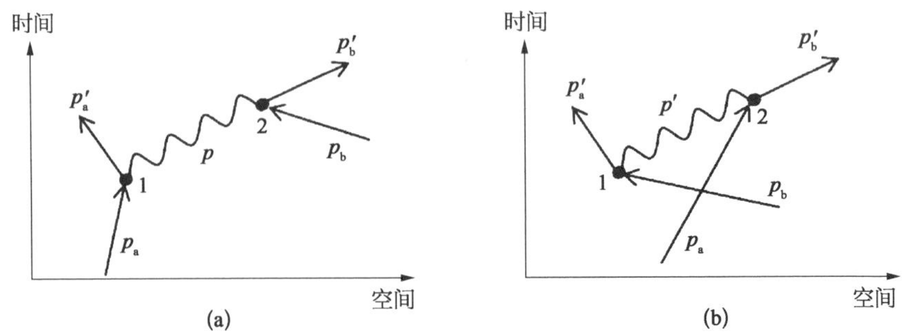

图 15.7 电子散射的费曼图

为了简单起见我们用水平轴表示三维空间，用竖直轴表示时间；电子用直线表示，而光子用波浪线表示。在时空中两个点的编号(即图中的 1 和 2)决定了考虑相互作用的次序；上图为二阶图。我们用 p 表示粒子(电子或光子)的四元动量-能量矢量：$p\equiv(\boldsymbol{p}, E)$。(a) 在点 1 处 $p=p_a-p'_a$，而在点 2 处 $p+p_b=p'_b$；因此有 $p_a+p_b=p'_a+p'_b$。(b) 在点 1 处 $p'=p_b-p'_a$，而在点 2 处 $p_a+p'=p'_b$；因此有 $p_a+p_b=p'_a+p'_b$。由这些结果得出一条普遍原则：除非能量和动量守恒，否则观测到该过程的概率幅为零。

1）我们用 p 表示粒子（电子或光子）的四元动量-能量矢量：$p \equiv (\boldsymbol{p}, E)$，而 $\psi_i(q)$ 是电子 a 和 b 分别以四元动量-能量 p_a 和 p_b 抵达时空中点 1 和点 2 的概率幅。此外我们还可以用适当的四元旋量来描述电子，参见式(15.17a)。

2）$\hat{H}_{\text{int}}$ 是两个电子通过电磁场 $\boldsymbol{A}, \phi$ 相互作用的概率幅，该电磁场由量子电动力学的方程定义。

3）ψ_f^* 是电子 a 和 b 分别以 p'_a 和 p'_b 离开点 1 和点 2 的概率幅。

4）在这一过程中，两个电子从初始的 p_a 和 p_b 变为 p'_a 和 p'_b，我们必须对时空中所有可能的耦合点（任意的 1 和 2）进行积分才能得到这个事件的总概率幅。

根据费曼的观念我们可以更方便地考察图 15.7，而任何其他此类图示现在都被称作费曼图。费曼图说明当电子在时空中运动时，沿途在耦合点处发射或吸收 $\boldsymbol{A}, \phi$ 光子。图中实线（箭头）表示电子[用式(15.17a)那样的四元旋量表示]，而波浪线表示四元 $\boldsymbol{A}, \phi$ 光子（该项的含义参见下面括号中的注释）。耦合点用标记为 1 和 2 的点表示。例如，我们从图 15.7(a)中可以看出：入射电子 a 以动量-能量 p_a 抵达时空中点 1，在该点电子辐射动量-能量为 p 的光子，而自身动量-能量变为 p'_a；这个光子运动到时空中的点 2，在那里它被动量-能量为 p_b 的电子吸收，而后者的动量-能量变为 p'_b。更准确地说，这张图表示这一事件发生的概率幅可以表示为下述概率幅的乘积：

$$E(p_a \to 1) \cdot j \cdot E(1 \to p'_a) \cdot P(p: 1 \to 2) \cdot E(p_b \to 2) \cdot j \cdot E(2 \to p'_b), \tag{15.29}$$

其中 $E(p_a \to 1)$ 表示电子 a 以动量-能量 p_a 抵达时空中点 1 的概率幅；j 是大约等于 -0.1 的耦合常数，它表示电子在点 1 辐射一个 $\boldsymbol{A}, \phi$ 光子并改变状态的概率幅；$E(1 \to p'_a)$ 是电子进入状态 p'_a 的概率幅；$P(p: 1 \to 2)$ 是在点 1 发射的状态为 p 的光子抵达点 2 的概率幅；$E(p_b \to 2)$ 是状态为 p_b 的电子抵达点 2 的概率幅；第二个 j 表示电子在点 2 吸收光子的概率幅，它与发射光子的概率幅相同；最后一项 $E(2 \to p'_b)$ 表示电子在点 2 吸收光子后进入状态 p'_b 的概率幅。在量子电动力学理论中，上述概率幅都可以用公式表示出来。

我们通常将动量-能量为 p 的四元 $\boldsymbol{A}, \phi$ 光子就简单地称作光子，它是零质量、零电荷、自旋为 1 的粒子。它的内禀角动量（即自旋）的平方为 $s(s+1)\hbar^2$，其中 $s=1$，这意味着平行于动量 $\boldsymbol{p}$ 的自旋分量 $m\hbar$ 有 3 个取值，分别对应 $m=$

$+1, 0, -1$。$+1$ 和 -1 的分量分别对应右圆偏振光和左圆偏振光(圆偏振光可被看作是两个横偏振光的线性组合,参见第 10.4.3 节和第 13.1.1 节),而 $m=0$ 的分量对应纵向偏振(由 $\boldsymbol{A}$ 的纵向分量和 ϕ 导出),并且只会在带电粒子存在的情况下出现,即当电子交换光子时,这样的光子被一个电子发射而被另一个电子吸收。两个电子的相互作用通过 $\boldsymbol{A}$, ϕ 光子来完成,这个过程可以用量子电动力学的方程描述。值得注意的是,我们之前认为的两个电子的瞬时作用(形式为 $e^2/|\boldsymbol{r}_1-\boldsymbol{r}_2|$,参见附录 A),现在变成通过光子的纵向分量来完成。带电粒子交换的 $\boldsymbol{A}$, ϕ 光子也被称作虚拟光子。

我们用式(15.29)定性地描述了图 15.7(a)背后的数学关系,这种方法同样适用于书中其他的费曼图。我们忽略了电子的 p 实际上是一个四元旋量,而光子的 p 实际上是一个四元 $\boldsymbol{A}$, ϕ 矢量,而是将它们看作是和四元动量-能量矢量 p 相关的标量。在实际计算中,我们要考虑光子的每个分量和旋量的每个分量任意耦合的情况,而这让代数运算变得复杂。但是计算的复杂性并没有改变简单图示的本质,而值得我们注意的是:如果任意两个分量的耦合不为零,那么它们都与相同的耦合常数 j 成正比。

在乘积中出现了各种分量概率幅,它们在费曼图中关于时空轴具有特定的对称性,我们后续会进行总结。但是首先让我们考虑图 15.7(b)。该图表示了这样一个事件发生的概率幅:状态为 p_b 的电子在点 1 进入状态 p'_a 同时发射光子 p',这个光子扩展到点 2 被状态为 p_a 的电子吸收,后者进入状态 p'_b。我们注意到电子的初态和末态与图(a)的情况相同,而且由于电子不可分辨,这两幅图表示了同一事件的概率幅,因此我们必须将这两个概率幅相加得到该事件的总概率幅。实际上,由于电子的波函数具有反对称的性质,因此我们要用第一个概率幅减去第二个概率幅。我们在此不深入讨论计算的细节。

下一个需要注意的是,图 15.7 中的点 1 和点 2 可以在时空任意位置,因此要将所有点的概率幅加起来得到二阶近似(近似的阶数由 j 的个数决定,图中的每个耦合点对应一个 j。)下的总概率幅。这个过程非常耗时,但是它的原理很简单。我们发现各分量概率幅相对时空轴具有一定的对称性,这十分重要。这些对称性包括:

1) 光子发射与吸收相反动量光子的过程等价。

2) 光子在时空中从一点到另一点的扩展与具有相反动量的光子的反向扩展过程等价。

因此在图 15.8 的 a，b，c 三个过程中，对于 a 过程，光子在点 1 被发射而在点 2 被吸收，对于 b 过程，光子的吸收和发射同时进行，而对于 c 过程，光子先被吸收然后被发射。对于计算而言，这 3 个过程等价。我们当然可以说在 c 过程中，光子在点 2 被发射而在点 1 被吸收。但这 3 个过程等价，因此我们就简单地说光子交换，并将这两点的位置带入概率幅公式(15.29)中的 $P(p:1\rightarrow 2)$。

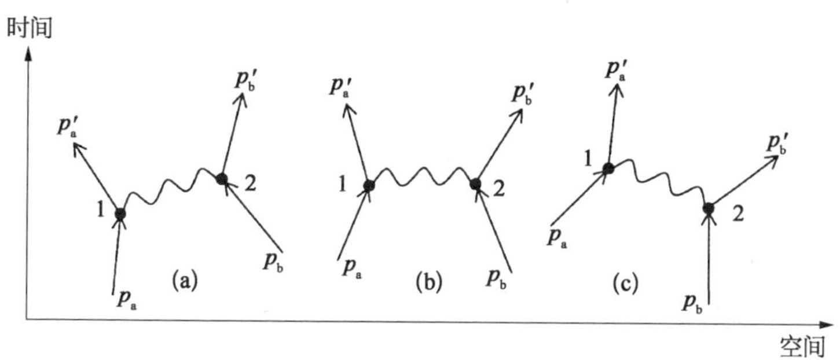

图 15.8　图中的 a，b，c 3 个过程等价

3) 电子抵达某点等同于正电子离开该点，反之亦然。我们在上一节中曾利用这一性质讨论过正电子。

最后我们要记住，一个事件，例如初态分别为 p_a 和 p_b 的两个电子进入末态 p_a' 和 p_b' 发生的概率是总概率幅(复数)的模方。

如果我们要更准确地计算两个电子的相互散射，则必须用更高阶费曼图计算该事件的总概率幅。图 15.9 就是包含 4 个耦合点的高阶费曼图。写出图中对应概率幅的原则与二阶图的相同，因此图中 4 个耦合点对应的概率幅与 j^4 成正比，是二阶图中与 j^2 成正比的概率幅的大约百分之一(我们知道 $j\approx -0.1$)。

当然我们也可以构造包含 6 个耦合点的费曼图，则对应的概率幅将是图 15.7 的万分之一；依此类推，我们也可以包含 8 个耦合点。

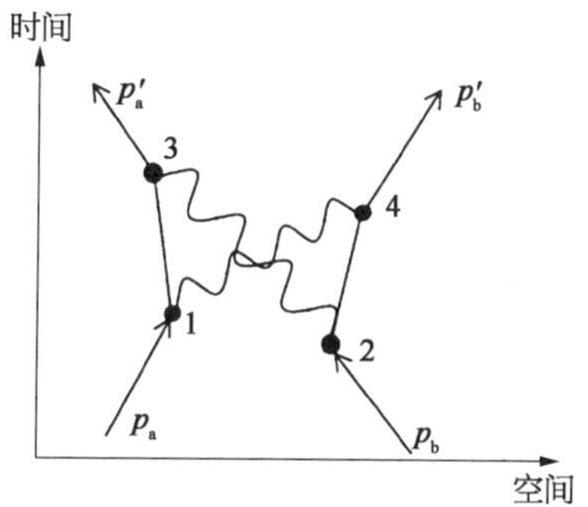

图 15.9　电子-电子散射的四阶图

我们注意到电子的中间态(点 1 和点 3 及点 2 和点 4 之间的状态)以及光子的中间态(点 1 和点 4 及点 2 和点 3 之间的状态)可以有任意动量 $\boldsymbol{p}$ 和任意能量 E。在每个耦合点动量和能量都守恒，但是对于电子光子的中间态，关系式 $E^2=\boldsymbol{p}\cdot\boldsymbol{p}c^2+m^2c^4$ 并不成立，其中 m 表示粒子的静止质量，而光子的静止质量为零。对时空中所有可能的耦合点积分等同于对图中电子和光子中间态的所有 $\boldsymbol{p}$ 和 E 值求和，这就和前述的在耦合点动量和能量守恒保持一致。

由于耦合点是时空中的任意点,因此我们必须对所有这些点的贡献积分(即加起来),参见图 15.9 的图注。

在说明实现该步骤会遇到些什么困难之前,我将简要地介绍一些现象,它不是电子散射,但是也可以用同样的方法来分析。

其中一个现象就是康普顿散射,其过程如图 15.10 所示[11]。这两幅图给出了同一事件的二阶近似的概率幅,即状态为 p_1 的电子与状态为 p_2 的光子碰撞后,电子状态变为 p_1',而光子状态变为 p_2',而我们有 $p_1+p_2=p_1'+p_2'$。在图(a)中,状态为 p_1 的电子与状态为 p_2 的光子抵达时空中点 1,二者耦合,电子吸收光子进入状态 p_1+p_2;电子扩展到点 2 再次耦合,电子发射状态为 p_2' 的光子,电子进入状态 p_1',而 $p_1'=p_1+p_2-p_2'$。这一系列事件发生的概率幅是其中每个步骤发生的概率幅的乘积,参见公式(15.29)。图 15.10(b)与图 15.10(a)有所不同,状态为 p_1 的入射电子在点 1 发射状态为 p_2' 的光子,然后电子以状态 p_1-

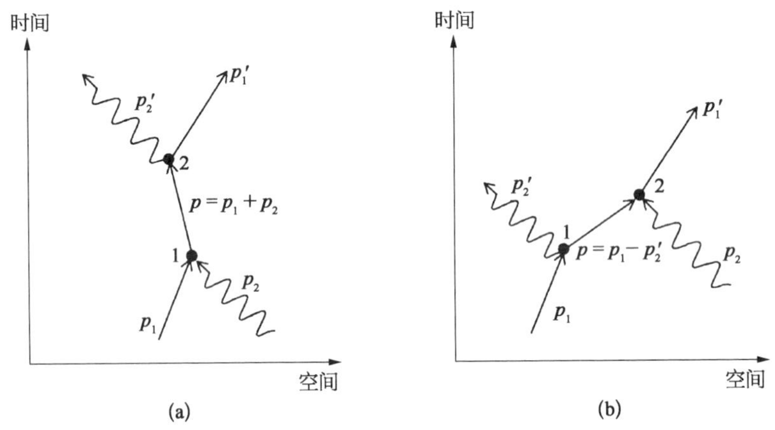

图 15.10　康普顿散射的费曼图

---

[11] 美国科学家阿瑟·康普顿(Arthur H. Compton)在 1923 年首次观测到康普顿散射,他当时在圣路易斯的华盛顿大学任职。在实验中,一束 X 光被一块石墨中的电子散射,康普顿发现散射 X 光波长比入射 X 光波长略长,而且波长改变量 $\Delta\lambda=\lambda-\lambda_0$ 是散射角 θ 的函数;散射角指的是入射束与散射束的夹角。假定 X 光包含动量为 $\hbar\boldsymbol{q}$、能量为 $\hbar cq$ 的光子(参见第 13.1.2 节爱因斯坦提出的观念),则康普顿根据光子和电子碰撞过程中能量守恒和动量守恒导出了 $\Delta\lambda$ 的公式:$\Delta\lambda=(\hbar/mc)(1-\cos\theta)$,其中 m 是电子的静止质量。我们知道,电子的动量和能量可以归结为式(12.33)表示的四维矢量,而系统的总动量是电子和光子的动量和,而系统的总能量是二者的能量和。最后值得注意的是,这个公式与实验结果吻合,这表明康普顿效应是纯粹的量子力学现象,当 $\hbar\to 0$ 时 $\Delta\lambda\to 0$。康普顿由于这项发现获得了 1927 年诺贝尔物理学奖。

p_2' 扩展到点 2，在那里它吸收能量为 p_2 的光子进入状态 $p_1'=p_1+p_2-p_2'$。康普顿散射的二阶近似总概率幅就是这两幅图的对应概率幅相加、然后对这两个耦合点在时空中的所有可能位置进行积分后得到。

这种方法还能描述韧致辐射，即电子在经过原子核附近时发射光子的现象。图 15.11 给出了韧致辐射的费曼图，它描述了同一事件发生的两个概率幅。在图(a)中，电子以一定的初始状态抵达点 1，它发射一个光子后进入新状态；随后电子扩展到点 2，在那里它受到原子核势 U 的散射进入新的也是最终的状态。在图(b)中，电子在点 1 受到原子核的散射，它扩展到点 2，在那里它发射光子并改变自身状态。

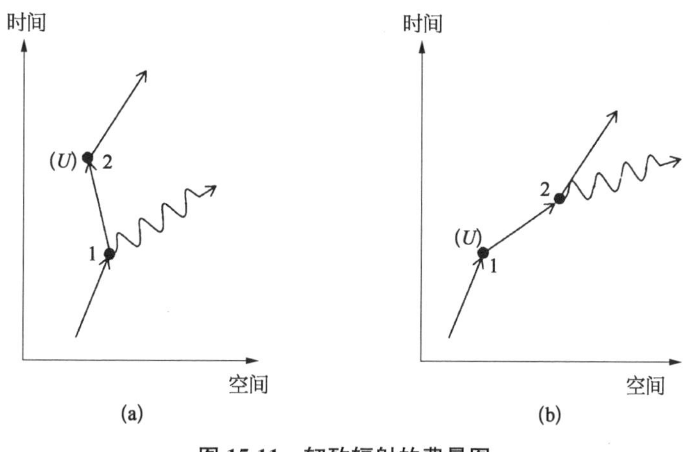

图 15.11　韧致辐射的费曼图

这种方法还能描述电子对产生的过程，如图 15.12 所示。在图 15.12(a)中，光子在点 1 湮灭产生正、负电子对，电子扩展到点 2 被原子核势散射[⑫]。图(b)给出了同一事件的第二种概率幅：光子在点 1 湮灭产生正、负电子对，正电子扩展到点 2 被原子核势 U 散射。我们总可以认为正电子是在时间上反向行进的电子：在点 1 它吸收一个光子变为在时间上正向行进的电子；我们也可以根据狄拉克提出的观念，认为光子在点 1 从负能量电子"海洋"中激发一个电子让它进入正能态，同时产生一个"正空穴"，即正电子。对这两幅图像的数学描述是相同的。

---

⑫　我们可以说电子与原子核交换了一个光子，而我们将原子核产生的静态场看作是围绕原子核的光子"云"。

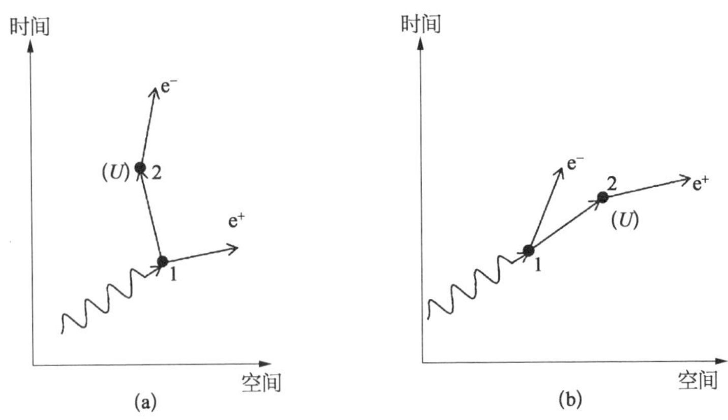

图 15.12　电子对产生过程的费曼图

现在是时候介绍应用这种微扰理论时遇到的困难了。我们注意到，不管在费曼图中采用几阶近似，要得到对应的概率幅就必须对时空中所有可能的耦合点积分，然后再相加得到某个观测事件的总概率幅。但是这样的积分会发散变为无限大！当耦合点距离非常小，例如为10^{-30}厘米时，我们可以终止积分来避开这个难题，因为这个距离比原子核内的基本粒子目前“可观测”的距离小了许多个数量级。（当耦合点的距离非常小时终止积分，这相当于在虚光子的波长非常小时进行截断，此时$|\boldsymbol{p}|$非常大，参见图 15.9 的图注。）这样一来，我们就能计算得到确定的数值；在计算研究上述现象时我们就采用了这种方法。但随后会产生一些难以处理的矛盾，即所谓的电子和光子的自身相互作用，尽管我们到目前还没有提及，但是理论要求解决这个矛盾。

请考虑图 15.13 所示的费曼图，其中图 15.13(a)表示动量-能量为 p 的裸电子在时空中扩展的概率幅。这个电子经历了一系列事件：它在点 1 发射状态为 p' 的光子，自身状态变为 $p-p'$；而电子在点 2 吸收它发射的光子后又回到初始状态 p；图 15.13(b)就描述了这一事件发生的概率幅。我们知道这两个耦合点可以在时空的任意处，因此要对耦合点的所有可能的位置积分。除非当耦合点的距离非常小时我们终止积分，否则将得到无穷大的结果。这等同于说：“只要不破坏耦合点的动量-能量守恒，虚光子的动量 p' 和电子的中间态可以取任意数值。”因此要对图 15.13(b)的所有 p' 值积分，除非我们在光子波长非常短时（即$|\boldsymbol{p}|$非常大）截断，否则将得到无穷大的结果。图 15.13(b)是二阶费曼图，而图 15.13(c)和图 15.13(d)是四阶图，后者的解读方法类似。我们注意到在图

15.13(d)中，虚光子在点 3 变为电子-正电子对，而后两者在点 4 有结合成一个光子。由于在所有的图示中，光子和电子的中间态可以有任意大小的动量，因此对应的积分都是无穷大，除非我们在光子波长非常小时截断。假定我们这样做了，那么就建立了规则，说明当耦合点的距离降低到多少时停止积分，或等价地，当光子波长达到什么数值时截断积分。我们要怎样解读图 15.13(b)～图 15.13(d)，以及它们对图 15.13(a)中直线表示的裸电子概率幅进行的高阶修正呢？总概率幅(图 15.13 中 4 个图示以及所有其他高阶修正的和)表示一个真正的电子在时空中的扩展，而我们把图 15.13(a)用直线表示的电子称为裸电子，在实验室中我们观测不到这种电子。那么这个概率幅的物理意义是什么呢？

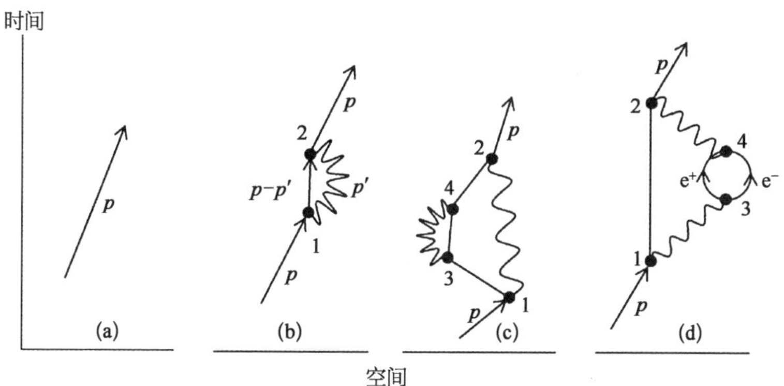

图 15.13　电子的静止能量(质量)修正

当电子(或任何系统)的末态 ψ_f 与初态 ψ_i 不同时，概率幅 T_{fi} 有明确的物理含义：$|T_{fi}|^2$ 表示电子在一定条件下从状态 ψ_i 变为状态 ψ_f 的概率。如果 $\psi_f=\psi_i$，那么 T_{fi} 表示什么呢？让我们参考式(15.28)进行推测。当 $\psi_f=\psi_i$ 时，该方程定义的一阶矩阵元素给出了 $\hat{H}_{\text{int}}$ 对状态为 ψ_i 的系统进行的一阶能量修正。因此我们得出，图 15.13(b)到图 15.13(d)，以及类似的高阶图，表示对裸电子的静止质量能量 nc^2 的修正，其中 n 为裸电子的静止质量。由于光速为常数，我们可以简单地说这些图表示裸电子自身的电磁场对其静止质量的修正。我们可以这样表述："我们测量得到的真实电子质量 m 就等于 n 加上图 15.13(b)到图 15.13(d)以及所有高阶图表示的修正。"然而麻烦的是，当耦合点的距离趋于零时，修正项趋于无穷。但是，如果我们在耦合点距离很小时终止积分不产生什么矛盾

的话,这种情况至少可以接受。

光子的费曼图更加奇怪,如图 15.14 所示,它也有类似的高阶图。真实的光子在时空中从点 1 扩展到点 2,这一事件的概率幅是图 15.14(a)表示的理想光子的概率幅加上图 15.14(b)和图 15.14(c)表示的二阶和四阶修正。我们知道耦合点可以在时空中的任意位置,这意味着如果不加以限定积分将得到无穷。根据图 15.14,我们可以将理想电子的电量看作耦合常数 j,它与测量得到的真实电子电量 e 不同。我们注意到在麦克斯韦方程中,除了常数 ε_0, c, $\hbar$ 以外,唯一的常数就是 e;此外,如果令 e^2 的单位是 $4\pi\varepsilon_0\hbar c$,那么它就是约等于 1/137 的纯数,参见式(14.46)。

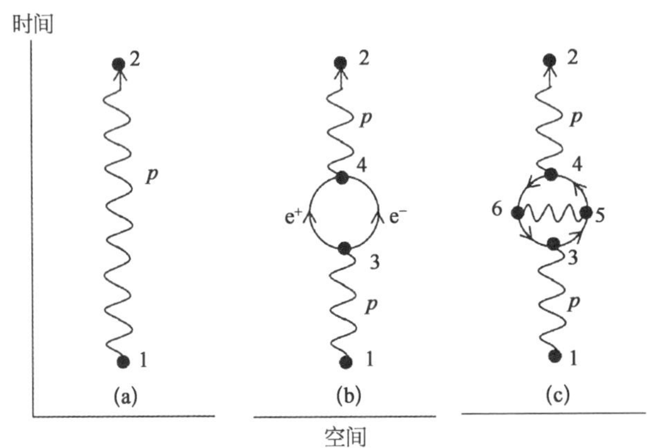

图 15.14 自身相互作用将理想光子变成真正的光子

(a) 理想光子从时空中点 1 扩展到点 2 的概率幅;(b) 图(a)对应概率幅的二阶修正;(c) 图(a)对应概率幅的四阶修正。

我们希望建立一个理论将理想电子和真实电子联系起来,给出质量 n 和电量 j 与测量值 m 和 e 之间的关系。

我们已经注意到在计算中会出现无限大,因此必须适时地将积分截断。当耦合点的距离非常小时终止积分,得到有限的结果,由此我们可以得到确定的 n 和 j,并使计算得到的 m 和 e 的值与实验测量值一致。但是十分不幸,如果改变截断距离,例如从10^{-30}厘米变为10^{-35}厘米,同样的计算将得到不同的 n 和 j!人们进行了多种尝试来消除这一问题。汉斯·贝特和维克托·维斯科夫(Victor Weisskoph)在 1948 年发现了下面这种情况。根据一定的截断距离得到 n 和 j,

并由此计算某实验的结果为 A；如果改变截断距离则会得到 n' 和 j'，由此计算同一实验的结果为 B。如果这两个计算的阶数相同，而结果 A 和 B 并不精确相同但近似相同，尤其当截断距离非常小的时候！这似乎意味着：耦合点之间的微小距离（或者说交换波长非常短的光子）只影响变量 n 和 j 的值，而它们的值不可能直接测量得到。汉斯·贝特和维克托·维斯科夫的发现为施温格、朝永振一郎和费曼创建量子电动力学理论开辟了道路⑬。这三位科学家用各自的方式创建了相对论不变的理论，用所谓的电子电荷和质量重整化方法系统地消除了所有阶数微扰理论的发散性问题。然而我们注意到，当耦合点距离很小时进行的截断依然在他们的理论中至关重要。在数学家看来该理论不严格，因为它不允许耦合点的距离趋于极限零；而且像狄拉克等一些科学家不喜欢这个理论。但是这个理论很好用！这一理论能正确地预言所有相关实验的结果，但是它不能给出电子的质量或电荷量；这个理论能计算自由电子和被原子核束缚的电子的质量差值，与实验观测结果吻合；它还能计算自由电子和束缚电子的有效磁矩。

我们知道狄拉克的电子理论得出了电子磁矩 μ_B，参见式(15.24)；但是电子的实际磁矩 μ 约为 $1.0018\mu_B$。施温格应用量子电动力学首次解释了这种偏差，他在 1948 年得到 μ 的表达式：

$$\mu = \mu_B\left(1 + \frac{\alpha}{2\pi}\right), \tag{15.30}$$

其中 α 是式(14.46)表示的精细结构常数。

图 15.15 描绘了施温格公式背后的物理机制。根据狄拉克理论，电子被磁场散射获得磁矩 μ_B，图 15.15(a)对应这一事件的概率幅。我们说电子被磁场 U 散射。在图 15.15(b)中，电子扩展一段时间后在点 1 发射光子并改变状态；随后电子被磁场散射；电子在点 2 吸收了它发射的光子并进入新的状态。图 15.15(a)表示的概率幅要加上图 15.15(b)表示的概率幅，后者是施温格对电子磁矩的修正。图 15.15(b)有 2 个耦合点，它对应的概率幅和 j^2 成正比。同样耦合点位于时空中任意处，因此要进行积分并进行适当的截断。为了更好地近似磁矩测量值，必须对概率幅进行更高阶的修正。在图 15.16 中我们给出了四阶修正的例子：这些图都包含 4 个耦合点，因此对应的修正与 j^4 成正比。我们现在对这

⑬ 根据费曼的说法。参见他的《量子电动力学》第 128 页。

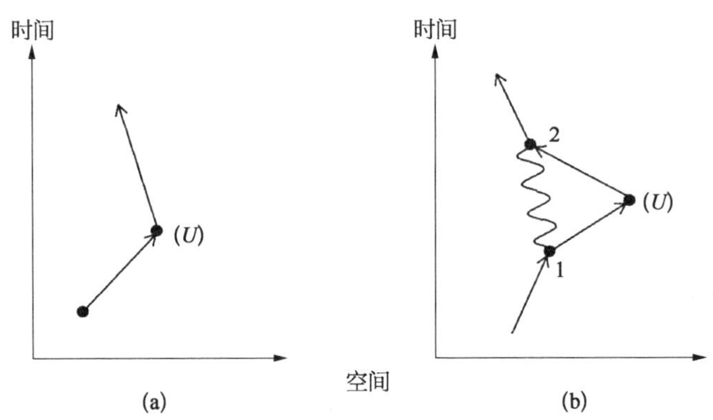

图 15.15　电子被磁场散射的概率幅

(a) 根据狄拉克理论，电子被磁场散射的概率幅；(b) 对这个概率幅的施温格二阶修正。

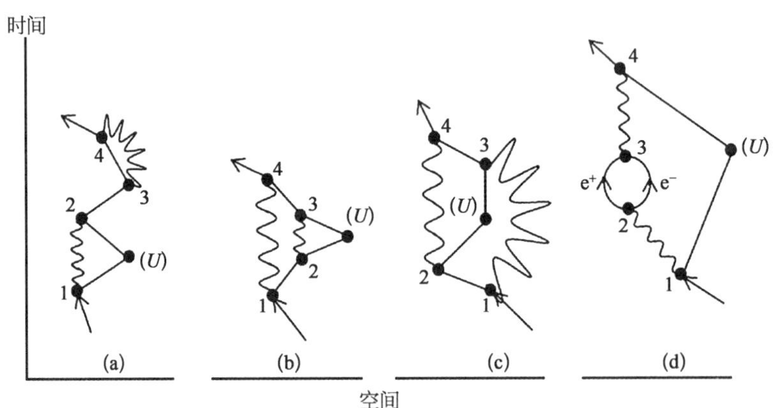

图 15.16　计算电子磁矩的四阶费曼图

样的图已经比较熟悉了，因此不再赘述。

为了和日益精确的电子磁矩测量值进行比较，理论物理学家在计算中采用了六阶修正(和 j^6 成正比)。费曼在 1985 年发表的《量子电动力学》一书中，骄傲地将他的理论计算值 (1.001 159 652 42μ_B) 和实验测量值 (1.001 159 652 21μ_B) 进行了比较。

和量子电动力学有关的另一个重要现象是本节开头提到的兰姆移位；这种效应来自二阶和高阶自身相互作用效应，特别是图 15.17 对应的情况。在图 15.17(a)中，原子核的库仑场 U (可被看作是虚光子云)没有对电子直接作用，而是产生了电子-正电子对，二者湮灭产生的虚光子被电子吸收。这导致 U 的效应有所减小，等效于电子的有效电荷量变小。这种真空中的屏蔽效应被恰当地称作真空极化。图 15.17(b)很好解释，在此不赘述。我们不需要了解计算兰姆移位的细节，只要知道计算得到的平移和测量得到的结果完美地吻合。

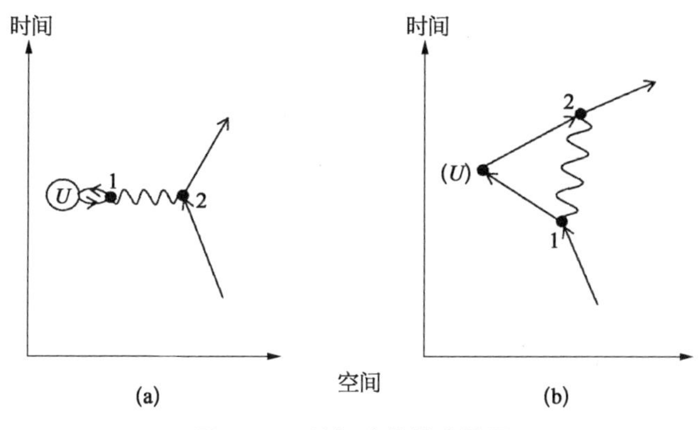

图 15.17 兰姆移位的费曼图

15.3 宇宙学

15.3.1 星系

现在我们可以更好地研究宇宙，这要归功于 20 世纪人们对自然规律的深入理解(包括在宏观尺度上建立了牛顿引力定律和爱因斯坦广义相对论，在微观尺度上建立了量子力学)、望远镜研制的长足进步以及电子计算机的问世让我们实现了以前不敢想象的复杂计算。我们可以考察恒星的形成过程，它们的构造如何以及它们之间的联系。但是对于某些问题依然没有确定的答案。因此在本书的最后一节，我们简要介绍当前对宇宙的认识以及那些待解的问题。

首先介绍我们的宇宙有多大。据我们所知，太阳系属于一个更大的星系——银河系，而银河系包含 10^{11} 到 10^{12} 颗恒星；这些恒星有大有小，有些和我们的太阳大小相当。在银河系中距离我们最近的是猎户座星云，它包含许多星际尘埃，而在那里还在诞生新的恒星。猎户座星云的直径约为 15 光年，它和我们太阳系的距离约为其直径的 100 倍，即 1 500 光年，而整个银河系的直径比这还要大 100 倍，即 100 000 光年。一光年是光一年传播的距离，它约为10^{12}千米。

宇宙包含很多星系，距离我们最近的星系是 M31，它被称作仙女座星系。和我们的银河系类似，它也呈圆盘状，而圆盘的中心突起(参见图 15.18)。我们的星系到仙女座星系的距离约为 10^7 光年，这个距离相当远。然而如果我们在银河尺度下考察这个距离，会发现它很小；如果令银河系的直径为距离单位，并称它为“一码”，那么星系之间的距离大约是 100 码。换句话讲，在银河系的尺度下，星星间隔很远，而星系间隔比较近。

图 15.18　仙女座星系

由于我们穿过自己的星系看远方的星星，因此图中散落的星星属于我们的银河系。

越靠近银河系的边缘，恒星的密度越低。但是当天文学家预期在宇宙的边缘也存在类似的星系密度减小时，却发现情况并非如此。天文学家用目前最大的望远镜探测宇宙，发现星系的分布(宇宙包含大约 10^9 个不同形状的星系)并没有在远方减小。星系(以及其中的恒星)并非出于静态，而是在一直运动。在许多情况下(例如考虑地球自转及其围绕太阳的公转)，我们假定恒星静止，但在考虑整个宇宙时不能这样假定。天文学家和数学家深入研究星系的运动，并且建立理论假定宇宙的“创生”和“终结”。在我们介绍宇宙运动的事实以及如何用理论予以解释之前，先说说恒星一生的旅程。

15.3.2　恒星的创生和死亡

一开始只有尘埃：许多的氢原子——这是宇宙中最充足的原料。当引力将大量氢原子聚在一起时恒星就开始形成了。随着质量在引力作用下收缩，恒星的内部变得非常炽热。据估计，太阳内部的温度会达到大约 1 500 万开。当质子(即氢原子核)在这个温度下彼此碰撞时，弱相互作用将其中一些质子变为中子[质子的上夸克变为下夸克，参见图 15.4，该过程由式(15.3b)描述]。随后中子和其他质子结合形成所谓的氘核。当两个氘核在高温下碰撞时，有可能形成氦核，并释放能量。因此毫不奇怪，氦是宇宙中第二丰富的物质(比氢的含量低 10 倍)。上述核聚变在太阳内部释放能量，补偿太阳表面辐射损失的能量；地球由于有太阳的照耀而孕育出了生命。(如果氢在可控的条件下变为氦，那么只需要几吨水作为燃料，就能供给全世界一年的能量。)根据目前可靠的估计，太阳内部的氢含量可以保证它在后续 100 亿年内保持这样的功率输出。

恒星具有不同的质量，而它们辐射能量的速率也有所不同。对于质量 10 倍于太阳的恒星来说，它辐射能量的速率是太阳的 1 000 倍。这意味着其内部的氢会很快耗尽，也许只能维持几千万年，而这个寿命远远小于银河系的年龄，据估计银河系的年龄约为 120 亿年。你们会好奇如果恒星内部的氢被耗尽后会怎样呢。根据天文物理学家的研究⑭，当氢被耗尽后恒星中心会进一步收缩，导致温度升高，并引发其他的核反应。氦进行核聚变产生碳和氧，这两种物质在宇宙中也非常丰富。再继续升温，碳和氧进行核反应产生钠、镁、铝、硅、硫和钙。当温度继续升高就会产生金属：铁、镍、铬、锰和钴。低丰度的元素也在恒星内生成，但只是少量的反应副产品。人们假定在质量最大的那些恒星内部，从氢到铁类元素的生成过程已经完成，而对于质量比较小的恒星来说，这个过程还在继续。

当恒星内部的核燃料都耗尽后会怎样呢？根据合理的推测，恒星将逐渐冷却，不再发光发热。计算表明，当恒星的质量等于或小于太阳质量时的确如此，但质量更大的恒星情况不同。大的恒星为了冷却将物质喷射到太空，而有些质量不那么大的恒星则温柔地抛射出所谓的行星星云；这些星云类似恒星形成之初的星云，只不过现在的星云包含原子序数高的原子。因此当这些星云再形成新的星体时，它就会包含这些复杂的原子。而原来的恒星会进一步冷却形成白矮星。如果一个白矮星的质量和太阳相当，它的尺寸却只和一个行星相当，而其中心处的密度约为每立方厘米几吨。

质量更大的恒星死亡过程愈加惨烈，它们会像原子弹那样爆炸。在 21 世纪，我们的星系发生过一次这样的爆炸，爆炸后形成所谓的超新星，它异常明亮，

⑭ 英国剑桥的弗雷德·霍伊尔(Fred Hoyle)和美国康奈尔大学的埃德温·萨佩特(Edwin Salpeter)在 1950 年代为我们揭示出恒星内部各种元素的产生过程，请参阅 Hoyle F. Ten Faces of the Universe. San Francisco：W. H. Freeman and Company，1977.

随后逐渐暗淡。这些爆炸剩下的就是所谓的中子星。如果中子星的质量和太阳相当，那么它的尺寸比行星还小，而它中心处的密度可以高达每立方厘米 1 亿吨。由于中子星的直径很小，它们的自转速度很快，达到每秒一周甚至更快，而灯塔效应似乎让所有的辐射(从无线电波到可见光和 X 光)以同样的周期扫过观测站。由于这种情况，中子星被称作脉冲星。

中子星和黑洞的关系并不远。黑洞因为引力场巨大，即使光线也不能逃脱，这使它不可见并由此得名。事实上，超新星有时并不产生中子星而是产生黑洞。

最初人们认为质量大的恒星在引力作用下完全坍塌为原子尺寸并不可能，因为由泡利不相容原理(电子不能全部占据最小半径内部的量子态，该原理也适用于其他的半自旋粒子)可以导出所谓的简并压强。然而在 1931 年，印度物理学家苏布拉马尼亚姆・钱德拉塞卡(Subrahmanyan Chandrasekhar)证明，当恒星质量超过特定极限时，简并压强不足以抵抗坍塌。该极限约为 1.4 倍太阳质量。钱德拉塞卡结合量子力学和广义相对论建立了自己的理论，但是人们认为对这一问题的最终答案只能来源于引力量子理论，但目前该理论还未被建立。

星系中心的恒星质量为太阳质量的 10^6 到 10^9 倍，当它们坍塌时会形成超级巨大的黑洞。

最后我们要介绍英国物理学家霍金在 1974 年得到的一个重大发现，即黑洞并不是简单地吸收能量，它自己会通过量子力学过程辐射能量，在此过程中在黑洞边缘利用真空态的量子波动产生反粒子对，在二者湮灭之前将要给粒子拖进黑洞，而另一个粒子逃逸产生霍金辐射。因此，黑洞将缓慢地蒸发，其蒸发速率与表面积成正比：

$$\frac{\mathrm{d}(Mc^2)}{\mathrm{d}t}=\sigma T^4\cdot \text{表面积}\propto M^{-3},$$

其中 M 是黑洞质量，σ 是式(13.1)给出的斯特藩-玻尔兹曼常数。由此却确定黑洞的寿命约为：

$$\tau=\left(\frac{M}{10^{11}\ \mathrm{kg}}\right)^3\times 10^{10}\ \text{年。}$$

根据这个公式，如果一个黑洞的质量等于太阳质量并且和宇宙同时创生，那么它现在已经死了。(宇宙创生于约 10^{10} 年前。)

15.3.3　地球

地理学家宣称两亿或三亿年前，非洲大陆是和美洲大陆连在一起的，直到地球内部以铀为原料的核反应产生作用力将二者分开。地球内部核反应生成的热量导致了大陆板块的运动，但是它的原理和过程非常复杂：地壳由几块板块构成，它们可以相对运动。由于地球的内部机制，板块上某些位置会隆起山脉，例如中大西洋山脊；而有时一个板块会钻到另一个板块的下方，而在板块的交界处形成山脉，例如从西部的阿尔卑斯山脉，穿过土耳其和高加索地区，直到东部的喜马拉雅山脉就是这样生成的。大陆板块相对彼此运动会产生火山喷发（由于内部产生的热量），而且还会引发地震。但是如果没有这种地壳的运动，地表就不会有矿藏，因为这些矿物质都来源于地球内部。

根据地震信号的测量结果，我们知道地球中心是半径约为 3 400 千米的铁质核，其半径比地球半径的一半略大。地心的温度约为 5 000 开，因此铁处于熔化状态，其中还混有少量的钛、钒、铬、锰、钴和镍。地心铁核中流动的电流产生地球磁场。在地核的外面是地幔，而在地幔的外部就是上文提到的地壳。当然，地表的大部分地区是海洋，而如果没有那些高山的话地球可能全部被海水覆盖。

你们会很好奇：地球和其他行星是怎样形成的呢？天文学家认为它们在大约 45 亿年前和太阳一起生成。在太阳系凝聚的初期，快速旋转的中心物质抛洒出行星从而降低自身的角动量，而正是这个原因让行星的角动量大于太阳当前的角动量。观测结果也支持这个理论：在地球和其他内部行星（水星、金星和火星）的构成物质中，几乎没有在几百开下成气态的元素或化合物，而氢、氦等气体元素却是构成外部行星（木星、土星等）的主要物质；这意味着内部的行星由更重的固态物质聚集生成，而被甩得更远的气体聚集生成了外部行星。

15.3.4　宇宙：膨胀的宇宙

1965 年美国物理学家阿尔诺·彭齐亚斯（Arno Penzias）和罗伯特·威尔逊（Robert W. Wilson）在新泽西的贝尔实验室工作，他们发现在各个方向上接收到的太空无线电波都相同[15]。对这种现象只有一个解释，那就是这些无线电波

⑮　这项发现为二人赢得了 1978 年诺贝尔物理学奖。

来自比目前的天文方法能观测到的更遥远的过去。

天文学家能观测到50亿年的过去，他们看到星系在太空中均匀分布。我们可以这样讲：如果在 t 时刻，N 个星系位于 N 边形的顶点，那么过一段时间后这 N 个点将会改变但是 N 边形的形状保持不变，只不过 N 边形的尺寸 Q 会改变。俄国物理学家亚历山大·弗里德曼(Alexander Friedman)在1922年就已经证明："如果不论我们向哪个方向看都看到相同的宇宙，而且不管我们站在哪里都看到相同的结果，那么根据爱因斯坦广义相对论可知宇宙不是静止的。"值得注意的是，弗里德曼的观念早于哈勃观测到宇宙膨胀(参见第12.4.3节)。不管怎样，弗里德曼和其他人的工作证明上文提到的尺寸 Q 随着时间只能有两种改变方式，如图15.19所示，而现有理论不能说明宇宙到底遵循哪种方式改变。

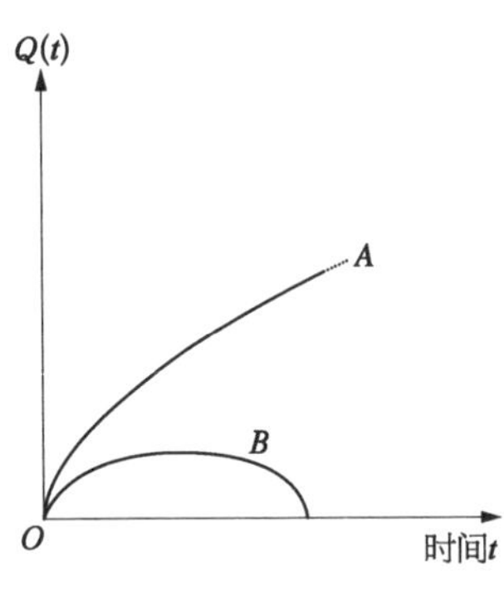

图 15.19　标度 $Q(t)$ 以 A 或 B 中的一种方式变化

根据曲线 A，宇宙的膨胀永不停止；而根据曲线 B，引力最终会让膨胀停止。当 Q 达到曲线 B 的最大值时宇宙膨胀终止，随后宇宙收缩。天文观测表明，如果宇宙遵循曲线 B 变化，那么现在宇宙还没有达到曲线的极大值[16]。我们注意到对于这两条曲线，Q 都在过去的某一点为零(天文学家认为这是120亿到150亿年前)，而这就是宇宙的起点！

我们现在可以考虑本节之初提到的微波辐射。在 $Q=0$ 点，宇宙是时空中的一点，它产生微波辐射；在宇宙生成之初的几秒内，辐射温度约为100亿开。现在微波辐射的温度仅为3开，这是宇宙膨胀冷却的结果。宇宙诞生之前有什么呢？许多人认为这个问题没有意义，因为此时还没有产生时空。但是有些人不同意，他们提出了许多假说。没有人知道宇宙诞生之前的事情，也没有人知道宇宙是否终结。我们只知道一点，距离宇宙终结还有相当长的时间！

---

⑯ 根据天文观测数据可以对宇宙膨胀的速率进行定量分析，但是其结果必须和现在观测到的宇宙中的物质分布和能量分布吻合。理论和观测结果之间存在巨大的分歧，因此天文学家提出了看不见的暗物质和暗能量的存在，这赋予了爱因斯坦宇宙常数(参见第12.4.3节)以不同的物理含义。由此得出，宇宙中70%以上的能量(包括静止能量)是暗能量！

练习

15.1　令 N 表示 t 时刻某种材料中放射性原子核的数目，那么 N 的衰减速率(即变化率)为：

$$\frac{\mathrm{d}N}{\mathrm{d}t}=-\lambda N, \tag{15.31}$$

其中 λ 被称作衰变常数。证明 $N(t)$ 为：

$$N(t)=N_0\mathrm{e}^{-\lambda t}, \tag{15.32}$$

其中 N_0 表示 $t=0$ 时刻的放射性原子核数目。

15.2　碳有四种同位素：${}^{11}_{6}C$，${}^{12}_{6}C$，${}^{13}_{6}C$，${}^{14}_{6}C$；我们知道上角标的数字表示质量数(质子数加中子数)，而下角标数字表示原子序数(即质子数)。${}^{12}_{6}C$ 的自然丰度为 98.9%，${}^{13}_{6}C$ 的自然丰度为 1.1%，其他两种的丰度非常低。然而放射性同位素 ${}^{14}_{6}C$ 在所谓的有机样本碳年代测定法中十分重要，它的放射性反应为 ${}^{14}_{6}C\rightarrow{}^{14}_{7}N+e+\nu$。碳年代测定法是根据大气的 CO_2 中 ${}^{14}_{6}C$ 和 ${}^{12}_{6}C$ 的含量比为常数，约为 1.3×10^{-12}，上层大气中的宇宙射线引发核反应保证这个比值恒定。碳年代测定法是这样实现的。由于所有活的生物从大气中获得 CO_2，因此其体内 ${}^{14}_{6}C$ 和 ${}^{12}_{6}C$ 的比值就是上述常数；但是当生物死后，${}^{14}_{6}C$ 发生放射性反应，其含量随时间的改变遵循式(15.32)；因此根据死亡生物体体内 ${}^{14}_{6}C$ 的含量就能估计它死亡的时间。这种方法对于测定时间非常有效，例如它测定旧约卷宗的时间为 2 000 多年前。

请根据上述介绍解决下面的问题：如果 25 g 煤每分钟有 250 个 ${}^{14}_{6}C$ 发生衰变，那么产生这些煤的树是多少年前死去的？${}^{14}_{6}C$ 的衰变常数为 $\lambda=3.843\times10^{-12}\ \mathrm{s}^{-1}$。

提示：已知 12 g 碳包含 6.02×10^{23} 个 ${}^{12}_{6}C$ 原子核。

答案：3 370 年。

15.3　证明式(15.9)定义的 $\hat{\alpha}_x$，$\hat{\alpha}_y$，$\hat{\alpha}_z$ 和 $\hat{\beta}$ 满足式(15.8)。

15.4　证明式(15.15)，并证明这些方程有非零解的条件导出式(15.16)。

15.5　(a) 证明 $\hat{l}_x$，$\hat{l}_y$ 和 $\hat{l}^2$ 与式(15.19)定义的 $\hat{H}$ 不能互易。

(b) 证明 $\hat{j}_x$，$\hat{j}_y$，$\hat{j}_z$ 和 $\hat{j}^2$ 可以和 $\hat{H}$ 互易；证明 $\hat{j}_x$，$\hat{j}_y$，$\hat{j}_z$ 可以和 $\hat{j}^2$ 以及 $\hat{H}$ 互易，但它们彼此不能互易。

15.6　证明本章脚注⑪给出的 $\Delta\lambda$ 的康普顿公式。

附录
数学笔记

三角学基础

(a) 如果线段 AB 和线段 $A\Gamma$ 分别平行于 $A'B'$ 和 $A'\Gamma'$，则 AB 和线段 $A\Gamma$ 的夹角等于 $A'B'$ 和 $A'\Gamma'$ 的夹角，如图 A1.1(a)所示。

(b) 如果线段 AB 和线段 $A\Gamma$ 分别垂直于 $A'B'$ 和 $A'\Gamma'$，如图 A1.1(b)所示，则 AB 和线段 $A\Gamma$ 的夹角等于 $A'B'$ 和 $A'\Gamma'$ 的夹角。我们令 A 和 A' 重合，将 $\angle B'A'\Gamma'$ 逆时针旋转 90°就能和 $\angle BA\Gamma$ 重合。

(c) 根据(a)和(b)可知三角形内角和等于 180°，参见图 A1.1(c)。

(d) 根据(c)可知，当三角形的两个角和一条边，或是两条边和二者的夹角确定之后，三角形就完全确定了。

(e) 如果两个三角形的三条边都对应相等，那么这两个三角形全等。如果三角形的三个角对应相等，两个三角形不一定全等，二者相似。

(f) 如果三角形包含一个直角，它就是直角三角形。

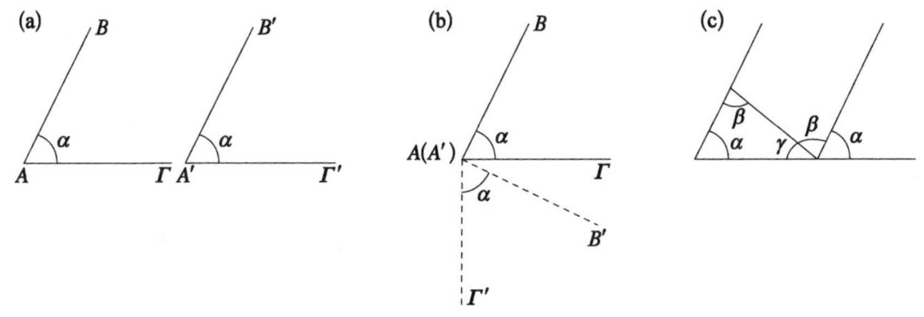

图 A1.1　三角形内角和为 180°

毕达哥拉斯原理

该原理说明：直角三角形斜边的平方等于两条直角边平方的和。如图A1.2(a)所示，斜边的平方和为正方形 $AB E\Delta$ 的面积，而直角边的平方分别是正方形 $BZH\Gamma$ 和 $A\Gamma NM$ 的面积。参见图 A1.2(b)，将正方形 $ABE\Delta$ 围绕 AB 旋转，而用 $KH\Lambda\Delta$ 代替 $A\Gamma NM$，如果满足 $K\Delta=KH=A\Gamma$ 则这两个正方形全等。我们比较直角三角形 $AK\Delta$ 和 BZE 来予以证明。这两个三角形的斜边相等，$A\Delta=BE$，而它们的内角 $\alpha=\beta$，$\delta=\varepsilon$，二者全等，因此有 $KH=A\Gamma$。类似地，直角三角形 $AK\Delta$ 和 $E\Lambda\Delta$ 也全等，因此有 $K\Delta=\Delta\Lambda=KH$。由此得到 $K\Delta=KH=A\Gamma$，而图 A1.2(b)中的正方形 $KH\Lambda\Delta$ 和图 1.2(a)中的正方形 $A\Gamma NM$ 全等。我们现在必须证明正方形 $ABE\Delta$ 的面积等于 $BZH\Gamma$ 和 $KH\Lambda\Delta$ 的面积和，由此证明毕达哥拉斯原理。我们发现这两部分共有一些面积，即图 A1.2(b)中 $K\Gamma BE\Delta K$ 围成的面积，$ABE\Delta$ 除了这块共有面积以外，还包含直角三角形 $AB\Gamma$ 和 $AK\Delta$，而前者和三角形 $\Delta E\Lambda$ 全等，而后者和三角形 BZE 全等，由此毕达哥拉斯原理得证。

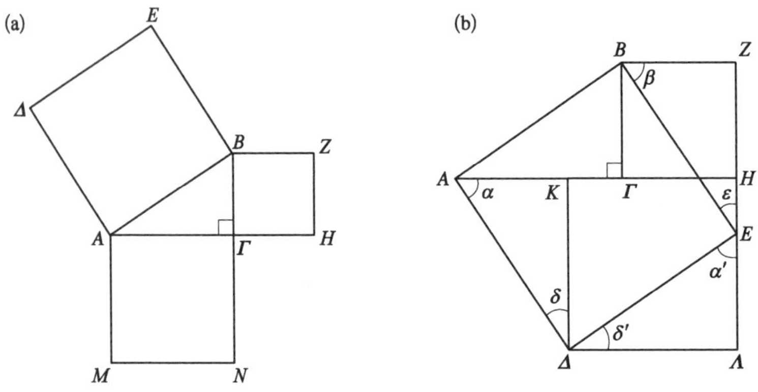

图 A1.2　毕达哥拉斯原理及其证明

(a) 原理：直角三角形斜边的平方等于直角边的平方和；(b) 原理的证明。

$\sqrt{2}$ 不是有理数

我们要证明$\sqrt{2}$ 不能被表示为两个整数的比值。我们采用反证法：假定$\sqrt{2}$ 是有理数，则$\sqrt{2}=a/b$，其中 a 和 b 均为整数。我们可以进一步假定 a 和 b 没有公因子，因此 a/b 是不可约分数。因为如果 a 和 b 有公因子的话，我们总可以让分子分母同除以公因子，还是得到不可约分数。因此我们假定$\sqrt{2}=a/b$，而 a 和 b 没有公因子，由此推出矛盾的结果，证明$\sqrt{2}$ 不是有理数。由$\sqrt{2}=a/b$ 可得：

$$a^2=2b^2. \tag{A1.1}$$

因此 a^2 为偶数，而 a 也必然为偶数，因为奇数的平方是奇数，偶数的平方是偶数。因此可以将 a 表示为：

$$a=2c. \tag{A1.2}$$

代入(A1.1)得到：

$$b^2=2c^2. \tag{A1.3}$$

因此 b^2 是偶数，而 b 也是偶数，因此可以将 b 表示为：

$$b=2d. \tag{A1.4}$$

由此可知 a 和 b 有公因子 2，这和我们的假定矛盾，因此$\sqrt{2}$ 不能用不可约分数 a/b 表示，$\sqrt{2}$ 不是有理数。

复数

16 世纪，三位意大利数学家各自独立地提出了负数的平方根的概念。第一个是尼科洛·丰坦纳(Nicolo Fontana)，人们更熟悉的他的名字是塔尔塔利亚(Tartaglia，意为口吃者)。他于 1499 年生于布雷西亚(Brescia)，出身卑微，没有上过大学，但是通过自学成为一名数学教师。塔尔塔利亚开发了形如 $ax^3+bx^2+cx+d=0$ 的三次方程的求解方法，但是没有公开具体的求解步骤。当时著名的数学家吉罗拉莫·卡尔达诺(Girolamo Cardano)在许诺不告诉其他人的条件下,劝导塔尔塔利亚说出了具体的方法。卡尔达诺将塔尔塔利亚的方法推广,并写入了自己的著作。尽管书中将该方法完全归功于塔尔塔利亚,但还是让后者还是非常恼怒,而且不能原谅卡尔达诺违背诺言。三次方程有一个解涉及负数的平方根,卡尔达诺对此进行了简短的描述,他认为这个运算很微妙但没有用。数学家拉斐尔·博姆贝利(Rafael Bombeli)和塔尔塔利亚与卡尔达诺处于同一时代,他首次提出负数和正数的地位相同,它并不只是被减去的数值;他本着同样的精神,提出了虚数,例如$\sqrt{-1}$,也可以独立存在。高斯后来提出的负虚数最终完善了我们现在了解的虚数以及复数的图像。在本书中,我们只需要了解这些数的基本性质,总结如下。

首先我们定义虚数单位:

$$\mathrm{i} \equiv \sqrt{-1}. \tag{A2.1}$$

由此可得:

$$\mathrm{i}^2 = -1. \tag{A2.2}$$

我们知道,没有实数满足方程 $x^2 = -1$。虚数的定义为:

$$y\mathrm{i}, \quad -\infty < y < +\infty. \tag{A2.3}$$

如图 A2.1 所示,虚数轴在原点处与实数轴垂直,虚数可以被看作是虚数轴上的点,虚数轴上的每个点都带有虚数单位 i,而虚数和虚数轴上的点一一对应。

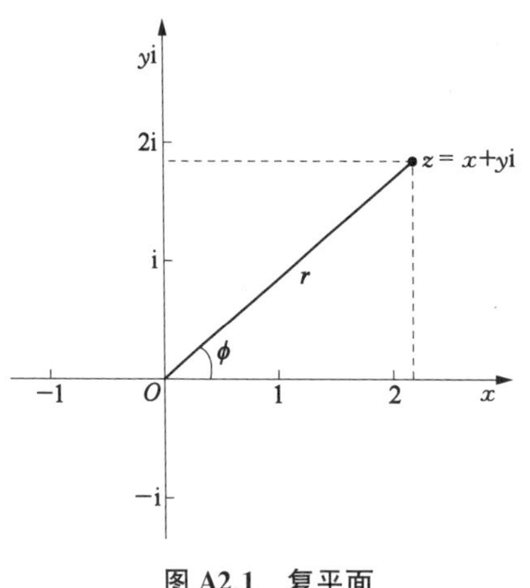

图 A2.1 复平面

复数的定义为:

$$z = x + y\mathrm{i}, \tag{A2.4}$$

其中 x, y 均为实数。我们称 x 为复数 z 的实部,而 y 为复数 z 的虚部,并将它们表示为:

$$x = \mathrm{Re}\{z\}, \tag{A2.5a}$$

$$y = \mathrm{Im}\{z\}. \tag{A2.5b}$$

复数的运算规则与实数的运算规则类似，其中要用到式(A2.1)和式(A2.2)。如果

$$z_1 = x_1 + y_1\mathrm{i},\ z_2 = x_2 + y_2\mathrm{i}, \tag{A2.6}$$

则有：

$$z_1 + z_2 = (x_1 + x_2) + (y_1 + y_2)\mathrm{i}, \tag{A2.7}$$

$$z_1 z_2 = (x_1 + y_1\mathrm{i})(x_2 + y_2\mathrm{i}) = (x_1x_2 - y_1y_2) + (x_1y_2 + y_1x_2)\mathrm{i}. \tag{A2.8}$$

每个复数 $z = x + y\mathrm{i}$ 对应一个复共轭：

$$z^* = x - y\mathrm{i}. \tag{A2.9}$$

而复数 z 的模 $|z|$ 是一个正的实数：

$$|z| = \sqrt{zz^*} = \sqrt{x^2 + y^2}. \tag{A2.10}$$

从图 A2.1 可以看出，复平面上的点和复数一一对应。我们注意到点 (x, y) 还可以用极坐标表示：

$$x = r\cos\phi,\ y = r\sin\phi. \tag{A2.11}$$

代入式(A2.4)得到：

$$z = r(\cos\phi + \mathrm{i}\sin\phi). \tag{A2.12}$$

其中 ϕ 为 z 的辐角，而 r 就是 z 的模：

$$r = |z| = \sqrt{x^2 + y^2}. \tag{A2.13}$$

由式(5.7)，式(5.8)和式(5.15)可以得到欧拉公式：

$$\mathrm{e}^{\mathrm{i}\phi} = \cos\phi + \mathrm{i}\sin\phi. \tag{A2.14}$$

而复数 z 还可以被表示为：

$$z = r\mathrm{e}^{\mathrm{i}\phi}. \tag{A2.15}$$

这种表示在计算复数的乘法时很方便：

$$z_1 z_1 = (r_1\mathrm{e}^{\mathrm{i}\phi_1})(r_2\mathrm{e}^{\mathrm{i}\phi_2}) = r_1 r_2 \mathrm{e}^{\mathrm{i}(\phi_1+\phi_2)}. \tag{A2.16}$$

电磁势

根据麦克斯韦方程式(10.45),我们可以将电场 $\boldsymbol{E}(\boldsymbol{r},t)$ 和磁场 $\boldsymbol{B}(\boldsymbol{r},t)$ 分别表示为:

$$\boldsymbol{B}=\nabla\times\boldsymbol{A}, \tag{A3.1}$$

$$\boldsymbol{E}=-\frac{\partial \boldsymbol{A}}{\partial t}-\nabla\phi. \tag{A3.2}$$

其中 $\boldsymbol{A}(\boldsymbol{r},t)$ 和 $\phi(\boldsymbol{r},t)$ 分别为矢量势和标量势,而且可以令二者满足:

$$\nabla\cdot\boldsymbol{A}=-\mu_0\varepsilon_0\frac{\partial\phi}{\partial t}. \tag{A3.3}$$

将式(A3.1)和式(A3.2)代入麦克斯韦方程,并利用式(A3.3)我们得到下述方程:

$$\nabla^2\boldsymbol{A}-\mu_0\varepsilon_0\frac{\partial^2\boldsymbol{A}}{\partial t^2}=-\mu_0\boldsymbol{j}, \tag{A3.4a}$$

$$\nabla^2\phi-\mu_0\varepsilon_0\frac{\partial^2\phi}{\partial t^2}=-\frac{\rho}{\varepsilon_0}. \tag{A3.4b}$$

其中 ρ 为电荷密度,而 $\boldsymbol{j}=(j_x,j_y,j_z)$ 为电流密度。$\boldsymbol{A}$ 和 ϕ 构成一个四元矢量:

$$\boldsymbol{A}_\mu=(A_x,A_y,A_z,\mathrm{i}\phi/c), \tag{A3.5}$$

其中 $c=1/\sqrt{\varepsilon_0\mu_0}$ 为光速,而矢量 A_μ 和式(12.32)中的 $\mathrm{d}s$ 一样满足洛伦兹变换。利用 A_μ,我们可以将式(A3.4)表示为洛伦兹不变量的形式,即方程在洛伦兹变换下保持不变:

$$\left(\nabla^2-\frac{1}{c^2}\frac{\partial^2}{\partial t^2}\right)\boldsymbol{A}_\mu=-\mu_0J_\mu,\quad \mu=1,2,3,4, \tag{A3.6}$$

其中 J_μ 是式(12.49)定义的四元矢量。

需要注意的是,式(A3.3)被称作洛伦兹条件,除此之外我们还可以选择其他条件。例如当不需要说明麦克斯韦方程相对论不变性时,可以选取$\nabla\cdot\boldsymbol{A}=0$,而在此情况下由式(A3.2)可得:$\nabla^2\phi=-\nabla\cdot\boldsymbol{E}$,并利用式(10.45a)可得:$\nabla^2\phi=$

$-\rho/\varepsilon_0$，这意味着 ϕ 对 ρ 瞬时响应而没有延迟时间，即电荷分布与点位分布完全同步。换句话讲，带电粒子之间的相互作用瞬时完成。在本书中，我们讨论原子和分子中电子的相互作用时就是这样处理的，并且强调指出这并没有构成近似。

矩阵

矩阵是由 m 行 n 列的数（实数或复数）组成的矩形阵列，例如：

1. $\begin{pmatrix} a_{11} & a_{12} & a_{13} \\ a_{21} & a_{22} & a_{23} \end{pmatrix}$ 和 $\begin{pmatrix} 1 & 4 & 2 \\ -3 & 0 & 5 \end{pmatrix}$ 就是 2×3 阶矩阵，而矩阵元素 a_{ij} 位于第 i 行第 j 列。

2. $\begin{pmatrix} a_1 \\ a_2 \\ a_3 \\ a_4 \end{pmatrix} = \underline{a}$ 和 $\begin{pmatrix} 0.3 \\ -2 \\ 0 \\ 5 \end{pmatrix}$ 是单列矩阵，我们用带下划线的小写字母表示列矩阵，例如 $\underline{a}$。

3. $(a_1 \quad a_2 \quad a_3 \quad a_4) = \underline{a}^T$ 和 $(1 \quad 4 \quad -2 \quad 0.5)$ 表示单行矩阵，我们用 $\underline{a}^T$ 表示，并称 $\underline{a}^T$ 是 $\underline{a}$ 的转置。

4. 行数和列数相等的矩阵为方阵，例如下述矩阵为 4 阶方阵：

$$\begin{pmatrix} a_{11} & a_{12} & a_{13} & a_{14} \\ a_{21} & a_{22} & a_{23} & a_{24} \\ a_{31} & a_{32} & a_{33} & a_{34} \\ a_{41} & a_{42} & a_{43} & a_{44} \end{pmatrix} = \underline{A}; \quad \begin{pmatrix} 1 & 4 & 0.5 & 1 \\ -2 & 6 & 7 & 3 \\ 8 & 0.6 & 4 & 0 \\ 24 & -0.9 & 8 & 5 \end{pmatrix}.$$

我们用带下划线的大写字母表示矩阵，例如 $\underline{A}$。

令 a_{ij} 和 b_{ij} 分别表示 $m\times n$ 阶矩阵 $\underline{A}$ 和 $\underline{B}$ 的元素，则这两个矩阵的和 $\underline{C}$ 的元素为：

$$c_{ij} = a_{ij} + b_{ij}. \tag{A4.1}$$

类似地，如果 λ 是一个数，则 $\lambda \underline{A}$ 为 $m \times n$ 阶矩阵，其元素为 λa_{ij}。如果 λ 是一个算符，例如微分算符 $\mathrm{d}/\mathrm{d}x$，则它对矩阵作用得到：

$$\frac{\mathrm{d}}{\mathrm{d}x}\begin{pmatrix} f_{11}(x) & f_{12}(x) \\ f_{21}(x) & f_{22}(x) \end{pmatrix} = \begin{pmatrix} \mathrm{d}f_{11}/\mathrm{d}x & \mathrm{d}f_{12}/\mathrm{d}x \\ \mathrm{d}f_{21}/\mathrm{d}x & \mathrm{d}f_{22}/\mathrm{d}x \end{pmatrix}.$$

令 $\underline{A}$ 表示 $m \times p$ 阶矩阵，而 $\underline{B}$ 表示 $p \times n$ 阶矩阵，则二者的乘积 $\underline{AB}$ 为 $m \times n$ 阶矩阵。令 $\underline{C} = \underline{AB}$，则 $\underline{C}$ 的元素 c_{ij} 为：

$$c_{ij} = \sum_{k=1}^{p} a_{ik} b_{kj}, \tag{A4.2}$$

其中 a_{ik} 和 b_{kj} 分别为 $\underline{A}$ 和 $\underline{B}$ 的元素。特别当元素为 $a_i (i=1, \cdots, n)$ 的行矩阵 $\underline{a}^T$ 和元素为 $b_i (i=1, \cdots, n)$ 的列矩阵相乘时，得到数值 $c = a_1 b_1 + a_2 b_2 + \cdots + a_n b_n$。例如：

$$(2 \quad 0 \quad 4 \quad 1)\begin{pmatrix} 3 \\ 2 \\ 0 \\ 1 \end{pmatrix} = 7.$$

两个 $n \times n$ 阶矩阵 $\underline{A}$ 和 $\underline{B}$ 的乘积还是 $n \times n$ 阶矩阵，令该矩阵为 $\underline{C}$，则它的元素为：

$$c_{ij} = \sum_{k=1}^{n} a_{ik} b_{kj}, \tag{A4.3}$$

我们注意到一般来说

$$\underline{AB} \neq \underline{BA}. \tag{A4.4}$$

例如：$\underline{A} = \begin{pmatrix} 1 & 2 \\ 1 & 0 \end{pmatrix}$，$\underline{B} = \begin{pmatrix} 1 & 0 \\ 0 & 2 \end{pmatrix}$，我们有：$\underline{AB} = \begin{pmatrix} 1 & 4 \\ 1 & 0 \end{pmatrix}$，而 $\underline{BA} = \begin{pmatrix} 1 & 2 \\ 2 & 0 \end{pmatrix}$。

在某些情况下 $\underline{AB} = \underline{BA}$，我们称 $\underline{A}$ 和 $\underline{B}$ 可以互易。

例如：$\underline{A} = \begin{pmatrix} 1 & 0 \\ 0 & 2 \end{pmatrix}$，$\underline{B} = \begin{pmatrix} 3 & 0 \\ 0 & 1 \end{pmatrix}$，我们有：$\underline{AB} = \underline{BA} = \begin{pmatrix} 3 & 0 \\ 0 & 2 \end{pmatrix}$，而 $\underline{BA} = \begin{pmatrix} 1 & 2 \\ 2 & 0 \end{pmatrix}$。

矩阵的应用

下面的 4 个方程包含 4 个未知数，x_1，x_2，x_3，x_4：

$$\begin{aligned} a_{11}x_1+a_{12}x_2+a_{13}x_3+a_{14}x_4&=b_1 \\ a_{21}x_1+a_{22}x_2+a_{23}x_3+a_{24}x_4&=b_2 \\ a_{31}x_1+a_{32}x_2+a_{33}x_3+a_{34}x_4&=b_3 \\ a_{41}x_1+a_{42}x_2+a_{43}x_3+a_{44}x_4&=b_4 \end{aligned}. \tag{A4.5a}$$

应用矩阵可以将这个方程组表示成更紧凑的形式：

$$\underline{A}\underline{x}=\underline{b}, \tag{A4.5b}$$

其中 $\underline{A}$ 是元素已知的a_{ij} 的 4×4 阶矩阵，$\underline{b}$ 是包含 4 个已知元素 b_i 的列矩阵，而 $\underline{x}$ 是包含 4 个未知元素 x_i 的列矩阵。

一般来说，式(A4.5b)表示包含 n 个未知数的 n 个方程，其中 $\underline{A}$ 为 $n\times n$ 阶矩阵，$\underline{b}$ 为包含 n 个元素的列矩阵，而 $\underline{x}$ 是包含 n 个未知数的列矩阵，而每个方程为：

$$\sum_{j=1}^{n}a_{ij}x_j=b_i, \quad i=1,\ 2,\ \cdots,\ n. \tag{A4.6}$$

$n\times n$ 阶矩阵 $\underline{A}$ 的行列式 $\det\underline{A}$ 是下述求和得到的数值：

$$\det\underline{A}=\sum_{\{j_1,\ j_2,\ \cdots,\ j_n\}}(-1)^j a_{1j_1}a_{2j_2}a_{3j_3}\cdots a_{nj_n}. \tag{A4.7}$$

其中 $\{j_1,\ j_2,\ \cdots,\ j_n\}$ 表示 $1,\ 2,\ \cdots,\ n$ 的任意可能的组合，共有 $n!=1\cdot2\cdot\cdots\cdot(n-1)\cdot n$ 种，其中每一种都是从自然序列 $\{1,\ 2,\ \cdots,\ n\}$ 开始，让其中两个数值交换位置、再重复 j 次这种交换得到的。例如：序列 $\{2,\ 1,\ 3,\ 4,\ \cdots,\ n\}$ 只需要一次交换 $1\leftrightarrow2$ 就能得到，$j=1$；而序列 $\{2,\ 1,\ 4,\ 3,\ 5,\ \cdots,\ n\}$ 则需要两次交换 $1\leftrightarrow2$ 和 $3\leftrightarrow4$ 才能得到，$j=2$。矩阵的行列式通常被表示为：

$$\det\underline{A}=\begin{vmatrix} a_{11} & a_{12} & \cdots & a_{1n} \\ a_{21} & a_{22} & \cdots & a_{2n} \\ \vdots & \vdots & \ddots & \vdots \\ a_{n1} & a_{n2} & \cdots & a_{nn} \end{vmatrix}.$$

例如：

$$\det \underline{A} = \begin{vmatrix} a_{11} & a_{12} & a_{13} \\ a_{21} & a_{22} & a_{23} \\ a_{31} & a_{32} & a_{33} \end{vmatrix}$$

$$= a_{11}a_{22}a_{33} - a_{11}a_{23}a_{32} + a_{12}a_{23}a_{31} - a_{12}a_{21}a_{33} + a_{13}a_{21}a_{32} - a_{13}a_{22}a_{31}.$$

我们注意到：

$$\begin{vmatrix} a_{11} & a_{12} & a_{13} \\ a_{21} & a_{22} & a_{23} \\ a_{31} & a_{32} & a_{33} \end{vmatrix} = a_{11}\begin{vmatrix} a_{22} & a_{23} \\ a_{32} & a_{33} \end{vmatrix} - a_{12}\begin{vmatrix} a_{21} & a_{23} \\ a_{31} & a_{33} \end{vmatrix} + a_{13}\begin{vmatrix} a_{21} & a_{22} \\ a_{31} & a_{32} \end{vmatrix}.$$

这样我们可以利用 2×2 阶行列式计算 3×3 阶行列式，而 2×2 阶行列式为 $\begin{vmatrix} a_{11} & a_{12} \\ a_{21} & a_{22} \end{vmatrix} = a_{11}a_{22} - a_{12}a_{21}$。同理由 3×3 阶行列式可以计算 4×4 阶行列式，依此类推我们可以计算任意阶的行列式。

我们注意到行列式有一个重要的性质：其中两行或两列交换位置会改变行列式的符号。有这一性质可知，如果行列式任意两行或两列完全相同，则行列式等于零。

下面介绍一个有用的定理，请考虑下面的方程组：

$$\underline{A}\underline{x} = \underline{0}, \tag{A4.8}$$

其中 $\underline{A}$ 为 $n\times n$ 阶矩阵，$\underline{x}$ 是包含 n 个未知数的列矩阵，而 $\underline{0}$ 是 n 个元素均为 0 的列矩阵。例如对应 $n=4$ 的方程组为：

$$\begin{array}{l} a_{11}x_1 + a_{12}x_2 + a_{13}x_3 + a_{14}x_4 = 0 \\ a_{21}x_1 + a_{22}x_2 + a_{23}x_3 + a_{24}x_4 = 0 \\ a_{31}x_1 + a_{32}x_2 + a_{33}x_3 + a_{34}x_4 = 0 \\ a_{41}x_1 + a_{42}x_2 + a_{43}x_3 + a_{44}x_4 = 0 \end{array}. \tag{A4.9}$$

这个原理说明：如果该方程组的解中至少有一个未知数不等于零，当且仅当系数矩阵的行列式等于零，即 $\det \underline{A} = 0$。

主题词索引

D

E

F

G

H

M

N

O

P

Q

R

人名索引*

* 人名索引的英文人名写成姓氏在前，名字在后的格式，其中姓氏用全称，名字用缩写。——编者注

H

J

K

L